学习资源展示

课堂案例·课堂练习·课后习题·综合实例

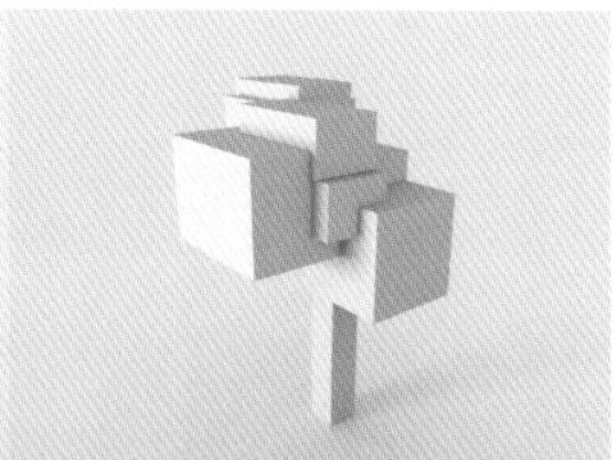

课堂案例：用立方体制作树木模型
所在页码：38页
学习目标：掌握立方体的创建方法及模型拼凑的思路

课堂案例：用圆柱制作电池
所在页码：41页
学习目标：掌握圆柱的创建方法及模型拼凑的思路

课堂案例：用球体制作台灯
所在页码：43页
学习目标：掌握球体的创建方法

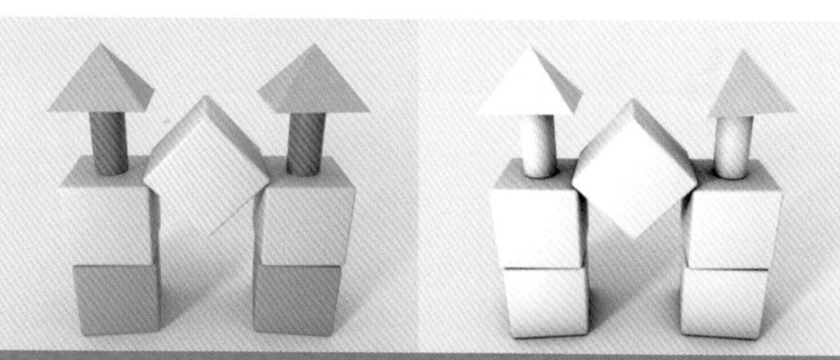
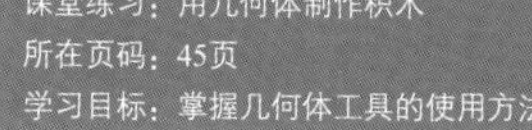

课堂练习：用几何体制作积木
所在页码：45页
学习目标：掌握几何体工具的使用方法

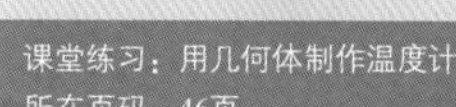

课堂练习：用几何体制作温度计
所在页码：46页
学习目标：掌握几何体工具的使用方法

课堂案例：用画笔工具绘制玻璃杯
所在页码：47页
学习目标：掌握画笔工具的使用方法，了解旋转生成器

课堂案例：用文本工具制作灯牌
所在页码：50页
学习目标：掌握文本工具的使用方法，了解挤出生成器

课后习题：礼品盒
所在页码：52页
学习目标：掌握立方体、矩形和画笔工具的使用方法

课后习题：城堡
所在页码：52页
学习目标：掌握几何体工具的使用方法

课堂案例：用挤压生成器制作书签
所在页码：56页
学习目标：掌握挤压生成器的使用方法

课堂案例：用旋转生成器制作按钮
所在页码：58页
学习目标：掌握旋转生成器的使用方法

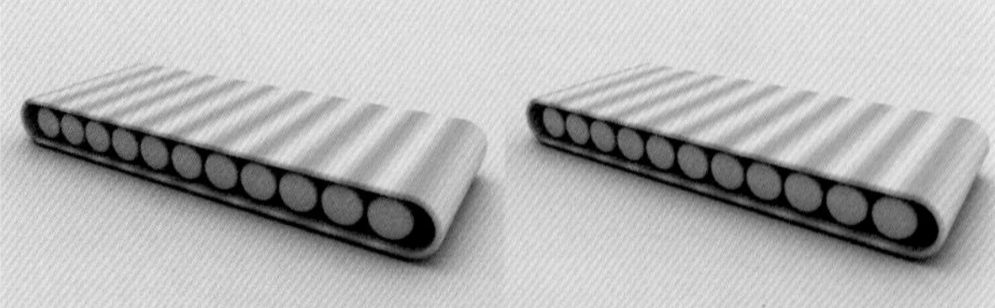

课堂案例：用扫描生成器制作传送带
所在页码：60页
学习目标：掌握扫描生成器的用法

课堂案例：用布尔生成器制作骰子
所在页码：63页
学习目标：学习布尔生成器的使用方法

课堂案例：用螺旋变形器制作笔筒
所在页码：68页
学习目标：掌握螺旋变形器的使用方法

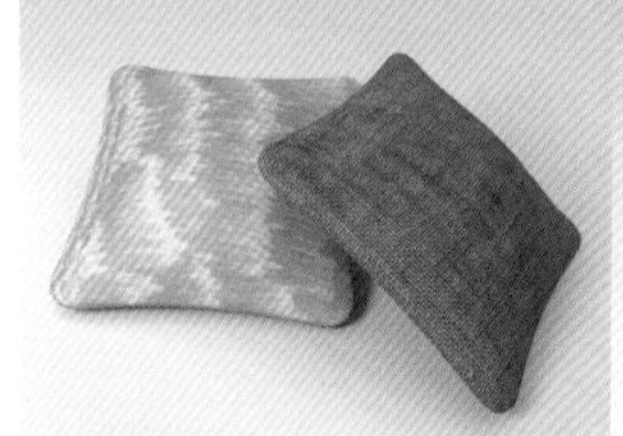

课堂案例：用FFD变形器制作抱枕
所在页码：69页
学习目标：掌握FFD变形器的使用方法

课后习题：气球
所在页码：72页
学习目标：掌握扫描和锥化生成器与变形器的使用方法

课后习题：沙漏
所在页码：72页
学习目标：掌握细分曲面、螺旋和膨胀生成器与变形器的使用方法

课堂案例：用可编辑样条制作霓虹灯
所在页码：75页
学习目标：掌握样条编辑方法

课堂案例：用多边形建模制作鞋柜
所在页码：80页
学习目标：掌握多边形建模工具的使用方法

课堂案例：用多边形建模制作果汁盒
所在页码：83页
学习目标：掌握对称生成器和多边形建模工具的使用方法

课堂案例：用多边形建模制作卡通猫咪
所在页码：86页
学习目标：掌握卡通玩偶建模的方法

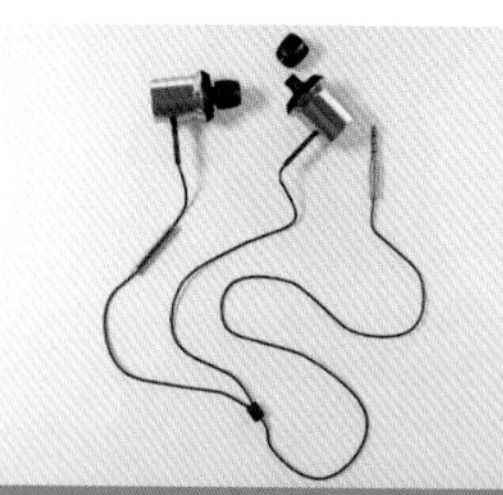

课堂案例：用多边形建模制作耳机
所在页码：90页
学习目标：掌握产品建模的方法

课堂练习：用多边形建模制作电视机
所在页码：97页
学习目标：掌握多边形建模的方法

课堂练习：用多边形建模制作冰淇淋
所在页码：97页
学习目标：掌握多边形建模的方法

课堂案例：用雕刻工具制作甜甜圈
所在页码：99页
学习目标：掌握多边形建模和雕刻建模的方法

课后习题：小船
所在页码：102页
学习目标：掌握多边形建模的方法

课后习题：工厂流水线
所在页码：102页
学习目标：掌握多边形建模和样条建模的方法

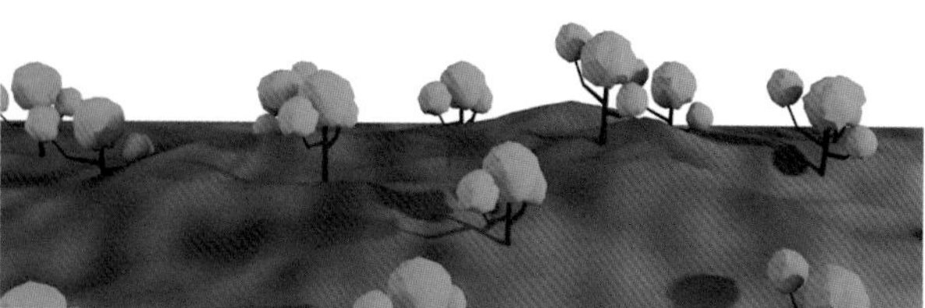

课堂案例：为场景建立摄像机
所在页码：106页
学习目标：掌握创建摄像机的方法

课堂案例：用目标摄像机制作景深效果
所在页码：107页
学习目标：掌握目标摄像机制作景深的方法

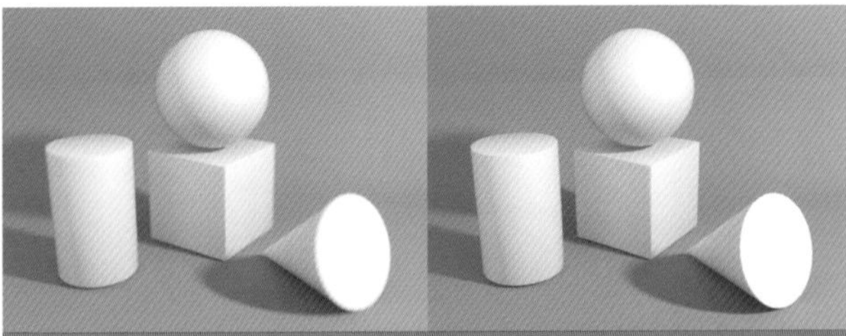
课后习题：用摄像机制作景深
所在页码：114页
学习目标：掌握制作景深效果的方法

课堂案例：用摄像机制作运动模糊　所在页码：110页　学习目标：掌握摄像机制作运动模糊的方法

课后习题：用摄像机制作运动模糊　所在页码：114页　学习目标：掌握制作运动模糊的方法

课堂案例：用灯光制作灯箱
所在页码：121页
学习目标：掌握灯光的使用方法

课堂案例：用区域光制作展示灯光
所在页码：124页
学习目标：掌握区域光的使用方法

课堂案例：用区域光制作简约休闲室
所在页码：126页
学习目标：掌握区域光的使用方法

课堂案例：用远光灯制作阳光书房
所在页码：128页
学习目标：掌握远光灯的使用方法

课后习题：烛光
所在页码：130页
学习目标：掌握区域光的使用方法

课后习题：台灯
所在页码：130页
学习目标：掌握区域光的使用方法

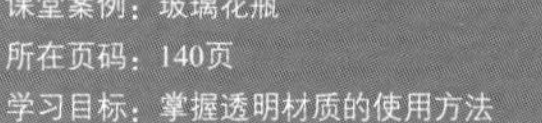

课堂案例：玻璃花瓶
所在页码：140页
学习目标：掌握透明材质的使用方法

课堂案例：水杯
所在页码：143页
学习目标：掌握透明材质的使用方法

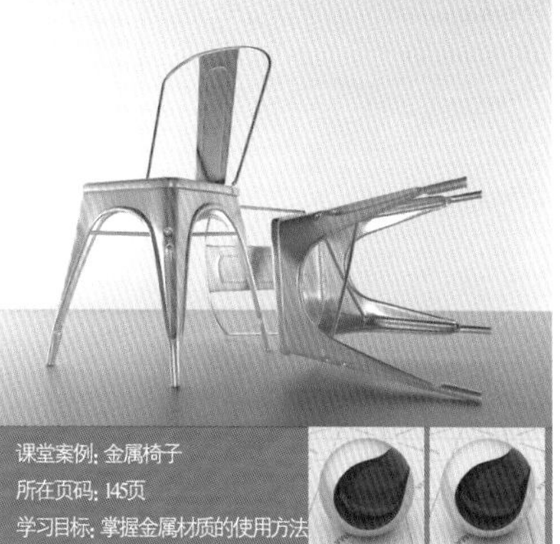

课堂案例：金属椅子
所在页码：145页
学习目标：掌握金属材质的使用方法

课堂案例：塑料摆件
所在页码：146页
学习目标：掌握塑料材质的使用方法

课堂案例：绒布沙发
所在页码：153页
学习目标：掌握菲涅耳（Fresnel）贴图的使用方法

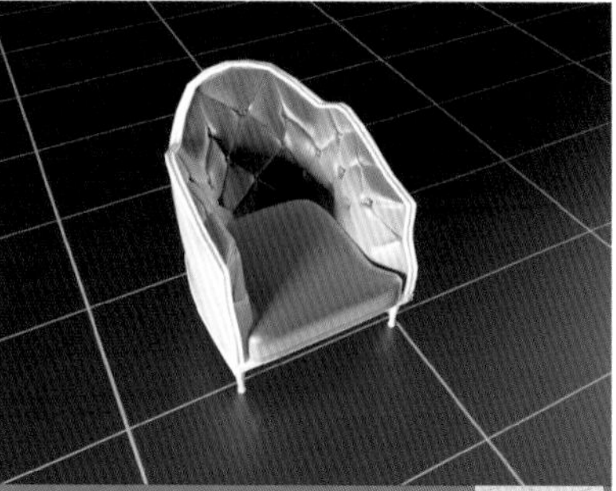

课堂案例：地砖
所在页码：155页
学习目标：掌握平铺贴图的使用方法

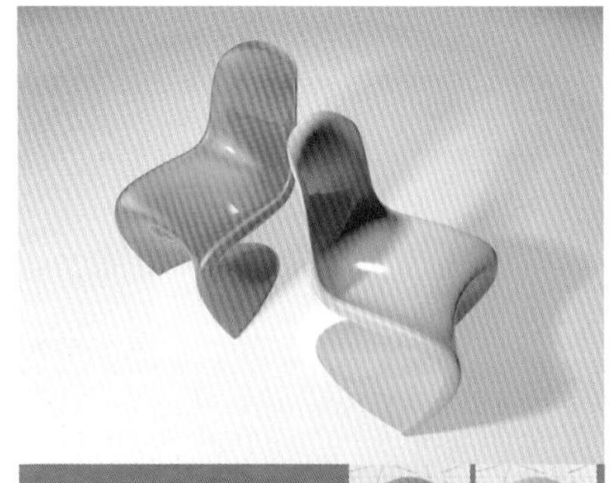

课后习题：塑料座椅
所在页码：158页
学习目标：掌握塑料材质的使用方法

课后习题：怀表
所在页码：158页
学习目标：掌握金属材质和玻璃材质的使用方法

课堂案例：用毛发制作植物盆栽
所在页码：166页
学习目标：掌握创建毛发和调整毛发材质的方法

课堂案例：用毛发制作刷子
所在页码：169页
学习目标：掌握创建毛发和调整毛发材质的方法

课后习题：毛绒抱枕
所在页码：172页
学习目标：掌握毛发的创建和材质的调整方法

课后习题：地毯
所在页码：172页
学习目标：掌握毛发的创建和材质的调整方法

课堂案例：为场景添加环境光
所在页码：175页
学习目标：掌握地面和天空的添加方法

课后习题：为场景添加环境背景
所在页码：196页
学习目标：掌握HDRI贴图环境添加方法

课后习题：渲染输出场景效果图
所在页码：196页
学习目标：掌握渲染输出场景效果图的方法

课堂案例：用布料制作桌布
所在页码：203页
学习目标：掌握布料标签的使用方法

课堂案例：用动力学制作小球碰撞动画　所在页码：200页　学习目标：掌握刚体和柔体标签的使用方法

课后习题：用动力学制作碰撞动画　所在页码：210页　学习目标：掌握制作动力学动画的方法

课后习题：用动力学制作多米诺骨牌　所在页码：210页　学习目标：掌握制作动力学动画的方法

课堂案例：用粒子制作下雨动画　所在页码：216页　学习目标：掌握使用粒子发射器的方法

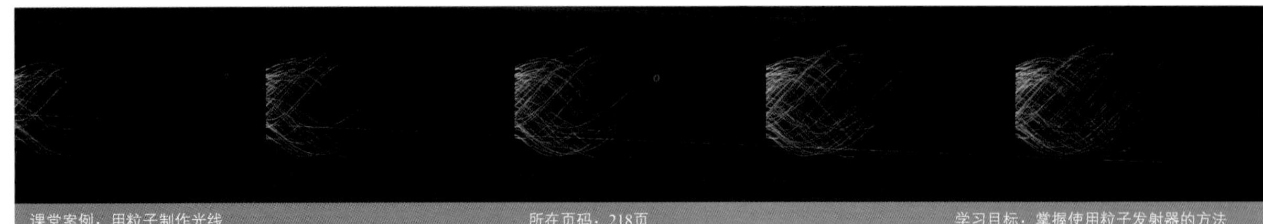

课堂案例：用粒子制作光线　所在页码：218页　学习目标：掌握使用粒子发射器的方法

课后习题：用粒子制作下雪动画　　所在页码：224页　　学习目标：掌握制作粒子动画的方法

课后习题：用粒子制作运动光线　　所在页码：224页　　学习目标：掌握制作粒子动画的方法

课堂案例：制作时钟动画　　所在页码：228页　　学习目标：掌握制作旋转关键帧动画的方法

课堂案例：制作小球变形动画　　所在页码：229页　　学习目标：掌握制作点级别动画的方法

课后习题：制作风车动画　　所在页码：234页　　学习目标：掌握制作旋转关键帧动画的方法

课后习题：制作蝴蝶飞舞动画　　所在页码：234页　　学习目标：掌握制作移动和旋转关键帧动画的方法

综合实例：科幻海报
所在页码：236页
学习目标：掌握制作科幻类海报的方法

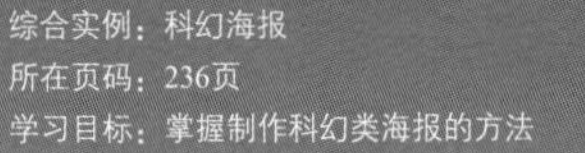
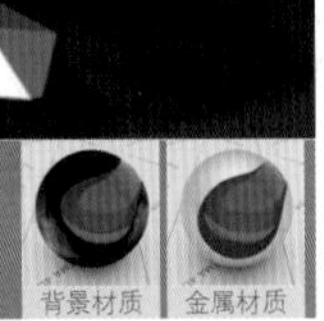
背景材质 金属材质

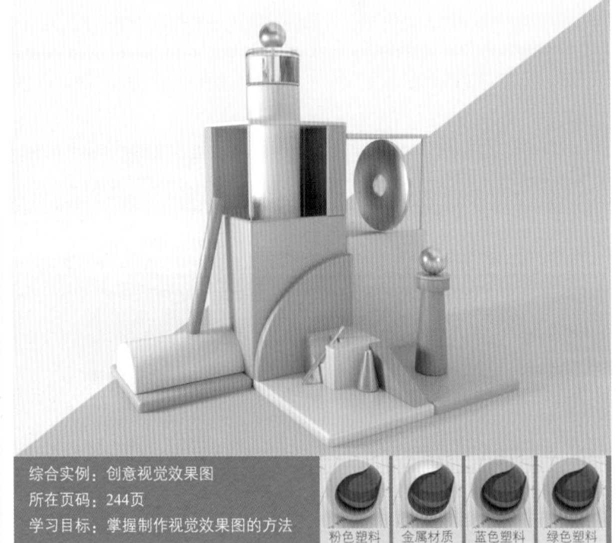

综合实例：创意视觉效果图
所在页码：244页
学习目标：掌握制作视觉效果图的方法

粉色塑料 金属材质 蓝色塑料 绿色塑料

综合实例：机械霓虹灯
所在页码：259页
学习目标：掌握制作机械类效果图的方法

金属材质 玻璃材质 模型金属 自发光材质

综合实例：阳光阁楼
所在页码：270页
学习目标：掌握制作室内效果图的方法

白漆材质 木地板材质 沙发布纹 叶子材质

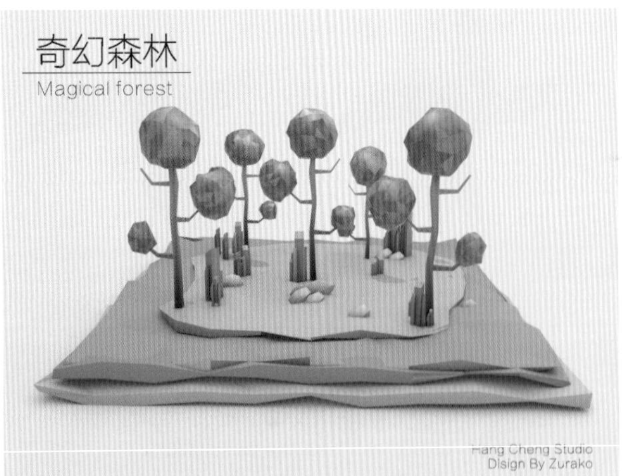

课后习题：奇幻森林
所在页码：280页
学习目标：掌握制作视觉效果图的方法

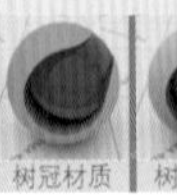
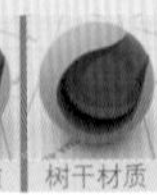
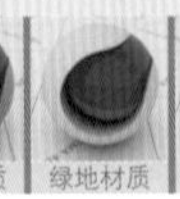

树冠材质 树干材质 绿地材质 泥土材质

课后习题：金属霓虹灯
所在页码：280页
学习目标：掌握制作霓虹灯类效果图的方法

玻璃材质 电线材质 发光管材质 金属材质

中文版
CINEMA 4D R18
实用教程

任媛媛 编著

人民邮电出版社
北京

图书在版编目（CIP）数据

中文版CINEMA 4D R18 实用教程 / 任媛媛编著. --
北京 : 人民邮电出版社, 2019.1(2021.8重印)
ISBN 978-7-115-50030-4

Ⅰ. ①中… Ⅱ. ①任… Ⅲ. ①三维动画软件－计算机
图形学－教材 Ⅳ. ①TP391.414

中国版本图书馆CIP数据核字(2018)第284276号

内 容 提 要

本书针对零基础读者开发，是指导初学者快速掌握 CINEMA 4D 的参考书。

全书内容以各种实用技术为主线，主要讲解了建模、摄像机、灯光、材质与纹理、环境与渲染、动力学、粒子及动画等技术，以及 4 个典型综合实例等内容。针对常用知识点本书还安排了课堂案例，以便读者深入学习，实现快速上手，在熟悉软件基础操作的同时掌握制作思路。另外，从第 2 章开始，每章的最后都安排了课后习题，读者可以根据提示边学边练或结合教学视频进行学习。

随书附赠书中所有课堂案例、课堂练习及课后习题的场景文件、实例文件，以及教师可直接使用的配套 PPT 课件，读者扫描封底或前言对应二维码即可获得相关资源。

本书适合作为初学者学习 CINEMA 4D 的自学教程，也适合作为数字艺术教育培训机构及相关院校的专业教材。

◆ 编　　著　任媛媛
　责任编辑　孟飞飞
　责任印制　陈　犇

◆ 人民邮电出版社出版发行　北京市丰台区成寿寺路 11 号
　邮编　100164　电子邮件　315@ptpress.com.cn
　网址　http://www.ptpress.com.cn
　固安县铭成印刷有限公司印刷

◆ 开本：787×1092　1/16
　印张：17.75
　字数：607 千字　　2019 年 1 月第 1 版
　印数：26 401－27 900 册　　2021 年 8 月河北第 17 次印刷

定价：59.00 元

读者服务热线：(010)81055410　印装质量热线：(010)81055316
反盗版热线：(010)81055315
广告经营许可证：京东市监广登字20170147号

PREFACE 前言

CINEMA 4D是一款由德国MAXON公司出品的三维软件，拥有强大的功能和较强的扩展性，且操作极为简易。随着功能的不断加强和更新，CINEMA 4D的应用范围越来越广，涉及影视制作、平面设计、建筑包装和创意图形等多个行业。近年来，越来越多的设计师进入CINEMA 4D的世界，为行业带来了不同风格的作品。

为了给读者提供一本好的CINEMA 4D教材，我们精心编写了本书，并对图书的体系做了优化，按照“功能介绍→重要参数讲解→课堂案例→本章小结→课后习题”这一思路进行编排，力求通过功能介绍和重要参数讲解使读者快速掌握软件功能，通过课堂案例使读者快速上手并具备一定的动手能力，通过课后习题拓展读者的实际操作能力，达到巩固和提升的目的，此外，还特别录制了视频云课堂，直观展现重要功能的使用方法。本书在内容编写方面，力求通俗易懂、细致全面；在文字叙述方面，言简意赅、突出重点；在案例选取方面，强调案例的针对性和实用性。

本书的学习资源包含了书中所有课堂案例、课堂练习和课后习题的场景文件和实例文件。同时，为了方便读者学习，本书还配备了所有案例的多媒体有声视频教学录像，这些录像均由专业人士录制，详细记录了案例的操作步骤，使读者一目了然。另外，为了方便教师教学，本书还配备了PPT课件等丰富的教学资源，任课老师可直接使用。

课堂练习 这是课堂案例的拓展延伸，供读者活学活用，巩固前面学习的软件知识，有相关的制作提示。

课堂案例 包含大量的案例详解和操作步骤，有助于读者深入掌握CINEMA 4D的基础知识及各种工具的使用方法。

本章小结：总结了每一章的学习重点和核心技术。

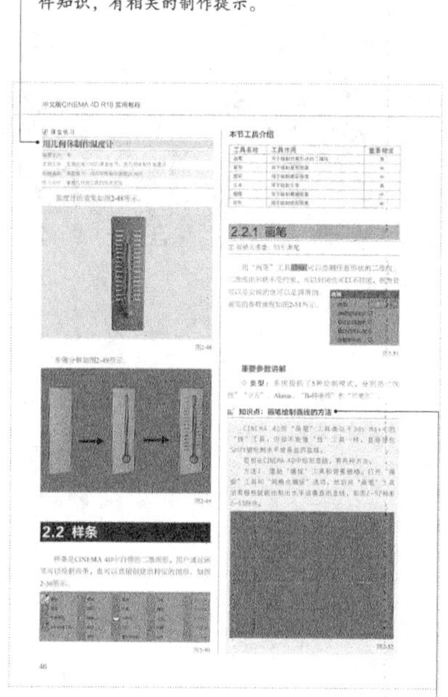

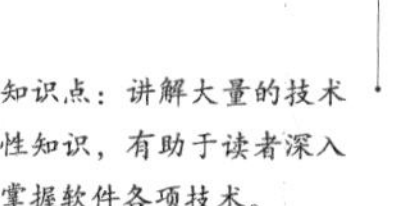

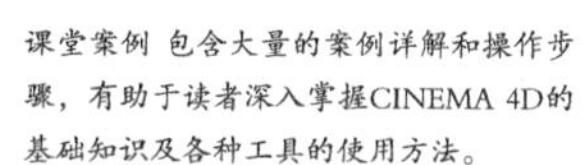

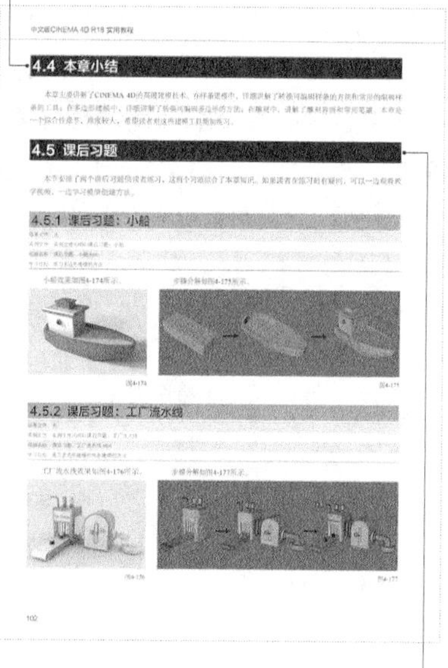

知识点：讲解大量的技术性知识，有助于读者深入掌握软件各项技术。

技巧与提示：对软件的实用技巧及制作过程中的难点进行分析和讲解。

课后习题：帮助读者强化刚学完的重要知识。

本书的参考学时为66个课时，其中教师授课环节为42课时，学生实训环节为24课时，各章的参考学时如下表所示（本表仅供参考，教师授课可根据实际情况灵活处置）。

章节	课程内容	学时分配	
		讲授	实训
第1章	CINEMA 4D的基础操作	2	
第2章	基础建模技术	4	2
第3章	生成器与变形器	4	2
第4章	高级建模技术	6	2
第5章	摄像机技术	2	1
第6章	灯光技术	4	2
第7章	材质与纹理技术	6	2
第8章	毛发技术	2	1
第9章	环境与渲染技术	4	2
第10章	动力学技术	2	2
第11章	粒子技术	2	2
第12章	动画技术	2	2
第13章	综合实例	2	4
课时总计		42	24

本书所有的学习资源均可在线获取。扫描封底或右侧的“资源获取”二维码，关注我们的微信公众号，即可获得资源文件的获取方式。扫描右侧“视频云课堂”二维码，即可在线观看书中重要基础知识的演示视频。扫描右侧“在线视频”二维码，即可在线观看书中案例的教学视频。

资源获取

视频云课堂

在线视频

由于作者水平有限，书中难免会有一些疏漏之处，希望读者能够谅解，并欢迎批评指正。

编者

2018年11月

CONTENTS 目录

CINEMA 4D

第 1 章

CINEMA 4D的基础操作

本章将讲解 CINEMA 4D 的基础操作。通过学习本章，读者可以掌握 CINEMA 4D 的应用领域、软件界面和一些常用命令的操作。

课堂学习目标

◇ 了解 CINEMA 4D 的行业应用

◇ 了解 CINEMA 4D 的操作界面

1.1 CINEMA 4D的概述和行业应用

本节将带领读者进入CINEMA 4D的世界，了解它的特点及优势，以及它与其他三维软件的不同之处。通过本节的学习，读者会了解为什么CINEMA 4D会在短时间内成为众多平面设计师的宠儿。

1.1.1 CINEMA 4D的概述

CINEMA 4D简称为C4D，翻译为4D电影，它是一款由德国MAXON公司出品的三维软件，从其前身FastRay于1993年正式更名为CINEMA 4D 1.0起，至今已有25年历史。

CINEMA 4D有着强大的功能和扩展性，但操作却较为简单，一直是国外视频设计领域的主流软件之一。随着功能的不断加强和更新，CINEMA 4D的应用范围也越来越广，涉及影视制作、平面设计、建筑包装和创意图形等多个行业。在我国，CINEMA 4D更多应用于平面设计和影视后期包装这两个领域。

近年来，越来越多的设计师进入CINEMA 4D的世界，为行业带来了不同风格的作品。

1.1.2 CINEMA 4D的特点

与其他三维软件相比，CINEMA 4D有3个特点。

1.简单易学

CINEMA 4D的界面简洁整齐，每个命令图标都用生动形象的图案加以展示，再配合不同颜色的色块表明命令的类型，即便是初学者，也能很快记住命令，图形化的思维模式有利于读者更好的学习。相比于复杂的3ds Max和Maya，CINEMA 4D要求更少的学习周期，零基础的新手学习CINEMA 4D的周期在3个月左右，而已经掌握了3ds Max和Maya的从业者，学习周期只需要半个月甚至一周。

2.人性化

CINEMA 4D在基础模型中融合了很多复杂的命令，让原来需要通过多个步骤才能达到的效果，只需要在基础模型中简单修改参数便可达到。

运动图形、动力学和毛发系统，功能强大但操作简单，不需要复杂的编程知识，只需要调节参数即可达到想要的效果。

3.渲染简便

CINEMA 4D自带的渲染器具有快速、智能的特点，没有过多复杂的参数，内置的预设模式基本满足日常工作和学习的需要。

1.1.3 CINEMA 4D的行业应用

CINEMA 4D最初应用于工业建模、广告和栏目包装，后来扩展到影视特效和建筑设计领域。

1.2 CINEMA 4D的操作界面

本节将讲解CINEMA 4D的操作界面。

1.2.1 启动CINEMA 4D

视频云课堂：001 启动 CINEMA 4D

安装完CINEMA 4D后，双击桌面图标就可以启动软件。与其他软件一样，CINEMA 4D也会出现一个启动界面，如图1-1所示。

图1-1

启动界面会显示软件的版本号，本书采用的是广泛应用的R18版本。

1.2.2 CINEMA 4D的操作界面

视频云课堂：002 CINEMA 4D 的操作界面

CINEMA 4D的操作界面分为10个部分，分别是“菜单栏”“工具栏”“模式工具栏”“视图窗口”“对象面板”“属性面板”“时间线”“材质面板”“坐标面板”和“界面”，如图1-2所示。

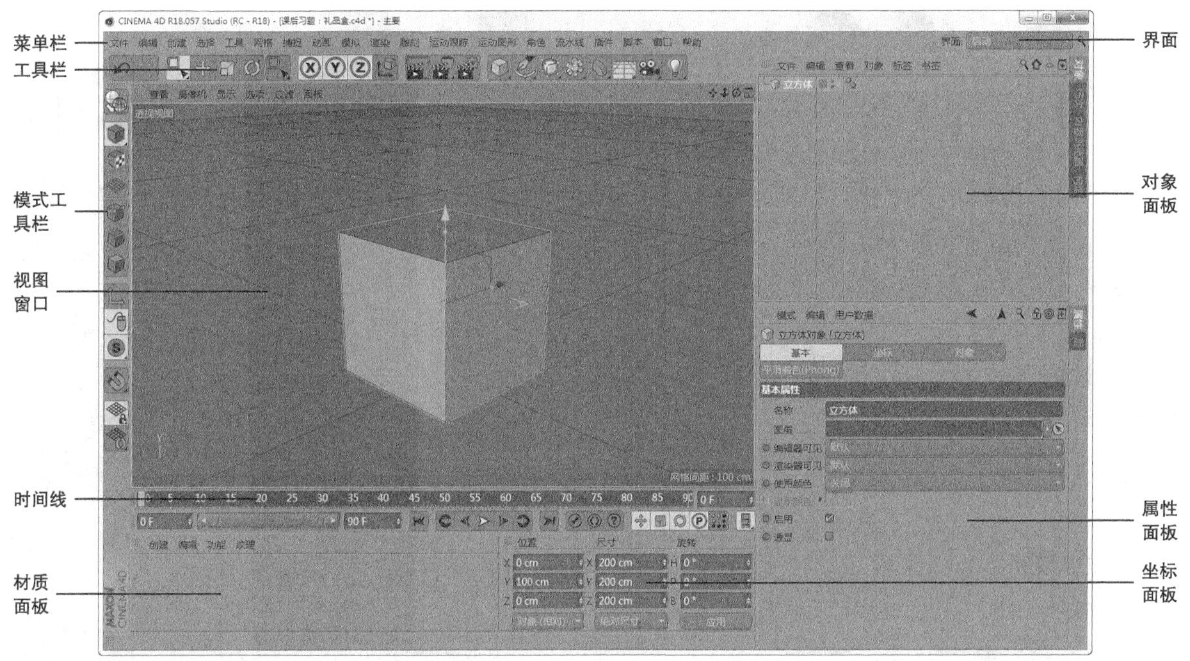

图1-2

知识点：切换软件语言版本

CINEMA 4D默认启动英文版本，可通过设置切换为中文版本。

执行Edit-Preferences菜单命令，然后打开Preferences面板，如图1-3和图1-4所示。

在Interface选项卡中，设置Language为Chinese(cn)，如图1-5所示，然后关闭面板和软件，再次启动软件时即可切换为中文界面。

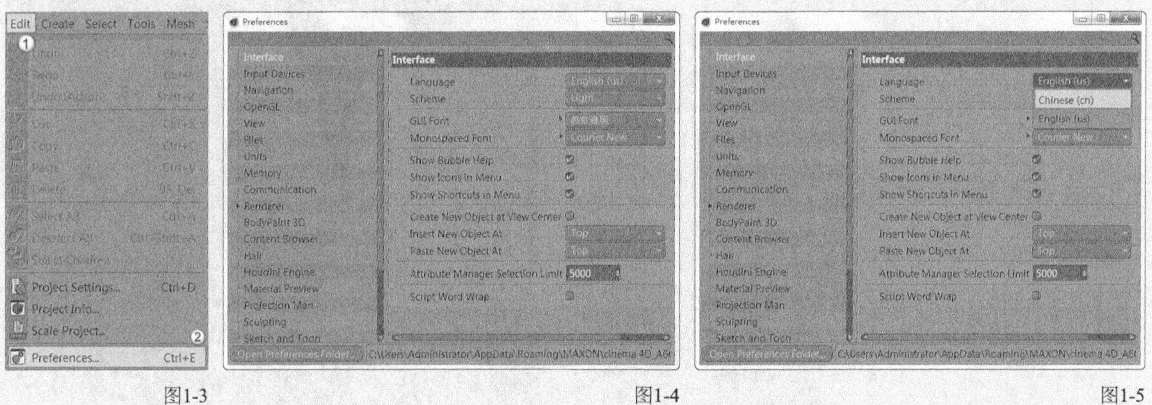

图1-3　　图1-4　　图1-5

1.3 菜单栏

CINEMA 4D的菜单栏包含了软件绝大部分工具和命令，可以完成很多操作。在菜单栏上会显示CINEMA 4D的版本号（如R18.057）和工程文件的名称，如图1-6所示。

CINEMA 4D R18.057 Studio (RC - R18) - [课后习题：礼品盒.c4d *] - 主要

文件 编辑 创建 选择 工具 网格 捕捉 动画 模拟 渲染 雕刻 运动跟踪 运动图形 角色 流水线 插件 脚本 窗口 帮助

图1-6

1.3.1 文件

视频云课堂：003 菜单栏

通过"文件"菜单可以对场景文件进行新建、保存、合并和退出等操作，与其他软件的文件菜单类似，如图1-7所示。

图1-7

重要参数讲解

◇ **新建**：新建一个空白场景。

◇ **打开**：打开已有的场景。

◇ **合并**：将已有的场景或模型合并进现有的场景中。

◇ **恢复**：返回场景文件的原始版本。

◇ **保存**：保存现有场景。

◇ **另存为**：将现有场景保存为另一个文件。

◇ **增量保存**：将场景保存为多个版本。

◇ **导出**：将场景文件保存为其他三维软件格式。

技巧与提示

菜单命令后的按键组合是这个命令的默认快捷键。

1.3.2 编辑

通过"编辑"菜单可以对场景或对象进行一些基本操作，如图1-8所示。

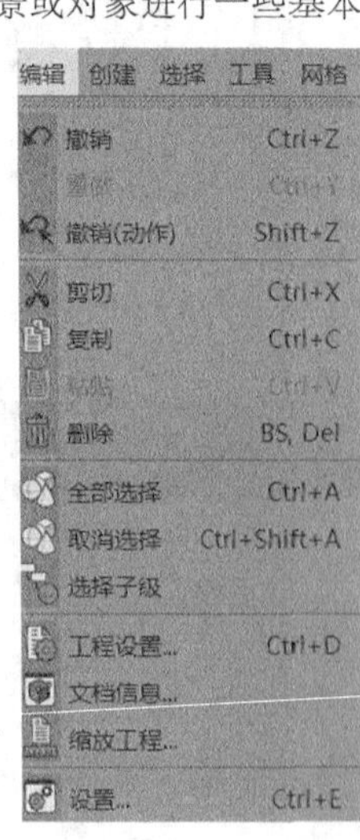

图1-8

重要参数讲解

◇ **撤销**：返回上一步操作。

◇ **复制**：复制场景中的对象。

◇ **粘贴**：粘贴复制的对象。

◇ **删除**：删除选中的对象。

◇ **全部选择**：全选场景中的所有对象。

◇ **选择子级**：选中对象的子级对象。

◇ **工程设置**：打开"工程设置"面板，如图1-9所示。

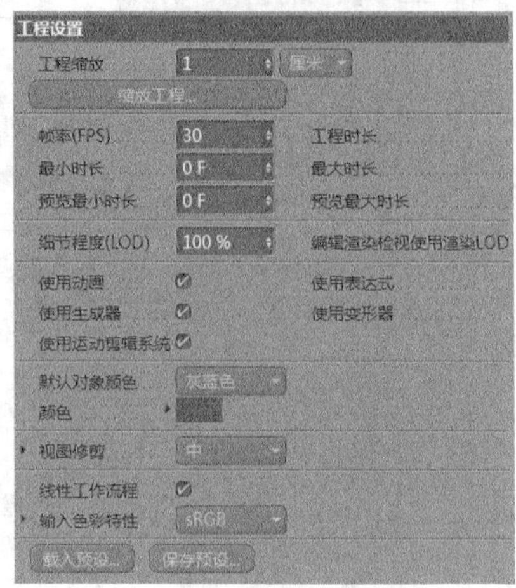

图1-9

知识点：CINEMA 4D的初始设置

CINEMA 4D的初始设置需在"工程设置"面板中进行操作。打开"工程设置"面板的方法有3种。

第1种：执行"编辑-工程设置"菜单命令。

第2种：按快捷键Ctrl+D。

第3种：在"属性"面板的"模式"菜单中选择"工程"选项，如图1-10所示。

在"工程设置"面板中可以设置场景的一些通用参数，如图1-11所示。

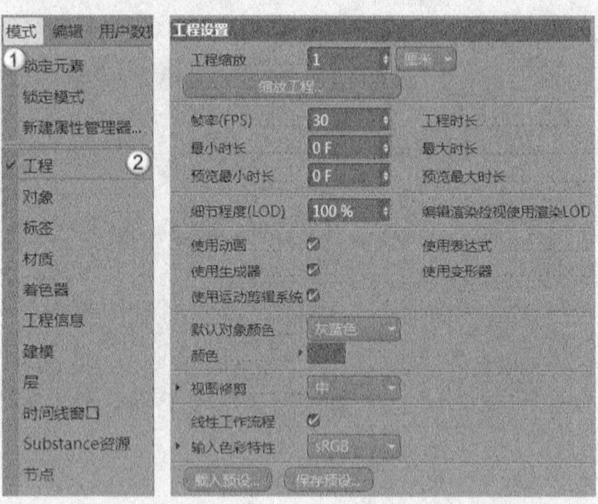

图1-10　　图1-11

工程缩放：设置场景单位，默认为"厘米"。

帧率（FPS）：控制动画播放的帧频，默认为30。

默认对象颜色：设置创建几何体的统一颜色，默认为"灰蓝色"。系统还在菜单中提供了"80%灰色"和"自定义"两个选项。

线性工作流程：默认勾选该选项，场景使用线性工作流。

保存预设：将设置好的初始预设进行保存。

载入预设：当打开新的场景时，系统自动恢复到默认预设。单击此按钮可以载入保存后的自定义预设。

◇ **设置**：打开“设置”面板，如图1-12所示，可以设定软件的语言版本、显示字体、字号、软件界面颜色和文件保存等信息。关闭面板后，设置的信息将自动保存。如果需要恢复默认设置，单击下方的“打开配置文件”按钮，然后在弹出的窗口中删除所有文件，并关闭软件重启即可。

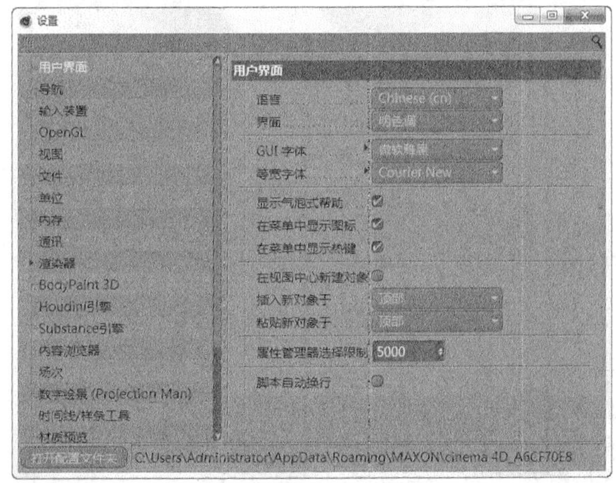

图1-12

技巧与提示

为了防止软件自动退出，在“文件”选项的“自动保存”中勾选“保存”选项，可以自动保存制作中的场景。

1.3.3 创建

通过“创建”菜单可以创建CINEMA 4D的大部分对象，菜单面板如图1-13所示。

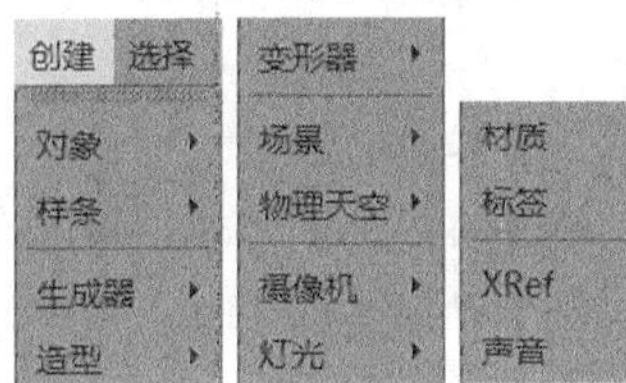

图1-13

重要参数讲解

◇ **对象**：创建系统自带的参数化几何体。

◇ **样条**：创建系统自带的样条图案和样条编辑工具。

◇ **生成器**：创建系统自带的生成器，编辑样条和对象的造型。

◇ **造型**：创建系统自带的造型工具，编辑对象的造型。

◇ **变形器**：创建系统自带的变形器工具，编辑对象的造型。

◇ **场景**：创建系统自带的场景工具，提供背景、天空和地面等工具。

◇ **物理天空**：创建模拟真实天空效果的天空模型。

◇ **摄像机**：创建系统自带的摄像机。

◇ **灯光**：创建系统自带的灯光对象。

◇ **材质**：创建新材质和系统自带的常见材质。

◇ **标签**：创建对象的标签属性。

◇ **XRef**：创建工作流程文件，方便管理和修改工程文件。

◇ **声音**：创建声音文件，通常用于影视包装类制作。

1.3.4 选择

通过“选择”菜单可以控制选择对象的方式和方法，菜单面板如图1-14所示。

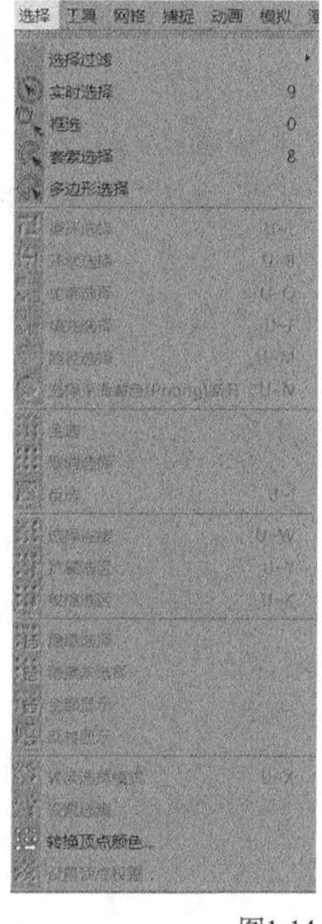

图1-14

重要参数讲解

◇ **选择过滤**：设置选择对象的类型。

◇ **实时选择**：选中圆形光标内的对象。

◇ **框选**：用光标绘制矩形框，选择一个或多个对象。

◇ **循环选择**：选择对象周围一圈的点、边或多边形，常用于多边形建模。

◇ **反选**：选中选择对象以外的所有对象。

知识点：菜单的快捷打开方式

在日常工作中，打开菜单栏寻找命令会影响工作效率，因此CINEMA 4D提供了快捷打开菜单的方式。

按V键会在视图中显示6个菜单界面，里面提供了常用的菜单命令，例如“选择”菜单中的命令，如图1-15所示。这种方式有些类似于Maya的菜单操作。

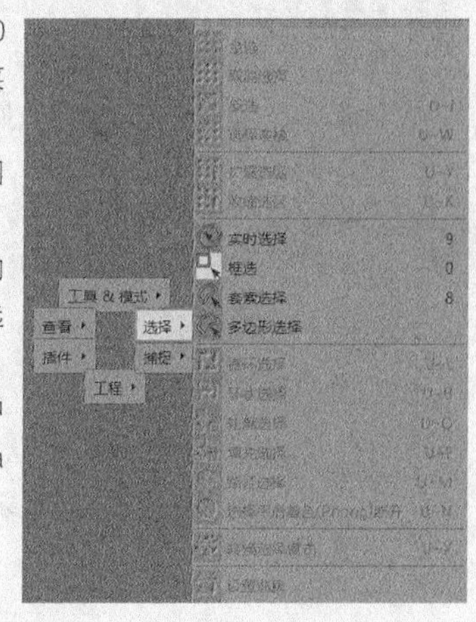

图1-15

1.3.5 工具

“工具”菜单中提供了一些用于场景制作的辅助工具，如图1-16所示。

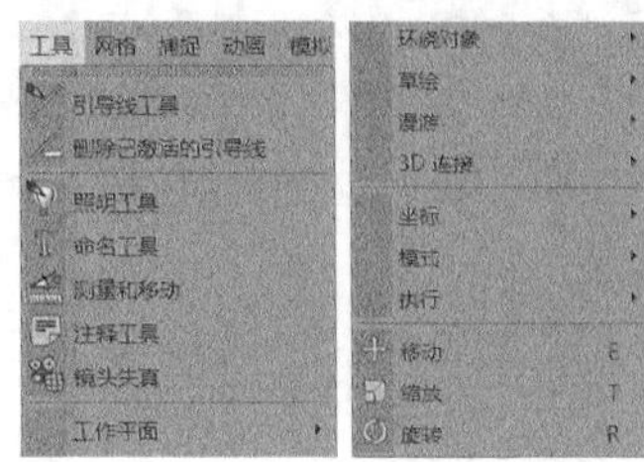

图1-16

重要参数讲解

◇ **引导线工具**：用于设置建模时对齐的辅助线。

◇ **坐标**：设置对象的显示坐标和约束坐标。

◇ **模式**：设置对象的显示模式。

◇ **移动**：移动对象。

◇ **缩放**：缩放对象。

◇ **旋转**：旋转对象。

1.3.6 网格

“网格”菜单提供了用于对象转换、样条修改和轴心修改的命令，如图1-17所示。

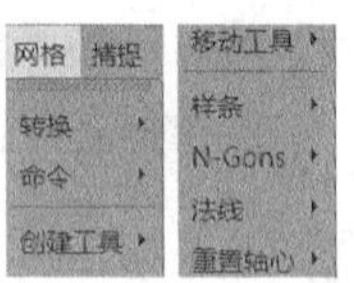

图1-17

重要参数讲解

◇ **转换**：设置当前对象的状态，可以转换为可编辑对象。

◇ **命令**：设置选择对象的坍塌、细分和优化等。

◇ **创建工具/移动工具/样条**：编辑样条的点、边和样条线的各项命令。

◇ **法线**：设置对象法线的命令。

◇ **重置轴心**：设置对象的轴心位置。

1.3.7 捕捉

“捕捉”菜单提供了各种捕捉工具，如图1-18所示。

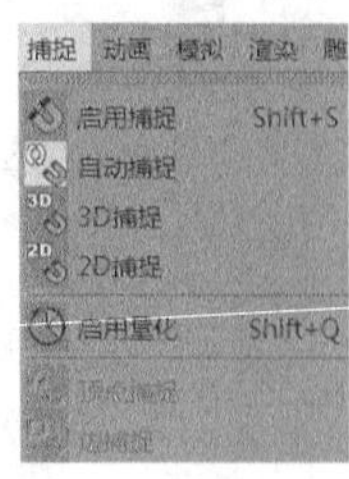

图1-18

重要参数讲解

◇ **启用捕捉**：开启捕捉工具。

◇ **3D捕捉**：在三维视图内进行捕捉。

◇ **2D捕捉**：在二维平面视图内进行捕捉。

◇ **启用量化**：设置对象以固定的角度进行旋转。在“属性”面板中执行“模式-建模”菜单命令，然后选择“量化”选项卡，即可设置移动、旋转和缩放工具量化的标准，如图1-19所示。

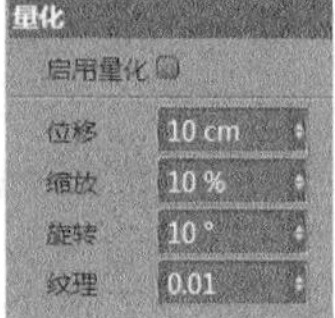

图1-19

1.3.8 动画

“动画”菜单用于设置制作动画时的各项参数，如图1-20所示。

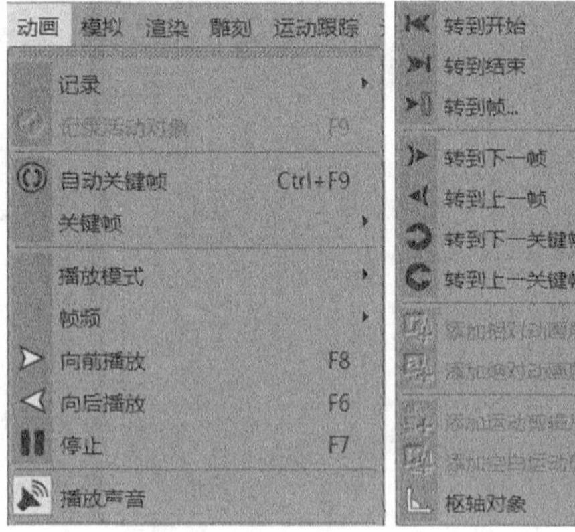

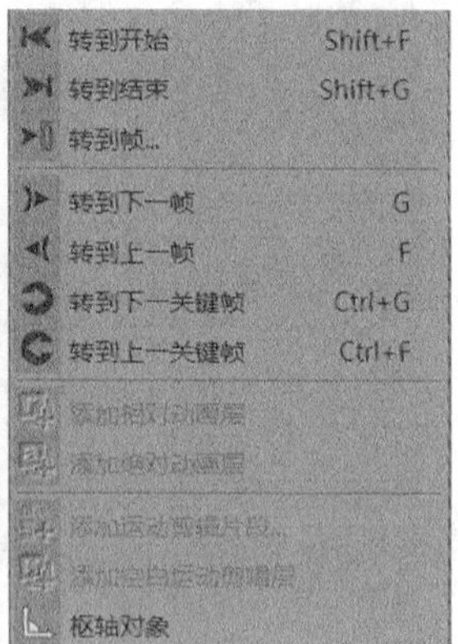

图1-20

重要参数讲解

◇ **记录**：提供了记录关键帧的各种方式。

◇ **自动关键帧**：系统将自动记录对象的各种动作。

◇ **播放模式**：提供动画的播放模式，有“简单”“循环”和“往复”3种。

◇ **帧频**：提供多种动画播放的帧频，用于控制动画播放速度。

技巧与提示

动画的其余工具在“时间线”面板中进行讲解。

1.3.9 模拟

“模拟”菜单提供了布料、动力学、粒子和毛发对象的各种工具，如图1-21所示。

图1-21

> **技巧与提示**
> 相关内容会在对应章节具体讲解。

1.3.10 渲染

“渲染”菜单提供了渲染所需要的各种工具，如图1-22所示。

图1-22

重要参数讲解

◇ **渲染活动视图：**会在当前视图中显示渲染效果。

◇ **区域渲染：**框选出需要渲染的位置单独渲染。

◇ **渲染到图片查看器：**会在弹出的“图片查看器”中显示渲染效果。

◇ **创建动画预览：**将当前制作的动画进行预览播放。

◇ **添加到渲染队列：**将当前镜头添加到渲染队列等待渲染，此功能方便多镜头进行共同渲染。

◇ **渲染队列：**渲染队列中的所有镜头。

◇ **交互式区域渲染：**多台计算机联机渲染。

◇ **编辑渲染设置：**在弹出的“渲染设置”面板中编辑渲染的各项参数。

1.3.11 雕刻

“雕刻”菜单提供了雕刻模型的各项工具，如图1-23所示。

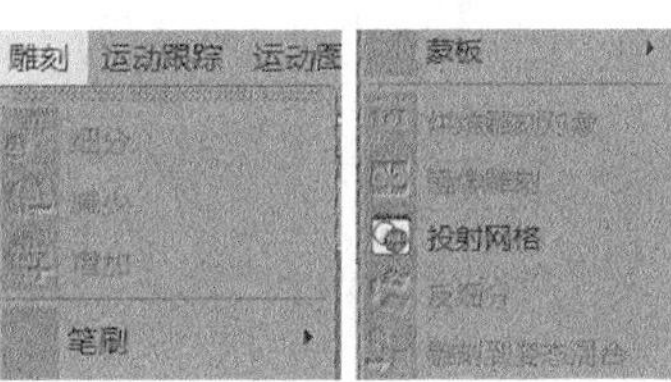

图1-23

重要参数讲解

◇ **细分：**增加模型的布线，方便进行雕刻。

◇ **减少：**减少细分数量。

◇ **增加：**增加细分数量。

◇ **笔刷：**提供多种雕刻笔刷。

◇ **蒙版：**提供蒙版进行编辑。

◇ **烘焙雕刻对象：**烘焙雕刻对象的贴图纹理。

> **技巧与提示**
> 在“界面”中有关于雕刻的单独界面，方便雕刻操作。

1.3.12 运动跟踪

“运动跟踪”菜单适用于制作特殊效果，如图1-24所示。

图1-24

1.3.13 运动图形

“运动图形”菜单提供了多种组合模型的方式，为建模提供了极大的便利，如图1-25所示。

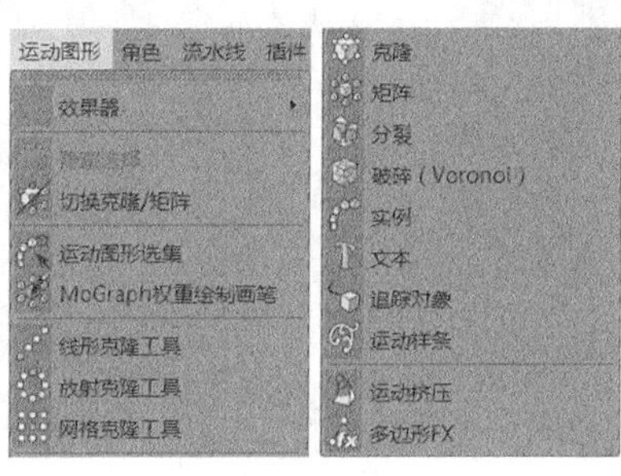

图1-25

重要参数讲解

◇ **线性克隆工具**：将对象以线性的方式进行克隆，如图1-26所示。

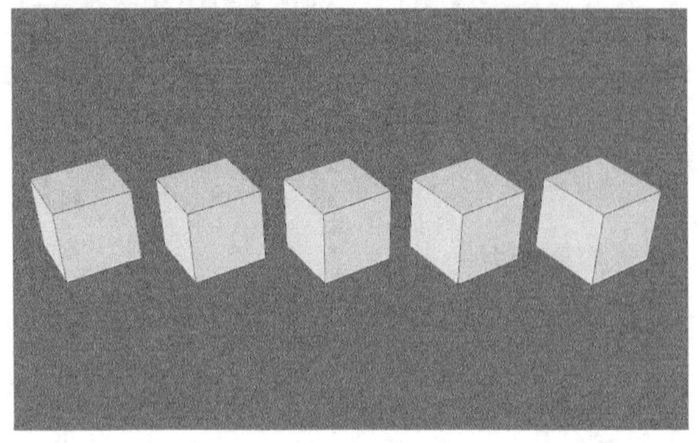

图1-26

◇ **放射克隆工具**：将对象以环形的方式进行克隆，如图1-27所示。

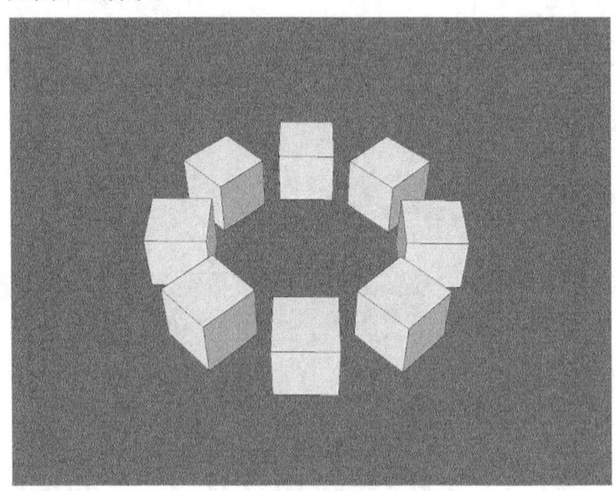

图1-27

◇ **网格克隆工具**：将对象以网格的方式进行克隆，如图1-28所示。

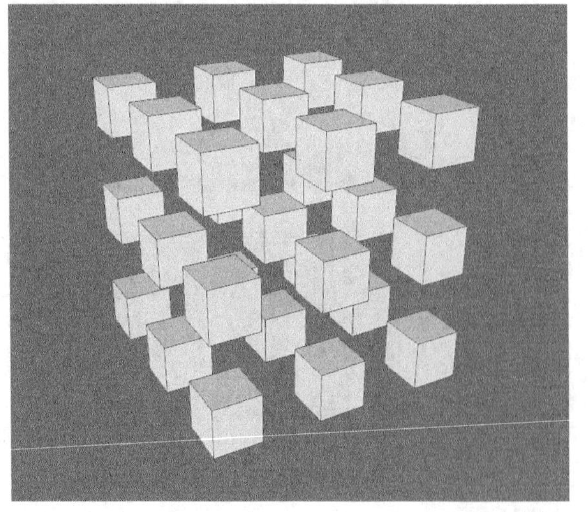

图1-28

◇ **克隆**：提供了5种克隆方式，包括“线性”“放射”“网格”“对象”和“蜂窝阵列”。

◇ **破碎**：将对象进行任意形式的破碎，如图1-29所示。

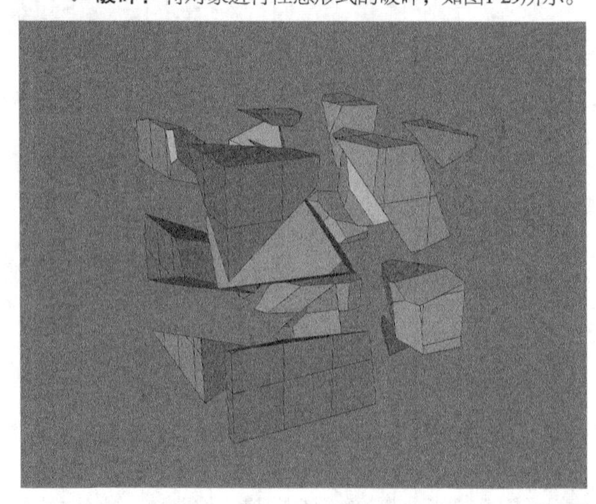

图1-29

1.3.14 角色

“角色”菜单提供了制作角色动画的模型、关节、蒙皮、肌肉和权重等工具，如图1-30所示。

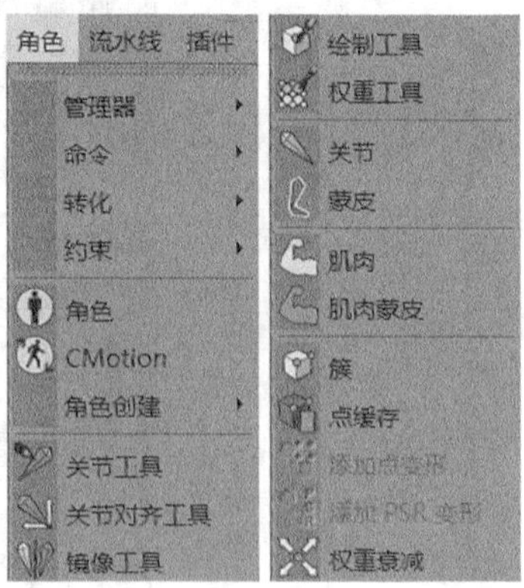

图1-30

技巧与提示

“角色”菜单会在“第12章 动画技术”中详细讲解。

1.3.15 流水线

“流水线”菜单列出了与其他软件应用相关的功能，如图1-31所示。

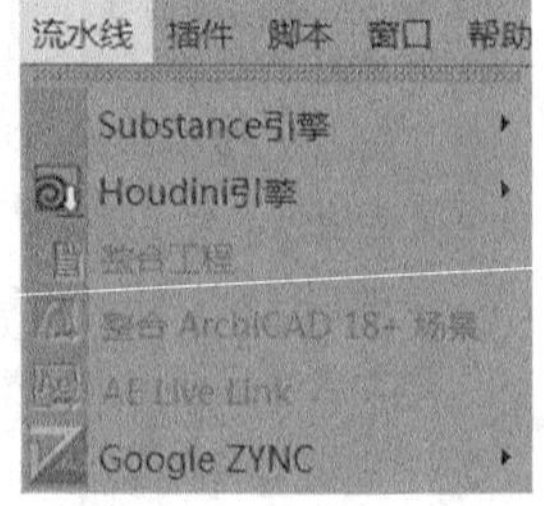

图1-31

1.3.16 插件

“插件”菜单提供了程序功能范围外的辅助模块，如图1-32所示。

图1-32

1.3.17 脚本

“脚本”菜单提供了用户自定义脚本的相关功能，如图1-33所示。

图1-33

1.3.18 窗口

“窗口”菜单不仅罗列了软件的各种窗口，还能在打开的多个场景中自由切换，如图1-34所示。

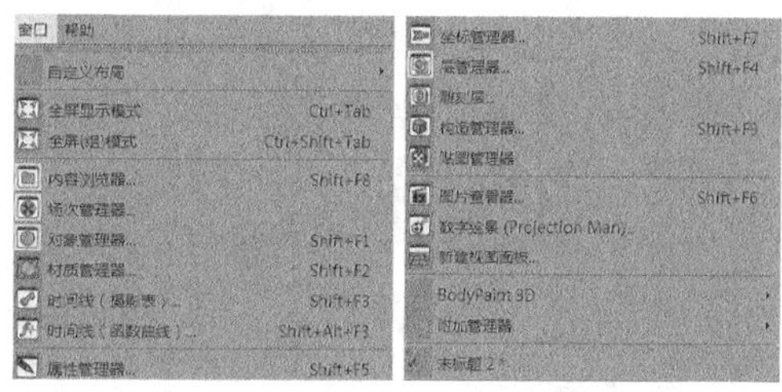

图1-34

1.3.19 帮助

“帮助”菜单提供了软件的帮助信息、更新方式和注册信息，如图1-35所示。

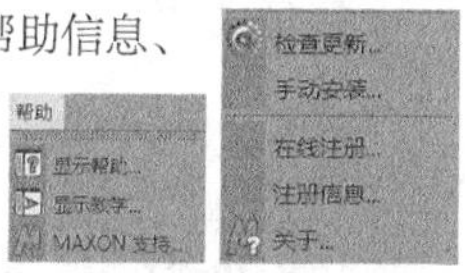

图1-35

1.4 工具栏

工具栏将菜单栏中的各种重要功能进行了分类集合，在日常制作中使用的频率很高，需要读者重点掌握，工具栏面板如图1-36所示。

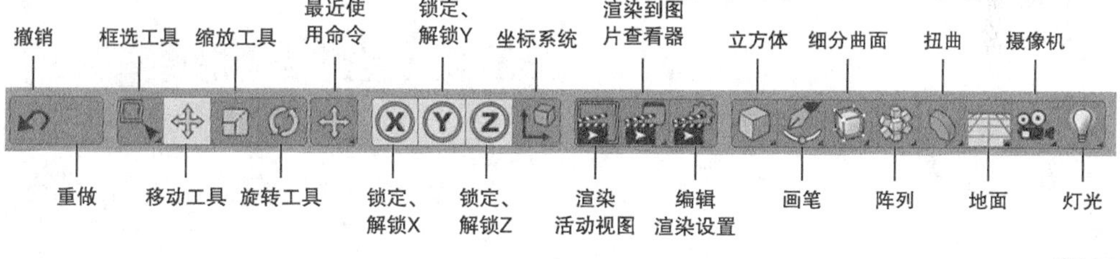

图1-36

1.4.1 撤销/重做

视频云课堂：004 工具栏

“撤销”工具用于撤销前一步的操作，快捷键为Ctrl + Z。“重做”工具用于进行重做。

1.4.2 框选工具

“框选”工具是选择工具中的一种，长按该按钮不放，会在下拉菜单中显示其他选择方式，如图1-37所示。

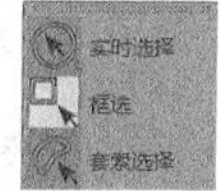

图1-37

重要参数讲解

◇ **实时选择**：选择对象时光标为一个圆圈，快捷键为9。

◇ **框选**：光标为一个矩形，通过绘制矩形框选择一个或多个对象，快捷键为0。

◇ **套索选择**：光标为套索，通过绘制任意形状选择一个或多个对象。

◇ **多边形选择**：光标为多边形，通过绘制多边形选择一个或多个对象。

技巧与提示

按住Shift键可以加选对象，按住Ctrl键可以减选对象。

1.4.3 移动工具

使用“移动工具”（快捷键为E）可以将对象沿着*x*、*y*和*z*轴进行移动，如图1-38所示。

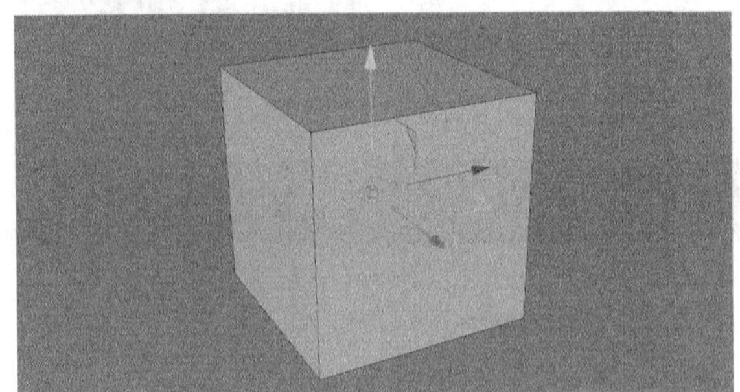

图1-38

技巧与提示

红色轴代表*x*轴，绿色轴代表*y*轴，蓝色轴代表*z*轴。

1.4.4 缩放工具

使用“缩放工具”（快捷键为T）可以将对象沿着*x*、*y*和*z*轴进行缩放，如图1-39所示。

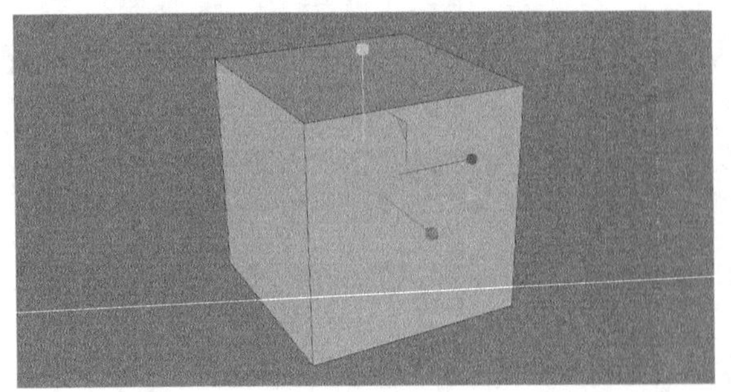

图1-39

1.4.5 旋转工具

使用“旋转工具”（快捷键为R）可以将对象沿着*x*、*y*和*z*轴进行旋转，如图1-40所示。

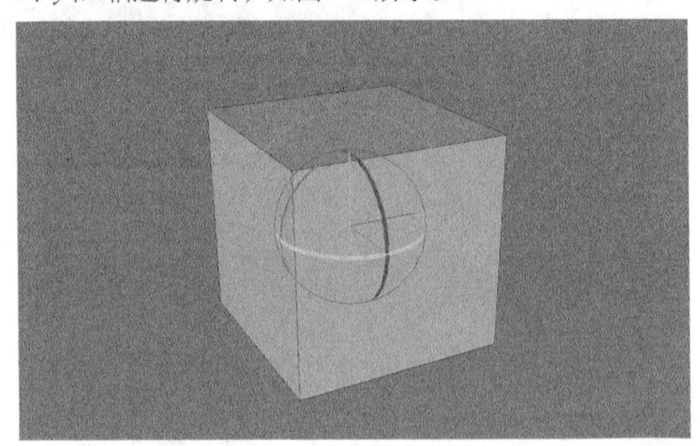

图1-40

知识点：精准调整对象

在移动、旋转和缩放对象时，都是以任意数值进行操作的，那么，如果需要将对象精准旋转90°该如何操作呢？

使用上一节讲到的“精准捕捉”工具便可以轻松解决。打开“精准捕捉”工具后，对象就会按照设定的数值进行移动、旋转和缩放。当然，CINEMA 4D也提供了快捷方式，按住Shift键的同时移动、旋转和缩放对象，也能达到类似的效果。

需要注意的是，系统默认以10°进行旋转。如果要旋转45°，就需要修改“量化”中的旋转量为5°。

1.4.6 最近使用命令

“最近使用命令”按钮会显示用户上一步操作时使用的工具，按空格键也会切换到上一步使用的命令。

1.4.7 锁定/解锁X轴

“锁定/解锁X轴”工具用于对*x*轴进行锁定、解锁（通常为默认，无需操作）。

技巧与提示

“锁定/解锁Y轴”工具和“锁定/解锁Z轴”工具与“锁定/解锁X轴”一样，保持默认即可。

1.4.8 坐标系统

CINEMA 4D提供了两种坐标系统，一种是“对象”坐标系统，另一种是“全局”坐标系统。

重要参数讲解

◇ **“对象”坐标系统**：按照对象自身的坐标轴进行显示，如图1-41所示。

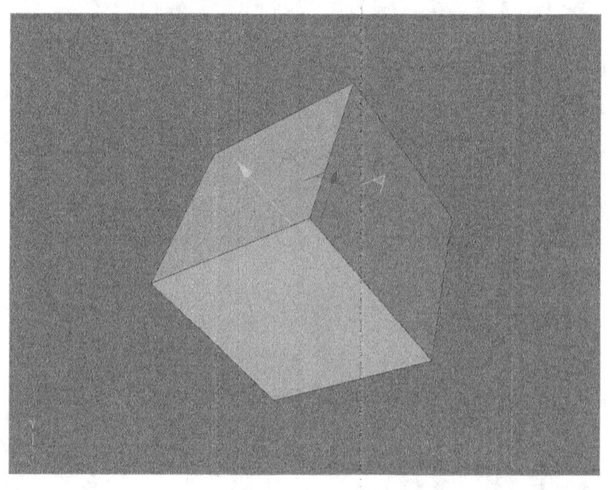

图1-41

◇ **“全局”坐标系统**：无论对象旋转任何角度，坐标轴都会与视图左下角的世界坐标保持一致，如图1-42所示。

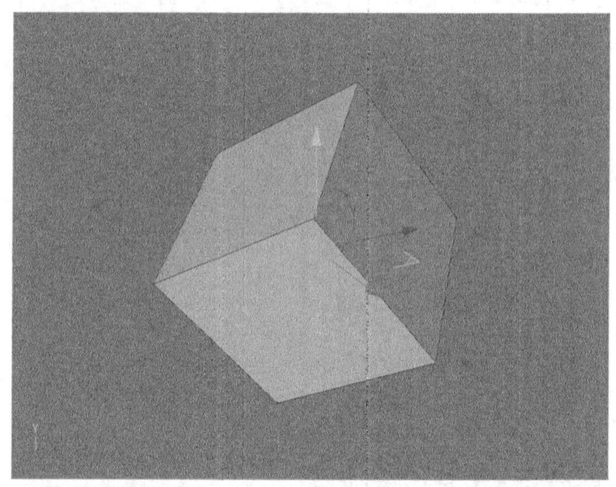

图1-42

1.4.9 渲染活动视图

“渲染活动视图”工具（快捷键为Ctrl＋R）会在操作的视图中显示渲染效果。当多视图显示时，可以一边操作一边查看渲染效果。

1.4.10 渲染到图片查看器

“渲染到图片查看器”工具（快捷键为Shift＋R）会将渲染的效果在“图片查看器”中显示，如图1-43所示。

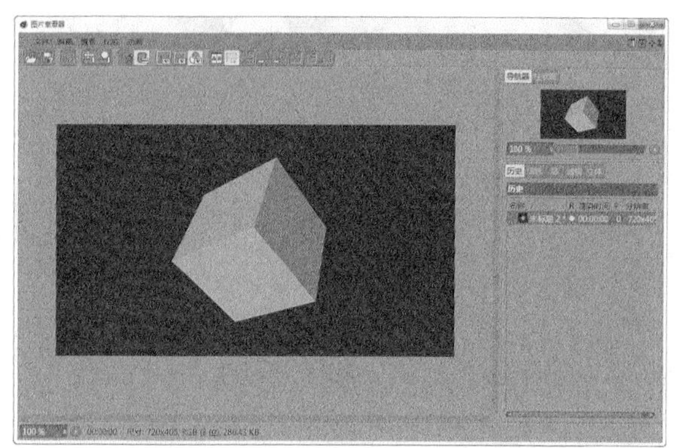

图1-43

1.4.11 编辑渲染设置

“编辑渲染设置”工具（快捷键为Ctrl＋B）用于编辑渲染设置的参数，如图1-44所示。

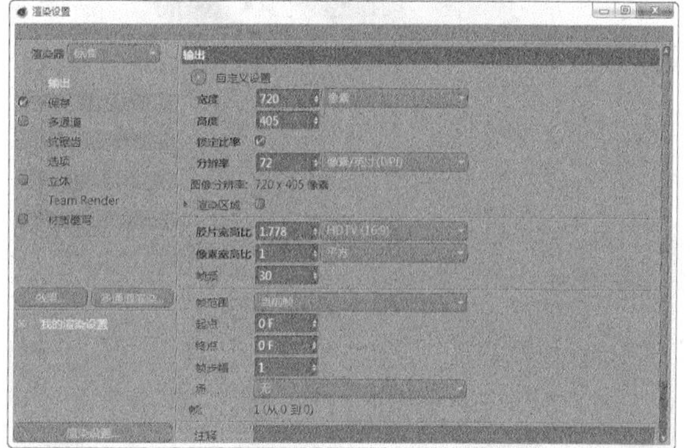

图1-44

技巧与提示

相关工具介绍请参阅“第9章 环境与渲染技术”。

1.4.12 立方体

长按“立方体”按钮会弹出“对象”面板，里面罗列出系统自带的参数化几何体，如图1-45所示。

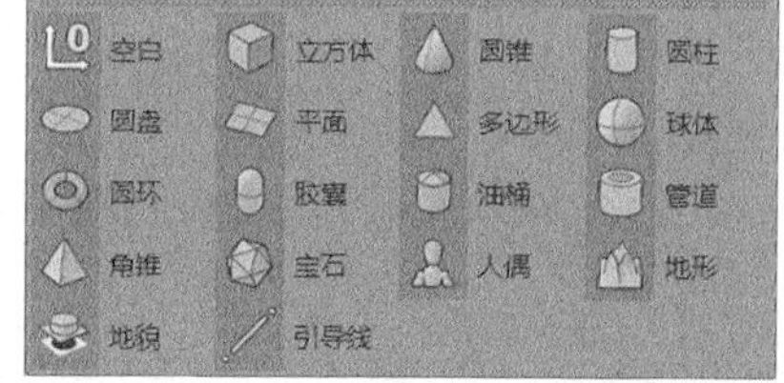

图1-45

技巧与提示

相关工具介绍请参阅“第2章 基础建模技术”。

1.4.13 画笔

长按“画笔”按钮会弹出“样条”面板，里面罗列出系统自带的样条、图案和样条编辑工具，如图1-46所示。

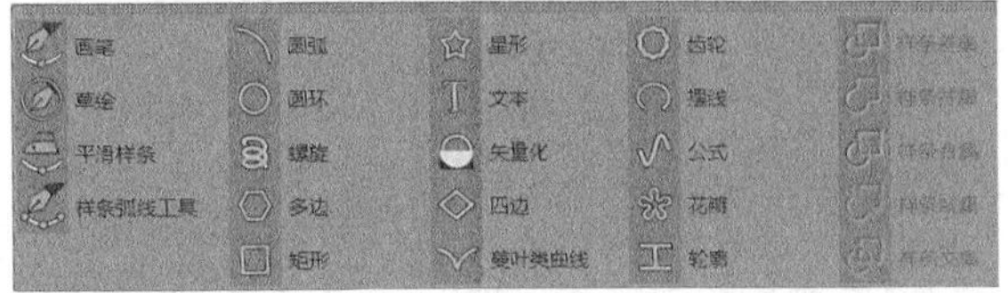

图1-46

> **技巧与提示**
> 相关工具介绍请参阅“第2章 基础建模技术”。

1.4.14 细分曲面

长按“细分曲面”按钮会弹出“生成器”面板，里面罗列出系统自带的生成器，如图1-47所示。

图1-47

> **技巧与提示**
> 相关工具介绍请参阅“第3章 生成器与变形器”。

1.4.15 阵列

长按“阵列”按钮会弹出“造型”面板，里面罗列出系统自带的造型生成器，如图1-48所示。

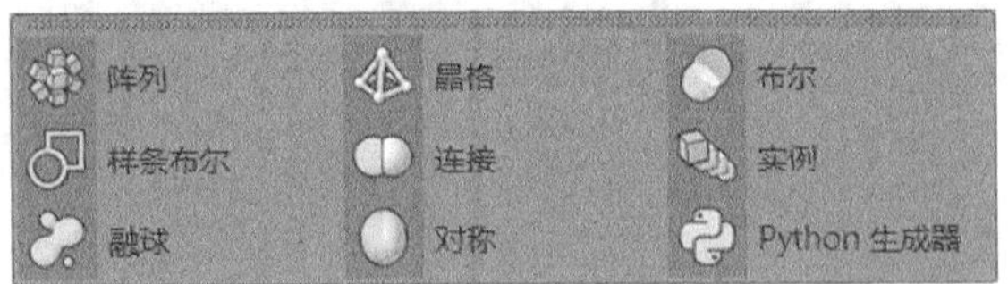

图1-48

> **技巧与提示**
> 相关工具介绍请参阅“第3章 生成器与变形器”。

1.4.16 扭曲

长按“扭曲”按钮会弹出“变形器”面板，里面罗列出系统自带的变形器，如图1-49所示。

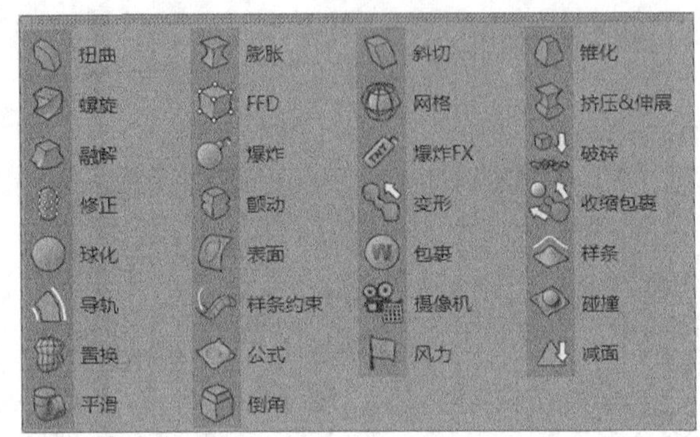

图1-49

> **技巧与提示**
> 相关工具介绍请参阅“第3章 生成器与变形器”。

1.4.17 地面

长按“地面”按钮会弹出“场景”面板，里面罗列出系统自带的天空、背景和地面等工具，如图1-50所示。

图1-50

> **技巧与提示**
> 相关工具介绍请参阅“第9章 渲染与环境技术”。

1.4.18 摄像机

长按“摄像机”按钮会弹出“摄像机”面板，里面罗列出系统自带的各种摄像机，如图1-51所示。

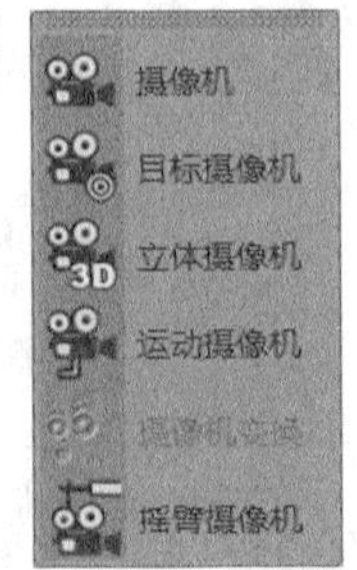

图1-51

> **技巧与提示**
> 相关工具介绍请参阅“第5章 摄像机技术”。

1.4.19 灯光

长按“灯光”按钮会弹出“灯光”面板，里面罗列出系统自带的各种灯光，如图1-52所示。

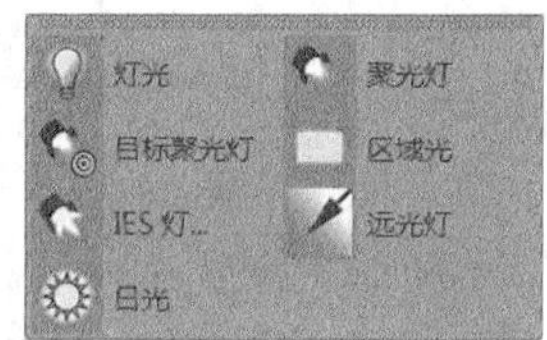

图1-52

技巧与提示

相关工具介绍请参阅“第6章 灯光技术”。

1.5 模式工具栏

“模式工具栏”与“工具栏”相似，具有切换模型的点、线和面，以及调整模型的纹理和轴心等功能，是一些常用命令和工具的快捷方式，如图1-53所示。

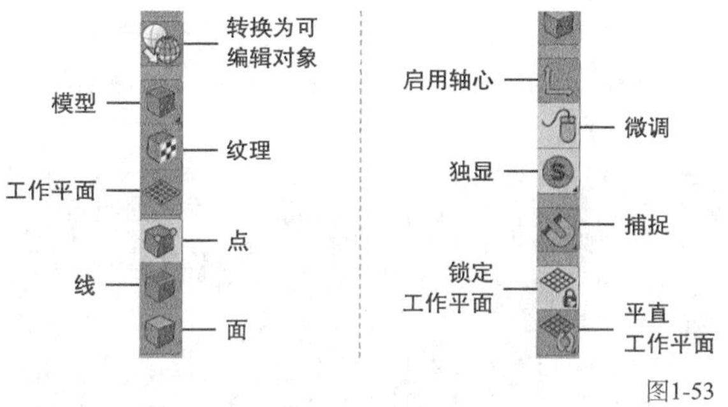

图1-53

1.5.1 转为可编辑对象

视频云课堂：005 模式工具栏

“转为可编辑对象”按钮（快捷键为C）用于将参数化的对象转换为可编辑对象。转换完成后，就可以对编辑对象的点、线和面进行调整。

1.5.2 模型

单击“模型”按钮，可将选中的编辑状态下的对象转换为模型状态。

1.5.3 纹理

单击“纹理”按钮，可为选中的对象添加“纹理”标签，这样就可以调整贴图的纹理坐标。

1.5.4 点

单击“点”按钮，可进入点层级编辑模式，如图1-54所示。

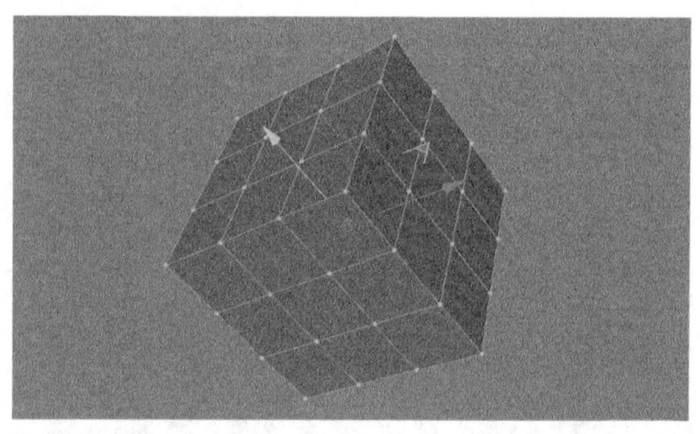

图1-54

1.5.5 边

单击“边”按钮，可进入边层级编辑模式，如图1-55所示。

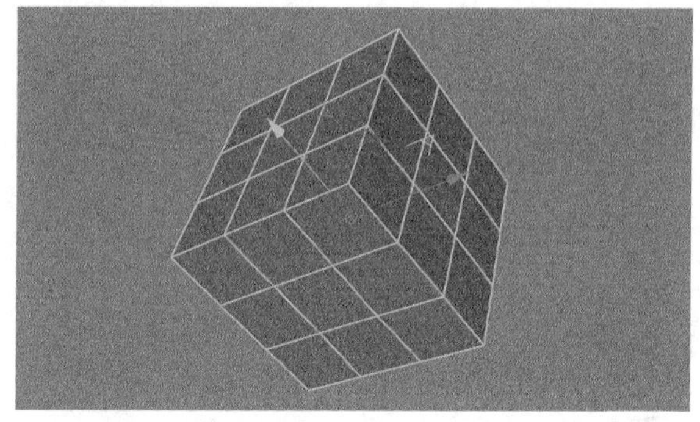

图1-55

1.5.6 多边形

单击“多边形”按钮，可进入多边形编辑模式，如图1-56所示。

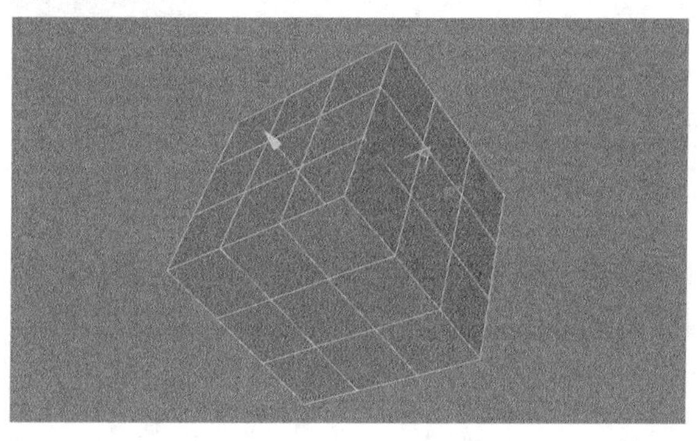

图1-56

1.5.7 启用轴心

单击“启用轴心”按钮，可以修改对象的轴心位置，再次单击后退出该模式，如图1-57所示。

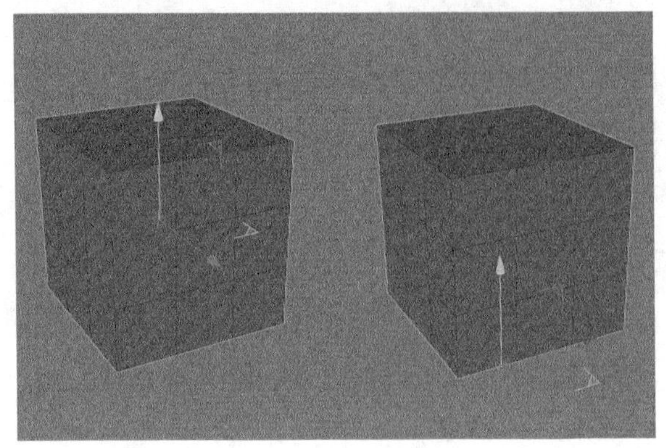

图1-57

1.5.8 关闭视窗独显

长按“关闭视窗独显”按钮会弹出下拉菜单，如图1-58所示。在菜单中单击“视窗独显选择”按钮，会将选择的对象单独显示，这样有利于模型编辑。完成编辑后，单击“关闭视窗独显”按钮会显示所有模型。

图1-58

1.5.9 启用捕捉

单击“启用捕捉”按钮（快捷键为Shift + S），开启捕捉模式。长按该按钮会弹出下拉菜单，可选择捕捉的各种模式，如图1-59所示。

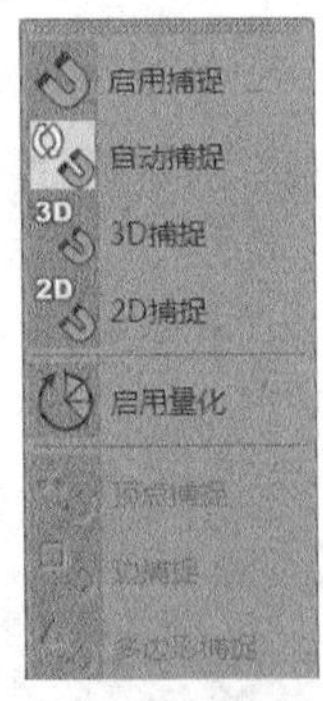

图1-59

1.6 视图窗口

“视图窗口”是编辑与观察模型的主要区域，默认为单独显示的透视图，如图1-60所示。

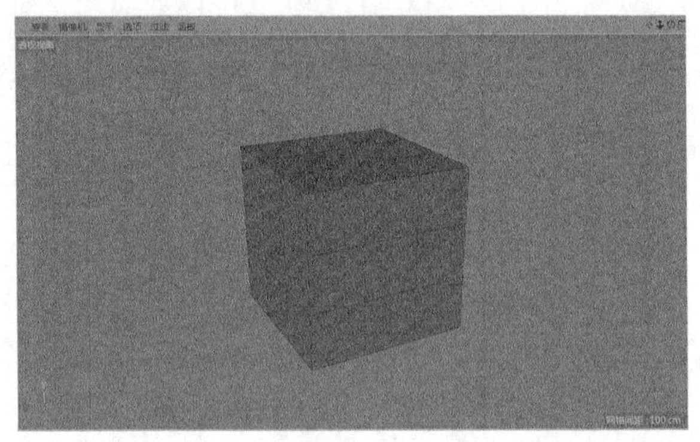

图1-60

1.6.1 视图的控制

视频云课堂：006 视图窗口

CINEMA 4D的视图操作都是基于Alt键。

旋转视图：Alt + 鼠标左键。

移动视图：Alt + 鼠标中键。

缩放视图：Alt + 鼠标右键（或滚动鼠标滚轮）。

单击鼠标中键会从默认的透视图切换为四视图，如图1-61所示。

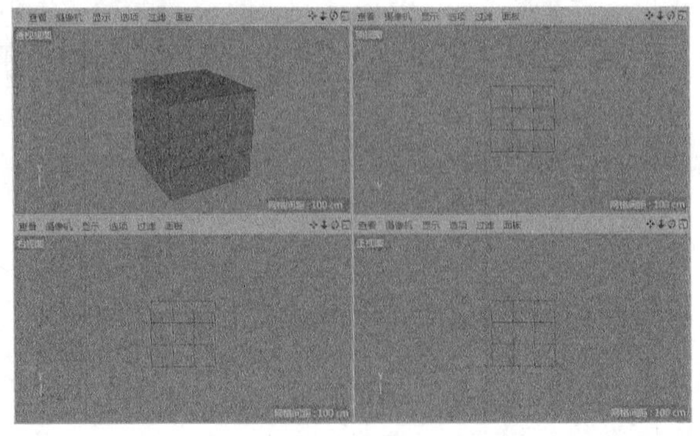

图1-61

1.6.2 查看菜单

在视图窗口的上方有一行菜单，用于控制视图的各种显示方式，如图1-62所示。

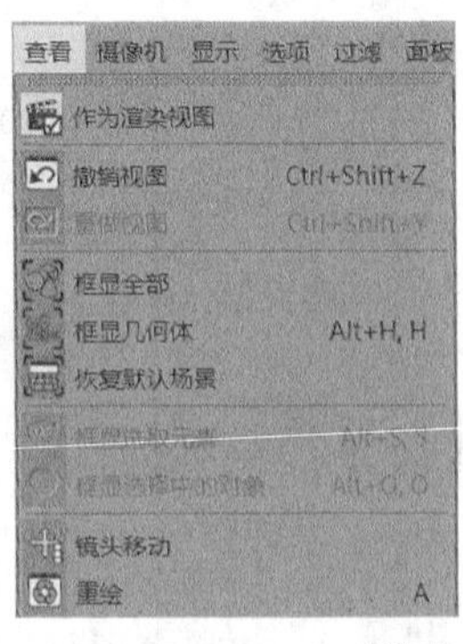

图1-62

重要参数讲解

◇ **作为渲染视图**：选择此选项，会将选中的视图作为渲染视图。

◇ **框显全部**：选择此选项，会全部显示视图中的对象。

◇ **框显几何体**：选择此选项，会全部显示选中的对象。

技巧与提示

鼠标右键单击视图空白位置，在弹出的菜单中也会显示这些命令。

1.6.3 摄像机菜单

“摄像机”菜单用于切换不同方位的视图，如图1-63所示。

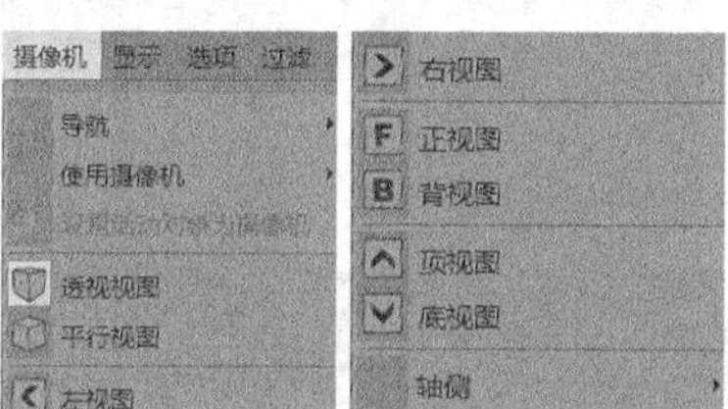

图1-63

1.6.4 显示菜单

“显示”菜单用于切换对象不同的显示方式，如图1-64所示。

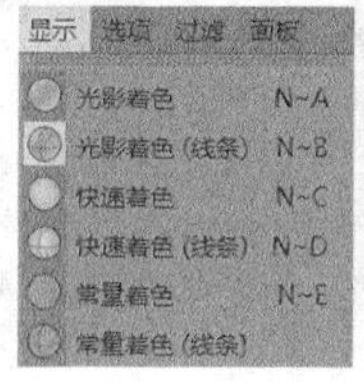

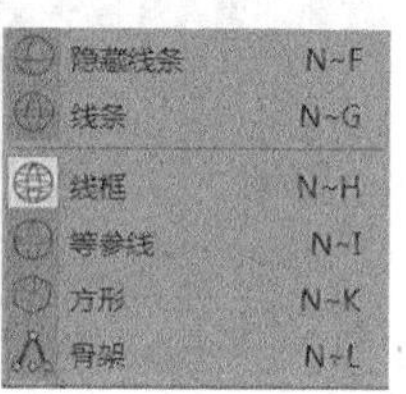

图1-64

重要参数讲解

◇ **光影着色**：只显示对象的颜色和明暗效果，如图1-65所示。

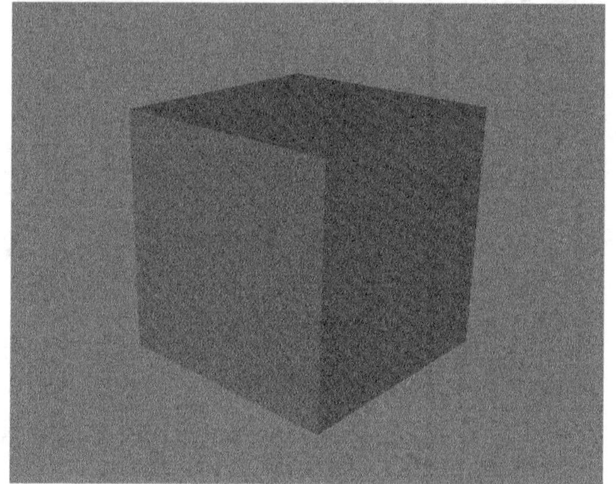

图1-65

◇ **光影着色（线条）**：不仅显示对象的颜色和明暗效果，还显示对象的线框，如图1-66所示。

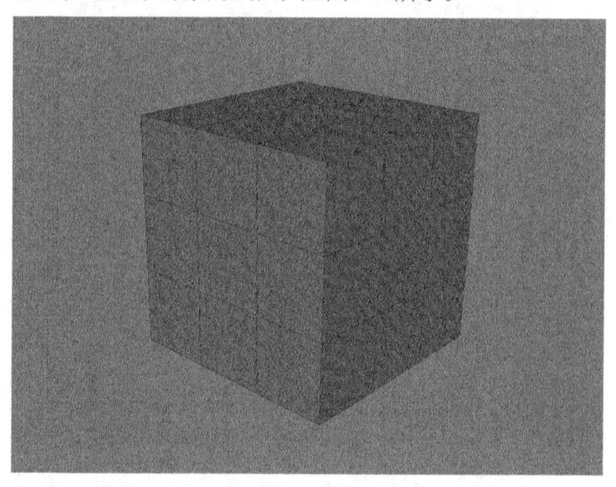

图1-66

◇ **常量着色**：只显示对象的颜色，但不显示明暗效果，如图1-67所示。

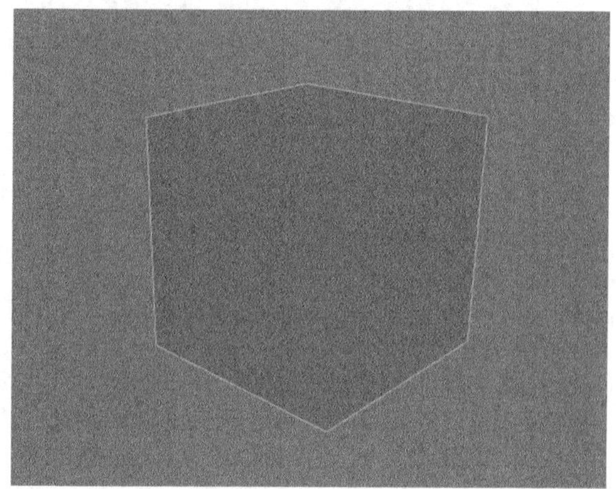

图1-67

◇ **常量着色（线条）**：只显示对象的颜色和线框，但不显示明暗效果，如图1-68所示。

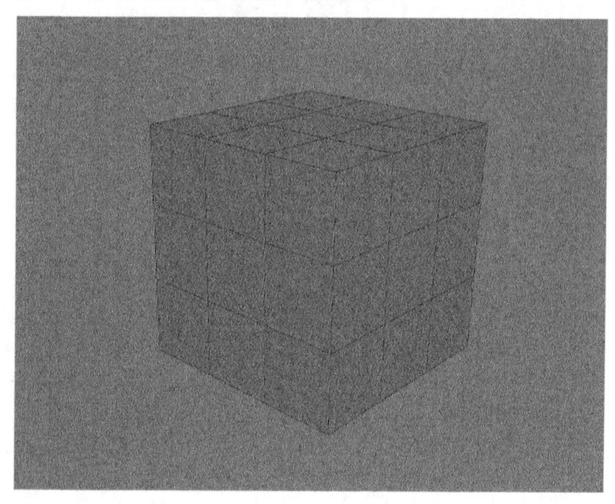

图1-68

◇ **线条**：只显示对象的线框，如图1-69所示。

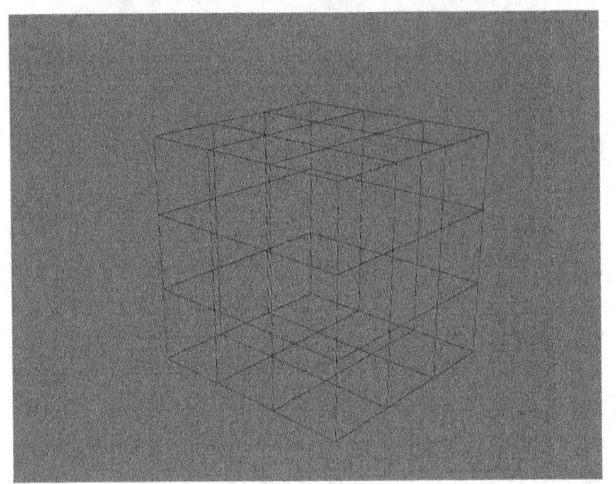

图1-69

知识点：快速切换视图显示效果

如果用鼠标单击菜单来切换视图显示效果，未免有些麻烦，影响工作效率。下面介绍快速简便切换视图效果的方法。

在“显示”菜单中，可以看到每种效果的后面跟着一组字母，例如“光影着色 N~A”。其实这组字母就是“光影着色”的快捷键。

当我们需要切换到“光影着色”效果时，先按N键，然后在窗口中就会出现一个菜单，如图1-70所示，接着根据菜单的提示，再按下A键，这样场景中的对象就会显示为“光影着色”效果。

Keys: N
A ... 光影着色
B ... 光影着色（线条）
C ... 快速着色
D ... 快速着色（线条）
E ... 常量着色
F ... 隐藏线条
G ... 线条
H ... 线框
I ... 等参线
K ... 方形
L ... 骨架
O ... 显示标签
P ... 背面忽略
Q ... 纹理
R ... 透显

图1-70

同理，当我们需要切换到“光影着色（线条）”效果时，先按N键再按B键即可。

1.6.5 过滤

“过滤”菜单用于控制在视图中显示的元素，如图1-71所示。

全部	✓ 摄像机	✓ 范围框	✓ N-gon 线
无	✓ 灯光	✓ HUD	✓ 高亮手柄
✓ 空白	✓ 环境	✓ SDS 网格	✓ 关节
✓ 多边形	✓ 粒子	✓ 高亮选择	✓ 残影
✓ 样条	✓ 其他	✓ 多选坐标轴	✓ 引导线
✓ 生成器	网格	✓ 轴向	梯度
✓ 细分曲面	视野	✓ 轴向参考带	✓ 对象高亮
✓ 变形器	全局坐标轴	✓ SDS 框架	导航十字标
			✓ 基本网格

图1-71

重要参数讲解

◇ **网格**：控制是否显示视图的栅格，如图1-72所示。

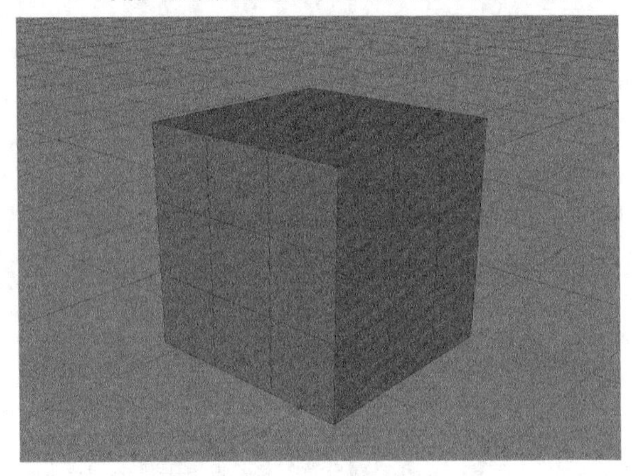

图1-72

◇ **视野**：控制是否显示地平线，如图1-73所示。

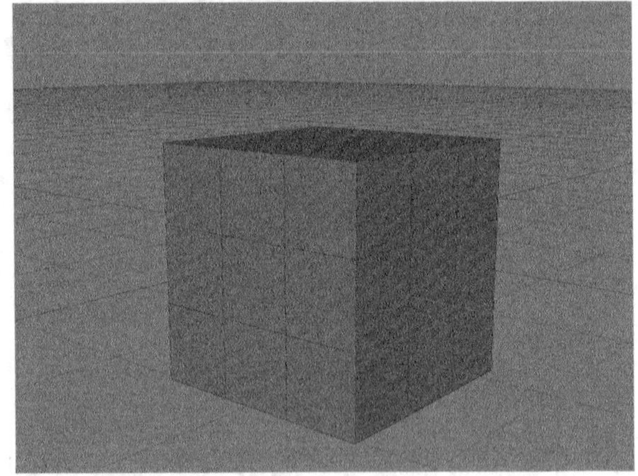

图1-73

◇ **全局坐标轴**：控制是否显示全局坐标轴，如图1-74所示。

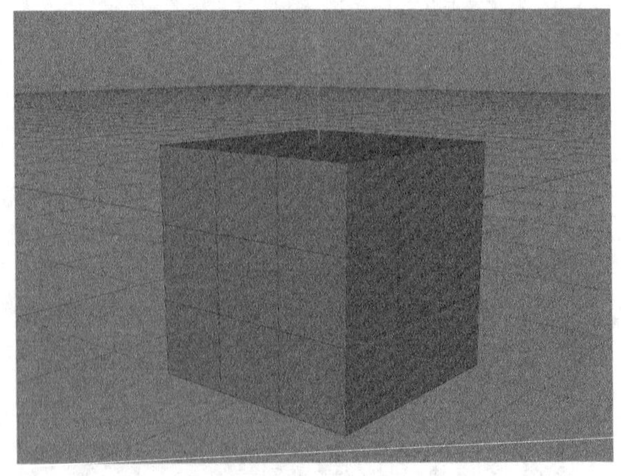

图1-74

◇ **梯度**：控制透视图背景是不是渐变色，如图1-75所示。

图1-75

1.6.6 面板

“面板”菜单用于设置视图布局，如图1-76所示。

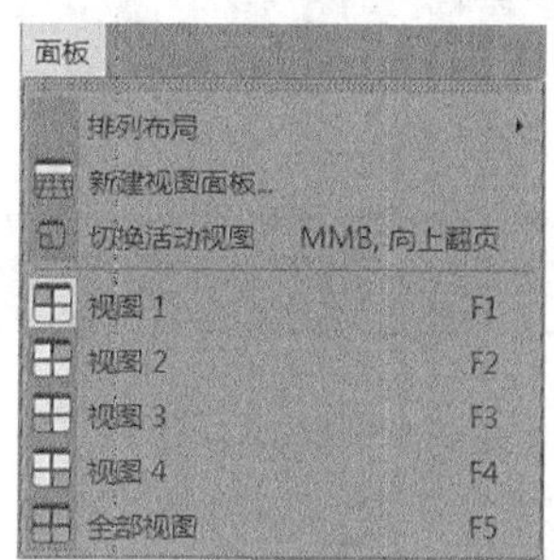

图1-76

【重要参数讲解】

◇ **排列布局：**提供了多种视图布局模式，基本满足日常制作需要，如图1-77所示。

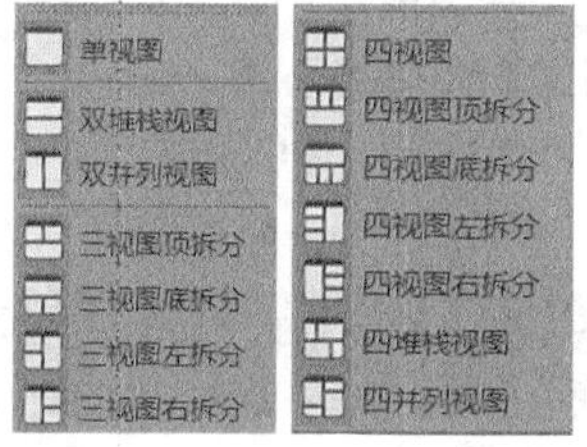

图1-77

◇ **视图1/视图2/视图3/视图4：**快速切换4个视图，建议使用后面的快捷键。

1.7 对象面板

“对象”面板用于显示所有的对象，也会清晰地显示各物体之间的层级关系。除了“对象”面板外，还有“场次”“内容浏览器”和“构造”3个面板，其中“对象”面板的使用频率是最高的，如图1-78所示。

图1-78

1.8 属性面板

“属性”面板用于调节所有对象、工具和命令的参数属性，如图1-79所示。除了“属性”面板，还有“层”面板。

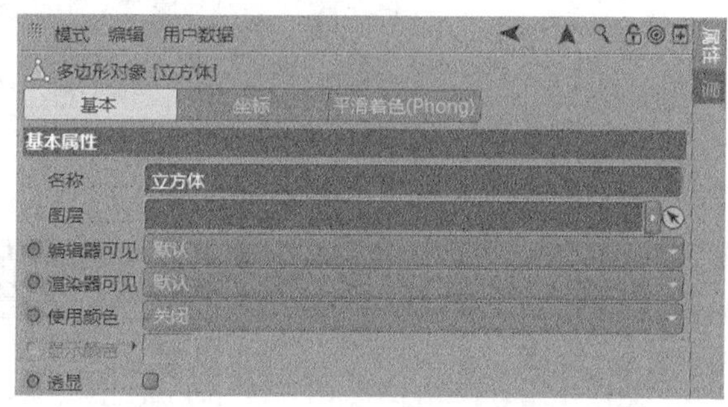

图1-79

1.9 时间线

“时间线”面板用于调节与动画控制相关的功能，如图1-80所示。

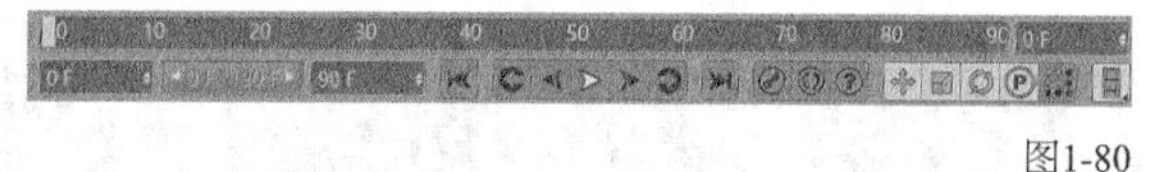

图1-80

1.10 材质面板

“材质”面板用于管理场景材质图标，双击空白区域即可创建材质，如图1-81所示。

图1-81

双击材质图标，即可弹出“材质编辑器”面板，调节材质的各项属性，如图1-82所示。

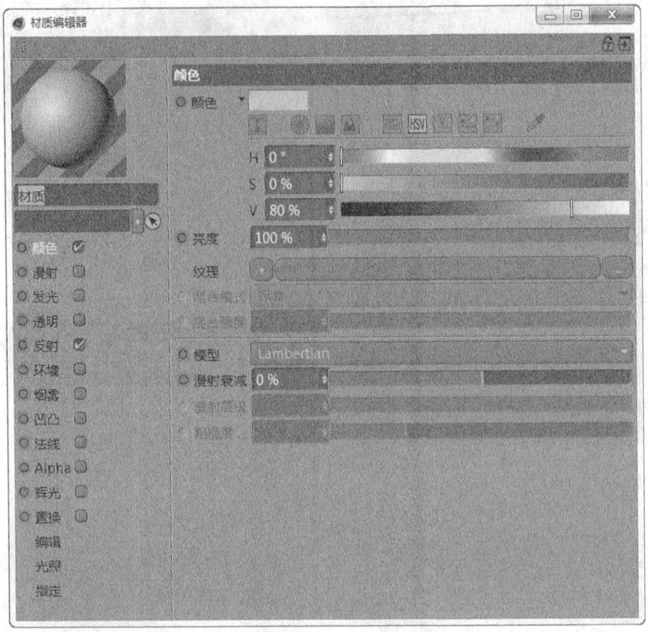

图1-82

1.11 坐标面板

“坐标”面板用于调节物体在三维空间中的坐标、尺寸和旋转角度，如图1-83所示。

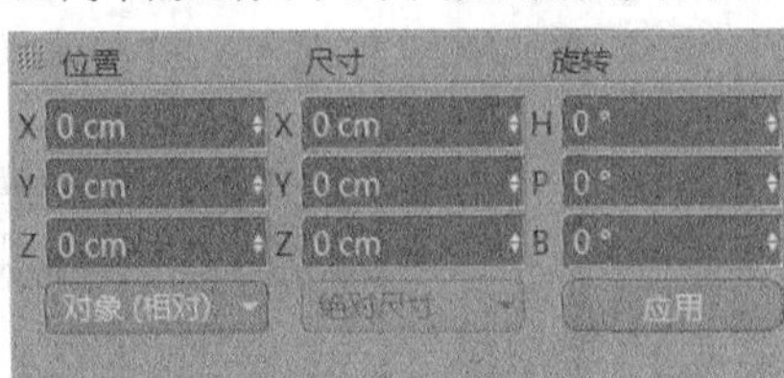

图1-83

1.12 界面

如果不小心把CINEMA 4D界面打乱了，可以在软件界面右上角的“界面”选项中选择“Standard”（标准）选项恢复到默认界面，如图1-84所示。

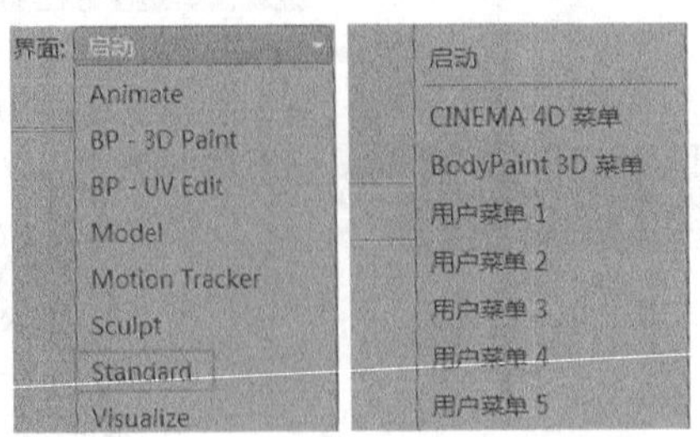

图1-84

CINEMA 4D

第2章

基础建模技术

本章将讲解 CINEMA 4D 的基础建模技术。基础建模技术可以理解为“堆积木”，即通过拼凑模型来完成建模，对于一些简单的模型，只需要通过几何体或是样条就可以拼凑完成。

课堂学习目标

◇ 掌握参数化几何体

◇ 掌握样条线

◇ 了解基本的建模思路

2.1 参数化几何体

参数化几何体是CINEMA 4D中自带的基本模型，用户可直接创建出这些模型，如图2-1所示。所谓参数化对象，就是依靠参数调节物体的外形。

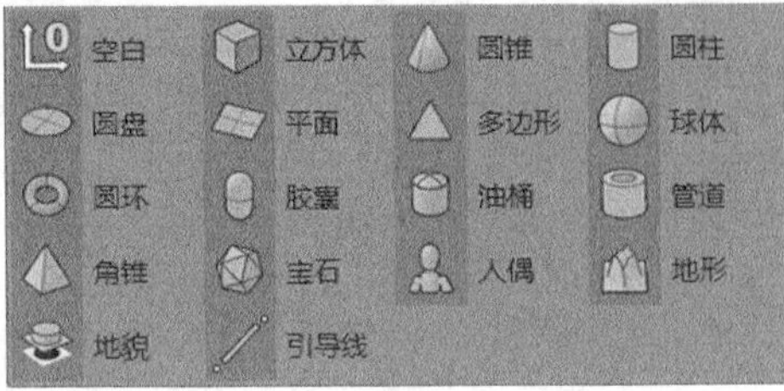

图2-1

本节工具介绍

工具名称	工具作用	重要程度
空白	用于成组物体	低
立方体	用于创建立方体	高
圆锥	用于创建圆锥体	中
圆柱	用于创建圆柱体	高
平面	用于创建平面	高
球体	用于创建球体	高
圆环	用于创建圆环	中
管道	用于创建空心圆柱体	中
角锥	用于创建四棱锥	中

2.1.1 空白

“空白”在视图默认显示为没有尺寸的圆点，其主要用途为对象成组后的父层级。在“属性”面板中可以设置“空白”的其他显示方式，如图2-2所示。

无
圆点
点
圆环
矩形
菱形
三角形
五边形
六边形
八边形
星形
坐标轴
立方体
角锥
球体

图2-2

2.1.2 立方体

视频云课堂：007 立方体

“立方体”工具是参数化几何体中常用的几何体之一。直接使用立方体可以创建出很多模型，同时还可以将立方体用作多边形建模的基础物体。立方体的参数很简单，如图2-3所示。

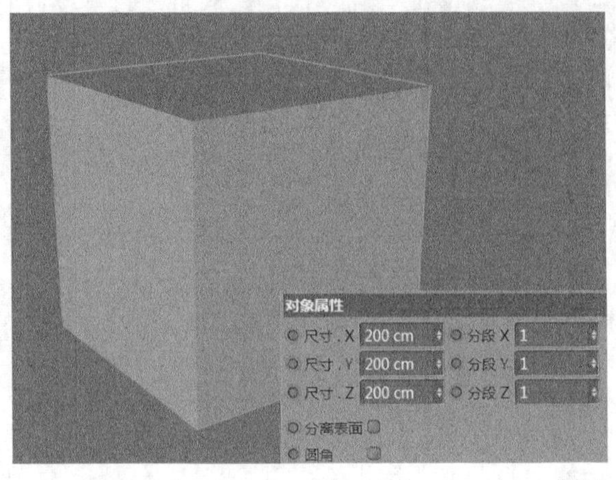

图2-3

重要参数讲解

◇ **尺寸.X**：控制立方体在x轴的长度。

◇ **尺寸.Y**：控制立方体在y轴的长度。

◇ **尺寸.Z**：控制立方体在z轴的长度。

◇ **分段X/分段Y/分段Z**：这3个参数用于设置沿着对象的每个轴的分段数量。

◇ **圆角**：勾选该选项后，立方体呈现圆角效果，同时激活“圆角半径”和“圆角细分”选项。

◇ **圆角半径**：控制圆角的大小。

◇ **圆角细分**：控制圆角的圆滑程度。

课堂案例

用立方体制作树木模型

场景文件　无
实例文件　实例文件>CH02>课堂案例：用立方体制作树木模型
视频名称　课堂案例：用立方体制作树木模型.mp4
学习目标　掌握立方体的创建方法及模型拼凑的思路

本案例的树木模型是由不同尺寸的立方体拼凑而成的，模型效果如图2-4所示。

图2-4

01 单击“立方体”按钮 立方体 在场景中创建一个立方体，然后在“对象属性”面板中设置“尺寸.X”为40cm，“尺寸.Y”为30cm，“尺寸.Z”为40cm，如图2-5所示。

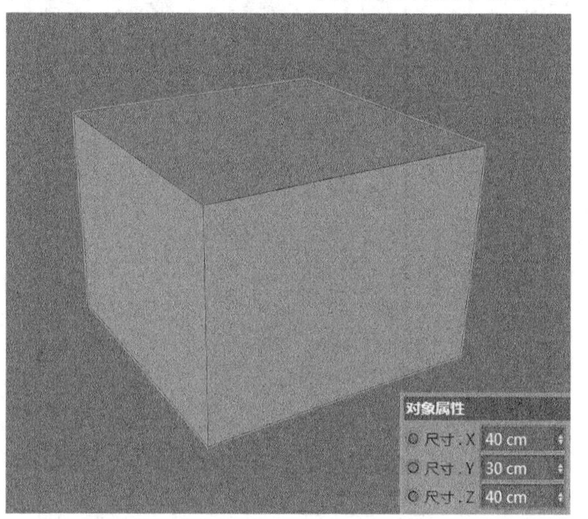

图2-5

02 选中步骤01创建的立方体，然后按住Ctrl键移动复制出一个新的立方体，如图2-6所示。

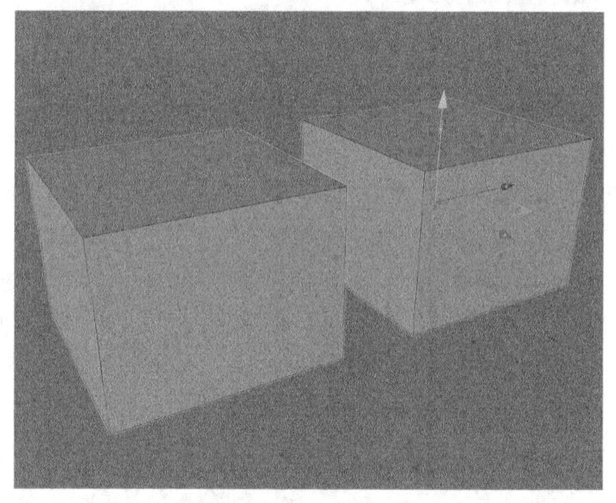

图2-6

知识点：复制对象的方法

CINEMA 4D的复制对象的方法有两种。

第1种：选中对象后按快捷键Ctrl+C复制对象，然后按快捷键Ctrl+V原位粘贴对象，接着移动、旋转或缩放对象。

第2种：选中对象后按住Ctrl键不放，然后移动、旋转或缩放物体，即可复制出新的对象。在日常制作中，这种方法的使用频率较高。

03 修改复制出的新立方体参数，设置“尺寸.X”为30cm，“尺寸.Y”为30cm，“尺寸.Z”为30cm，如图2-7所示。

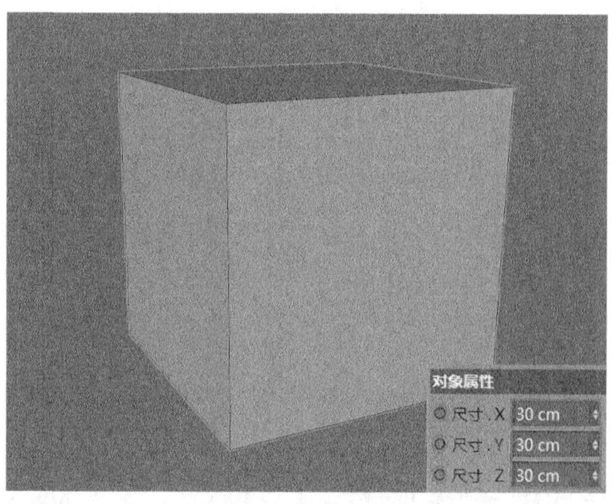

图2-7

04 将修改好的立方体与步骤01中的立方体进行拼合，如图2-8所示。

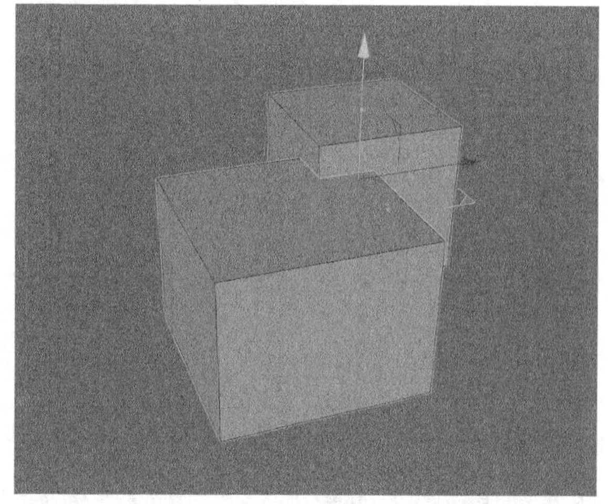

图2-8

05 将步骤03中的立方体复制一份，然后进行拼合，如图2-9所示。

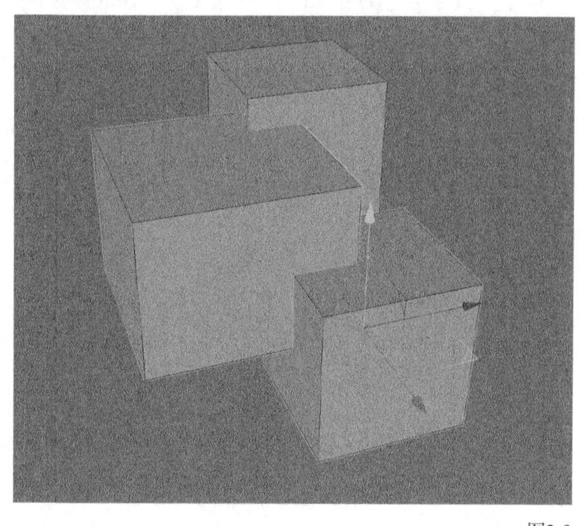

图2-9

06 复制一个新立方体，然后设置“尺寸.X”为35cm，“尺寸.Y”为15cm，“尺寸.Z”为20cm，如图2-10所示。

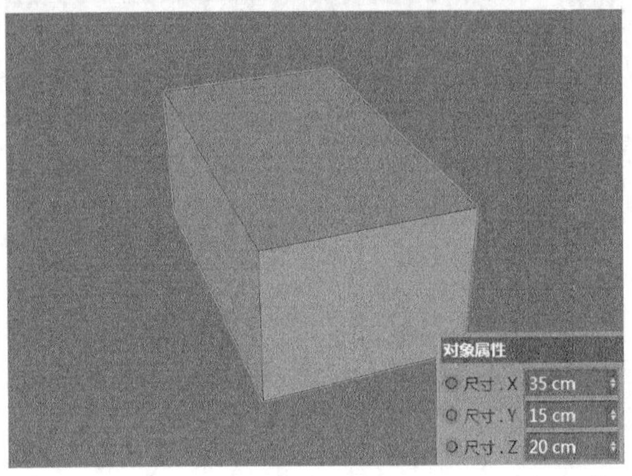

图2-10

07 将步骤06修改后的立方体复制4份，然后与其余立方体进行拼合，效果如图2-11所示。

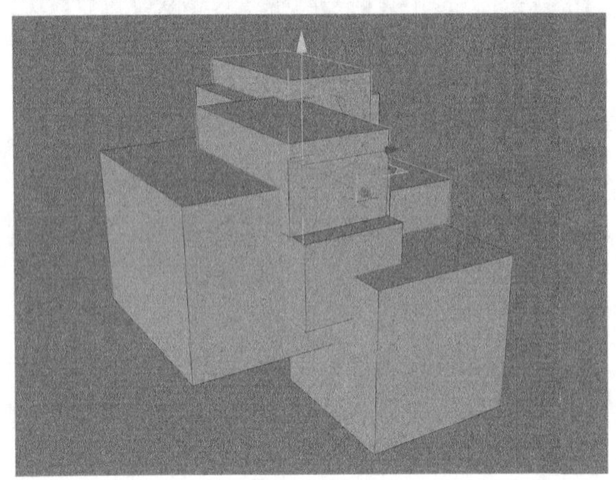

图2-11

08 新建一个立方体作为树干，然后设置“尺寸.X”为10cm，“尺寸.Y”为50cm，“尺寸.Z”为10cm，如图2-12所示。

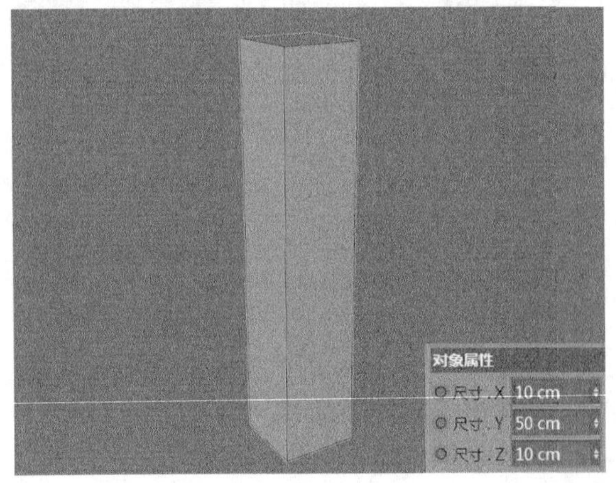

图2-12

09 将树干模型与做好的树冠模型进行拼合，树木模型的最终效果如图2-13所示。

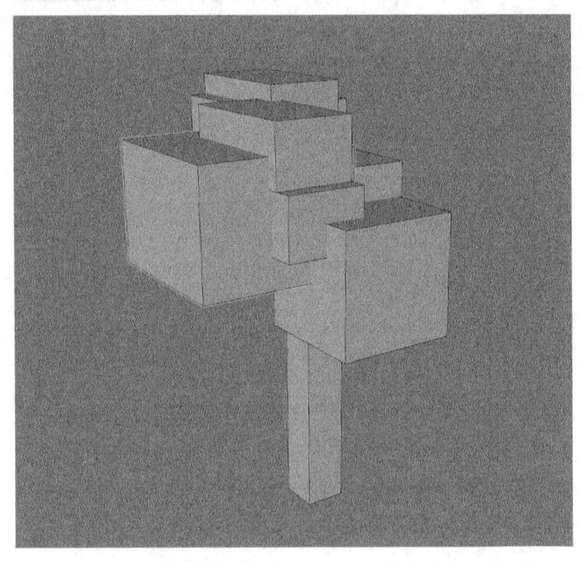

图2-13

2.1.3 圆锥

视频云课堂：008 圆锥

圆锥造型在现实生活中经常看到，比如冰激凌的外壳、吊坠等。“圆锥”工具的参数面板由“对象属性”“封顶”和“切片”3部分组成，如图2-14所示。

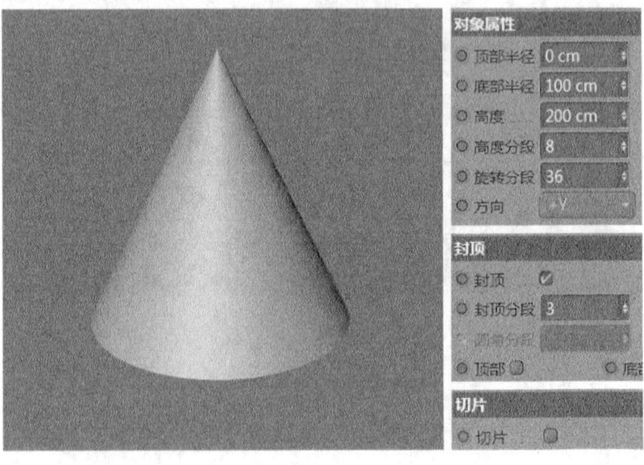

图2-14

重要参数讲解

◇ **顶部半径**：设置圆锥顶部的半径，最小值为0。

◇ **底部半径**：设置圆锥底部的半径，最小值为0。

◇ **高度**：设置圆锥的高度。

◇ **高度分段**：设置圆锥高度轴的分段数。

◇ **旋转分段**：设置围绕圆锥顶部和底部的分段数，数值越大，圆锥越圆滑。

◇ **方向**：设置圆锥的朝向。

◇ **封顶**：取消勾选该选项后，圆锥顶部和底部的圆面会消失。

◇ **封顶分段**：控制顶部和底部圆面的分段数。

◇ **顶部/底部**：勾选该选项后，会激活“圆角分段”“半径”和“高度”选项，控制圆锥顶部和底部的圆角大小。

◇ **切片**：控制是否开启“切片”功能。

◇ **起点/终点**：设置围绕高度轴旋转生成的模型大小。

技巧与提示

对于“起点”和“终点”这两个选项，正数值将按逆时针移动切片的末端；负数值将按顺时针移动切片的末端。

2.1.4 圆柱

视频云课堂：009 圆柱

“圆柱”工具 也是参数化几何体常用的几何体之一。圆柱的参数面板与圆锥一样，由“对象属性”“封顶”和“切片”3部分组成，如图2-15所示。

图2-15

重要参数讲解

◇ **半径**：设置圆柱的半径。

◇ **高度**：设置圆柱的高度。

技巧与提示

“封顶”和“切片”的参数含义与圆锥相同，这里不再赘述。

课堂案例

用圆柱制作电池

场景文件 无

实例文件 实例文件>CH02>课堂案例：用圆柱制作电池

视频名称 课堂案例：用圆柱制作电池.mp4

学习目标 掌握圆柱的创建方法及模型拼凑的思路

本案例的电池模型是由不同尺寸的圆柱拼凑而成的，模型效果如图2-16所示。

图2-16

01 单击“圆柱”按钮 在场景中创建一个圆柱，然后在“对象属性”选项卡中设置“半径”为10cm，“高度”为30cm，如图2-17所示。

图2-17

02 再在场景中创建一个圆柱，然后在“对象属性”选项卡中设置“半径”为10.5cm，“高度”为2cm，接着在“封顶”选项卡中勾选“圆角”选项，再设置“分段”为5，“半径”为0.5cm，最后将修改好的圆柱放置在图2-18所示的位置。

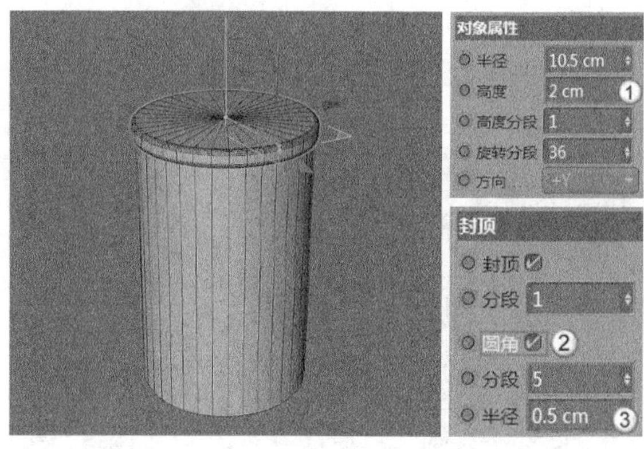

图2-18

技巧与提示

CINEMA 4D中创建的模型默认自动出现在原点，因此这两个圆柱是原点对齐，只需要移动*y*轴的位置即可。

03 将步骤02创建的圆柱按住Ctrl键沿y轴向下复制一份，位置如图2-19所示。

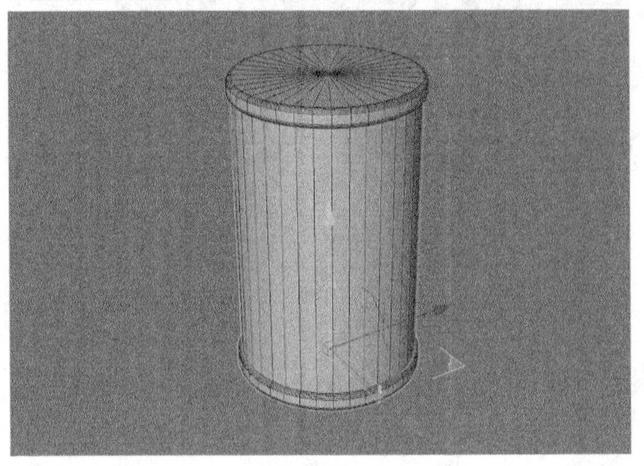

图2-19

04 创建一个圆柱，然后在“对象属性”选项卡中设置“半径”为5cm，“高度”为1cm，接着摆放在图2-20所示的位置。

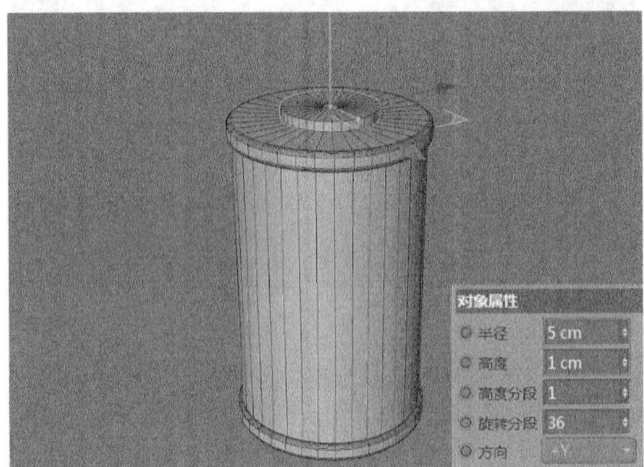

图2-20

05 创建一个圆柱，然后在“对象属性”选项卡中设置“半径”为2.5cm，“高度”为0.5cm，接着将其摆放在步骤04创建的圆柱上方，如图2-21所示，电池的最终效果如图2-22所示。

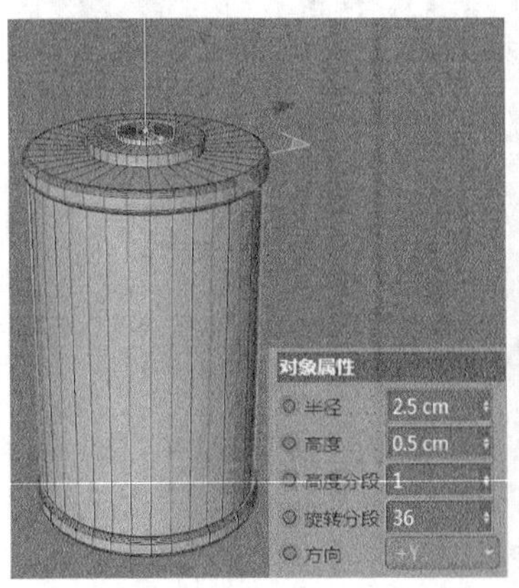

图2-21

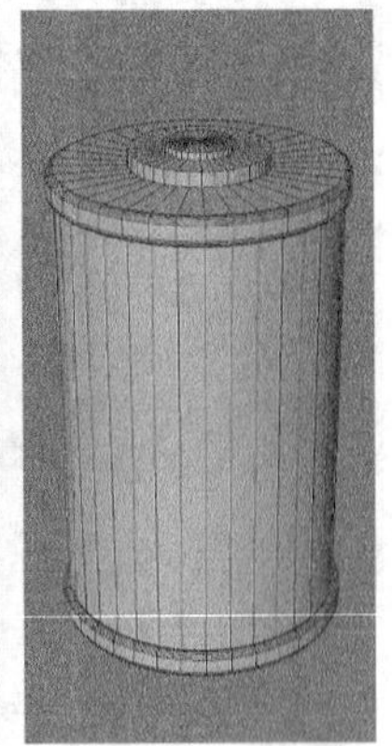

图2-22

2.1.5 平面

视频云课堂：010 平面

“平面”工具在建模过程中使用的频率非常高，例如墙面和地面等均可由该工具创建，创建的平面及其参数面板如图2-23所示。

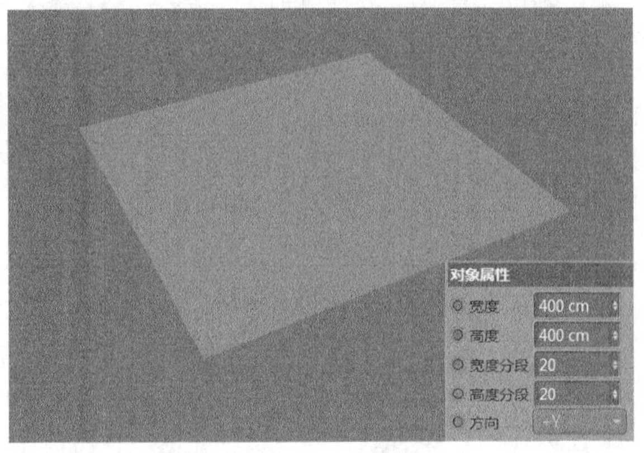

图2-23

重要参数讲解

◇ **宽度**：设置平面的宽度。

◇ **高度**：设置平面的高度。

◇ **宽度分段**：设置平面宽度轴的分段数量。

◇ **高度分段**：设置平面高度轴的分段数量。

2.1.6 球体

视频云课堂：011 球体

“球体”工具也是参数化几何体常用的几何体之一。在CINEMA 4D中，可以创建完整的球体，也可以创建半球体或球体的某个部分，其参数面板如图2-24所示。

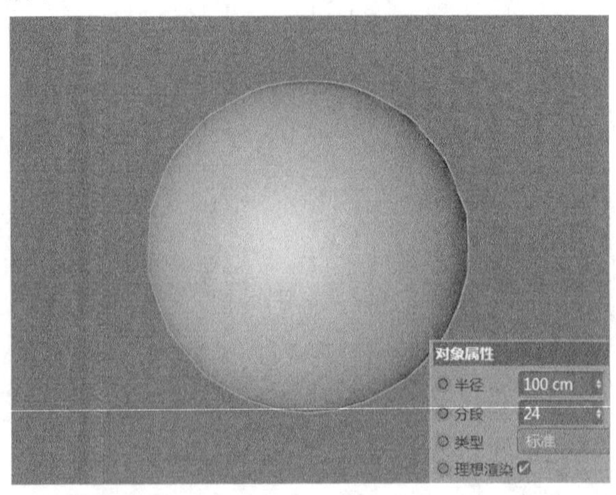

图2-24

重要参数讲解

◇ **半径**：设置球体的半径。

◇ **分段**：设置球体的分段数目，默认为24。分段数越多，球体越圆滑，反之棱角越多，图2-25和图2-26所示是"分段"值分别为8和36时的球体对比。

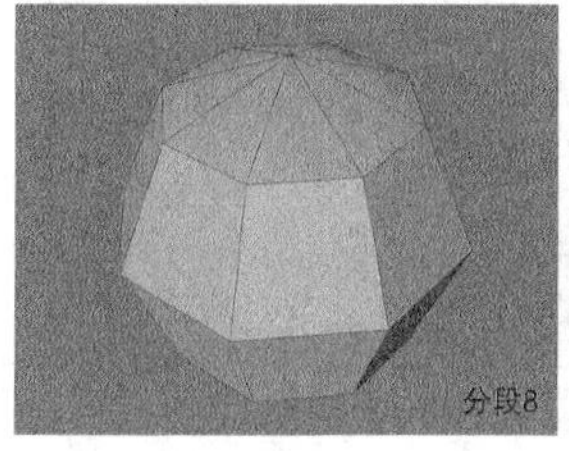

图2-25

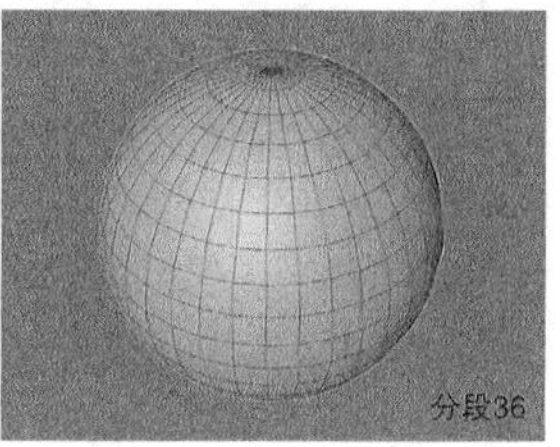

图2-26

◇ **类型**：设定球体的类型，包括"标准""四面体""六面体""八面体""二十面体"和"半球"，如图2-27所示。

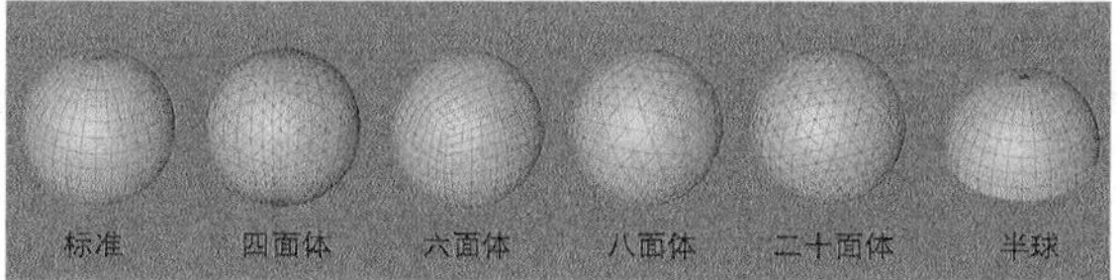

图2-27

课堂案例

用球体制作台灯

场景文件 无

实例文件 实例文件>CH02>课堂案例：用球体制作台灯

视频名称 课堂案例：用球体制作台灯.mp4

学习目标 掌握球体的创建方法

本案例的台灯模型是由半球和圆锥拼凑而成的，模型效果如图2-28所示。

图2-28

01 单击"球体"按钮在场景中创建一个球体，然后在"对象属性"选项卡中设置"半径"为100cm，"分段"为24，"类型"为"半球体"，如图2-29所示。

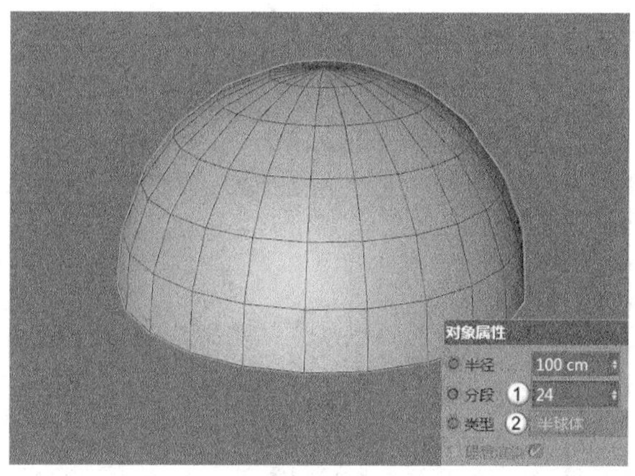

图2-29

02 半球体没有厚度，不符合现实中的灯罩。执行"模拟-布料-布料曲面"菜单命令，如图2-30所示。此时在"对象"面板中出现"布料曲面"的图标，如图2-31所示。

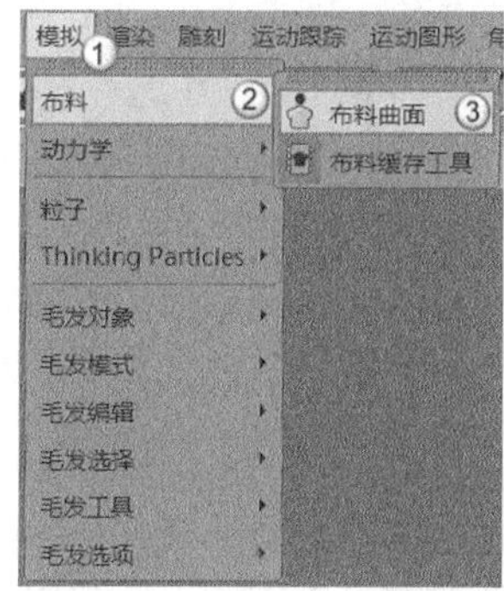

图2-30 图2-31

03 在"对象"面板中选中"球体"选项，然后拖曳到"布料曲面"选项的下方，成为其子层级，如图2-32所示。

图2-32

04 选中"布料曲面"选项，然后在"对象属性"选项卡中设置"厚度"为2cm，如图2-33所示，半球体此时就有了厚度，如图2-34所示。

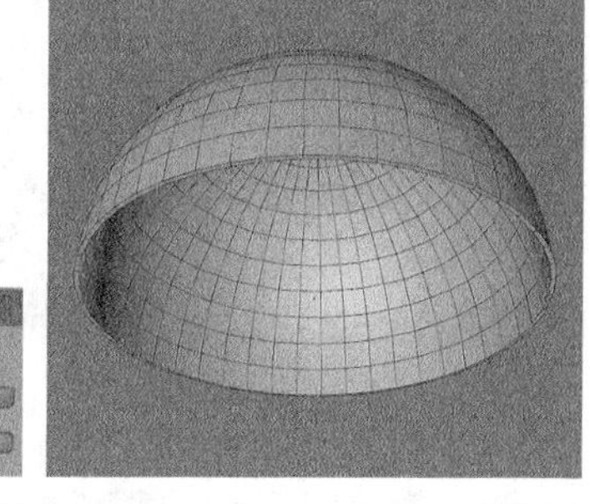

图2-33 图2-34

05 单击"圆锥"按钮在场景中创建一个圆锥，然后在"对象属性"选项卡中设置"顶部半径"为20cm，"底部半径"为70cm，"高度"为150cm，如图2-35所示。

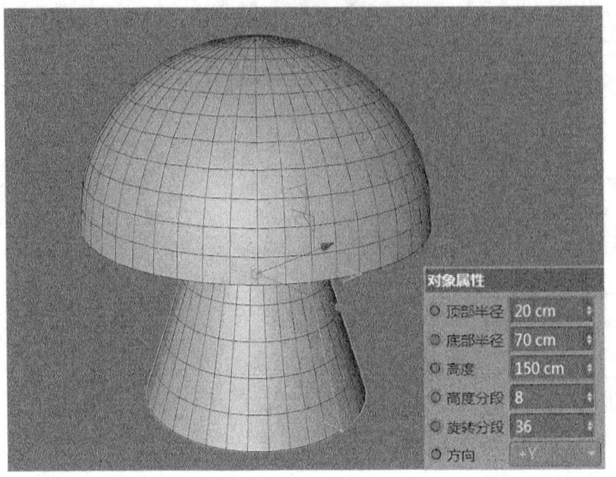

图2-35

06 观察圆锥灯座，底面显得很生硬。在“封顶”选项卡中勾选“底部”选项，然后设置“半径”为65cm，“高度”为40cm，如图2-36所示，台灯的最终效果如图2-37所示。

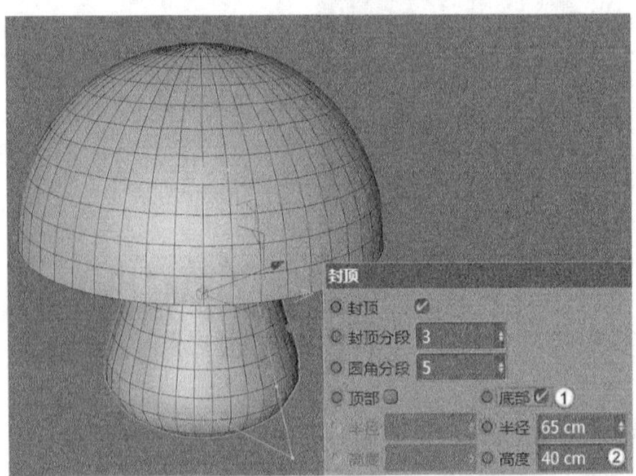

图2-36

图2-37

2.1.7 圆环

视频云课堂：012 圆环

“圆环”工具 可以用于创建环形或具有圆形横截面的环状物体。圆环的参数面板由“对象属性”和“切片”两部分组成，如图2-38所示。

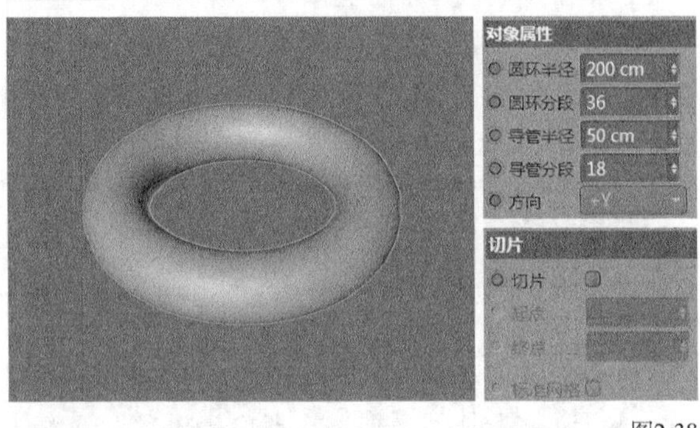

图2-38

重要参数讲解

◇ **圆环半径**：设置圆环整体的半径。

◇ **圆环分段**：设置围绕圆环的分段数目，数值越小，圆环越不圆滑，如图2-39和图2-40所示。

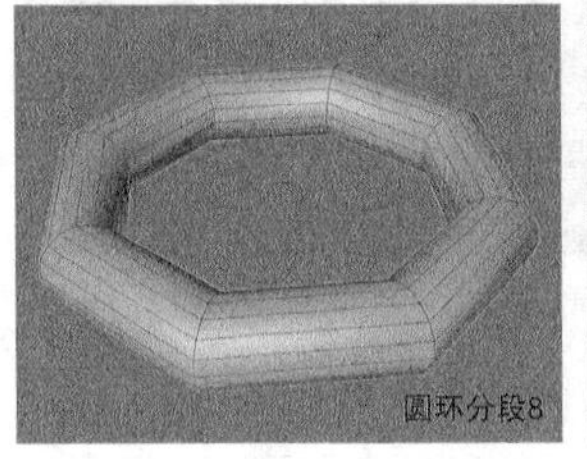

圆环分段36

图2-39 图2-40

◇ **导管半径**：设置圆环管状的半径，数值越大，圆环越粗。

◇ **导管分段**：设置导管的分段数，数值越大，导管越圆滑，如图2-41和图2-42所示。

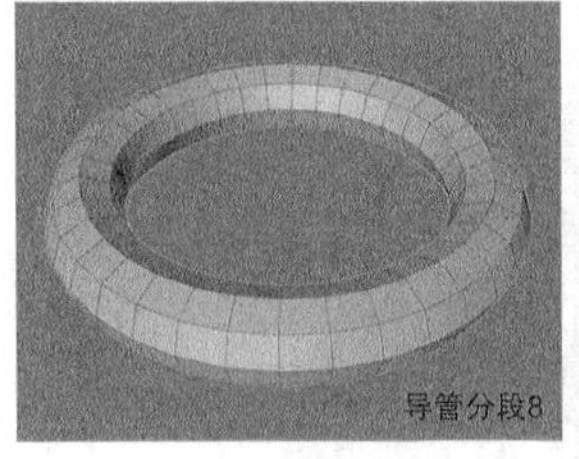

导管分段16

图2-41 图2-42

技巧与提示

圆环的切片参数与圆锥一样，这里不赘述。

2.1.8 管道

视频云课堂：013 管道

“管道”工具 的外形与圆柱相似，不过管道是空心的，因此有两个半径。参数面板由“对象属性”和“切片”两部分组成，如图2-43所示。

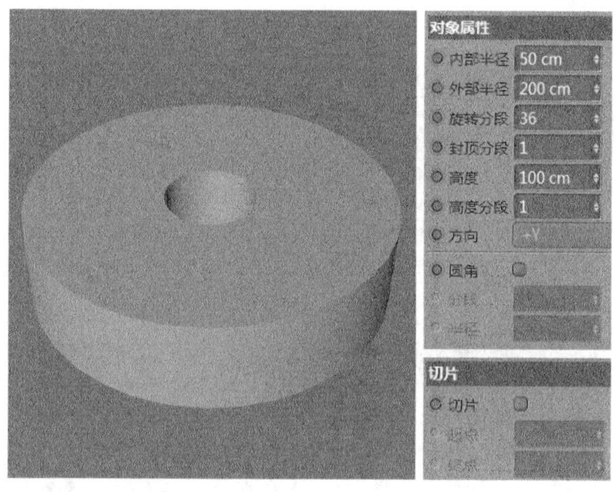

图2-43

重要参数讲解

◇ **内部半径/外部半径：**内部半径是指管道的内径（半径），外部半径是指管道的外径（半径），如图2-44所示。

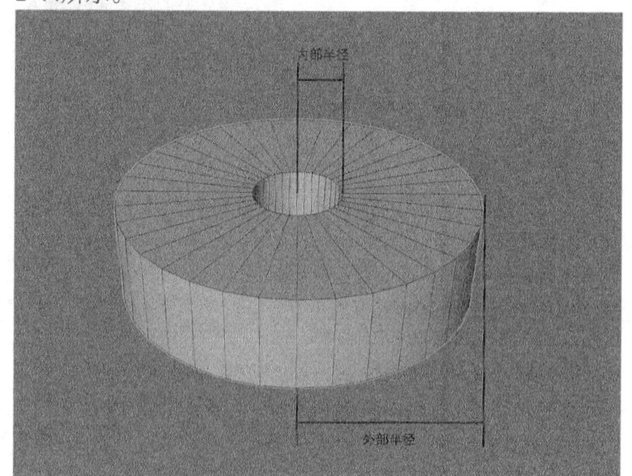

图2-44

◇ **旋转分段：**设置管道两端圆环的分段数量。数值越大，管道越圆滑。

◇ **封顶分段：**设置绕管状体顶部和底部的中心的同心分段数量。

◇ **高度：**设置管道的高度。

◇ **高度分段：**设置管道在高度轴上的分段数。

◇ **圆角：**勾选该选项后管道两端形成圆角，同时激活“分段”和“半径”选项以控制圆角的大小。

2.1.9 角锥

视频云课堂：014 角锥

用“角锥”工具创建的角锥的底面是正方形或矩形，侧面是三角形，也称为四棱锥。创建的角锥及其参数如图2-45所示。

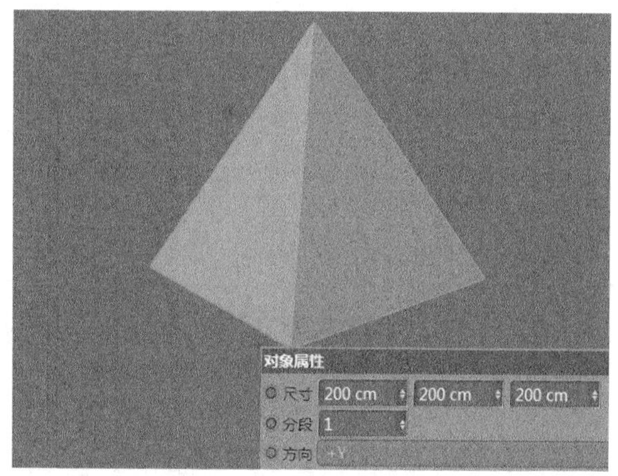

图2-45

重要参数讲解

◇ **尺寸：**设置角锥对应面的长度。

◇ **分段：**设置角锥的分段数。

课堂练习

用几何体制作积木

场景文件	无
实例文件	实例文件>CH02>课堂练习：用几何体制作积木
视频名称	课堂练习：用几何体制作积木.mp4
学习目标	掌握几何体工具的使用方法

积木的效果如图2-46所示。

图2-46

步骤分解如图2-47所示。

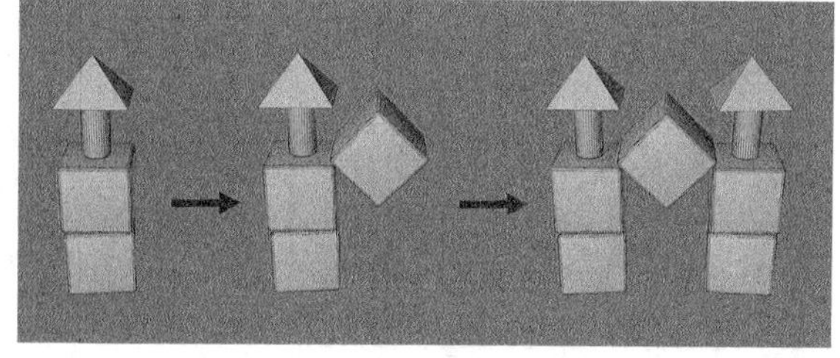

图2-47

课堂练习

用几何体制作温度计

场景文件 无

实例文件 实例文件>CH02>课堂练习：用几何体制作温度计

视频名称 课堂练习：用几何体制作温度计.mp4

学习目标 掌握几何体工具的使用方法

温度计的效果如图2-48所示。

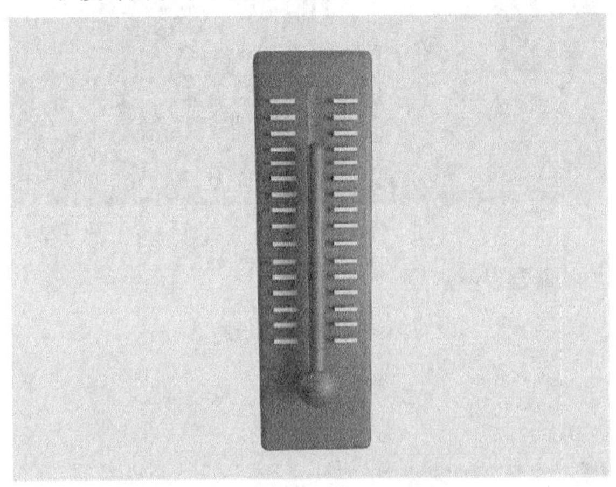

图2-48

步骤分解如图2-49所示。

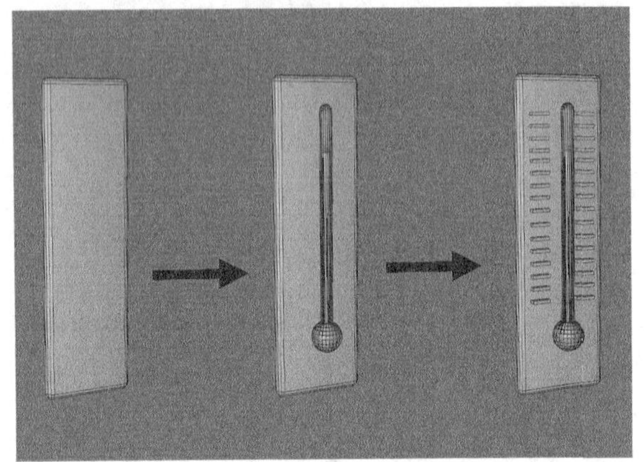

图2-49

2.2 样条

样条是CINEMA 4D中自带的二维图形，用户通过画笔可以绘制线条，也可以直接创建出特定的图形，如图2-50所示。

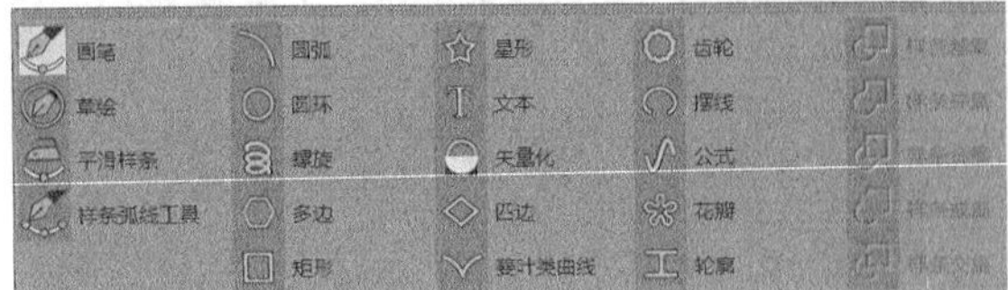

图2-50

本节工具介绍

工具名称	工具作用	重要程度
画笔	用于绘制任意形状的二维线	高
星形	用于绘制星形图案	中
圆环	用于绘制圆环图案	中
文本	用于绘制文字	高
螺旋	用于绘制螺旋图案	中
矩形	用于绘制矩形图案	中

2.2.1 画笔

视频云课堂：015 画笔

用“画笔”工具可以绘制任意形状的二维线。二维线的形状不受约束，可以封闭也可以不封闭，拐角处可以是尖锐的也可以是圆滑的。画笔的参数面板如图2-51所示。

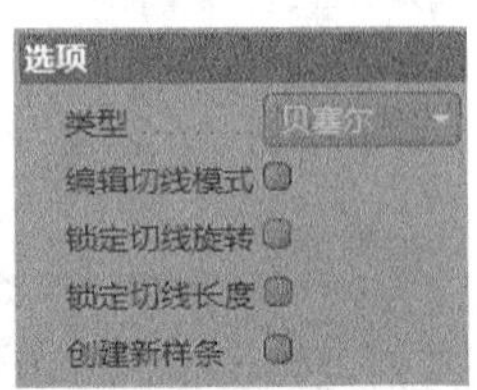

图2-51

重要参数讲解

◇ **类型**：系统提供了5种绘制模式，分别是“线性”“立方”、Akima、“B-样条线”和“贝塞尔”。

知识点：画笔绘制直线的方法

CINEMA 4D的“画笔”工具类似于3ds Max中的“线”工具，但却不能像“线”工具一样，直接按住Shift键绘制水平或垂直的直线。

若想在CINEMA 4D中绘制直线，有两种方法。

方法1：借助“捕捉”工具和背景栅格。打开“捕捉”工具和“网格点捕捉”选项，然后用“画笔”工具沿着栅格就能绘制出水平或垂直的直线，如图2-52和图2-53所示。

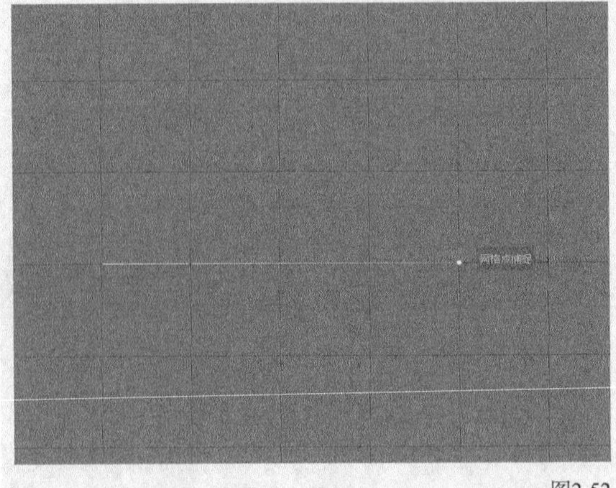

图2-52

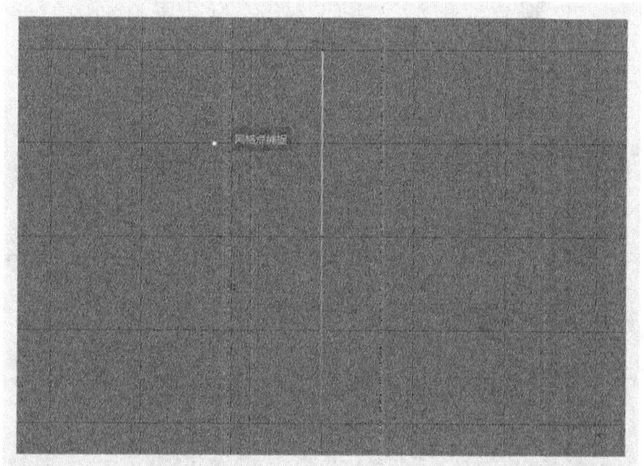

图2-53

方法2：利用“缩放”工具对齐点。选中图2-54所示的样条线的两个点，然后在“坐标窗口”中设置两个点的x轴为0，即可使样条呈垂直状态，如图2-55所示。

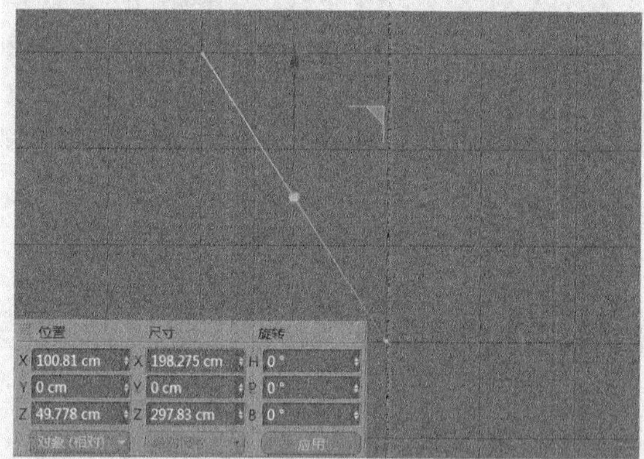

图2-54

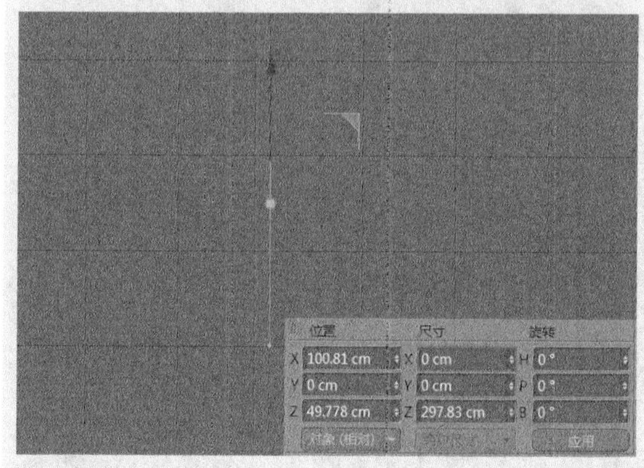

图2-55

课堂案例

用画笔工具绘制玻璃杯

场景文件　无

实例文件　实例文件>CH02>课堂案例：用画笔工具绘制玻璃杯

视频名称　课堂案例：用画笔工具绘制玻璃杯.mp4

学习目标　掌握画笔工具的使用方法，了解旋转生成器

本案例的玻璃杯是由“画笔”工具和“旋转”生成器这两种工具配合制作而成的，案例效果如图2-56所示。

图2-56

01 在正视图中，用“画笔”工具绘制玻璃杯的剖面，如图2-57所示，绘制完成后按Esc键取消绘制。

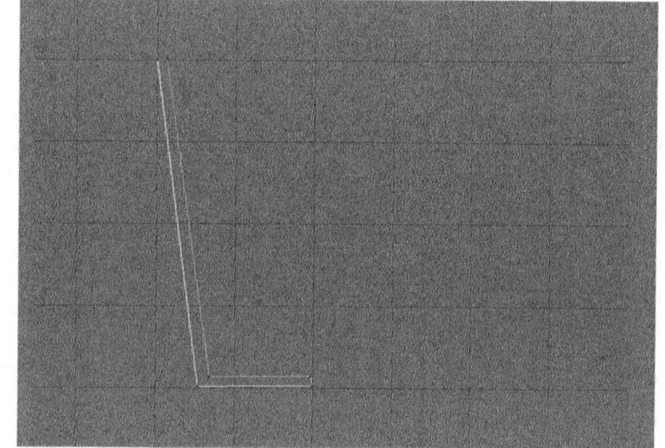

图2-57

技巧与提示

CINEMA 4D的样条不是纯色的，是一条蓝白渐变的线条。白色一端代表样条的起始端，蓝色一端代表样条的结束端。

02 切换到“框选”工具，然后选中图2-58所示的点。

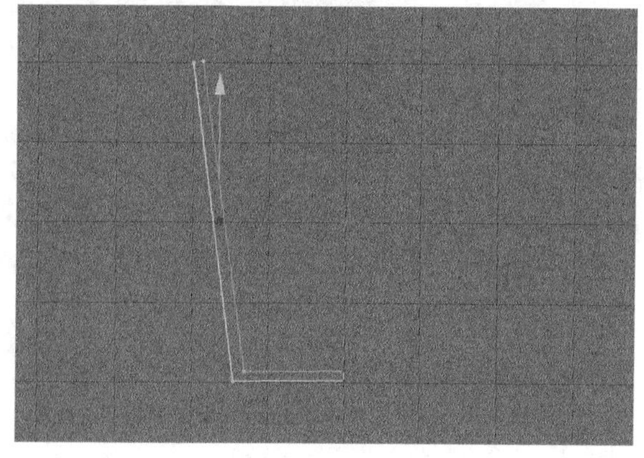

图2-58

03 单击鼠标右键，然后在弹出的菜单中选择“倒角”选项，如图2-59所示。

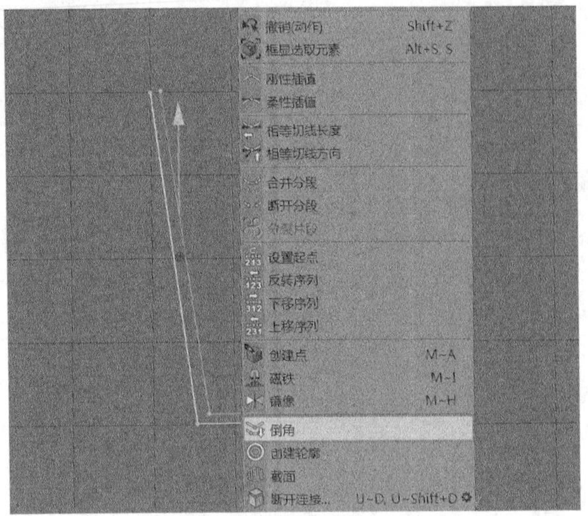

图2-59

04 在右侧的“属性”面板中，设置“半径”为2cm，此时剖面效果如图2-60所示。

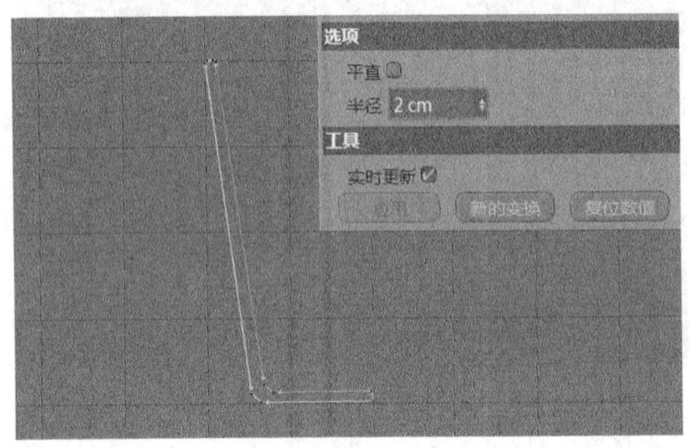

图2-60

05 单击“模型”按钮退出编辑状态，然后单击“旋转”按钮，接着在“对象”面板中，将“样条”放置于“旋转”的下方，成为其子层级，如图2-61所示，此时样条效果如图2-62所示。

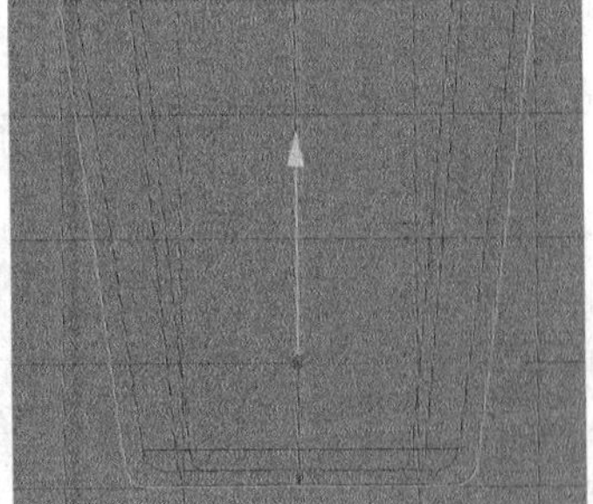

图2-61 图2-62

06 仔细观察发现杯子底部没有完全合并。选中“样条”选项，然后移动样条的位置使其完全合并，杯子最终效果如图2-63所示。

图2-63

技巧与提示

如果想要杯子更加圆滑，在“旋转”选项的“对象属性”选项卡中增大“细分数”数值即可。

2.2.2 星形

视频云课堂：016 星形

用“星形”工具可以绘制任意点数的星形图案，其参数面板如图2-64所示。

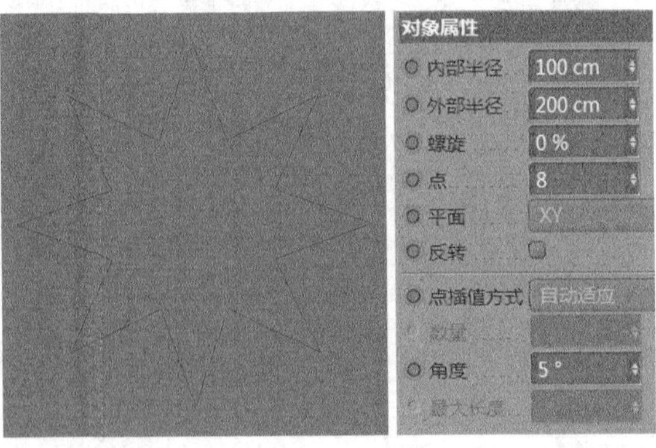

图2-64

重要参数讲解

◇ **内部半径**：设置内部点的半径。

◇ **外部半径**：设置外部点的半径。

◇ **螺旋**：设置星形旋转的角度，如图2-65所示。

图2-65

◇ **点**：设置星形的点数，默认为8。

2.2.3 圆环

视频云课堂：017 圆环

用“圆环”工具可以绘制出不同大小的圆形样条，其参数面板如图2-66所示。

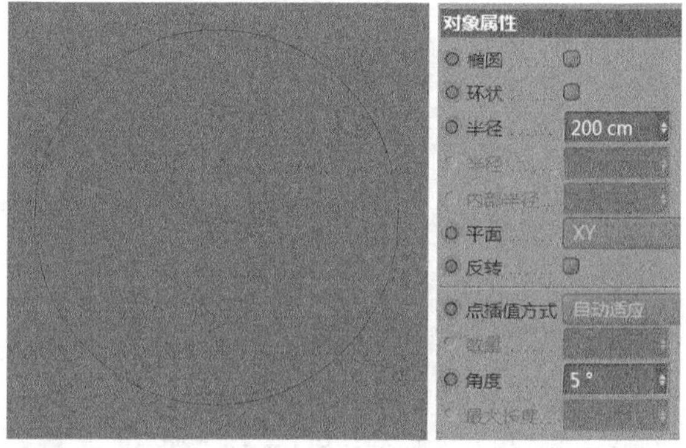

图2-66

重要参数讲解

◇ **环状**：勾选该选项后，呈现同心圆图案，如图2-67所示，同时激活“内部半径”选项。

图2-67

◇ **半径**：设置圆环的大小。

2.2.4 文本

视频云课堂：018 文本

用“文本”工具可以在场景中生成文字样条，方便制作各种立体字模型，其参数面板如图2-68所示。

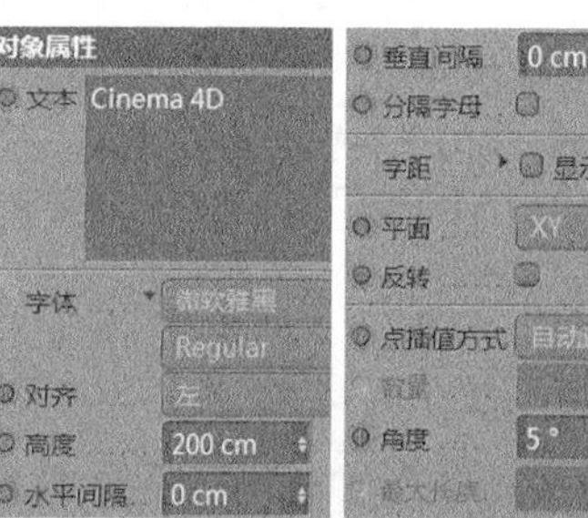

图2-68

重要参数讲解

◇ **文本**：输入文本内容，若要输入多行文本，可以按Enter键切换到下一行。

◇ **字体**：设置文本显示的字体。

◇ **对齐**：设置文本对齐类型，系统提供“左”“中对齐”和“右”3种。

◇ **高度**：设置文本的高度。

◇ **水平间隔**：设置字间距。

◇ **垂直间隔**：调整行间距（只对多行文本起作用）。

◇ **显示3D界面**：勾选该选项后，可以单独调整每个文字的样式，界面效果如图2-69所示。

图2-69

课堂案例

用文本工具制作灯牌

场景文件	无
实例文件	实例文件>CH02>课堂案例：用文本工具制作灯牌
视频名称	课堂案例：用文本工具制作灯牌.mp4
学习目标	掌握文本工具的使用方法，了解挤出生成器

本案例的灯牌由文本、“挤出”生成器和立方体3部分组成，模型效果如图2-70所示。

图2-70

01 在前视图中单击“文本”按钮，然后在“对象属性”选项卡的“文本”输入框内输入Cinema 4D，接着设置“字体”为Harrington，再设置“高度”为200cm，最后设置“水平间隔”为4cm，具体参数设置及模型效果如图2-71所示。

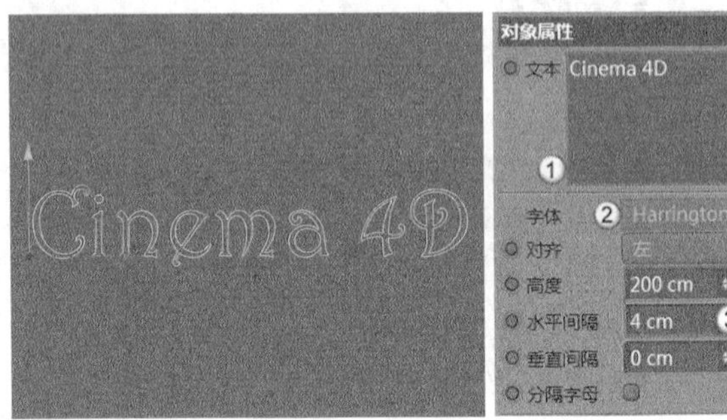

图2-71

技巧与提示

读者可以选择自己喜欢的字体，案例中的字体仅供参考。

02 勾选“显示3D界面”选项，然后单独调整每个字母的位置和大小，效果如图2-72所示。

图2-72

03 单击“模型”按钮退出编辑状态，然后单击“挤压”按钮添加“挤压”生成器，接着在“对象”面板中，将“文本”放置于“挤压”之下作为子层级，最后设置“挤压”的“移动”为10cm，具体参数设置及模型效果如图2-73所示。

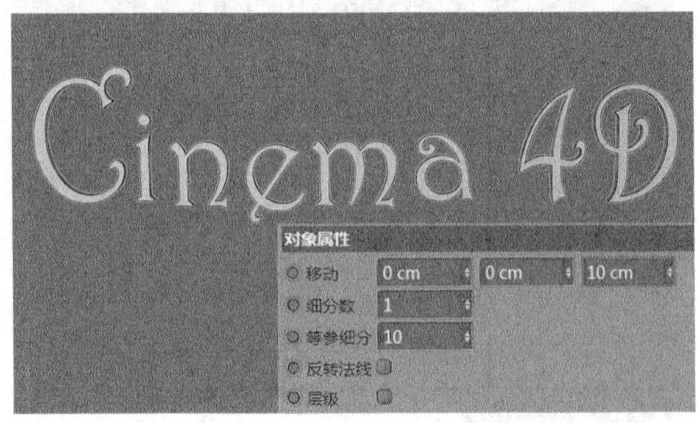

图2-73

技巧与提示

“挤压”生成器的相关内容请参阅“第3章 生成器与变形器”。

04 切换到“封顶”层级，然后设置“顶端”为“圆角封顶”，“半径”为2cm，模型参数及效果如图2-74所示，这样就为字体模型添加了倒角效果。

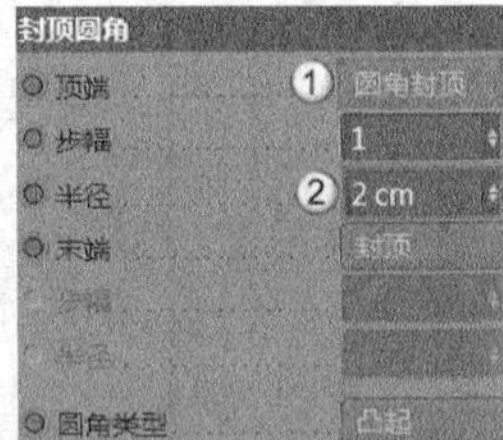

图2-74

05 使用“立方体”工具创建灯牌的背板，设置“立方体”的“尺寸.X”为1100cm，“尺寸.Y”为300cm，“尺寸.Z”为10cm，然后勾选“圆角”选项，接着设置“圆角半径”为5cm，“圆角细分”为5，再将修改好的立方体放置于字体模型后方，参数及效果如图2-75所示。

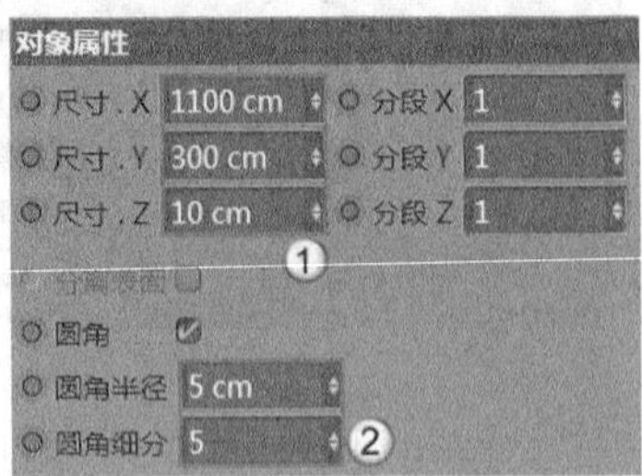

图2-75

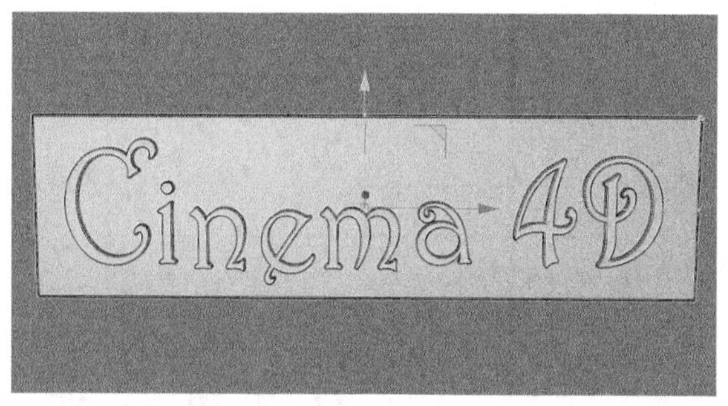

图2-75（续）

06 使用“球体”工具创建球体作为背板的装饰，设置“球体”的半径为10cm，“类型”为“半球体”，如图2-76所示。

图2-76

07 将半球体进行复制，并装饰背板，灯牌的最终效果如图2-77所示。

图2-77

2.2.5 螺旋

视频云课堂：019 螺旋

用“螺旋”工具可以绘制弹簧、蚊香等图案，其参数面板如图2-78所示。

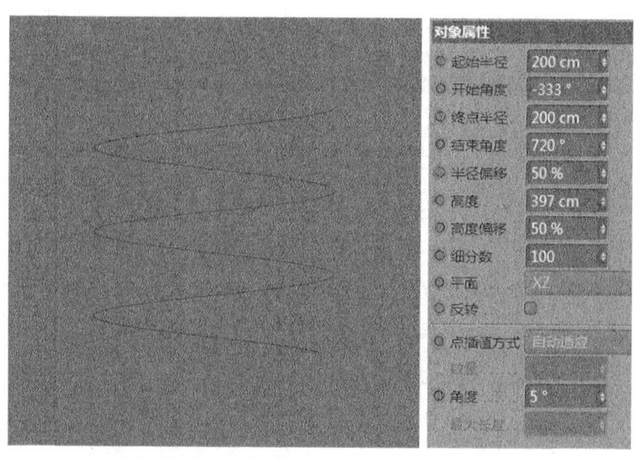

图2-78

重要参数讲解

◇ **起始半径：**设置起始端的半径。

◇ **开始角度：**设置起始端的旋转角度。

◇ **终点半径：**设置终点端的半径。

◇ **结束角度：**设置终点端的旋转角度。

技巧与提示

“开始角度”和“结束角度”可以控制螺旋旋转的圈数。

◇ **半径偏移：**设置螺旋两端半径的过渡效果。

◇ **高度：**设置螺旋的高度。

◇ **高度偏移：**控制螺旋的高度。

2.2.6 矩形

视频云课堂：020 矩形

用“矩形”工具可以绘制不同尺寸的方形图案，其参数面板如图2-79所示。

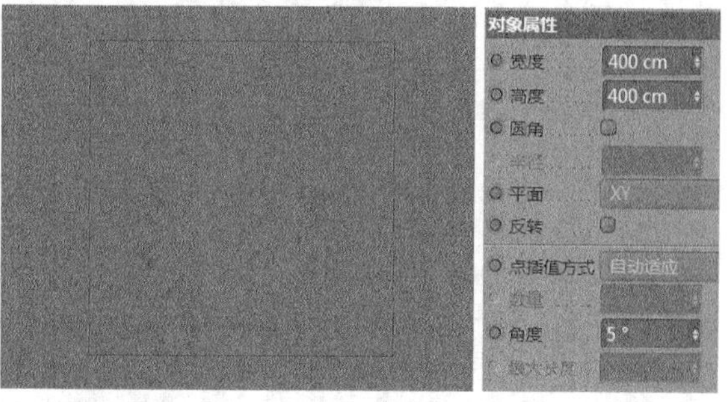

图2-79

重要参数讲解

◇ **宽度/高度：**设置矩形的宽度和高度数值。

◇ **圆角：**勾选该选项后矩形呈圆角效果，同时激活“半径”选项。

◇ **半径：**设置矩形圆角的半径。

2.3 本章小结

本章主要讲解了基础建模中常用的参数化几何体和样条。在参数化几何体中，详细讲解了常用工具的用法，包括立方体、球体、圆柱、管道和平面等，同时介绍了拼凑模型的思路；在样条中，详细讲解了画笔和文本的创建方法。本章所讲解的虽是基础建模知识，却非常重要，希望读者对这些建模工具勤加练习。

2.4 课后习题

本节安排了两个课后习题供读者练习，这两个习题综合了本章知识。如果读者在练习时有疑问，可以一边观看教学视频，一边学习模型创建方法。

2.4.1 课后习题：礼品盒

场景文件　无
实例文件　实例文件>CH02>课后习题：礼品盒
视频名称　课后习题：礼品盒.mp4
学习目标　掌握立方体、矩形和画笔工具的使用方法

礼品盒效果如图2-80所示。

图2-80

步骤分解如图2-81所示。

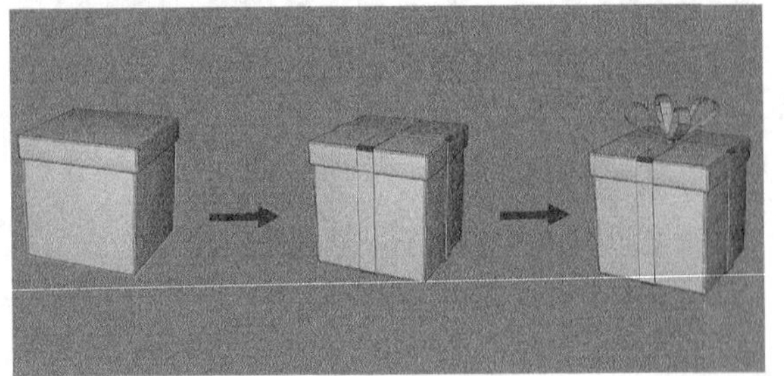

图2-81

2.4.2 课后习题：城堡

场景文件　无
实例文件　实例文件>CH02>课后习题：城堡
视频名称　课后习题：城堡.mp4
学习目标　掌握几何体工具的使用方法

城堡效果如图2-82所示。

图2-82

步骤分解如图2-83所示。

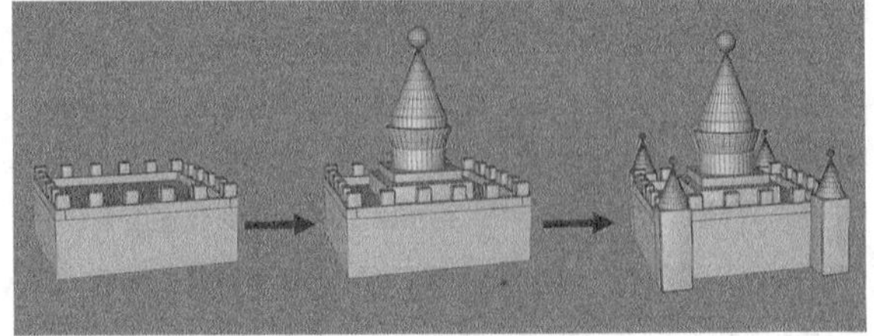

图2-83

CINEMA 4D

第 3 章

生成器与变形器

本章将讲解 CINEMA 4D 的生成器和变形器。生成器与变形器都是对第 2 章讲解的基础模型与样条进行形态变换的工具，通过生成器与变形器，可以将简单的模型做出丰富的造型。

课堂学习目标

◇ 掌握常用生成器

◇ 掌握常用变形器

3.1 生成器

CINEMA 4D中的“生成器”由“生成器”和“造型”两部分组成。由于这两部分的工具都是绿色图标，且都位于对象的父层级，通常就合称为“生成器”，如图3-1所示。“生成器”不仅可以将样条转化为三维模型，也能对三维模型进行形态上和位置上的变化。

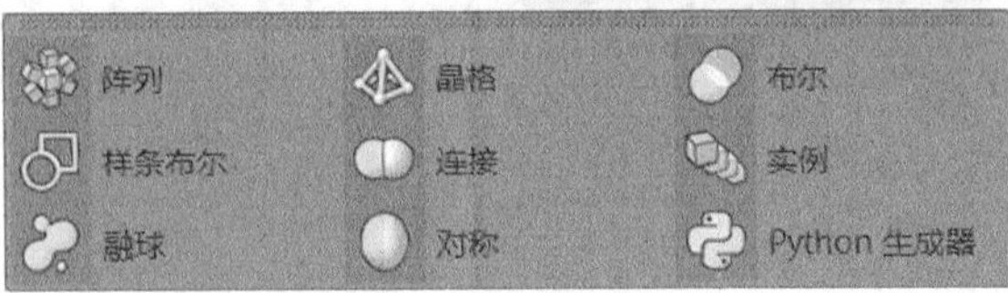

图3-1

本节工具介绍

工具名称	工具作用	重要程度
细分曲面	圆滑模型同时增加分段线	中
挤压	给样条增加厚度	高
旋转	将样条生成圆柱形模型	高
放样	将已有的样条生成模型	中
扫描	将样条按照截面生成不同形状	高
阵列	将模型按设定进行排列	中
晶格	按照模型布线生成模型	中
布尔	对模型进行计算	高
样条布尔	对样条进行计算	中
融球	使球体产生粘连效果	中

3.1.1 细分曲面

视频云课堂：021 细分曲面

用“细分曲面”生成器可以将锐利边缘的模型进行圆滑，参数及效果如图3-2所示。

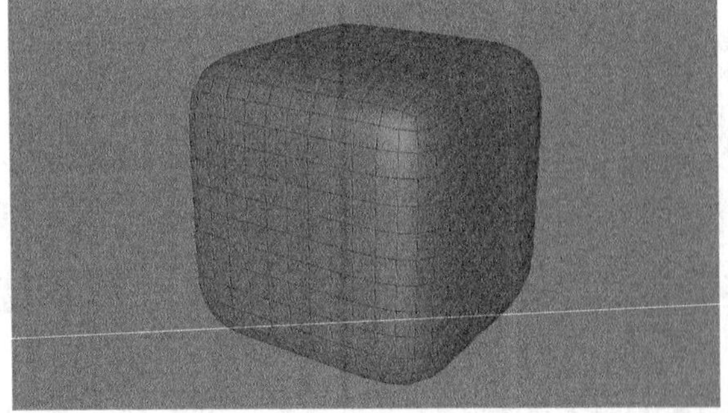

图3-2

重要参数讲解

◇ **类型**：系统提供了6种细分方式，不同的方式形成的效果和模型布线都有所区别。

◇ **编辑器细分**：控制细分圆滑的程度和模型布线的疏密，数值越大，模型越圆滑，模型布线也越多。

技巧与提示

为对象添加生成器后，需要将“对象”面板中将选中的对象放置于生成器的子层级，如图3-3所示。

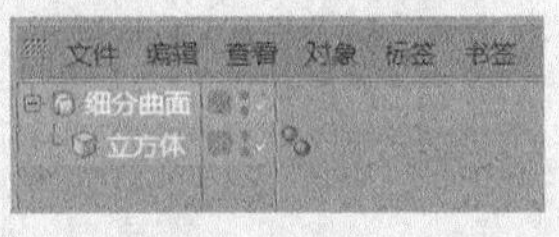

图3-3

3.1.2 挤压

视频云课堂：022 挤压

用“挤压”生成器可以为绘制的样条生成厚度，使其成为三维模型。挤压的“属性”面板有“对象属性”和“封顶圆角”两个选项卡，参数及效果如图3-4所示。

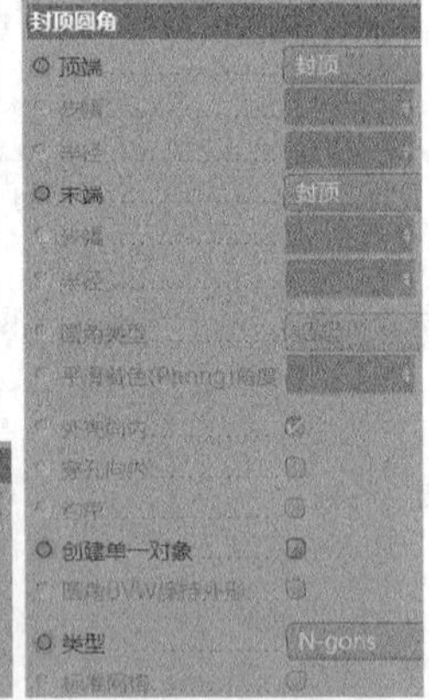

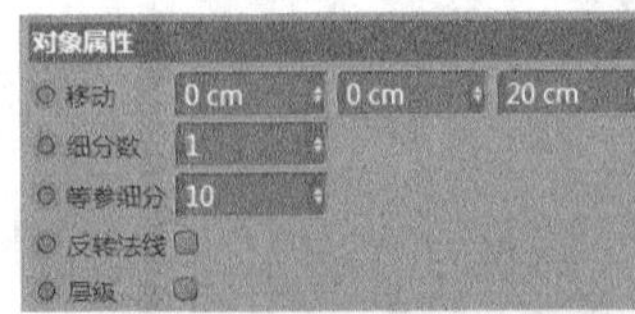

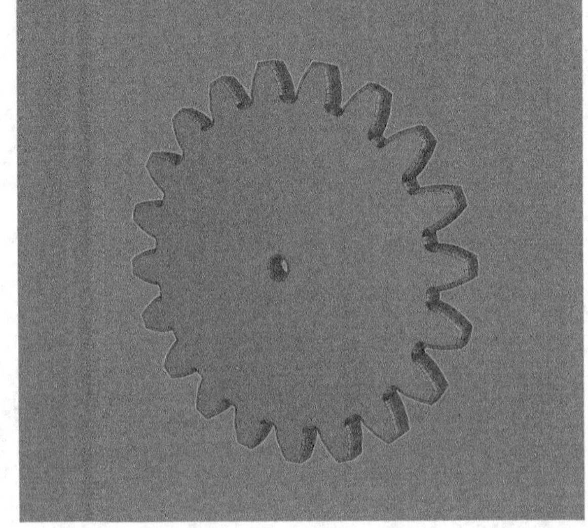

图3-4

重要参数讲解

◇ **移动**：控制样条在x、y和z轴上的挤出厚度。

◇ **细分数**：控制挤出面的分段数。

◇ **顶端**：控制挤出面顶端的封顶效果，分别为“无”“封顶”“圆角”和“圆角封顶”，如图3-5~图3-8所示。

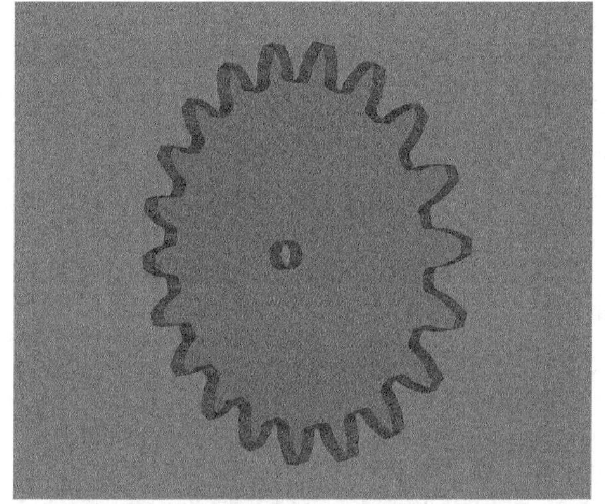

图3-5

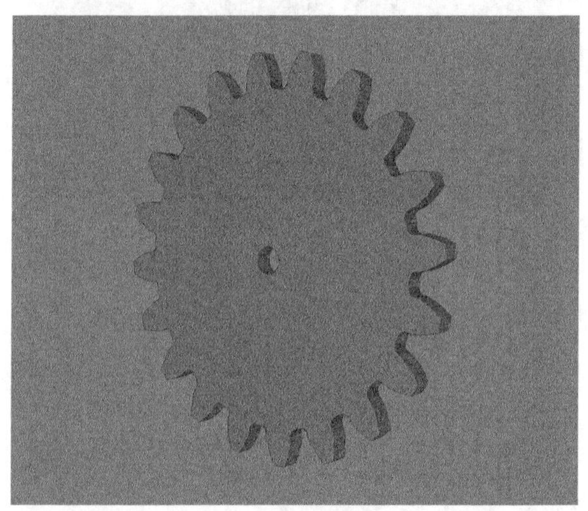

图3-6

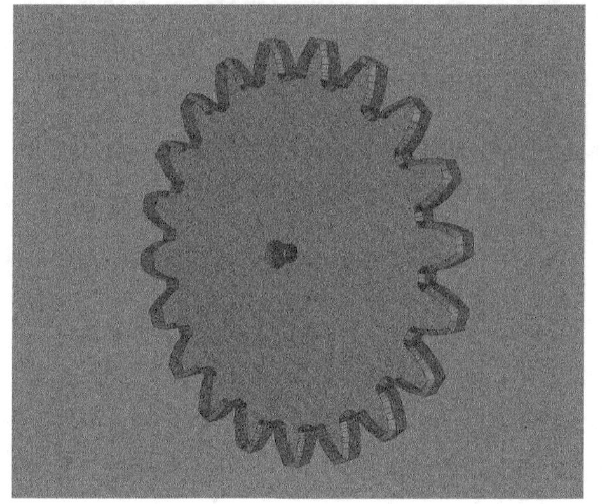

图3-7

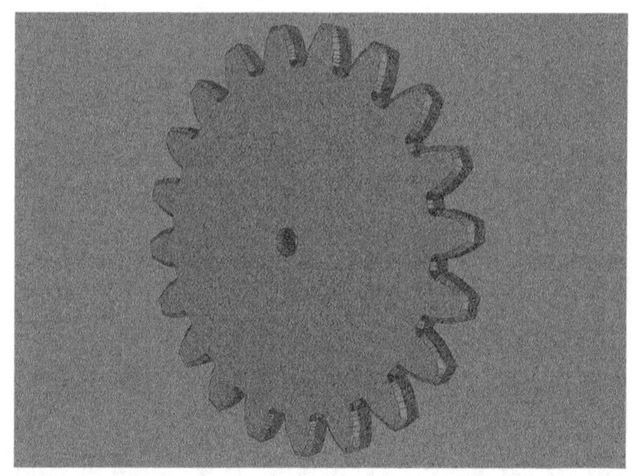

图3-8

◇ **步幅**：控制顶端的圆角布线。当顶端设置为“圆角”和“圆角封顶”时，激活此选项。

◇ **半径**：控制顶端的圆角大小。当顶端设置为“圆角”和“圆角封顶”时，激活此选项。

◇ **末端**：控制挤出面末端的封顶效果。

◇ **圆角类型**：控制圆角的造型，分别为“线性”“凸起”“凹陷”“半圆”“1步幅”“2步幅”和“雕刻”，如图3-9~图3-15所示。

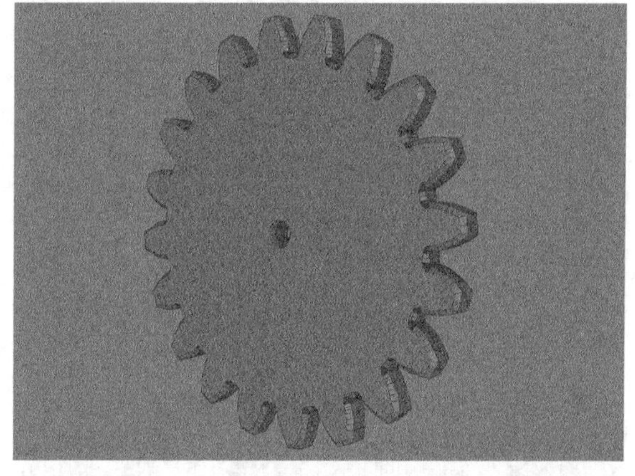

图3-9

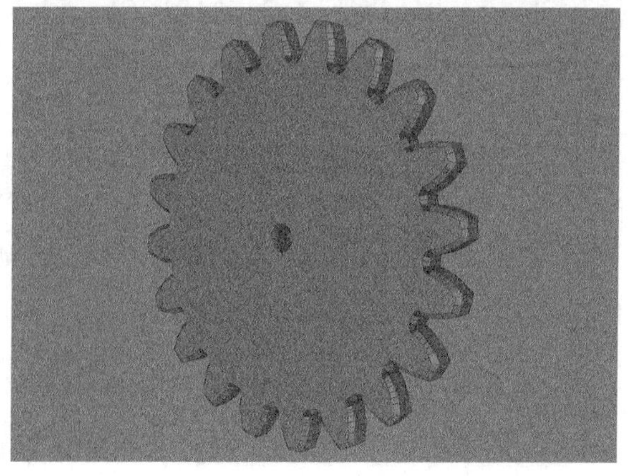

图3-10

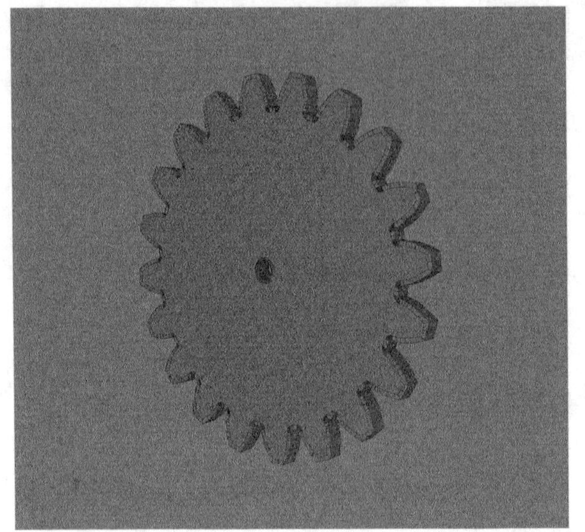
图3-11

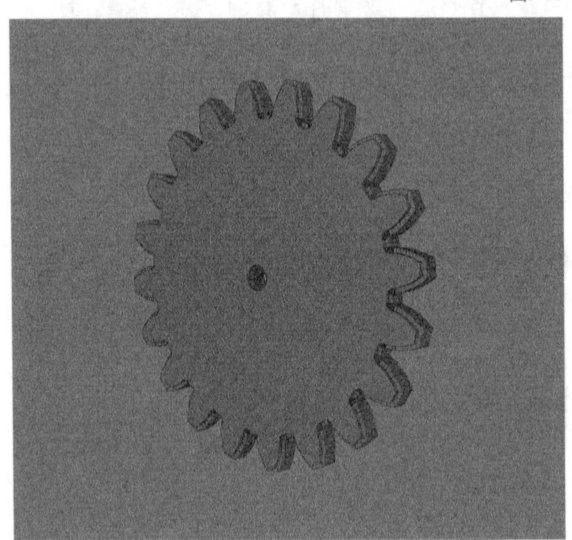
图3-12

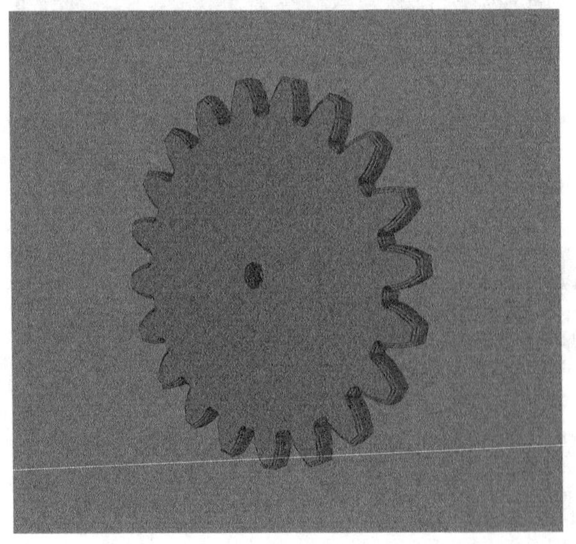
图3-13

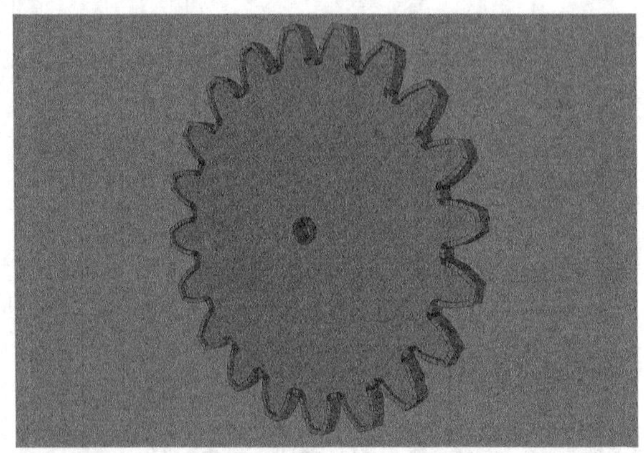
图3-14

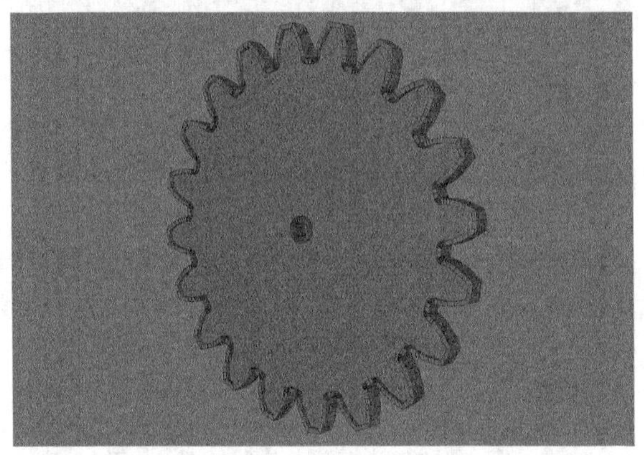
图3-15

◇ **约束：**勾选此选项后，挤出的对象将忽略圆角生成的厚度，按照原有图形的大小生成。

课堂案例

用挤压生成器制作书签

场景文件　无

实例文件　实例文件>CH03>课堂案例：用挤压生成器制作书签

视频名称　课堂案例：用挤压生成器制作书签.mp4

学习目标　掌握挤压生成器的使用方法

本案例的书签模型是由矩形、圆环和挤压生成器制作而成的，模型效果如图3-16所示。

图3-16

01 在正视图中，单击“矩形”按钮 矩形 在场景中创建一个矩形，然后在“对象属性”选项卡中设置“宽度”为200cm，“高度”为500cm，接着勾选“圆角”选项，再设置“半径”为30cm，如图3-17所示。

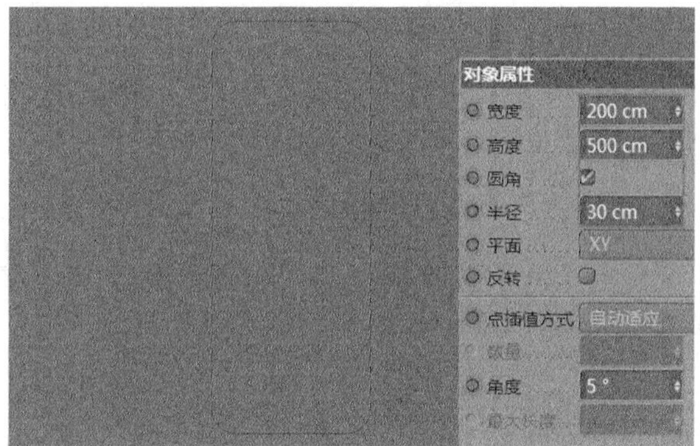

图3-17

02 单击“圆环”按钮 圆环 在场景中创建一个圆形，然后在“对象属性”选项卡中设置“半径”为10cm，如图3-18所示。

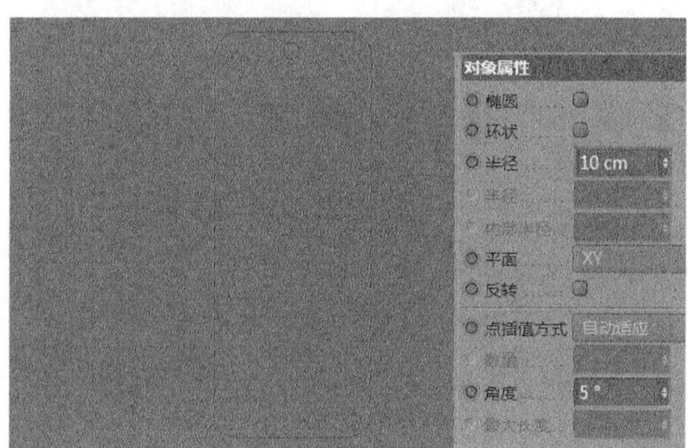

图3-18

03 选中两个绘制的样条，然后长按“画笔”按钮，接着在弹出的面板中单击“样条差集”按钮 样条差集，此时两个样条合并为一个样条，如图3-19所示。

图3-19

技巧与提示

“样条布尔”生成器也可以达到同样的效果。

04 选中修改好的样条，然后单击“挤压”按钮 挤压，接着在“对象”面板中，将“矩形”样条放置于“挤压”生成器选项下，如图3-20所示。

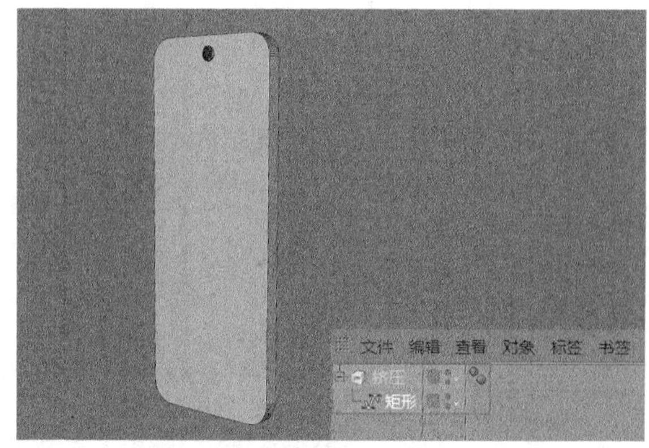

图3-20

05 书签模型的厚度不合适，需要在“对象属性”选项卡中调整。在“对象属性”选项卡中设置“移动”为2cm，如图3-21所示。

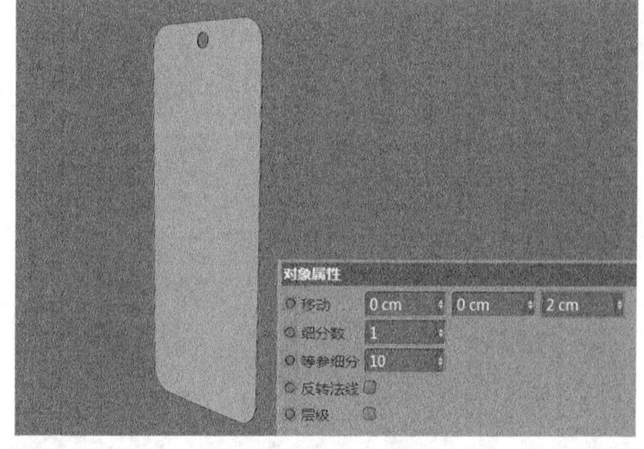

图3-21

06 模型的边缘过于锐利，在“封顶圆角”选项卡中设置“顶端”为“圆角封顶”，“步幅”为1，“半径”为1cm，“圆角类型”为“凸起”，接着勾选“约束”选项，如图3-22所示，书签最终效果如图3-23所示。

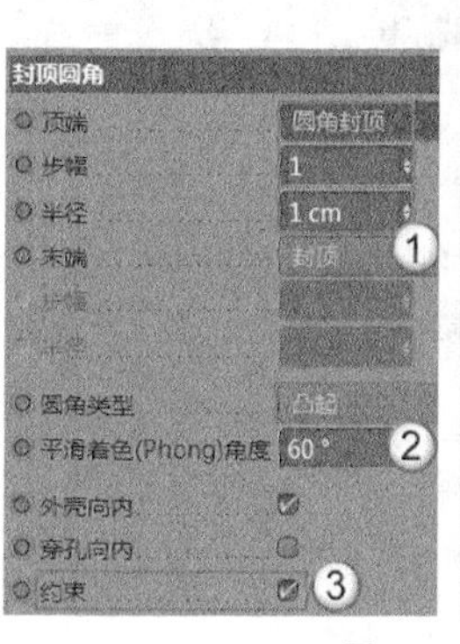

图3-22

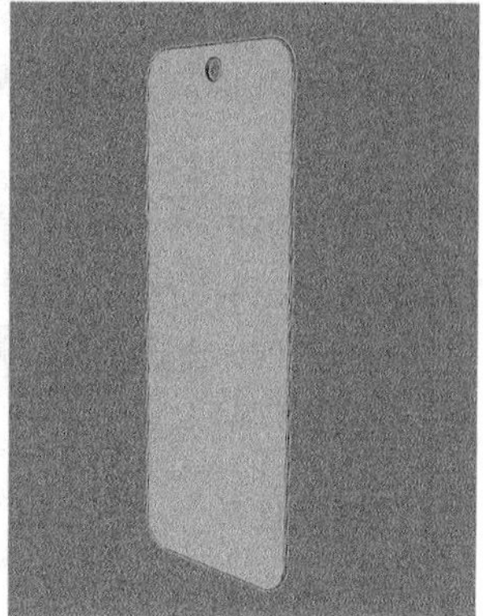

图3-23

3.1.3 旋转

视频云课堂：023 旋转

“旋转”生成器类似于3ds Max中的车削工具，可以将绘制的样条按照轴向旋转任意角度，从而形成三维模型。旋转的“属性”面板有“对象属性”和“封顶圆角”两个选项卡，效果及参数如图3-24所示。

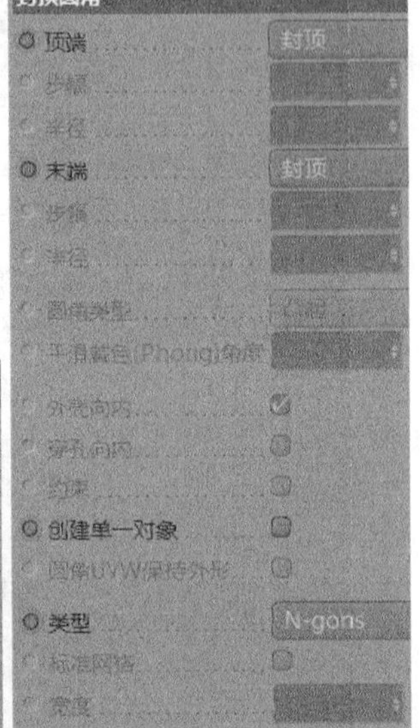

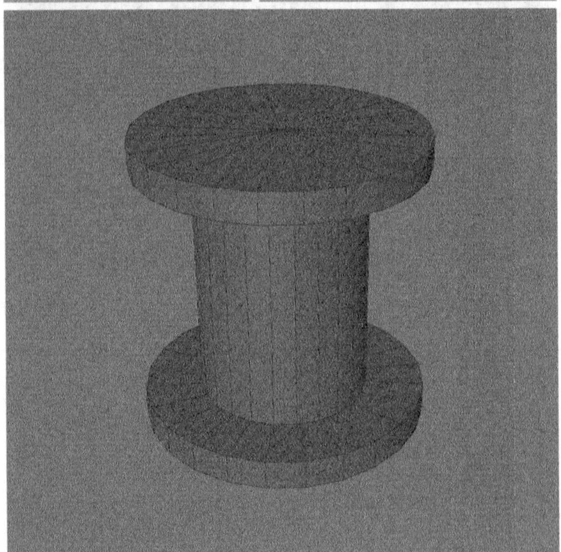

图3-24

重要参数讲解

◇ **角度**：设置样条旋转的角度，默认为360°。

◇ **细分数**：设置模型在旋转轴上的细分数，数值越大，模型越圆滑。

技巧与提示

旋转的“封顶圆角”选项卡的参数与“挤压”的一致，这里不赘述。

课堂案例

用旋转生成器制作按钮

场景文件	无
实例文件	实例文件>CH03>课堂案例：用旋转生成器制作按钮
视频名称	课堂案例：用旋转生成器制作按钮.mp4
学习目标	掌握旋转生成器的使用方法

本案例的按钮模型是由样条和旋转生成器制作而成的，模型效果如图3-25所示。

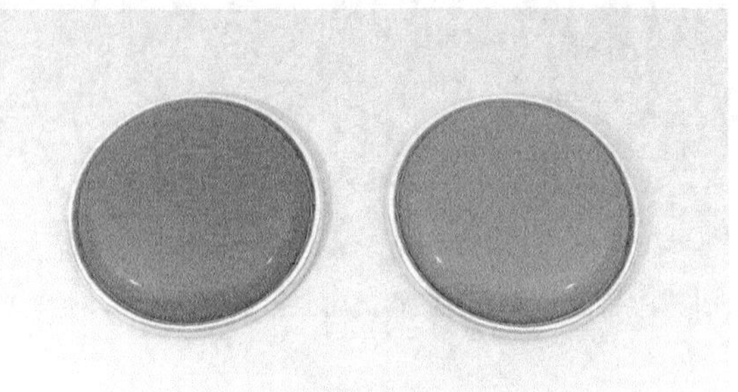

图3-25

01 在正视图中单击“画笔”按钮绘制按钮的剖面，如图3-26所示。

图3-26

02 选中图3-27所示的点，然后单击鼠标右键选择“柔性插值”选项，接着调整点的圆滑效果，如图3-28所示。

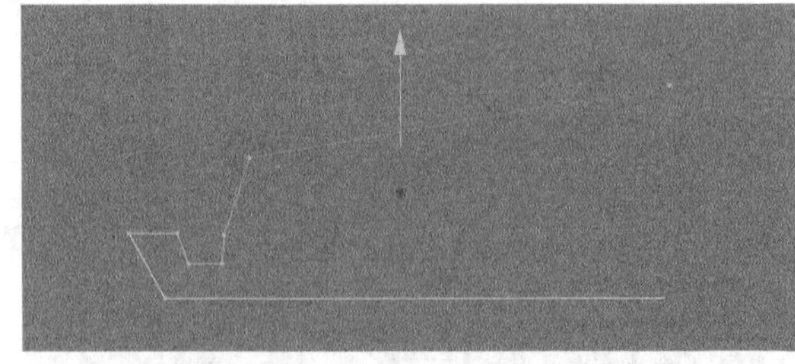

图3-27

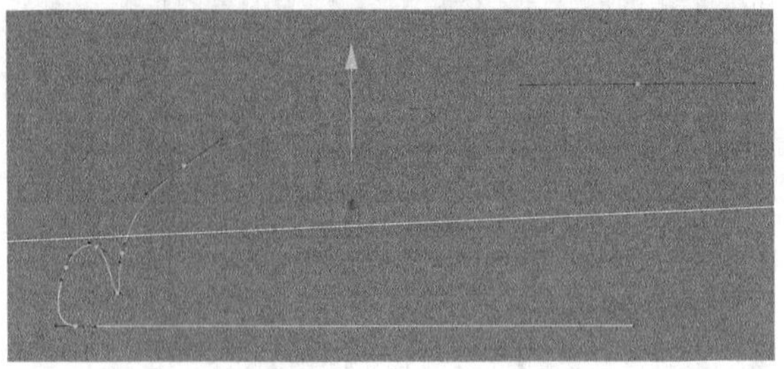

图3-28

03 选中修改好的样条，然后单击“旋转”按钮，接着在“对象”面板中将“样条”放置于“旋转”的层级下，如图3-29所示，此时模型效果如图3-30所示。

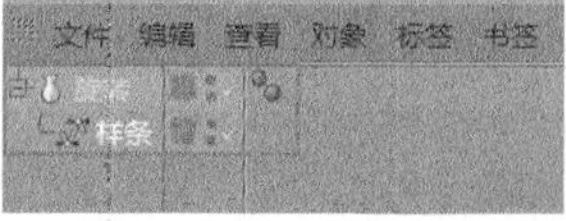

图3-29

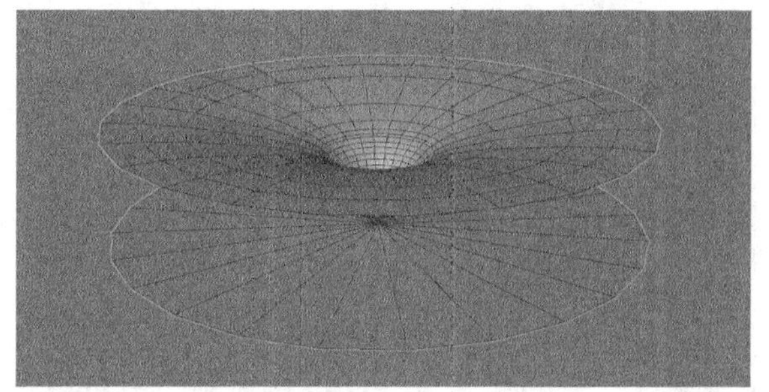

图3-30

04 生成的模型的效果与预期的效果不同，需要在正视图中选中“样条”选项，然后移动点的位置，如图3-31所示。

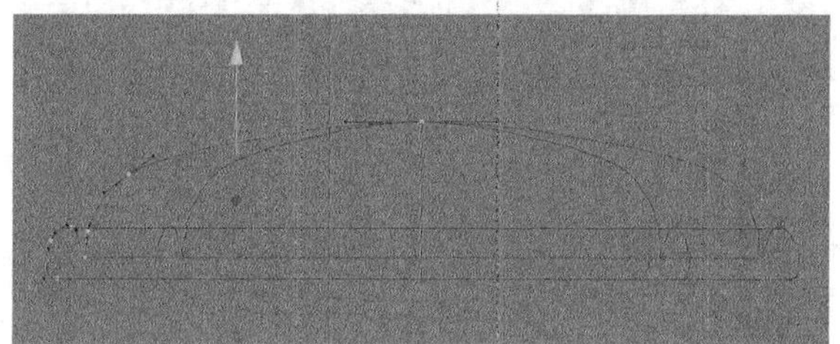

图3-31

05 切换到透视图，此时模型的效果如图3-32所示。模型边缘还有很多棱角，显得不圆滑。

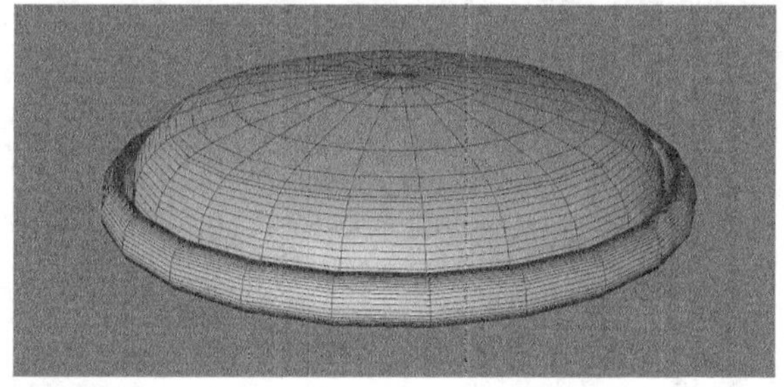

图3-32

技巧与提示

在透视图中观察模型是否有共面或是缺口，如果有就需要继续移动点的位置。

06 选中“旋转”选项，然后在“对象属性”选项卡中设置“细分数”为48，如图3-33所示，按钮模型的最终效果如图3-34所示。

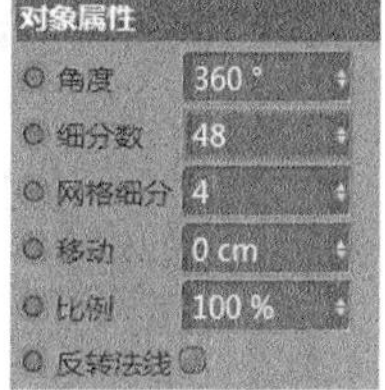

图3-33

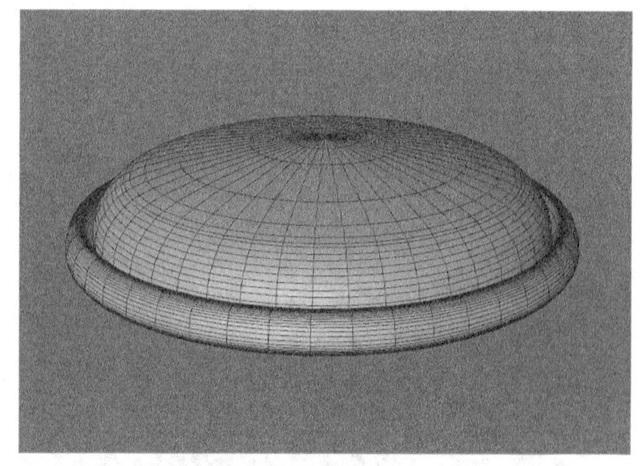

图3-34

3.1.4 放样

视频云课堂：024 放样

用“放样”生成器可以将一个或多个样条进行连接，从而形成三维模型。放样的“属性”面板有“对象属性”和“封顶圆角”两个选项卡，效果及参数如图3-35所示。

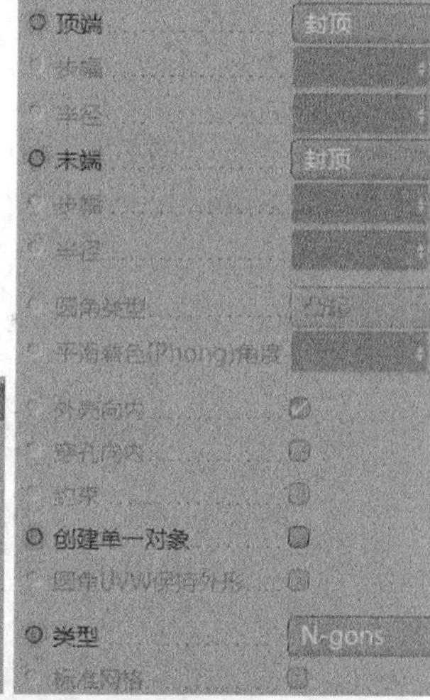

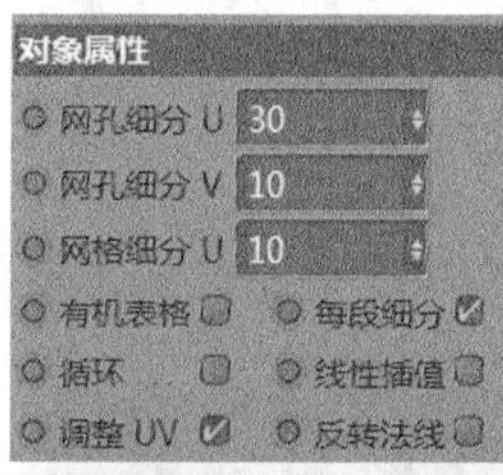

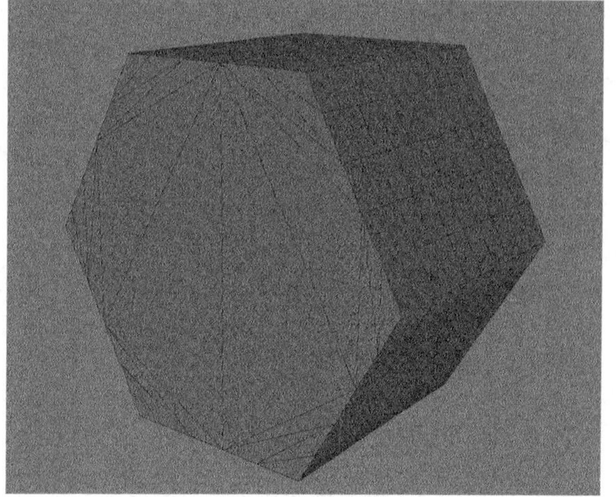

图3-35

重要参数讲解

◇ **网孔细分U/网孔细分V/网格细分U**：设置生成三维模型的细分数。

◇ **循环**：勾选该选项后，不显示连接图形的端面，如图3-36所示。

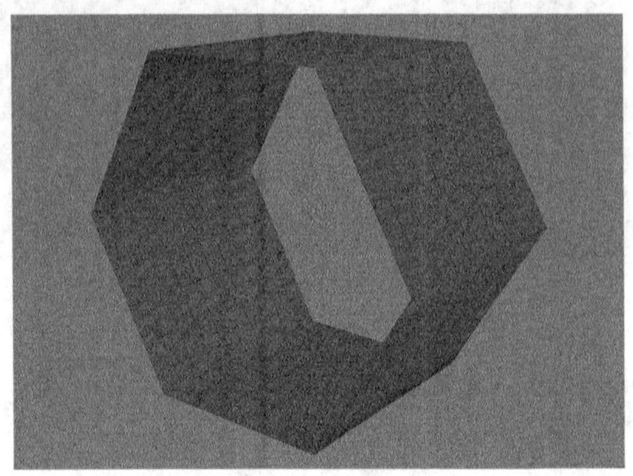

图3-36

3.1.5 扫描

视频云课堂：025 扫描

"扫描"生成器用于让一个图形按照另一个图形的路径生成三维模型。扫描的"属性"面板有"对象属性"和"封顶圆角"两个选项卡，效果及参数如图3-37所示。

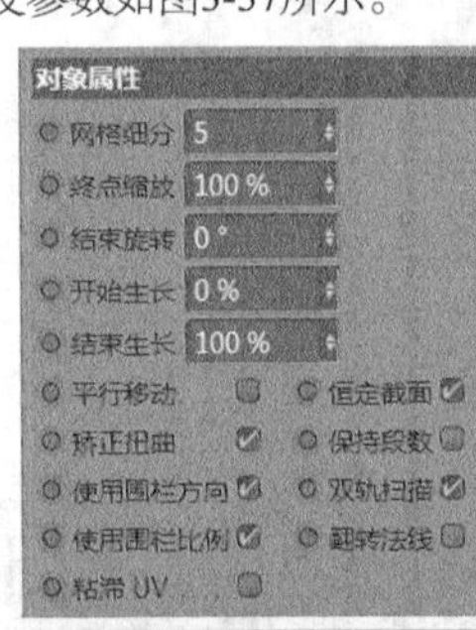

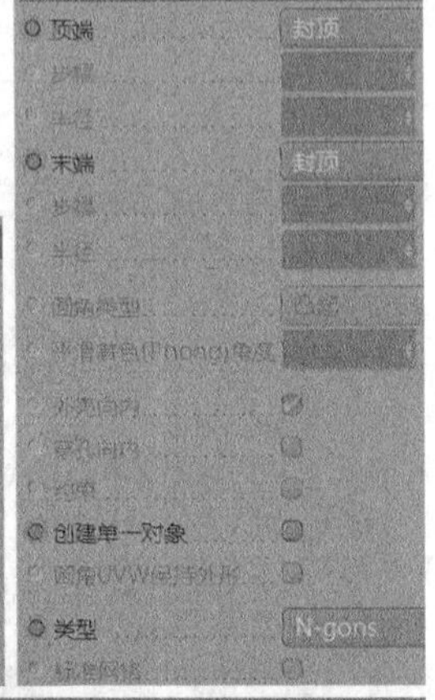

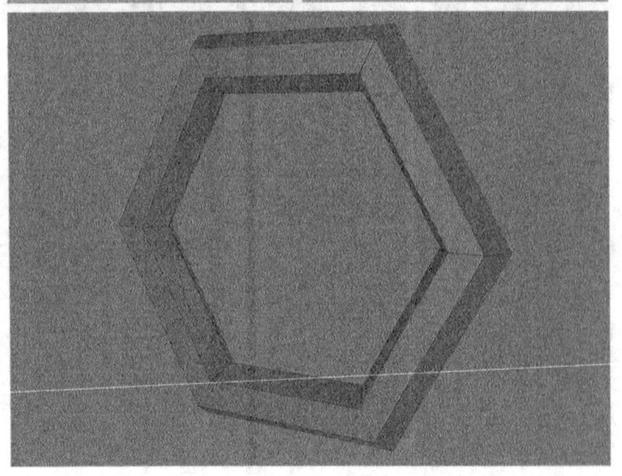

图3-37

重要参数讲解

◇ **网格细分**：设置生成的三维模型的细分数。

◇ **终点缩放**：设置生成的模型在终点处的缩放效果。

◇ **结束旋转**：设置生成的模型在终点处的旋转效果。

◇ **开始生长/结束生长**：类似于"圆锥"的"切片"工具，控制生成模型的大小，如图3-38所示。

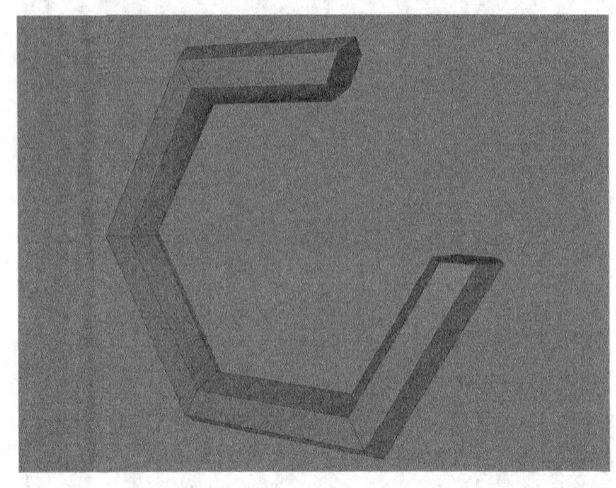

图3-38

技巧与提示

在"对象"面板中，"扫描"生成器下方的第一个图形是扫描的图案，第二个图形是扫描的路径。

课堂案例

用扫描生成器制作传送带

场景文件　无

实例文件　实例文件>CH03>课堂案例：用扫描生成器制作传送带

视频名称　课堂案例：用扫描生成器制作传送带.mp4

学习目标　掌握扫描生成器的用法

本案例的传送带模型是由不同尺寸的矩形、圆柱和扫描生成器制作而成的，模型效果如图3-39所示。

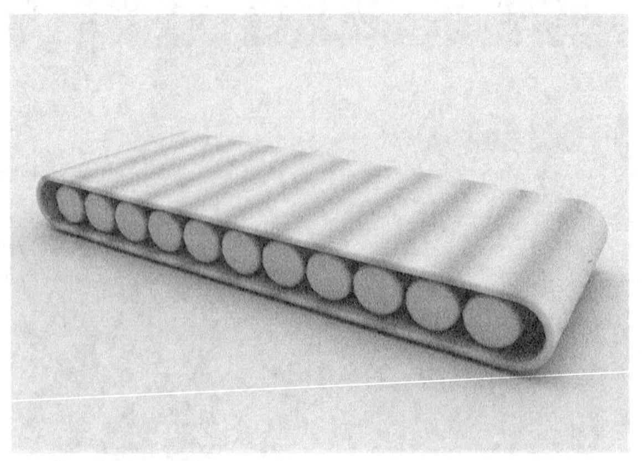

图3-39

01 单击“矩形”按钮 在场景中创建一个矩形，然后在“对象属性”选项卡中设置“宽度”为400cm，“高度”为40cm，接着勾选“圆角”选项，再设置“半径”为20cm，如图3-40所示，这个矩形代表传送带的路径。

图3-40

02 在场景中创建一个矩形，然后在“对象属性”选项卡中设置“宽度”为5cm，“高度”为160cm，接着勾选“圆角”选项，再设置“半径”为2.5cm，如图3-41所示。这个矩形代表传送带的宽度和高度。

图3-41

03 单击“扫描”按钮 ，然后在“对象”面板中将“矩形”和“矩形1”选中，放置在“扫描”的下方，如图3-42所示，此时模型效果如图3-43所示。

图3-42

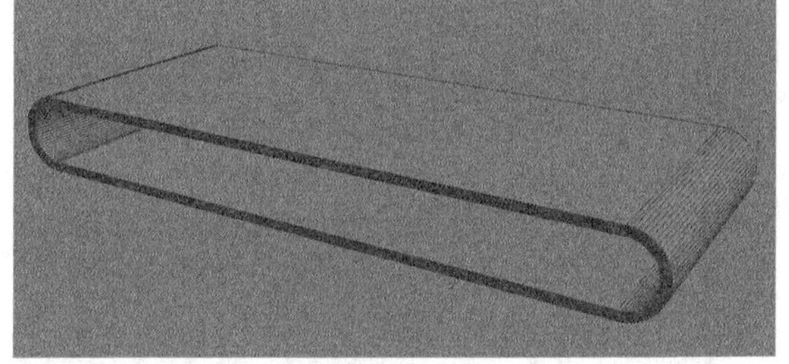

图3-43

技巧与提示

如果想更直观地调节传送带的宽度和高度，就将上一个创建的矩形在不调整参数的情况下，添加到扫描生成器下方，然后再调整这个矩形的参数。

04 在场景中创建一个圆柱作为传送带的滚轮，然后设置圆柱的“半径”为16cm，“高度”为150cm，“方向”为+Z，接着在“封顶”选项卡中勾选“圆角”选项，并设置“分段”为5，“半径”为3cm，如图3-44所示。

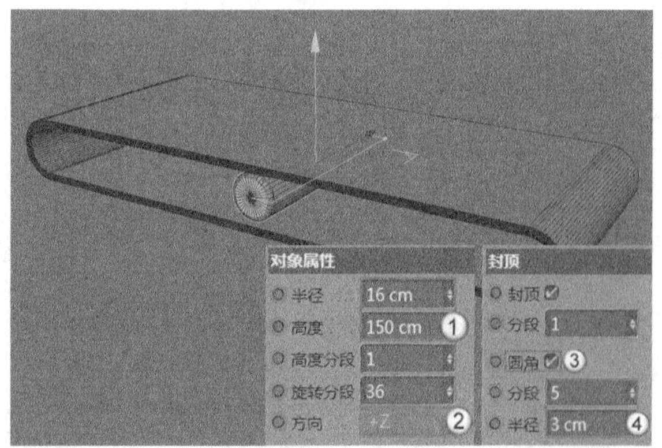

图3-44

05 将圆柱进行复制并摆放至合适位置，传送带的最终效果如图3-45所示。

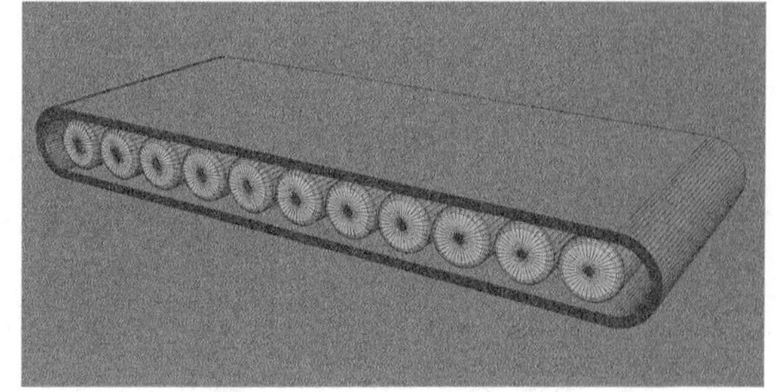

图3-45

3.1.6 阵列

视频云课堂：026 阵列

“阵列”生成器 用于将模型按照设定进行圆形排列，阵列效果及参数面板如图3-46所示。

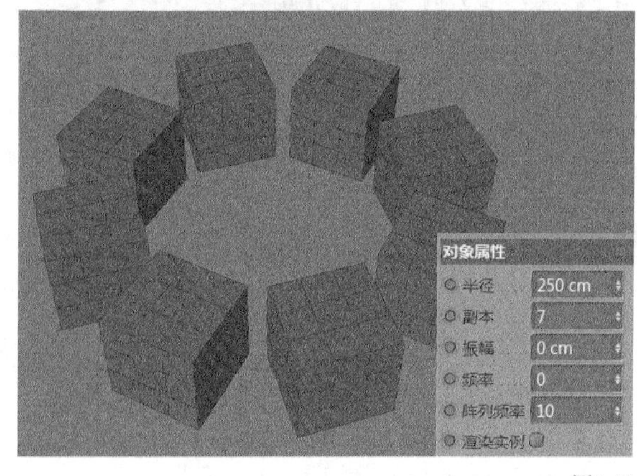

图3-46

重要参数讲解

◇ **半径：** 设置圆形排列的半径。

◇ **副本：** 设置复制出的模型的数量。

◇ **振幅：** 设置阵列模型的纵向高度差异，如图3-47所示。

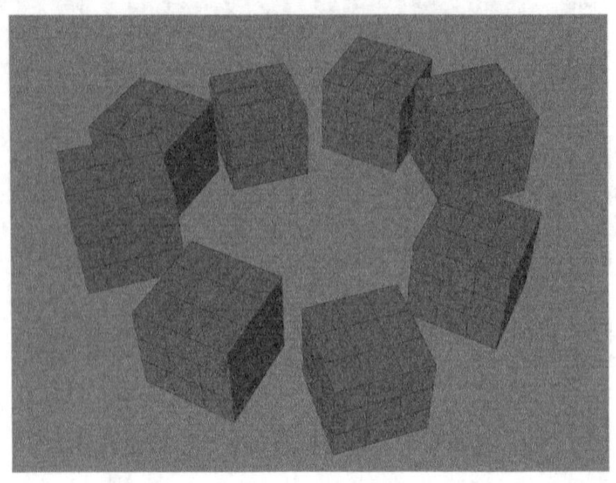

图3-47

◇ **阵列频率：** 设置阵列模型在纵向高度上下移动的频率。

3.1.7 晶格

视频云课堂：027 晶格

“晶格”生成器与3ds Max的晶格工具一样，都是根据模型的布线形成网格模型，晶格效果及参数面板如图3-48所示。

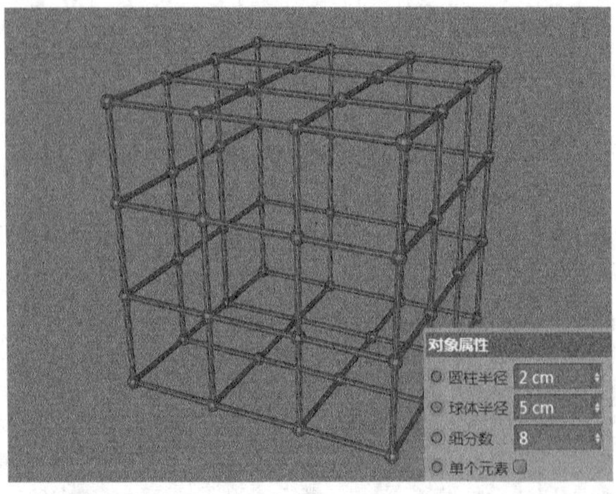

图3-48

重要参数讲解

◇ **圆柱半径：** 设置沿模型边形成的圆柱体的半径。

◇ **球体半径：** 设置沿模型顶点形成的球体的半径。

◇ **细分数：** 设置晶格模型的细分数。

3.1.8 布尔

视频云课堂：028 布尔

“布尔”生成器可以将两个三维模型进行相加、相减、交集和补集计算。布尔效果及参数面板如图3-49所示。

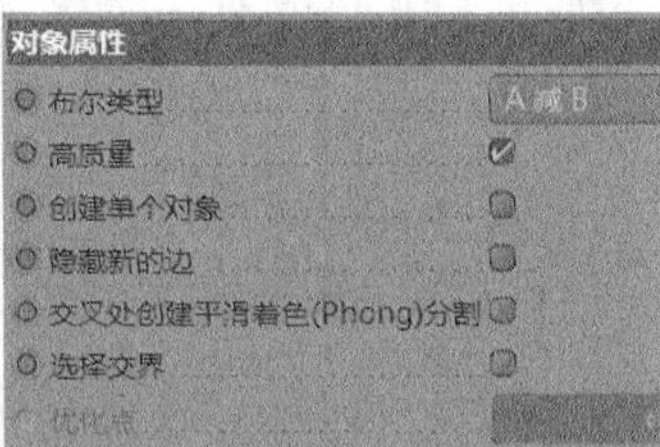

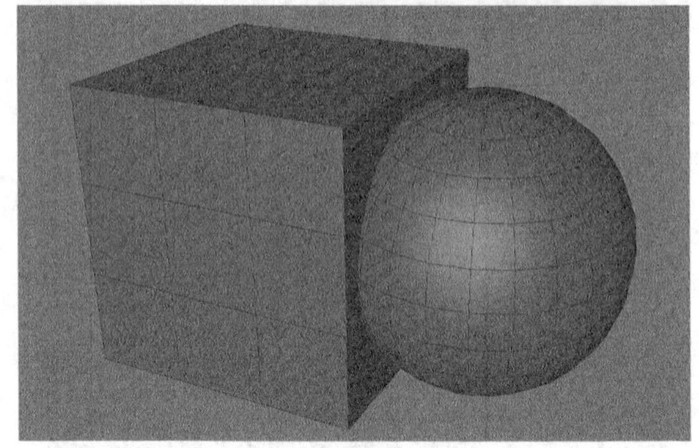

图3-49

重要参数讲解

◇ **布尔类型：** 设置两个模型计算的方式，分别为“A加B”“A减B”“AB交集”和“AB补集”4种方式，如图3-50~图3-53所示。

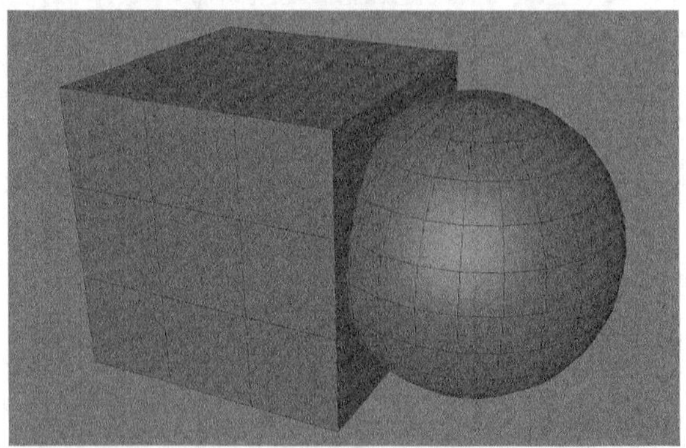

图3-50

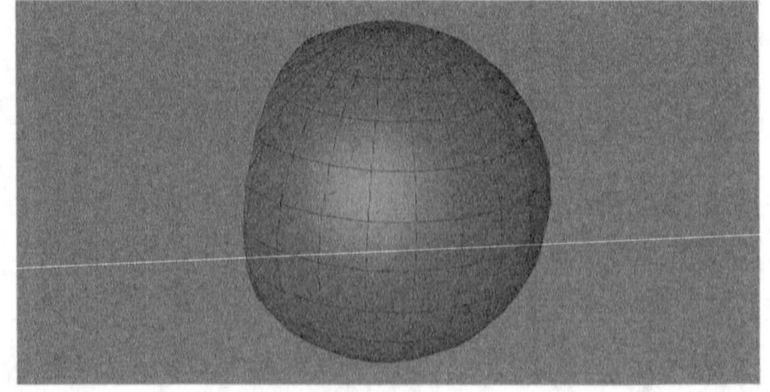

图3-51

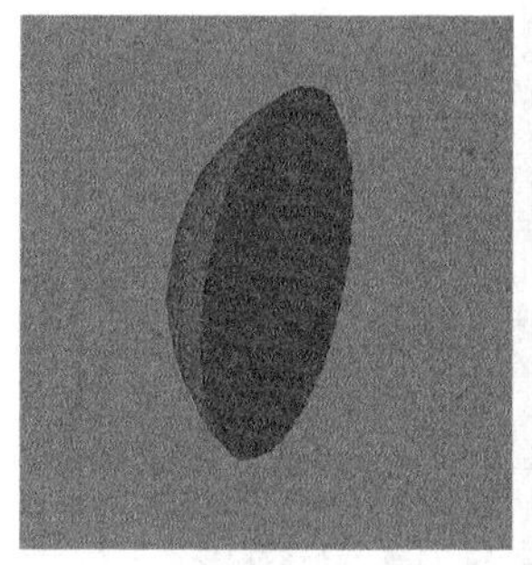

图3-52

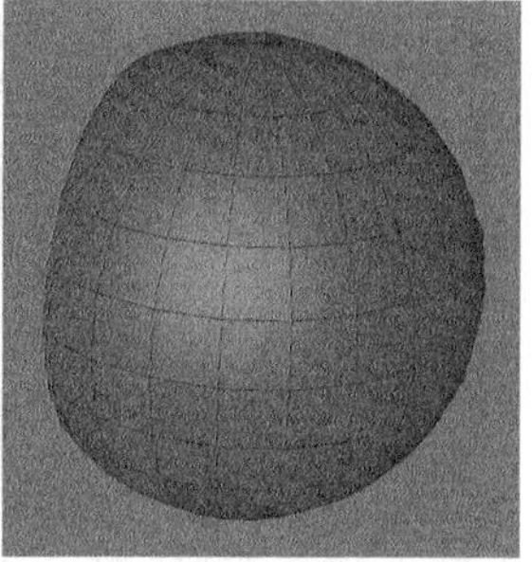

图3-53

◇ **隐藏新的边**：勾选该选项，会将计算得到的模型新生成的边隐藏。

课堂案例

用布尔生成器制作骰子

场景文件 无

实例文件 实例文件>CH03>课堂案例：用布尔生成器制作骰子

视频名称 课堂案例：用布尔生成器制作骰子.mp4

学习目标 学习布尔生成器的使用方法

本案例的骰子模型是由立方体和球体进行布尔运算生成的，模型效果如图3-54所示。

图3-54

01 单击“立方体”按钮 立方体 在场景中创建一个立方体，然后在“对象属性”选项卡中设置“尺寸.X”为200cm，“尺寸.Y”为200cm，“尺寸.Z”为200cm，接着设置“分段X”为3，“分段Y”为3，“分段Z”为3，再勾选“圆角”选项，并设置“圆角半径”为10cm，“圆角细分”为3，如图3-55所示。

对象属性

尺寸.X	200 cm	分段 X	3
尺寸.Y	200 cm	分段 Y	3
尺寸.Z	200 cm	分段 Z	3
分离表面			
圆角	✓		
圆角半径	10 cm		
圆角细分	3		

图3-55

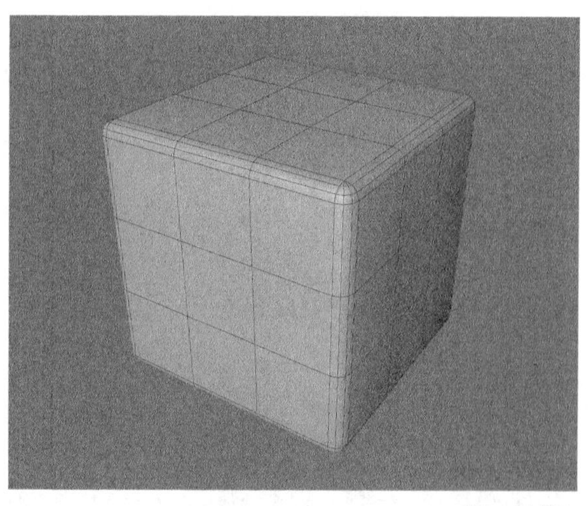

图3-55（续）

02 单击“球体”按钮 球体 在场景中创建一个球体，然后在“对象属性”选项卡中设置“半径”为20cm，如图3-56所示。

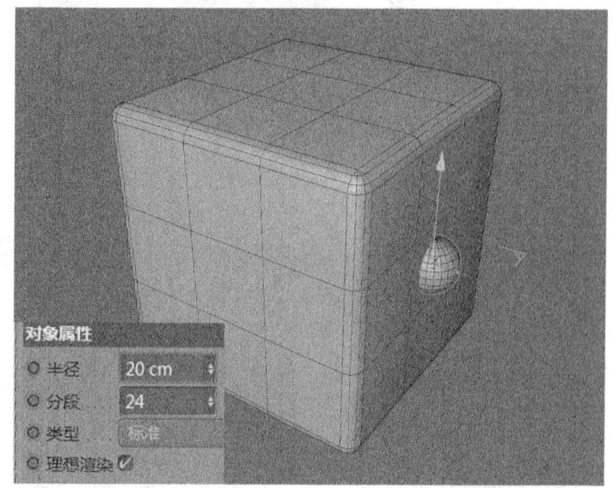

图3-56

03 将球体进行复制，并在每个面按点数进行摆放，如图3-57所示。

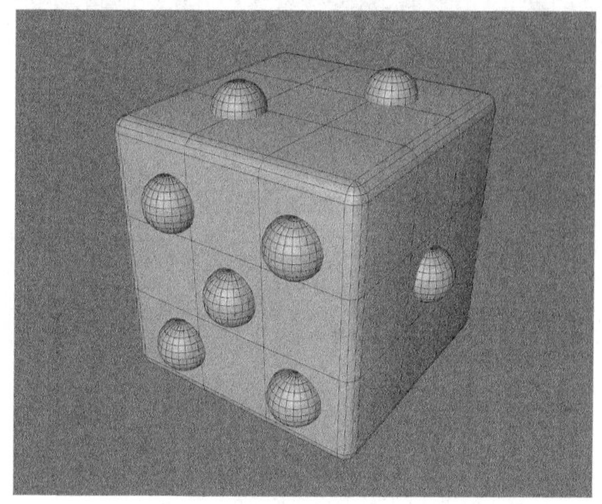

图3-57

04 在“对象”面板中选中所有“球体”，然后按快捷键Alt + G进行成组操作，形成“空白”组，如图3-58所示。

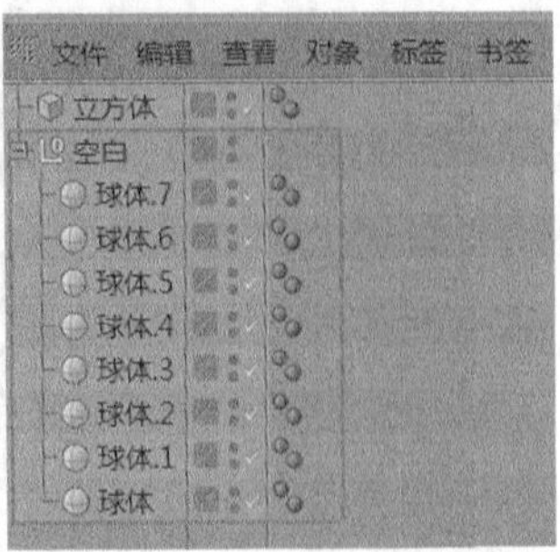

图3-58

> **技巧与提示**
>
> 双击“空白”选项，可以对成组进行重命名。

05 将“立方体”放置在成组的“球体”上方，然后单击“布尔”按钮，接着将“立方体”和“空白”选项放置于“布尔”下方，成为子层级，如图3-59所示，骰子模型的最终效果如图3-60所示。

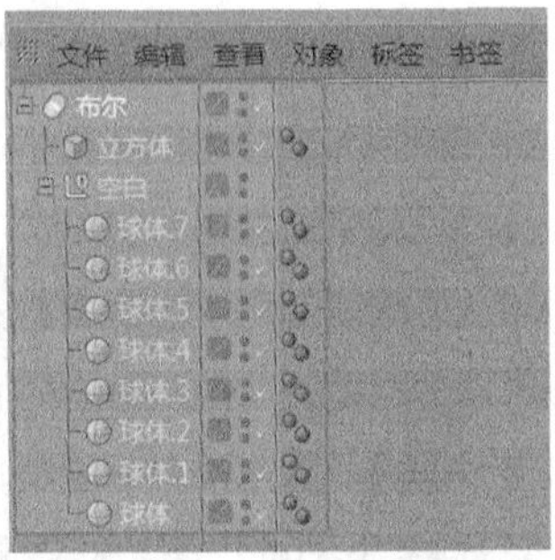

图3-59

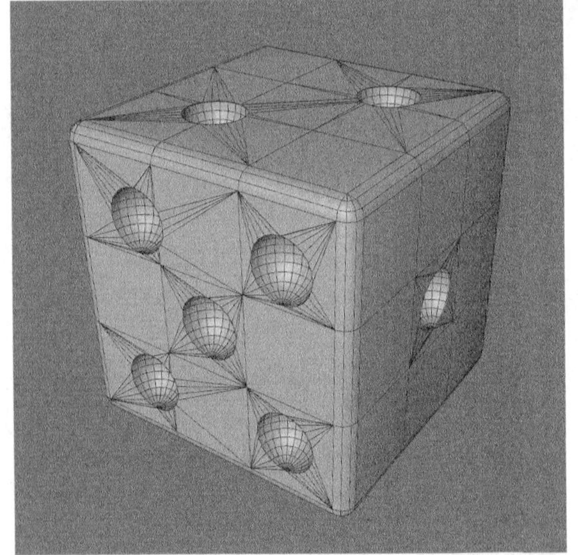
图3-60

3.1.9 样条布尔

视频云课堂：029 样条布尔

“样条布尔”生成器是将样条进行布尔运算的工具，原理与布尔工具一样，如图3-61所示。

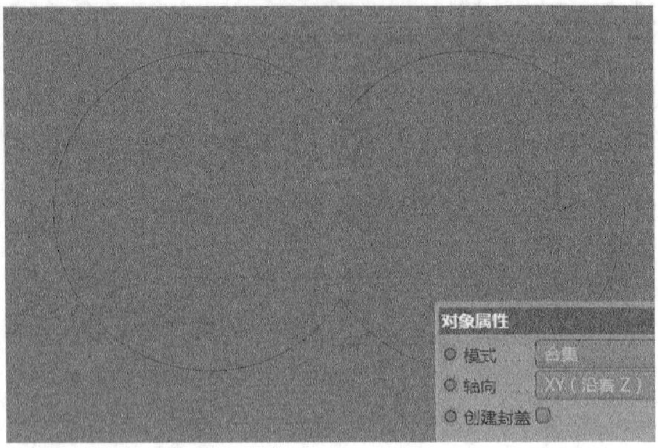

图3-61

重要参数讲解

◇ **模式**：设置两个样条的计算方式，分别为“合集”“A减B”“B减A”“与”“或”和“交”，如图3-62~图3-67所示。

图3-62

图3-63

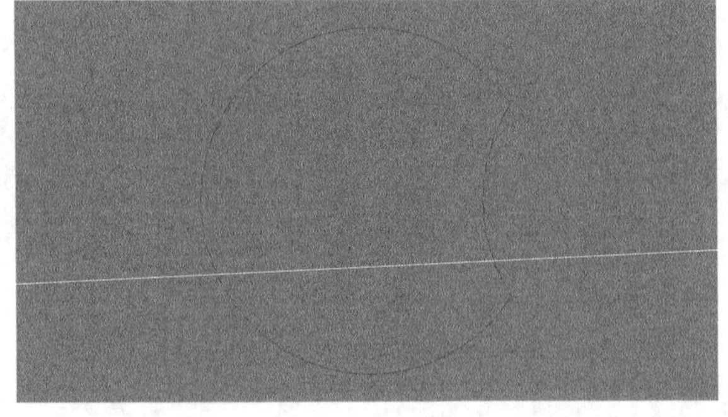
图3-64

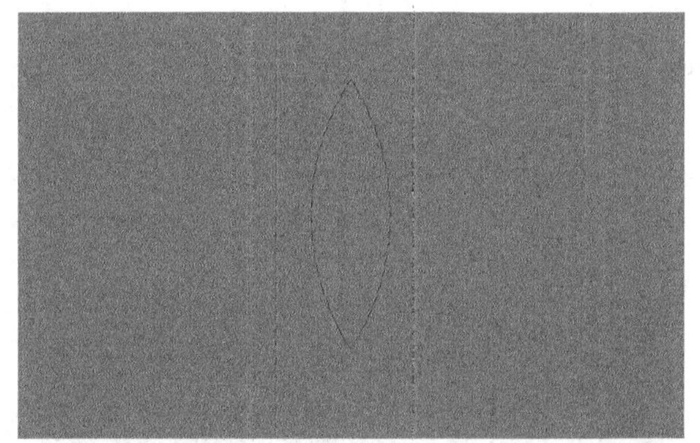
图3-65

图3-66

图3-67

◇ **轴向：** 设置生成样条的轴向。

◇ **创建封盖：** 勾选该选项后，会将新生成的样条变成三维模型。

3.1.10 融球

视频云课堂：030 融球

“融球”生成器 可以将多个球体相融，从而形成粘连的效果，效果及参数面板如图3-68所示。

图3-68

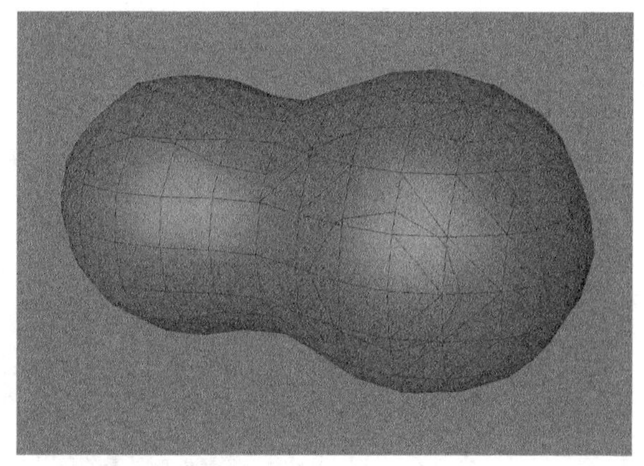
图3-68（续）

重要参数讲解

◇ **外壳数值：** 设置球体间的融合效果，数值越大，融合的部位越多。

◇ **编辑器细分：** 设置融球模型的细分，数值越小，融球越圆滑。

3.2 变形器

CINEMA 4D中自带的变形器是紫色图标，位于对象的子层级或平级，如图3-69所示。变形器通常用于改变三维模型的形态，形成扭曲、倾斜和旋转等效果。

图3-69

本节工具介绍

工具名称	工具作用	重要程度
扭曲	用于弯曲模型	中
膨胀	用于扩大模型	中
斜切	用于倾斜模型	中
锥化	用于部分缩小模型	中
螺旋	用于旋转模型	高
FFD	用于调整模型的整体形态	高
减面	用于减少模型的面数	中
倒角	用于模型的倒角	中
置换	用于改变模型形状	中

3.2.1 扭曲

视频云课堂：031 扭曲

“扭曲”变形器可以将模型进行任意角度的弯曲，由“对象属性”和“衰减”两个选项卡组成，如图3-70所示。

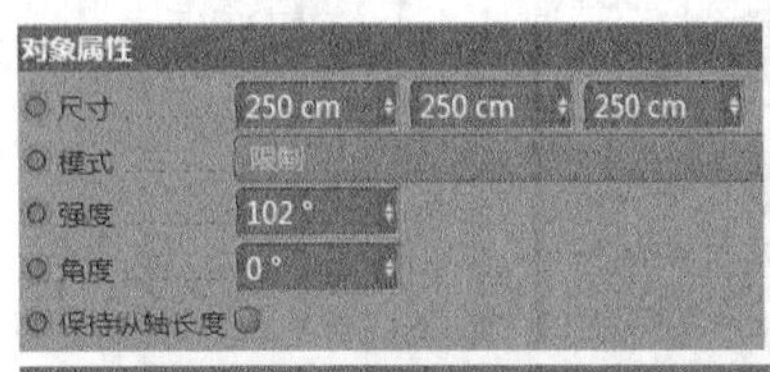

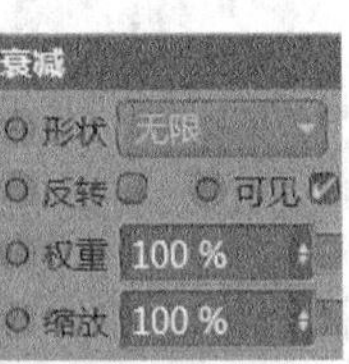

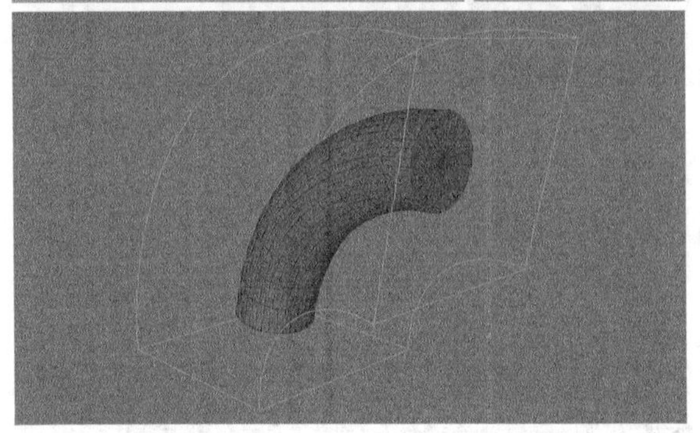

图3-70

重要参数讲解

◇ **尺寸**：设置修改器的紫色边框大小。

◇ **强度**：设置模型弯曲的强度。

◇ **角度**：设置模型弯曲时旋转的角度。

◇ **保持纵轴长度**：勾选该选项后，模型无论怎样弯曲，纵轴高度不变。

知识点：变形器边框的调整方法

CINEMA 4D的变形器可以通过调整边框大小控制模型变形效果。下面以“扭曲”变形器为例进行讲解。

默认的“扭曲”变形器边框的长、宽和高的尺寸都为250cm，效果如图3-71所示。

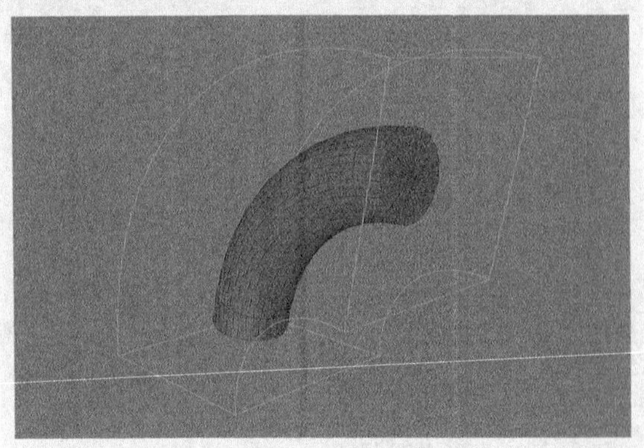

图3-71

设置边框的长、宽和高的尺寸都为100cm，效果如图3-72所示。

用“移动”工具移动边框的位置，可以观察到模型的扭曲效果随着边框的移动而改变，如图3-73所示。只有包含在紫色边框内的模型才会扭曲，而在边框以外的模型则保持原状。

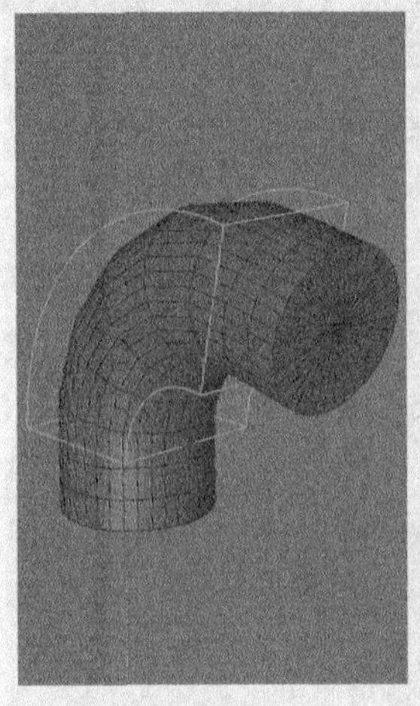

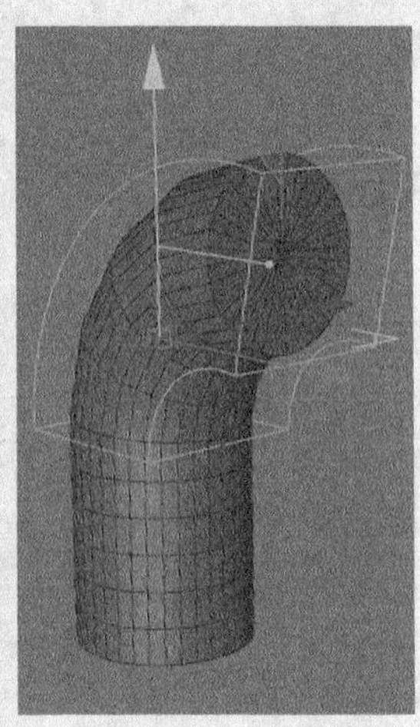

图3-72 图3-73

同理，用“旋转”工具和“缩放”工具也能控制紫色的边框。

如果，觉得紫色的边框影响操作，可以在“过滤”菜单中取消勾选“变形器”选项，紫色的边框就会隐藏，如图3-74所示。

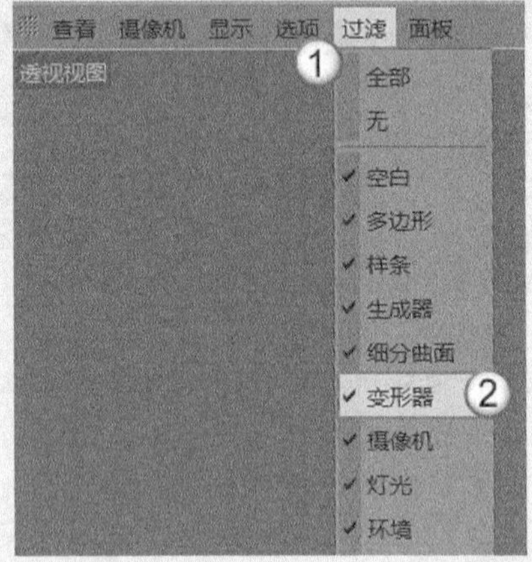

图3-74

3.2.2 膨胀

视频云课堂：032 膨胀

“膨胀”变形器可以让模型局部放大。与“扭曲”变形器一样，“膨胀”变形器也有“对象属性”和“衰减”两个选项卡，如图3-75所示。

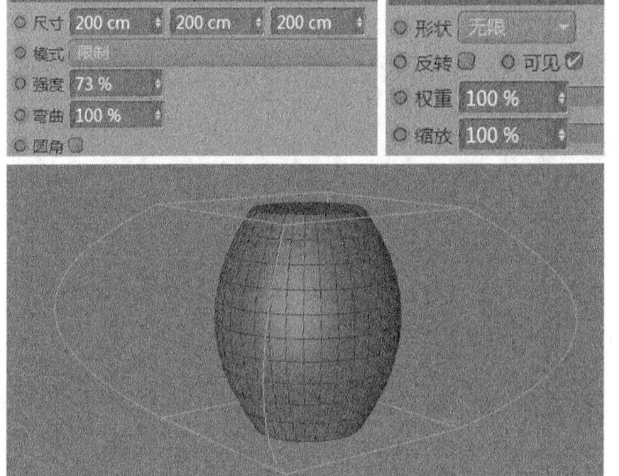

图3-75

重要参数讲解

◇ **强度**：设置模型放大的强度。

◇ **弯曲**：设置变形器外框的弯曲效果，如图3-76所示。

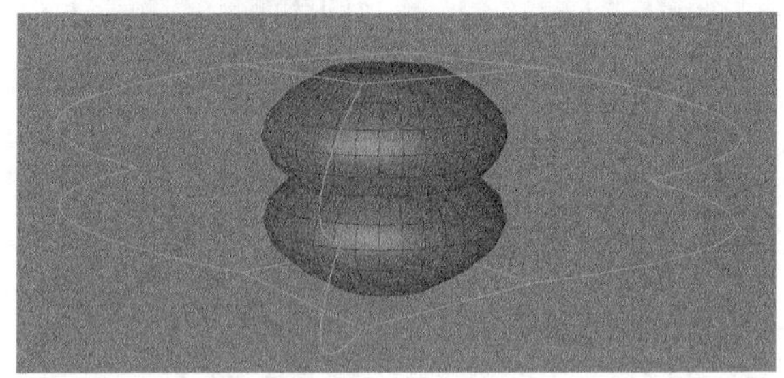

图3-76

◇ **圆角**：勾选该选项后，模型呈现圆角效果，如图3-77所示。

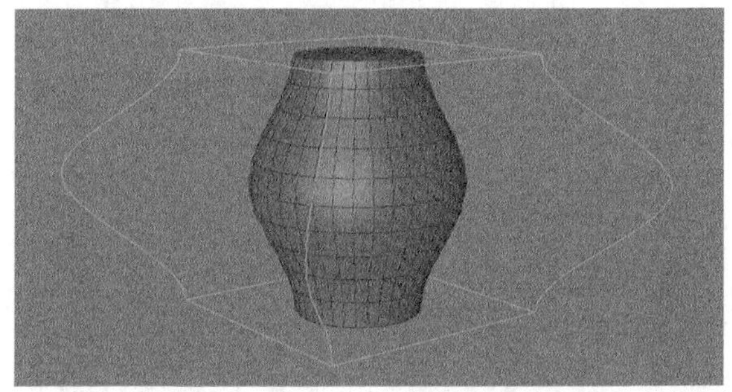

图3-77

3.2.3 斜切

视频云课堂：033 斜切

"斜切"变形器用于控制模型倾斜的程度。"斜切"变形器也是由"对象属性"和"衰减"两个选项卡组成，如图3-78所示。

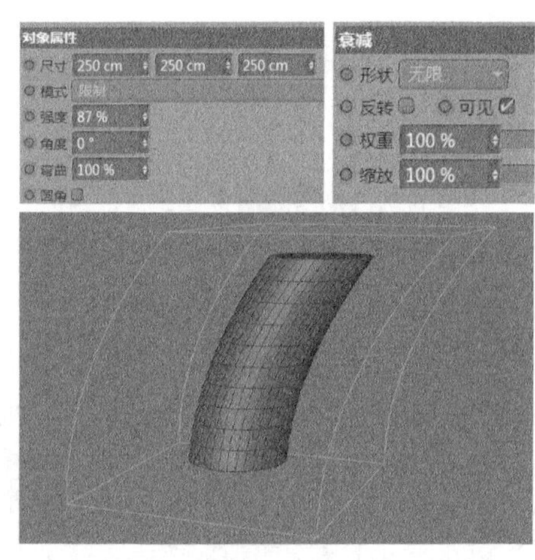

图3-78

重要参数讲解

◇ **强度**：设置模型倾斜的强度。

◇ **角度**：设置模型倾斜的角度。

技巧与提示

其余参数与"膨胀"变形器类似，这里不再赘述。

3.2.4 锥化

视频云课堂：034 锥化

"锥化"变形器用于让模型部分缩小。"锥化"变形器也是由"对象"和"衰减"两个选项卡组成，如图3-79所示。

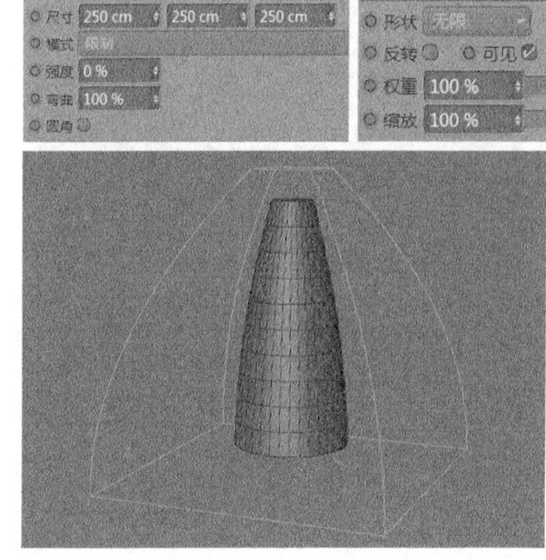

图3-79

重要参数讲解

◇ **强度**：设置模型缩小的强度。当数值为正值时，模型缩小；当数值为负值时，模型放大。

◇ **弯曲**：设置模型弯曲的强度。

3.2.5 螺旋

视频云课堂：035 螺旋

“螺旋”变形器用于让模型自身形成扭曲旋转效果，其效果与参数面板如图3-80所示。

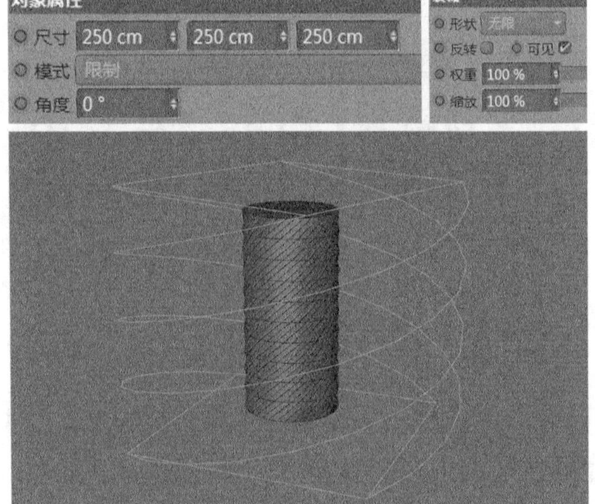

图3-80

重要参数讲解

◇ **尺寸**：设置变形器的大小。

◇ **角度**：设置模型旋转扭曲的角度。

课堂案例

用螺旋变形器制作笔筒

场景文件	无
实例文件	实例文件>CH03>课堂案例：用螺旋变形器制作笔筒
视频名称	课堂案例：用螺旋变形器制作笔筒.mp4
学习目标	掌握螺旋变形器的使用方法

本案例的笔筒由圆柱、管道和螺旋变形器制作而成，模型效果如图3-81所示。

图3-81

01 在场景中创建一个“圆柱”，然后设置“半径”为200cm，“高度”为10cm，如图3-82所示。

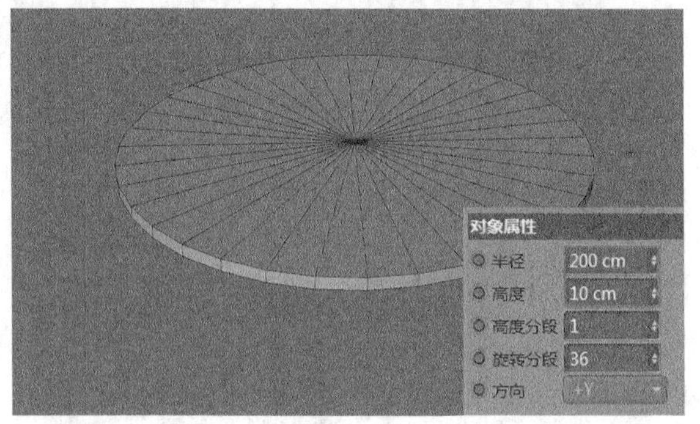

图3-82

02 在场景中创建一个“管道”，然后设置“内部半径”为190cm，“外部半径”为200cm，“高度”为500cm，如图3-83所示。

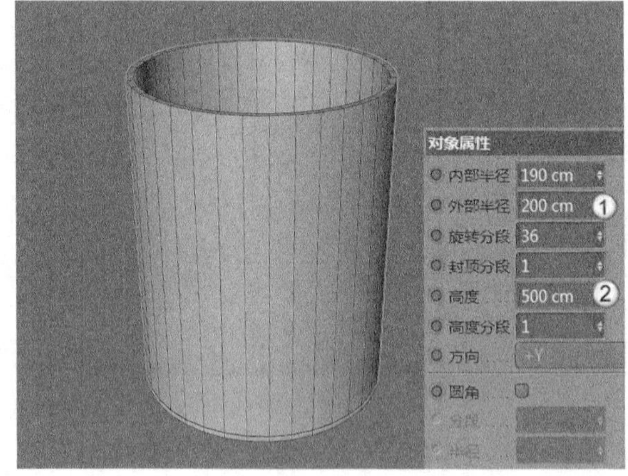

图3-83

03 单击“螺旋”按钮添加螺旋变形器，然后设置“尺寸”为200cm，接着设置“角度”为100°，具体参数设置及模型效果如图3-84所示。

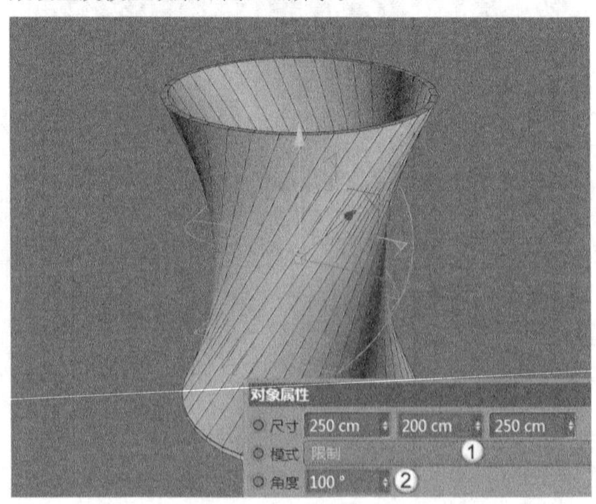

图3-84

04 调整变形器外框到合适的位置，模型最终效果如图3-85所示。

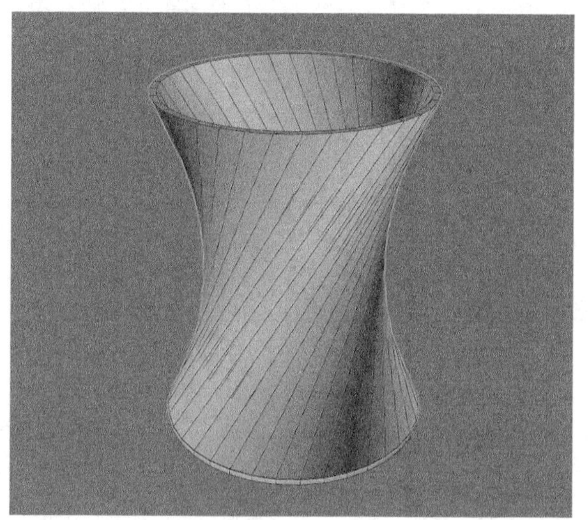

图3-85

3.2.6 FFD

视频云课堂：036 FFD

FFD变形器可以在模型外部形成晶格，依靠控制晶格来控制模型的形状，其效果和参数面板如图3-86所示。

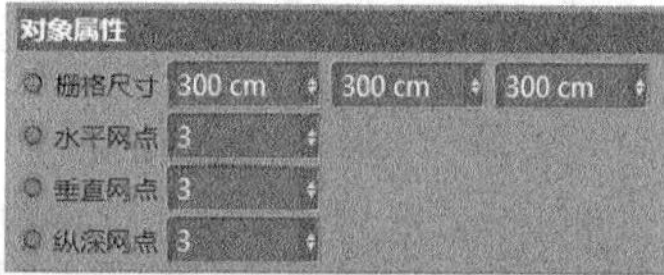

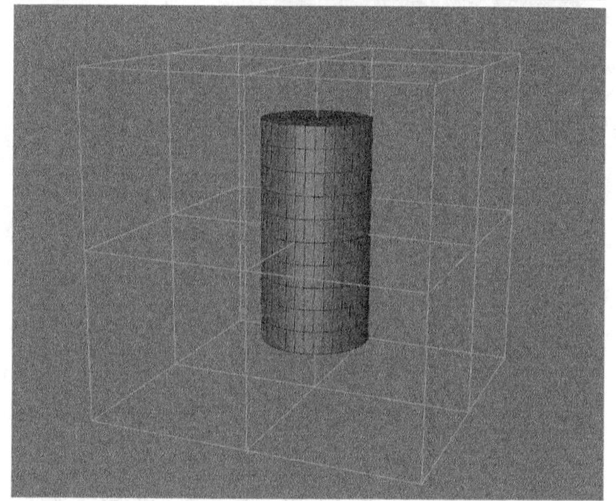

图3-86

重要参数讲解

◇ **栅格尺寸**：设置外部紫色栅格的尺寸。

◇ **水平网点**：设置水平方向晶格点数。

◇ **垂直网点**：设置垂直方向晶格点数。

◇ **纵深网点**：设置纵深方向晶格点数。

课堂案例

用FFD变形器制作抱枕

场景文件	无
实例文件	实例文件>CH03>课堂案例：用FFD变形器制作抱枕
视频名称	课堂案例：用FFD变形器制作抱枕.mp4
学习目标	掌握FFD变形器的使用方法

本案例的抱枕由立方体和FFD变形器制作而成，模型效果如图3-87所示。

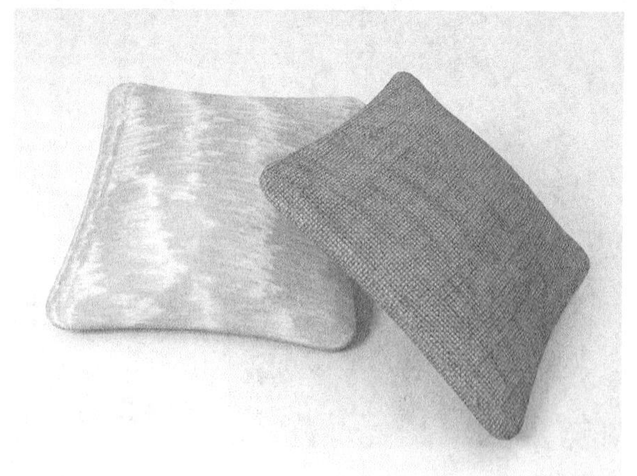

图3-87

01 在场景中创建一个“立方体”，然后设置“尺寸.Z”为70cm，“分段X”和“分段Y”为8，“分段Z”为2，接着勾选“圆角”选项，并设置“圆角半径”为23cm，“圆角细分”为5，如图3-88所示。

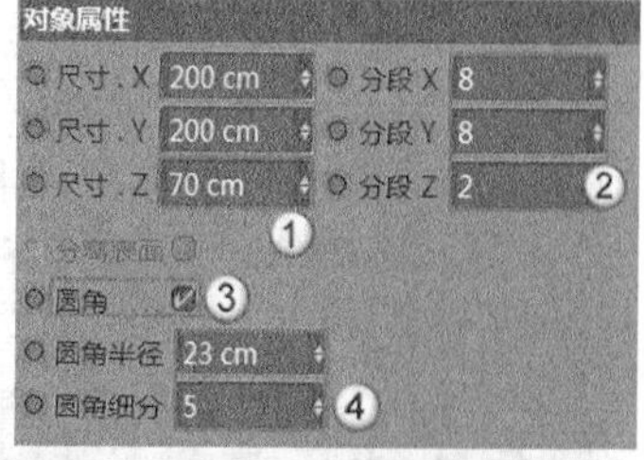

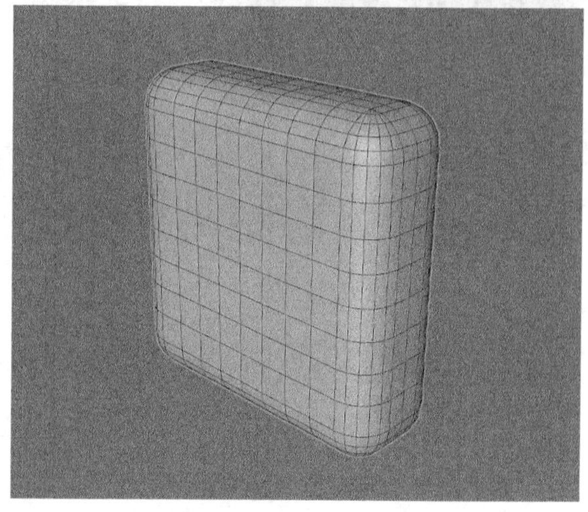

图3-88

02 单击“FFD”按钮，为立方体添加FFD变形器，然后将FFD变形器放置于“立方体”的下方，接着进入“点”模式调整FFD晶格点的位置，如图3-89所示。

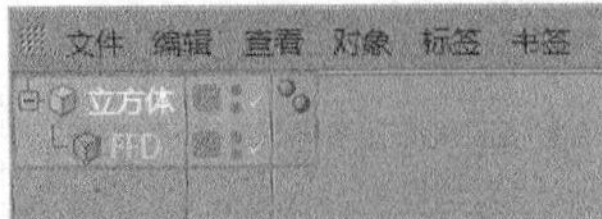

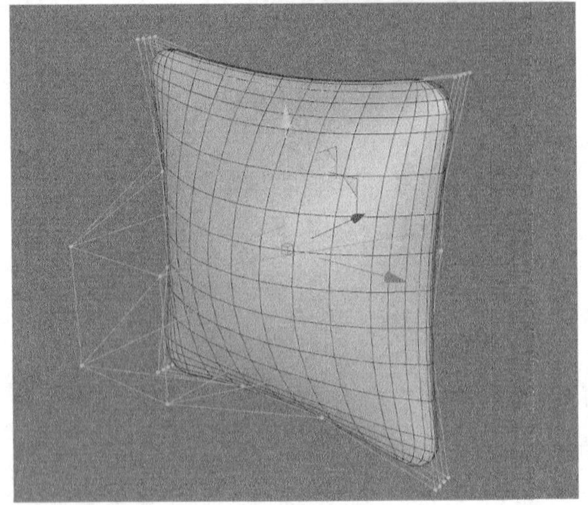

图3-89

技巧与提示

具体调整过程请观看教学视频。

03 退出“点”模式，取消显示变形器网格，抱枕模型最终效果如图3-90所示。

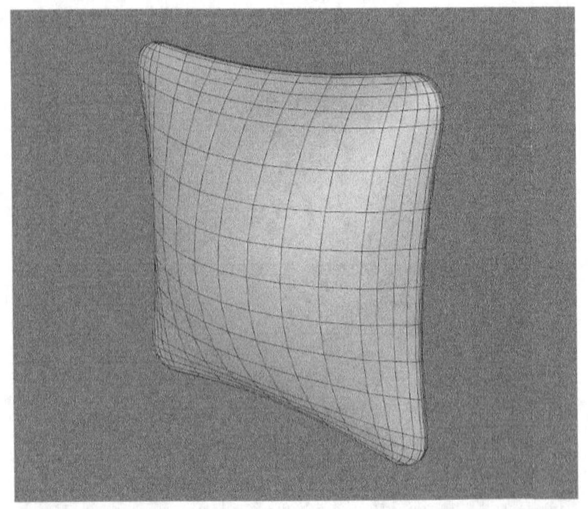

图3-90

3.2.7 减面

视频云课堂：037 减面

“减面”变形器可以让模型形成一种低多边形效果，其效果和参数面板如图3-91所示。

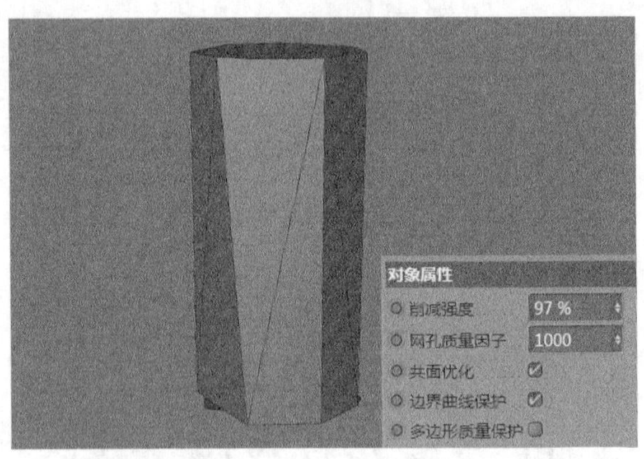

图3-91

重要参数讲解

◇ **削减强度：** 设置模型减面的程度。该数值不可过小，否则无法显示模型原有的大致轮廓。

◇ **共面优化：** 默认勾选该选项，可以让减面过程中产生的共面被优化。

◇ **边界曲线保护：** 默认勾选该选项，可以保持原有模型的边界。

3.2.8 倒角

视频云课堂：038 倒角

“倒角”变形器可以对模型形成倒角效果，多用于多边形建模。“倒角”变形器由“选项”“多边形挤出”“外形”和“拓扑”4个选项卡组成，如图3-92所示。

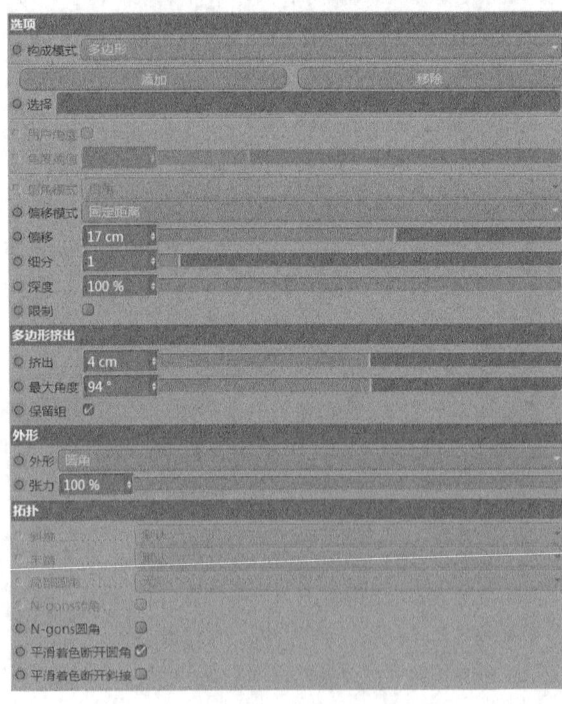

图3-92

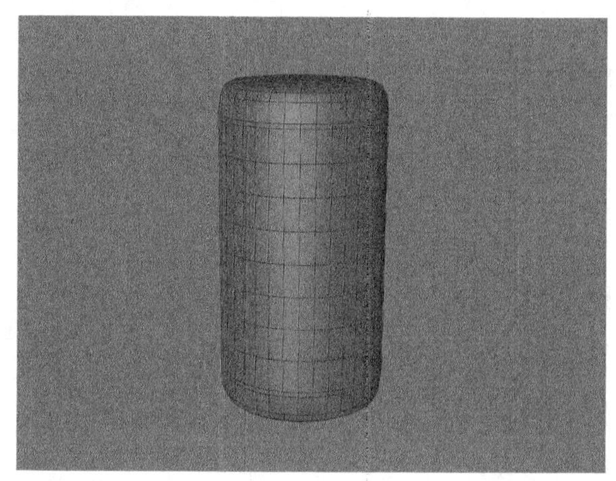

图3-92（续）

重要参数讲解

◇ **构成模式**：设置倒角模式，分别有“点”“边”和“多边形”3种。

◇ **偏移**：设置倒角的强度。

◇ **细分**：设置倒角的分段线。

◇ **挤出**：只有选择了“多边形”模式的倒角才会出现这个选项卡中的参数，该参数用于设置倒角高度。

◇ **外形**：设置倒角的样式，默认为“圆角”。

知识点：模型倒角出现问题怎么解决

通常在对圆柱模型倒角时，会出现意想不到的问题，如图3-93所示。无论怎样调整，都达不到预期效果，遇到这种情况，应该怎样解决?

第1步：选中原始模型，然后按C键将其转换为可编辑多边形。

第2步：进入模型的“点”模式，然后按快捷键Ctrl+A全选模型所有的点，如图3-94所示。

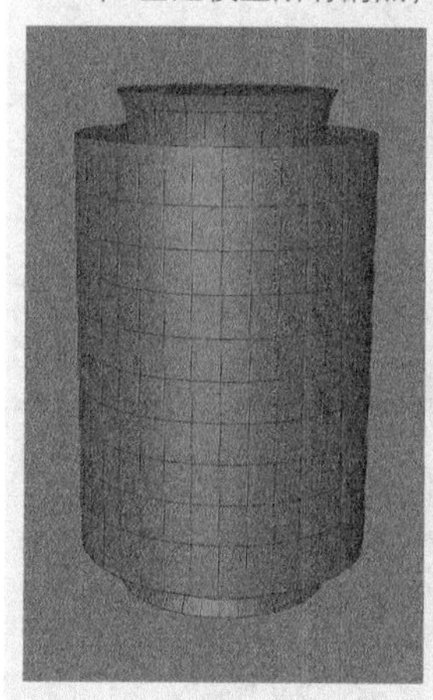

图3-93

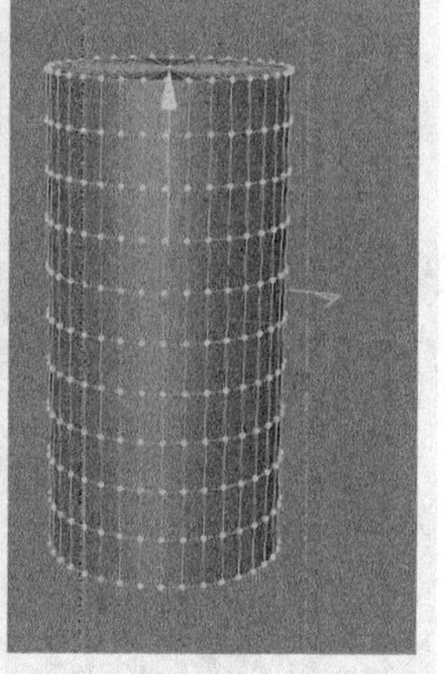

图3-94

第3步：单击鼠标右键，然后在菜单中选择“优化”选项，如图3-95所示。

第4步：返回“模型”模式，然后再为其加载“倒角”变形器，就可以按照预期效果进行倒角，如图3-96所示。

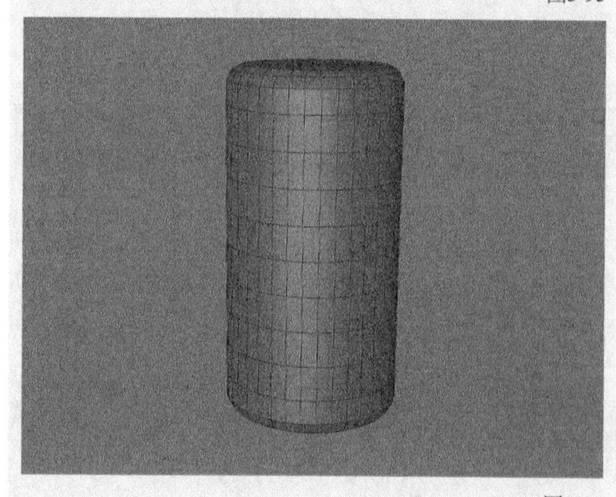

图3-95

图3-96

3.2.9 置换

视频云课堂：039 置换

“置换”变形器可以按照颜色或是贴图将模型进行变形，通常与“减面”变形器配合制作低多边形效果的模型。“置换”变形器由“对象属性”“着色”“衰减”和“刷新”4个选项卡组成，如图3-97所示。

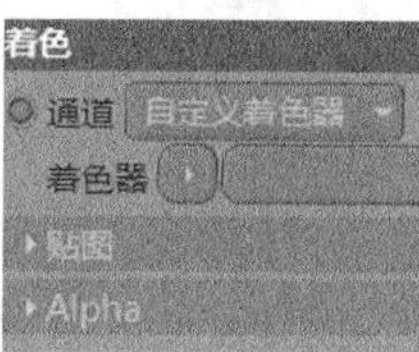

图3-97

重要参数讲解

◇ **强度**：设置模型置换变形的强度。

◇ **高度**：设置模型挤出部分的高度。

◇ **类型**：设置置换的类型，如图3-98所示。

◇ **着色器**：添加置换贴图的位置。

强度
强度(中心)
红色/绿色
RGB (XYZ 局部)
RGB (XYZ 全局)

图3-98

3.3 本章小结

本章主要讲解了CINEMA 4D中常用的生成器和变形器。熟练掌握这些工具的使用方法，能更加轻松地制作出多种多样的模型。本章所讲解的虽是基础建模知识，却非常重要，希望读者对这些建模工具勤加练习。

3.4 课后习题

本节安排了两个课后习题供读者练习，这两个习题综合了本章知识。如果读者在练习时有疑问，可以一边观看教学视频，一边学习模型创建方法。

3.4.1 课后习题：气球

场景文件	无
实例文件	实例文件>CH03>课后习题：气球
视频名称	课后习题：气球.mp4
学习目标	掌握扫描和锥化生成器与变形器的使用方法

气球效果如图3-99所示。

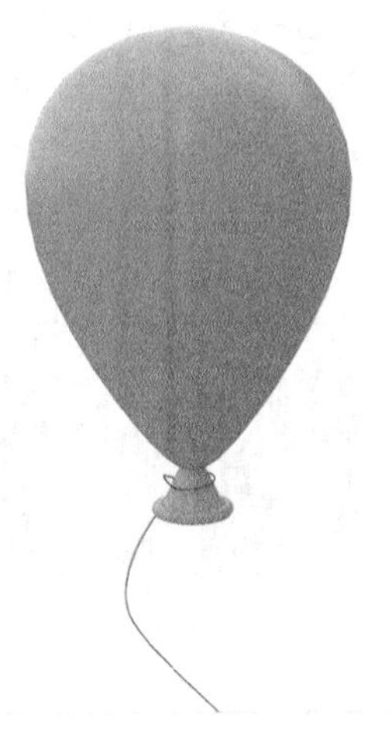

图3-99

步骤分解如图3-100所示。

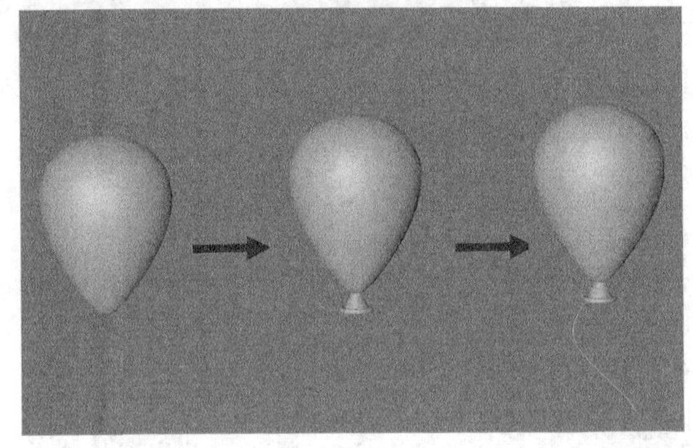

图3-100

3.4.2 课后习题：沙漏

场景文件	无
实例文件	实例文件>CH03>课后习题：沙漏
视频名称	课后习题：沙漏.mp4
学习目标	掌握细分曲面、螺旋和膨胀生成器与变形器的使用方法

沙漏效果如图3-101所示。

图3-101

步骤分解如图3-102所示。

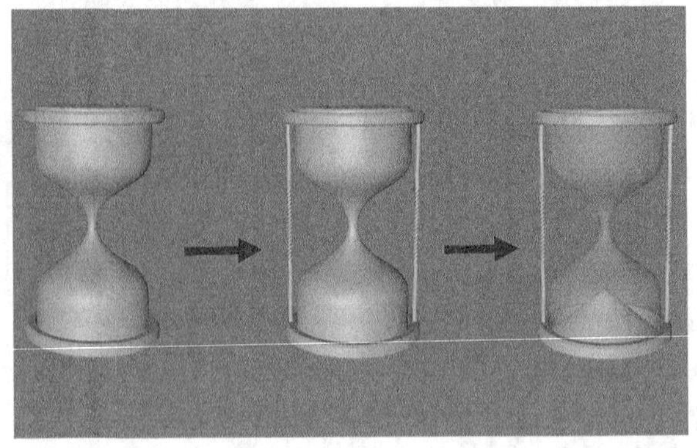

图3-102

CINEMA 4D

第 4 章

高级建模技术

本章将讲解 CINEMA 4D 的高级建模技术。高级建模技术的难度更高，操作也更加灵活，可以创建出形态丰富的模型，是基础建模技术所达不到的。

课堂学习目标

◇ 掌握样条建模

◇ 掌握多边形建模

◇ 掌握雕刻建模

4.1 样条建模

在第2章中，我们学习了常见的样条。除了用“画笔”工具描绘的样条可以直接编辑外，其余的样条都只能调整参数，无法改变形态。本节将讲解怎样编辑样条。

本节工具介绍

工具名称	工具作用	重要程度
转换为可编辑对象	将样条转换为可编辑状态	高
编辑样条	编辑样条的形态	高

4.1.1 转换为可编辑样条

要调整样条的形态，首先需要将其转化为可编辑样条。转换的方法很简单，选中样条后单击“模式工具栏”的“转换为可编辑对象”按钮（快捷键为C）即可。图4-1所示的是矩形转换为可编辑样条后，就可以在“点”模式中直接调整形态。

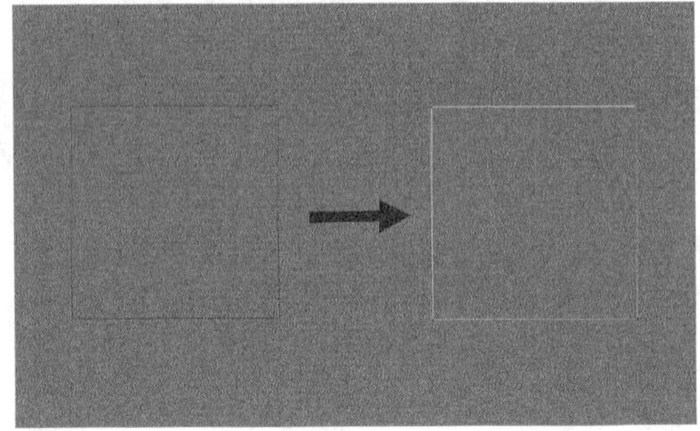

图4-1

技巧与提示

在“对象”面板中，转换为可编辑样条的矩形会从图4-2所示的图案变成图4-3所示的图案。

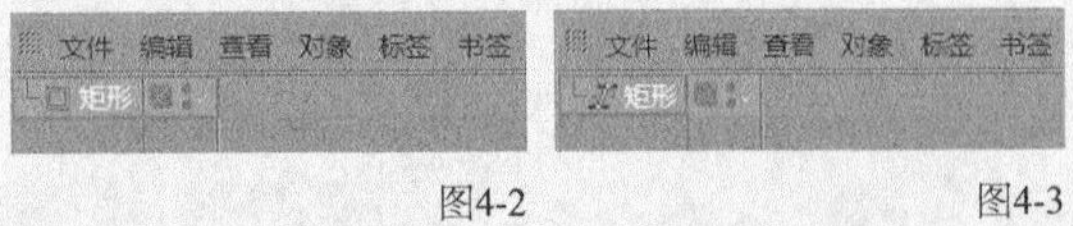

图4-2　　图4-3

4.1.2 编辑样条

视频云课堂：040 编辑样条

转换为可编辑样条后，进入“点”模式就可以对样条进行编辑。选中需要修改的点，然后单击鼠标右键，在弹出的菜单中罗列了编辑的工具，如图4-4所示。

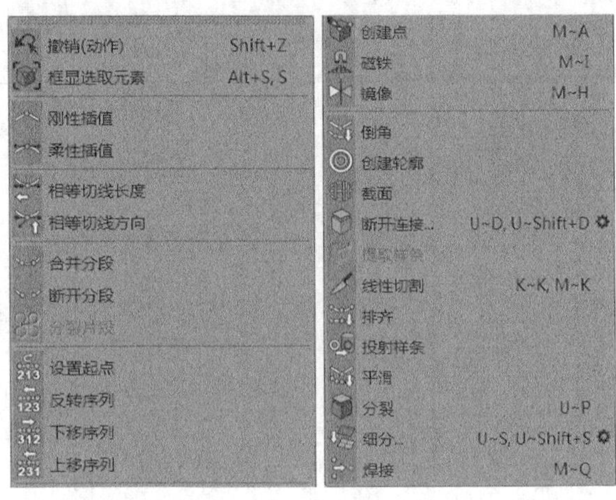

图4-4

重要参数讲解

◇ **刚性插值**：设置选中的点为锐利的角点。

◇ **柔性插值**：设置选中的点为贝塞尔角点。

◇ **相等切线长度**：设置角点的控制手柄的长度相等。

◇ **相等切线方向**：设置角点的控制手柄方向一致。

◇ **合并分段**：合并两条样条的点。

◇ **断开分段**：断开当前样条所选点的分段。

◇ **设置起点**：设置所选点为样条的起点，此时所选的点为纯白色。

◇ **创建点**：在样条的任意位置添加新的点。

◇ **倒角**：斜角处理选取样条，如图4-5所示。

图4-5

◇ **创建轮廓**：为所选样条创建轮廓，如图4-6所示。

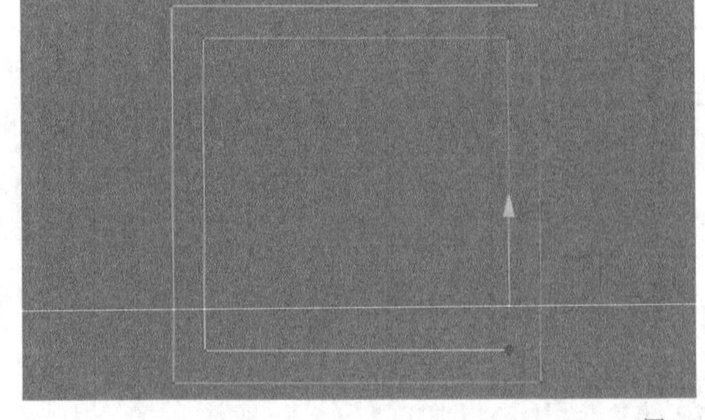

图4-6

◇ **排齐**：将所选的点排齐。

课堂案例

用可编辑样条制作霓虹灯

场景文件　无

实例文件　实例文件>CH04>课堂案例：用可编辑样条制作霓虹灯

视频名称　课堂案例：用可编辑样条制作霓虹灯.mp4

学习目标　掌握样条编辑方法

本案例的霓虹灯模型是由可编辑样条和扫描生成器制作而成的，模型效果如图4-7所示。

图4-7

01 在正视图中，单击“文本”按钮在场景中创建“618”的文本，然后在“对象属性”选项卡中设置“字体”为“幼圆”，如图4-8所示。

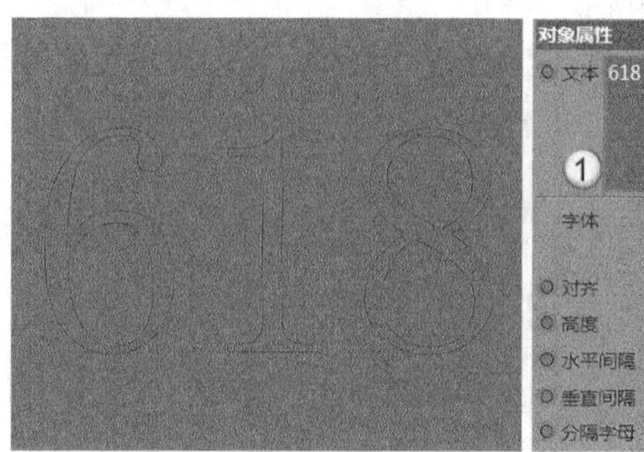

图4-8

技巧与提示

读者也可以选择其他粗体类字体，这样比较容易观察笔画的走向。

02 单击“画笔”按钮在字体中绘制灯管，沿着笔画走向一笔成型，如图4-9所示。

图4-9

03 进入“点”模式，调整字体的点，让字体看起来更加圆滑，如图4-10所示。

图4-10

04 将每个文字样条的首尾两端的点沿着z轴向后移动一定的距离，如图4-11所示。

图4-11

05 创建一个“圆环”，然后设置“半径”为3cm，接着添加“扫描”生成器，再将“圆环”和“样条”都放置于“扫描”生成器下方，如图4-12所示，这样，霓虹灯的发光管就做好了。

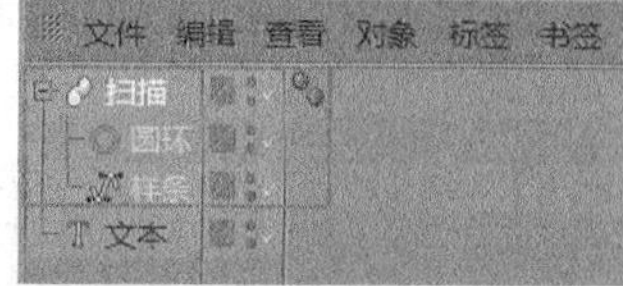

图4-12

06 选中“扫描”选项，然后按快捷键Ctrl＋C复制，接着按快捷键Ctrl＋V粘贴，再将“圆环”的“半径”修改为6cm，如图4-13所示，这样，霓虹灯的玻璃灯管就做好了。

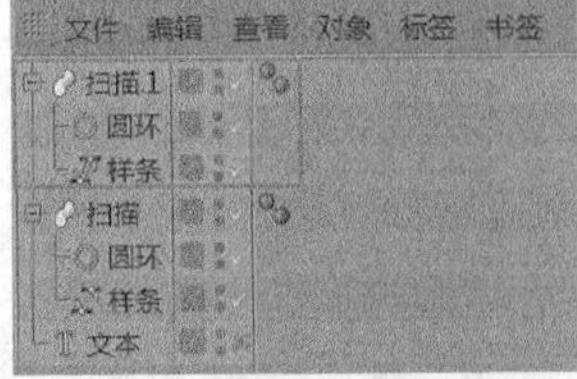

图4-13

技巧与提示

玻璃灯管的半透明效果是在“扫描”的“基本”选项卡中勾选“透显”选项来实现的。

07 在场景中创建“圆柱”，然后设置“半径”为8cm，“高度”为6cm，接着将其复制并放置在灯管的末端，如图4-14所示。这样，霓虹灯的灯管尾部就做好了。

图4-14

08 用“画笔”工具绘制电线，确保每一个灯管尾部都有电线相接，如图4-15所示。

图4-15

09 新建一个“圆环”，然后设置“半径”为0.5cm，接着添加“扫描”生成器，再将“圆环”和电线的“样条”放置在“扫描”的子层级，如图4-16所示。

图4-16

10 新建一个“立方体”，然后设置“尺寸.X”为380cm，“尺寸.Y”为200cm，“尺寸.Z”为5cm，接着勾选“圆角”选项，并设置“圆角半径”为2.5cm，“圆角细分”为5，如图4-17所示。将立方体放置在灯管尾部的后方，模型最终效果如图4-18所示。

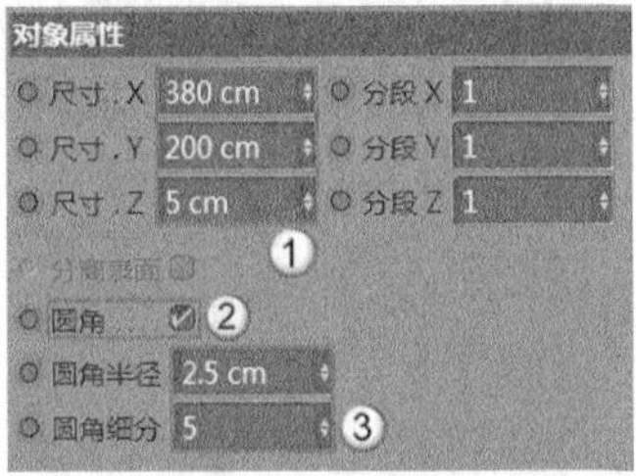

图4-17

图4-18

4.2 多边形建模

本节将为读者讲解多边形建模。多边形建模的方法非常灵活，可以制作出多种效果。

本节工具介绍

工具名称	工具作用	重要程度
转换为可编辑对象	将参数对象转换为可编辑状态	高
点模式	在点模式中编辑模型	高
边模式	在边模式中编辑模型	高
多边形模式	在多边形模式中编辑模型	高

4.2.1 转换为可编辑多边形

要想编辑多边形，必须将三维模型转换为可编辑多边形。转换的方法十分简单，与转换可编辑样条一样，只需要选中需要转换的模型，然后单击“模式工具栏”的“转换为可编辑对象”按钮（快捷键为C）即可，如图4-19所示。

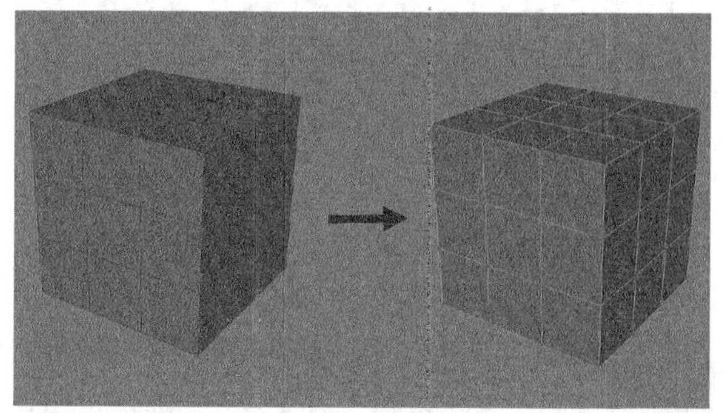

图4-19

技巧与提示

在“对象”面板中，转换为可编辑多边形的立方体会从图4-20所示的图案变成图4-21所示的图案。

图4-20

文件 编辑 查看 对象 标签 书签
立方体

图4-21

4.2.2 编辑多边形对象

视频云课堂：041 编辑多边形对象

对于可编辑多边形有3种编辑模式，分别是“点”、“边”和“多边形”。在左侧的“模式工具栏”中可以快速切换这3种模式，如图4-22~图4-24所示。

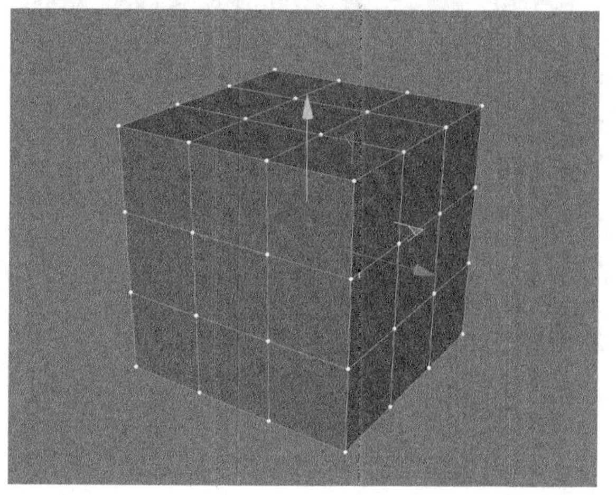

图4-22

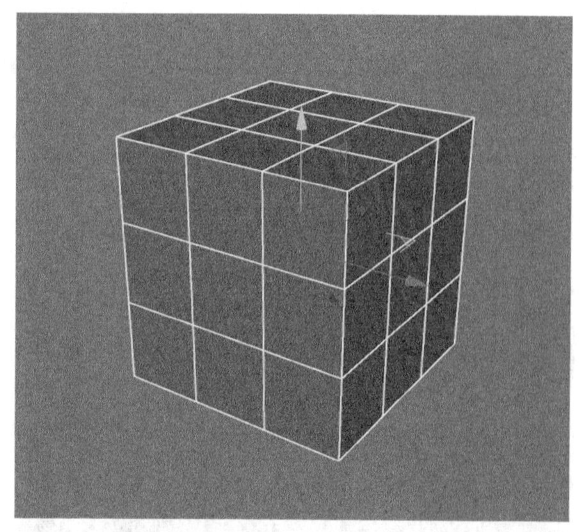

图4-23

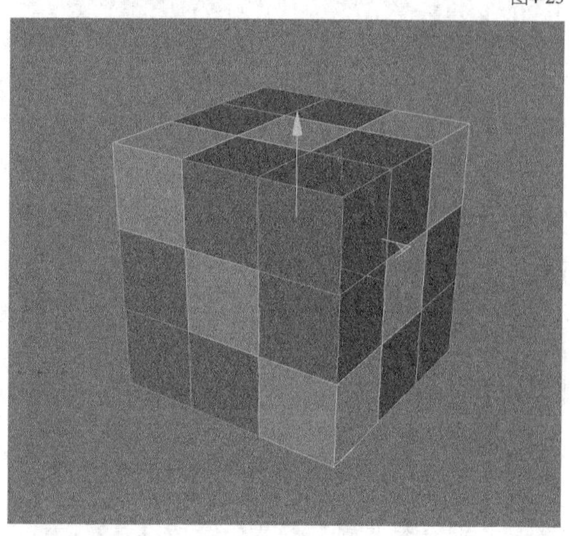

图4-24

1.点模式

在不同模式下，单击鼠标右键弹出菜单的内容不尽相同。图4-25所示是“点”模式下右键菜单的面板。

命令	快捷键	命令	快捷键
撤销(动作)	Shift+Z	镜像	M~H
框显选取元素	Alt+S, S	设置点值	M~U
创建点	M~A	滑动	M~O
桥接	M~B, B	缝合	M~P
笔刷	M~C	焊接	M~Q
封闭多边形孔洞	M~D	倒角	M~S
连接点/边	M~M	挤压	M~T, D
多边形画笔	M~E	阵列	
消除	M~N	克隆	
熨烫	M~G	断开连接...	U~D, U~Shift+D
线性切割	K~K, M~K	融解	U~Z
平面切割	K~J, M~J	优化...	U~O, U~Shift+O
循环/路径切割	K~L, M~L	分裂	U~P
磁铁	M~I		

图4-25

重要参数讲解

◇ **创建点**：在模型的任意位置添加新的点。

◇ **桥接**：将两个断开的点进行连接，如图4-26和图4-27所示。

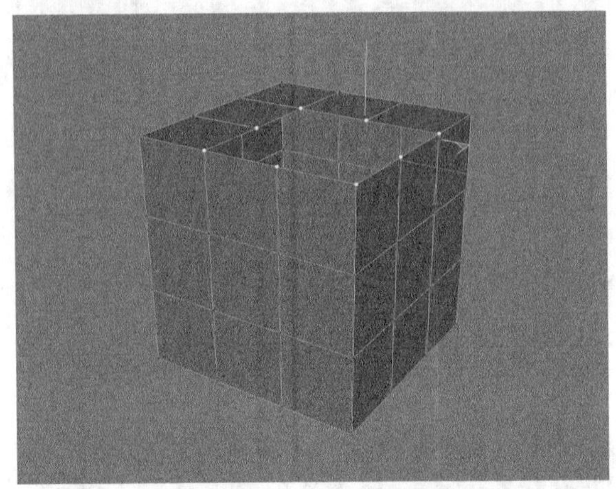

图4-26

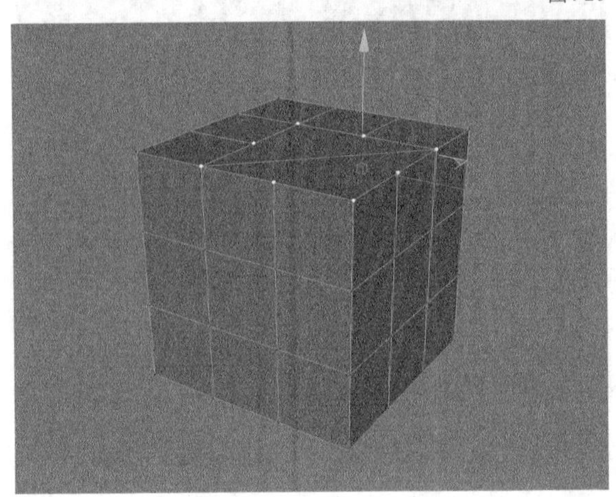

图4-27

◇ **封闭多边形孔洞**：将多边形孔洞直接封闭，如图4-28和图4-29所示。

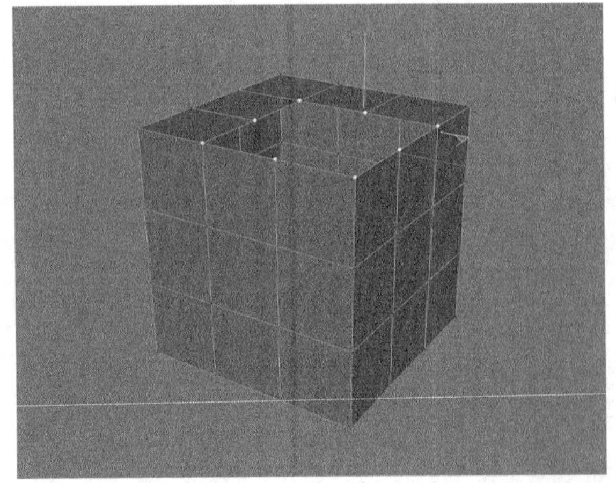

图4-28

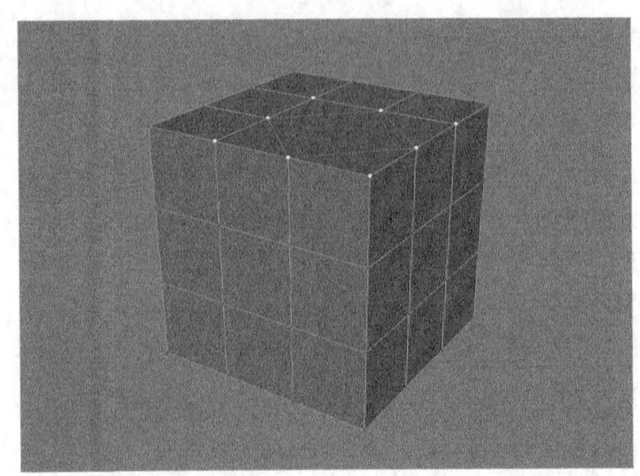

图4-29

◇ **连接点/边**：将选中的点或边相连，如图4-30和图4-31所示。

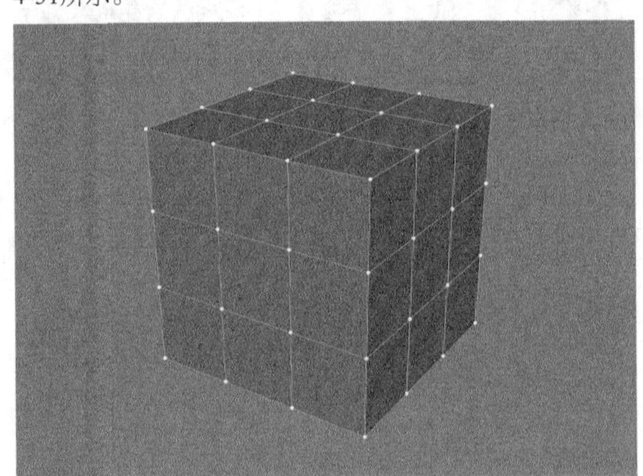

图4-30

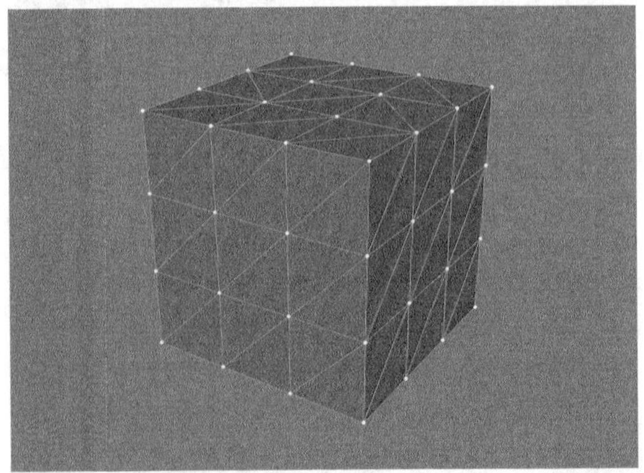

图4-31

◇ **多边形画笔**：可以在多边形上连接任意的点、线和多边形。

◇ **线性切割**：在多边形上分割新的边。

◇ **循环/路径切割**：沿着多边形的一圈点或边添加新的边，是多边形建模中使用频率很高的工具之一，如图4-32所示。

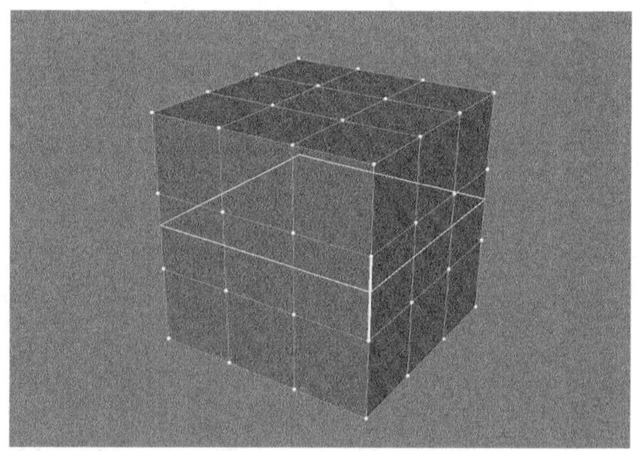

图4-32

◇ **倒角**：对选中的点进行倒角生成新的边，如图4-33所示。倒角工具也是多边形建模中使用频率很高的工具之一。

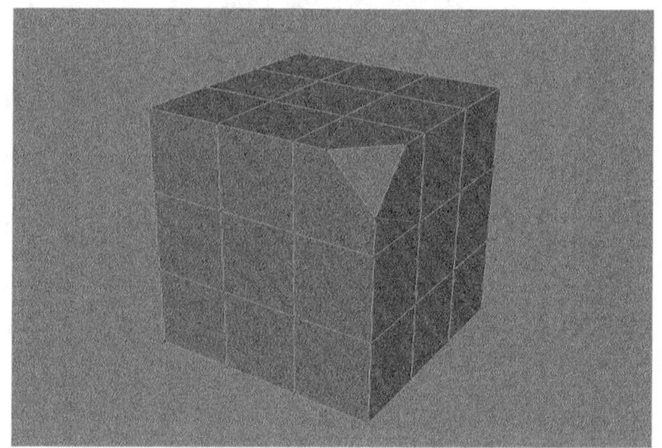

图4-33

◇ **优化**：优化当前模型。当倒角出现问题时，需要先优化模型，再进行倒角。

2.边模式

图4-34所示的是“边”模式下右键菜单面板。

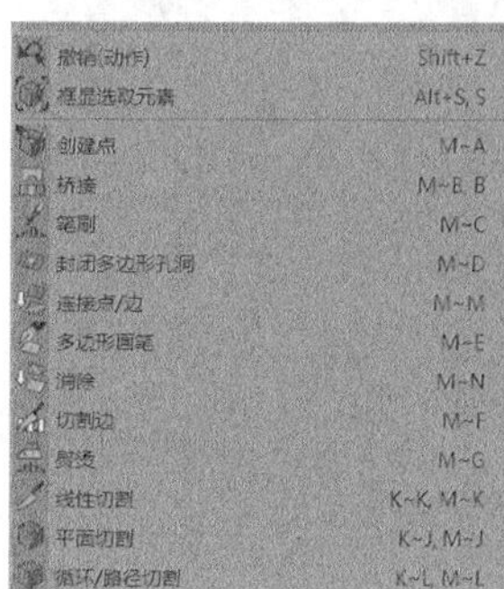

图4-34

技巧与提示

“边”模式下的菜单命令与“点”模式相同，这里不赘述。

3.多边形模式

图4-35所示的是“多边形”模式下右键菜单面板。

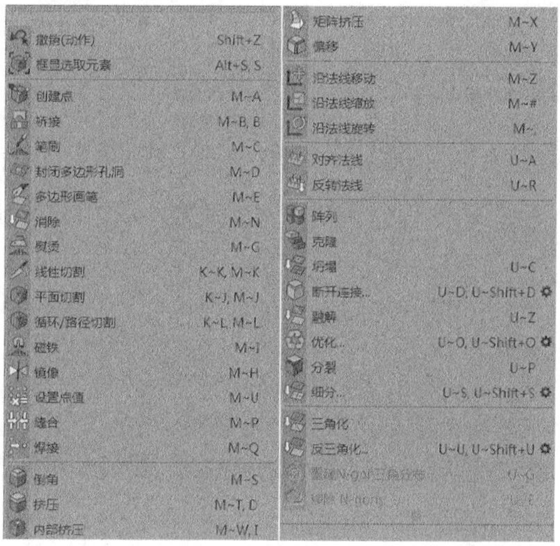

图4-35

重要参数讲解

◇ **挤压**：将选中的面挤出或压缩，如图4-36和图4-37所示。该工具是多边形建模时使用频率很高的工具之一。

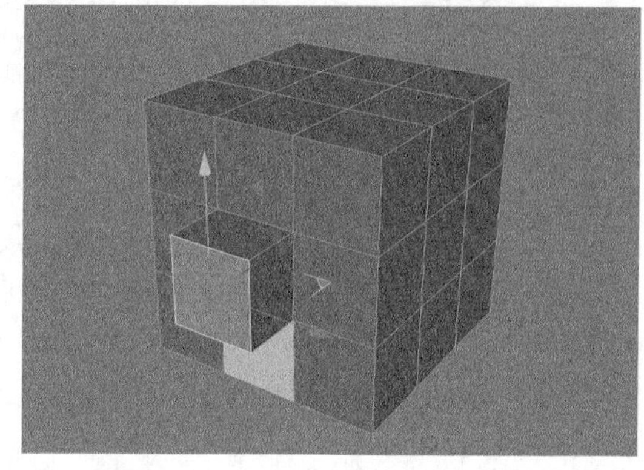

图4-36

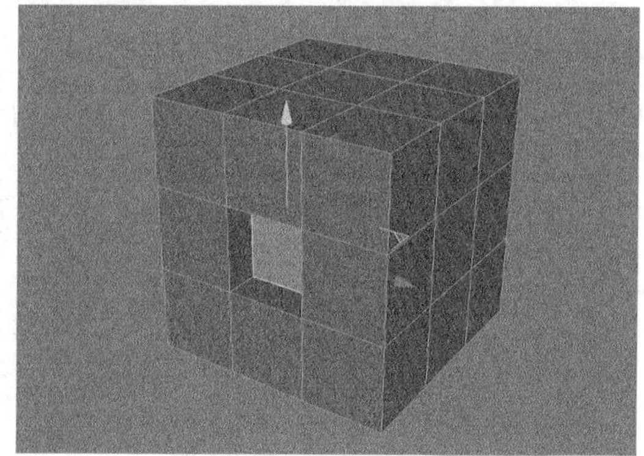

图4-37

技巧与提示

按住Ctrl键移动选中的面，可以将其快速挤出。

◇ **内部挤压**：向内挤压选中的多边形，如图4-38所示，该工具也是多边形建模中使用频率很高的工具之一。

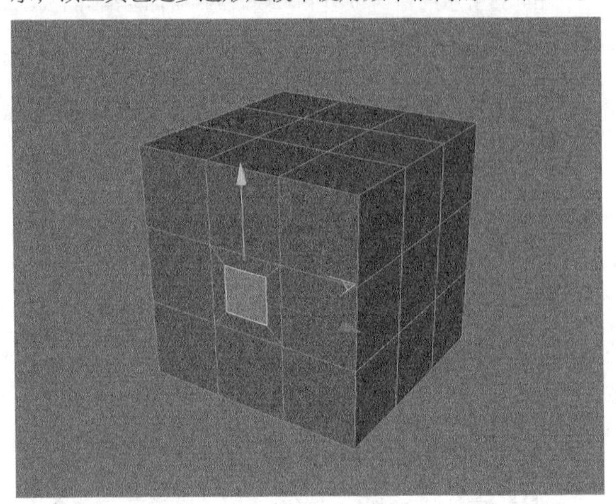

图4-38

◇ **矩阵挤压**：在挤压的同时缩放和旋转挤压出的多边形，通过设置“步数”控制挤压的个数，如图4-39所示。

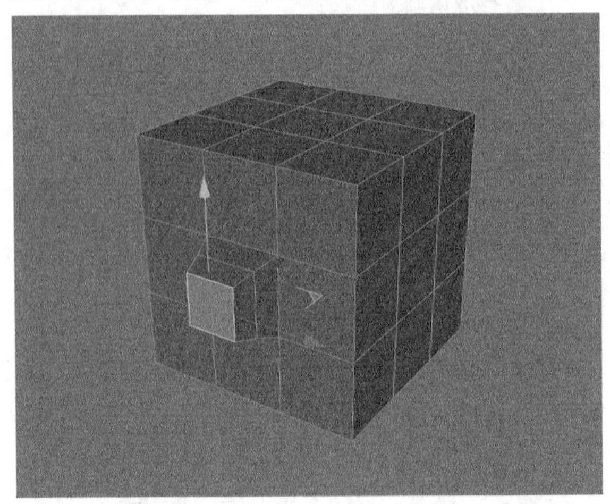

图4-39

◇ **三角化**：将选中的面变形为三角面，如图4-40所示。

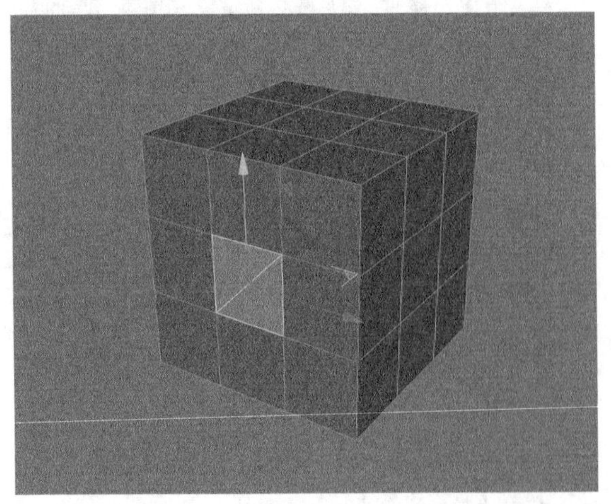

图4-40

课堂案例

用多边形建模制作鞋柜

场景文件	无
实例文件	实例文件>CH04>课堂案例：用多边形建模制作鞋柜
视频名称	课堂案例：用多边形建模制作鞋柜.mp4
学习目标	掌握多边形建模工具的使用方法

本案例的鞋柜模型是通过多边形建模制作而成的，案例效果如图4-41所示。

图4-41

01 使用“立方体”工具在场景中创建一个立方体，然后设置“尺寸.X”为60cm，“尺寸.Y”为160cm，“尺寸.Z”为80cm，如图4-42所示。

图4-42

02 将步骤01创建的立方体按C键转换为可编辑多边形，然后进入“多边形”模式，接着选中图4-43所示的多边形。

图4-43

03 单击鼠标右键，然后在弹出的菜单中选择“内部挤压”工具，接着向内收缩4cm，如图4-44所示。

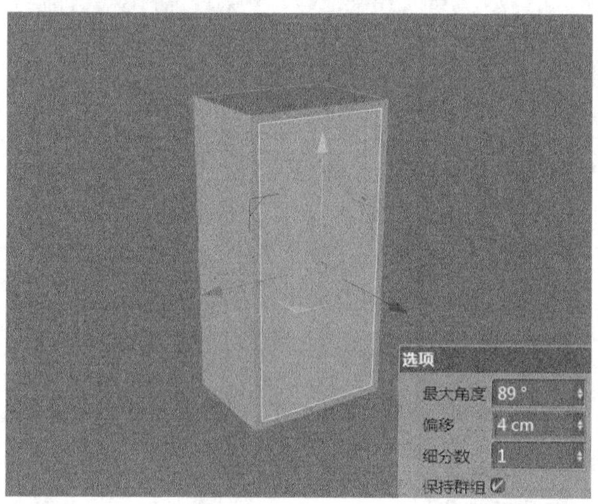

图4-44

04 保持选中的面不变，然后单击鼠标右键选择“挤压”工具向内挤压－56cm，如图4-45所示。

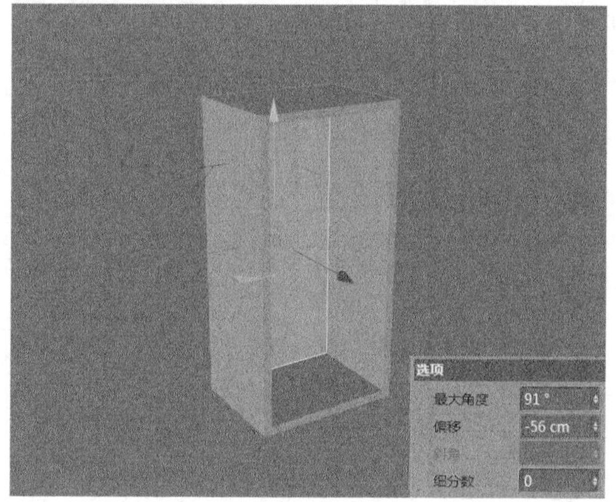

图4-45

05 选中图4-46所示的多边形，然后使用“挤压”工具向下挤压4cm，如图4-47所示。

图4-46

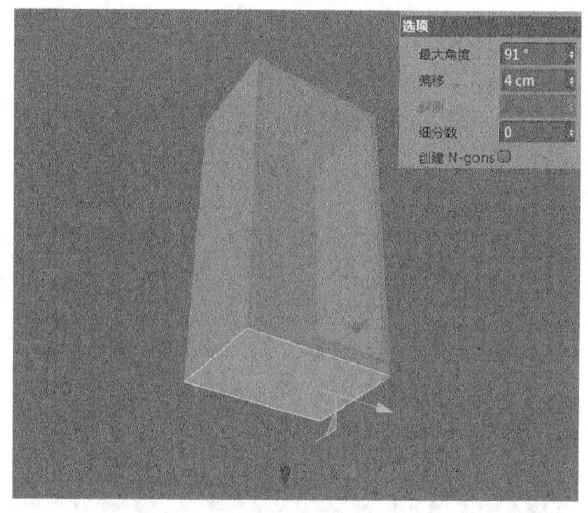

图4-47

06 将步骤05挤出的多边形进行缩放，如图4-48所示。

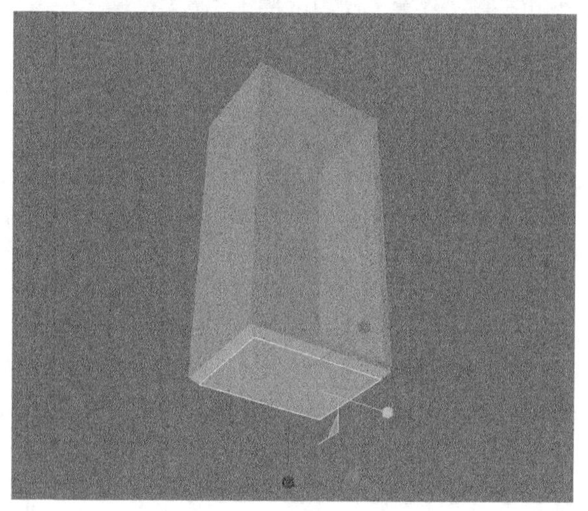

图4-48

07 使用“立方体”工具 立方体 在场景中创建一个立方体，然后设置“尺寸.X”为6cm，“尺寸.Y”为10cm，“尺寸.Z”为6cm，接着勾选“圆角”选项，再设置“圆角半径”为0.5cm，“圆角细分”为3，如图4-49所示。

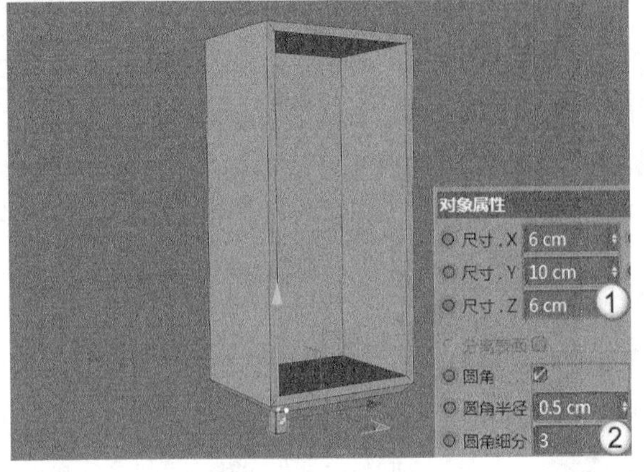

图4-49

08 将创建的立方体复制3份，分别放在其余边角，如图4-50所示。

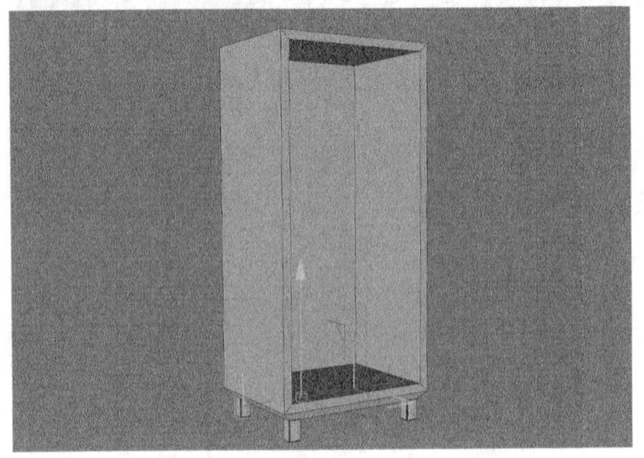

图4-50

09 使用“立方体”工具 立方体 在场景中创建一个立方体，然后设置“尺寸.X”为4cm，“尺寸.Y”为50cm，“尺寸.Z”为74cm，如图4-51所示。

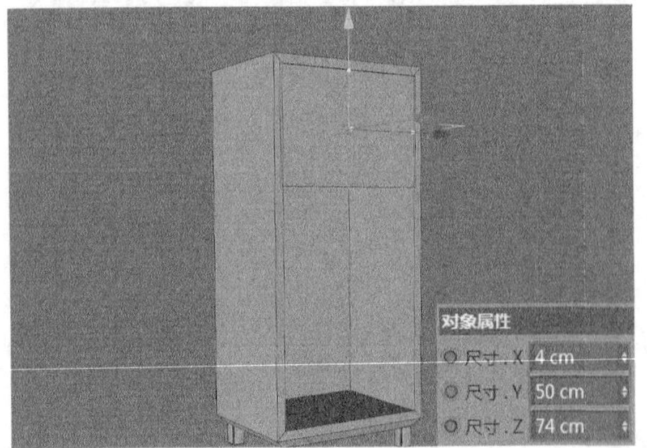

图4-51

10 将步骤09创建的立方体按C键转换为可编辑多边形，然后进入“边”模式，接着使用“循环/路径切割”工具 循环/路径切割 为其添加分段线，如图4-52所示。

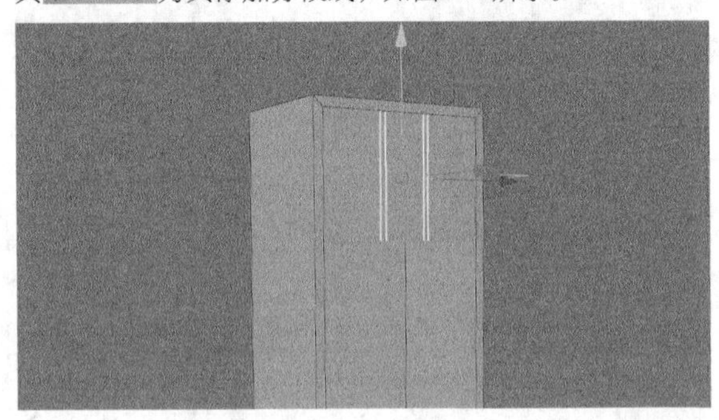

图4-52

11 选中图4-53所示的边，然后向下移动，效果如图4-54所示。

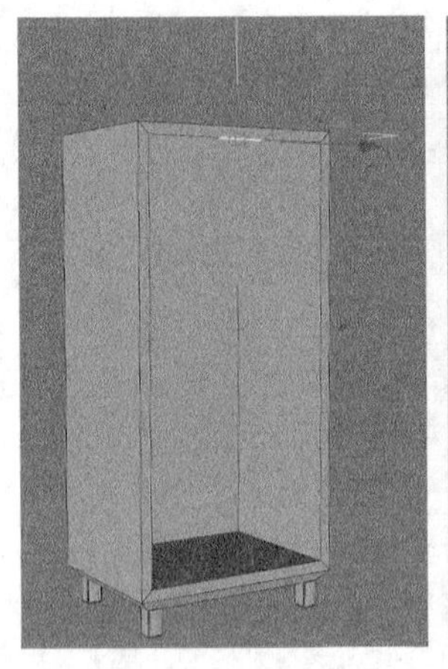

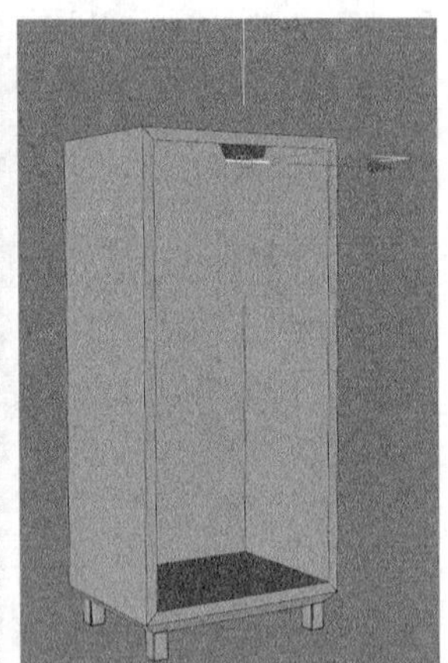

图4-53　　图4-54

技巧与提示

柜门模型也可以通过绘制样条再挤压的方法进行制作。

12 选中图4-55所示的边，然后单击鼠标右键选择“倒角”工具 倒角 进行切角，如图4-56所示。

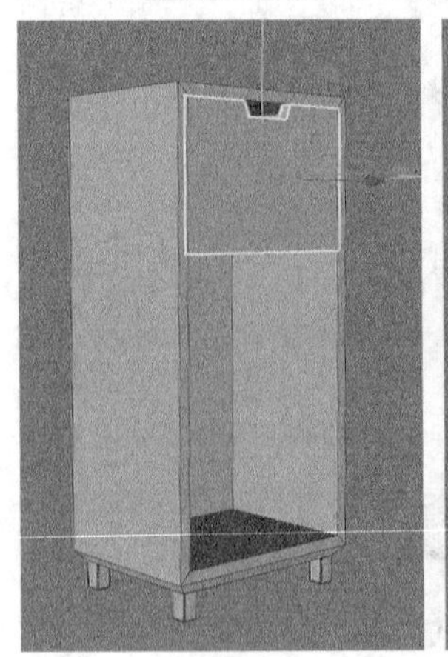

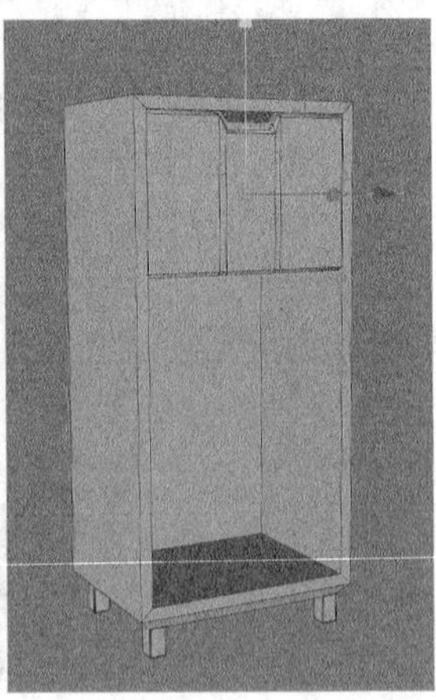

图4-55　　图4-56

13 将步骤12处理好的模型复制两份进行组合，如图4-57所示。

14 对鞋柜柜体进行倒角，鞋柜最终效果如图4-58所示。

图4-57

图4-58

课堂案例

用多边形建模制作果汁盒

场景文件 无

实例文件 实例文件>CH04>课堂案例：用多边形建模制作果汁盒

视频名称 课堂案例：用多边形建模制作果汁盒.mp4

学习目标 掌握对称生成器和多边形建模工具的使用方法

本案例的果汁盒模型是通过多边形建模制作而成的，模型效果如图4-59所示。

图4-59

01 果汁盒大体呈长方体，因此在场景中创建一个"立方体"，然后设置"尺寸.X"为80cm，"尺寸.Y"为150cm，"尺寸.Z"为50cm，如图4-60所示。

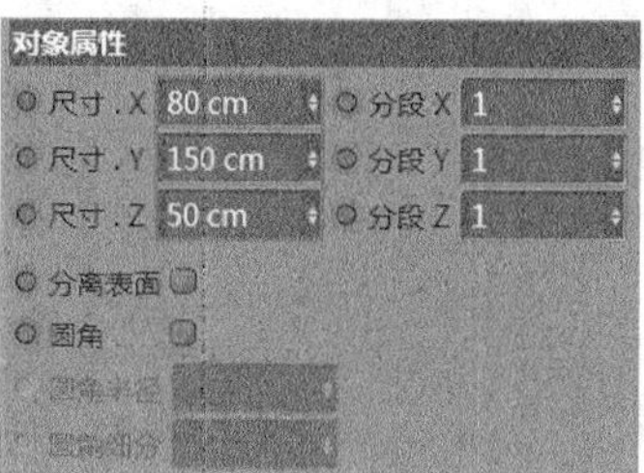

图4-60

图4-60（续）

02 将步骤01创建的立方体按C键转换为可编辑多边形，然后在"边"模式中单击鼠标右键，并在菜单中选择"循环/路径切割"工具为模型添加一圈边，如图4-61所示。

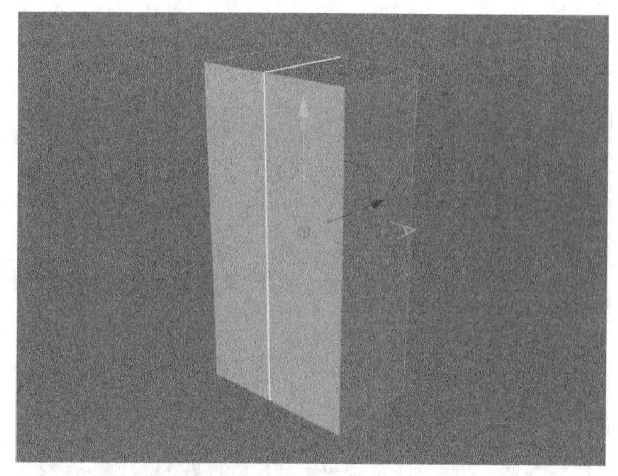
图4-61

03 切换到"多边形"模式，然后选中图4-62所示的多边形，接着将其删除，如图4-63所示。

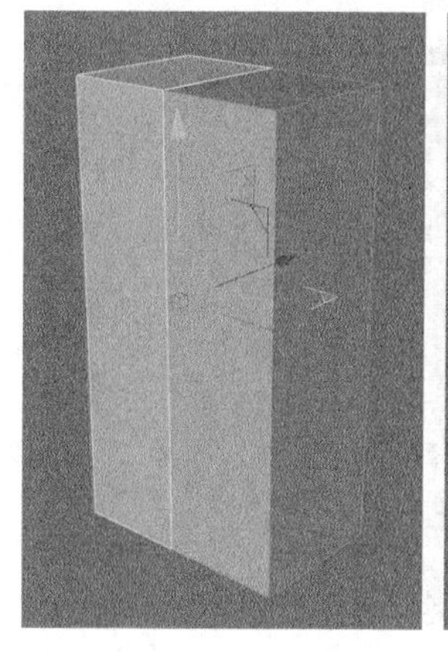
图4-62

图4-63

04 选中步骤03保留的多边形，然后使用“对称”生成器创建出另一半，如图4-64所示。

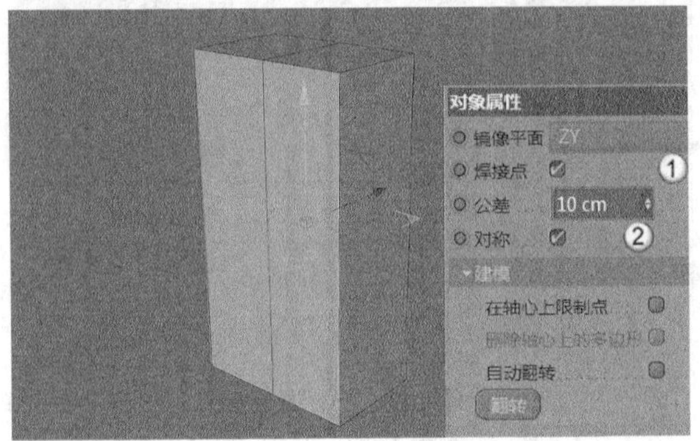

图4-64

技巧与提示

“对称”生成器可以对两边模型同时以相同的方式修改，提高制作的效率和精确度。

05 将对称后的模型按C键转换为可编辑多边形，然后切换到“边”模式，继续使用“循环/路径切割”工具为模型添加边，如图4-65所示。

图4-65

06 进入“多边形”模式，然后选中图4-66所示的多边形。

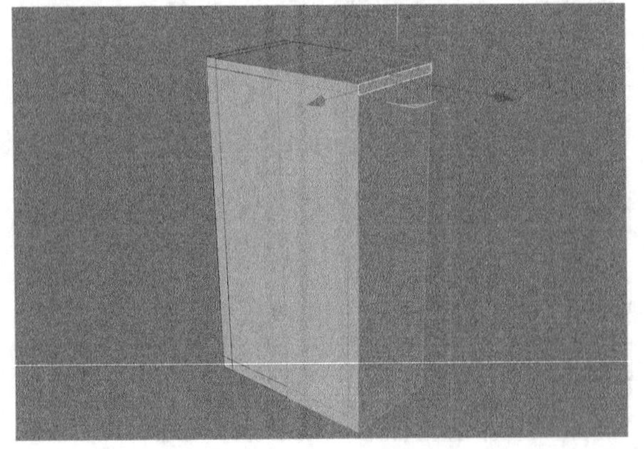

图4-66

07 单击鼠标右键，然后在弹出的菜单中选择“挤压”工具，接着设置“偏移”为10cm，如图4-67所示。

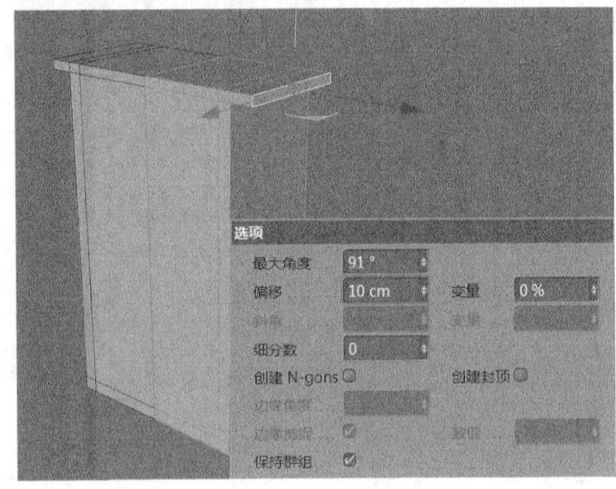

图4-67

08 按照步骤07的操作方式再挤出3次，如图4-68所示。

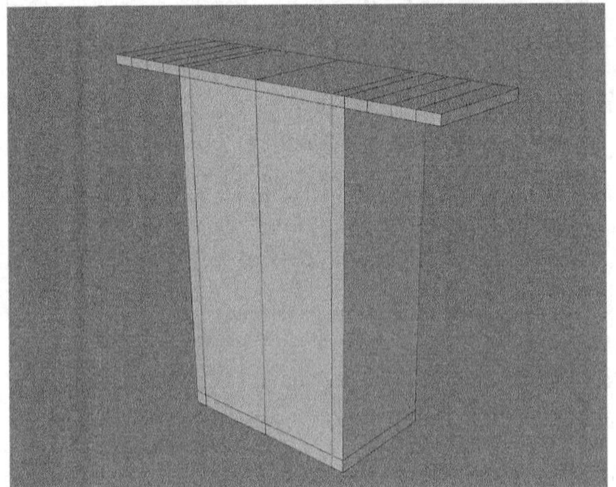

图4-68

09 进入“点”模式，然后将挤出的部分进行缩放和旋转变形，效果如图4-69所示。

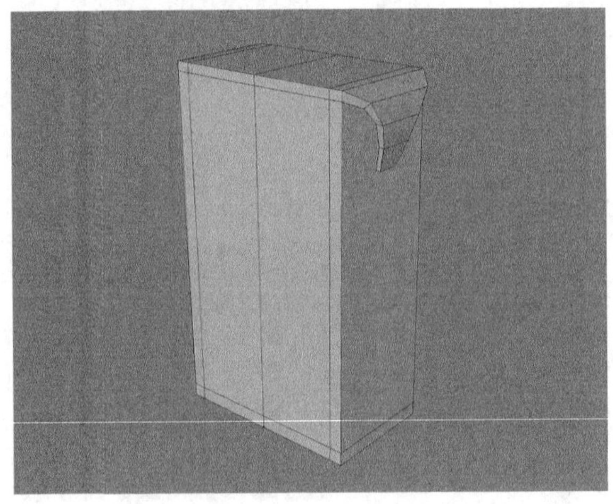

图4-69

10 进入"多边形"模式，然后选择盒子下方如图4-70所示的多边形，接着"挤压"4次，如图4-71所示。

图4-70

图4-71

11 进入"点"模式，然后对挤出的多边形进行旋转并缩放，如图4-72所示。

图4-72

技巧与提示

调整的具体过程请参阅教学视频。

12 进入"边"模式，然后使用"循环/路径切割"工具为模型添加两条边，如图4-73所示。

图4-73

13 进入"多边形"模式，然后选中图4-74所示的多边形，接着使用"挤压"工具向上挤出1cm，如图4-75所示。

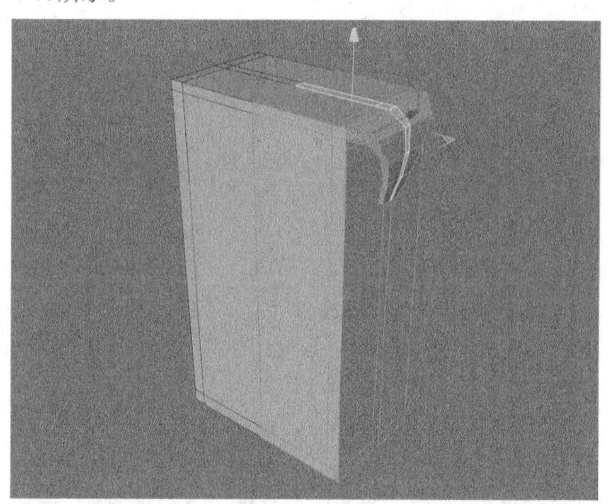

图4-74

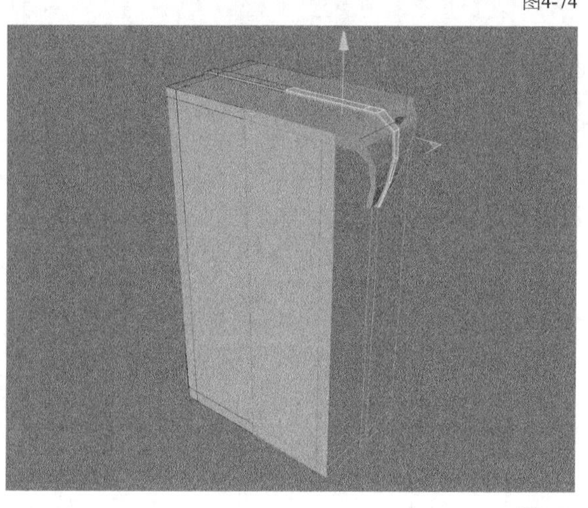

图4-75

14 给模型添加“细分曲面”生成器，圆滑模型的边缘，如图4-76所示。

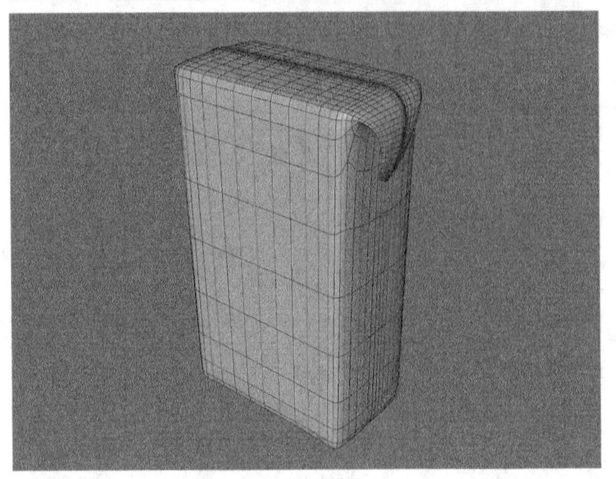
图4-76

15 模型的边缘过于圆滑，需要在“边”模式中使用“循环/路径切割”工具为模型的边缘处添加边，让边缘变得锐利，添加边的效果如图4-77所示，模型最终效果如图4-78所示。

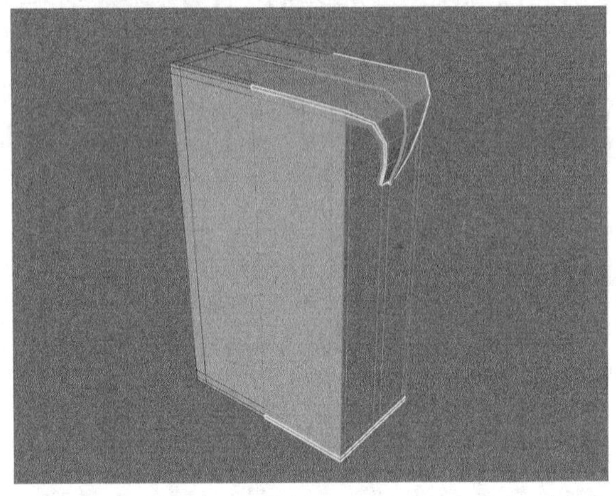
图4-77

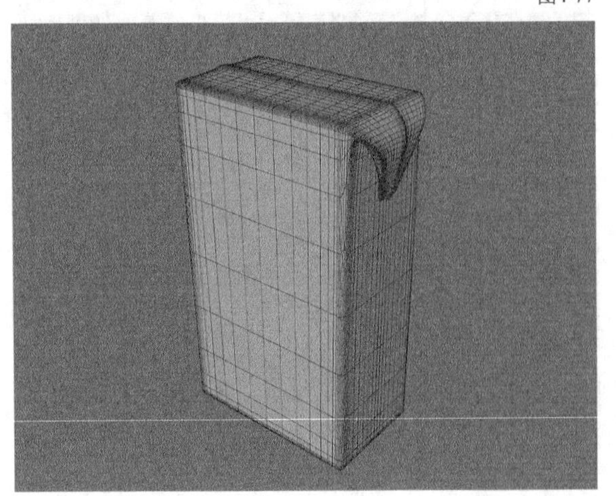
图4-78

知识点：调整细分曲面的圆滑效果

在上面的案例中，添加了“细分曲面”生成器的模型圆滑的程度很大，并不是想要的效果，遇到这种情况就需要在模型转弯处添加线段，让圆滑的角度变小。下面通过两组图演示其原理。

图4-79所示的立方体添加“细分曲面”生成器后的效果如图4-80所示。

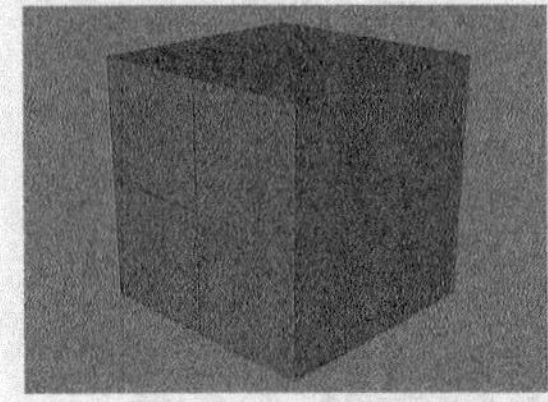
图4-79

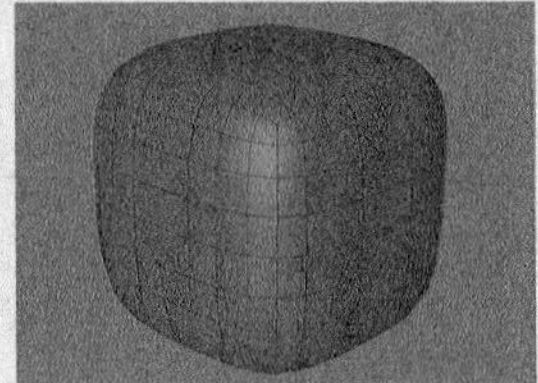
图4-80

给立方体的边缘添加线段，如图4-81所示，这时细分后的效果如图4-82所示。

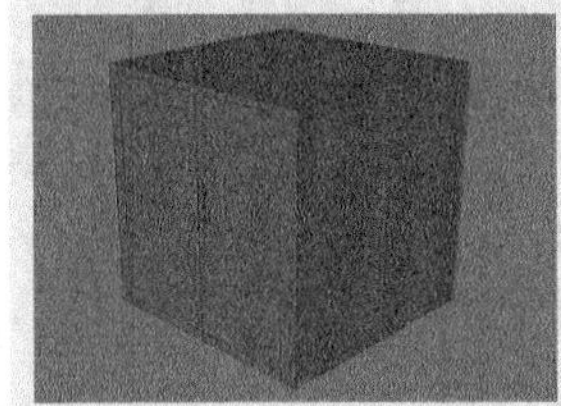
图4-81

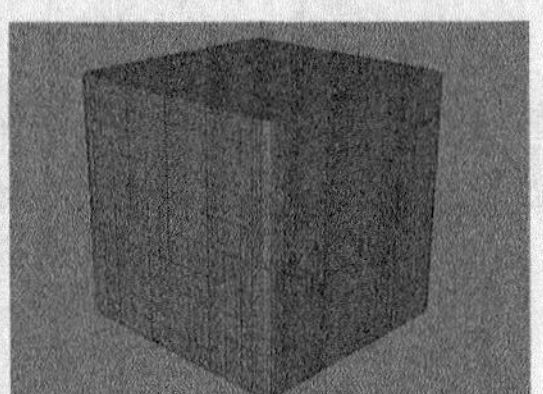
图4-82

通过两组效果的对比，可以观察到转角处的线段距离越近，细分后的圆角角度越小。掌握了这个规律就可以在以后的建模中进行布线。

课堂案例

用多边形建模制作卡通猫咪

场景文件　无

实例文件　实例文件>CH04>课堂案例：用多边形建模制作卡通猫咪

视频名称　课堂案例：用多边形建模制作卡通猫咪.mp4

学习目标　掌握卡通玩偶建模的方法

本案例的卡通猫咪模型是通过多边形建模制作而成的，模型效果如图4-83所示。

图4-83

01 在场景中创建一个“球体”，然后设置“半径”为100cm，“类型”为“六面体”，如图4-84所示。

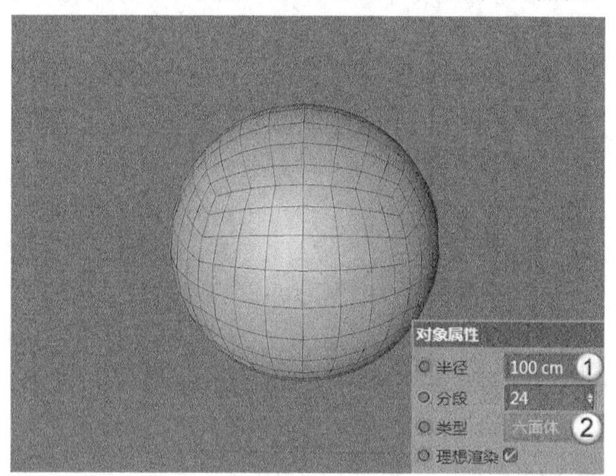

图4-84

02 按C键将其转换为可编辑多边形，然后在“点”模式中单击鼠标右键选择“笔刷”工具，接着在右视图中调整球体的造型，如图4-85所示。

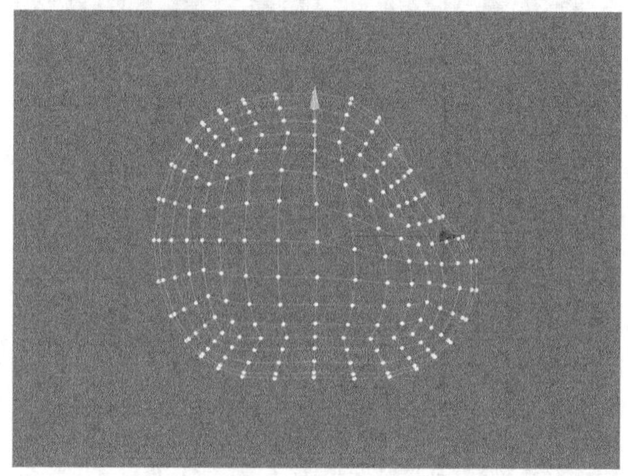

图4-85

03 将模型删除一半，如图4-86所示，然后为模型添加“对称”生成器，如图4-87所示。

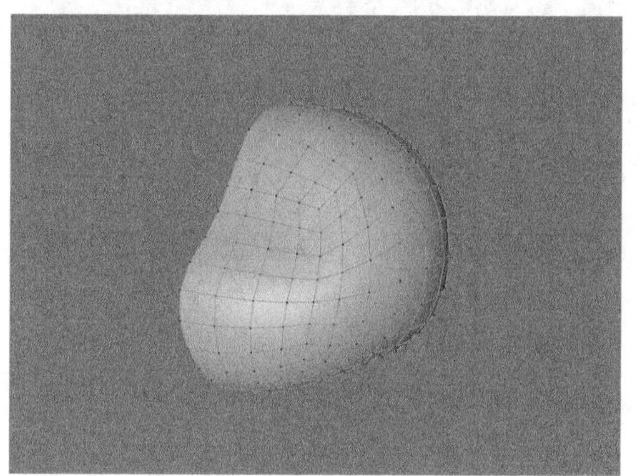

图4-86

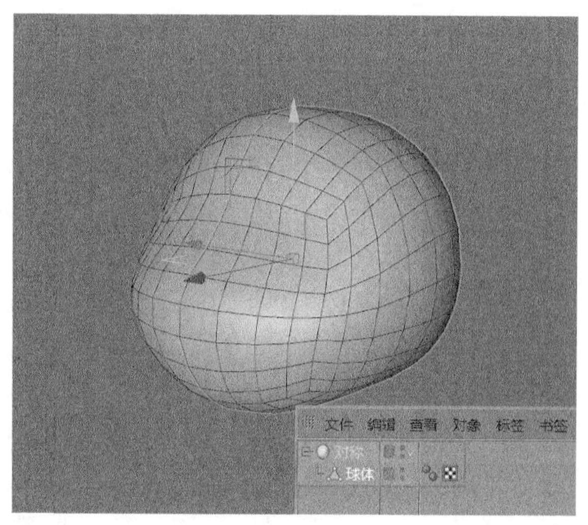

图4-87

04 在“多边形”模式中，选中图4-88所示的面，然后使用“挤压”工具挤出30cm，如图4-89所示。

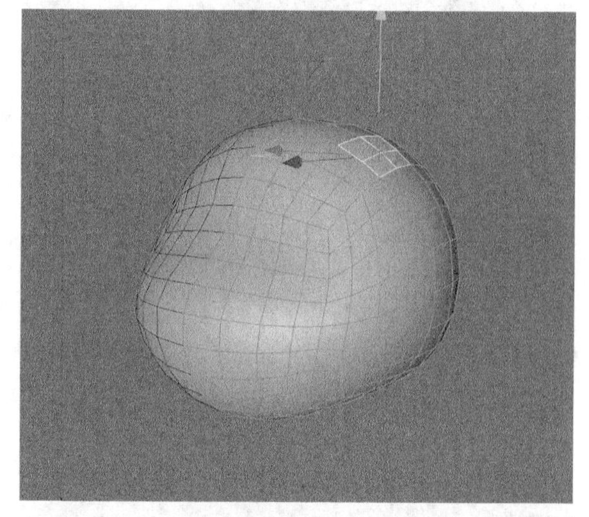

图4-88

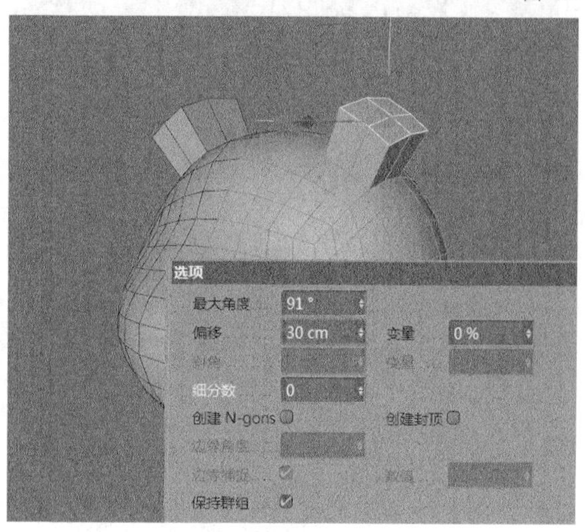

图4-89

05 将挤出的耳朵模型进行适当缩放，如图4-90所示。

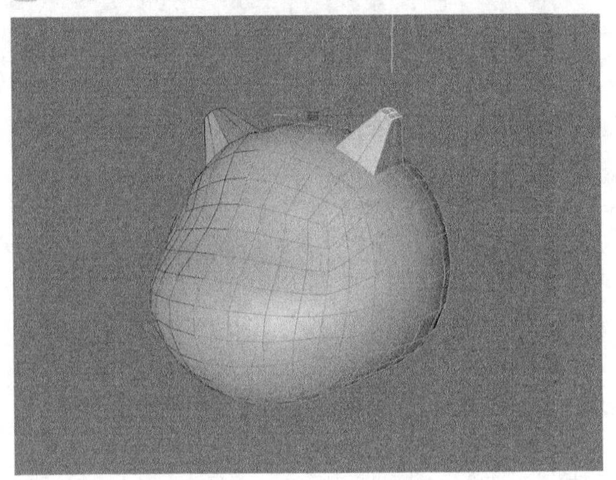

图4-90

06 选中图4-91所示的面，然后单击鼠标右键选择“内部挤压”工具，向内收缩4cm，如图4-92所示。

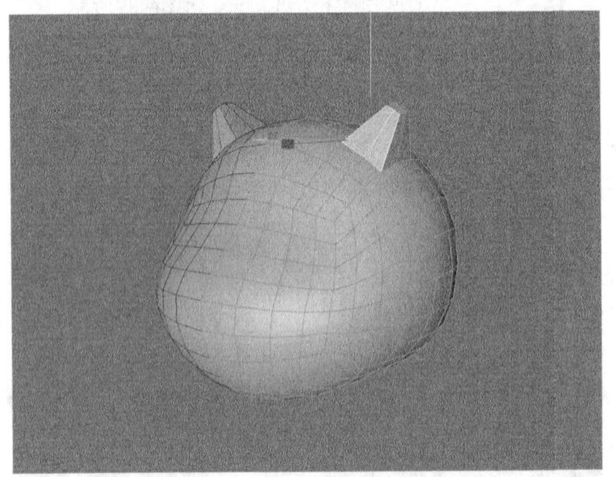

图4-91

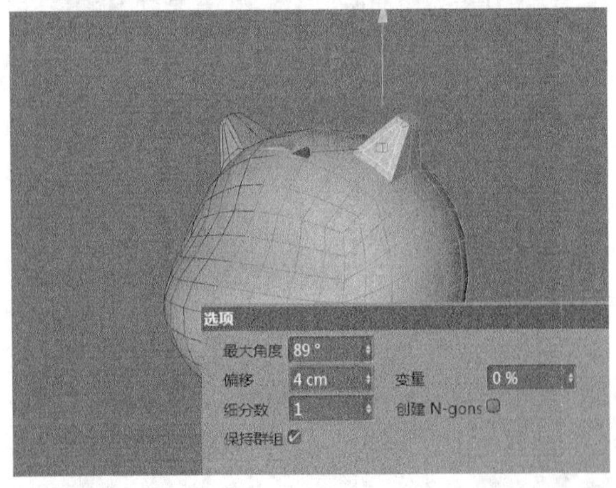

图4-92

07 保持选中的面不变，然后使用“挤压”工具向内挤压－8cm，如图4-93所示。

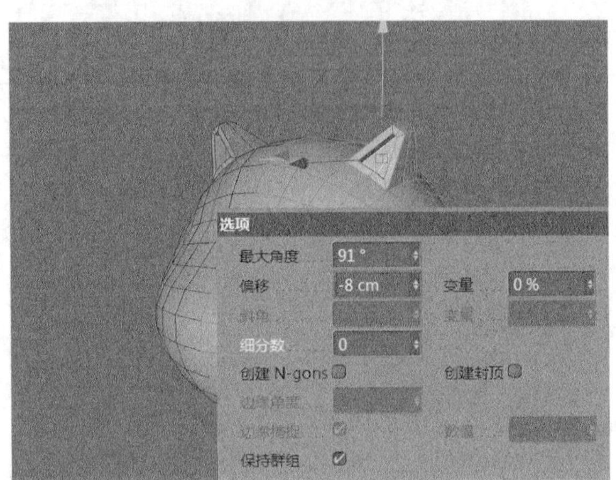

图4-93

08 选中图4-94所示的面，然后使用“挤压”工具向内挤压－8cm做出嘴部的大致轮廓，如图4-95所示。

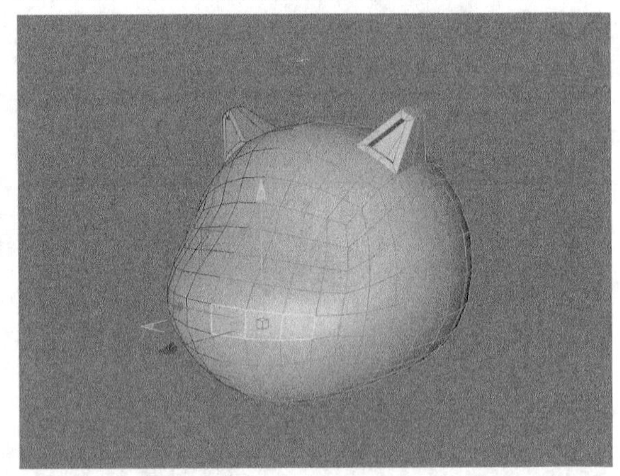

图4-94

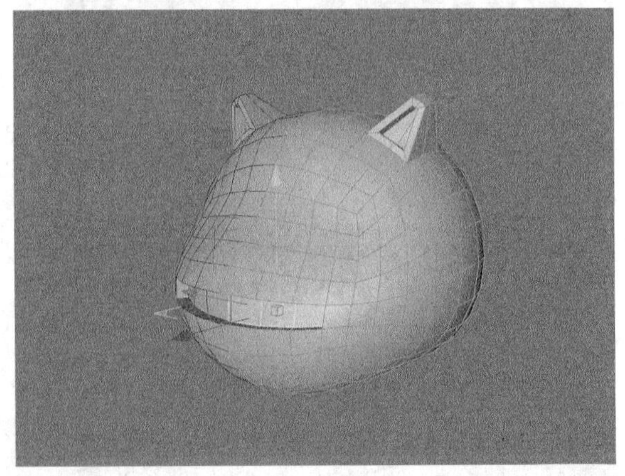

图4-95

技巧与提示

嘴部向内挤压后，中间多出的面直接删掉即可。

09 进入“点”模式，然后调整嘴部的造型，如图4-96所示。

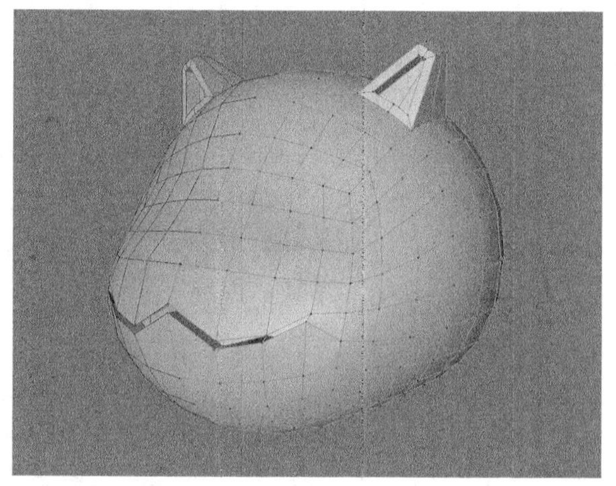

图4-96

10 创建两个"球体" 作为猫咪的眼睛，然后设置"半径"为20cm，如图4-97所示。

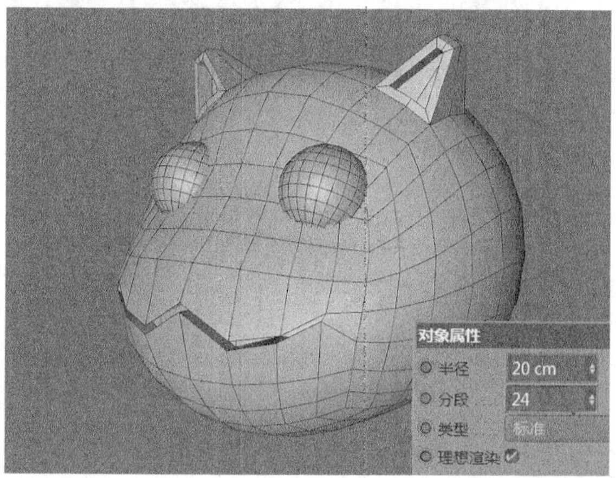

图4-97

11 创建一个"球体" 作为猫咪的鼻子，然后设置"半径"为10cm，如图4-98所示。

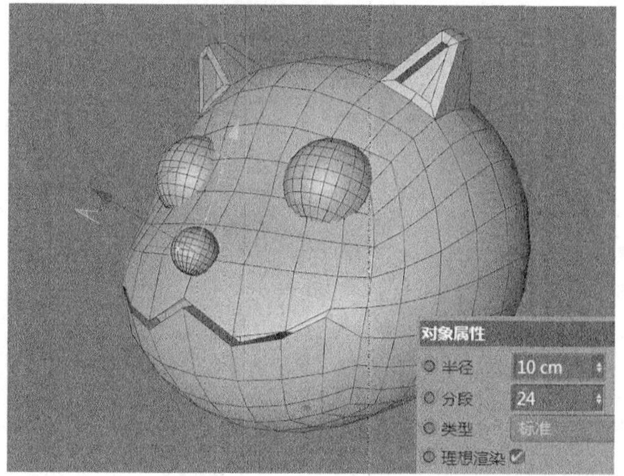

图4-98

12 将步骤11创建的球体按C键转换为可编辑多边形，接着调整球体的形态，如图4-99所示。

图4-99

13 选中头部模型，然后用"笔刷"工具 调整头部的形态，如图4-100所示。

图4-100

14 创建一个"球体" ，然后设置"半径"为100cm，"类型"为"六面体"，接着按C键转换为可编辑多边形，如图4-101所示。

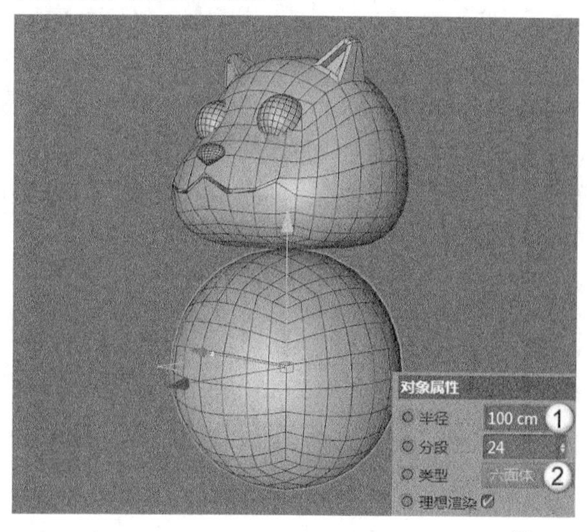

图4-101

15 将球体删除一半，然后添加“对称”生成器，接着对球体进行编辑，做出身体的大致效果，如图4-102所示。

图4-102

16 进入“多边形”模式，然后选中图4-103所示的面，接着用“挤压”工具将其挤出作为手臂，如图4-104所示。

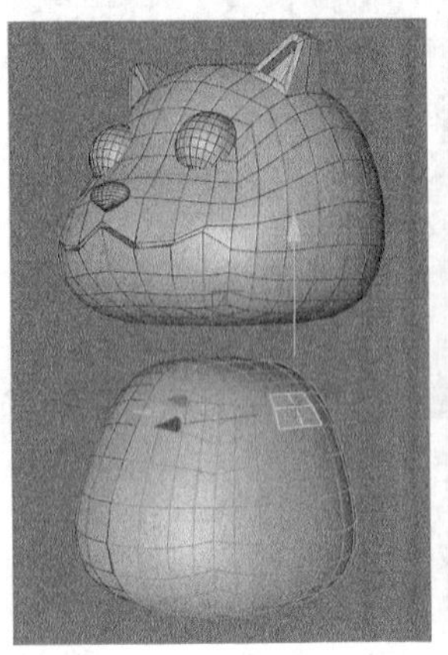

图4-103 图4-104

技巧与提示

手臂的调整方式与前面的果汁盒案例的一致。

17 选中图4-105所示的多边形，然后用“挤压”工具向下挤出，制作脚，如图4-106所示。

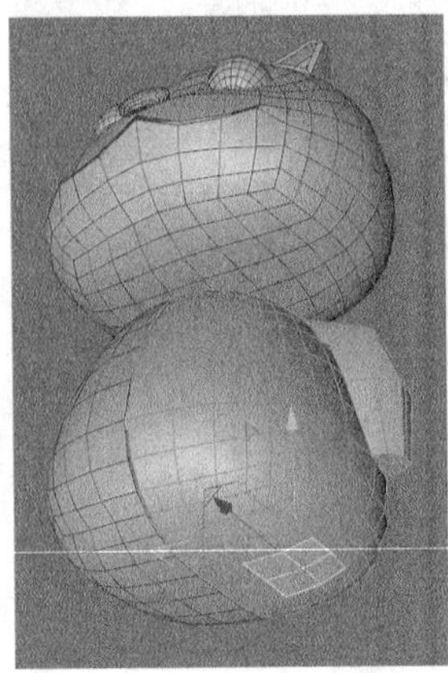

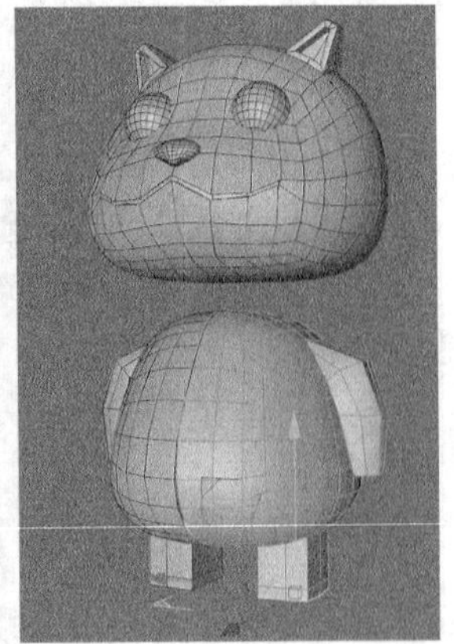

图4-105 图4-106

18 调整脚部的造型，如图4-107所示。

图4-107

19 为头部和身体的模型添加“细分曲面”生成器，然后组合两部分模型，最终效果如图4-108所示。

图4-108

课堂案例

用多边形建模制作耳机

场景文件 无

实例文件 实例文件>CH04>课堂案例：用多边形建模制作耳机

视频名称 课堂案例：用多边形建模制作耳机.mp4

学习目标 掌握产品建模的方法

本案例的耳机模型是通过多边形建模和样条建模制作而成的，模型效果如图4-109所示。

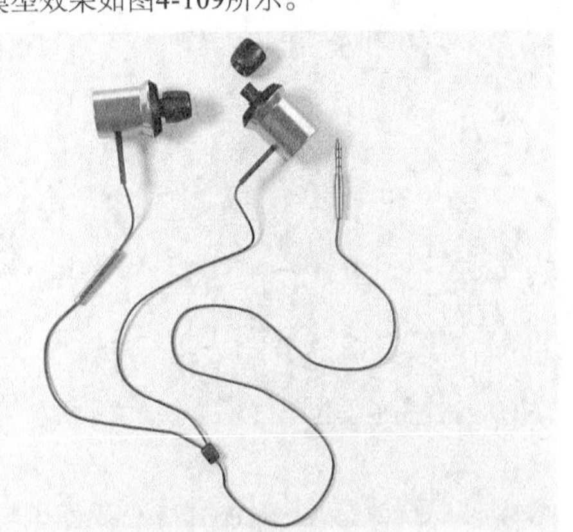

图4-109

01 在场景中创建一个“圆柱”，然后设置“半径”为10cm，“高度”为20cm，如图4-110所示。

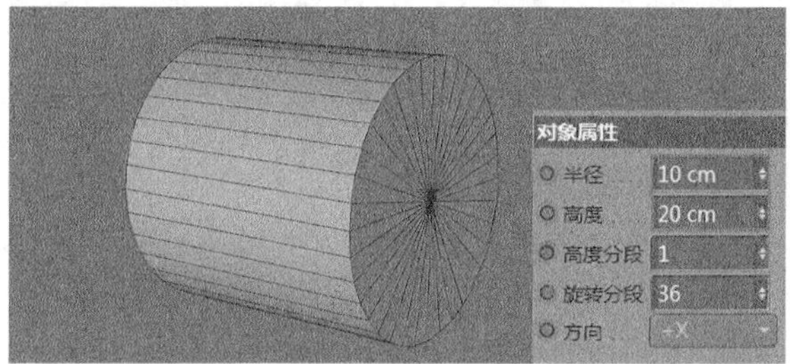

图4-110

02 将创建的圆柱按C键转换为可编辑对象，然后进入“多边形”模式，接着选中图4-111所示的多边形。

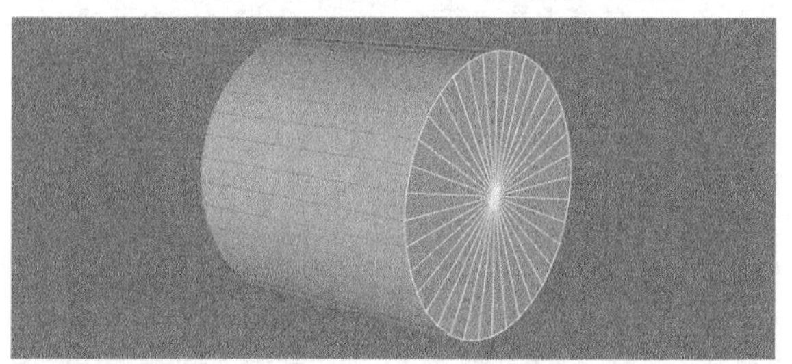

图4-111

03 将选中的多边形用“挤压”工具挤出3.5cm，然后进行放大，如图4-112所示。

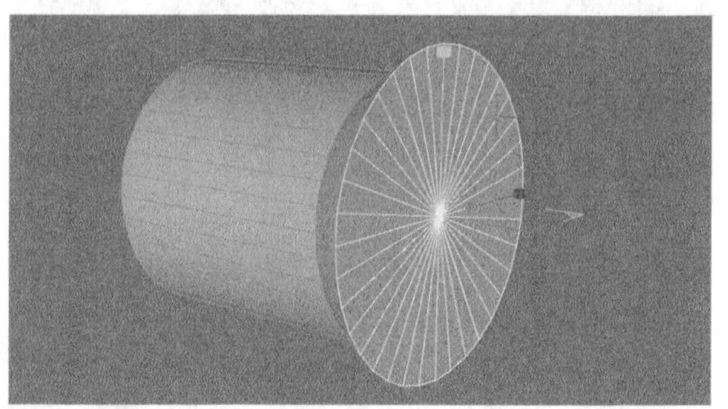

图4-112

04 保持选中的多边形不变，然后继续挤出1.2cm，接着再挤出3.5cm，如图4-113所示。

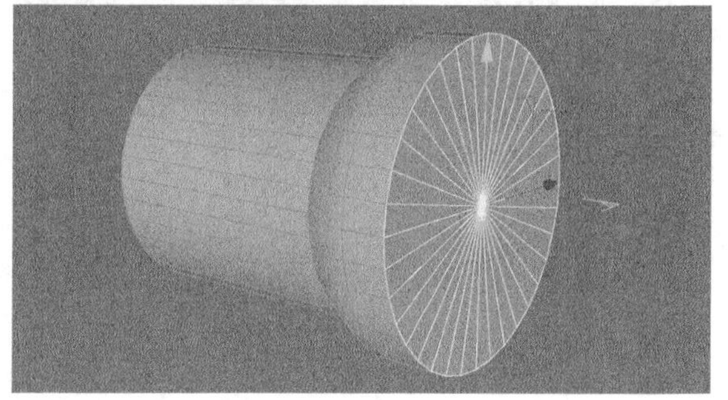

图4-113

05 将挤出的多边形进行缩小，如图4-114所示。

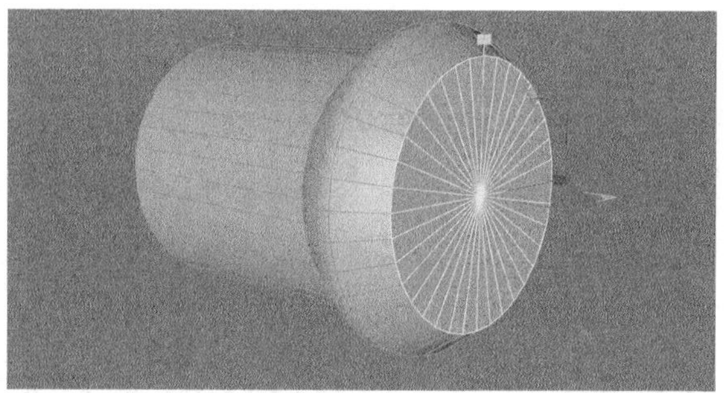

图4-114

06 用“循环/路径切割”工具为模型添加分段线，如图4-115所示。

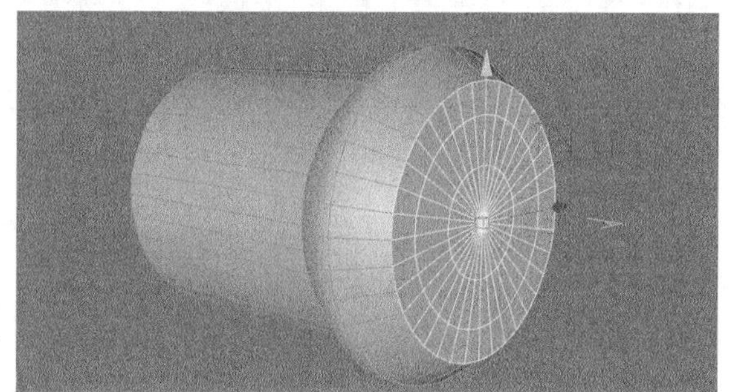

图4-115

07 选中中心一圈的多边形，然后用“挤压”工具向外挤出2cm，如图4-116所示。

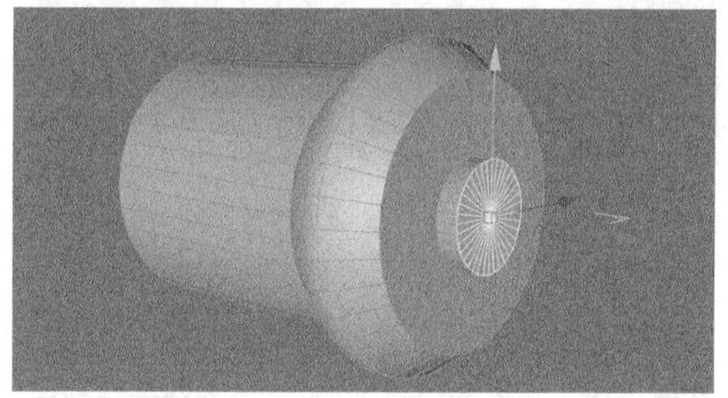

图4-116

08 保持选中的多边形不变，然后使用“内部挤压”工具向内收缩0.8cm，接着用“挤压”工具向外挤出3cm，如图4-117所示。

图4-117

09 将选中的面继续挤出2cm，然后向外放大，接着挤出3cm，如图4-118所示。

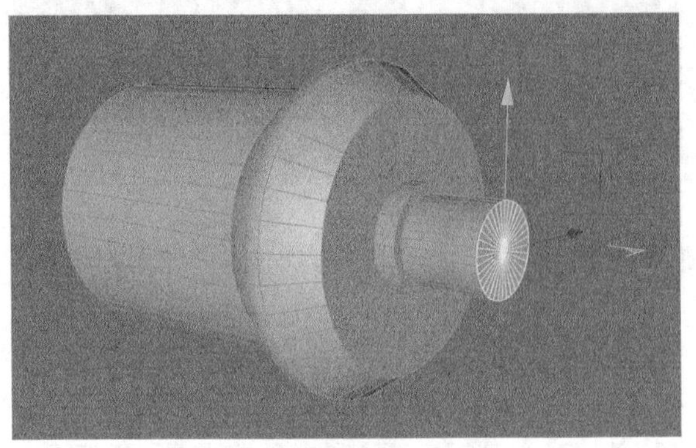

图4-118

10 使用“内部挤压”工具将选中的面向内收缩0.5cm，然后使用“挤压”工具向内挤压0.1cm，如图4-119所示。

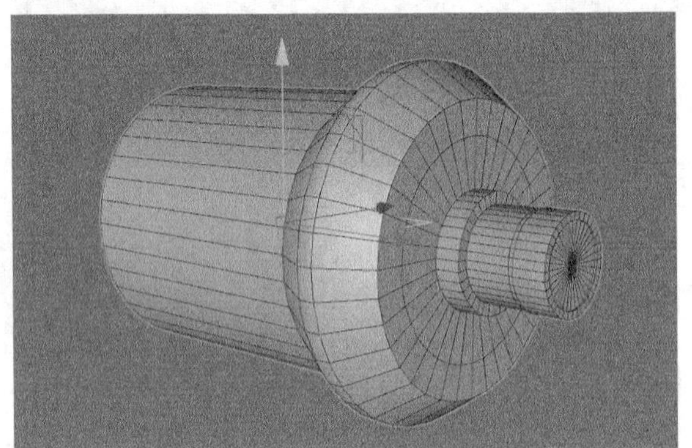

图4-119

11 进入“边”模式，然后对耳机模型进行倒角，效果如图4-120所示。

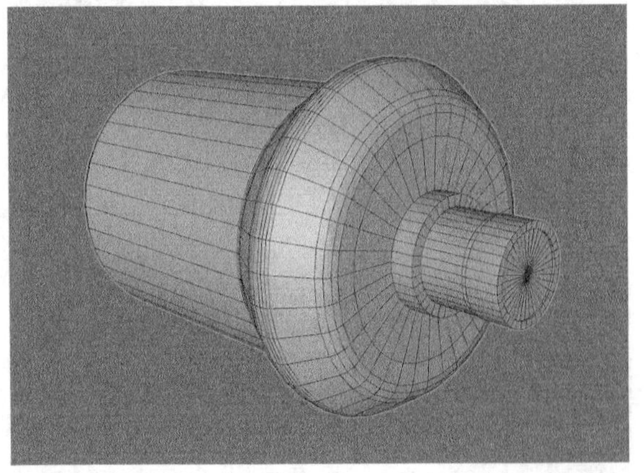

图4-120

12 在场景中创建一个“管道”模型，然后设置“内部半径”为3.5cm，“外部半径”为4cm，“高度”为12cm，“高度分段”为10，如图4-121所示。

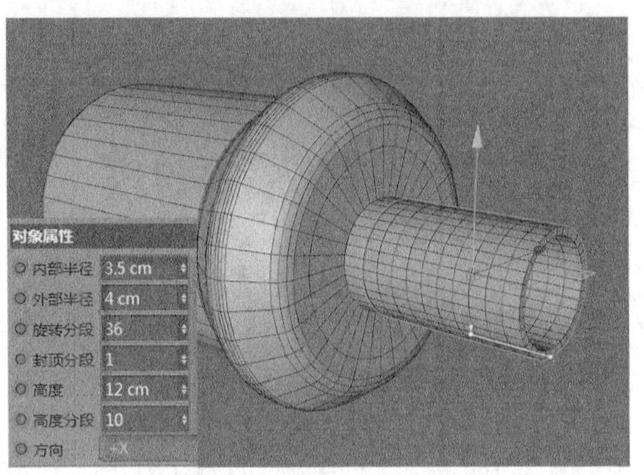

图4-121

13 将步骤12创建的“管道”模型按C键转换为可编辑对象，然后进入“多边形”模式，接着选中图4-122所示的多边形。

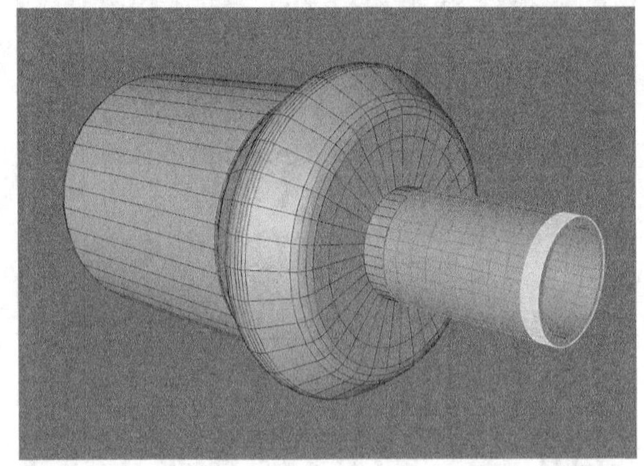

图4-122

14 使用“挤压”工具将选中的面挤出3次，然后移动挤出多边形的位置，使其呈圆弧状，如图4-123所示。

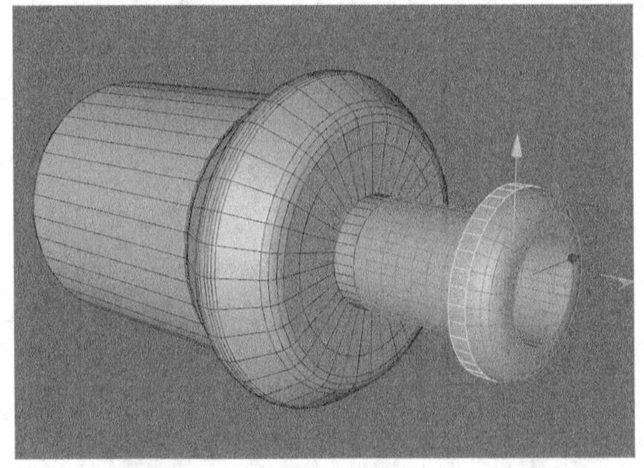

图4-123

15 进入“边”模式，然后选中图4-124所示的边，接着使用“挤压”工具稍微挤出一点儿，再缩小并移动至图4-125所示的位置。

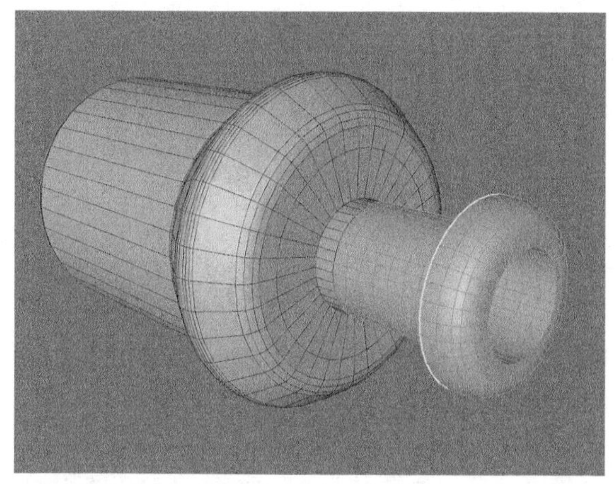

图4-124

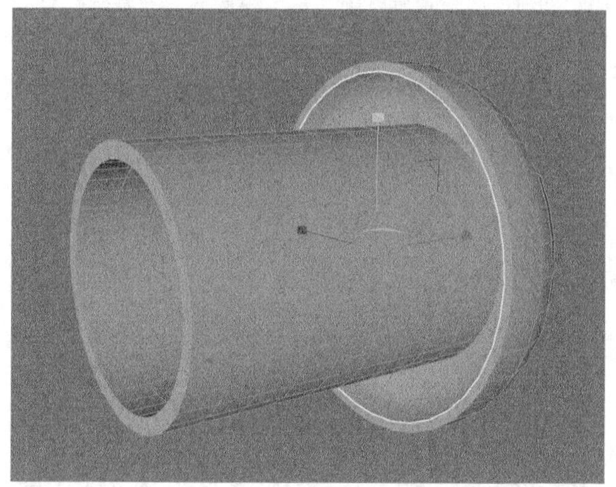

图4-125

技巧与提示

使用“视窗单体独显”工具便于观察模型。

16 进入“多边形”模式，然后选中图4-126所示的多边形，接着使用“挤压”工具向外挤出，并放大挤出的多边形，效果如图4-127所示。

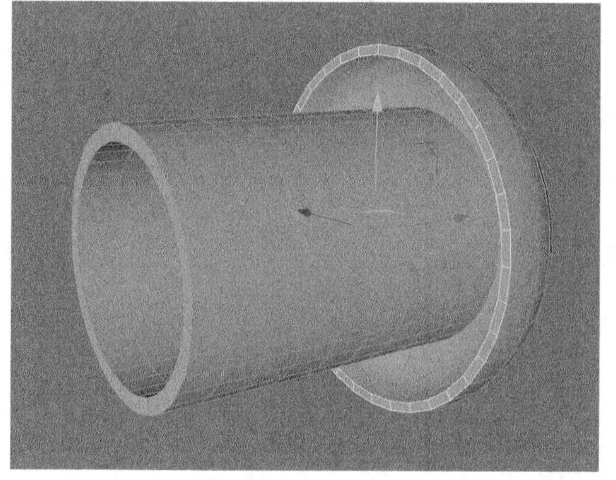

图4-126

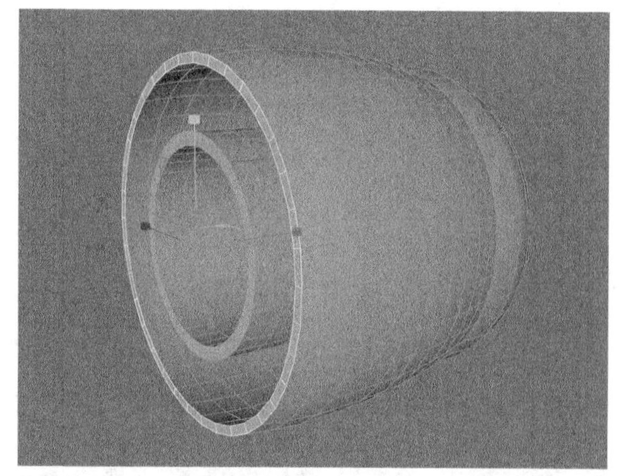

图4-127

17 进入“边”模式调整耳塞的造型，使其更加圆滑，如图4-128所示。

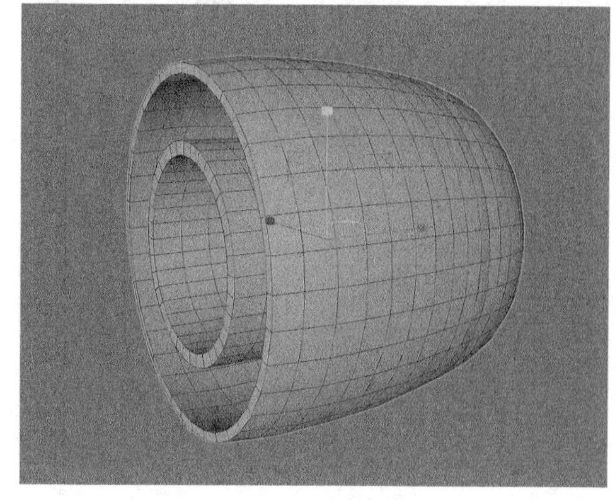

图4-128

18 选中耳机模型，然后进入“边”模式，接着使用“循环/切割路径”工具添加分段线，如图4-129所示。

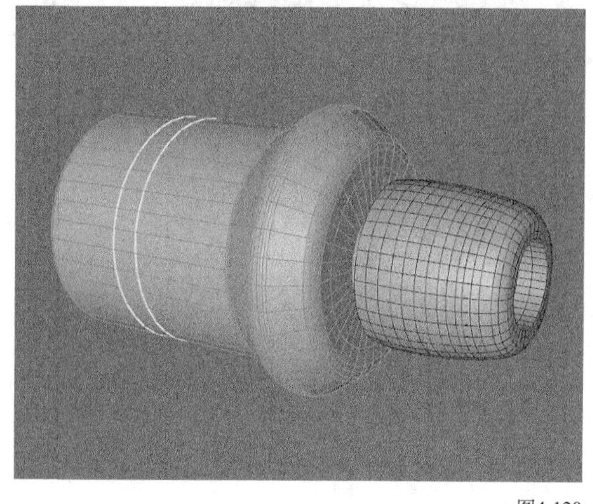

图4-129

19 进入“多边形”模式，然后选中图4-130所示的多边形，接着向下挤压2.5cm，并调整造型，如图4-131所示。

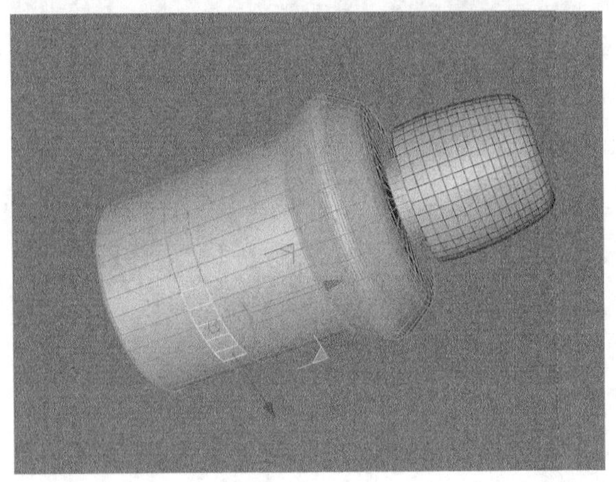

图4-130

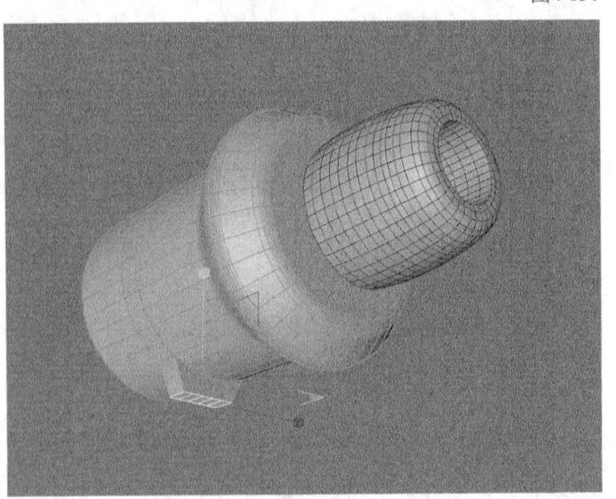

图4-131

20 保持选中的多边形不变，然后继续向下挤出2.5cm，并调整造型，如图4-132所示。

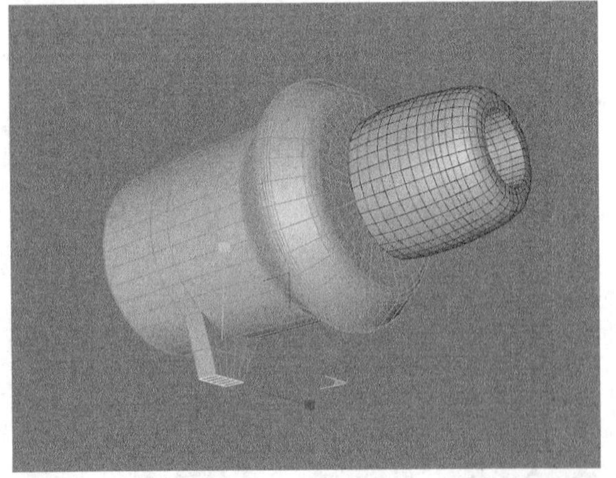

图4-132

21 按照上面的方法，继续向下挤压并调整造型，如图4-133所示。

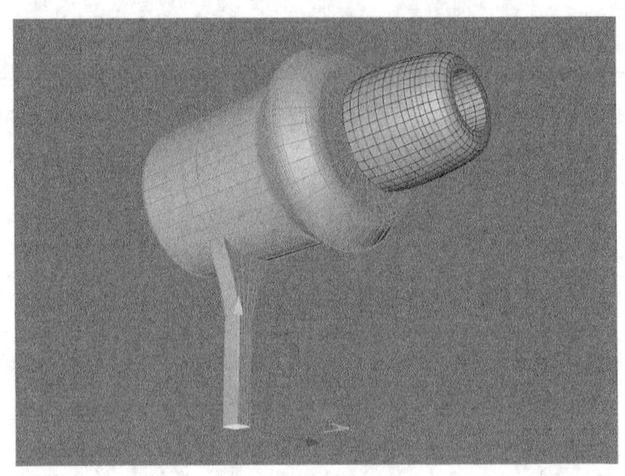

图4-133

22 将制作好的耳机复制一个，然后使用“画笔”工具描绘耳机线走势，如图4-134所示。

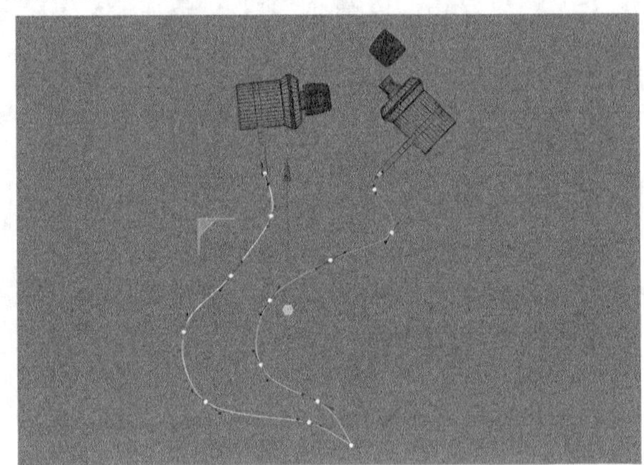

图4-134

技巧与提示

该步骤就可以摆放出耳机展示的最终效果。

23 使用“圆环”工具圆环绘制一个“半径”为0.6cm的圆环，然后选中“样条”和“圆环”为其添加“扫描”生成器扫描，效果如图4-135所示。

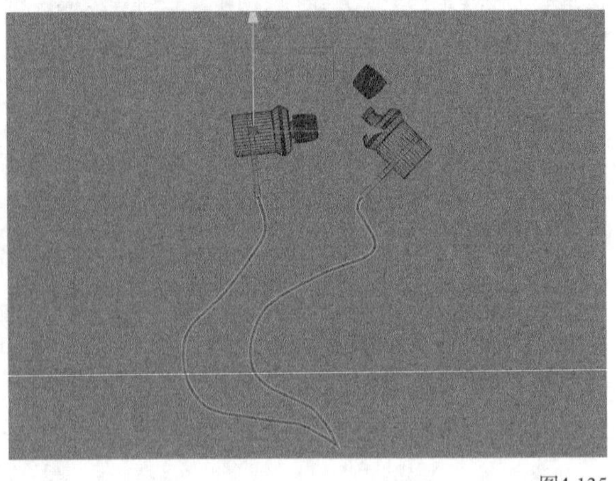

图4-135

24 使用“圆柱”工具在场景中创建一个圆柱，然后设置“半径”为2cm，“高度”为30cm，如图4-136所示。

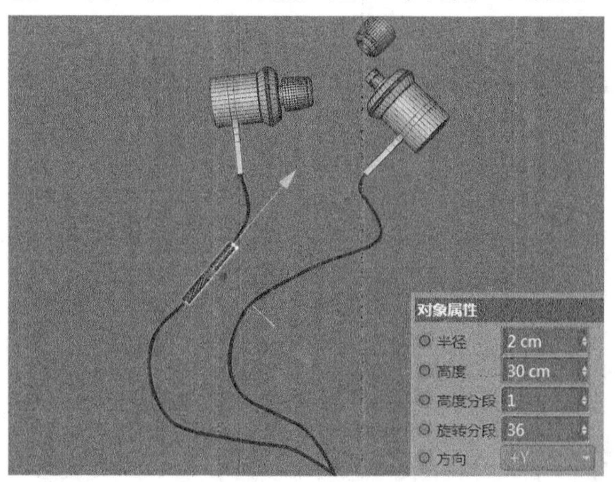

图4-136

25 使用“立方体”工具在场景中创建立方体，然后设置“尺寸.X”为1cm，“尺寸.Y”为8cm，“尺寸.Z”为1cm，接着勾选“圆角”选项，再设置“圆角半径”为0.1cm，“圆角细分”为1，最后复制两份并与圆柱拼合，如图4-137所示。

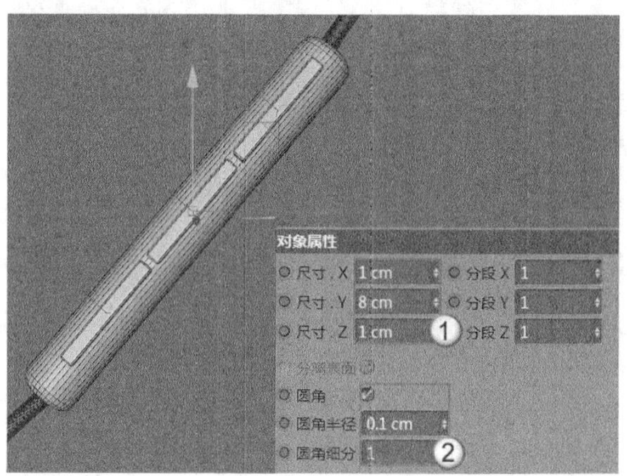

图4-137

技巧与提示

为了制作方便，也可以单独制作出线控装置后，再与耳机线模型拼合。

26 使用“立方体”工具在场景中创建一个立方体，然后设置“尺寸.X”为6cm，“尺寸.Y”为8cm，“尺寸.Z”为5cm，接着勾选“圆角”选项，再设置“圆角半径”为1cm，“圆角细分”为3，最后与耳机线的末端拼合，如图4-138所示。

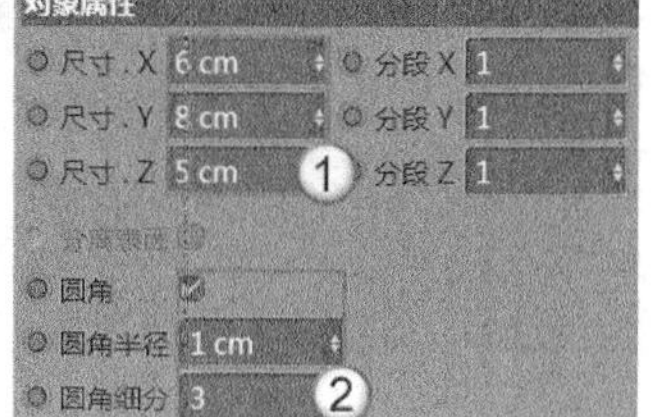

图4-138

图4-138（续）

27 使用“画笔”工具描绘出剩下的耳机线路径，然后和“半径”为0.6的“圆环”一起添加“扫描”生成器，如图4-139所示。

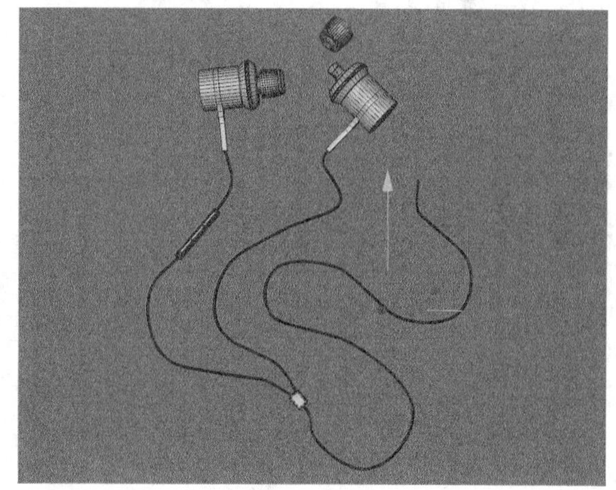

图4-139

28 使用“圆柱”工具在场景中创建一个圆柱，然后设置“半径”为2cm，“高度”为20cm，如图4-140所示。

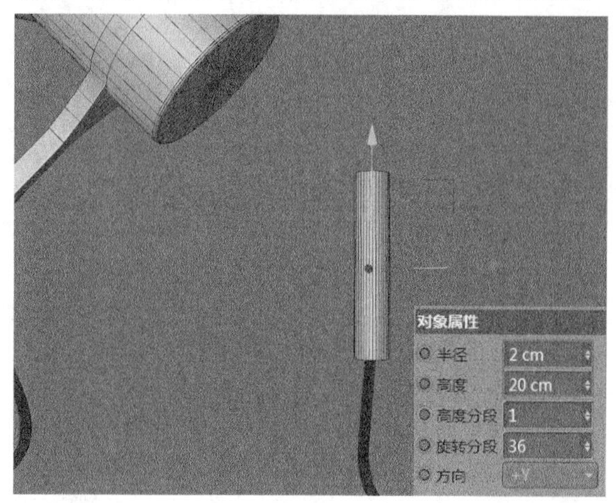

图4-140

29 将步骤28创建的圆柱按C键转换为可编辑多边形，然后进入“边”模式使用“循环/路径切割”工具为其添加边，如图4-141所示。

30 进入“点”模式，然后调整模型的造型，如图4-142所示。

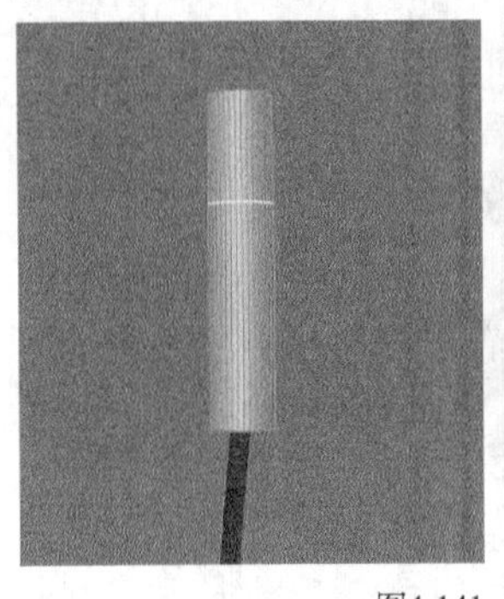

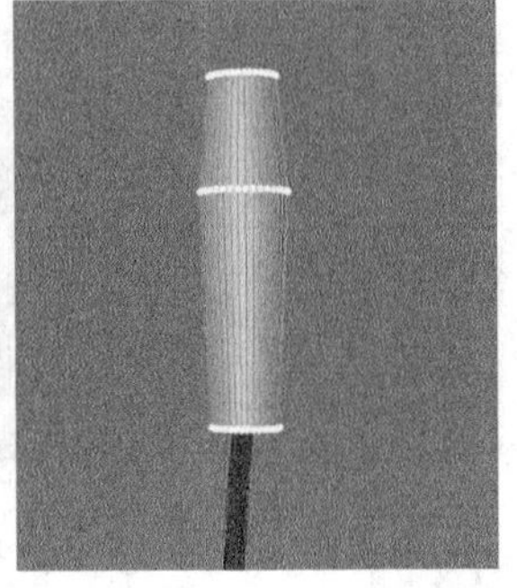

图4-141 图4-142

31 选中图4-143所示的点，然后使用“倒角”工具倒角，效果如图4-144所示。

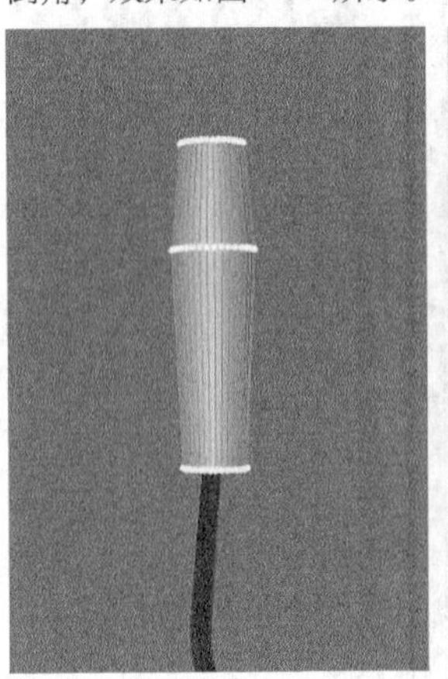

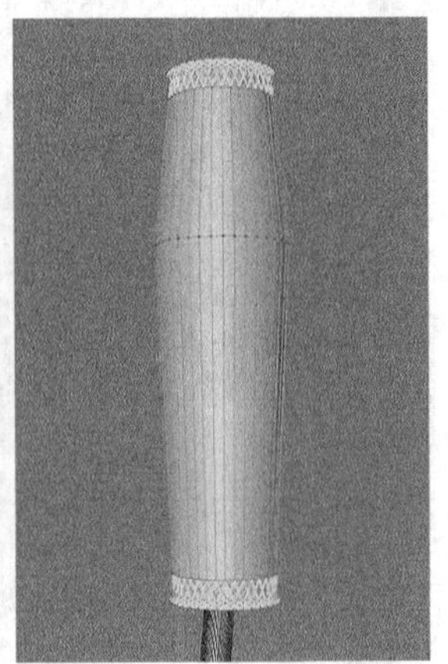

图4-143 图4-144

技巧与提示

此时倒角的效果有误，需要将图4-143所示选中的点使用“优化”工具优化后再倒角，效果如图4-145所示。

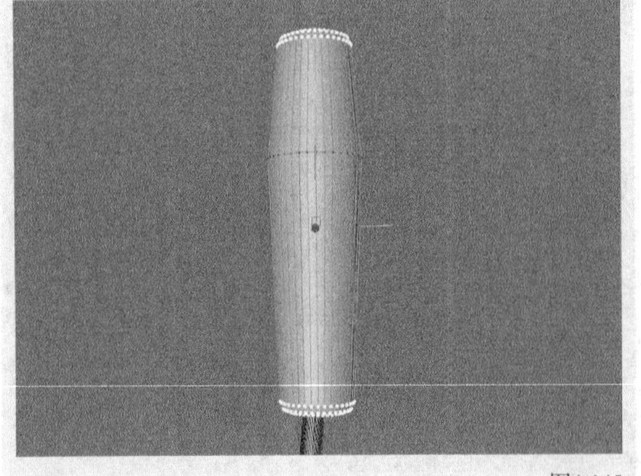

图4-145

32 进入“多边形”模式，然后选中图4-146所示的多边形，接着使用“挤压”工具将其挤出15cm，如图4-147所示。

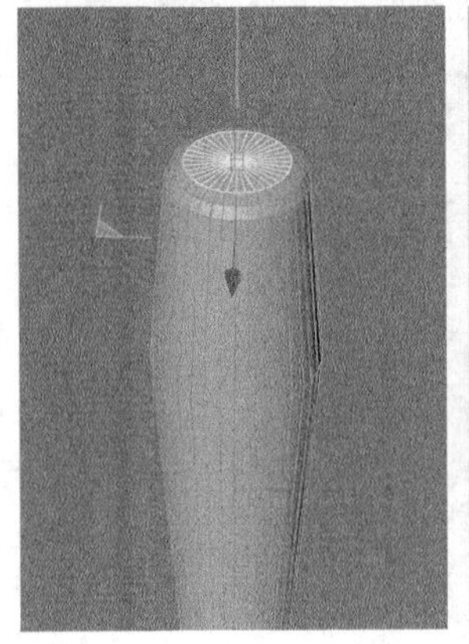

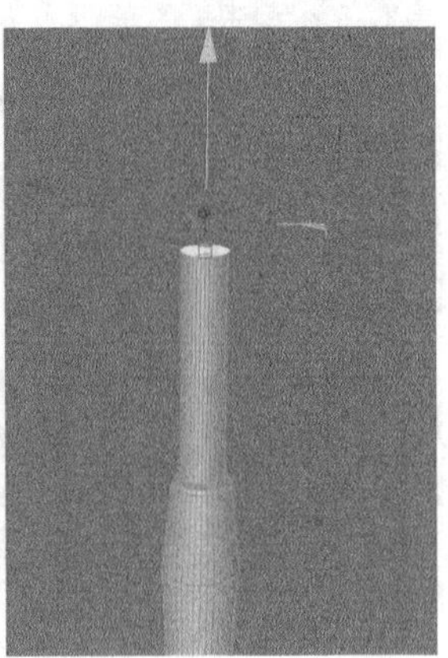

图4-146 图4-147

33 进入“边”模式，然后使用“循环/路径切割”工具为其添加边，如图4-148所示。

34 进入“多边形”模式，然后将模型进行调整，如图4-149所示。

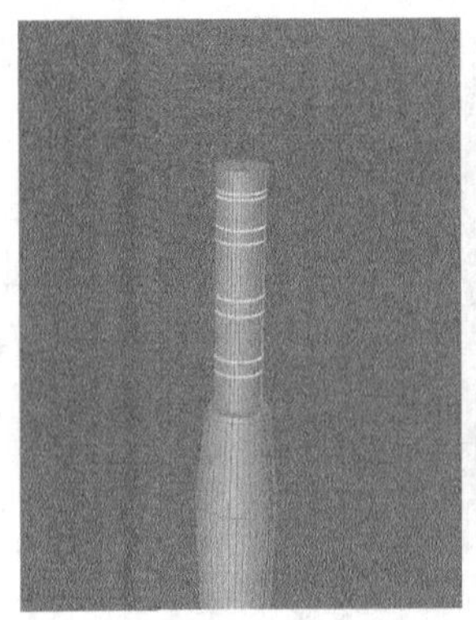

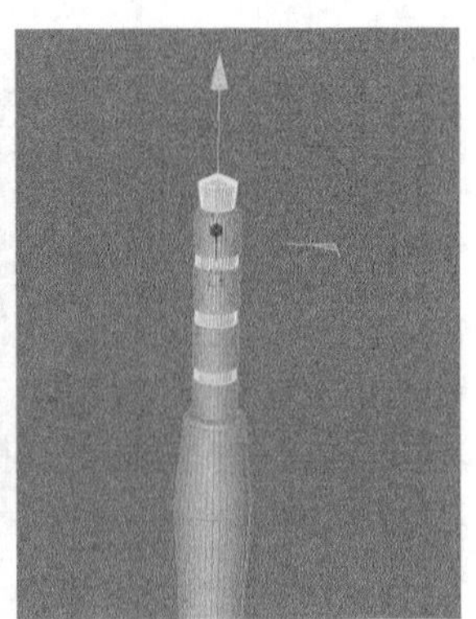

图4-148 图4-149

35 为步骤34修改后的模型添加倒角，为耳塞模型添加“细分曲面”生成器，模型最终效果如图4-150所示。

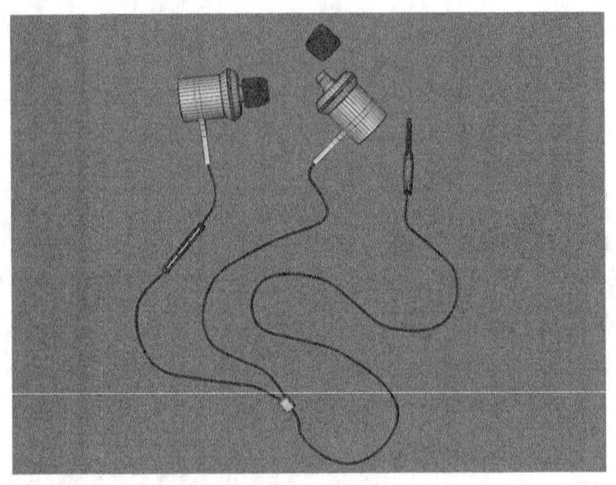

图4-150

课堂练习

用多边形建模制作电视机

场景文件 无

实例文件 实例文件>CH04>课堂练习：用多边形建模制作电视机

视频名称 课堂练习：用多边形建模制作电视机.mp4

学习目标 掌握多边形建模的方法

电视机效果如图4-151所示。步骤分解如图4-152所示。

图4-151

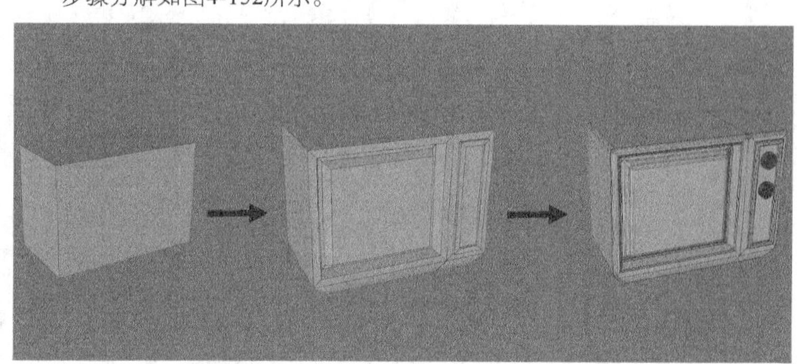

图4-152

课堂练习

用多边形建模制作冰淇淋

场景文件 无

实例文件 实例文件>CH04>课堂练习：用多边形建模制作冰淇淋

视频名称 课堂练习：用多边形建模制作冰淇淋.mp4

学习目标 掌握多边形建模的方法

冰淇淋效果如图4-153所示。步骤分解如图4-154所示。

图4-153

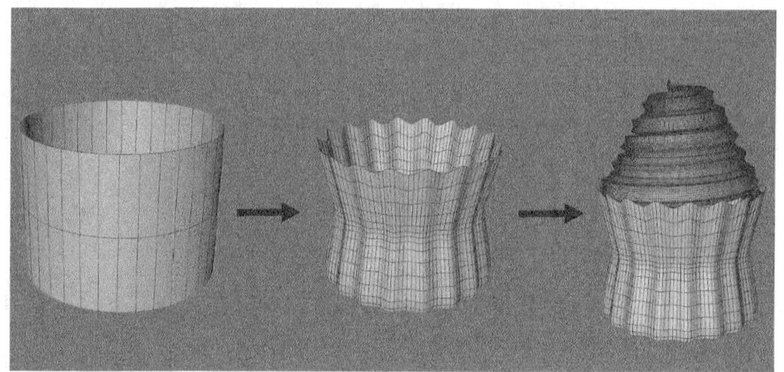

图4-154

4.3 雕刻

CINEMA 4D的雕刻系统可以通过预置的各种笔刷配合多边形建模制作出形态丰富的模型，尤其适合制作液态类模型。

本节工具介绍

工具名称	工具作用	重要程度
笔刷	雕刻模型的笔刷	高

4.3.1 切换雕刻界面

除了可在“菜单栏”中选择雕刻的笔刷，CINEMA 4D也提供了专门的雕刻界面，以方便操作。打开“界面”菜单，然后选择“Sculpt”选项，如图4-155所示，系统界面将切换到用于雕刻的界面，如图4-156所示。

图4-155

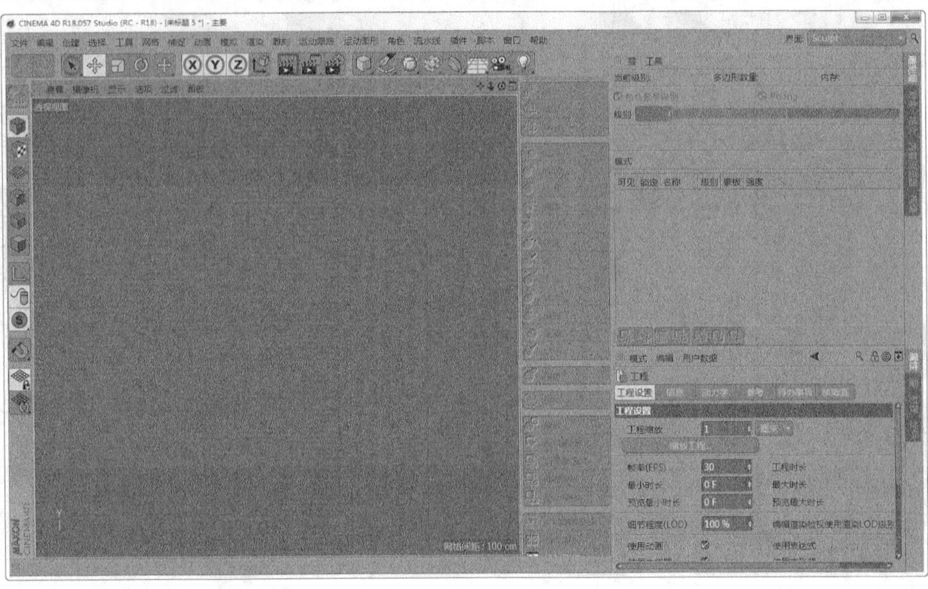

图4-156

4.3.2 笔刷

视频云课堂：042 笔刷

CINEMA 4D雕刻系统的预置笔刷有些类似于ZBrush的笔刷，可以实现抓起、铲平和挤捏等效果，笔刷面板如图4-157所示。

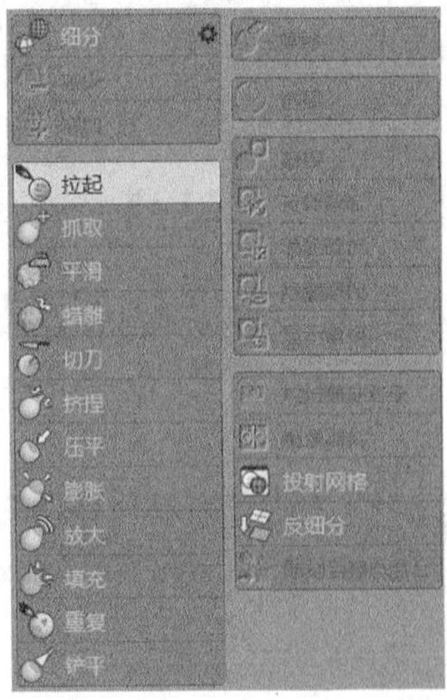

图4-157

技巧与提示

只有编辑多边形对象时才能使用雕刻的笔刷，其余状态的对象都不能使用。

重要参数讲解

◇ **细分**：设置模型的细分数量，数值越大，模型的网格越多。

技巧与提示

网格越多，模型雕刻的效果越细腻，但所消耗的内存也越多。过多的网格会使系统运行速度减慢，甚至会导致意外退出。

◇ **减少**：减少模型网格数量。

◇ **增加**：增加模型网格数量。

◇ **拉起**：部分模型被拉起，如图4-158所示。

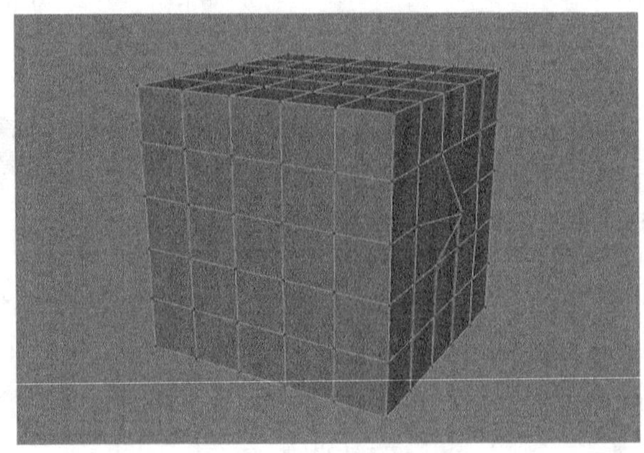

图4-158

◇ **抓取**：拖曳选取的对象，如图4-159所示。

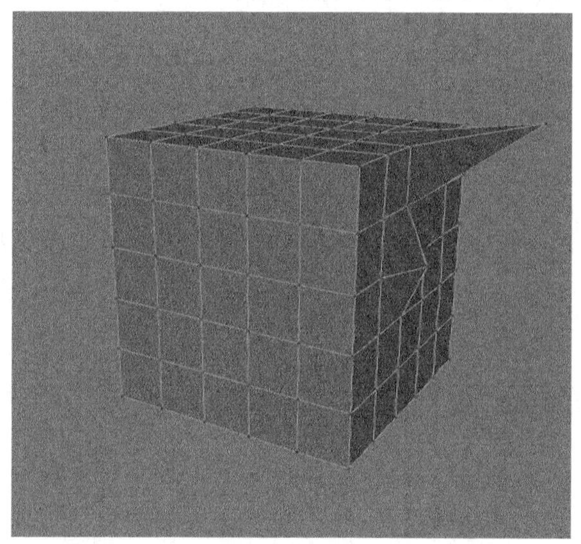

图4-159

◇ **平滑**：让选取的点变得平滑。

◇ **切刀**：让模型表面产生细小褶皱。

◇ **挤捏**：将顶点挤捏在一起。

◇ **膨胀**：沿着模型法线方向移动点。

课堂案例

用雕刻工具制作甜甜圈

场景文件	无
实例文件	实例文件>CH04>课堂案例：用雕刻工具制作甜甜圈
视频名称	课堂案例：用雕刻工具制作甜甜圈.mp4
学习目标	掌握多边形建模和雕刻建模的方法

本案例的甜甜圈模型是通过多边形建模和雕刻建模制作而成的，模型效果如图4-160所示。

图4-160

01 在场景中创建一个“管道”，然后设置“内部半径”为120cm，“外部半径”为200cm，“高度”为60cm，接着勾选“圆角”选项，并设置“分段”为8，“半径”为20cm，如图4-161所示。

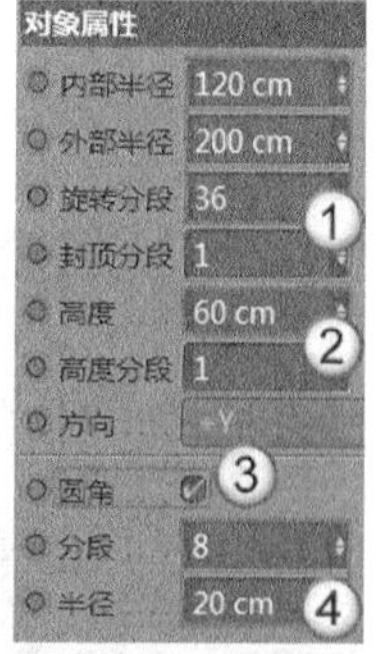

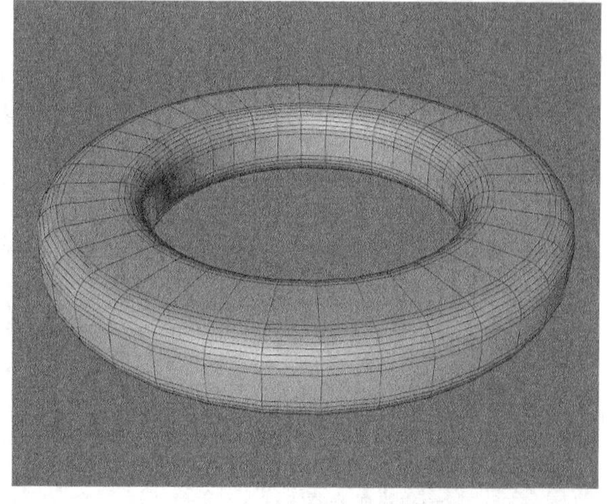

图4-161

02 将步骤01创建的模型复制一份，然后修改“内部半径”为115cm，“外部半径”为205cm，“封顶分段”为4，“高度”为20cm，接着修改圆角的“分段”为2，“半径”为10cm，如图4-162所示。

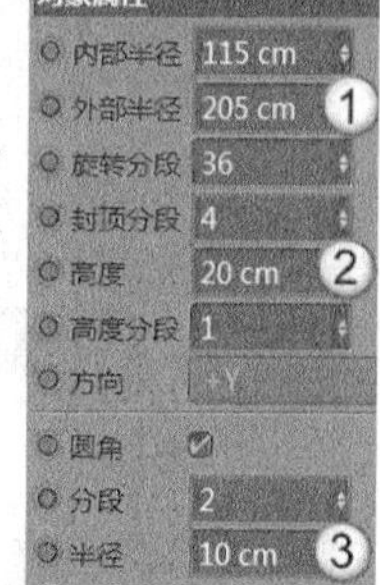

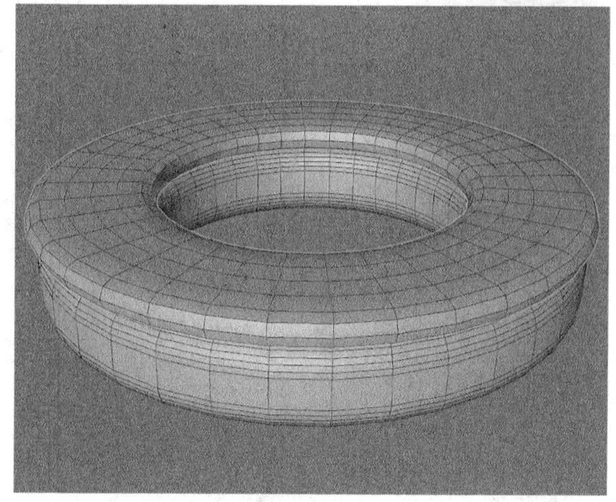

图4-162

03 将修改后的管道按C键转换为可编辑多边形，然后进入“多边形”模式，接着用“挤压”工具挤出边缘的面，效果如图4-163所示。

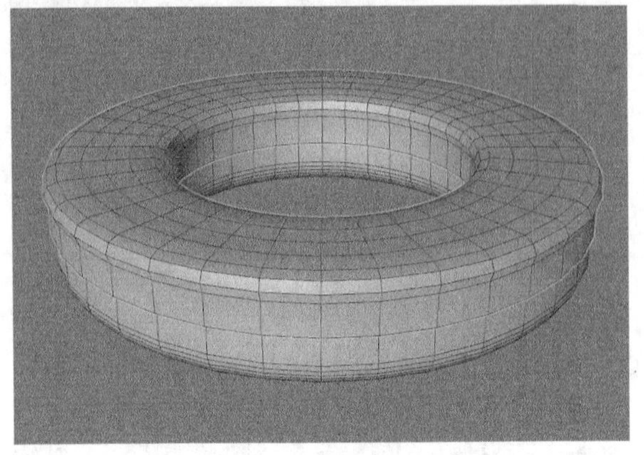

图4-163

04 选中挤出的多边形，然后上下移动，效果如图4-164所示，这样可以做出酱料流动的大致效果。

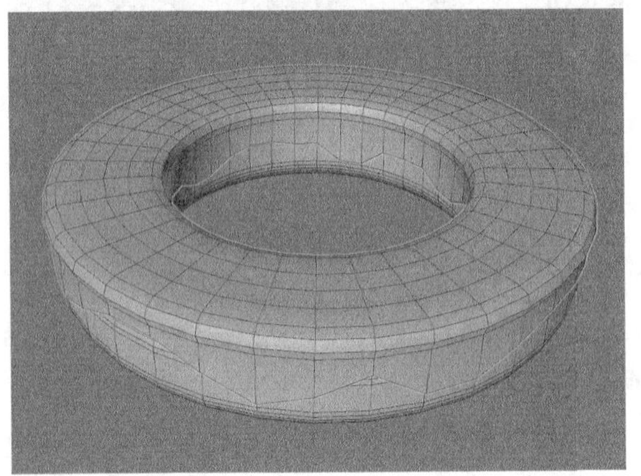

图4-164

05 将“界面”切换到“Sculpt”，然后单击“细分”按钮，增加上方模型的细分，方便接下来的雕刻工作，如图4-165所示。

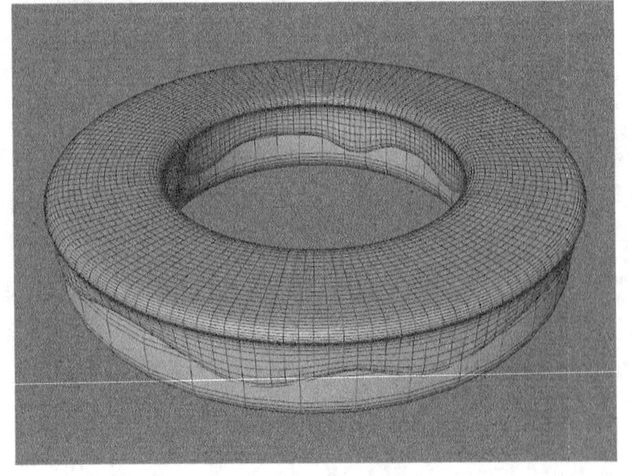

图4-165

06 使用“拉起”工具，制作出酱料模型的液体感，如图4-166所示。

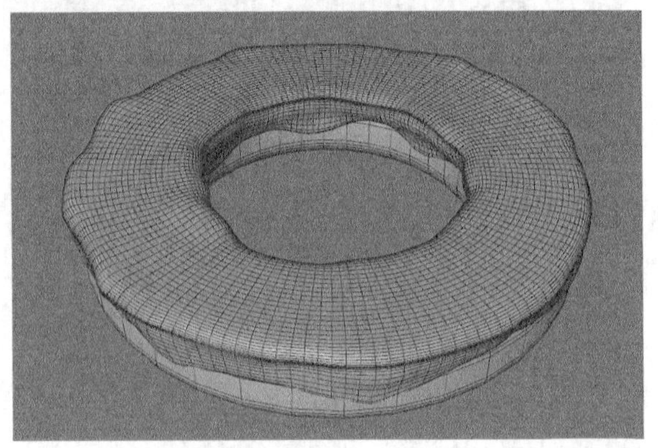

图4-166

技巧与提示

“平滑”工具可以将拉起得过多的多边形进行平滑处理。

07 使用“膨胀”工具，使甜甜圈上方形成圆弧效果，如图4-167所示。

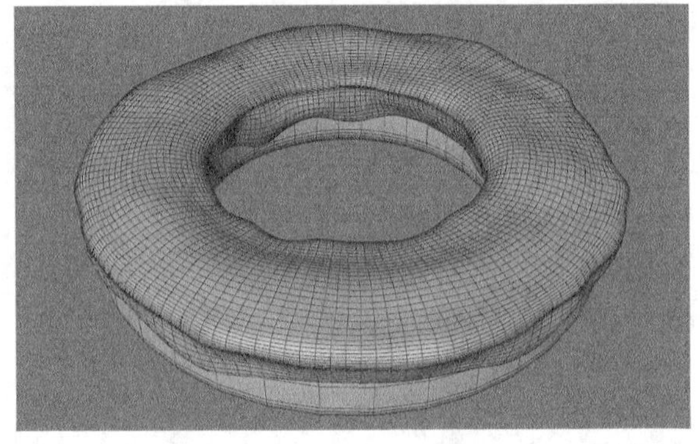

图4-167

08 使用“拉起”工具增加小的细节，并用“平滑”工具使甜甜圈的边缘更加圆滑，如图4-168所示。

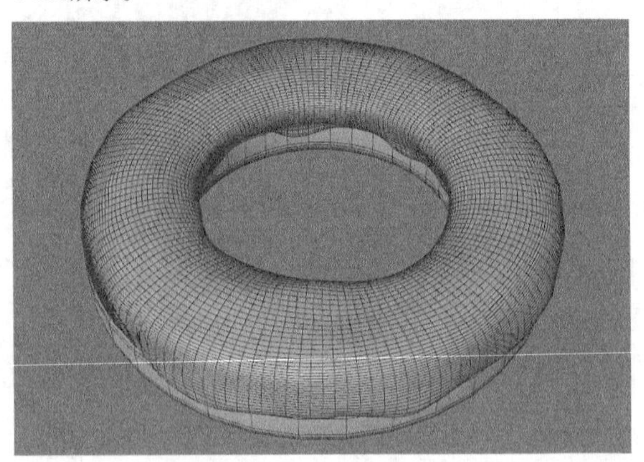

图4-168

09 返回标准界面，然后在场景中创建一个“圆柱”，接着设置“半径”为3cm，“高度”为15cm，再勾选“圆角”选项，并设置“分段”为2，“半径”为3cm，如图4-169所示。

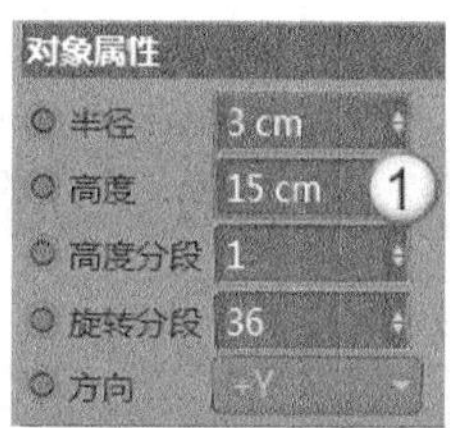

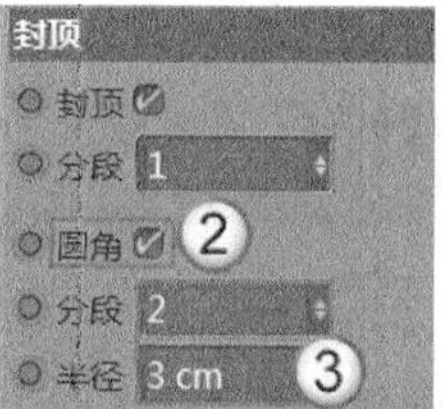

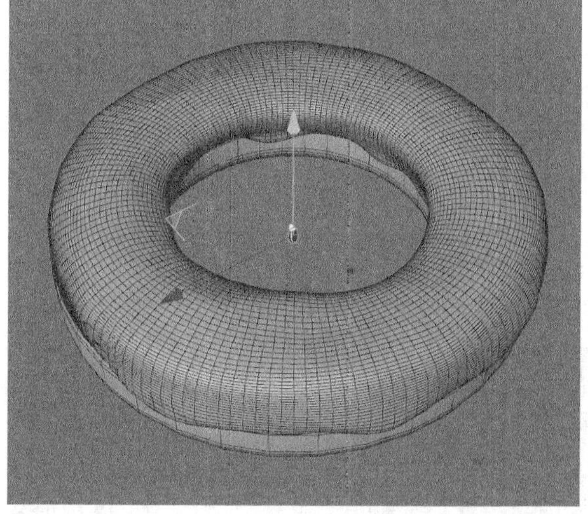

图4-169

10 为“圆柱”添加“运动图形”中的“克隆”，然后将“圆柱”放置于“克隆”的下方，如图4-170所示。

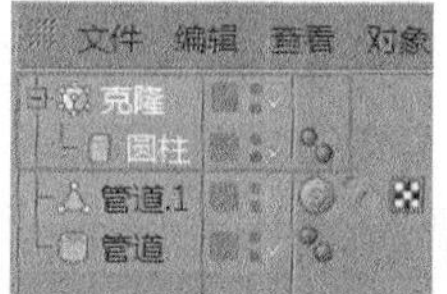

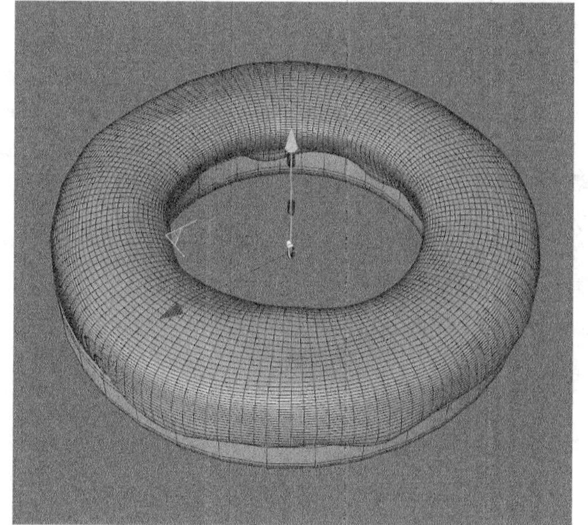

图4-170

11 选中“克隆”，然后设置“模式”为“对象”，“对象”为“管道.1”，“分布”为“表面”，“数量”为200，如图4-171所示。

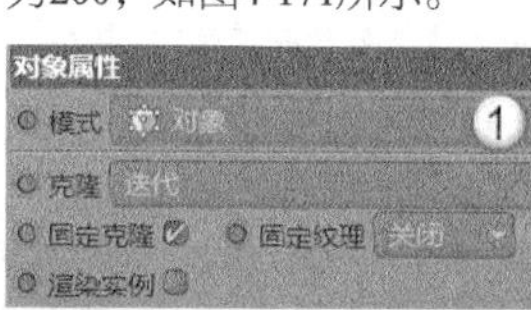

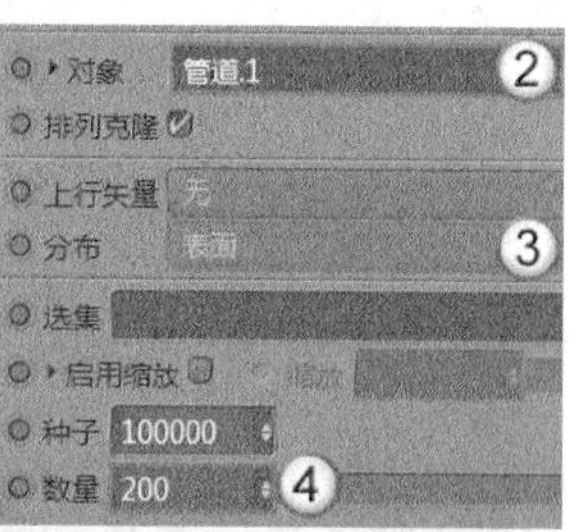

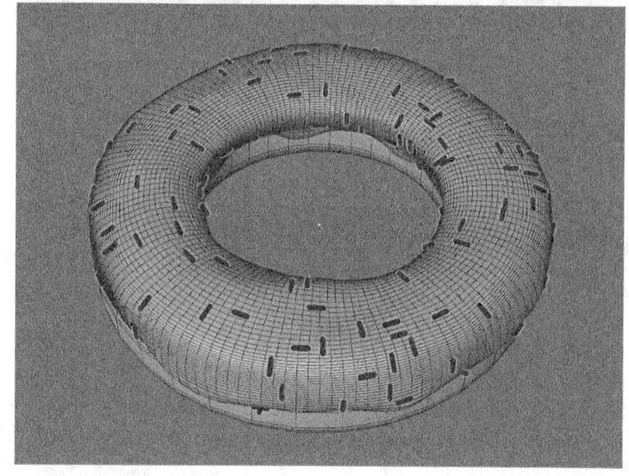

图4-171

技巧与提示

修改“种子”的参数可以更改圆柱随机排列的位置。

12 为“克隆”添加“随机”效果器，然后勾选“等比缩放”选项，接着设置“缩放”为0.25，再设置“R.B”为160°，如图4-172所示。甜甜圈最终效果如图4-173所示。

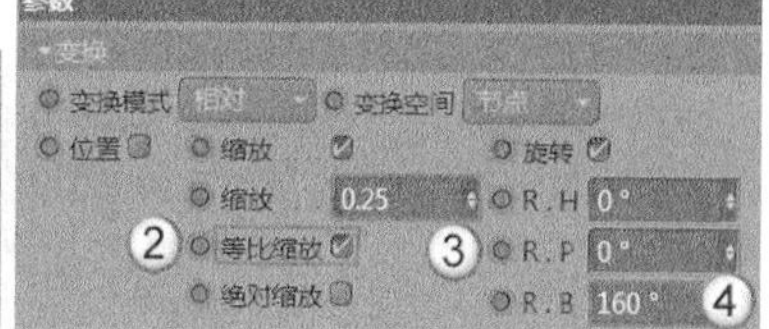

图4-172

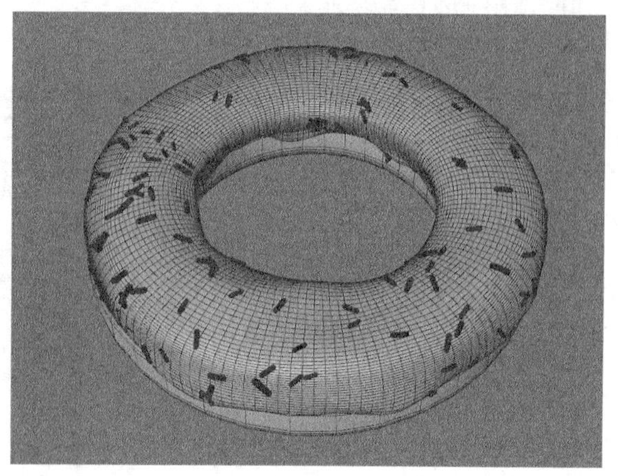

图4-173

4.4 本章小结

本章主要讲解了CINEMA 4D的高级建模技术。在样条建模中，详细讲解了转换可编辑样条的方法和常用的编辑样条的工具；在多边形建模中，详细讲解了转换可编辑多边形的方法；在雕刻中，讲解了雕刻界面和常用笔刷。本章是一个综合性章节，难度较大，希望读者对这些建模工具勤加练习。

4.5 课后习题

本节安排了两个课后习题供读者练习，这两个习题综合了本章知识。如果读者在练习时有疑问，可以一边观看教学视频，一边学习模型创建方法。

4.5.1 课后习题：小船

场景文件　无

实例文件　实例文件>CH04>课后习题：小船

视频名称　课后习题：小船.mp4

学习目标　掌握多边形建模的方法

小船效果如图4-174所示。

图4-174

步骤分解如图4-175所示。

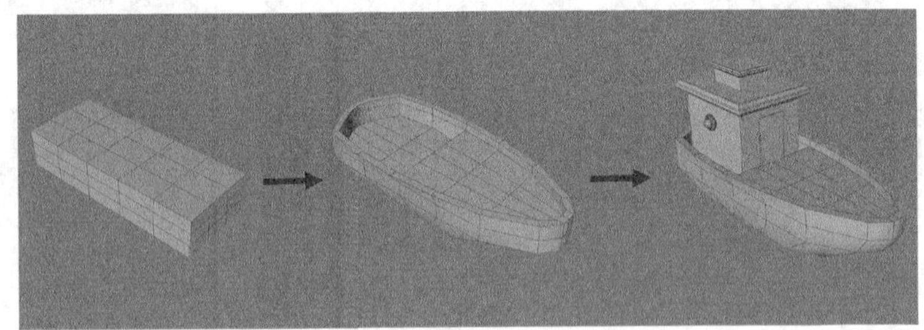

图4-175

4.5.2 课后习题：工厂流水线

场景文件　无

实例文件　实例文件>CH04>课后习题：工厂流水线

视频名称　课后习题：工厂流水线.mp4

学习目标　掌握多边形建模和样条建模的方法

工厂流水线效果如图4-176所示。

图4-176

步骤分解如图4-177所示。

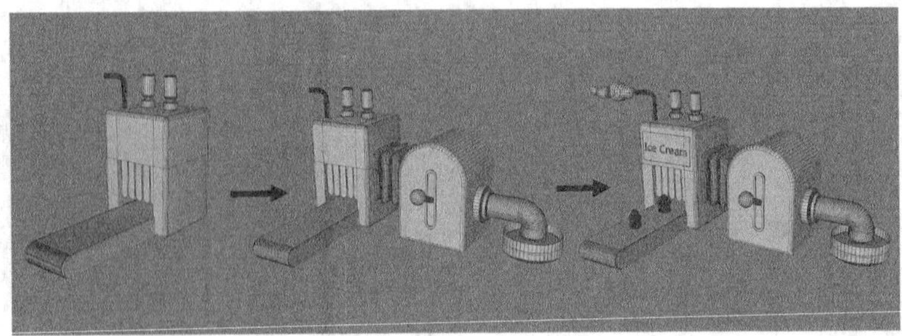

图4-177

CINEMA 4D

第5章

摄像机技术

本章将讲解 CINEMA 4D 的摄像机技术。通过学习本章，读者可以掌握摄像机的创建方法，以及景深和运动模糊的制作，了解图像比例和安全框的设置方法。

课堂学习目标

◇ 掌握创建摄像机的方法

◇ 掌握用摄像机制作景深效果的方法

◇ 了解安全框的用法

5.1 摄像机的重要术语

本节将讲解摄像机的重要术语。了解这些术语的含义，能更好地理解创建摄像机时所设置参数的意义。

5.1.1 光圈

光圈是一个环形，用于控制曝光时光线的亮度。当需要大量的光线进行曝光时，就需要开大光圈的圆孔；若只需少量光线曝光时，就需要缩小圆孔。

光圈就如同人类眼睛的虹膜，是用来控制拍摄时单位时间的进光量的，一般以f/5、F5或1：5来表示，较小的f值表示较大的光圈。光圈的计算单位有两种。

第1种：光圈值。标准的光圈值（f-number）通常为f/1、f/1.4、f/2、f/2.8、f/4、f/5.6、f/8、f/11、f/16、f/22、f/32、f/45、f/64，其中f/1是进光量最大的光圈号数，光圈值的分母越大，进光量就越小，如图5-1所示。

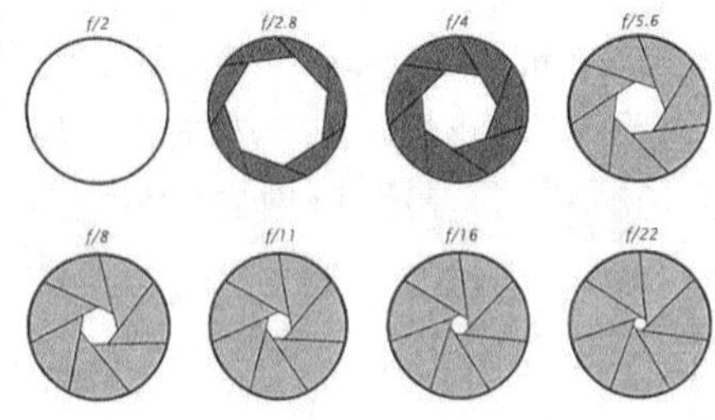

图5-1

第2种：级数。级数（f-stop）是指相邻的两个光圈值的曝光量差距，如f/8与f/11之间相差一级，f/2与f/2.8之间也相差一级，依次类推，f/8与f/16之间相差两级，f/1.4与f/4之间就差了3级。在职业摄影领域，有时称级数为“档”或是“格”，如f/8与f/11之间相差了一档，或是f/8与f/16之间相差两格。在每一级（光圈号数）之间，后面号数的进光量都是前面号数的一半。例如f/5.6的进光量只有f/4的一半，f/16的进光量也只有f/11的一半，号数越靠后，进光量越小，并且是以等比级数的方式来递减的。

技巧与提示

除了考虑进光量之外，光圈的大小还跟景深有关。景深是物体成像后在相片中的清晰程度。光圈越大，景深会越浅（清晰的范围较小）；光圈越小，景深就越长（清晰的范围较大）。

大光圈的镜头非常适合低光量的环境，因为它可以在微亮光的环境下，获取更多的现场光，让我们可以用较快速的快门来拍照，以便保持拍摄时相机的稳定度。但是大光圈的镜头不易制作，必须要花较多的费用才可以获得。

好的摄像机会根据测光的结果等情况来自动计算出光圈的大小，一般情况下，快门速度越快，光圈就越大，以保证有足够的光线通过，所以也比较适合拍摄高速运动的物体，如行动中的汽车、落下的水滴等。

5.1.2 快门

快门用于控制快门的开关速度，并且决定了底片接受光线的时间长短。也就是说，在每一次拍摄时，光圈的大小控制了光线的进入量，快门的速度决定光线进入的时间长短，这样一次的动作便完成了所谓的“曝光”。

快门以“秒”作为单位，它有一定的数字格式，一般在摄像机上可以见到的快门单位有以下15种：B、1、2、4、8、15、30、60、125、250、500、1000、2000、4000、8000。

上面每一个数字单位都是分母，也就是说每一段快门分别是1秒、1/2秒、1/4秒、1/8秒、1/15秒、1/30秒、1/60秒、1/125秒、1/250秒（以下依次类推）等。每一个快门之间数值的差距都是两倍，例如1/30是1/60的两倍、1/1000是1/2000的两倍，跟光圈值的级数差距计算是一样的。与光圈相同，每一段快门之间的差距也被称之为一级、一格或是一档。

光圈级数跟快门级数的进光量其实是相同的，也就是说光圈之间相差一级的进光量，其实就等于快门之间相差一级的进光量，这个观念在计算曝光时很重要。

前面提到了光圈决定了景深，快门则是决定了被摄物的“时间”。当拍摄一个快速移动的物体时，通常需要比较高速的快门才可以抓到凝结的画面，所以在拍动态画面时，通常都要考虑可以使用的快门速度。

有时需要抓取的画面给人以连续性的感觉，例如拍摄丝绸般的瀑布或是小河时，就必须要用速度比较慢的快门，通过延长曝光的时间来抓取。

5.1.3 胶片感光度

根据胶片感光度，可以把胶片归纳为3大类，分别是快速胶片、中速胶片和慢速胶片。快速胶片具有较高的ISO（国际标准化组织）数值，慢速胶片的ISO数值较低，快速胶片适用于低照度下的摄影。相对而言，当感光性能较低的慢速胶片可能引起曝光不足时，快速胶片获得正确曝光的可能性就更大，但是感光度的提高会降低影像的清晰度，增加反差。慢速胶片在照度良好时，对获取高质量的照片非常有利。

在光照非常不足的情况下，例如在昏暗的室内或黄昏时的户外，可以选用超快速胶片（即高ISO）进行拍摄。这种胶片对光非常敏感，即使在火柴光下也能获得满意的效果，其产生的景象颗粒度可以营造出画面的戏剧性氛围，以获得引人注目的效果；在光照十分充足的情况下，例如在阳光明媚的户外，可以选用超慢速胶片（即低ISO）进行拍摄。

5.2 CINEMA 4D中的摄像机

长按“工具栏”的“摄像机”按钮，会弹出摄像机面板，如图5-2所示。

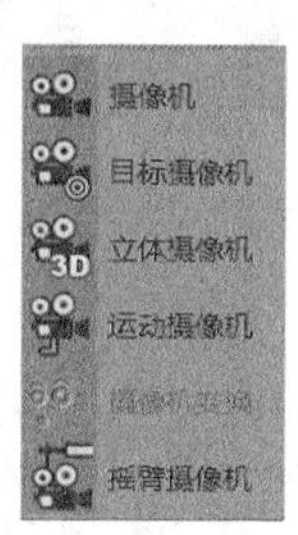

图5-2

本节工具介绍

工具名称	工具作用	重要程度
摄像机	对场景进行拍摄	高
目标摄像机	对场景进行定向拍摄	中

5.2.1 摄像机

视频云课堂：043 摄像机

“摄像机”工具是使用频率较高的摄像机工具之一。不同于其他三维软件创建摄像机的方法，CINEMA 4D只需要在视图中找到合适的视角，单击“摄像机”工具即可创建完成。创建的摄像机会出现在“对象”面板中，如图5-3所示。

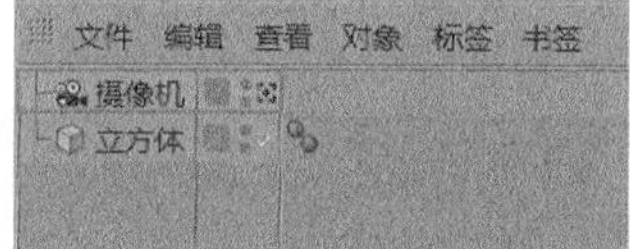

图5-3

单击“对象”面板中的黑色按钮，即可进入摄像机视图。为了防止在场景操作时不小心移动了摄像机，可在“摄像机”上单击鼠标右键，然后在菜单中选择“CINEMA 4D标签-保护”选项，如图5-4所示。此时摄像机的后面会出现一个“保护”标签的图案，如图5-5所示。

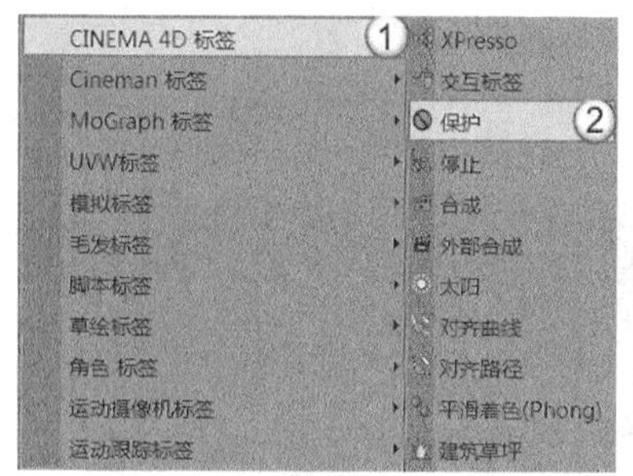

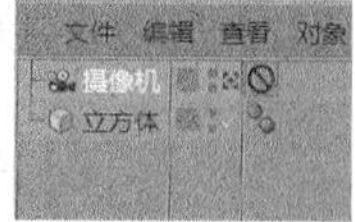

图5-4　图5-5

在“摄像机”的“属性”面板中有“对象属性”“物理渲染器”“细节”“立体”和“合成辅助”共5个选项卡，如图5-6所示。

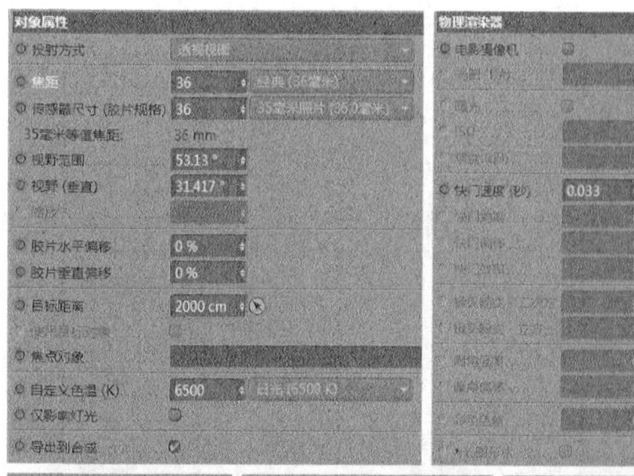
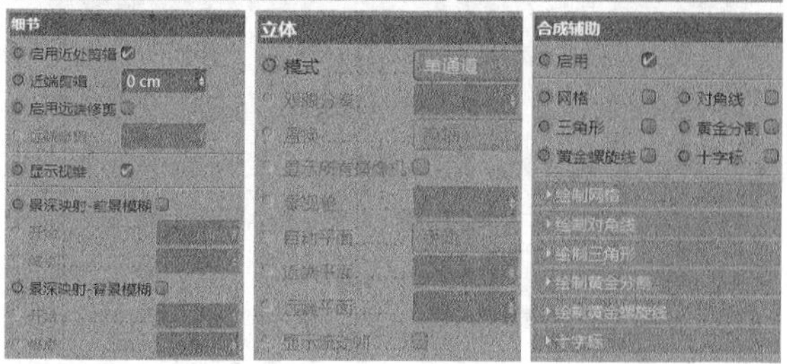

图5-6

重要参数讲解

◇ **投射方式：**设置摄像机投射的视图。

◇ **焦距：**设置焦点到摄像机的距离，默认为36mm。

◇ **视野范围：**设置摄像机查看区域的宽度视野。

◇ **目标距离：**设置目标对象到摄像机的距离。

◇ **焦点对象：**设置摄像机焦点链接的对象。

◇ **自定义色温：**设置摄像机的照片滤镜，默认为6500。

◇ **电影摄像机：**勾选后会激活“快门角度”和“快门偏移”选项。

技巧与提示

在默认的“标准”渲染器中，不能设置“光圈”“曝光”和“ISO”等选项，只有将渲染器切换为“物理”时，才能设置这些参数。

◇ **快门速度：**控制快门的速度。

◇ **近端剪辑/远端剪辑**：设置摄像机画面选取的区域，只有处于这个区域中的对象才能被渲染。

5.2.2 目标摄像机

视频云课堂：044 目标摄像机

"目标摄像机"工具与"摄像机"的创建方法相同，只是在"对象"面板中多了一个"目标"标签，如图5-7所示。

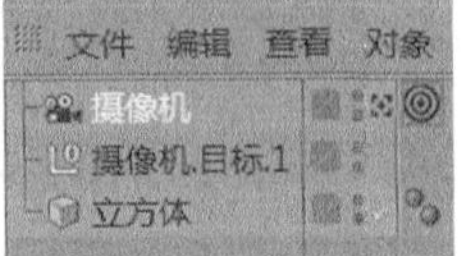

图5-7

"目标摄像机"的"属性"面板与"摄像机"的基本相同，但会多出"目标"选项卡，如图5-8所示。在"目标对象"中可以设置需要成为目标点的对象。如果单击"删除标签"按钮，其属性就与"摄像机"完全一样。

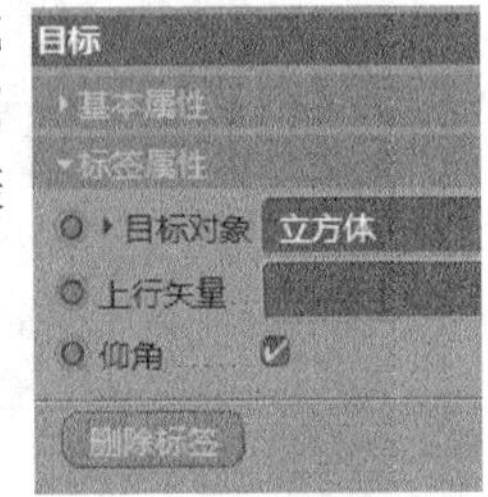

图5-8

选择了"目标对象"后，需要返回"对象属性"选项卡，然后勾选"使用目标对象"选项，如图5-9所示。这样在制作景深和运动模糊时，才能将目标对象与摄像机相连接。

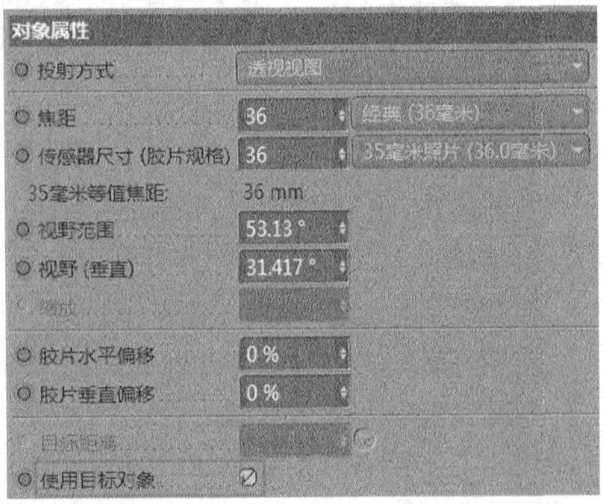

图5-9

"目标摄像机"和"摄像机"的最大区别在于，"目标摄像机"连接了目标对象，即移动目标对象的位置，摄像机的位置也会跟着移动。

技巧与提示

"目标摄像机"的其余参数与"摄像机"相同，这里不赘述。

课堂案例

为场景建立摄像机

场景文件　场景文件>CH05>01.c4d

实例文件　实例文件>CH05>课堂案例：为场景建立摄像机

视频名称　课堂案例：为场景建立摄像机.mp4

学习目标　掌握创建摄像机的方法

场景的效果如图5-10所示。

图5-10

01 打开本书学习资源中的"场景文件>CH05>01.c4d"文件，如图5-11所示。场景内已经建立好了灯光和材质，需要为场景创建摄像机。

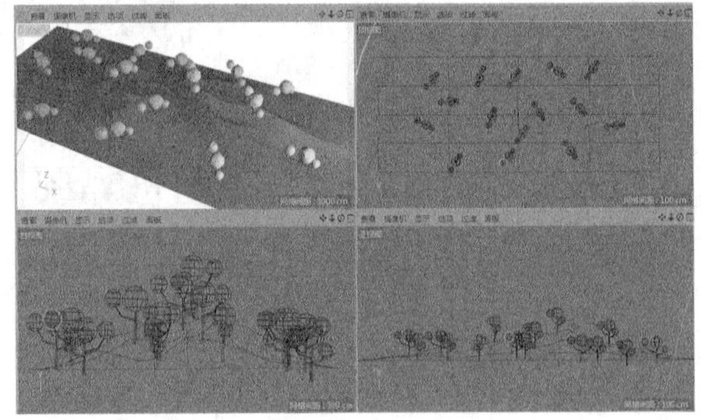

图5-11

02 进入左上角的透视图，然后移动视图寻找摄像机的合适角度，如图5-12所示。

图5-12

03 单击"摄像机"按钮，场景自动添加摄像机，如图5-13所示。

04 为了防止摄像机被移动，选中“摄像机”选项，然后单击鼠标右键选择“CINEMA 4D标签-保护”选项，为摄像机添加“保护”标签，如图5-14所示。

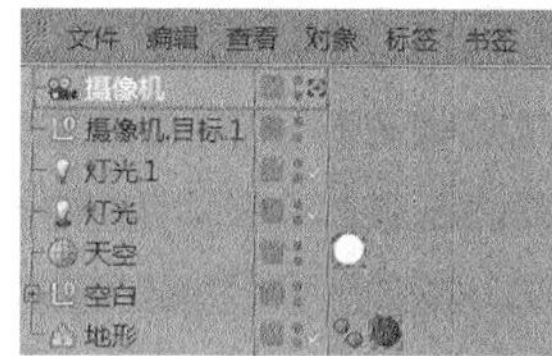

图5-13

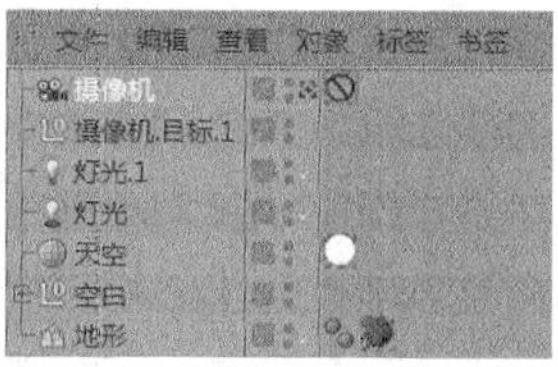

图5-14

05 单击“对象”面板中的黑色按钮，进入摄像机视图，然后在“对象属性”选项卡中设置“视野范围”为50°，如图5-15所示。

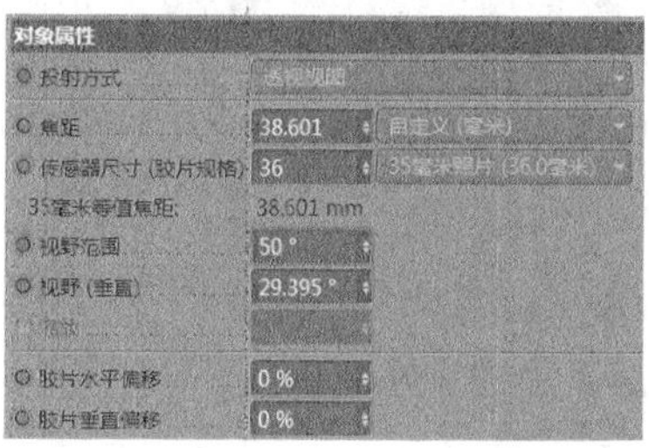

图5-15

06 按快捷键Shift＋R渲染场景，效果如图5-16所示。

图5-16

课堂案例

用目标摄像机制作景深效果

场景文件　场景文件>CH05>02.c4d

实例文件　实例文件>CH05>课堂案例：用目标摄像机制作景深效果

视频名称　课堂案例：用目标摄像机制作景深效果.mp4

学习目标　掌握目标摄像机制作景深的方法

景深对比效果如图5-17所示。

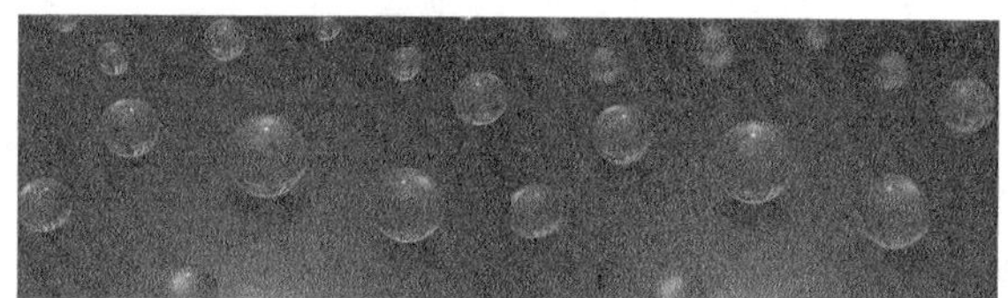

图5-17

01 打开本书学习资源中的“场景文件>CH05>02.c4d”文件，如图5-18所示，场景内已经建立好灯光和材质，需要为场景创建摄像机。

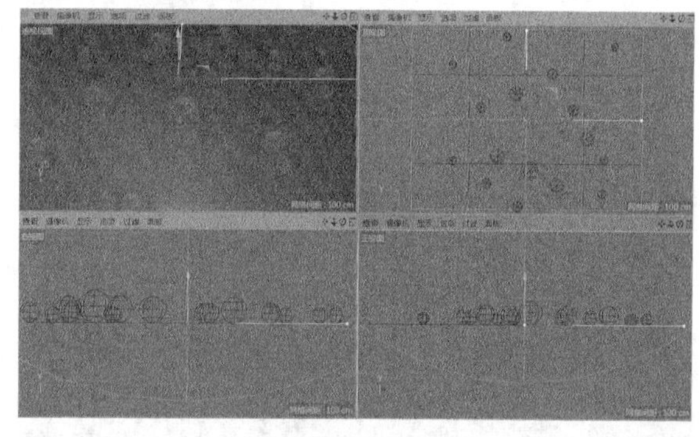

图5-18

02 进入左上角的透视图，然后移动视图寻找摄像机的合适角度，如图5-19所示。

图5-19

03 单击“目标摄像机”按钮，为场景添加摄像机，如图5-20所示。

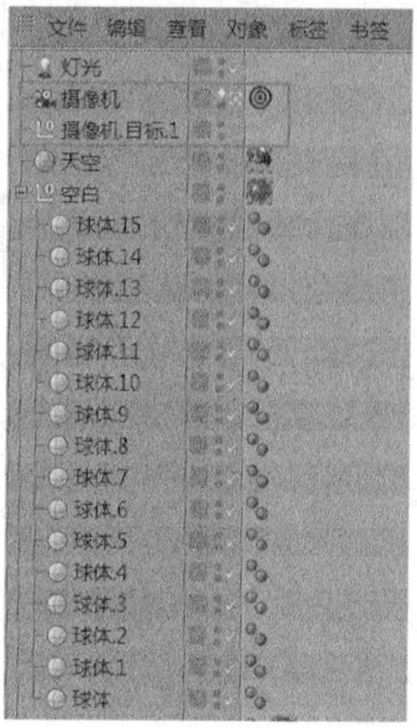

图5-20

04 为了防止摄像机被移动，选中“摄像机”选项，然后单击鼠标右键选择“CINEMA 4D标签-保护”选项，为摄像机添加“保护”标签，如图5-21所示。

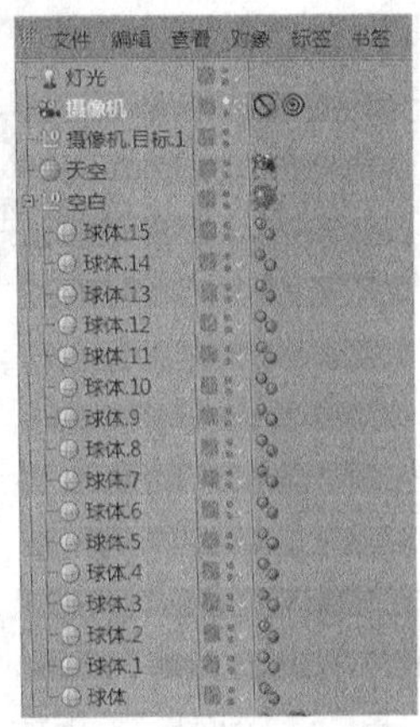

图5-21

05 单击“对象”面板中的黑色按钮，进入摄像机视图，然后按快捷键Shift + R渲染视图，如图5-22所示。此时渲染的效果没有开启景深。

图5-22

06 为场景添加景深效果。在摄像机的“对象属性”选项卡中单击“目标距离”后的箭头按钮，此时光标变成十字形，然后单击场景中央的球体模型，“目标距离”选项会自动显示摄像机到球体之间的距离为614.844cm，如图5-23所示。

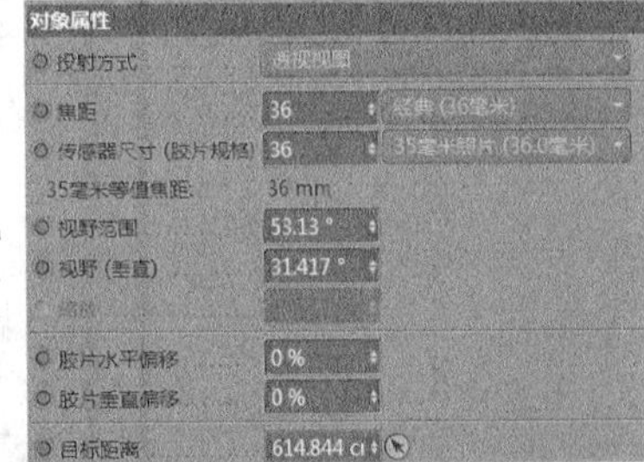

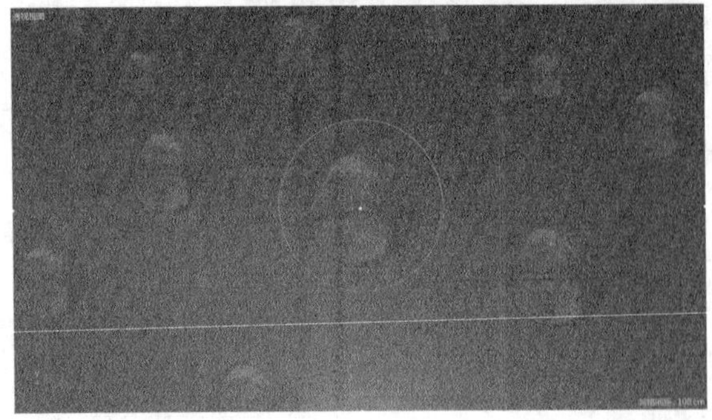

图5-23

技巧与提示

设置目标点的另一种方法是切换到“目标”选项卡，然后在“目标对象”选项中添加场景中央的“球体.1”选项，接着在“对象属性”选项卡中勾选“使用目标对象”选项，如图5-24和图5-25所示。

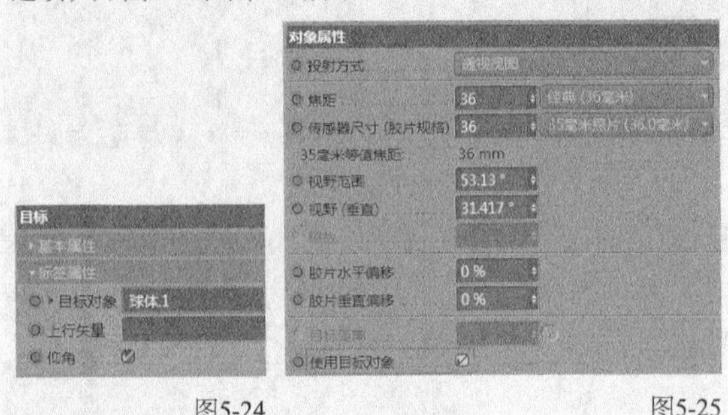

图5-24　　图5-25

07 单击“编辑渲染设置”按钮，打开“渲染设置”面板，如图5-26所示。

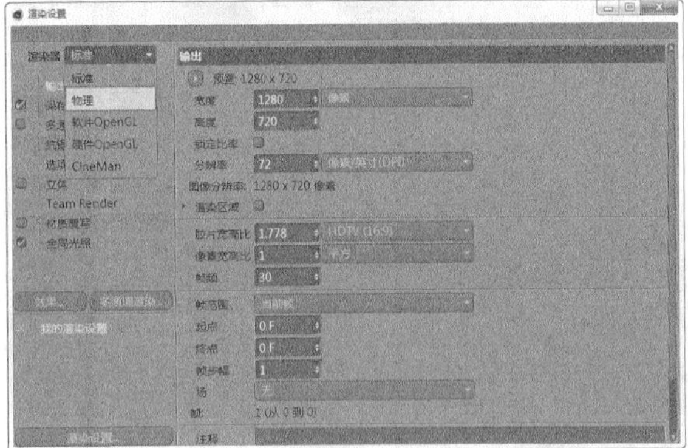

图5-26

08 将“渲染器”选项选择为“物理”，然后勾选“景深”选项，如图5-27所示。

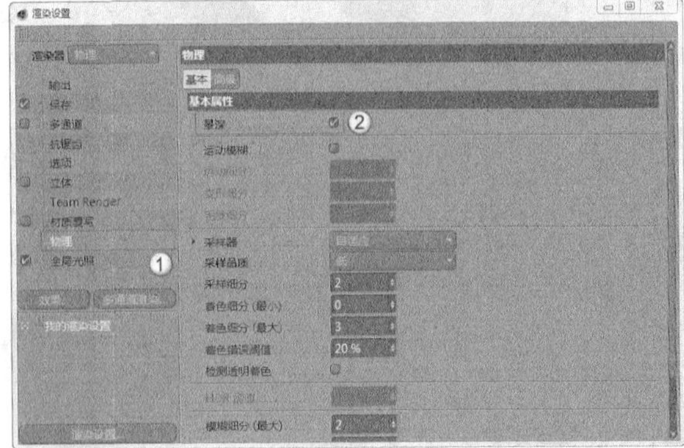

图5-27

09 按快捷键Shift + R渲染效果，如图5-28所示。此时渲染的图片的景深效果几乎没有。

图5-28

10 前文提到景深与摄像机的光圈有关，因此切换到摄像机“属性”面板的“物理渲染器”选项卡，此时的“光圈（f/#）”为2，如图5-29所示。将“光圈（f/#）”设置为0.5，然后按快捷键Shift + R渲染效果，如图5-30所示。

图5-29

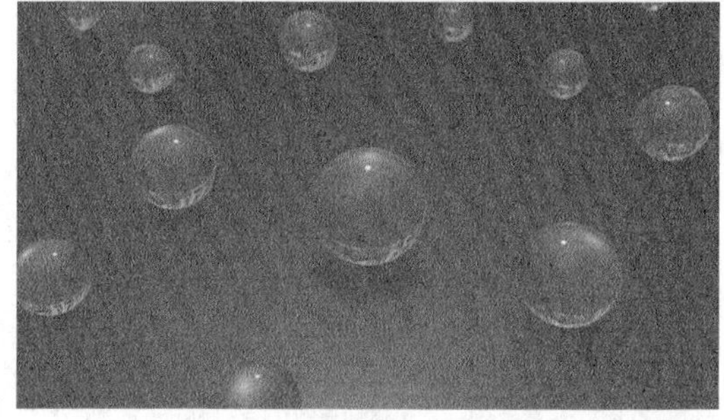

图5-30

11 景深效果还不够强烈，将“光圈（f/#）”设置为0.2，渲染效果如图5-31所示。

图5-31

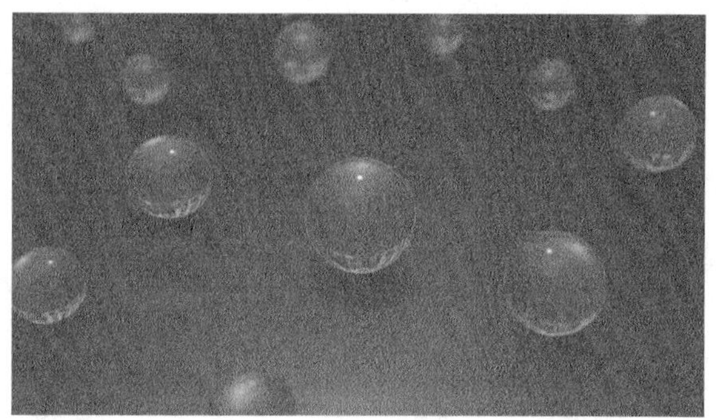

图5-31（续）

12 将“光圈（f/#）”设置为0.1，渲染效果如图5-32所示。景深达到理想的效果，但画面的噪点很多，图片质量不高。

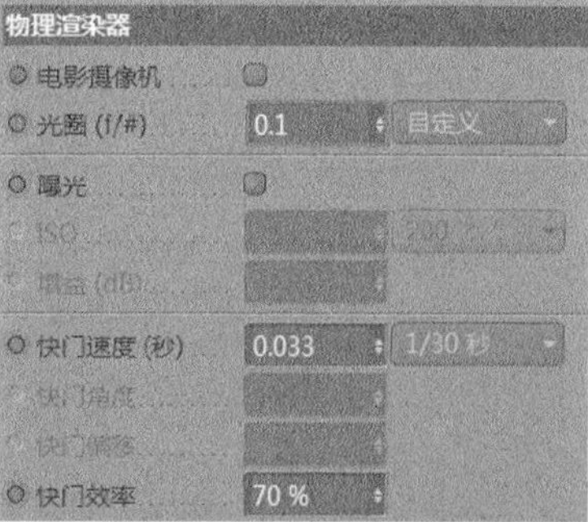

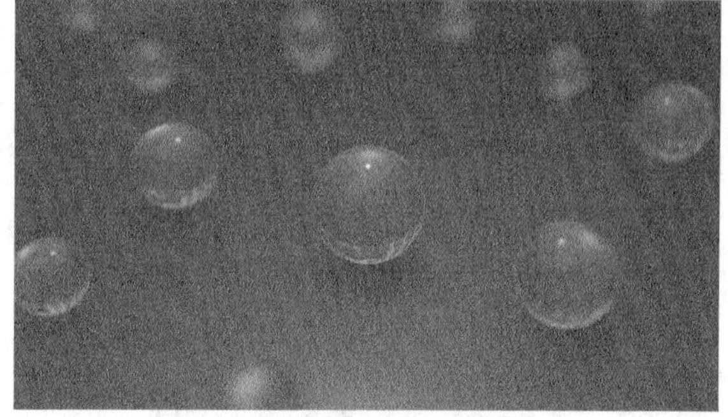

图5-32

13 在“渲染设置”面板的“物理”选项组中，设置“采样器”为“自适应”，“采样品质”为“中”，如图5-33所示，此时渲染效果如图5-34所示，画面的噪点几乎没有。

图5-33

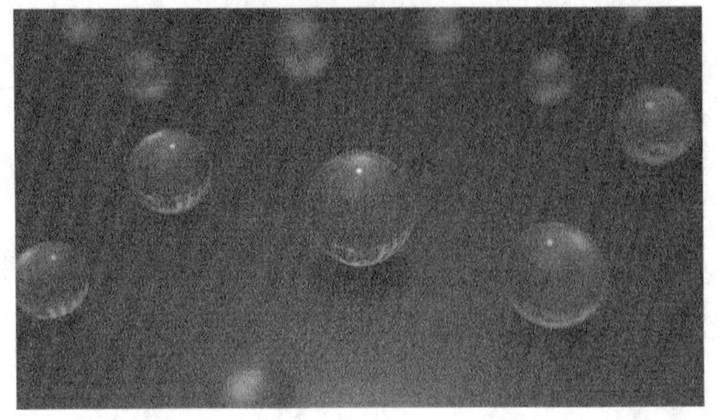

图5-34

课堂案例

用摄像机制作运动模糊

场景文件　场景文件>CH05>03.c4d

实例文件　实例文件>CH05>课堂案例：用摄像机制作运动模糊

视频名称　课堂案例：用摄像机制作运动模糊.mp4

学习目标　掌握摄像机制作运动模糊的方法

运动模糊效果如图5-35所示。

图5-35

01 打开本书学习资源中的"场景文件>CH05>03.c4d"文件，如图5-36所示。场景内已经建立好动画、灯光和材质，需要为场景创建摄像机。

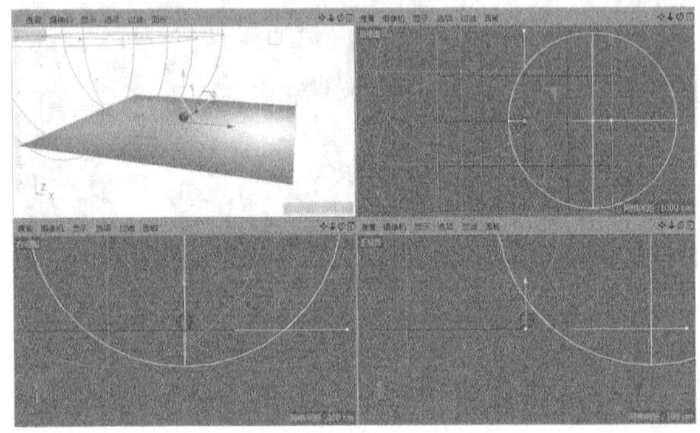

图5-36

02 进入左上角的透视图，然后将时间线移动到第25帧，接着移动视图寻找摄像机的合适角度，如图5-37所示。

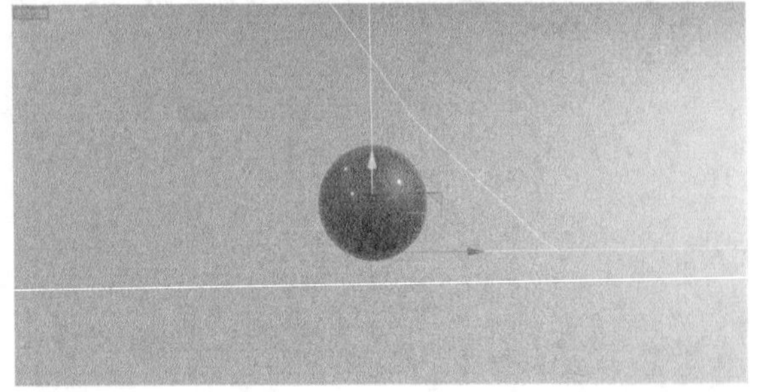

图5-37

03 单击"摄像机"按钮，场景自动添加摄像机，如图5-38所示。

04 为了防止摄像机被移动，为摄像机添加"保护"标签，如图5-39所示。

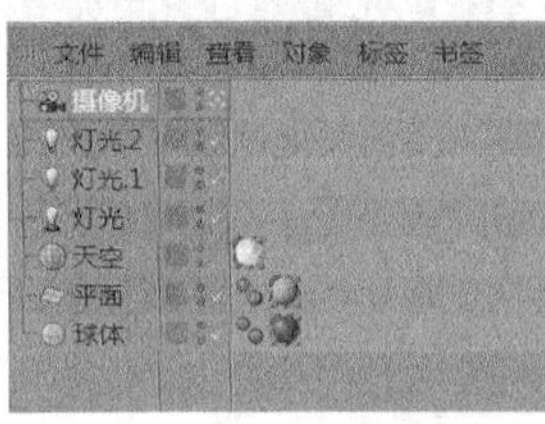

图5-38

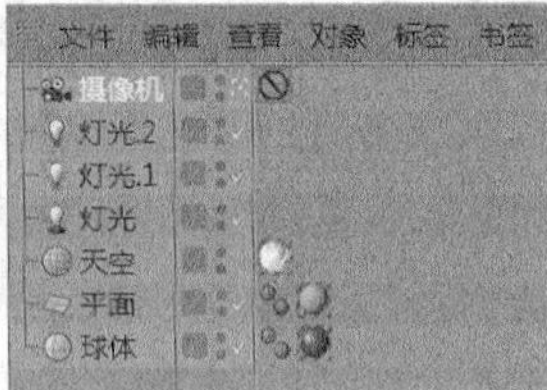

图5-39

05 在摄像机的"对象属性"选项卡中，单击"目标距离"后的箭头按钮，然后选中场景中的小球，"目标距离"会自动设置为1202.441cm，如图5-40所示。

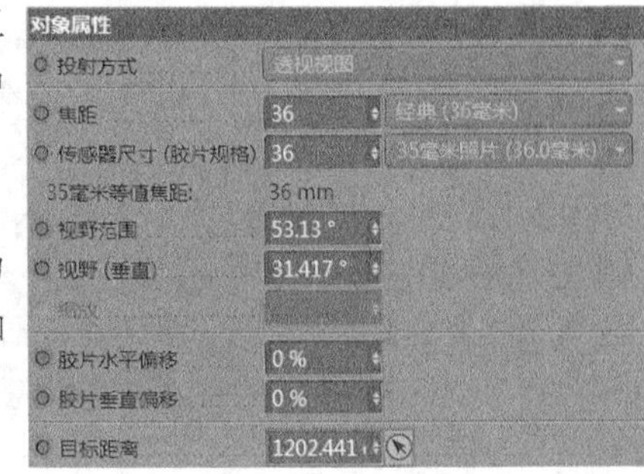

图5-40

06 按快捷键Shift＋R渲染效果，如图5-41所示，此时是没有开启运动模糊的效果。

图5-41

07 在"渲染设置"面板中将"渲染器"切换为"物理"，然后在"物理"选项组中勾选"运动模糊"选项，如图5-42所示，渲染效果如图5-43所示。

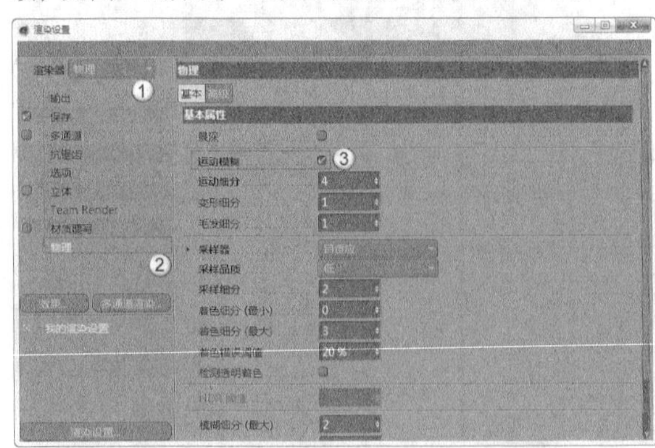

图5-42

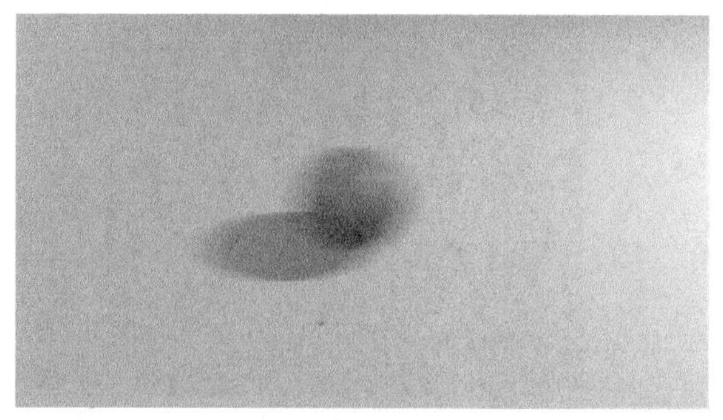

图5-43

08 观察渲染图片，小球周围的噪点较多。将“采样品质”设置为“中”，然后进行渲染，效果如图5-44所示。

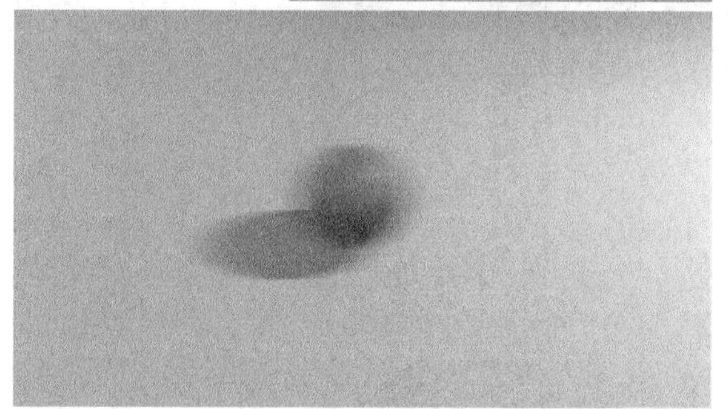

图5-44

09 随意选取几帧，渲染效果如图5-45所示。

图5-45

技巧与提示

物体运动模糊的模糊程度与物体运动的速度有关。当物体运动速度快时，模糊程度大；当物体运动速度慢时，模糊程度小。

5.3 安全框

本节将讲解安全框的作用、设置方式和使用方法。

本节工具介绍

工具名称	工具作用	重要程度
安全框	显示场景渲染范围	中
胶片宽高比	设置渲染图片长宽比	中

5.3.1 关于安全框

安全框是视图中的安全线，在安全框内的对象进行视图渲染时不会被裁剪掉，如图5-46所示。左边的视图内容与渲染内容不完全相同，通过对比可发现视图中的左右两边的部分都被裁减掉了。

图5-46

摄像机视图通常有预览构图的功能，但是上述问题却让这个功能几乎无效，此时就可以使用安全框来解决这个问题。图5-47所示的视图中出现了3个框，场景被完全框在了最外面的框内。这3个框就安全框，而通过对比，可发现安全框内的内容与渲染效果图中的内容完全一样，如图5-48所示。

图5-47

图5-48

5.3.2 安全框的设置

视频云课堂：045 安全框的设置

默认的场景中是看不到这3个安全框的，需要通过设置才能出现。

在“属性”面板上单击“模式”菜单，然后选择“视图设置”选项，如图5-49所示。“属性”面板显示效果如图5-50所示。

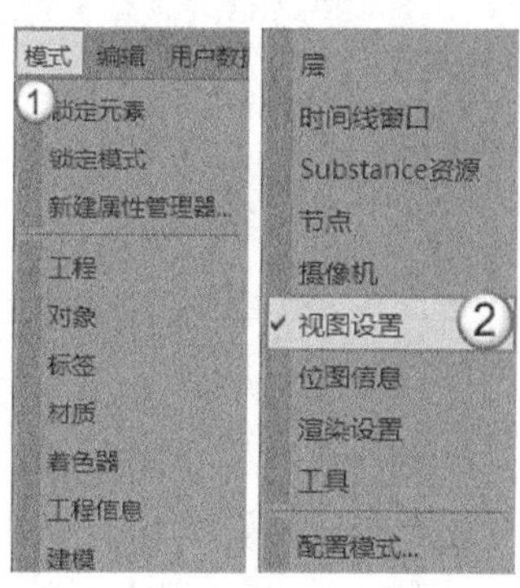

图5-49

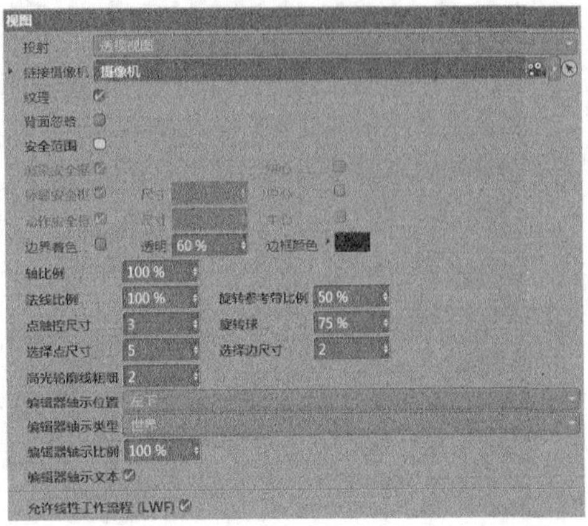

图5-50

勾选“安全范围”选项后，会激活“渲染安全框”“标题安全框”和“动作安全框”选项，如图5-51所示。

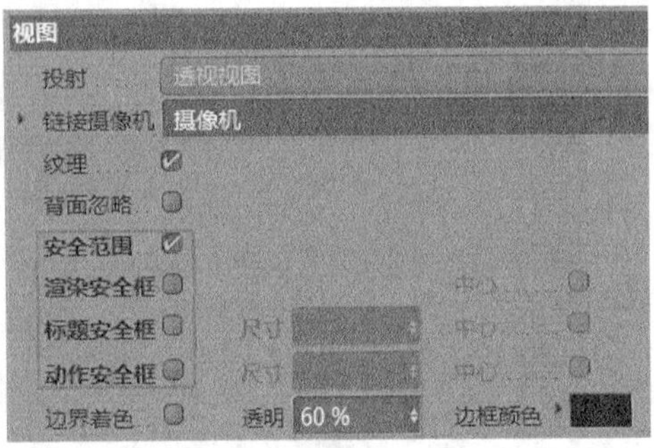

图5-51

依次勾选这3个选项，然后观察视图可以发现，最外部的框是“渲染安全框”，中间的框是“标题安全框”，最内部的框是“动作安全框”，如图5-52所示。渲染的效果与“渲染安全框”的位置是一致的，因此在渲染时，只勾选“渲染安全框”即可。

图5-52

视图中“渲染安全框”的黑线很细，与模型重叠在一起时不容易观察，可通过“边界着色”进行区分。勾选“边界着色”选项后，视图中“渲染安全框”以外的部分会显示为半透明的黑色，如图5-53和图5-54所示。这样就能在视图中明确观察到摄像机所渲染的范围。

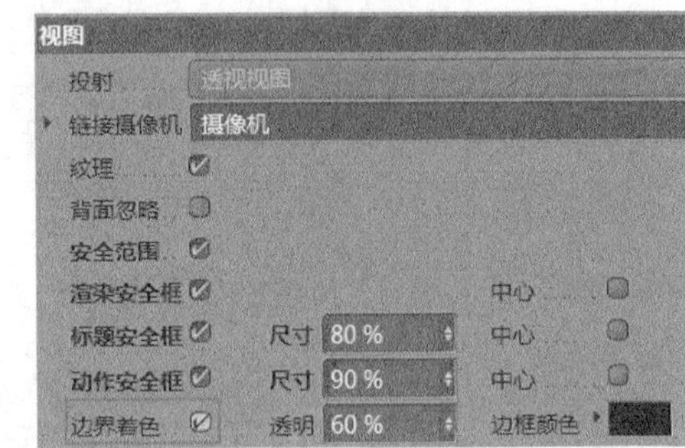

图5-53

图5-54

勾选“边界着色”选项后，可以设置“透明”和“边框颜色”两个选项。“透明”控制黑色边框的透明度，“边框颜色”控制边框的显示颜色。

5.3.3 胶片宽高比

视频云课堂：046 胶片宽高比

为了达到理想的画面效果，在摄像机不能继续调整的情况下，就需要调整“渲染安全框”的长宽比例，即“胶片宽高比”。该功能不在摄像机的属性中，而是在“渲染设置”面板中，如图5-55所示。

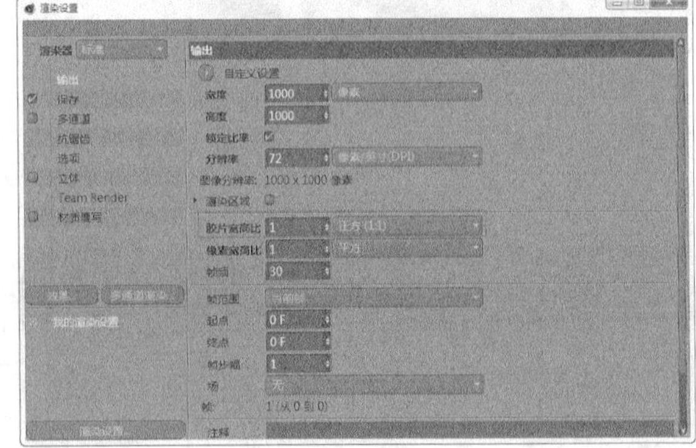
图5-55

除了可以设置任意的“胶片宽高比”，系统也提供了预置的参数，如图5-56所示。

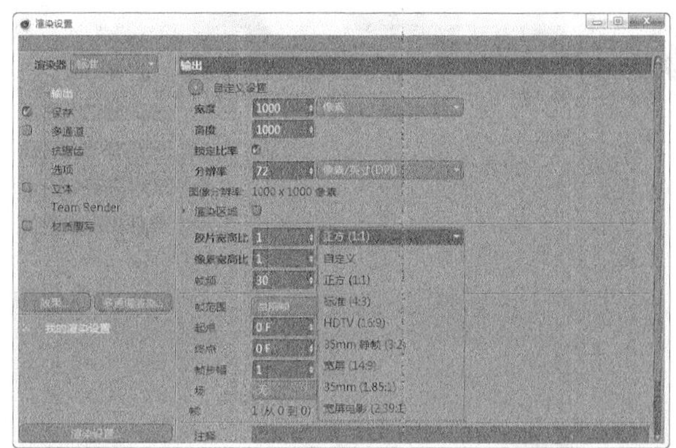

图5-56

图5-57所示的是“标准（4：3）”的比例，其他比例的效果如图5-58~图5-62所示。

图5-57

图5-58

图5-59

图5-60

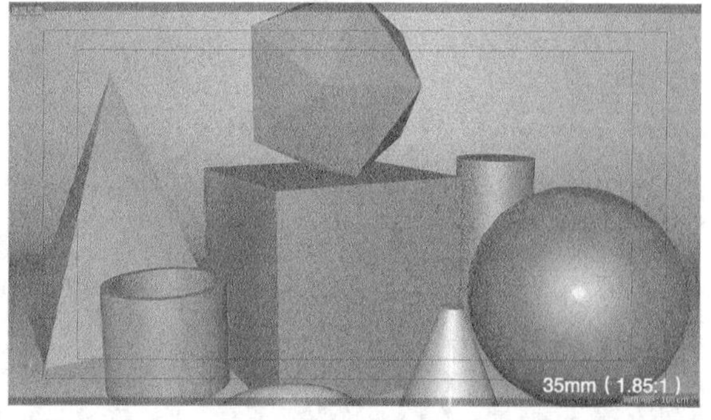

图5-61

图5-62

在这些比例中，最常用的是“标准（4：3）”和HDTV（16：9）两种。

5.4 本章小结

本章主要讲解了CINEMA 4D的摄像机技术。介绍了常用的“摄像机”和“目标摄像机”两种工具，并通过课堂案例讲解了建立摄像机的方法、制作景深效果的方法和制作运动模糊效果的方法。本章是一个基础章节，与后面章节的知识具有关联性，希望读者勤加练习。

5.5 课后习题

本节安排了两个课后习题供读者练习。这两个习题综合了本章知识。如果读者在练习时有疑问，可以一边观看教学视频，一边学习摄像机技术。

5.5.1 课后习题：用摄像机制作景深

场景文件	场景文件>CH05>04.c4d
实例文件	实例文件>CH05>课后习题：用摄像机制作景深
视频名称	课后习题：用摄像机制作景深.mp4
学习目标	掌握制作景深效果的方法

景深对比效果如图5-63所示。

图5-63

5.5.2 课后习题：用摄像机制作运动模糊

场景文件	场景文件>CH05>05.c4d
实例文件	实例文件>CH05>课后习题：用摄像机制作运动模糊
视频名称	课后习题：用摄像机制作运动模糊.mp4
学习目标	掌握制作运动模糊的方法

运动模糊效果如图5-64所示。

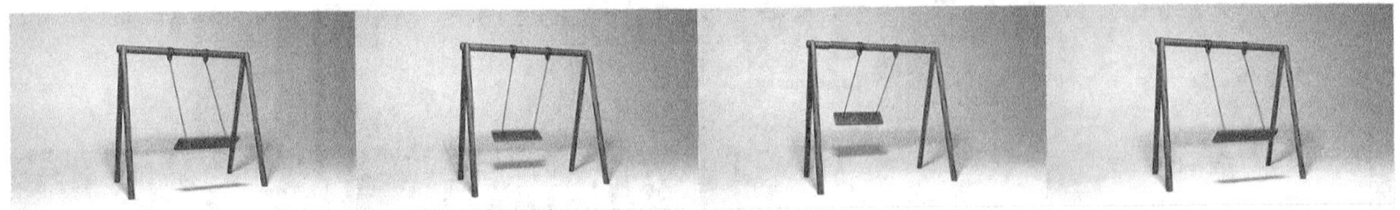

图5-64

第6章

灯光技术

本章将讲解 CINEMA 4D 的灯光技术。通过了解灯光的属性和学习 CINEMA 4D 的灯光工具，可以模拟出各式各样的灯光效果。

课堂学习目标

◇ 了解灯光的基本属性

◇ 了解三点布光法

◇ 掌握常用的灯光工具

6.1 灯光的基本属性

本节将为读者讲解灯光的基本属性。只有了解了灯光各项属性的含义，才能更好地掌握CINEMA 4D灯光工具的使用方法。

6.1.1 强度

灯光光源的强度影响灯光照亮对象的程度。暗淡的光源即使照射在很鲜艳的物体上，也只能产生暗淡的颜色效果。左图为低强度光源照亮的房间，右图为高强度光源照亮的同一个房间，如图6-1所示。

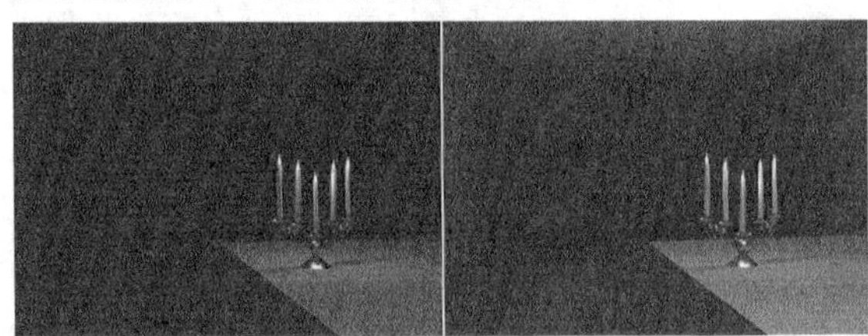

图6-1

6.1.2 入射角

表面法线与光源之间的角度称为灯光的入射角。表面偏离光源的程度越大，它所接收到的光线越少，表现越暗。当入射角为0°（光线垂直接触表现）时，表面受到完全亮度的光源照射。随着入射角增大，照明亮度不断降低，入射角示意如图6-2所示。

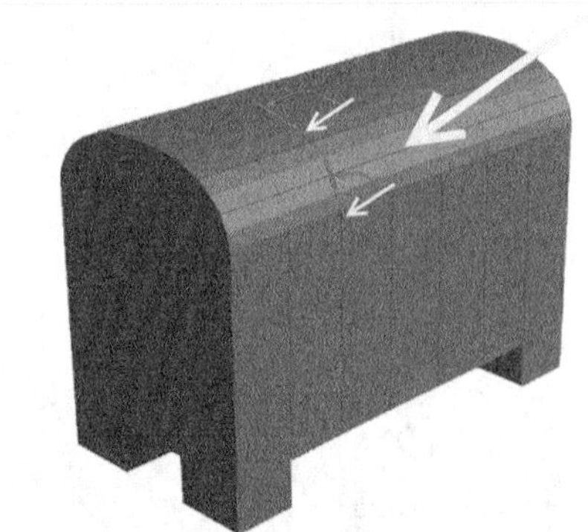

图6-2

6.1.3 衰减

在现实生活中，灯光的亮度会随着距离增加逐渐变暗，离光源远的对象比离光源近的对象暗，这种效果就是衰减。自然界中的灯光与被照射物体按照距离的平方反比进行衰减。通常在受大气粒子的遮挡后衰减效果会更加明显，尤其在阴天和雾天的情况下。

图6-3所示是灯光衰减示意图，左图为反向衰减，右图为平方反比衰减。

图6-3

CINEMA 4D中默认的灯光需要手动设置是否衰减，并选择衰减方式，通常会选择“平方倒数（物理精确）”选项。

技巧与提示

在没有衰减设置的情况下，有可能会出现对象远离灯光却变得更亮的情况，这是由于对象表面的入射角度更接近0°造成的。

6.1.4 反射光与环境光

对象反射后的光能够照亮其他的对象，反射的光越多，照亮环境中其他对象的光也越多。反射光能产生环境光，环境光没有明确的光源和方向，不会产生清晰的阴影。

图6-4所示的A（黄色光线）是平行光，也就是发光源发射的光线；B（绿色光线）是反射光，也就是对象反射的光线；C是环境光，看不出明确的光源和方向。

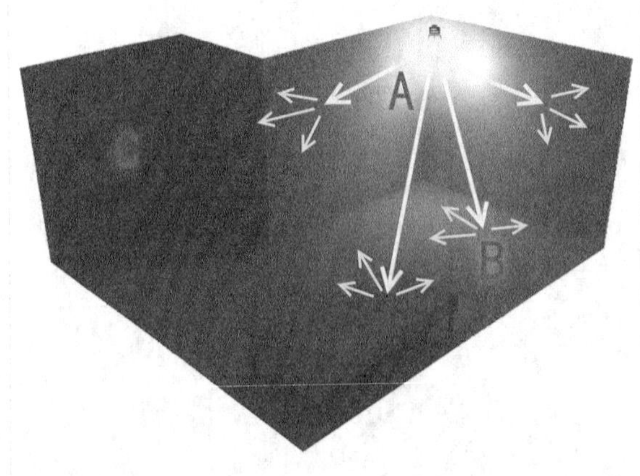

图6-4

在CINEMA 4D中使用默认的渲染方式和灯光设置无法计算出对象的环境光，因此需要在“渲染设置”面板中加载“全局光照”选项才能渲染出环境光。

环境光的亮度影响场景的对比度，亮度越高，场景的对比度就越低；环境光的颜色影响场景整体的颜色，有时环境光表现为对象的反射光线，颜色为场景中其他对象的颜色，但大数情况下，环境光应该是场景中主光源颜色的补色。

6.1.5 灯光颜色

灯光的颜色部分依赖于生成该灯光的方式。例如钨灯投影橘黄色的灯光，水银蒸气灯投影冷色调的浅蓝色灯光，太阳光为浅黄色。灯光颜色也依赖于灯光通过的介质。例如，大气中的云将其染为蓝色，脏玻璃可以将灯光染为浓烈的饱和色彩。

灯光的颜色也具备加色混合性，灯光的主要颜色为红色、绿色和蓝色（RGB）。当多种颜色混合在一起时，场景中总的灯光将变得更亮且逐渐变为白色，如图6-5所示。

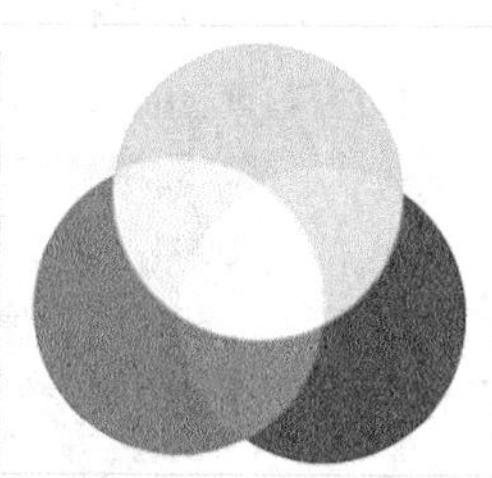

图6-5

在CINEMA 4D中，用户可以用多种颜色模式调节灯光颜色，如色轮、光谱、RGB、HSV、开尔文温度等。人们总倾向于将场景看作白色光源照射的结果（这是一种称为色感一致性的人体感知现象），精确地再现光源颜色可能会适得其反，渲染出古怪的场景效果，所以在调节灯光颜色时，应当重视主观的视觉感受，而物理意义上的灯光颜色仅仅是作为一项参考。

知识点：灯光的色温

色温是一种按照绝对温标来描述颜色的方式，有助于描述光源颜色及其他接近白色的颜色值。下面列举一些常见灯光类型的色温值（Kelvin）。

阴天的日光：6000 K。

中午的太阳光：5000 K。

白色荧光：4000 K。

钨/卤元素灯：3300 K。

白炽灯（100 ~ 200 W）：2900 K。

白炽灯（25 W)：2500 K。

日落或日出时的太阳光：2000 K。

蜡烛火焰：1750K。

在制作时，我们常将暖色光设置为3000~3500K、白色光设置为5000K、冷色光设置为6000~8000K，这样不仅好记，使用起来也方便。

6.1.6 三点布光法

三点布光法又称为区域照明，一般用于较小范围的场景照明。如果场景很大，可以把它拆分成若干个较小的区域进行布光。一般有3盏灯即可，分别为主光源、辅助光源与轮廓光源，如图6-6所示。

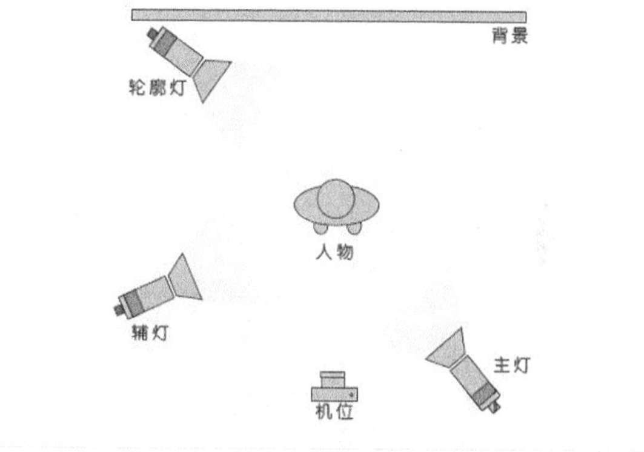

图6-6

1.主光源

通常用来照亮场景中的主要对象与其周围区域，并且给主体对象投影。场景的主要明暗关系和投影方向都由主光源决定。主光源也可以根据需要用几盏灯光来共同完成，如主光源在15° ~ 30° 的位置上称为顺光；在45° ~ 90° 的位置上称为侧光；在90° ~ 120° 的位置上成为侧逆光。

2.辅助光源

辅助光源又称为补光，是一种均匀的、非直射性的柔和光源。辅助光源用来填充阴影区以及被主光源遗漏的场景区域，调和明暗区域之间的反差，同时能形成景深与层次。这种广泛均匀布光的特性可为场景打一层底色，定义了场景的基调。由于要达到柔和照明的效果，通常辅助光源的亮度只有主光源的50%~80%。

3.轮廓光源

轮廓光源又称为背光，是将主体与背景分离，帮助凸显空间的形状和深度感。轮廓光源尤其重要，特别是当主体呈现暗色，且背景也很暗时，轮廓光源可以清晰地将二者进行区分。轮廓光源通常是硬光，以便强调主体轮廓。

6.1.7 其他常见布光方式

除了三点布光法，主光源和辅助光源也可以进行布光，如图6-7和图6-8所示。这两种布光方式都是主光源全开，辅助光源强度为主光源的一半甚至更少，这样会让对象呈现更加立体的效果。

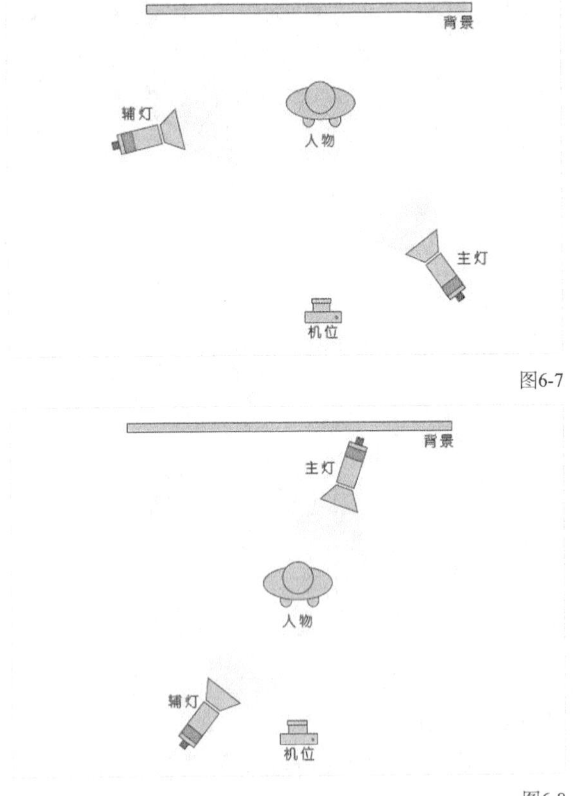

图6-7

图6-8

6.2 CINEMA 4D的灯光

长按“工具栏”的“灯光”按钮，会弹出CINEMA 4D中的灯光面板，如图6-9所示。

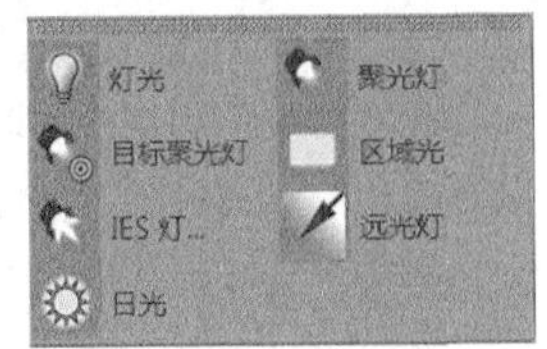

图6-9

本节工具介绍

工具名称	工具作用	重要程度
灯光	用于创建灯光	高
聚光灯	用于创建聚光灯	中
区域光	用于创建面光源	高
IES灯光	用于创建IES灯光	中
远光灯	用于创建远光灯	高
日光	用于创建太阳光	中

6.2.1 灯光

视频云课堂：047 灯光

“灯光”工具是一个点光源，可以向场景的任何方向发射光线，其光线可以到达场景中无限远的地方，如图6-10所示。

图6-10

“灯光”的“属性”面板参数较多，共有8个选项卡，如图6-11所示。

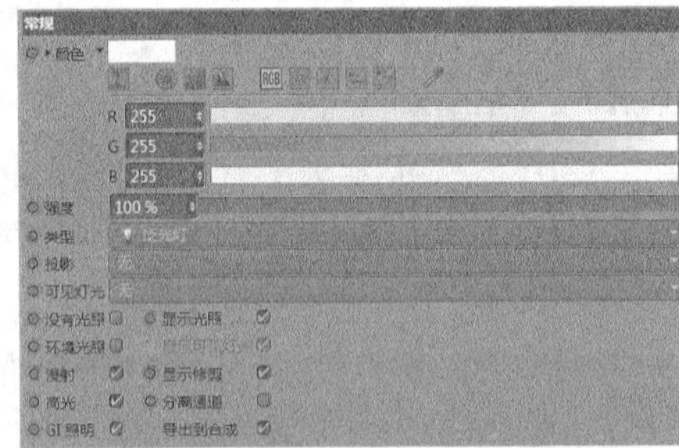

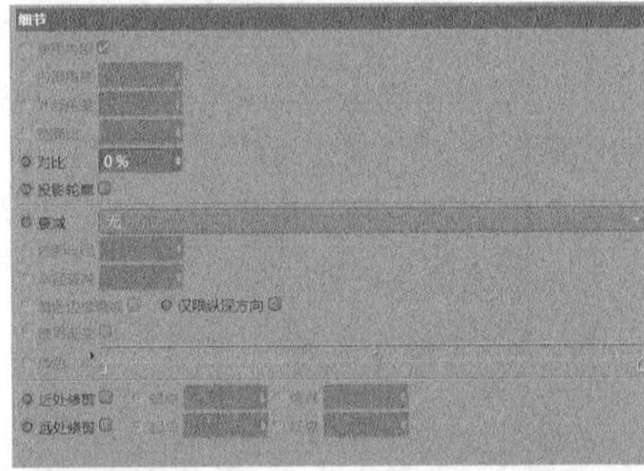

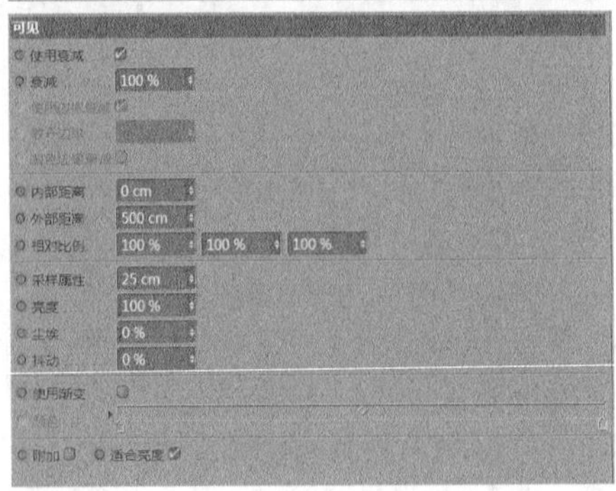

图6-11

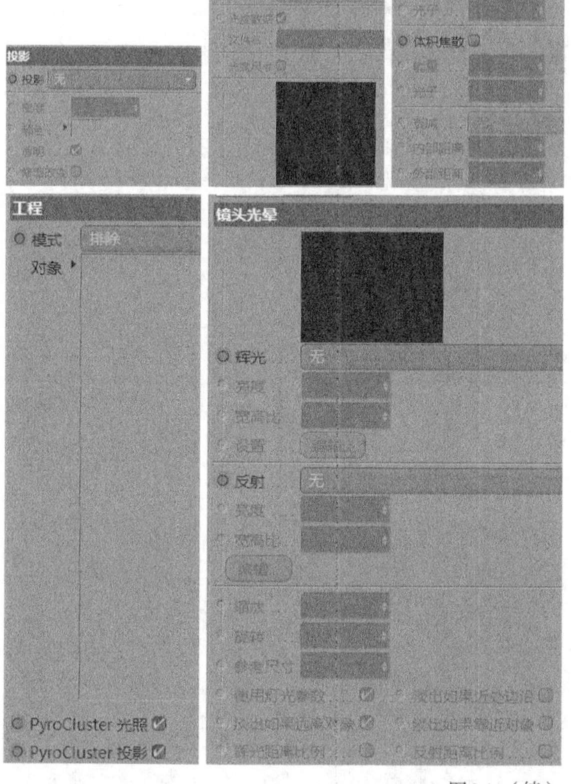

图6-11（续）

重要参数讲解

◇ **颜色**：设置灯光的颜色，默认为纯白色。系统提供了多种颜色设置方式，包括“色轮”“光谱”“从图像取色”“RGB”“HSV”“开尔文温度”“颜色混合”和“色块”。

◇ **强度**：设置灯光的强度，默认为100%。

◇ **类型**：设置灯光的当前类型，还可以切换为其他类型，如图6-12所示。

◇ **投影**：设置是否产生投影，以及投影的类型，如图6-13所示。

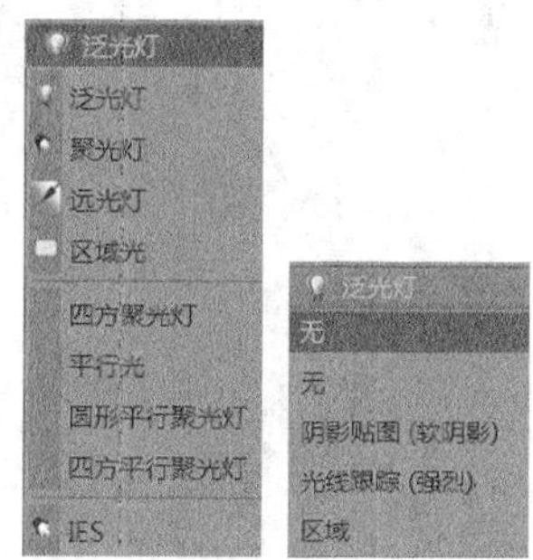

图6-12　　图6-13

» **无**：不产生阴影。

» **阴影贴图（软阴影）**：边缘有虚化的阴影，如图6-14所示。

图6-14

» **光线跟踪（强烈）**：边缘锐利的阴影，如图6-15所示。

图6-15

» **区域**：既有锐利阴影又有软阴影，更接近真实效果，如图6-16所示。通常都使用这种阴影投影方式。

图6-16

◇ **没有光照**：勾选后不显示灯光效果。

◇ **环境光照**：勾选后形成环境光。

◇ **高光**：勾选后产生高光效果。

◇ **形状**：当投影方式为“区域”时显示该选项，用于设置灯光面片的形状，默认为矩形，如图6-17所示。系统还提供了其他8种样式，如图6-18所示。

◇ **衰减**：设置灯光的衰减和方式，如图6-19所示。该选项与“可见”选项卡中的参数相同。

图6-17

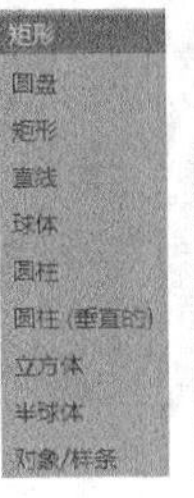

图6-18

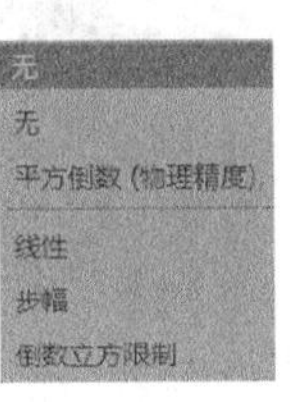

图6-19

» **无**：不产生衰减。

» **平方倒数（物理精度）**：按照现实世界的灯光衰减进行模拟，如图6-20所示。这种衰减模式是日常制作中常用的。

图6-20

» **线性**：按照线性算法进行衰减，如图6-21所示。

图6-21

» **步幅**：按照步幅算法进行衰减，如图6-22所示。

图6-22

» **倒数立方限制**：按照倒数立方的算法进行衰减，如图6-23所示。

图6-23

◇ **半径衰减**：当设置衰减方式后，会在灯光周围出现一个可控制的圈，如图6-24所示。半径衰减控制灯光中心到圈边缘的距离。

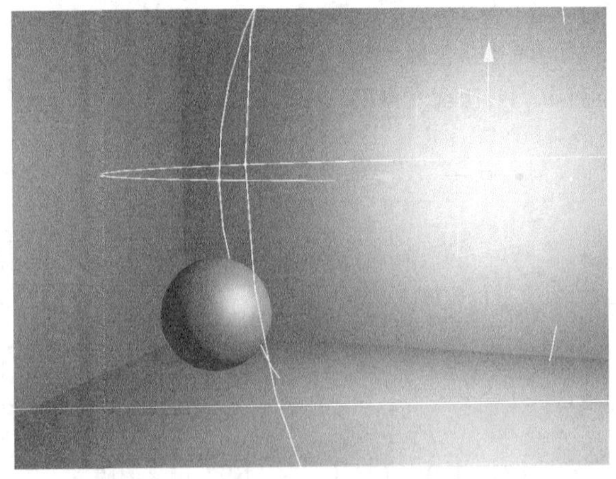

图6-24

◇ **采样精度**：设置阴影采样的数值，数值越大，阴影噪点越少，如图6-25和图6-26所示

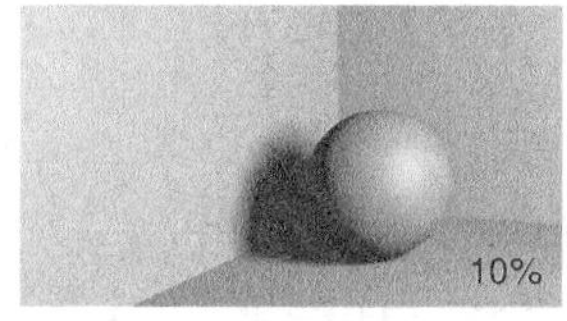

图6-25

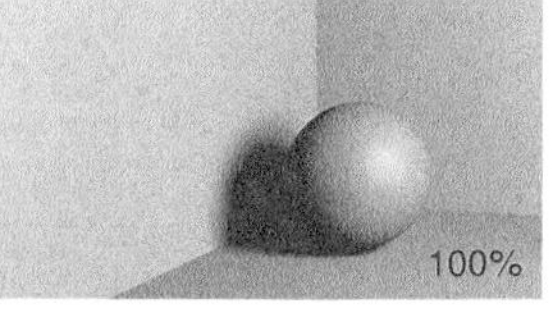

图6-26

◇ **最小取样值**：设置阴影的最小取样值，数值越大，噪点越少，如图6-27和图6-28所示。

图6-27

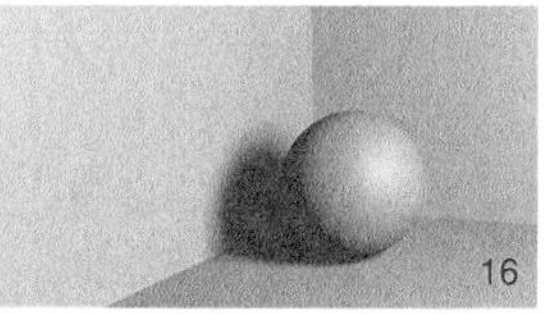

图6-28

◇ **光度强度**：勾选后用灯光强度单位控制灯光。

◇ **单位**：设置灯光强度的单位，有“烛光（cd）”和“流明（lm）”两个选项。

◇ **表面焦散**：勾选后产生表面焦散效果，用于渲染半透明和透明物体。

◇ **体积焦散**：勾选后产生体积焦散效果，用于渲染半透明和透明物体。

◇ **模式**：设置灯光照射的对象，可以将不需要照射的物体排除在灯光以外。

课堂案例

用灯光制作灯箱

场景文件	场景文件>CH06>01.c4d
实例文件	实例文件>CH06>课堂案例：用灯光制作灯箱
视频名称	课堂案例：用灯光制作灯箱.mp4
学习目标	掌握灯光的使用方法

本案例是一组俄罗斯方块灯箱，使用“灯光”工具制作出灯箱的发光效果，如图6-29所示。

图6-29

01 打开本书学习资源中的“场景文件>CH06>01.c4d”文件，如图6-30所示。场景中已经建立好摄像机和材质，需要在灯箱模型中添加灯光。

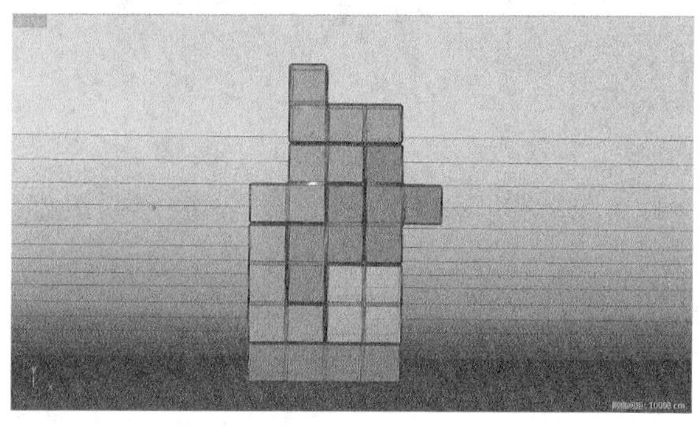
图6-30

02 在“工具栏”中单击“灯光”按钮，然后在场景中创建一盏灯光，如图6-31所示。

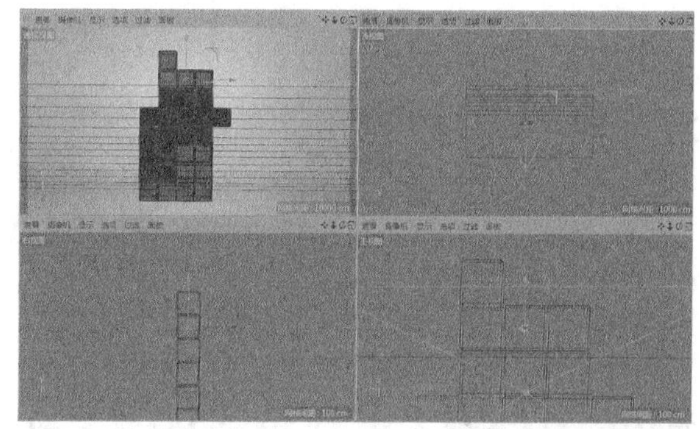
图6-31

03 选中步骤02创建的灯光，在“常规”选项卡中设置“颜色”为（R:255，G:237，B:217），然后设置“强度”为250%，“投影”为“区域”，如图6-32所示。

04 在“细节”选项卡中设置“形状”为“球体”，然后设置“水平尺寸”“垂直尺寸”和“纵深尺寸”都为50cm，“衰减”为“平方倒数（物理精度）”，“半径衰减”为160cm，如图6-33所示。

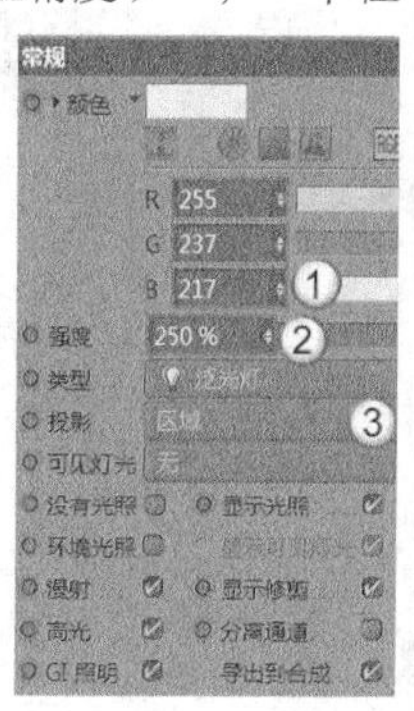

图6-32

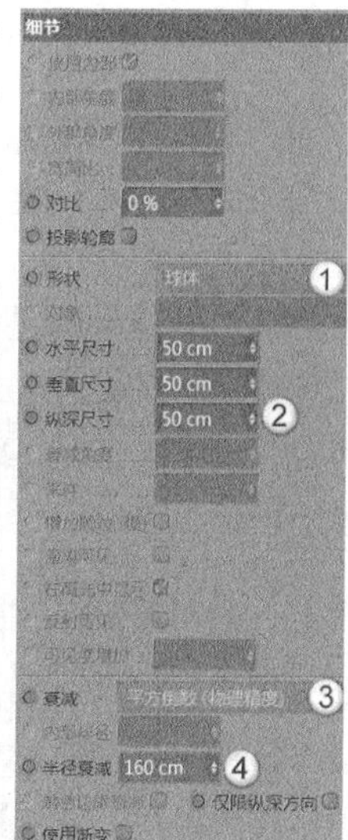

图6-33

05 将设置好的灯光进行复制，然后摆放在灯箱中，如图6-34所示。

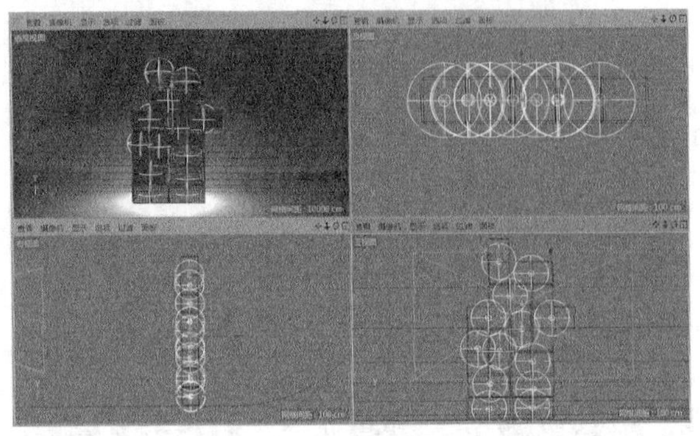
图6-34

技巧与提示

全选复制的灯光，可以统一修改灯光参数。

06 进入摄像机视图，然后按快捷键Ctrl + R进行渲染，效果如图6-35所示。

图6-35

6.2.2 聚光灯

视频云课堂：048 聚光灯

"聚光灯"可以产生一个锥形的照射区域，区域以外的对象不会受到灯光的影响，主要用于模拟吊灯、手电筒等发出的光，如图6-36所示。

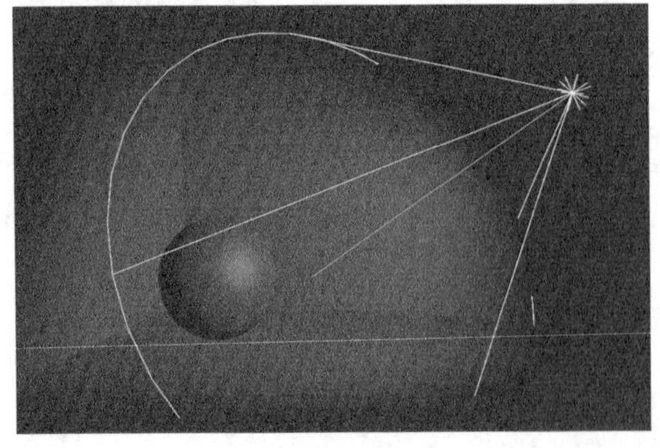
图6-36

"聚光灯"的"属性"面板与"灯光"基本一致，只是在"细节"选项卡上有所区别，如图6-37所示。

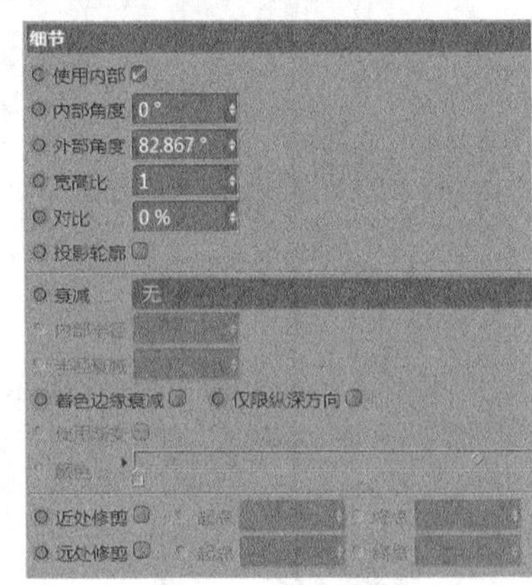

图6-37

重要参数讲解

◇ **使用内部：**勾选后灯光会形成两层光锥，如图6-38所示。

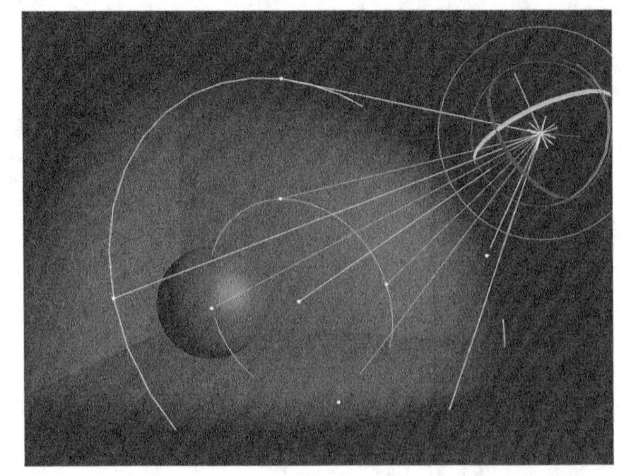
图6-38

◇ **内部角度：**设置内层光锥的角度，默认为0°。

◇ **外部角度：**设置外部光锥的角度。

◇ **宽高比：**设置光锥宽高比，默认的1为正圆形。

技巧与提示

"目标聚光灯"与"聚光灯"基本一致，只是多了"目标"选项卡。

6.2.3 区域光

视频云课堂：049 区域光

"区域光"可以理解为面光源或是体积光，是通过固定的形状产生光源，有一定的方向性，默认为矩形，如图6-39所示。

图6-39

“区域光”的参数面板与“灯光”完全一致，这里只着重讲解“细节”选项卡，如图6-40所示。

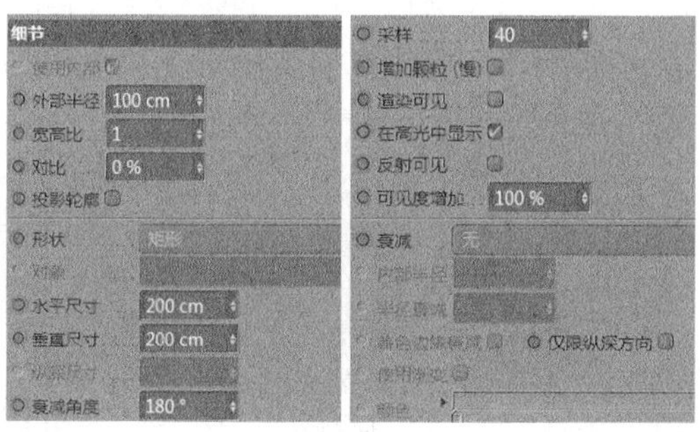

图6-40

重要参数讲解

◇ **形状**：用于设置灯光面片的形状，如图6-41~图6-49所示。

图6-41

图6-42

图6-43

图6-44

图6-45

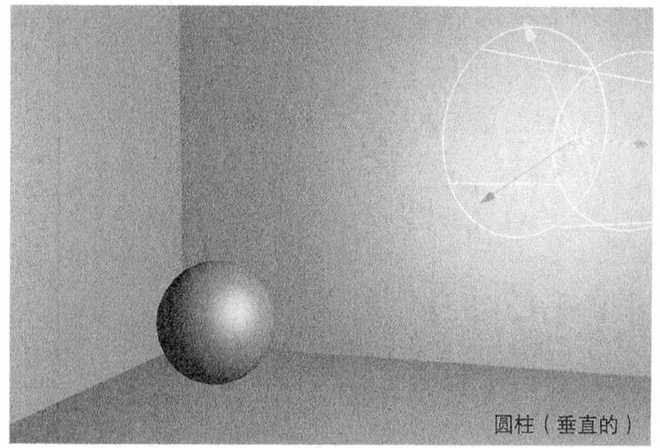

图6-46

图6-47

图6-48

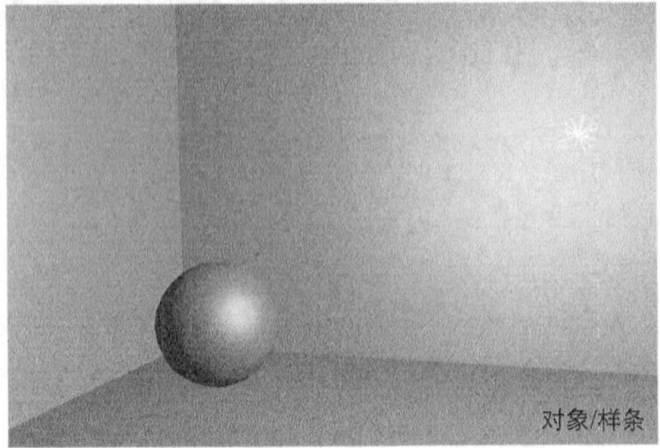

图6-49

◇ **水平尺寸/垂直尺寸/纵深尺寸：**设置灯片各方向的长度参数。

◇ **衰减角度：**设置衰减的角度值，如图6-50和图6-51所示。

图6-50

图6-51

◇ **采样：**控制灯光的细腻程度，数值越大的采样，渲染效果越好，如图6-52和图6-53所示。

图6-52　图6-53

课堂案例

用区域光制作展示灯光

场景文件	场景文件>CH06>02.c4d
实例文件	实例文件>CH06>课堂案例：用区域光制作展示灯光
视频名称	课堂案例：用区域光制作展示灯光.mp4
学习目标	掌握区域光的使用方法

本案例是一组摆件，使用“区域光”工具[区域光]制作出摆件展示的灯光效果，如图6-54所示。

图6-54

01 打开本书学习资源中的“场景文件>CH06>02.c4d”文件，如图6-55所示。场景内已经建立好了摄像机和材质，需要为场景创建灯光。

图6-55

02 在“工具栏”中单击“区域光”按钮 区域光，然后在场景中创建一盏灯光，如图6-56所示。这盏灯光作为场景的主光源。

图6-56

03 选中步骤02创建的灯光，然后在“常规”选项卡中设置灯光的“颜色”为（R:255，G:230，B:204），接着设置“投影”为“区域”，如图6-57所示。

04 在“细节”选项卡中设置“水平尺寸”和“垂直尺寸”都为600cm，然后设置“衰减”为“平方倒数（物理精度）”，“半径衰减”为2000cm，如图6-58所示。

图6-57

图6-58

05 进入摄像机视图，然后按快捷键Ctrl＋R渲染效果，如图6-59所示。

图6-59

06 使用“区域光”工具 区域光 在场景内创建一盏灯光，如图6-60所示。这盏灯作为辅助光源。

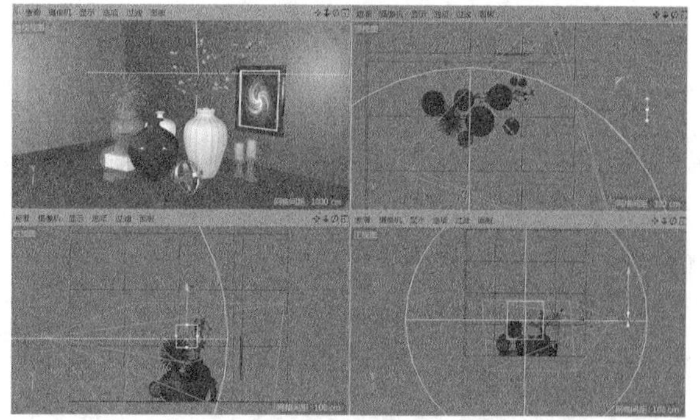

图6-60

07 选中步骤06创建的灯光，然后在“常规”选项卡中设置灯光的“颜色”为（R:118，G:144，B:196），“强度”为60%，“投影”为“区域”，如图6-61所示。

08 在“细节”选项卡中设置“水平尺寸”和“垂直尺寸”都为600cm，然后设置“衰减”为“平方倒数（物理精度）”，“半径衰减”为2000cm，如图6-62所示。

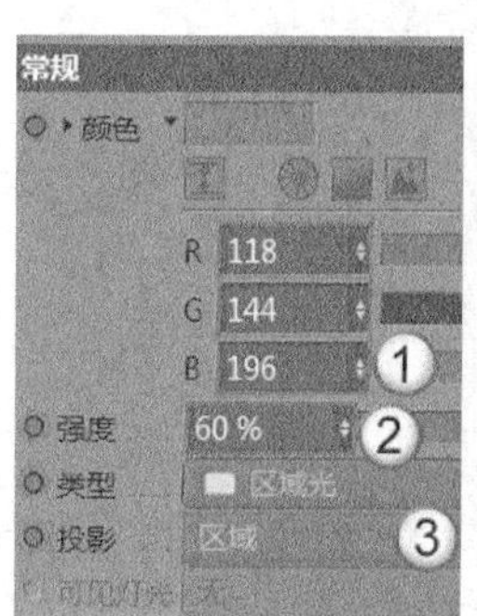

图6-61

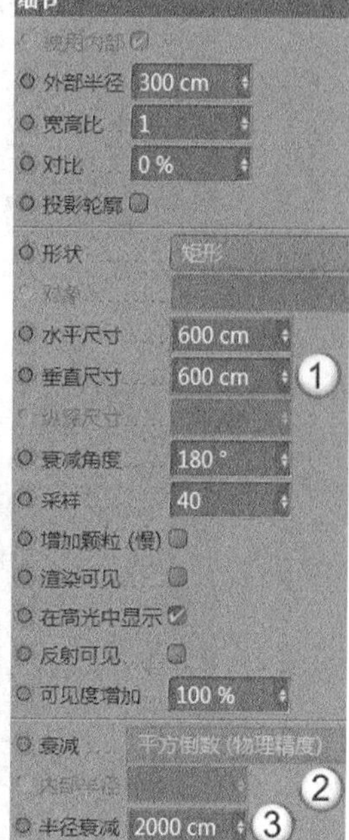

图6-62

09 在摄像机视图按快捷键Ctrl＋R渲染，效果如图6-63所示。

图6-63

10 此时的画面两边还留有很多空余部分，不适合现在的像素宽高比。打开“渲染设置”面板，然后设置“胶片宽高比”为“标准（4:3）”，如图6-64所示，摄像机视图效果如图6-65所示。

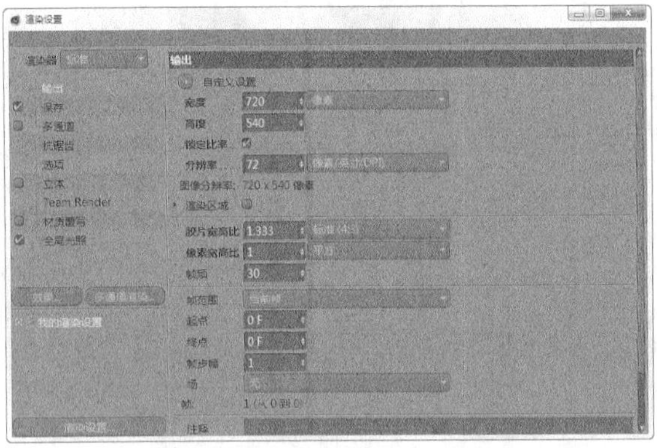

图6-64

图6-65

11 按快捷键Ctrl＋R进行渲染，场景最终效果如图6-66所示。

图6-66

课堂案例

用区域光制作简约休闲室

场景文件　场景文件>CH06>03.c4d

实例文件　实例文件>CH06>课堂案例：用区域光制作简约休闲室

视频名称　课堂案例：用区域光制作简约休闲室.mp4

学习目标　掌握区域光的使用方法

本案例是一个简约休闲室，使用“区域光”工具 区域光 制作出自然光照效果，如图6-67所示。

图6-67

01 打开本书学习资源中的“场景文件>CH06>03.c4d”文件，如图6-68所示，场景中已经建立好了摄像机和材质。

图6-68

02 在“工具栏”中单击“区域光”按钮 区域光 ，然后在窗外创建一盏灯光，如图6-69所示。

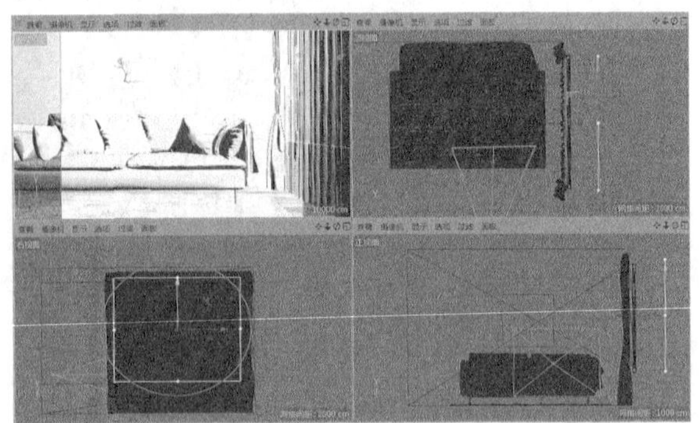

图6-69

03 选择步骤02创建的灯光，然后在“常规”选项卡中设置灯光的“颜色”为纯白色，“投影”为“区域”，如图6-70所示。

04 在“细节”选项卡中设置“水平尺寸”为2500cm，“垂直尺寸”为2000cm，然后设置“衰减”为“平方倒数（物理精度）”，“半径衰减”为2100cm，如图6-71所示。

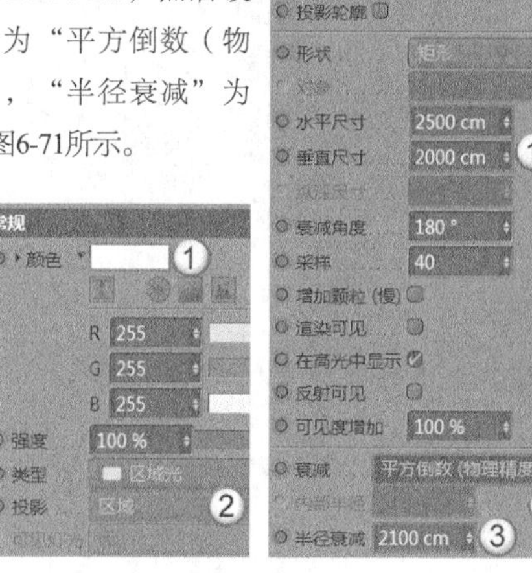

图6-70 图6-71

05 进入摄像机视图，然后按快捷键Ctrl＋R进行渲染，效果如图6-72所示。此时场景很灰暗，光照明显不足，需要增加灯光强度。

图6-72

06 将灯光的“强度”设置为300%，然后渲染效果，如图6-73所示。

图6-73

6.2.4 IES灯光

视频云课堂：050 IES灯光

“IES灯光” 可通过加载IES灯光文件，从而形成不同光照效果，如图6-74所示，常用于模拟室内的筒灯和射灯。

图6-74

“IES灯光”的“属性”面板与“灯光”完全相同，这里只着重讲解“光度”选项卡，如图6-75所示。

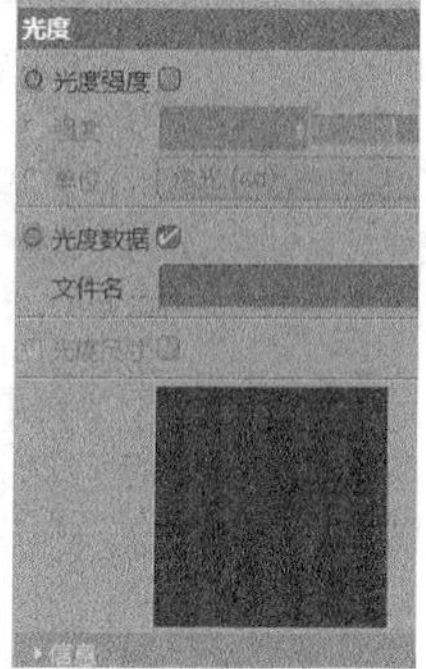

图6-75

重要参数讲解

◇ **光度数据**：勾选该选项后，可以在下方加载光度学文件。

◇ **文件名**：加载光度学文件的通道。加载了光度学文件后，会在下方显示灯光效果，如图6-76所示。

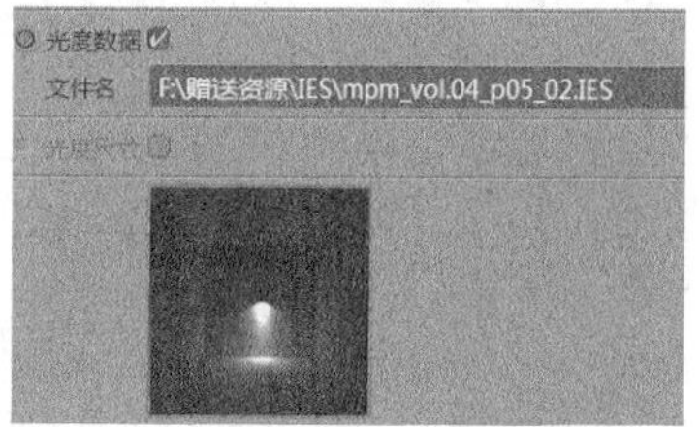

图6-76

技巧与提示

打开“内容浏览器”面板，在“预置/Visualize/Presets/IES Light”文件夹中可以找到各种类型的预置IES文件。

6.2.5 远光灯

视频云课堂：051 远光灯

“远光灯”是一种带有方向性的灯光，如图6-77所示。

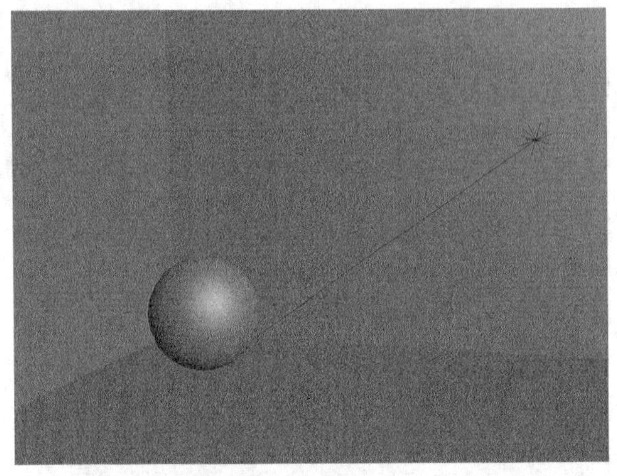

图6-77

“远光灯”的“属性”面板与“灯光”基本相同，这里着重讲解“细节”选项卡，如图6-78所示。

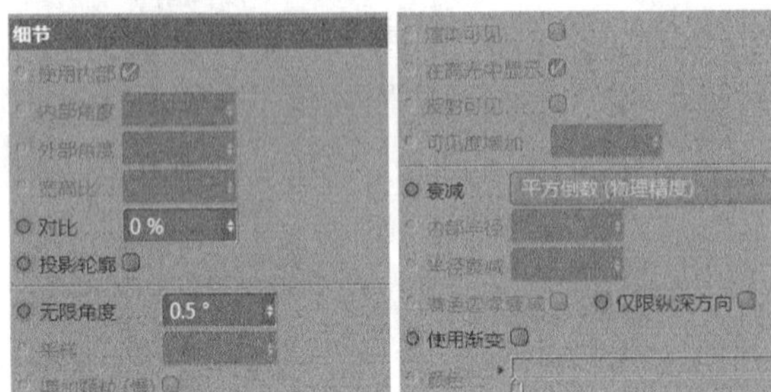

图6-78

重要参数讲解

◇ **无限角度：**设置对象阴影边缘的清晰度，数值越小，阴影边缘越锐利，如图6-79和图6-80所示。

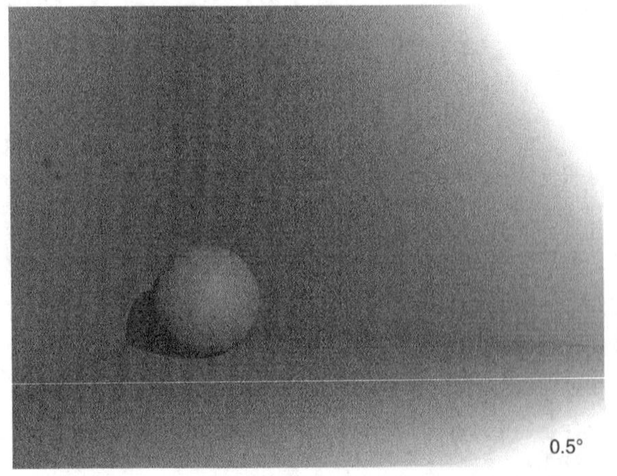

图6-79

图6-80

课堂案例

用远光灯制作阳光书房

场景文件	场景文件>CH06>04.c4d
实例文件	实例文件>CH06>课堂案例：用远光灯制作阳光书房
视频名称	课堂案例：用远光灯制作阳光书房.mp4
学习目标	掌握远光灯的使用方法

本案例是一个书房，使用“远光灯”工具制作出阳光效果，如图6-81所示。

图6-81

01 打开本书学习资源中的“场景文件>CH06>04.c4d”文件，如图6-82所示。场景中已经建立好了摄像机和材质。

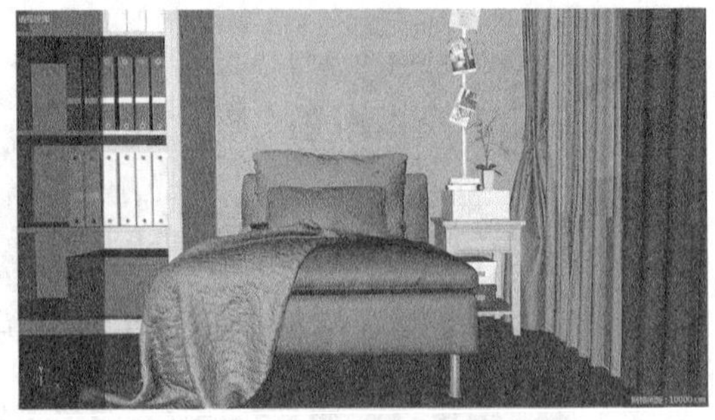

图6-82

02 在“工具栏”中单击“远光灯”按钮，然后在场景中创建一盏灯光，如图6-83所示。

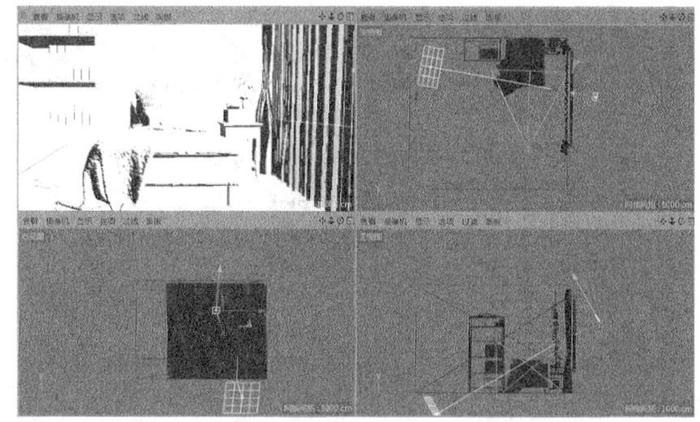

图6-83

技巧与提示

远光灯的方向需要靠“旋转”工具进行调节。

03 选择步骤02创建的灯光，然后在“常规”选项卡中设置灯光的“颜色”为（R:255，G:238，B:204），“强度”为300%，“投影”为“区域”，如图6-84所示。

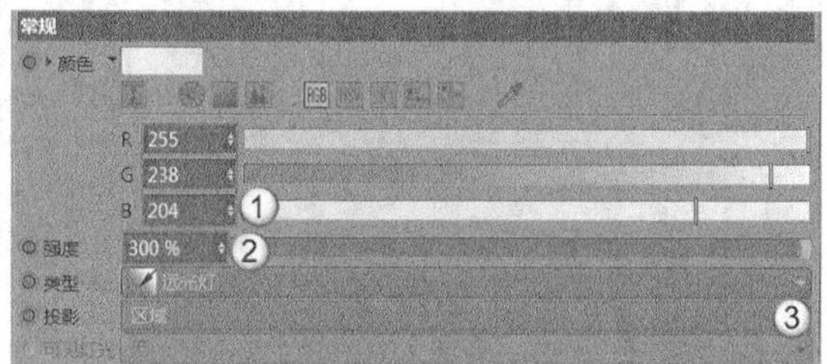

图6-84

04 在“细节”选项卡中设置“衰减”为“平方倒数（物理精度）”，“半径衰减”为5000cm，如图6-85所示。

图6-85

05 在摄像机视图按快捷键Ctrl+R渲染，如图6-86所示。

图6-86

06 使用“区域光”工具在窗外创建一盏灯光，如图6-87所示。

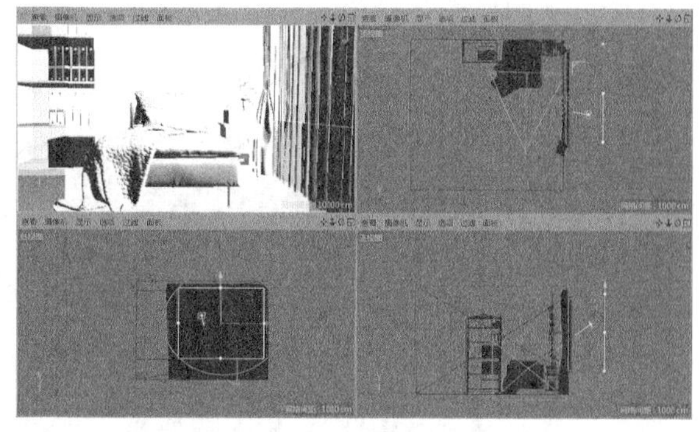

图6-87

07 选择步骤06创建的灯光，然后在“常规”选项卡中设置灯光的“颜色”为纯白色，“强度”为400%，“投影”为“区域”，如图6-88所示。

08 在“细节”选项卡中设置“水平尺寸”为2500cm，“垂直尺寸”为2000cm，然后设置“衰减”为“平方倒数（物理精度）”，接着设置“半径衰减”为2500cm，如图6-89所示。

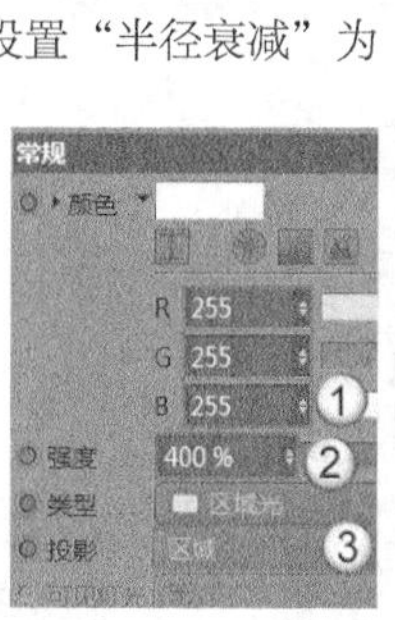

图6-88

图6-89

09 在摄像机视图中按快捷键Ctrl+R渲染效果，如图6-90所示。

图6-90

6.2.6 日光

视频云课堂：052 日光

“日光” 用于模拟太阳光，带有方向性，如图6-91所示。

图6-91

“日光”的“属性”面板类似于“远光灯”和“灯光”，但会多出“太阳”选项卡，如图6-92所示。

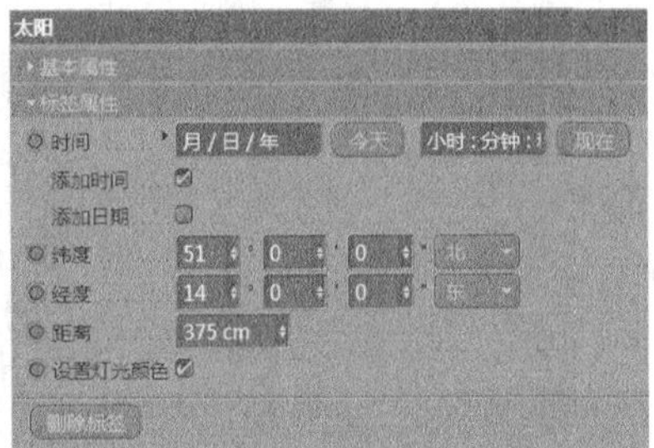

图6-92

重要参数讲解

◇ **时间**：设置太阳在某一时刻的位置、强度和颜色。随着时间的不同，太阳所在位置、强度和颜色都会发生变化，如图6-93和图6-94所示。

图6-93

图6-94

◇ **纬度/经度**：设置太阳所在的位置。

◇ **距离**：太阳与地面之间的距离。

6.3 本章小结

本章主要讲解了CINEMA 4D的灯光技术，包括6种灯光工具，重点讲解了“灯光”“区域光”和“远光灯”这3种灯光工具的用法。本章是一个基础章节，与后面章节的知识具有关联性，希望读者勤加练习。

6.4 课后习题

本节安排了两个课后习题供读者练习，这两个习题综合了本章知识。如果读者在练习时有疑问，可以一边观看教学视频，一边学习灯光技术。

6.4.1 课后习题：烛光

场景文件　场景文件>CH06>05.c4d

实例文件　实例文件>CH06>课后习题：烛光

视频名称　课后习题：烛光.mp4

学习目标　掌握区域光的使用方法

烛光效果如图6-95所示。

图6-95

6.4.2 课后习题：台灯

场景文件　场景文件>CH06>06.c4d

实例文件　实例文件>CH06>课后习题：台灯

视频名称　课后习题：台灯.mp4

学习目标　掌握区域光的使用方法

台灯效果如图6-96所示。

图6-96

CINEMA 4D

第 7 章

材质与纹理技术

本章将讲解 CINEMA 4D 的材质与纹理技术。通过 CINEMA 4D 的材质编辑器可以模拟出现实生活中绝大多数的材质。

课堂学习目标

◇ 了解材质的基本属性
◇ 掌握材质的创建和赋予方法
◇ 掌握材质编辑器的常用属性
◇ 了解材质编辑器自带纹理

7.1 材质的基本属性

本节将为读者讲解材质的基本属性。只有了解了材质各项属性的含义，才能更好地应用CINEMA 4D材质编辑器。

7.1.1 物体的颜色

颜色是光的一种特性，人们通常看到的颜色是光作用于眼睛的结果。当光线照射到物体上时，物体会吸收一些光线，同时也会漫反射一些光线，这些漫反射出来的光线到达人们的眼睛后，就决定物体看起来是什么颜色，这种颜色常被称为“固有色”。被漫反射出来的光线除了会影响人们的视觉之外，还会影响它周围的物体，这就是“光能传递”。当然，影响的范围不会像人们的视觉范围那么大，它要遵循“光能衰减”的原理。如图7-1所示，这是材质颜色与阳光颜色共同影响的效果，图中的明亮区域不仅反射了阳光的黄色，同时反射了草地的绿色，所以看起来呈现黄绿色。

图7-1

7.1.2 光滑与反射

一个物体是否有光滑的表面，往往不需要用手去触摸，视觉就会告诉你结果。光滑的物体，总会出现明显的高光，比如玻璃、瓷器和金属等。而没有明显高光的物体，通常都是比较粗糙的，比如砖头、瓦片和泥土等。

这种差异在自然界中无处不在，源于靠光线的反射作用，但和上面“固有色”的漫反射方式不同，光滑物体有一种类似“镜子”的效果，在物体的表面还没有光滑到可以镜像反射出周围物体的时候，它对光源的位置和颜色是非常敏感的，所以光滑的物体表面只“镜射”出光源，这就是物体表面的高光区，它的颜色是由照射它的光源颜色决定的（金属除外）。随着物体表面光滑度的提高，对光源的反射会越来越清晰，这就是在材质编辑中，越是光滑的物体高光范围越小，强度越高。

图7-2所示的洗手盆从表面可以看到很小的高光，这是因为洁具表面比较光滑。图7-3所示的蛋糕表面没有一点光泽，光照射到蛋糕表面，发生了漫反射，反射光线弹向四面八方，所以就没有了高光。

图7-2

图7-3

7.1.3 透明与折射

自然界的大多数物体均会遮挡光线，当光线可以自由穿过物体时，这个物体是透明的。这里所说的“穿过”，不单指光源的光线穿过透明物体，还指透明物体背后的物体反射出来的光线也要再次穿过透明物体，这就使得大家可以看见透明物体背后的东西。

由于透明物体的密度不同，光线射入后会发生偏转现象，也就是折射，比如插进水里的筷子看起来是弯的。不同透明物质的折射率也不一样，即使同一种透明的物质，温度不同也会影响其折射率，比如用眼睛穿过火焰上方的热空气观察对面的景象，会发现景象有明显的扭曲，这就是因为温度改变了空气的密度，不同的密度产生了不同的折射率。正确应用折射率是真实再现透明物体的重要手段。

在自然界中还存在另一种形式的透明，在三维软件的材质编辑中把这种属性称之为“半透明”，比如纸张、塑料、植物的叶子和蜡烛等。它们原本不是透明的物体，但在强光的照射下背光部分会出现“透光”现象，如图7-4所示的半透明的树叶。

图7-4

7.2 材质的创建和赋予

本节将讲解CINEMA 4D材质的创建和赋予方法。

7.2.1 材质的创建方法

视频云课堂：053 材质的创建和赋予

在CINEMA 4D的材质面板中可以创建新的材质，如图7-5所示。

图7-5

创建材质的方法有4种。

第1种：执行“创建-新材质”菜单命令，如图7-6所示。

图7-6

第2种：按快捷键Ctrl + N。

第3种：双击材质面板，自动创建新的材质，如图7-7所示。

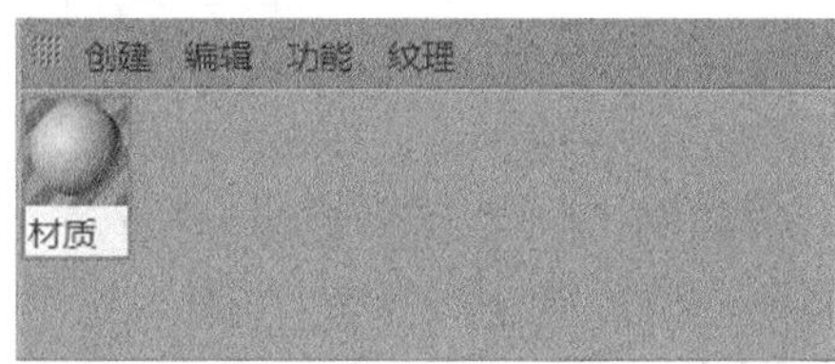

图7-7

第4种：执行“创建-着色器”菜单命令，可以在弹出的菜单中创建系统预置的材质，如图7-8所示。

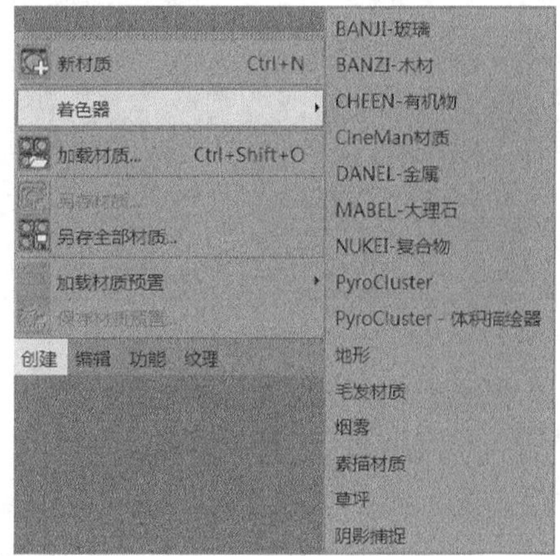

图7-8

知识点：材质的删除方法

对于没有赋予场景中的任何对象的材质，可直接在材质面板中选中，然后按Delete键删除。

若材质已经赋予场景中的对象，可在“对象”面板中单击材质的图标，然后按Delete键删除，如图7-9和图7-10所示。此时只是将对象移除了材质，但材质还存在于材质面板中，选中材质后按Delete键可彻底删除。

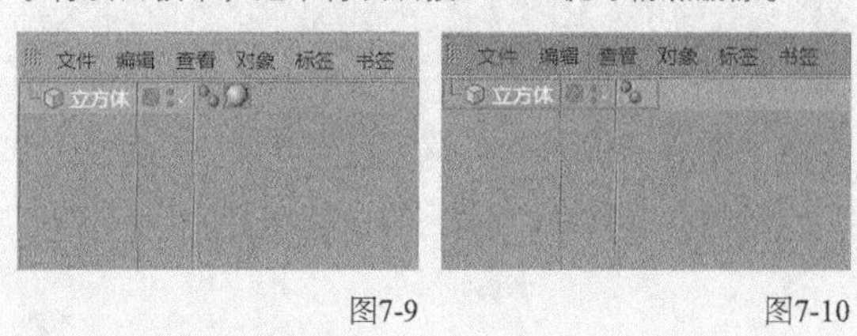

图7-9　　图7-10

7.2.2 材质的赋予方法

创建好的材质可以直接赋予需要的模型，具体方法有3种。

第1种：拖曳材质到视图窗口中的模型上，然后松开鼠标，材质便赋予模型。

第2种：拖曳材质到“对象”面板的对象选项上，然后松开鼠标，材质便赋予模型，如图7-11所示。

图7-11

第3种：保持需要赋予材质的模型的选中状态，然后在材质图标上单击鼠标右键，接着选择“应用”选项，如图7-12所示。

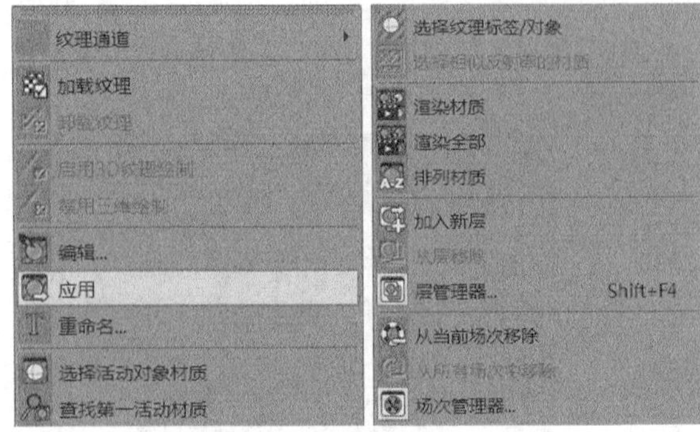

图7-12

知识点：保存和加载材质的方法

可以将修改好参数的材质保存起来，以便以后使用。保存材质的方法很简单，选中需要保存的材质，然后执行“创建-另存材质”菜单命令，接着在弹出的窗口中设置路径和材质名称保存即可，如图7-13所示。

加载材质是将设置好的材质直接加载调用，省去重新设置材质的过程，极大地提升制作效率。加载材质的方法是执行“创建-加载材质”菜单命令，然后在弹出的窗口中选择需要的材质即可，如图7-14所示。

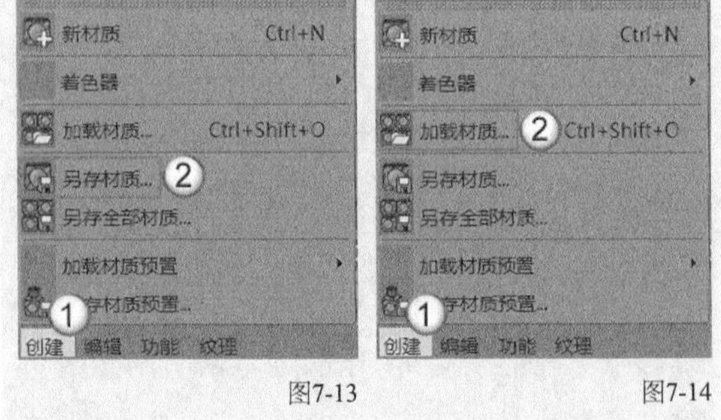

图7-13　图7-14

7.3 材质编辑器

双击新建的空白材质图标，会弹出“材质编辑器”面板，如图7-15所示。“材质编辑器”是对材质属性进行调节的面板，包含“颜色”“漫射”“发光”和“透明”等12种属性。

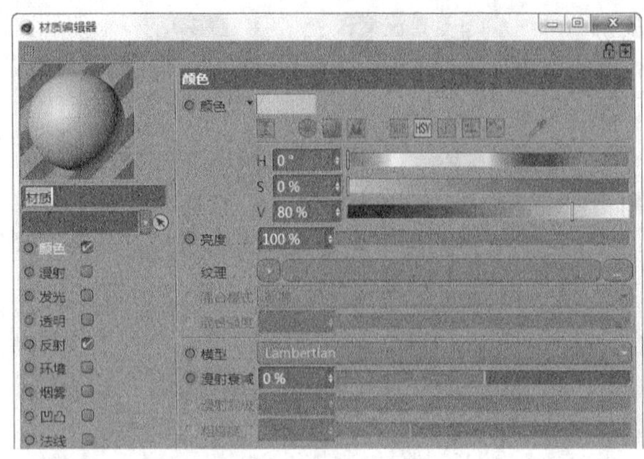

图7-15

本节工具介绍

工具名称	工具作用	重要程度
颜色	设置材质的固有色和纹理	高
漫射	设置材质的固有色亮度和材质属性	低
发光	设置材质的自发光颜色和纹理	高
透明	设置材质的透明属性	高
反射	设置材质的反射属性	高
GGX	设置材质的GGX反射	高
环境	设置材质的环境反射	中
凹凸	设置材质的凹凸纹理	中
置换	设置材质纹理	低

7.3.1 颜色

视频云课堂：054 材质编辑器

“颜色”选项不仅可以调整材质的固有色，还可以为材质添加贴图纹理，如图7-16所示。

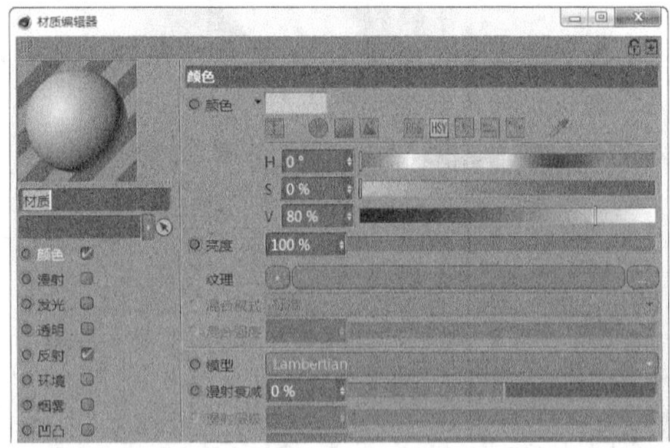

图7-16

重要参数讲解

◇ **颜色**：材质显示的固有色，可以通过“色轮”“光谱”“RGB”和“HSV”等方式进行调整。

◇ **亮度**：设置材质颜色显示的程度。当设置0时为纯黑色、100%时为材质本身的颜色、超过100%时为自发光效果，如图7-17~图7-19所示。

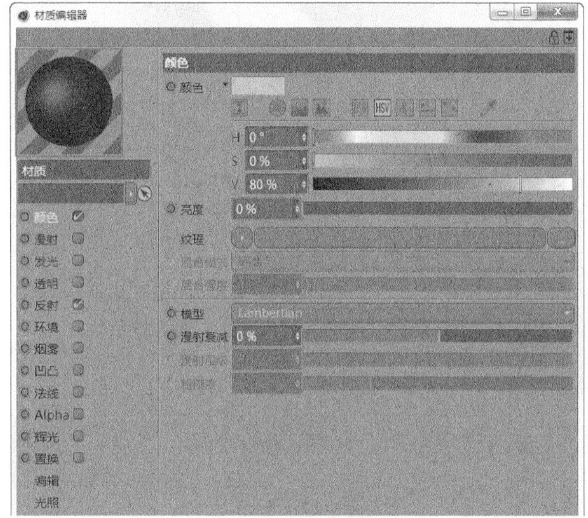

图7-17

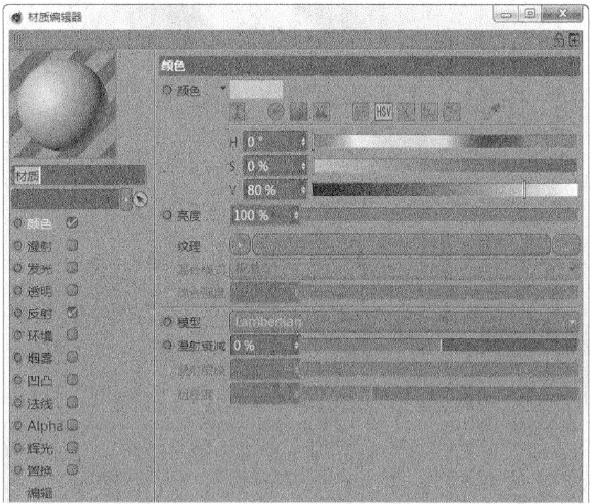

图7-18

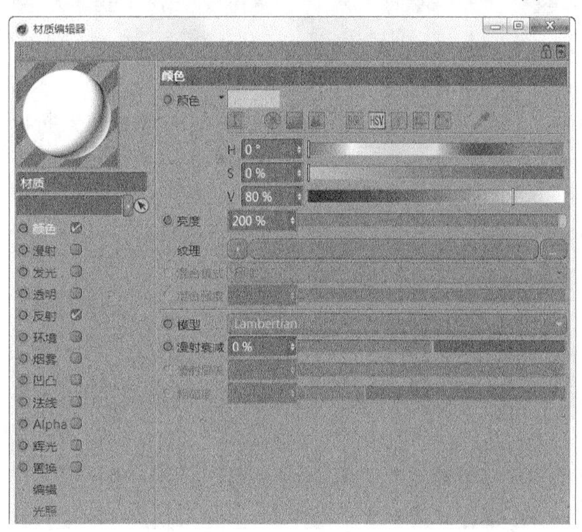

图7-19

◇ **纹理：**为材质加载内置纹理或外部贴图的通道。

◇ **混合模式：**当“纹理”通道中加载了贴图时会自动激活，用于设置贴图与颜色的混合模式，类似于Photoshop中的图层混合模式。

» **标准：**完全显示“纹理”通道中的贴图，如图7-20所示。

» **添加：**将颜色与“纹理”通道进行叠加，如图7-21所示。

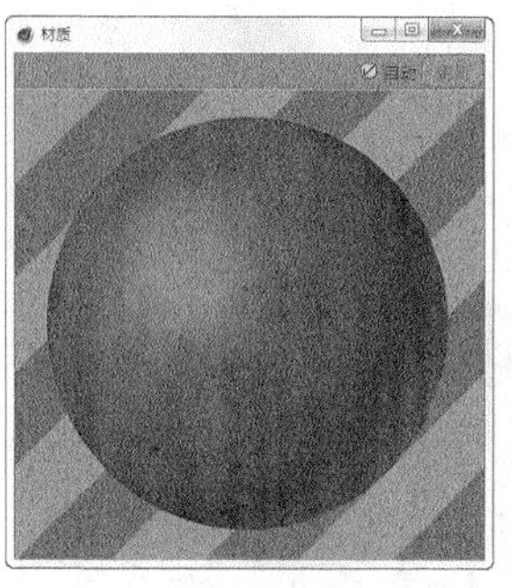

图7-20　　图7-21

» **减去：**将颜色与“纹理”通道进行相减，如图7-22所示。

» **正片叠底：**将颜色与“纹理”通道进行正片叠底，如图7-23所示。

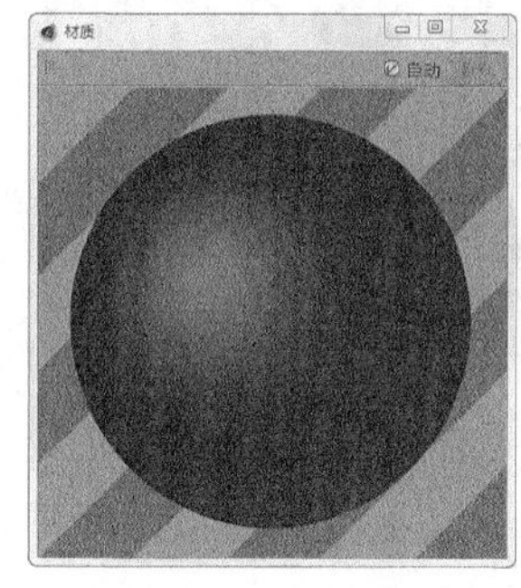

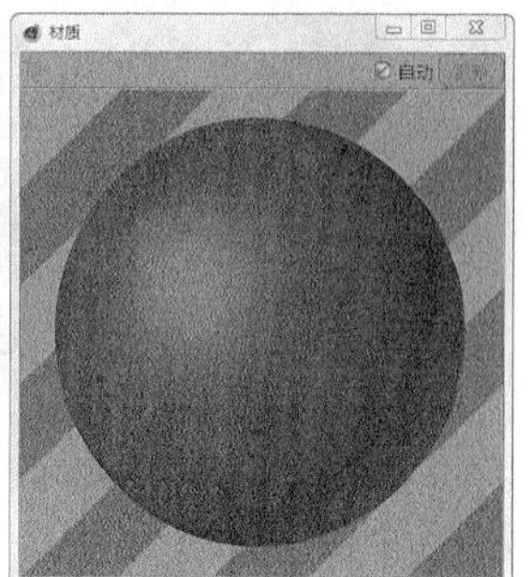

图7-22　　图7-23

◇ **混合强度：**设置颜色与“纹理”通道的混合量。

7.3.2 漫射

“漫射”选项用于设置材质的固有色亮度和材质属性，如图7-24所示。

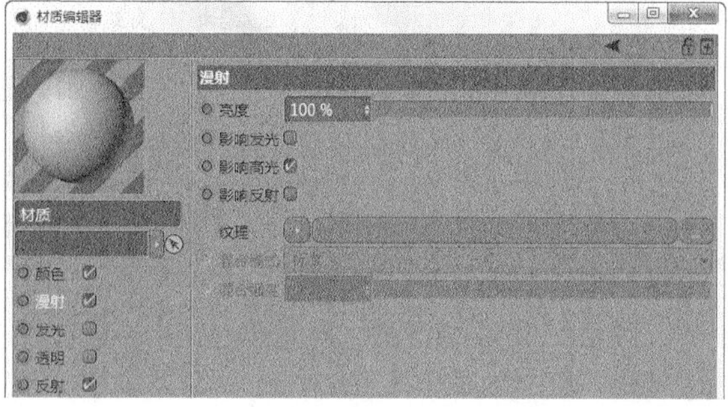

图7-24

重要参数讲解

◇ **亮度**：设置材质固有色显示的亮度。

◇ **纹理**：加载贴图的通道。需要注意的是，这里加载的贴图都会显示为灰度效果。

7.3.3 发光

“发光”选项用于设置材质的自发光效果，如图7-25所示。

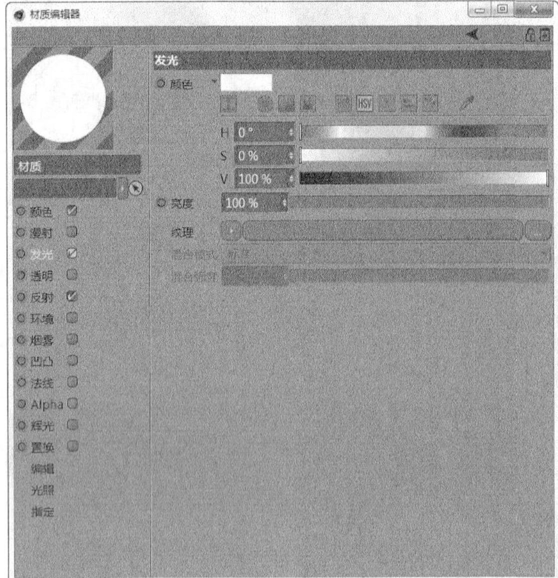

图7-25

重要参数讲解

◇ **颜色**：设置材质的自发光颜色。

◇ **亮度**：设置材质的自发光亮度。

◇ **纹理**：用加载的贴图显示自发光效果，如图7-26所示。

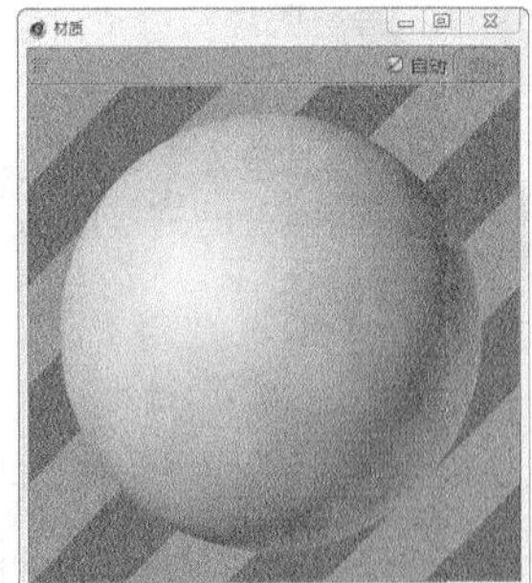

图7-26

7.3.4 透明

“透明”选项用于设置材质的透明和半透明效果，如图7-27所示。

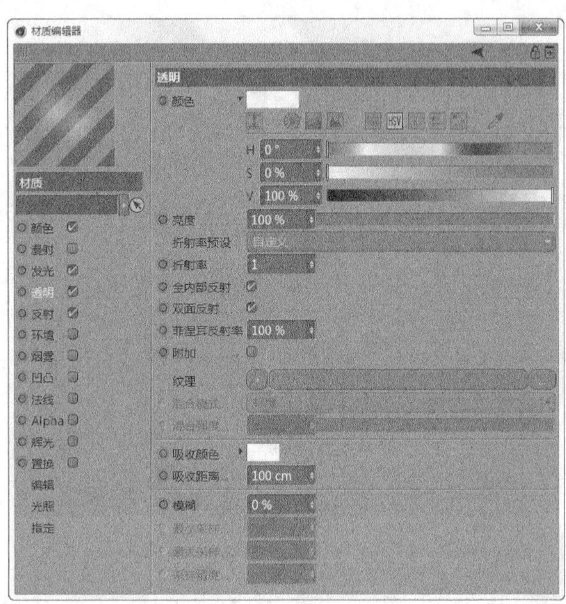

图7-27

重要参数讲解

◇ **颜色**：设置材质的折射颜色。折射的颜色越接近白色，材质越透明，如图7-28和图7-29所示。

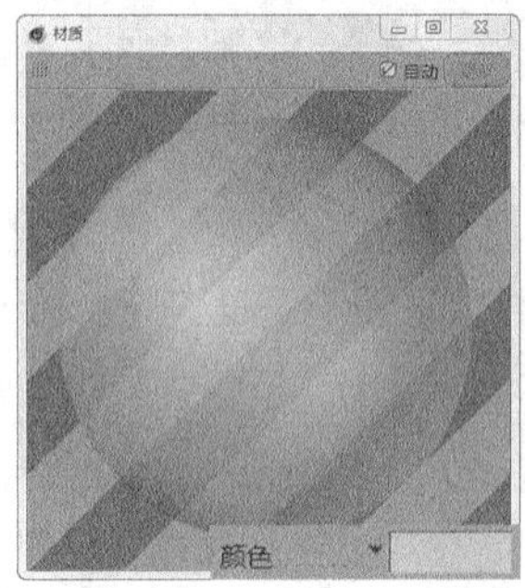

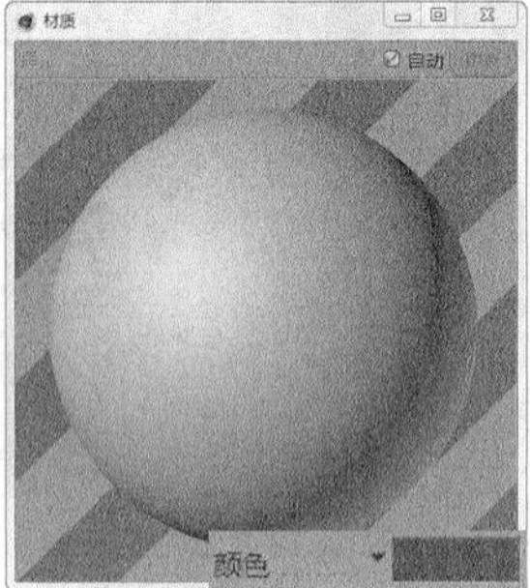

图7-28　　图7-29

◇ **亮度**：设置材质的透明程度。

◇ **折射率预设**：系统提供了一些常见材质的折射率，如图7-30所示。通过预设可以快速设定材质的折射效果。

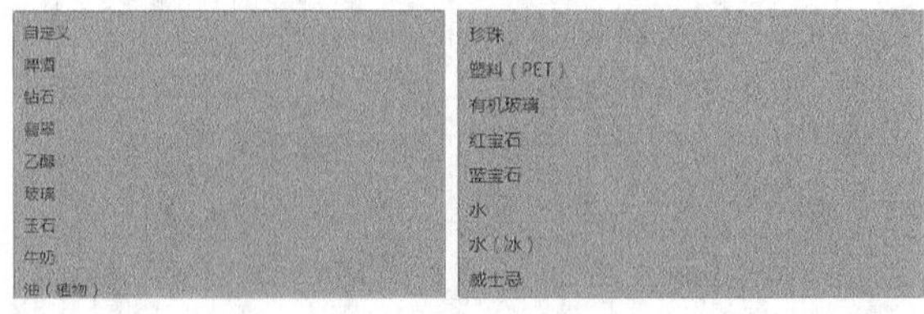

图7-30

◇ **折射率**：通过输入数值设置材质的折射率。

◇ **菲涅耳反射率**：材质产生菲涅耳反射的程度，默认为100%。

◇ **纹理**：通过加载贴图控制材质的折射效果。

◇ **吸收颜色**：设置折射产生的颜色，类似于VRay的“烟雾颜色”。

◇ **吸收距离**：设置折射颜色的浓度，如图7-31和图7-32所示。

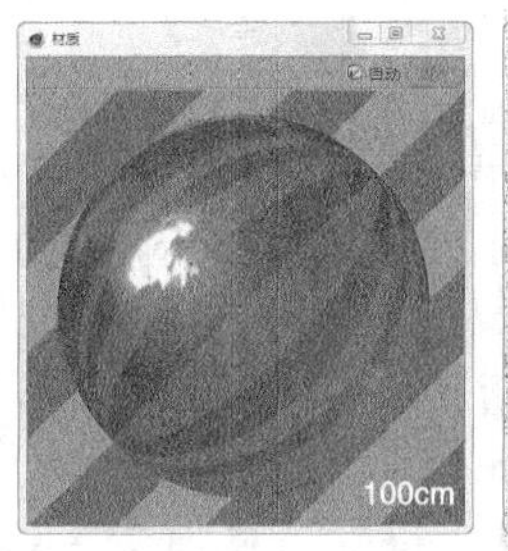

图7-31

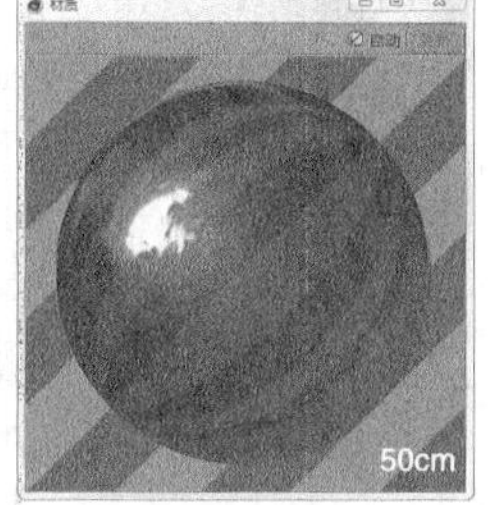

图7-32

◇ **模糊**：控制折射的模糊程度，数值越大，材质越模糊，如图7-33和图7-34所示。

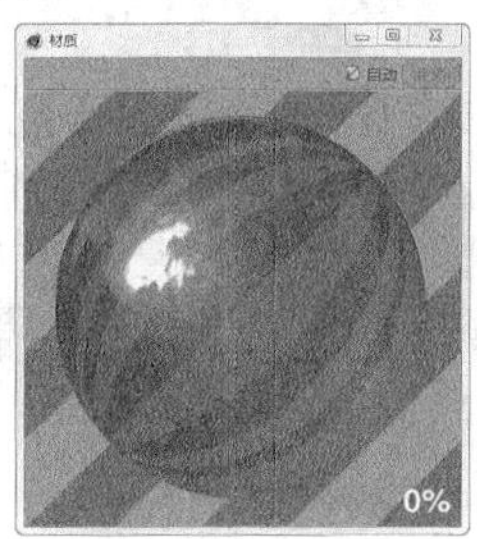

图7-33

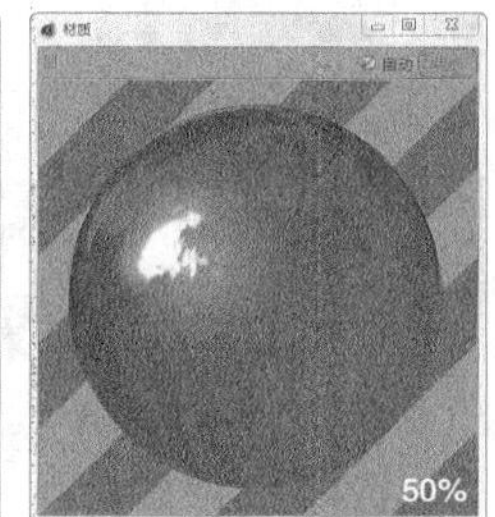

图7-34

7.3.5 反射

“反射”选项用于设置材质的反射强弱和反射效果，如图7-35所示。

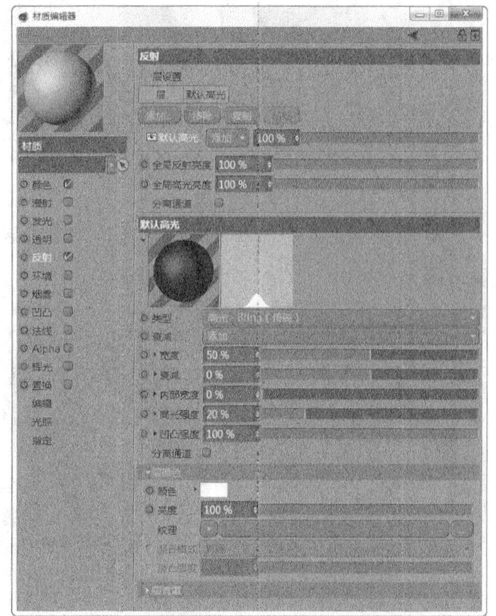

图7-35

重要参数讲解

◇ **类型**：设置材质的高光类型，如图7-36~图7-44所示。

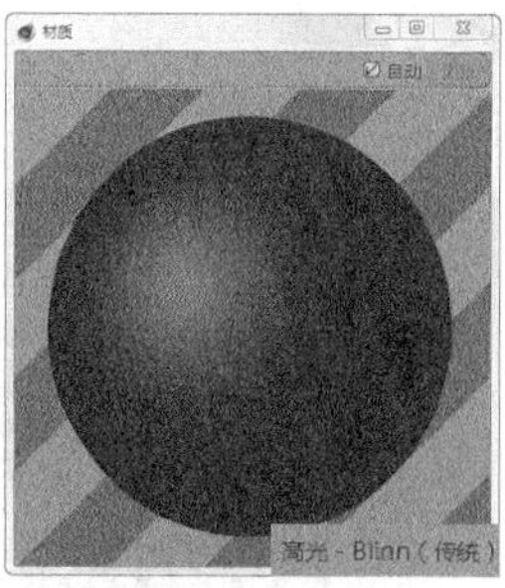

图7-36

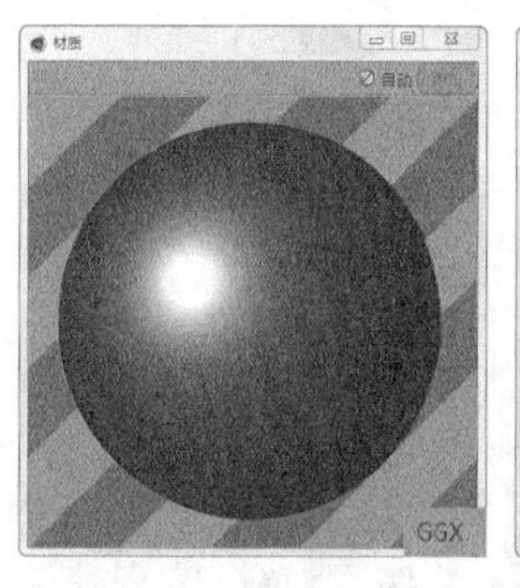

图7-37

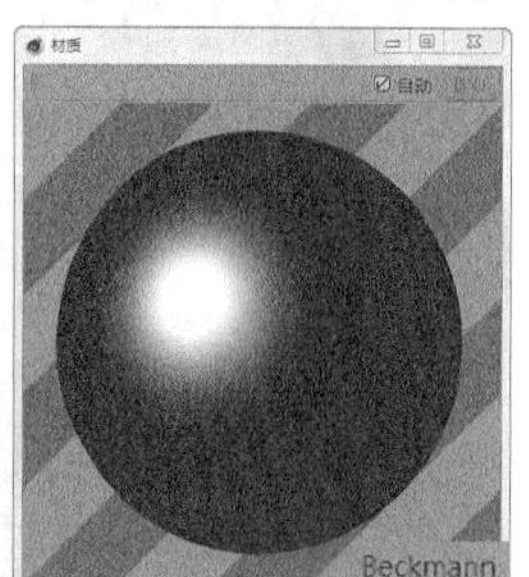

图7-38

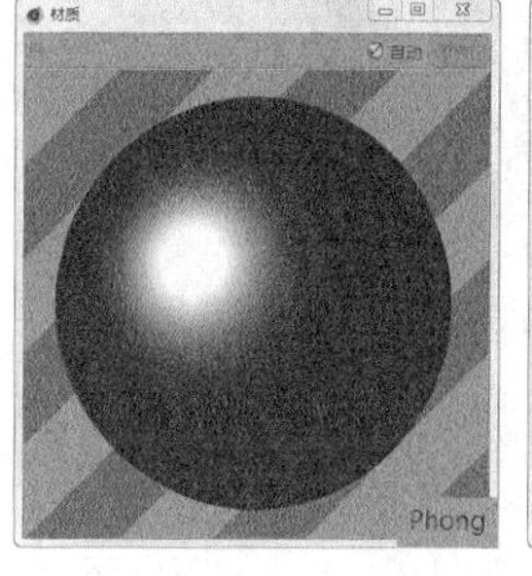

图7-39

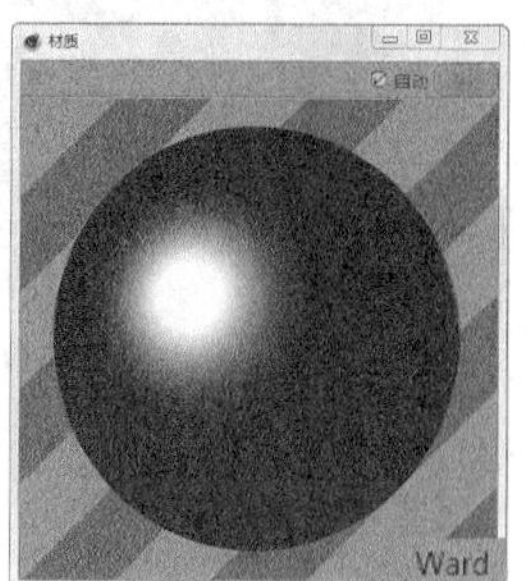

图7-40

图7-41

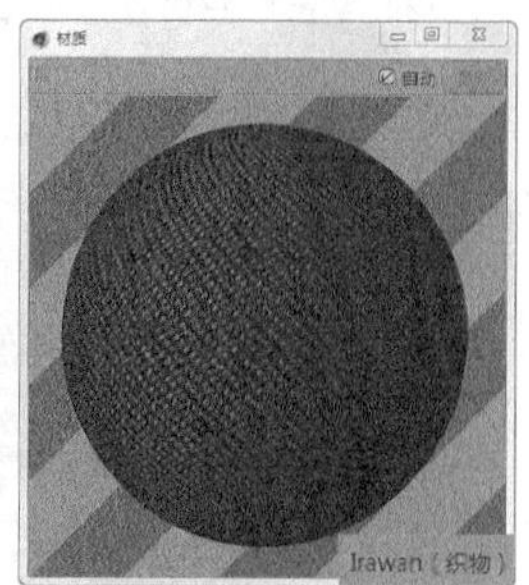

图7-42

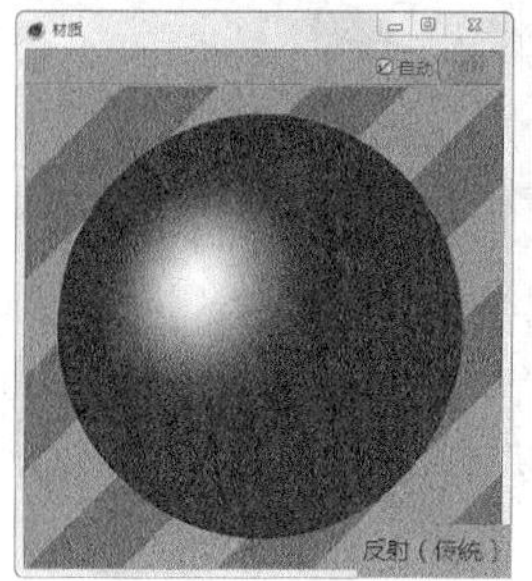

图7-43

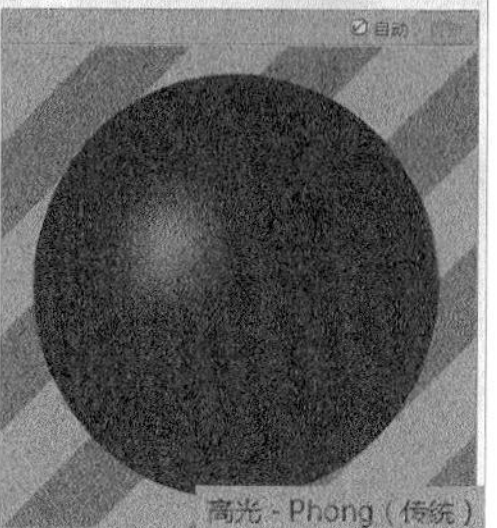

图7-44

◇ **衰减**：设置材质反射衰减效果，有"添加"和"金属"两个选项。

◇ **宽度**：控制高光的范围，如图7-45和图7-46所示。

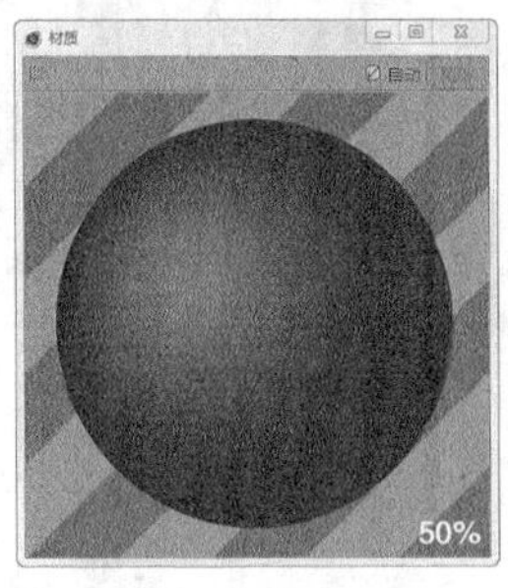

图7-45

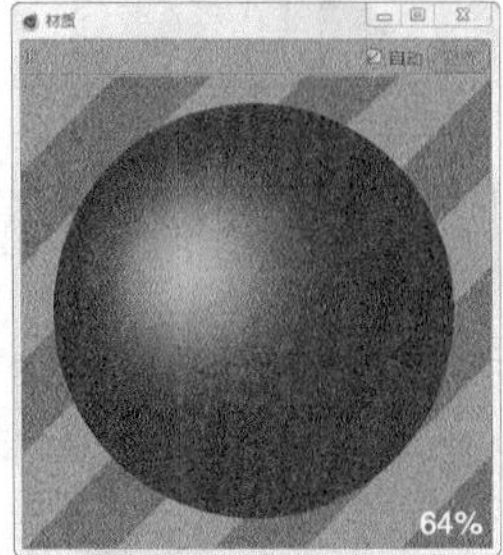

图7-46

◇ **高光强度**：设置材质高光的强度，如图7-47和图7-48所示。

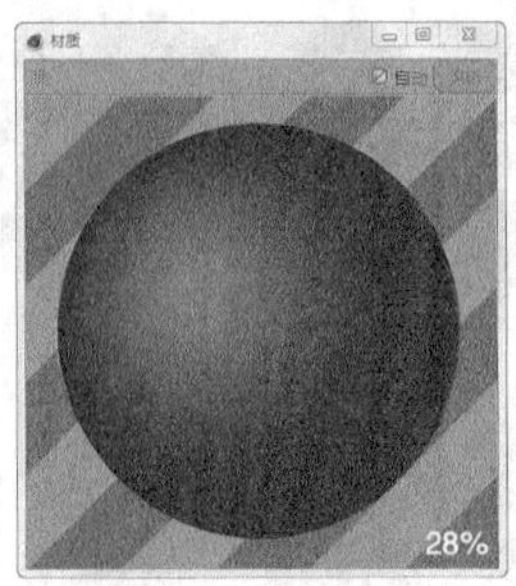

图7-47

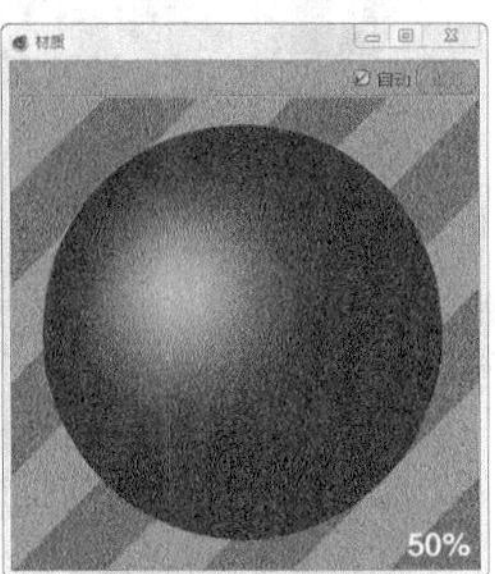

图7-48

◇ **层颜色**：设置材质反射的颜色，默认为白色。

7.3.6 GGX

GGX是一种材质反射类型，常用于制作高反射类材质，如金属、塑料和水等，如图7-49所示。

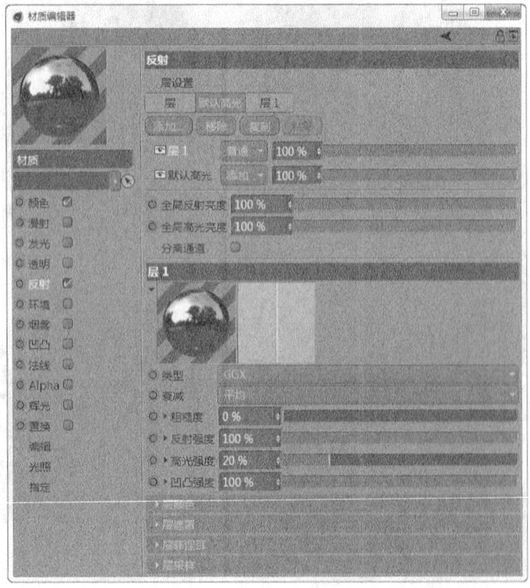

图7-49

GGX并不是默认的选项面板，需要在"反射"选项组中进行添加。在"反射"选项组中单击"层"选项卡，然后单击"添加"按钮，接着在下拉菜单中选择"GGX"选项，如图7-50所示。

图7-50

重要参数讲解

◇ **粗糙度**：设置材质的磨砂程度，如图7-51和图7-52所示。

图7-51

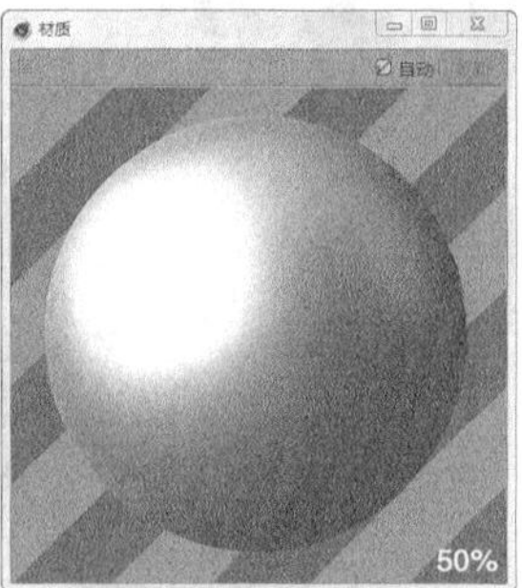

图7-52

◇ **反射强度**：设置材质的反射强度，数值越小，材质越接近固有色，如图7-53和图7-54所示。

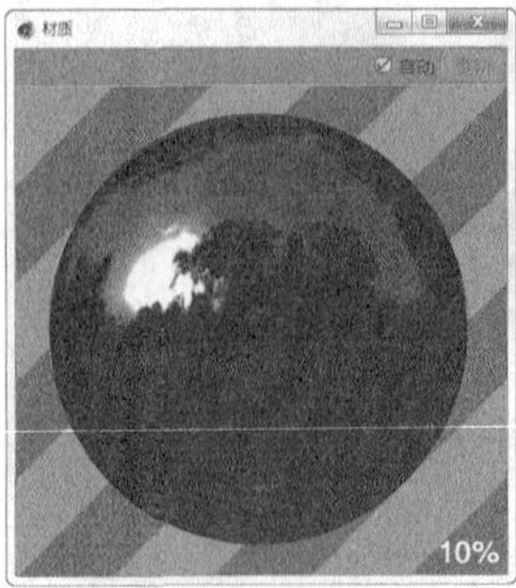

图7-53

图7-54

◇ **高光强度**：设置材质的高光范围，如图7-55和图7-56所示。只有设置了“粗糙度”的数值，该参数才有效。

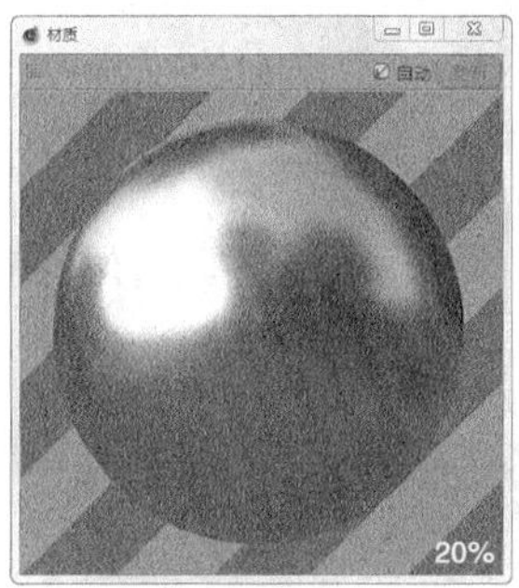

图7-55

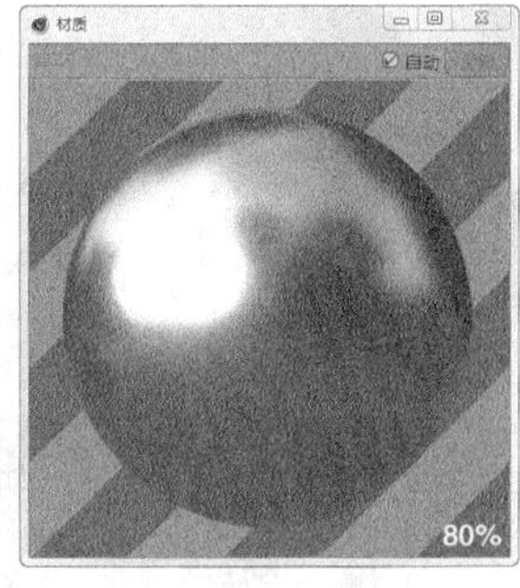

图7-56

◇ **菲涅耳**：设置材质的菲涅耳属性，有“无”“绝缘体”和“导体”3种类型。现实生活中的材质基本上都有菲涅耳效果，因此在设置材质时都会设置“菲涅耳”的类型。

◇ **预置**：设置“菲涅耳”类型为“绝缘体”或“导体”时激活此选项。系统提供了不同类型材质的菲涅耳折射率预置，如图7-57和图7-58所示。

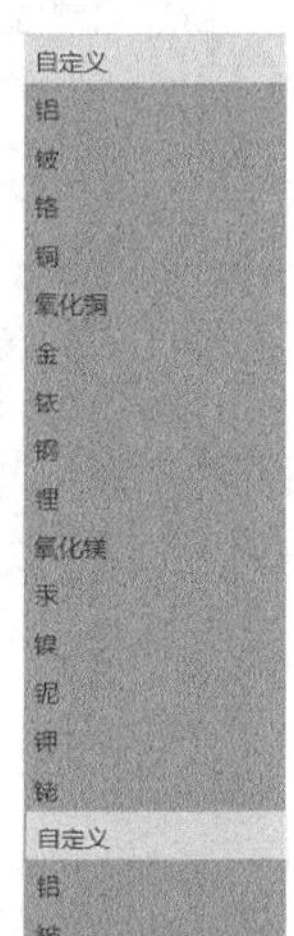

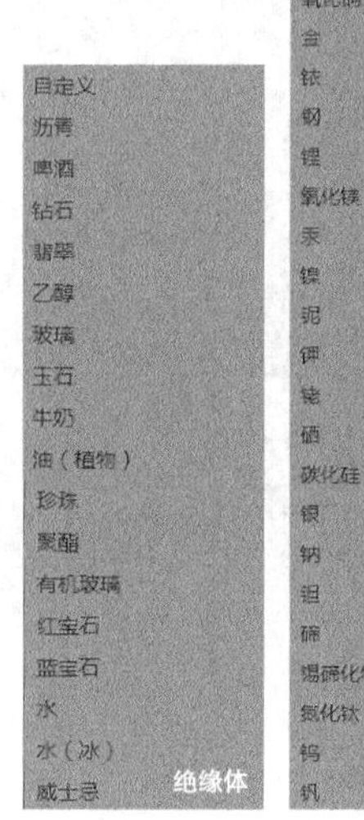

图7-57　　图7-58

◇ **强度**：设置菲涅耳效果的强度。

◇ **折射率（IOR）**：设置材质的菲涅耳折射率，当选择预置效果时，可以不设置此选项。

◇ **反向**：勾选此选项后，菲涅耳效果也会反向，如图7-59和图7-60所示。

图7-59

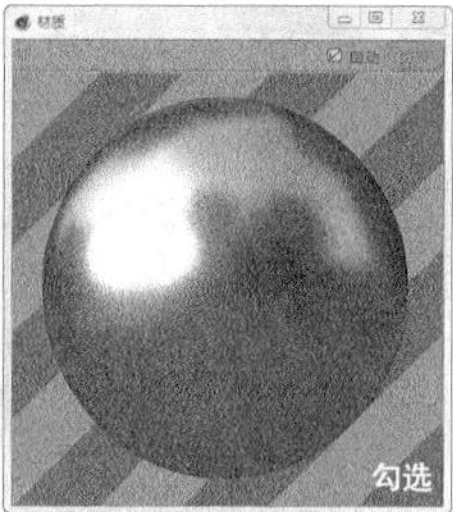

图7-60

◇ **采样细分**：设置材质的采样细分，数值越大，材质越细腻，如图7-61和图7-62所示。

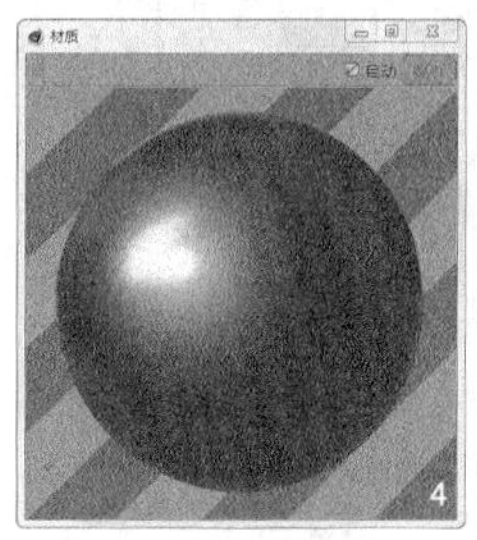

图7-61

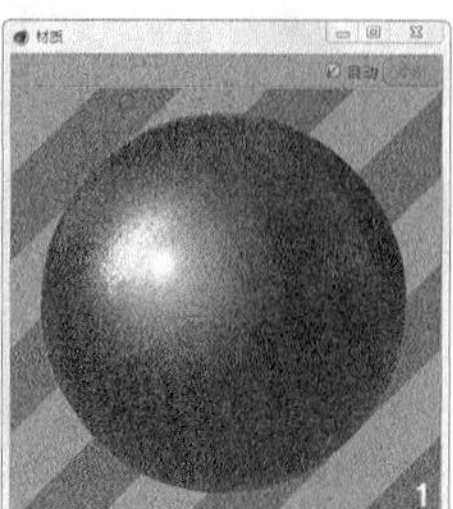

图7-62

知识点：菲涅耳反射

菲涅耳反射是指反射强度与视点角度之间的关系。

简单来讲，菲涅耳反射是当视线垂直于物体表面时，反射较弱；当视线非垂直于物体表面时，夹角越小，反射越强烈。自然界的对象几乎都存在菲涅耳反射，金属也不例外，只是它的这种现象很弱。

菲涅耳反射还有一种特性，物体表面的反射模糊也是随着角度的变化而变化的，视线和物体表面法线的夹角越大，此处的反射模糊就会越少，就会更清晰。

而在实际制作材质时，选择合适的“菲涅耳”类型可使材质的效果更加真实。

7.3.7 环境

“环境”选项通过颜色或纹理贴图表现材质的表面反射效果，如图7-63所示。

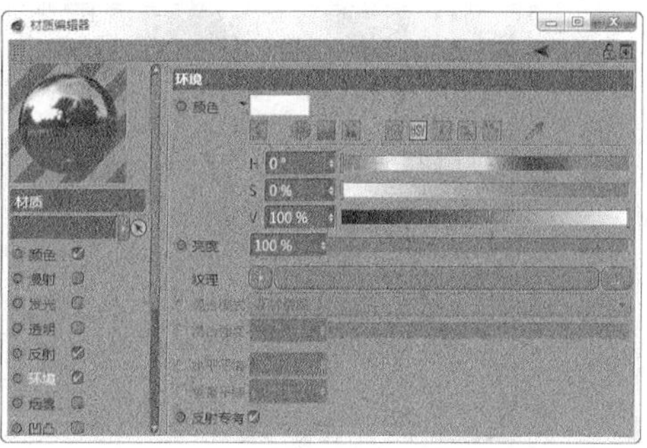

图7-63

7.3.8 凹凸

“凹凸”选项用于设置材质的凹凸纹理通道，如图7-64所示。

图7-64

重要参数讲解

◇ **纹理**：加载材质的纹理贴图，需要注意的是，此通道只识别贴图的灰度信息。

◇ **强度**：设置凹凸纹理的强度，如图7-65和图7-66所示。在“纹理”通道中加载贴图后，此选项会被激活。

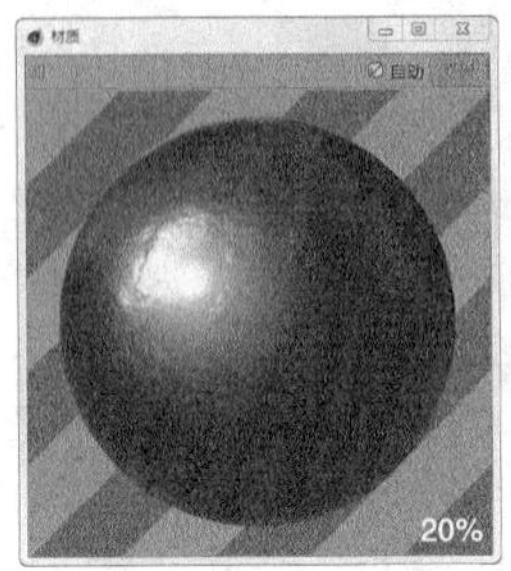

图7-65

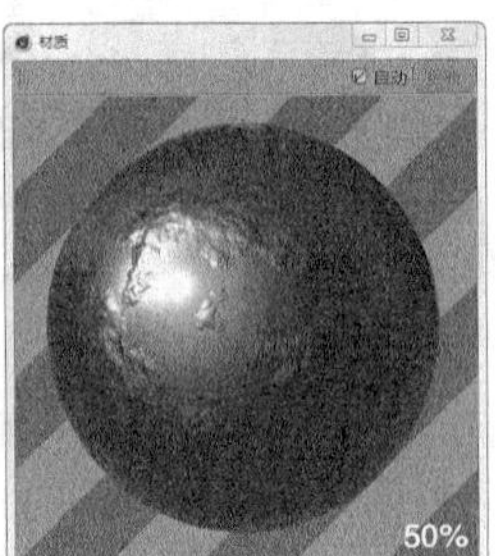

图7-66

7.3.9 置换

“置换”选项与“凹凸”选项类似，用于在材质上形成凹凸纹理。不同的是“置换”会直接改变模型的形状，而“凹凸”只是形成凹凸的视觉效果，如图7-67所示。

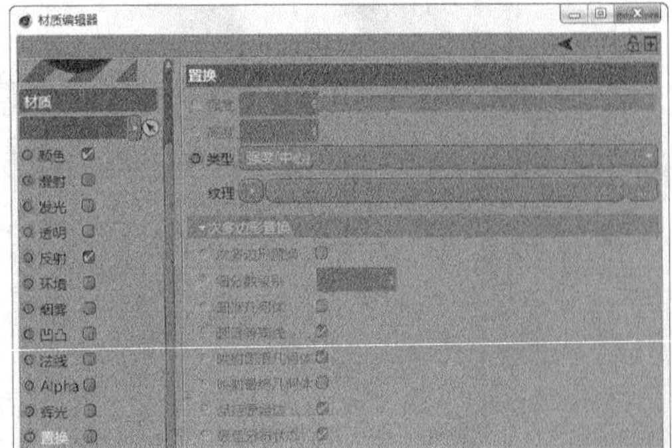

图7-67

知识点：系统预置材质

除了手动调整参数形成不同的材质效果外，CINEMA 4D还提供了一些预置的材质效果。按快捷键Shift+F8打开“内容浏览器”面板，在“预置\Visualize\Materials”文件夹中罗列了常见类型的材质和贴图，如图7-68所示。在材质图标上双击鼠标左键即可将材质添加到材质面板，接着赋予场景的模型即可。

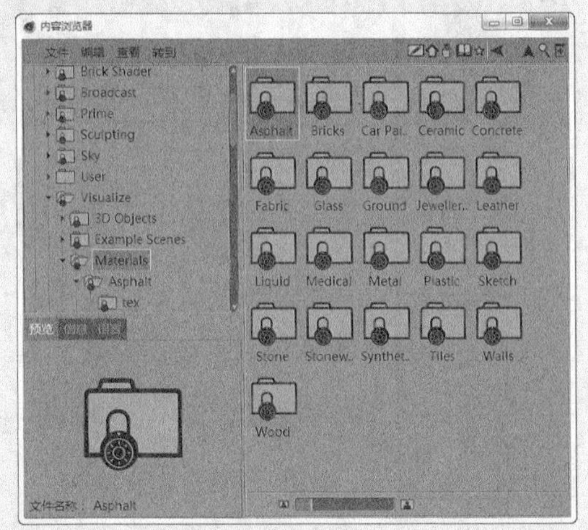

图7-68

每个预置材质文件夹中的tex文件夹里存储了材质所附带的贴图，如图7-69所示。

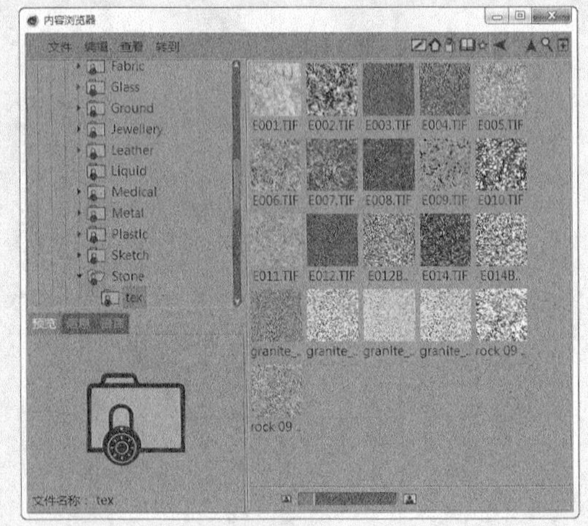

图7-69

课堂案例

玻璃花瓶

场景文件	场景文件>CH07>01.c4d
实例文件	实例文件>CH07>课堂案例：玻璃花瓶
视频名称	课堂案例：玻璃花瓶.mp4
学习目标	掌握使用透明材质的方法

本案例是一组花瓶，需要为其制作玻璃材质和背景材质，如图7-70所示。

图7-70

01 打开本书学习资源“场景文件>CH07>01.c4d”文件，如图7-71所示。场景内已经建立好了摄像机和灯光，需要为场景赋予材质。

图7-71

技巧与提示

在“工程”中设置“默认对象颜色”为“80%灰色”，模型颜色显示为灰白色，这样便于观察灯光效果。

02 按快捷键Ctrl+R渲染场景，效果如图7-72所示。这是没有设置材质时的白模效果。

图7-72

03 创建背景材质。双击材质面板创建一个空白材质，然后双击创建的材质打开“材质编辑器”面板，接着设置材质的名称为“背景”，如图7-73所示。

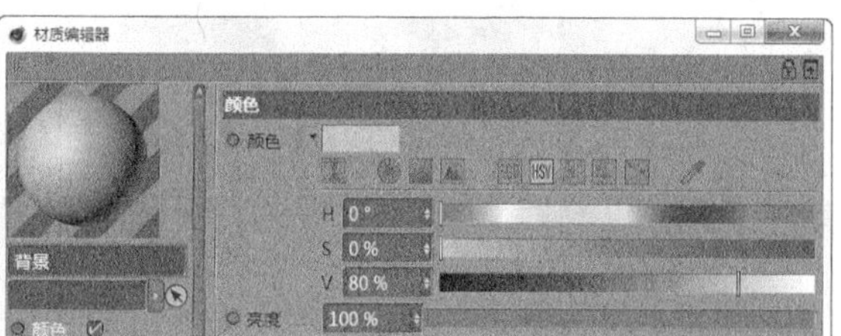

图7-73

技巧与提示

养成重命名材质的习惯，方便案例的制作。

04 选择“颜色”选项，然后设置“颜色”为（R:230，G:230，B:230），如图7-74所示。

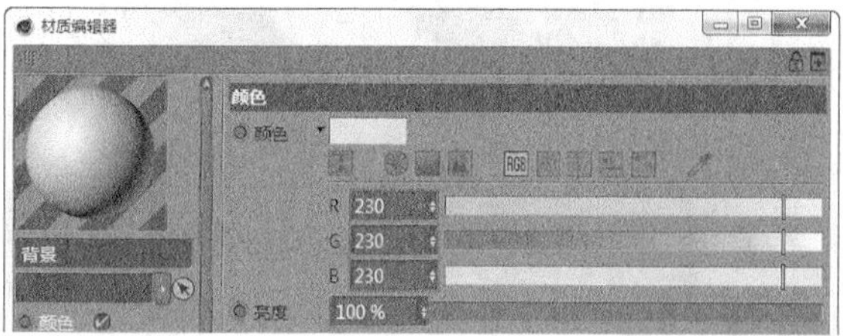

图7-74

05 选择“反射”选项，然后添加GGX反射，设置“粗糙度”为40%，“菲涅耳”为“绝缘体”，“预置”为“沥青”，如图7-75所示，此时材质效果如图7-76所示。

图7-75

图7-76

06 将“背景”材质赋予地面和背景板，然后渲染效果，如图7-77所示。

图7-77

07 制作玻璃材质。创建一个新材质，然后双击进入“材质编辑器”，接着为材质重命名为“玻璃”，如图7-78所示。

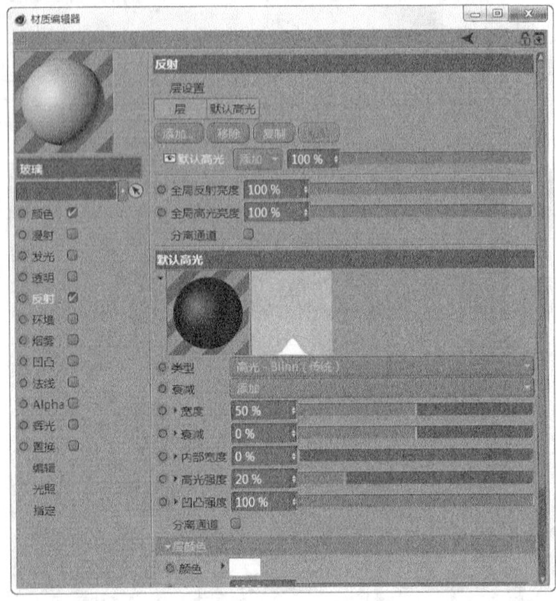

图7-78

08 选择“颜色”选项，然后设置“颜色”为（R:150，G:29，B:29），如图7-79所示。

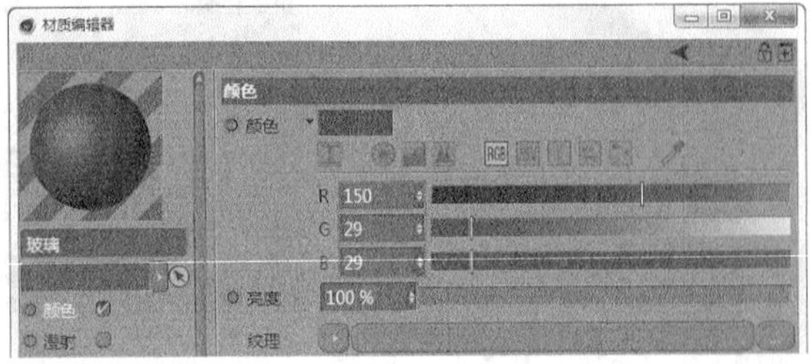

图7-79

09 在“反射”选项组添加GGX，然后设置“粗糙度”为5%，“菲涅耳”为“绝缘体”，“预置”为“玻璃”，如图7-80所示。

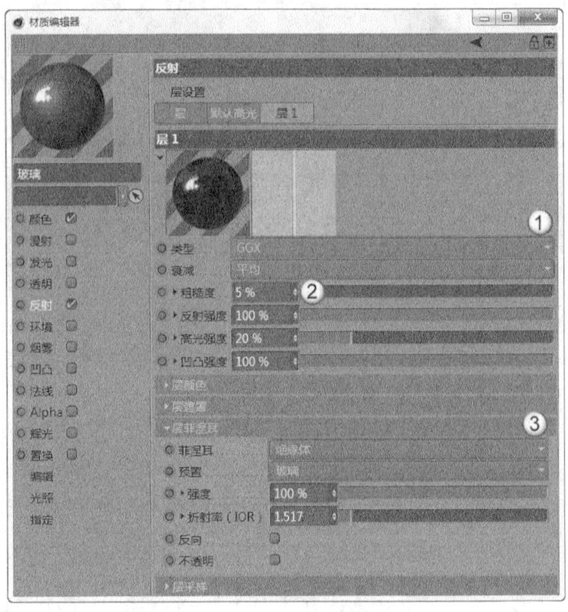

图7-80

技巧与提示

现实世界不存在绝对光滑的材质，为了更逼真地模拟材质，都会设置一定的粗糙度。

10 在“透明”选项组中设置“颜色”为（R:150，G:57，B:57），然后设置“折射率预设”为“玻璃”，如图7-81所示。材质效果如图7-82所示。

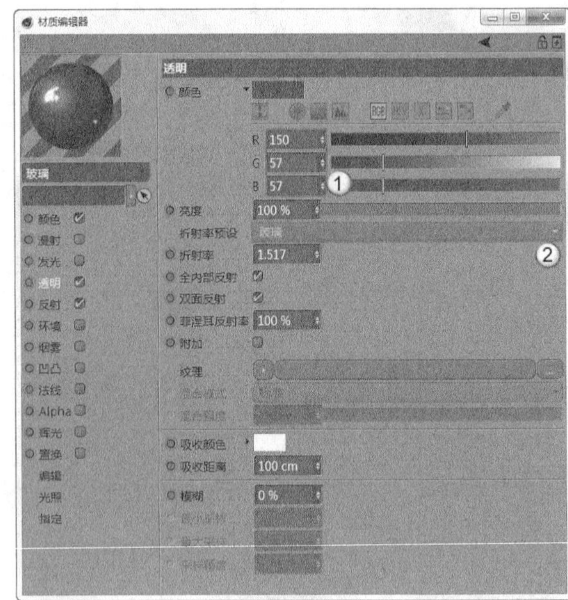

图7-81

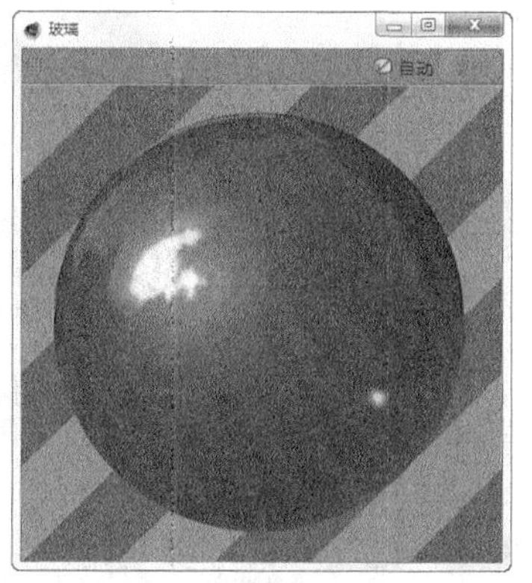

图7-82

11 将“玻璃”材质赋予两个花瓶，渲染效果如图7-83所示。

图7-83

12 创建一个新材质，然后重命名为“枯枝”，接着在“颜色”选项组的“纹理”通道中加载学习资源中的“实例文件>CH07>课堂案例：玻璃花瓶> pine-bark.jpg”贴图，如图7-84所示，材质效果如图7-85所示。

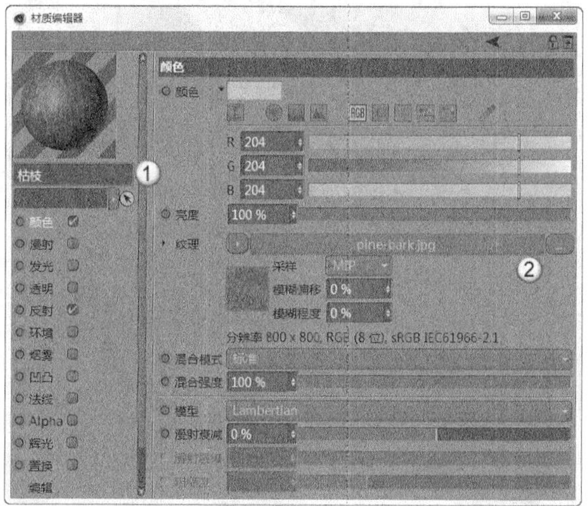

图7-84

图7-85

13 将材质赋予模型，然后渲染场景，最终效果如图7-86所示。

图7-86

课堂案例

水杯

场景文件	场景文件>CH07>02.c4d
实例文件	实例文件>CH07>课堂案例：水杯
视频名称	课堂案例：水杯.mp4
学习目标	掌握透明材质的使用方法

本案例是一个水杯，需要制作陶瓷和水的材质，效果如图7-87所示。

图7-87

01 打开本书学习资源中的“场景文件>CH07>02.c4d”文件，如图7-88所示。场景中已经建立好了摄像机和灯光。

图7-88

02 按快捷键Ctrl＋R渲染出白模效果，如图7-89所示。

图7-89

03 按照上一个案例的方法创建白色的背景材质，渲染效果如图7-90所示。

图7-90

04 创建陶瓷材质。在“颜色”选项组中设置“颜色”为（R:69，G:87，B:128），如图7-91所示。

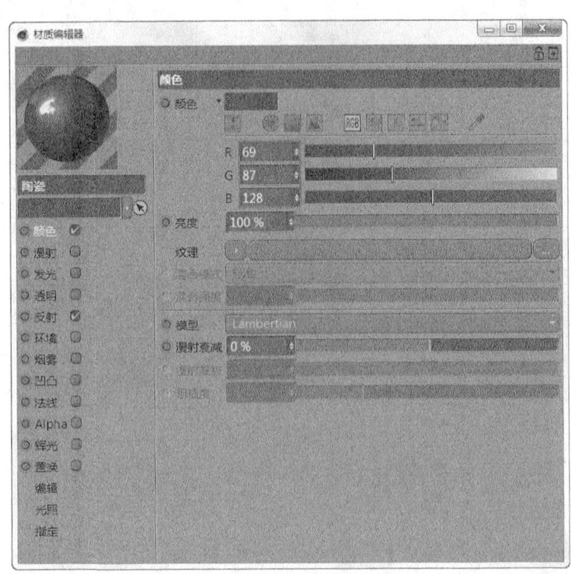

图7-91

05 在“反射”选项组中添加GGX，然后设置“粗糙度”为5%，“菲涅耳”为“绝缘体”，“预置”为“玻璃”，如图7-92所示，材质效果如图7-93所示。

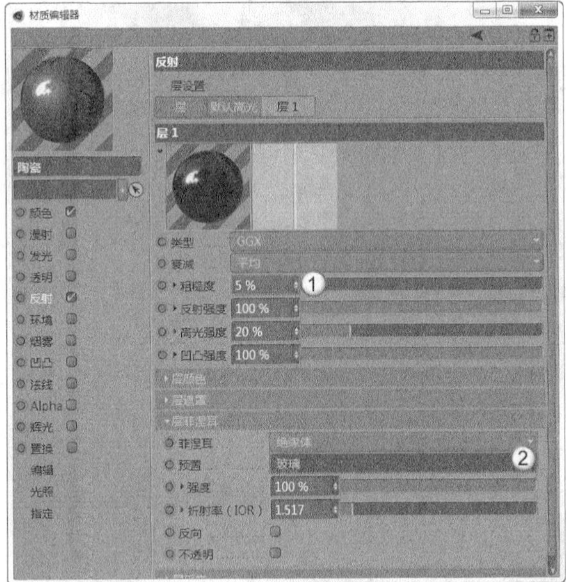

图7-92

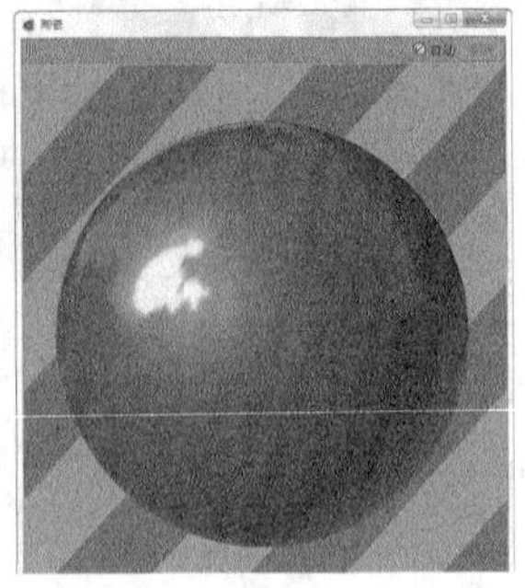

图7-93

06 设置水材质。新建一个材质，重命名为“水”，然后在“反射”选项组中添加GGX，设置“粗糙度”为1%，“菲涅耳”为“绝缘体”，“预置”为“水”，如图7-94所示。

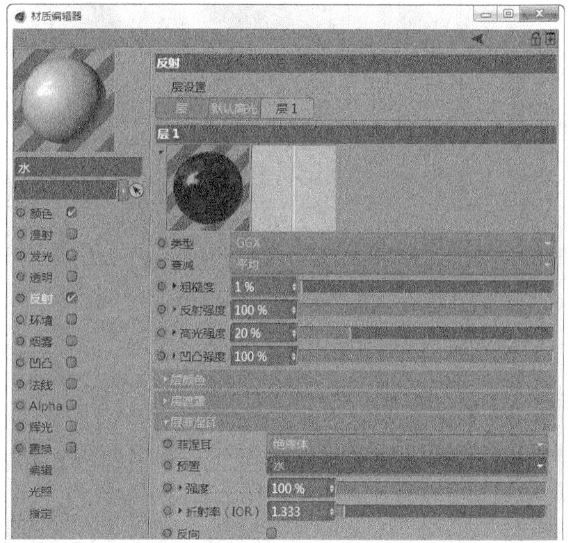

图7-94

07 在“透明”选项组中设置“折射率预设”为“水”，如图7-95所示，材质效果如图7-96所示。

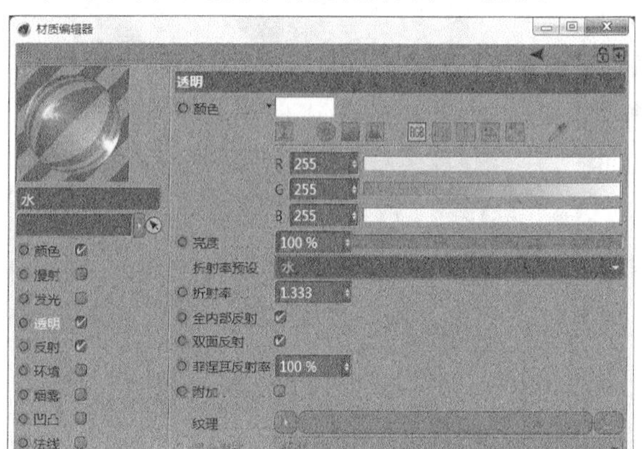

图7-95

图7-96

08 将材质赋予相应的模型，然后按快捷键Ctrl＋R渲染，效果如图7-97所示。

图7-97

课堂案例

金属椅子

场景文件　场景文件>CH07>03.c4d

实例文件　实例文件>CH07>课堂案例：金属椅子

视频名称　课堂案例：金属椅子.mp4

学习目标　掌握金属材质的使用方法

本案例是两把椅子，需要制作不同颜色的金属材质，效果如图7-98所示。

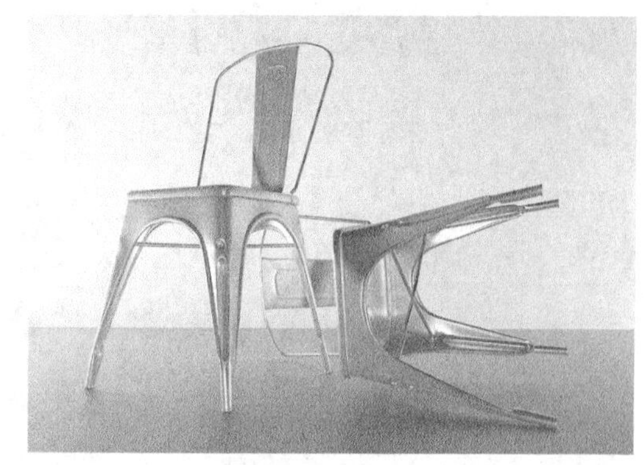
图7-98

01 打开本书学习资源中的“场景文件>CH07>03.c4d”文件，如图7-99所示。场景中已经建立好了摄像机和灯光。

图7-99

技巧与提示

背景材质与上一个案例一致，这里不赘述。

02 新建一个材质，然后重命名为“金属1”，接着在“颜色”选项组中设置“颜色”为（R:224，G:102，B:49），如图7-100所示。

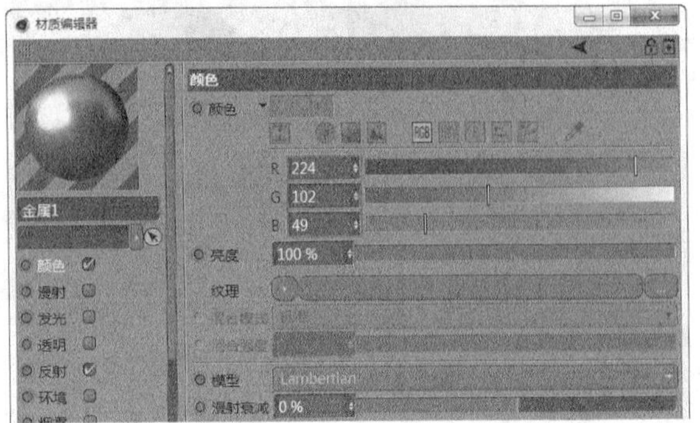

图7-100

03 在“反射”选项组中添加GGX，然后设置“粗糙度”为25%，“菲涅耳”为“导体”，“预置”为“钢”，如图7-101所示，材质效果如图7-102所示。

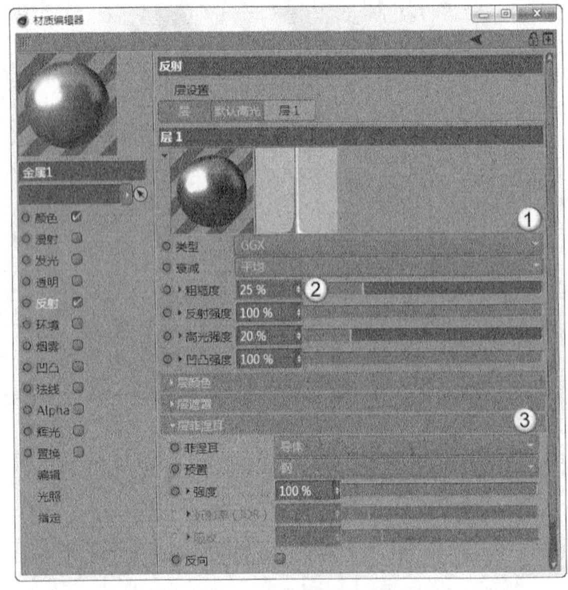

图7-101

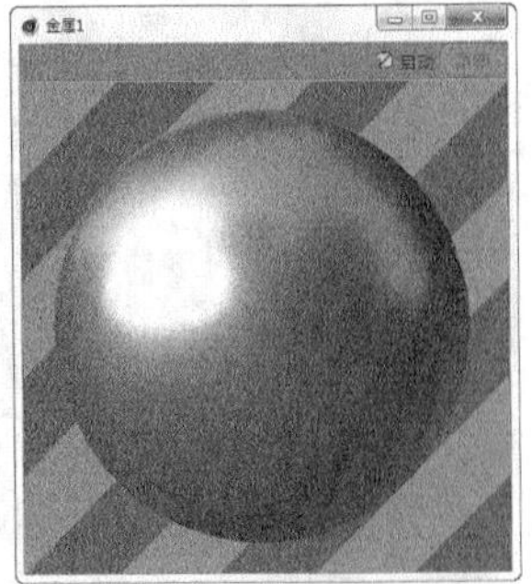

图7-102

04 选中“金属1”材质，然后按住Ctrl键拖曳材质，即可复制出一个参数完全相同的材质，接着重命名为“金属2”，再设置“颜色”为（R:74，G:135，B:62），如图7-103所示，材质效果如图7-104所示。

图7-103

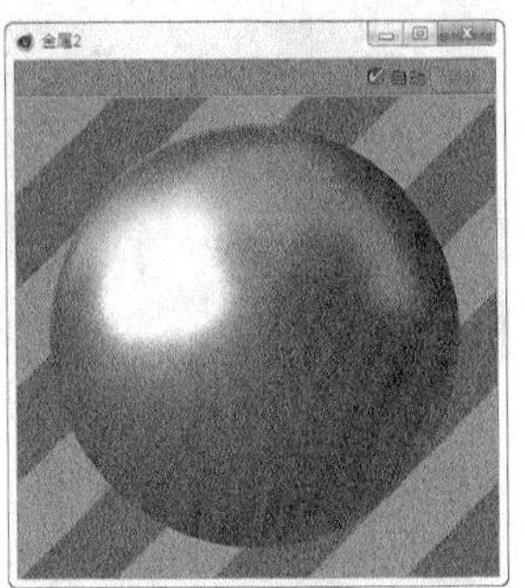

图7-104

05 将两个金属材质分别赋予两个椅子模型，然后按快捷键Ctrl＋R渲染场景，效果如图7-105所示。

图7-105

课堂案例

塑料摆件

场景文件　场景文件>CH07>04.c4d

实例文件　实例文件>CH07>课堂案例：塑料摆件

视频名称　课堂案例：塑料摆件.mp4

学习目标　掌握塑料材质的使用方法

本案例是一个小摆件，需要制作塑料材质，效果如图7-106所示。

图7-106

01 打开本书学习资源中的“场景文件>CH07>04.c4d”文件，如图7-107所示。场景中已经建立好了摄影机和灯光。

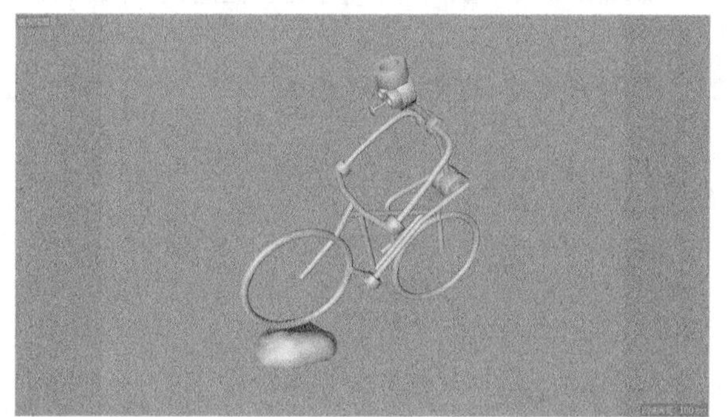

图7-107

02 制作塑料材质。新建一个材质，然后在“颜色”选项组中设置“颜色”为（R:96，G:121，B:171），如图7-108所示。

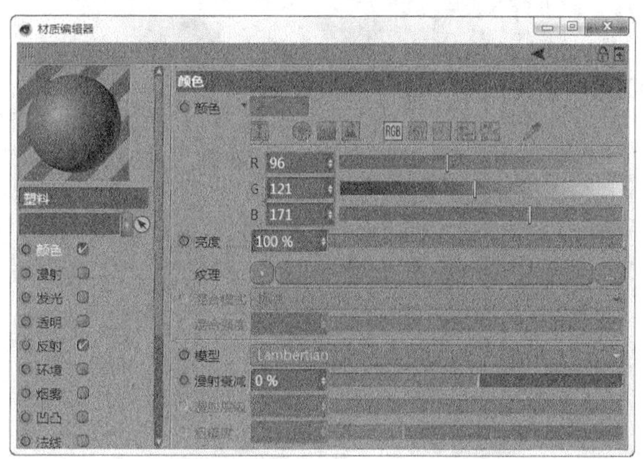

图7-108

03 在“反射”选项组中添加GGX，然后设置“粗糙度”为8%，“菲涅耳”为“绝缘体”，“预置”为“聚酯”，如图7-109所示。材质效果如图7-110所示。

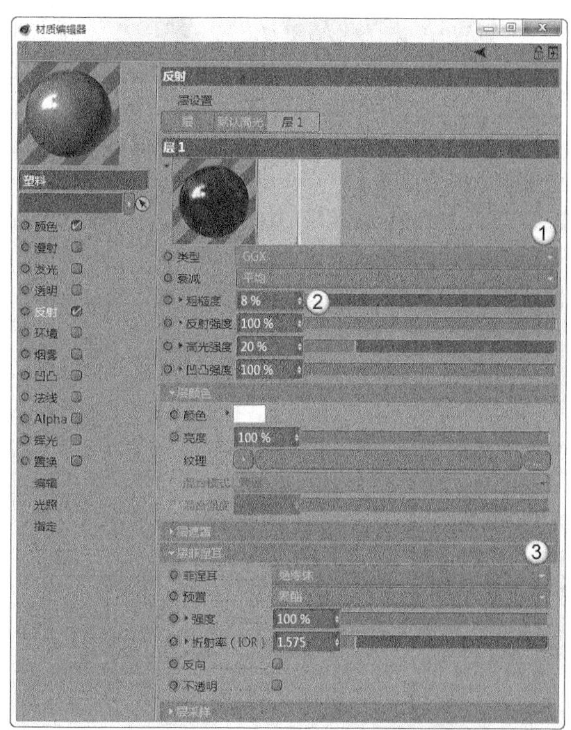

图7-109

图7-110

04 将塑料材质赋予模型，然后渲染效果，如图7-111所示。

图7-111

7.4 CINEMA 4D的纹理贴图

CINEMA 4D中自带了一些纹理贴图，方便用户直接调取。单击“纹理”通道后的箭头按钮，会弹出下拉菜单，里面预置了很多纹理贴图，如图7-112所示。

图7-112

本节工具介绍

工具名称	工具作用	重要程度
噪波	模拟凹凸颗粒纹理	高
渐变	模拟颜色渐变的效果	高
菲涅耳（Fresnel）	模拟菲涅耳反射效果	高
颜色	设置材质表面的颜色	低
图层	类似Photoshop的图层属性	低
着色	将渐变色和图像进行图层混合	低
背面	通过调整纹理、色阶和过滤宽度来改变纹理效果	低
融合	更改图层的混合效果	低
过滤	带调色功能的图层	低
MoGraph	作用于MoGraph物体	低
效果	产生不同的颜色和纹理	高
素描与卡通	制作卡通材质的贴图	中
表面	产生不同的纹理效果	高

7.4.1 噪波

视频云课堂：055 CINEMA 4D 的纹理贴图

“噪波”贴图常用于模拟凹凸颗粒、水波纹和杂色等效果，在不同通道中有不同的用途，常用于“凹凸纹理”通道，如图7-113所示。

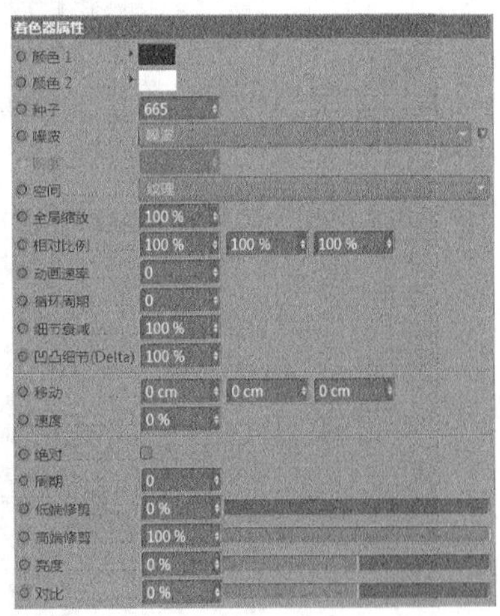

图7-113

技巧与提示

双击加载的“噪波”预览图会进入“着色器”选项卡，可修改噪波的相关属性。

重要参数讲解

◇ **颜色1/颜色2**：设置噪波的两种显示颜色，默认为黑和白。

◇ **种子**：随机显示不同的噪波分布效果。

◇ **噪波**：内置多种噪波显示类型，如图7-114所示。

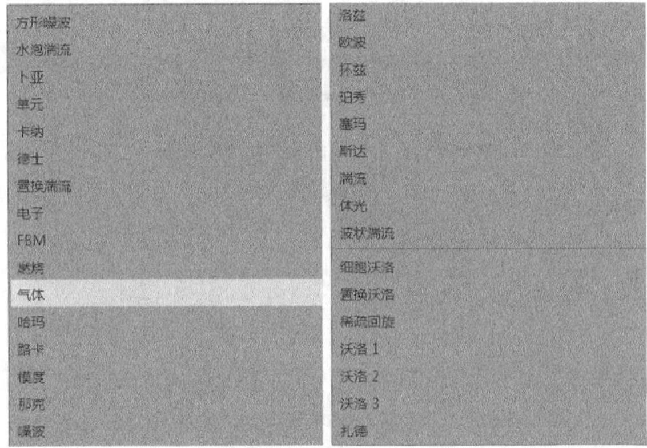

图7-114

◇ **全局缩放**：设置噪点的大小。

技巧与提示

如果要删除加载的贴图，单击“纹理”通道后的箭头按钮，然后在菜单中选择“清除”选项即可。

7.4.2 渐变

“渐变”贴图用于模拟颜色渐变的效果，如花瓣、火焰等，如图7-115所示。

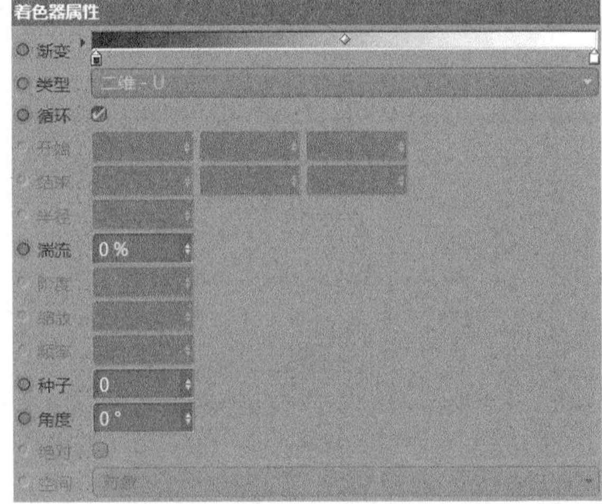

图7-115

重要参数讲解

◇ **渐变**：设置渐变的颜色，单击下方的节点按钮可以设置渐变的颜色，在渐变色条上单击可以添加节点。

◇ **类型**：设置渐变的显示方向，如图7-116所示。

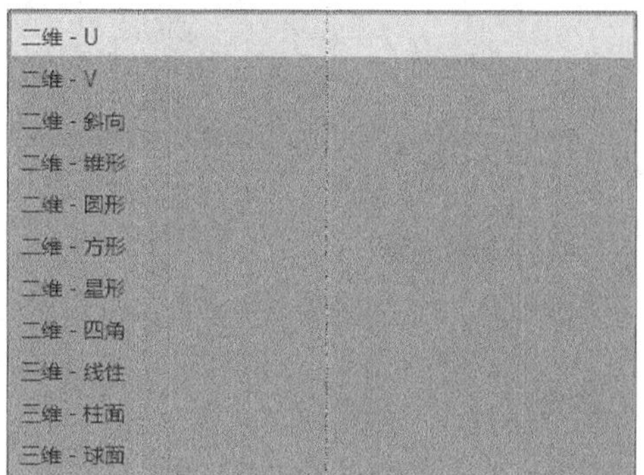

图7-116

7.4.3 菲涅耳（Fresnel）

“菲涅耳（Fresnel）”是模拟菲涅耳反射效果的贴图，如图7-117所示。

图7-117

重要参数讲解

◇ **渲染**：设置菲涅耳效果的类型，如图7-118所示。

图7-118

◇ **渐变**：设置菲涅耳效果的颜色。

◇ **物理**：勾选后激活“折射率（IOR）”“预置”和“反相”选项。

7.4.4 颜色

“颜色”贴图用于控制材质表面的颜色，如图7-119所示。

图7-119

7.4.5 图层

“图层”贴图类似Photoshop的图层属性，进入图层属性面板可以对图层进行编组、加载图像、添加着色器和效果等操作，如图7-120所示。

图7-120

7.4.6 着色

“着色”贴图类似于Photoshop的颜色映射，将渐变色和图像进行图层混合而产生的效果。在纹理中可以添加各种纹理效果，渐变滑块可控制纹理混合的颜色以及整体效果，如图7-121所示。

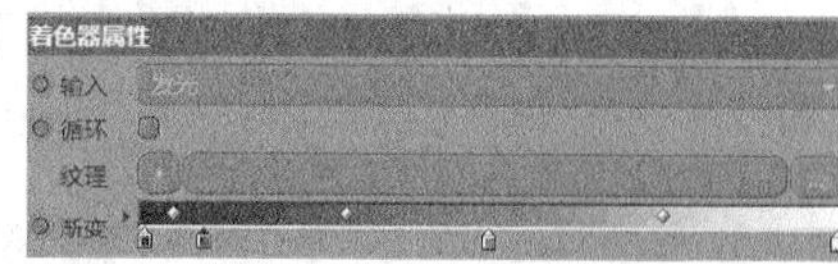

图7-121

7.4.7 背面

“背面”贴图可以通过调整纹理、色阶和过滤宽度来改变纹理效果，如图7-122所示。

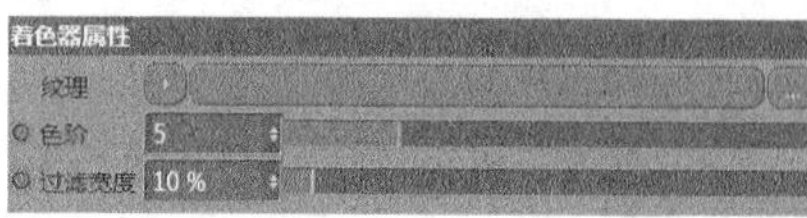

图7-122

7.4.8 融合

“融合”贴图类似于Photoshop的图层混合，通过更改上一个图层模式的类型与下一个图层的图片产生一种混合效果。设置“混合”的百分比可以控制两个图层的图片混合的强弱程度，数值越大混合效果越强烈，数值越小混合效果越弱。通过在混合通道和基本通道中加载图像或者纹理，可形成新的图像纹理效果，如图7-123所示。

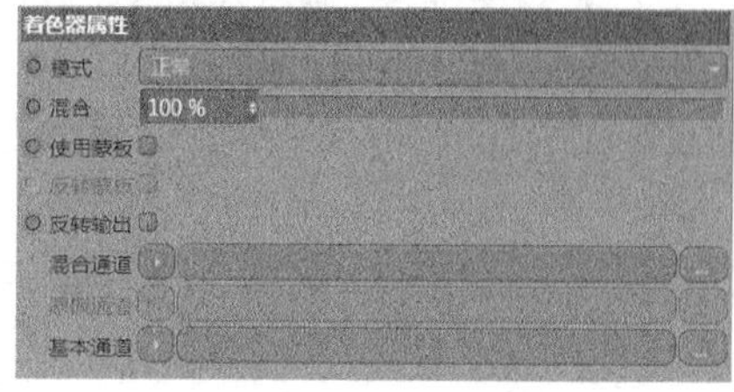

图7-123

7.4.9 过滤

“过滤”贴图类似于Photoshop的色相、饱和度以及曲线结合在一起的一种调色功能，通过在纹理中添加纹理贴图去调整属性栏中的色调、明度、饱和度及渐变曲线，如图7-124所示。

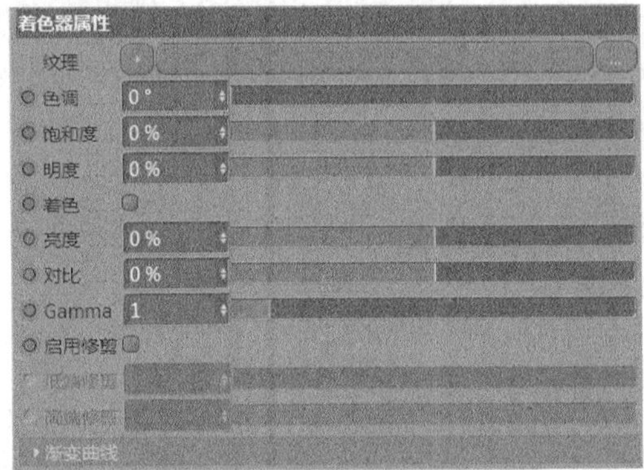

图7-124

7.4.10 MoGraph

MoGraph分为多个MoGraph着色器，此类着色器只作用于MoGraph物体，如图7-125所示。

MoGraph 多重着色器
效果 摄像机着色器
素描与卡通 节拍着色器
表面 颜色着色器

图7-125

重要参数讲解

◇ **多重着色器**：可以添加多个纹理图层，并将设置好的多重着色纹理放置在物体上，物体表面将会产生多个纹理效果。

◇ **摄像机着色器**：在摄像机一栏中加载一台摄像机，这样映射在物体材质的纹理就是摄像机所显示的画面，并可以水平和垂直缩放，对摄像机投射的纹理进行长宽比例的调整，勾选或者取消前景与背景可以控制是否投射到摄像机中。

◇ **节拍着色器**：通过控制拍数、峰值范围以及范围曲线可以控制贴图在物体上的强弱变化，单击动画面板上的播放按键，物体上的贴图就会产生明暗变化。

◇ **颜色着色器**：通道默认是颜色属性时，物体纹理颜色就是默认颜色，如果将颜色属性切换为索引比率，物体纹理颜色就会随着曲线的变化而发生改变。

7.4.11 效果

“效果”贴图中包含多种预置贴图，如图7-126所示。

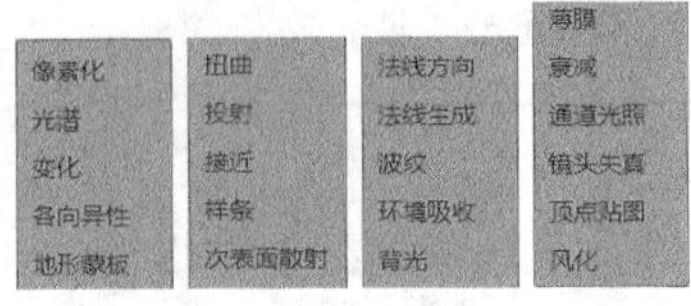

图7-126

重要参数讲解

◇ **光谱**：多种颜色形成的渐变，如图7-127所示。

◇ **环境吸收**：类似于VRay的污垢贴图，让模型在渲染时，阴影处更加明显。

◇ **衰减**：用于制作带有颜色渐变的材质，如图7-128所示。

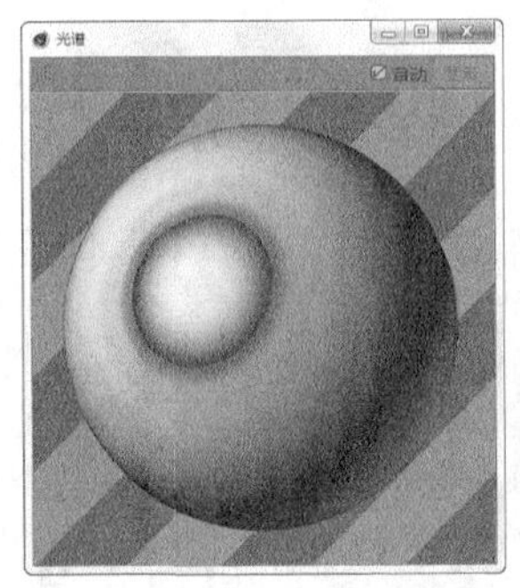

图7-127

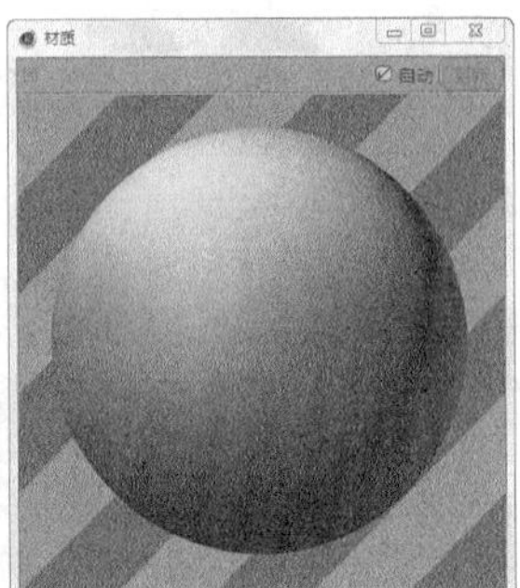

图7-128

7.4.12 素描与卡通

“素描与卡通”是制作卡通材质的贴图，由“划线”“卡通”“点状”和“艺术”4种类型组成，如图7-129所示。

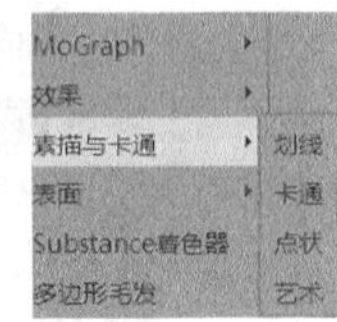

图7-129

重要参数讲解

◇ **划线**：同一颜色的材质。

◇ **卡通**：墨水效果的材质，如图7-130所示。

◇ **点状**：形成点状效果，如图7-131所示。

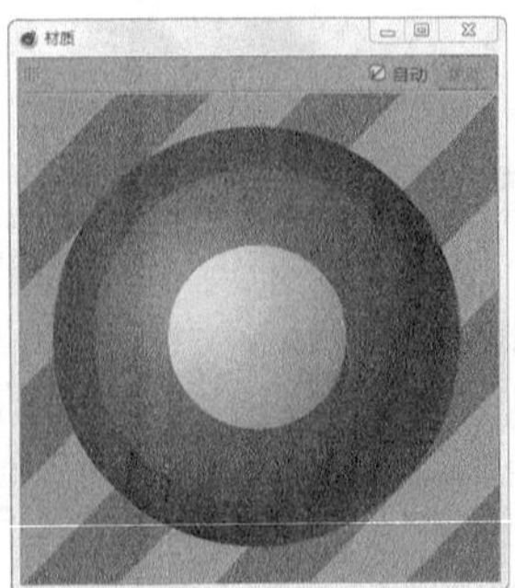

图7-130

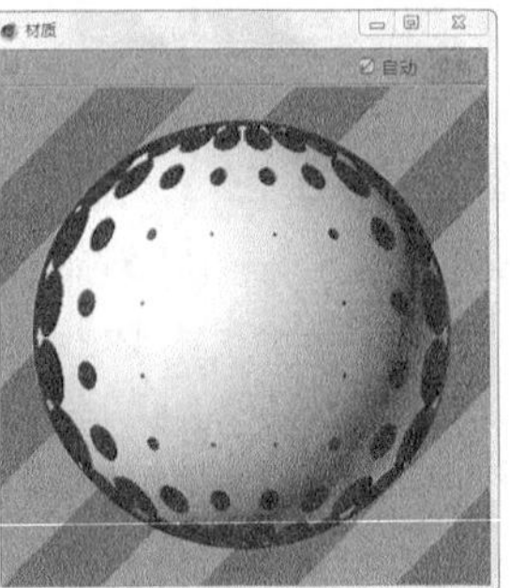

图7-131

◇ **艺术**：形成纯黑色效果。

7.4.13 表面

“表面”贴图拥有许多纹理，能形成丰富的贴图效果，如图7-132所示。

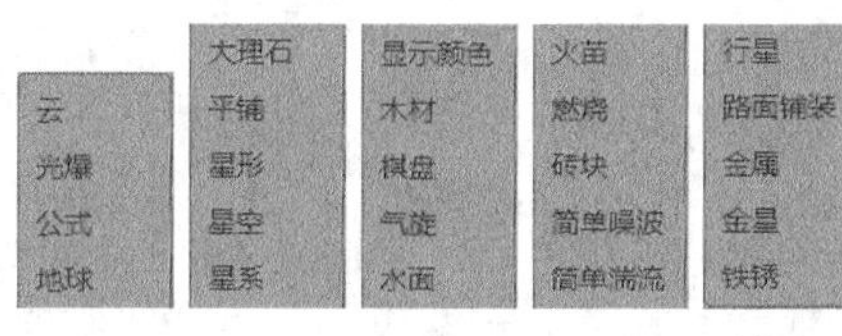

图7-132

重要参数讲解

◇ **云**：形成云朵效果，颜色可更改，如图7-133所示。

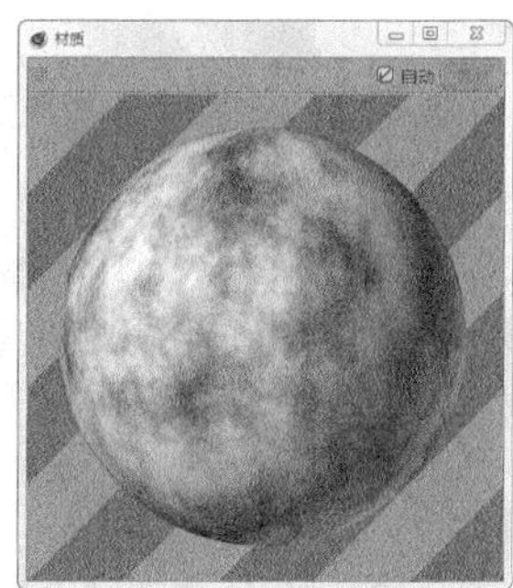

图7-133

◇ **公式**：形成波浪状效果，如图7-134所示。

◇ **地球**：形成类似于地球图案的纹理，如图7-135所示。

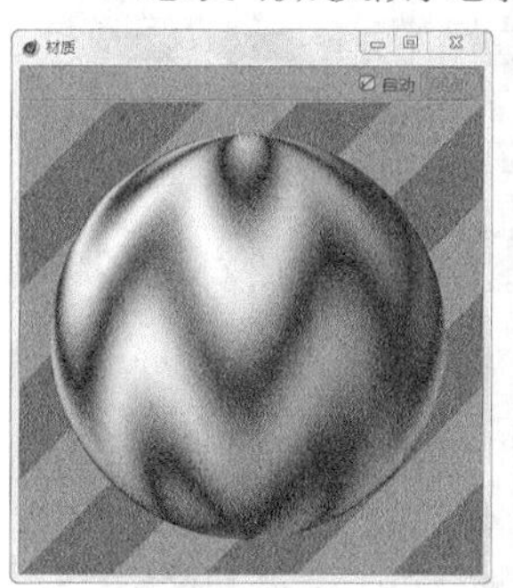

图7-134

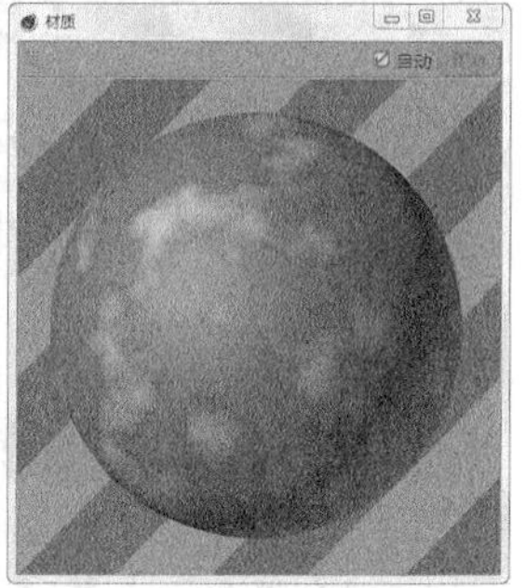

图7-135

◇ **大理石**：形成大理石花纹效果，如图7-136所示。

◇ **平铺**：形成网格状贴图，常用于制作瓷砖和地板，如图7-137所示。

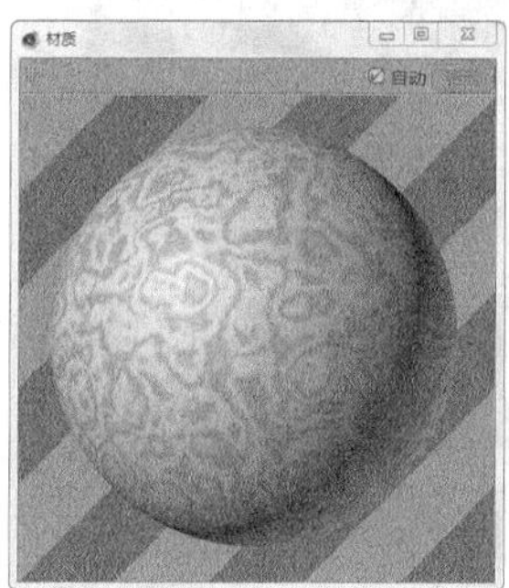

图7-136

图7-137

◇ **木材**：形成木材纹理，如图7-138所示。

◇ **棋盘**：形成黑白相间的方格纹理，如图7-139所示。

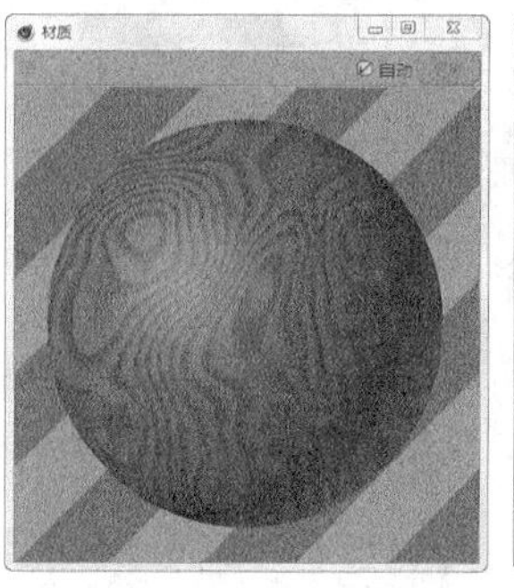

图7-138

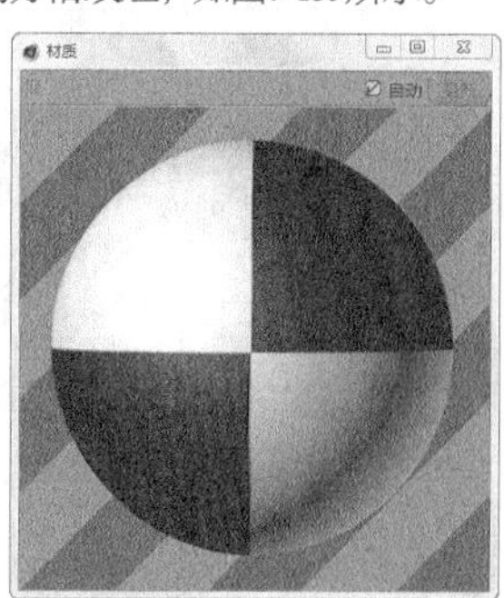

图7-139

◇ **水面**：用于制作水面的波纹效果，如图7-140所示。

◇ **砖块**：形成砖块效果，常用于制作墙面和地面，如图7-141所示。

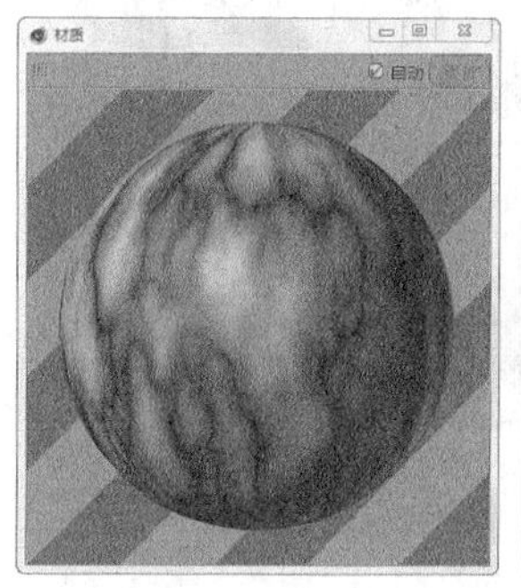

图7-140

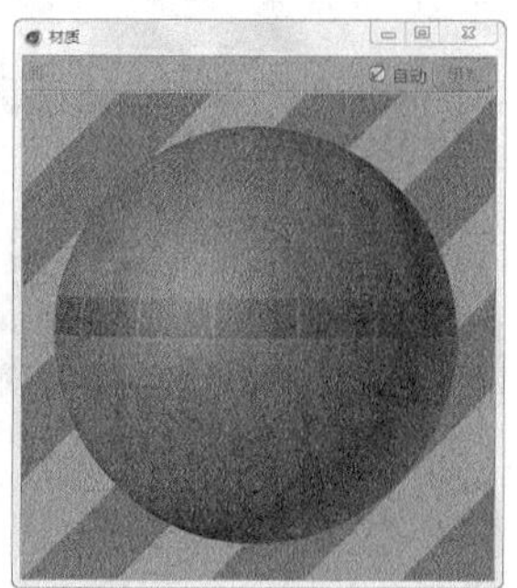

图7-141

◇ **路面铺装**：形成石块拼接效果，常用于制作地面，如图7-142所示。

◇ **铁锈**：形成金属锈斑效果，如图7-143所示。

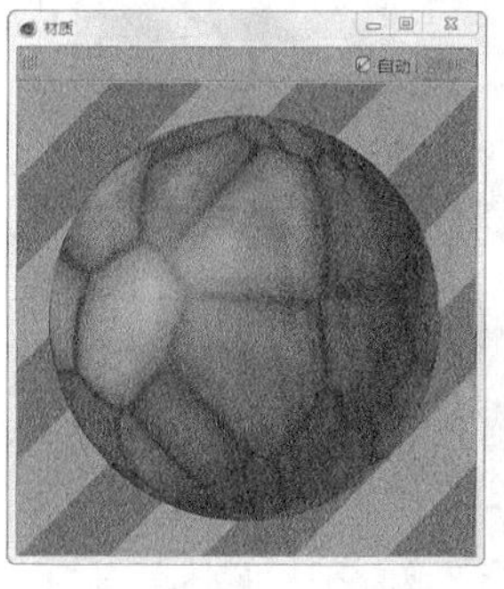

图7-142

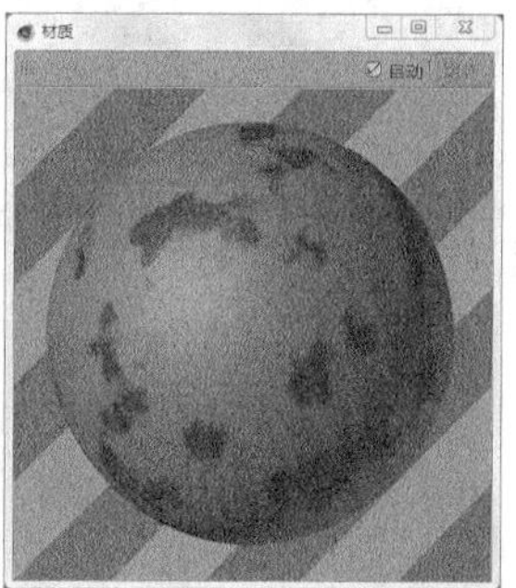

图7-143

知识点：CINEMA 4D的贴图纹理坐标

将材质赋予模型后，在“对象”面板上就会出现材质的图标，单击这个图标，下方的“属性”面板会切换到该材质的“纹理标签”属性，如图7-144和图7-145所示。

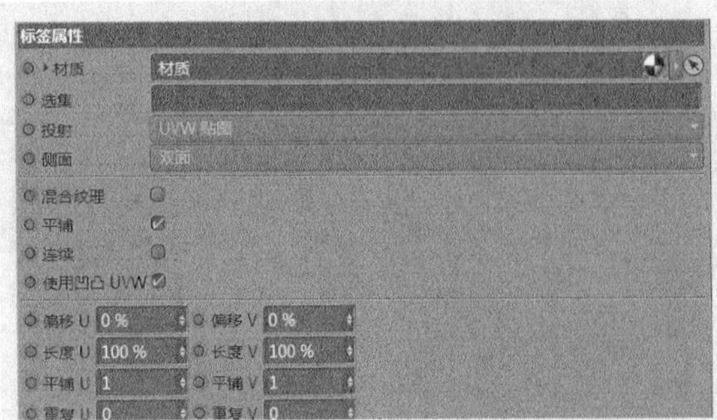

图7-144

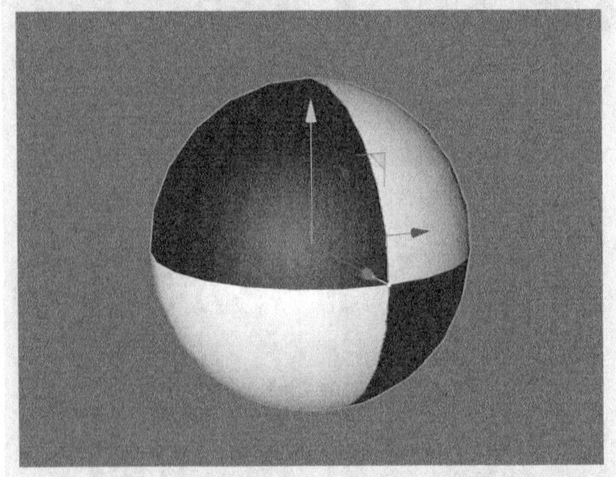

图7-145

“投射”选项中提供了贴图在模型上的显示方式，如图7-146所示，投射效果如图7-147~图7-155所示。

图7-146

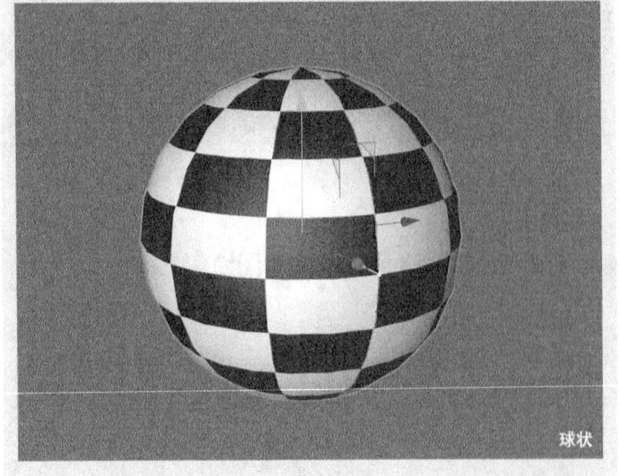

图7-147

图7-148

图7-149

图7-150

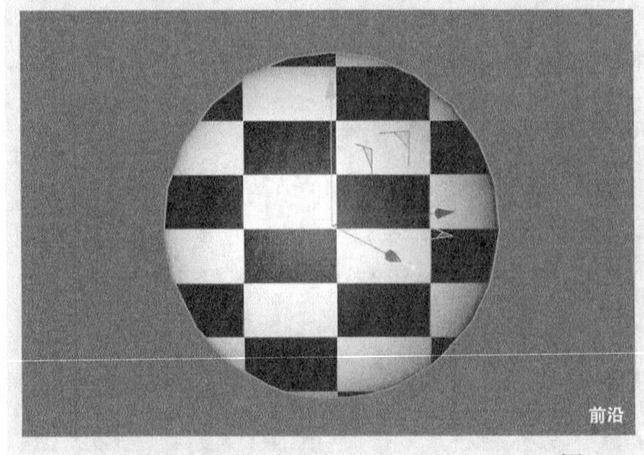

图7-151

图7-152

图7-153

图7-154

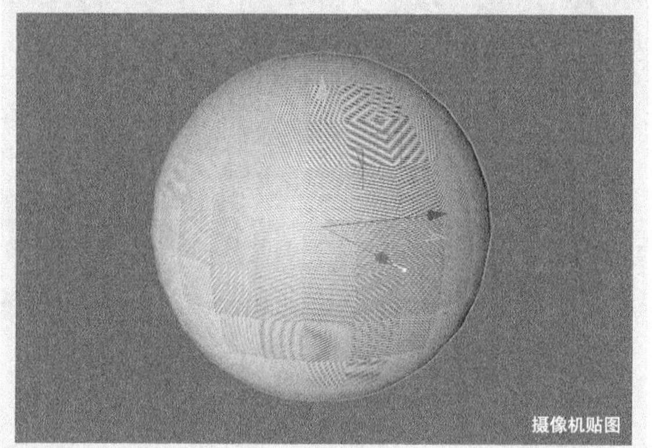

图7-155

偏移：设置贴图在模型上的位置。"偏移U"为横向移动，"偏移V"为纵向移动。

平铺：设置贴图在模型上的重复度。"偏移U"为横向重复，"偏移V"为纵向重复，如图7-156和图7-157所示。

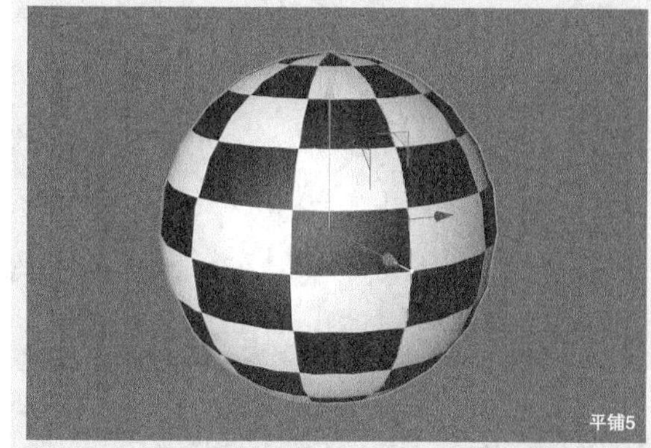

图7-156

图7-157

课堂案例

绒布沙发

场景文件	场景文件>CH07>05.c4d
实例文件	实例文件>CH07>课堂案例：绒布沙发
视频名称	课堂案例：绒布沙发.mp4
学习目标	掌握菲涅耳（Fresnel）贴图的使用方法

本案例是一个沙发，需要模拟出绒布的效果，如图7-158所示。

图7-158

01 打开本书学习资源中的“场景文件>CH07>05.c4d”文件，如图7-159所示。场景中已经建立好了摄像机和灯光。

图7-159

02 制作绒布材质。新建一个材质并命名为“绒布”，然后在“颜色”选项组的“纹理”通道中加载“菲涅耳（Fresnel）”贴图，如图7-160所示。

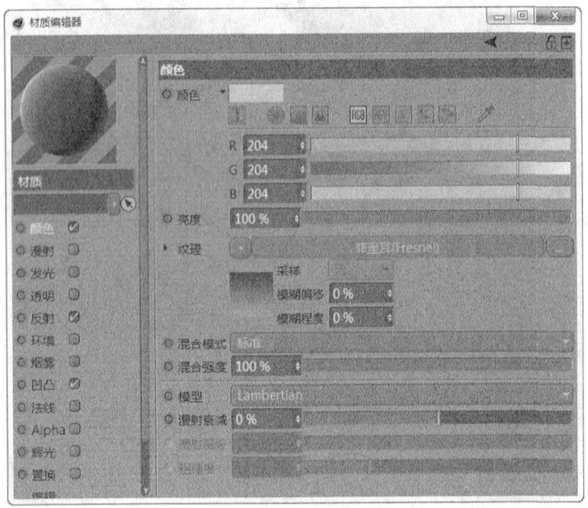

图7-160

03 双击“菲涅耳（Fresnel）”贴图的缩略图进入“着色器”选项卡，然后设置“渐变”的两个颜色分别为（R:194，G:166，B:140）和（R:87，G:69，B:46），如图7-161所示。

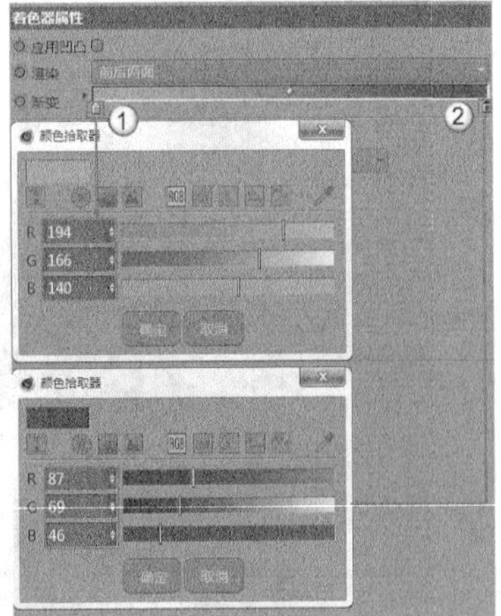

图7-161

04 在“反射”选项组中加载GGX，然后设置“粗糙度”为70%，“高光强度”为30%，“菲涅耳”为“绝缘体”，如图7-162所示。

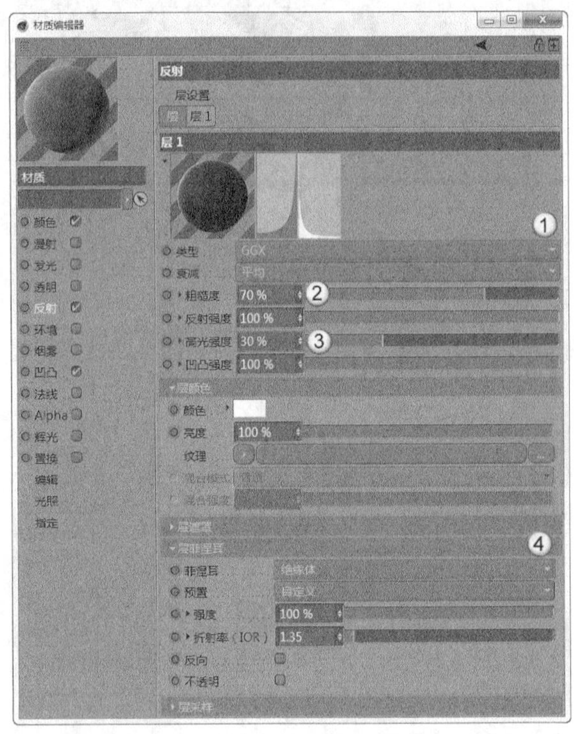

图7-162

05 在“凹凸”选项组的“纹理”通道中加载一张学习资源中的“实例文件>CH07>课堂案例：绒布沙发>绒布凹凸.jpg”文件，然后设置“强度”为40%，如图7-163所示。材质效果如图7-164所示。

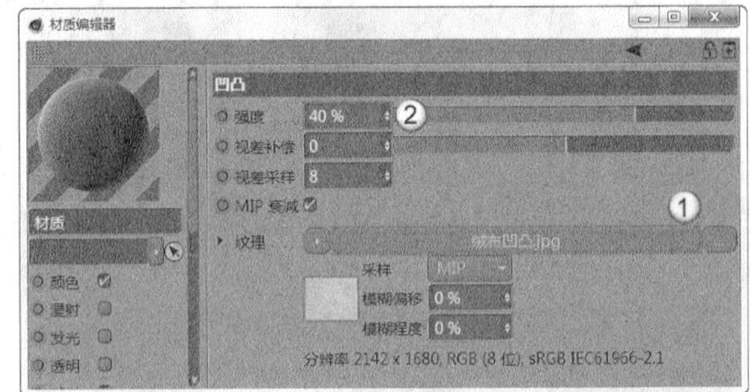

图7-163

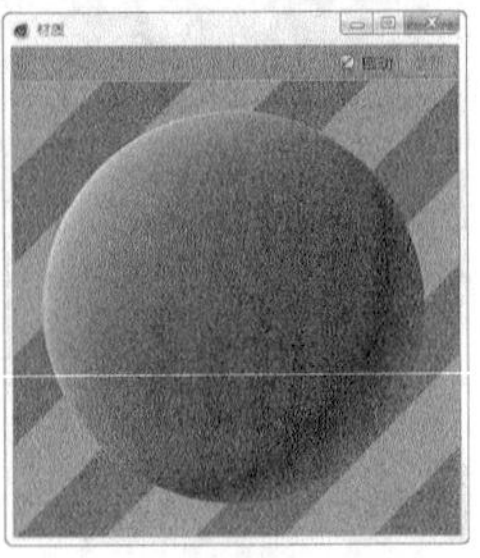

图7-164

06 设置金属材质。新建一个材质，然后在“反射”选项组中添加GGX，接着设置“粗糙度”为20%，“菲涅耳”为“导体”，“预置”为“铝”，如图7-165所示，材质效果如图7-166所示。

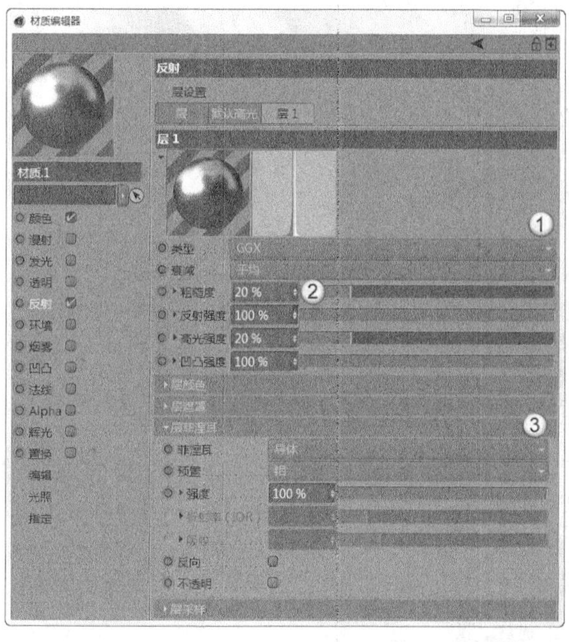

图7-165

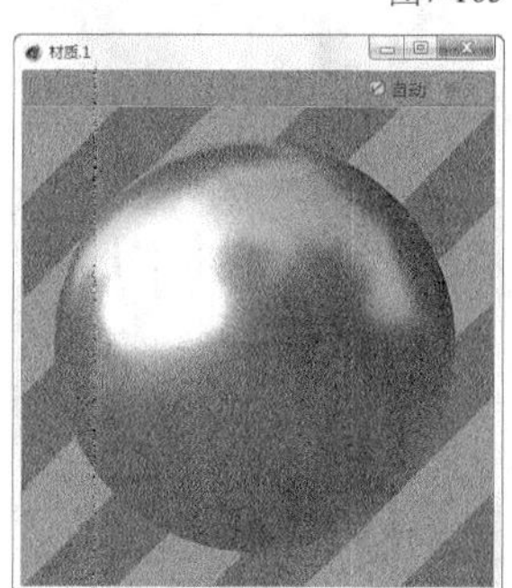

图7-166

07 将材质赋予相应的模型，然后渲染场景，最终效果如图7-167所示。

图7-167

课堂案例

地砖

场景文件 场景文件>CH07>06.c4d

实例文件 实例文件>CH07>课堂案例：地砖

视频名称 课堂案例：地砖.mp4

学习目标 掌握平铺贴图的使用方法

本案例是地面和一个沙发，需要模拟出地砖的效果，如图7-168所示。

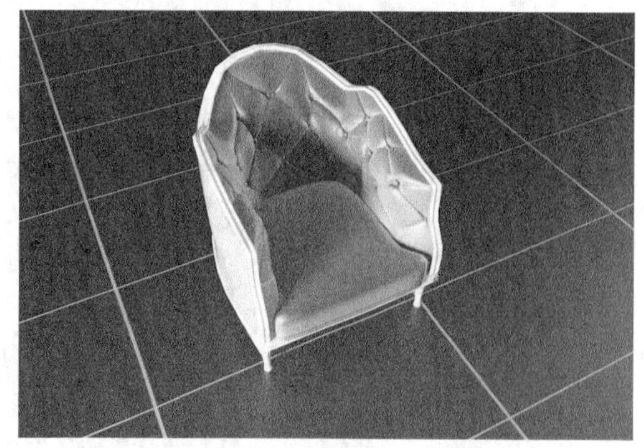

图7-168

01 打开本书学习资源中的“场景文件>CH07>06.c4d”文件，如图7-169所示。场景中已经建立好了摄像机和灯光。

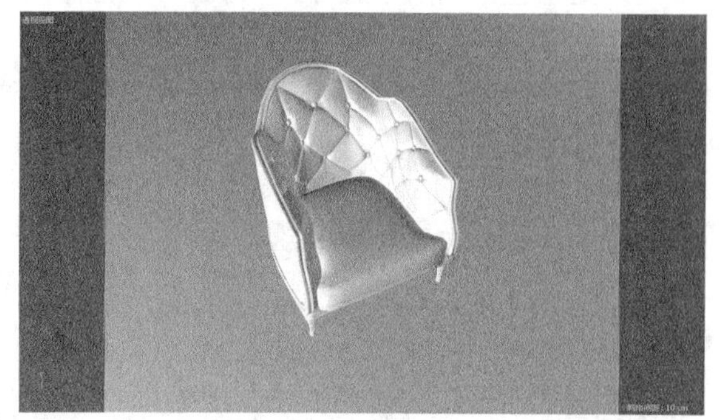

图7-169

02 制作地砖材质。新建一个材质重命名为“地砖”，然后在“颜色”选项组的“纹理”通道中加载“平铺”贴图，如图7-170所示。

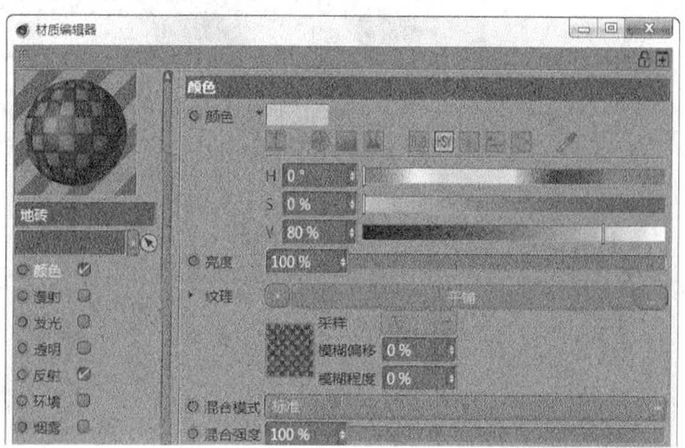

图7-170

03 双击“平铺”贴图的缩略图进入“着色器”选项卡，然后设置“填塞颜色”为（R:140，G:140，B:140），“平铺颜色1”和“平铺颜色2”为（R:13，G:0，B:0），“图案”为“方形”，“填塞宽度”为0.5%，“斜角宽度”为1%，如图7-171所示。

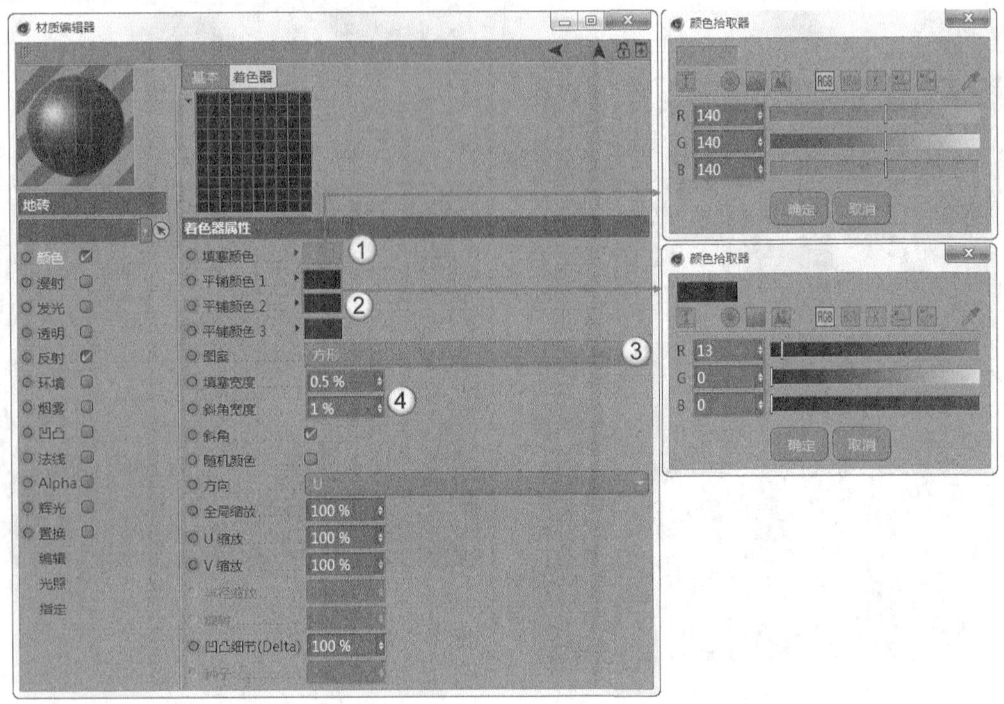

图7-171

04 在“反射”选项组中加载GGX，然后设置“粗糙度”为40%，“菲涅耳”为“绝缘体”，如图7-172所示，材质效果如图7-173所示。

05 设置座椅的坐垫材质。新建一个材质并命名为“绒布”，然后在“颜色”选项组的“纹理”通道中加载“菲涅耳（Fresnel）”贴图，如图7-174所示。

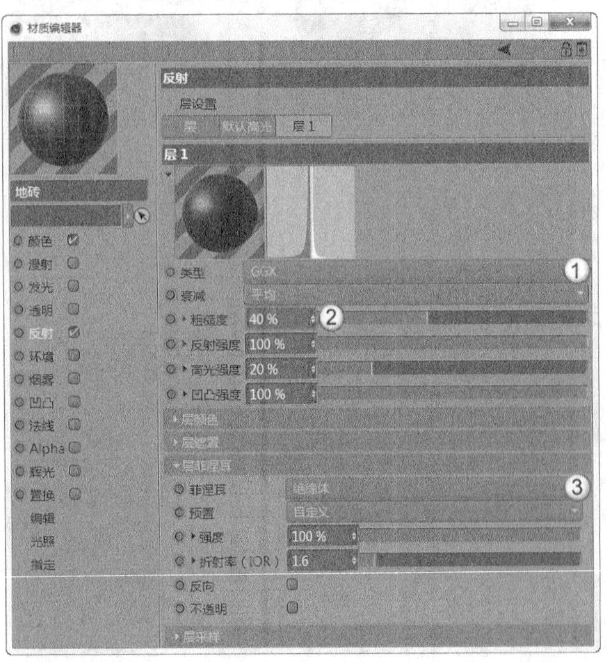

图7-172

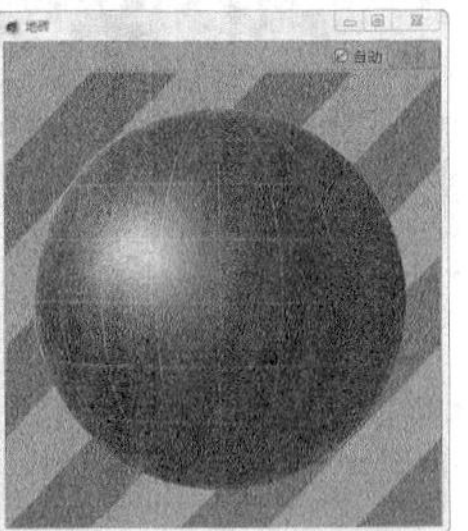

图7-173

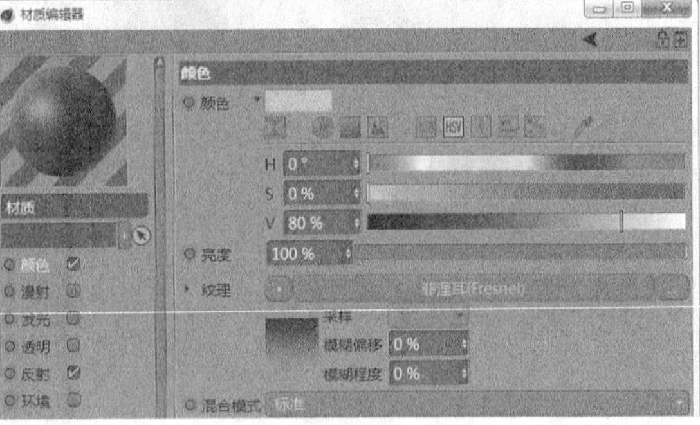

图7-174

06 双击“菲涅耳（Fresnel）”贴图的缩略图进入“着色器”选项卡，然后设置“渐变”的两个颜色分别为（R:166，G:149，B:184）和（R:51，G:35，B:92），如图7-175所示。

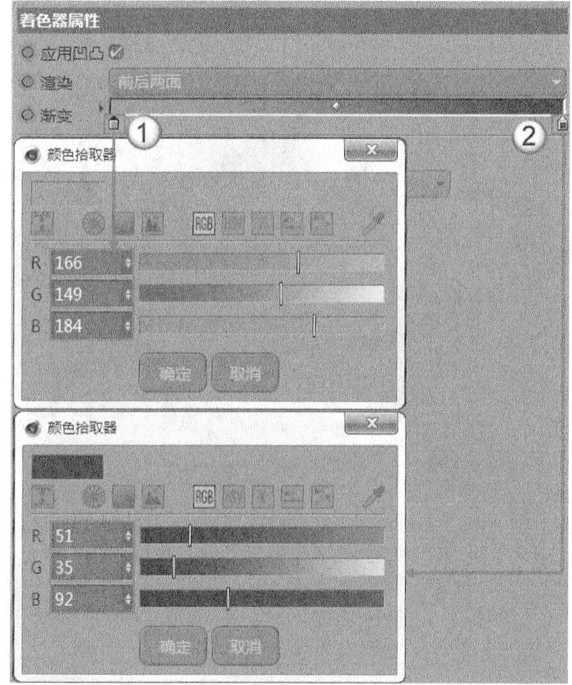

图7-175

07 在“反射”选项组中加载GGX，然后设置“粗糙度”为40%，“高光强度”为30%，“菲涅耳”为“绝缘体”，如图7-176所示，材质效果如图7-177所示。

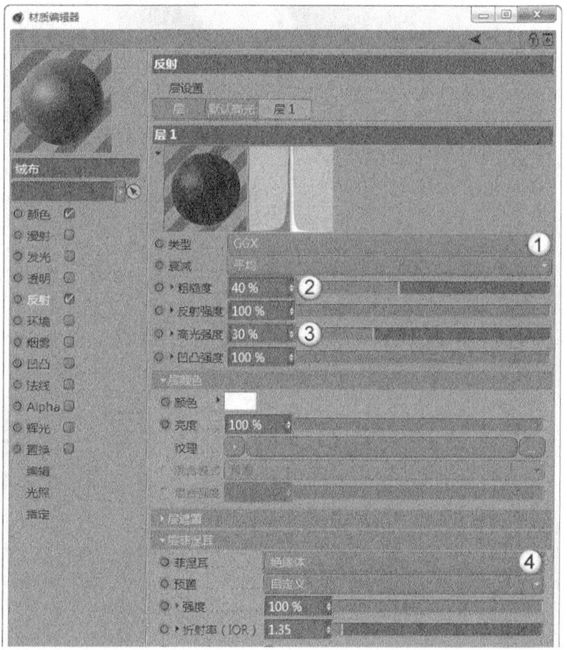

图7-176

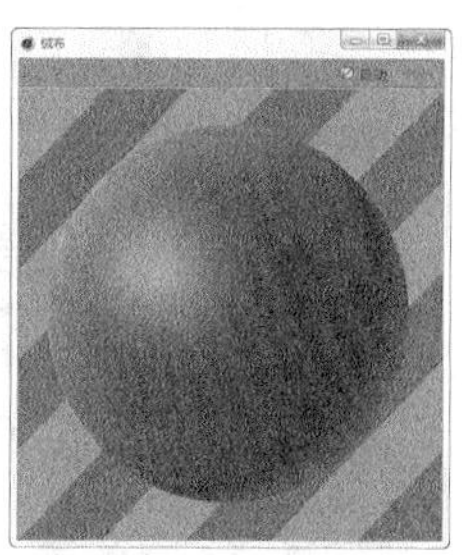

图7-177

08 设置座椅的边沿材质。新建一个材质并命名为“白漆”，然后在“颜色”选项组中设置“颜色”为（R:235，G:235，B:235），如图7-178所示。

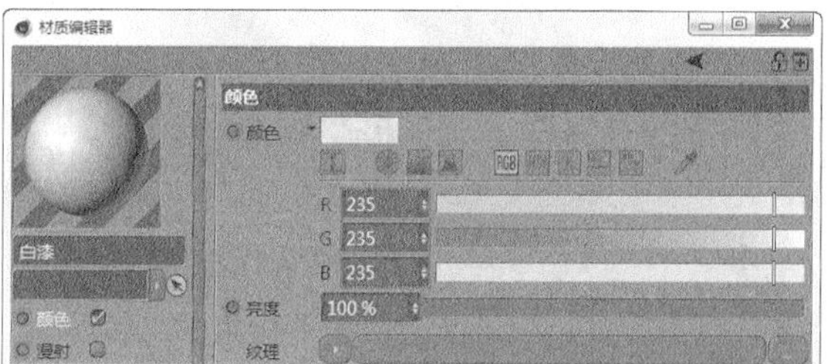

图7-178

09 在“反射”选项组中添加GGX，然后设置“粗糙度”为20%，“菲涅耳”为“绝缘体”，如图7-179所示，材质效果如图7-180所示。

图7-179

图7-180

10 在摄影机视图渲染场景，效果如图7-181所示。

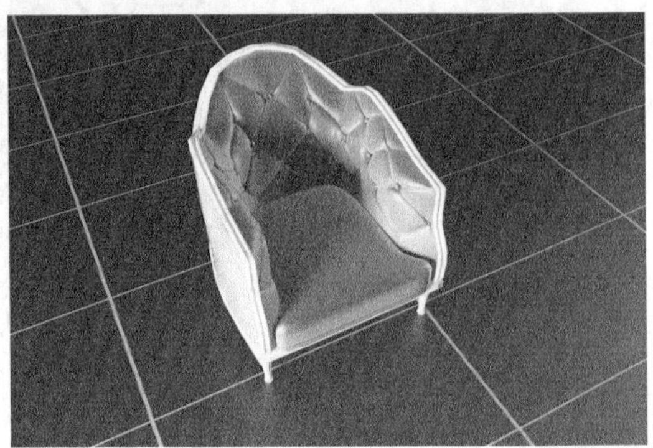

图7-181

7.5 本章小结

本章讲解了CINEMA 4D的材质技术，包括“材质编辑器”的用法和常用的材质与贴图。本章是一个基础章节，与后面章节的知识具有关联性，希望读者勤加练习。

7.6 课后习题

本节安排了两个课后习题供读者练习，这两个习题综合了本章知识。如果读者在练习时有疑问，可以一边观看教学视频，一边学习材质技术。

7.6.1 课后习题：塑料座椅

场景文件　场景文件>CH07>07.c4d

实例文件　实例文件>CH07>课后习题：塑料座椅

视频名称　课后习题：塑料座椅.mp4

学习目标　掌握塑料材质的使用方法

塑料座椅效果如图7-182所示。

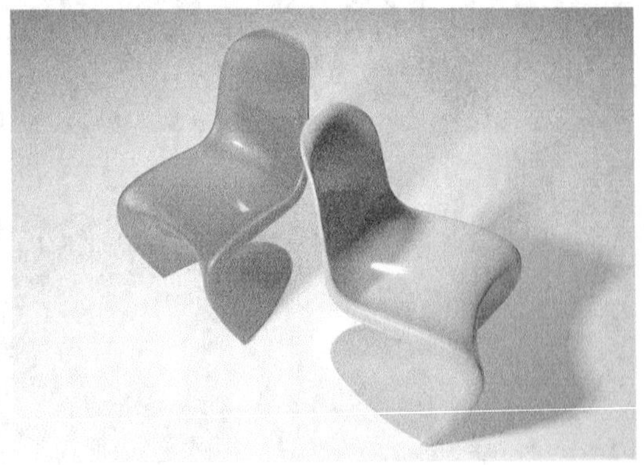

图7-182

7.6.2 课后习题：怀表

场景文件　场景文件>CH07>08.c4d

实例文件　实例文件>CH07>课后习题：怀表

视频名称　课后习题：怀表.mp4

学习目标　掌握金属材质和玻璃材质的使用方法

怀表效果如图7-183所示。

图7-183

CINEMA 4D

第8章 毛发技术

本章将讲解 CINEMA 4D 的毛发技术。利用该技术可以模拟布料、刷子、头发和草坪等效果，引导线和毛发材质相互作用，可以形成更加逼真的模型效果。

课堂学习目标

◇ 掌握添加毛发的方法

◇ 掌握毛发材质的调整方法

8.1 毛发对象

“模拟”菜单列出了与毛发相关的命令，如图8-1所示，这些命令不仅可以创建毛发，还可以对毛发进行属性的修改。

图8-1

本节工具介绍

工具名称	工具作用	重要程度
添加毛发	用于添加毛发	高
引导线	设置毛发的样条	高
毛发	设置毛发生长数量、分段	高
编辑	设置毛发的显示效果	高
生成	设置渲染毛发的形状	中

8.1.1 添加毛发

视频云课堂：056 毛发对象

选中需要添加毛发的对象，然后执行“模拟-毛发对象-添加毛发”菜单命令，即可为对象添加毛发，添加的毛发会以引导线的形式呈现，如图8-2所示。

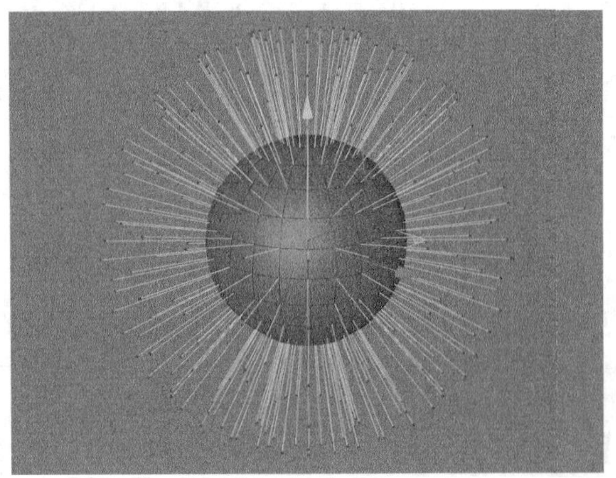
图8-2

在“属性”面板中可以调节毛发的相关属性，如图8-3所示。

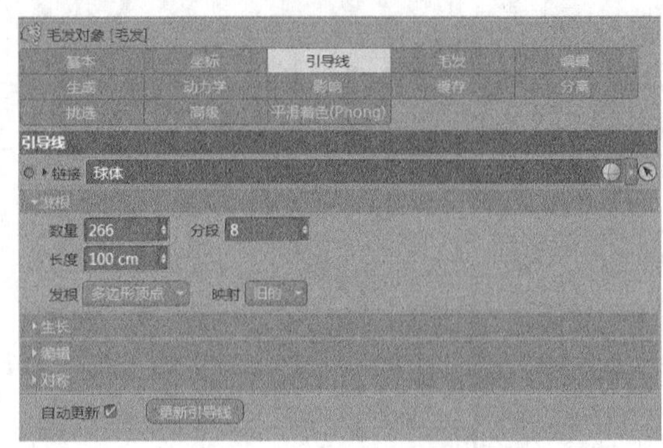

图8-3

技巧与提示

在创建毛发模型的同时，会在材质面板中创建相关联的毛发材质。

8.1.2 引导线

“引导线”选项卡用于设置毛发引导线的相关参数。通过引导线，能直观地观察毛发的生长效果，如图8-4所示。

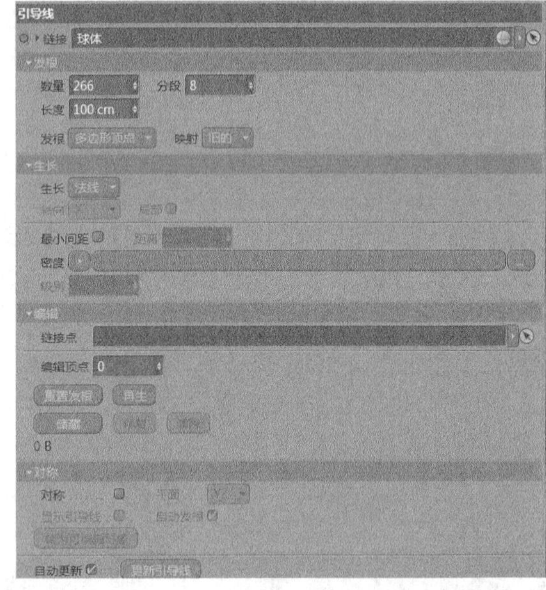

图8-4

重要参数讲解

◇ **数量**：设置引导线的显示数量。

◇ **分段**：设置引导线的分段。

◇ **长度**：设置引导线的长度，也是毛发的长度。

◇ **发根**：设置发根生长的位置，如图8-5所示。

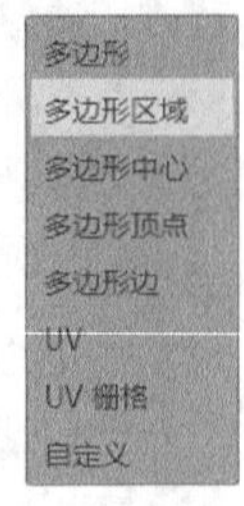

图8-5

◇ **生长**：设置毛发生长的方向，默认为对象的法线方向。

8.1.3 毛发

“毛发”选项卡用于设置毛发生长数量、分段等信息，如图8-6所示。

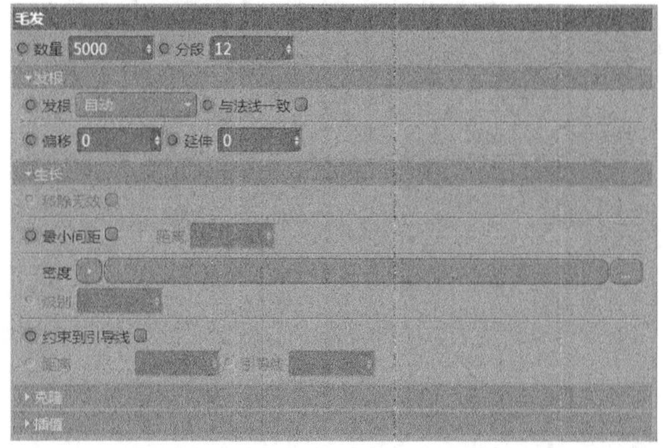

图8-6

重要参数讲解

◇ **数量**：设置毛发的渲染数量，如图8-7和图8-8所示。

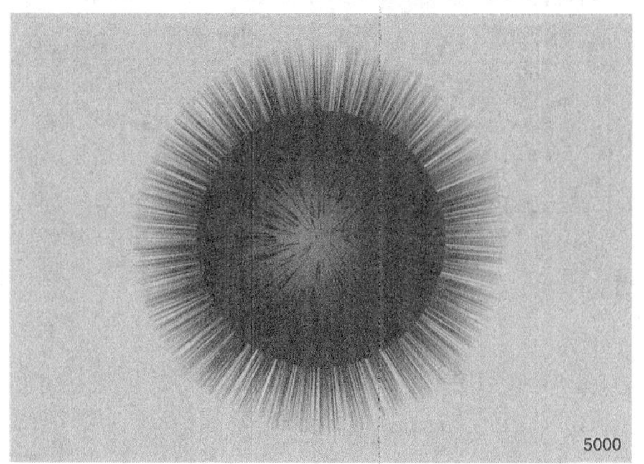

图8-7

图8-8

◇ **分段**：设置毛发的分段。

◇ **发根**：设置毛发的分布形式。

◇ **偏移**：设置发根与对象表面的距离，如图8-9所示。

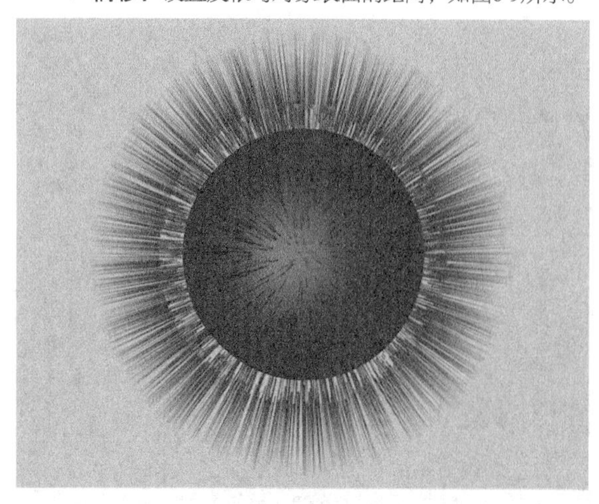

图8-9

◇ **最小间距**：设置毛发间距，也可以加载贴图进行控制，图8-10所示为“距离”为100cm的效果。

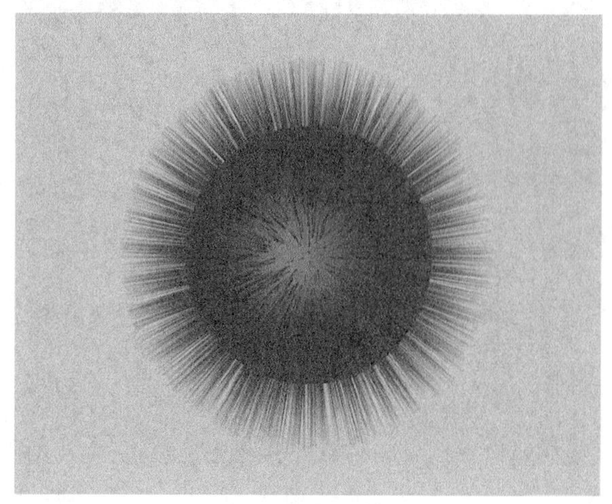

图8-10

8.1.4 编辑

“编辑”选项卡用于设置毛发的显示效果，如图8-11所示。

图8-11

重要参数讲解

◇ **显示**：设置毛发在视图中显示的效果，如图8-12~图8-15所示。

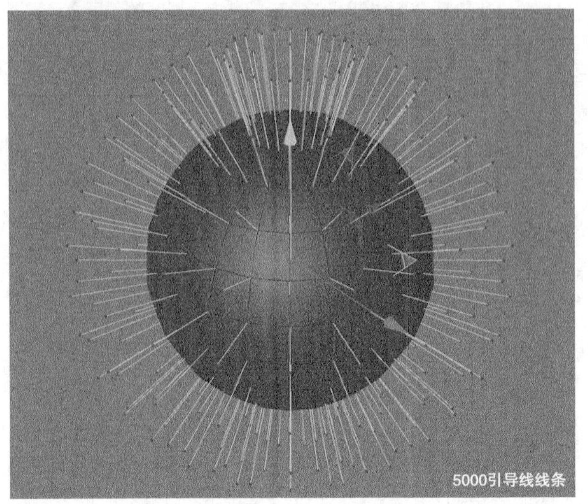

图8-12

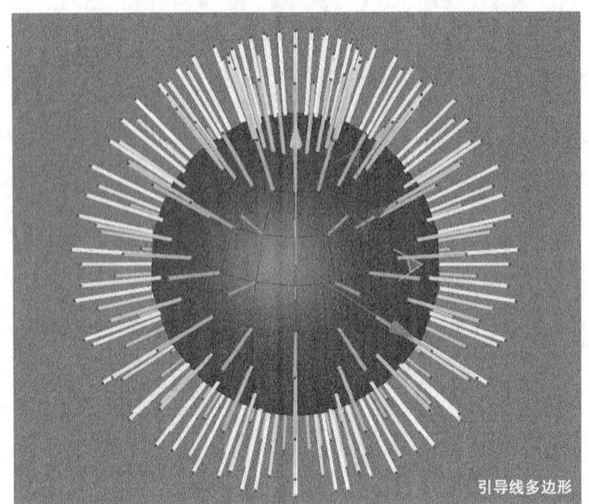

图8-13

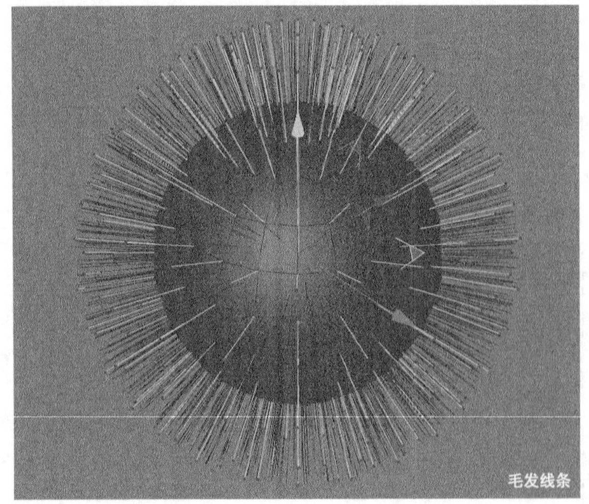

图8-14

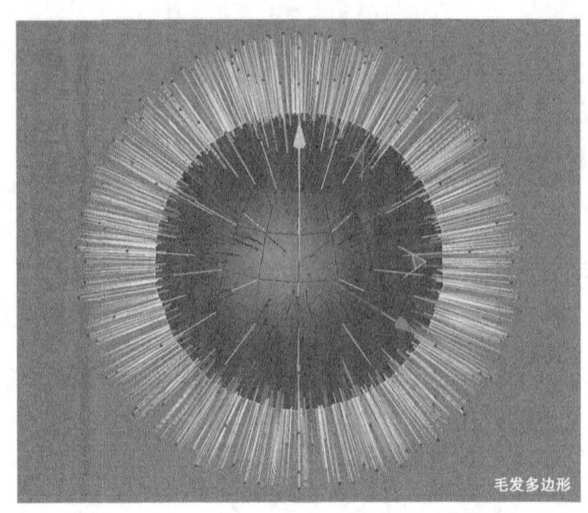

图8-15

◇ **生成**：设置显示的样式，默认为“与渲染一致”选项。

8.1.5 生成

“生成”选项卡用于设置渲染毛发的形状，可以是预设形状，也可以是实例对象或扫描图形，如图8-16所示。

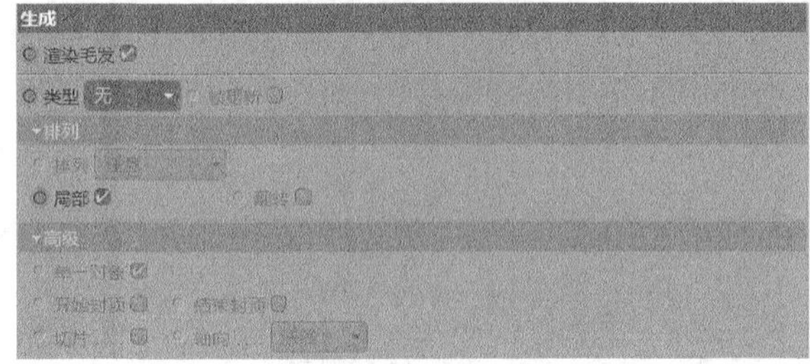

图8-16

重要参数讲解

◇ **类型**：设置毛发渲染的效果，如图8-17所示。

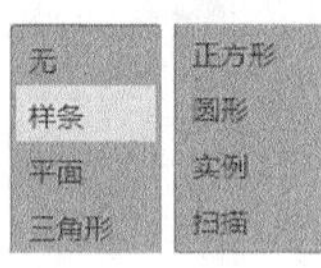

图8-17

8.2 毛发工具

“模拟-毛发工具”菜单中列出了编辑毛发的工具，可以对毛发进行卷曲、拉直等操作，如图8-18所示。

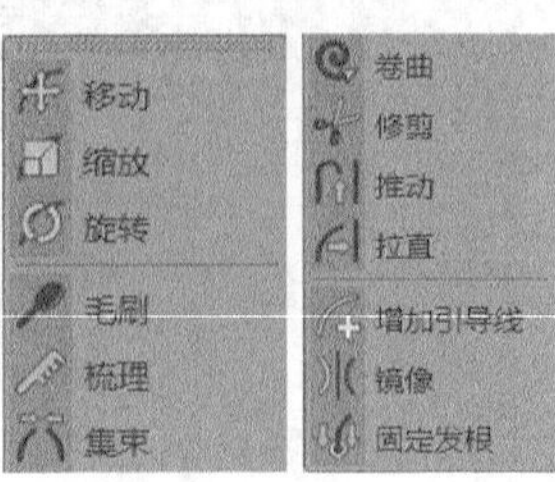

图8-18

本节工具介绍

工具名称	工具作用	重要程度
移动/缩放/旋转	设置毛发的生长方向	中
卷曲	设置毛发形成弯曲的效果	中
拉直	设置毛发拉直效果	中

8.2.1 移动/缩放/旋转

视频云课堂：057 毛发工具

“移动/缩放/旋转”工具用于设置毛发的生长方向，如图8-19所示。

图8-19

8.2.2 卷曲

用“卷曲”工具可以使毛发形成弯曲的效果，如图8-20所示。其参数面板如图8-21所示。

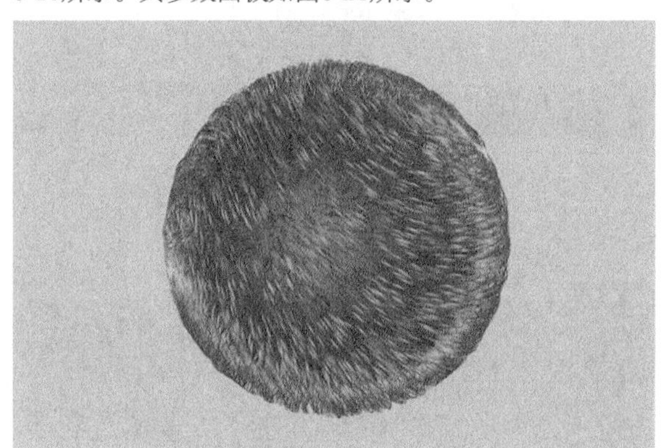

图8-20

图8-21

重要参数讲解

◇ **强度**：设置毛发卷曲的程度。

◇ **角度**：设置毛发卷曲的角度。

◇ **紧密**：设置毛发发梢与发根之间的距离。

8.2.3 拉直

“拉直”工具与“卷曲”工具相反，是将弯曲的毛发拉直，其参数面板如图8-22所示。

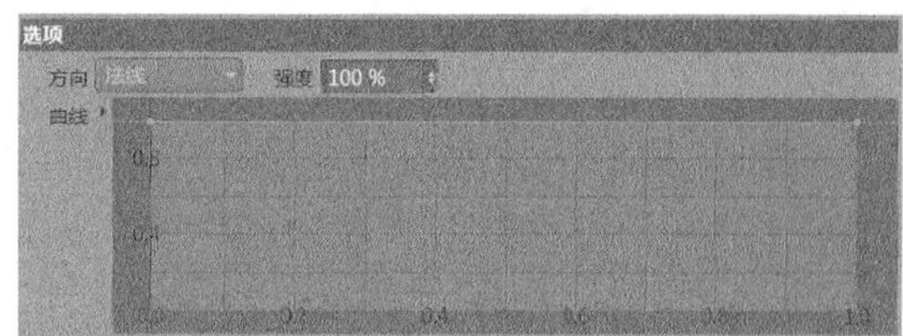

图8-22

重要参数讲解

◇ **方向**：设置毛发拉直的方向，默认为“法线”。

◇ **强度**：设置拉直毛发的强度。

◇ **曲线**：通过曲线设置毛发的拉直效果。

8.3 毛发材质

当创建毛发模型时，会在材质面板自动创建相对应的毛发材质。双击毛发材质会打开“材质编辑器”，如图8-23所示。比起普通材质的材质面板，毛发材质的属性更多。

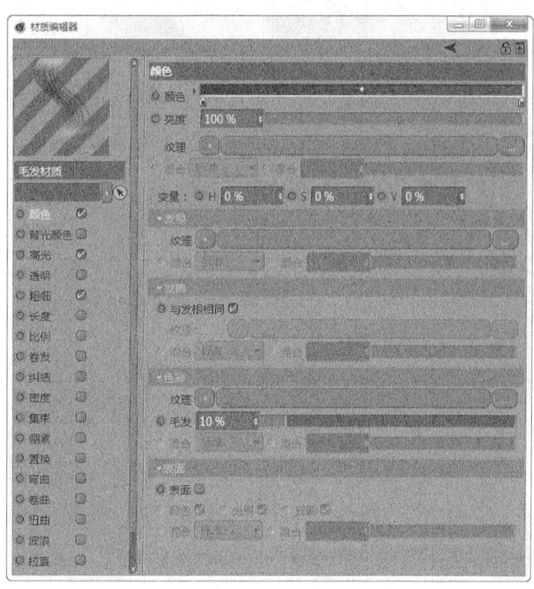

图8-23

本节工具介绍

工具名称	工具作用	重要程度
颜色	设置毛发颜色	高
高光	设置毛发的高光颜色	中
粗细	设置发根与发梢的粗细	高
长度	设置毛发的长度	高
集束	使毛发形成集束效果	中
弯曲	将毛发进行弯曲	中

8.3.1 颜色

视频云课堂：058 毛发材质

“颜色”选项用于设置毛发的颜色及纹理效果，如图8-24所示。

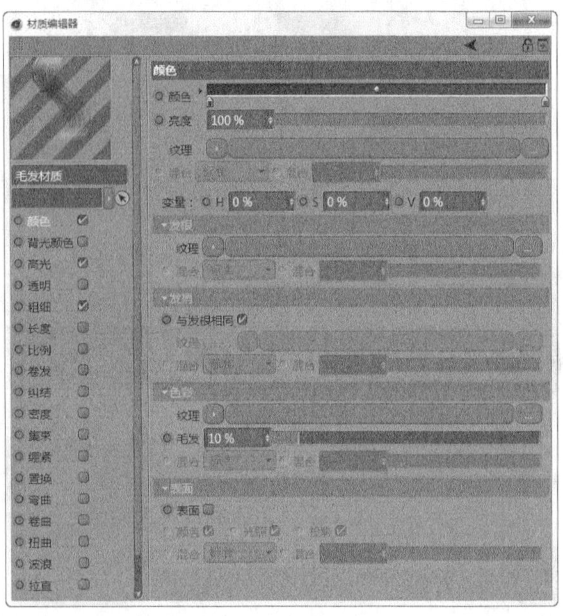

图8-24

重要参数讲解

◇ **颜色**：毛发的颜色，通常用渐变色条进行设置。

◇ **亮度**：设置材质颜色显示的程度。当设置为0时为纯黑色、100%时为材质的颜色、超过100%时为自发光效果。

◇ **纹理**：为材质加载内置纹理或外部贴图的通道。

8.3.2 高光

“高光”选项用于设置毛发的高光颜色，默认为白色，如图8-25所示。

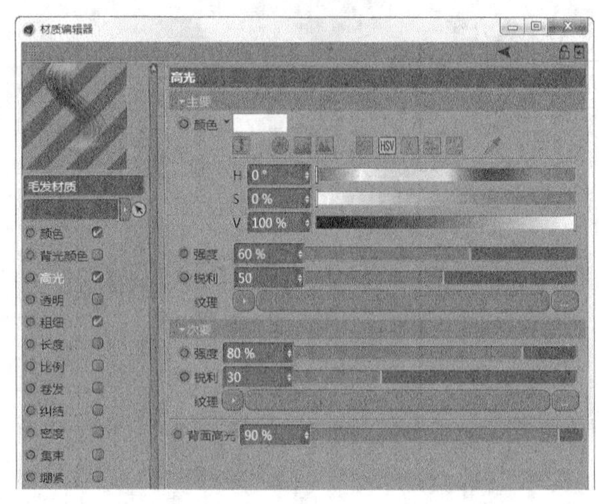

图8-25

重要参数讲解

◇ **颜色**：设置毛发的高光颜色，白色表示反光为最强。

◇ **强度**：设置毛发的高光强度。

◇ **锐利**：设置高光与毛发的过渡效果，数值越大，边缘越锐利，如图8-26和图8-27所示。

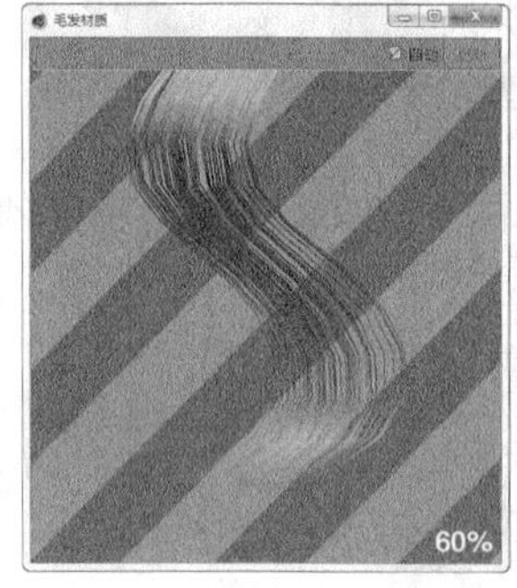

图8-26

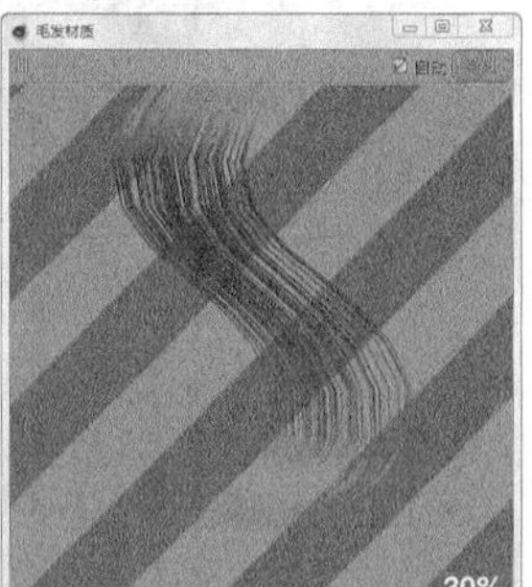

图8-27

8.3.3 粗细

“粗细”选项用于设置发根与发梢的粗细，如图8-28所示。

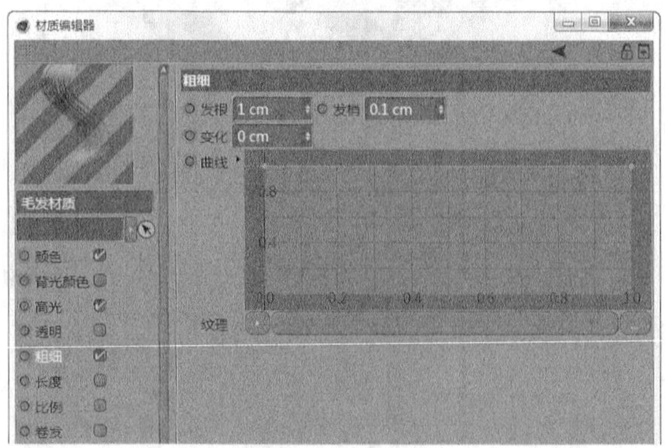

图8-28

重要参数讲解

◇ **发根**：设置发根的粗细数值。

◇ **发梢**：设置发梢的粗细数值。

◇ **变化**：设置发根到发梢粗细的变化数值。

8.3.4 长度

“长度”选项用于设置毛发的长度及长度差，如图8-29所示。

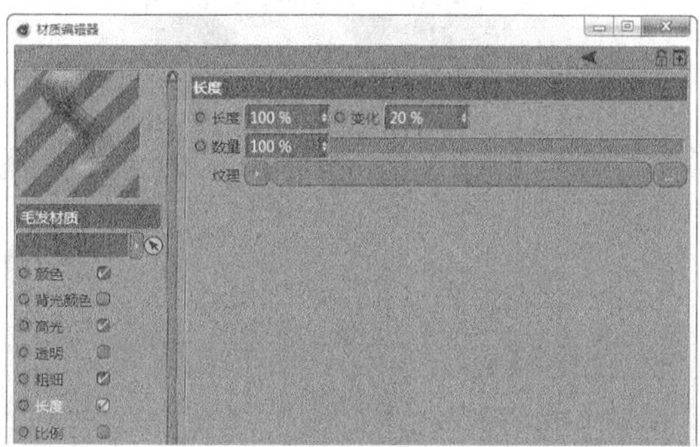

图8-29

重要参数讲解

◇ **长度**：设置毛发长度。

◇ **变化**：数值越大，毛发长度差距越大，如图8-30和图8-31所示。

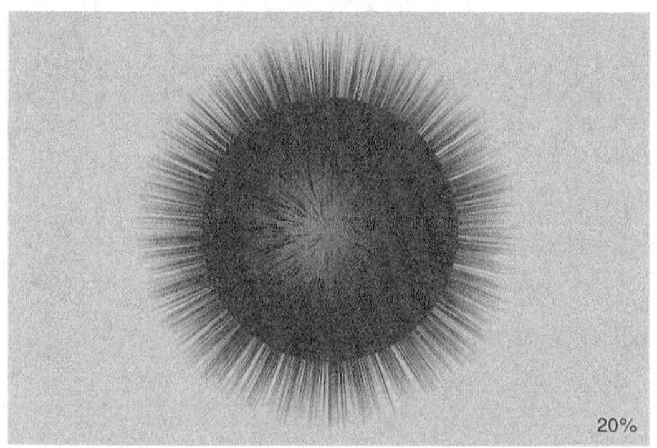

图8-30

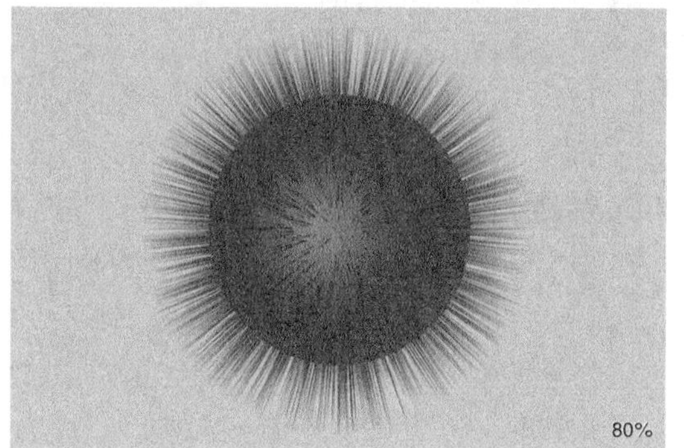

图8-31

◇ **数量**：设置要进行长度差距变化的毛发的比例。

8.3.5 集束

“集束”选项用于使毛发形成集束效果，参数面板如图8-32所示。

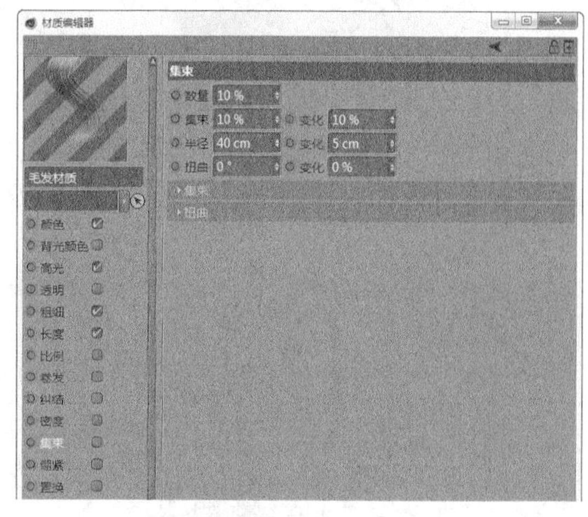

图8-32

重要参数讲解

◇ **数量**：设置毛发需要集束的比例。

◇ **集束**：设置毛发集束的程度，数值越大，集束效果越明显，如图8-33和图8-34所示。

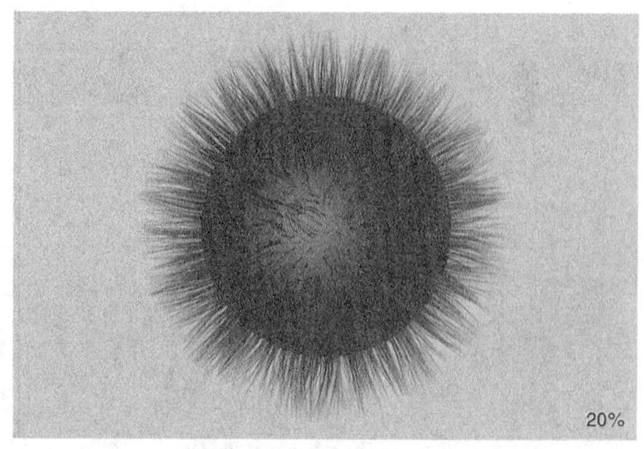

图8-33

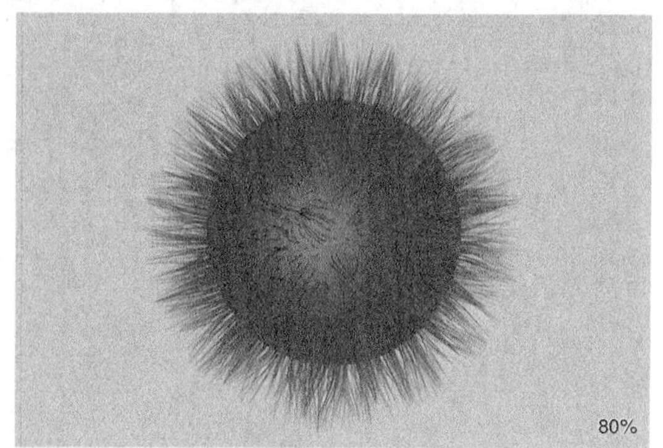

图8-34

◇ **半径**：设置集束的半径，如图8-35和图8-36所示。

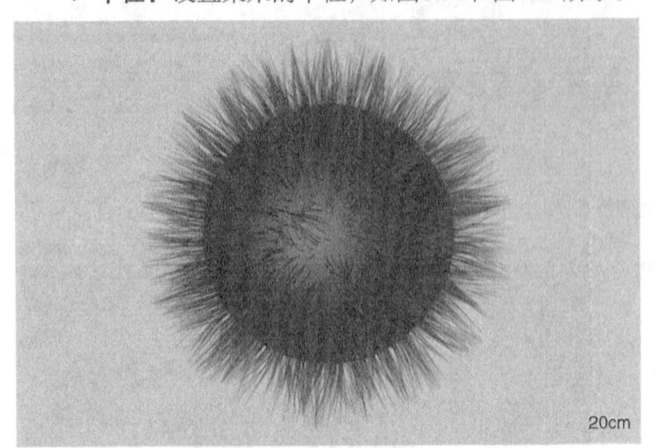

图8-35

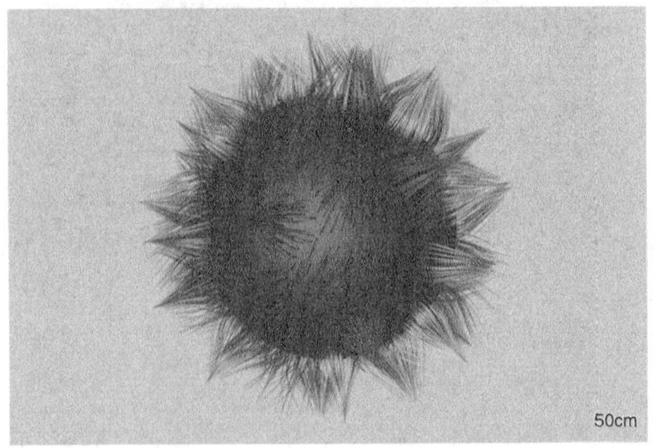

图8-36

8.3.6 弯曲

“弯曲”选项用于对毛发进行弯曲，参数面板如图8-37所示。

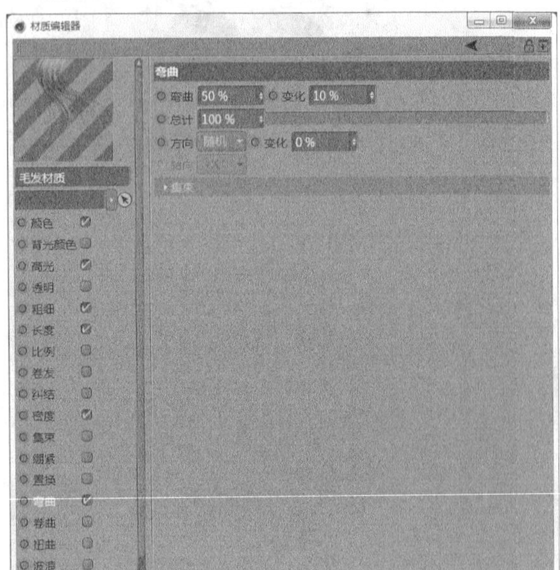

图8-37

重要参数讲解

◇ **弯曲**：设置毛发弯曲的程度，如图8-38和图8-39所示。

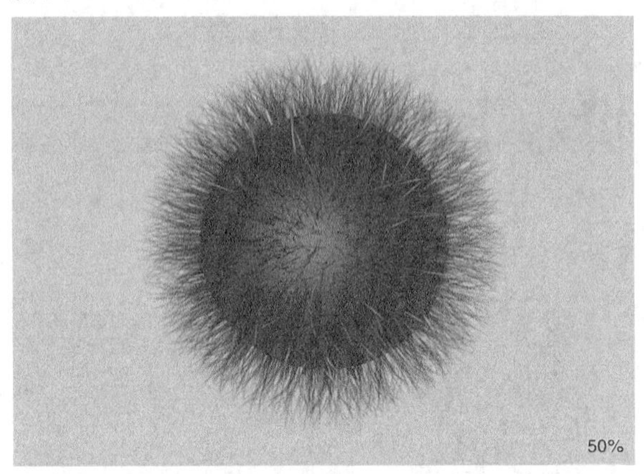

图8-38

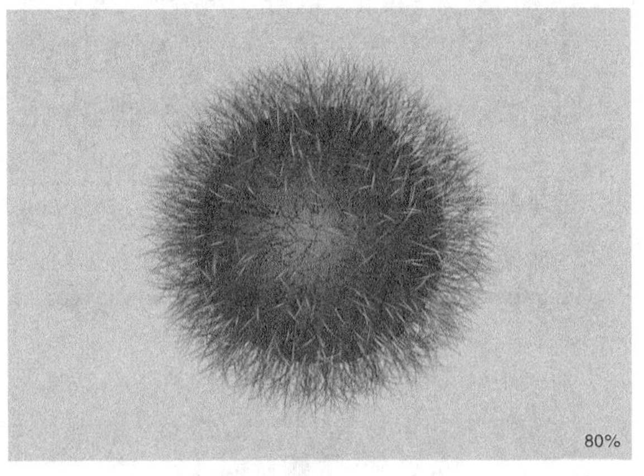

图8-39

◇ **变化**：设置毛发在弯曲时的差异性。

◇ **总计**：设置需要弯曲的毛发比例。

◇ **方向**：设置毛发弯曲的方向，有“随机”“局部”“全局”和“对象”4种方式。

◇ **轴向**：设置毛发弯曲的方向。

技巧与提示

在“材质编辑器”中调整毛发属性时，毛发模型的引导线并不会随之变化，需要通过渲染观察毛发效果。

课堂案例

用毛发制作植物盆栽

场景文件	无
实例文件	实例文件>CH08>课堂案例：用毛发制作植物盆栽
视频名称	课堂案例：用毛发制作植物盆栽.mp4
学习目标	掌握创建毛发和调整毛发材质的方法

本案例是一个简单的植物盆栽，需要使用毛发进行创建，如图8-40所示。

图8-40

01 使用“圆锥”工具在场景中创建一个圆锥体，然后设置“顶部半径”为60cm，“底部半径”为100cm，“高度”为160cm，“高度分段”为8，接着设置“方向”为－Y，再设置“封顶分段”为1，最后勾选“顶部”和“底部”，并设置“半径”与“高度”都为5cm，如图8-41所示。

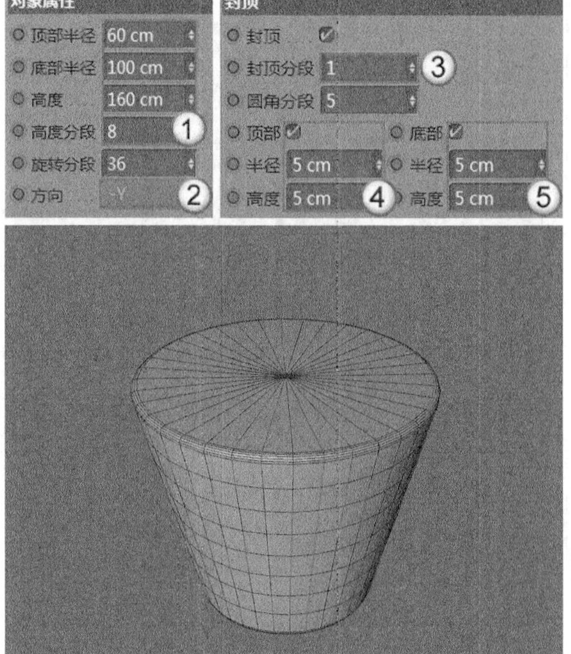

图8-41

> **技巧与提示**
>
> 方向为－Y是让圆锥体顶部朝下。

02 将步骤01创建的圆锥按C键转换为可编辑对象，然后进入“多边形”模式，接着选中图8-42所示的多边形。

图8-42

03 单击鼠标右键在菜单中选择“内部挤压”工具，然后向内挤压2cm，如图8-43所示。

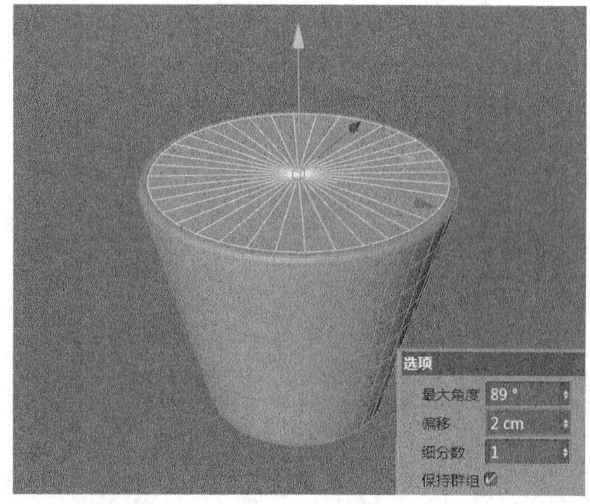

图8-43

04 使用“挤压”工具向下挤压-10cm，如图8-44所示。

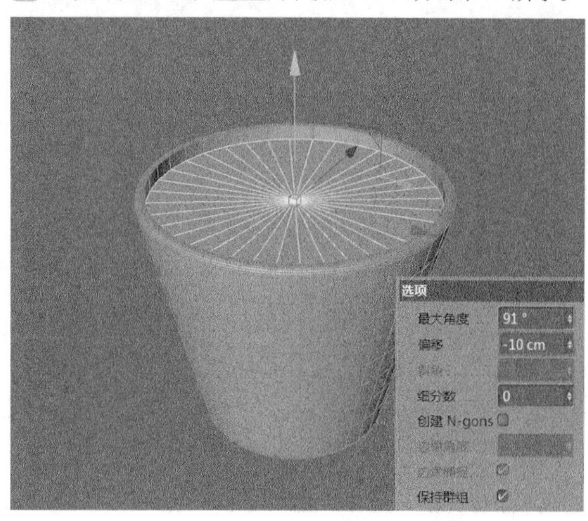

图8-44

05 保持选中的多边形不变，然后单击鼠标右键选择“分裂”工具，将选中的多边形单独复制并分裂，如图8-45所示。此时“对象”面板会新生成“圆锥.1”选项，如图8-46所示。

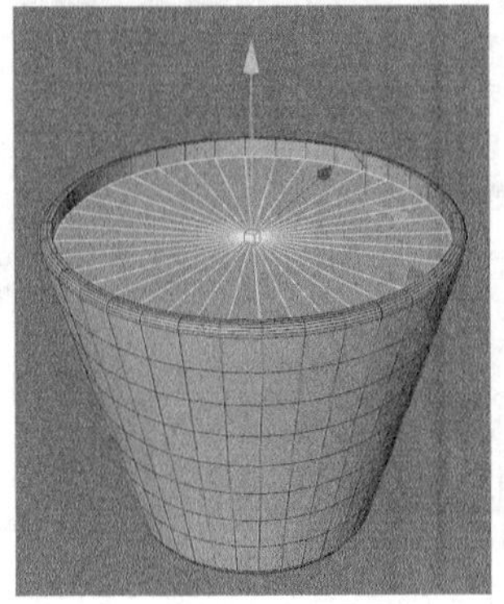

图8-45

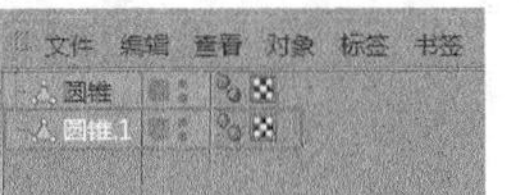

图8-46

06 选中“圆锥.1”选项，然后执行“模拟-毛发对象-添加毛发”菜单命令，模型的上方生成了毛发引导线，如图8-47所示。

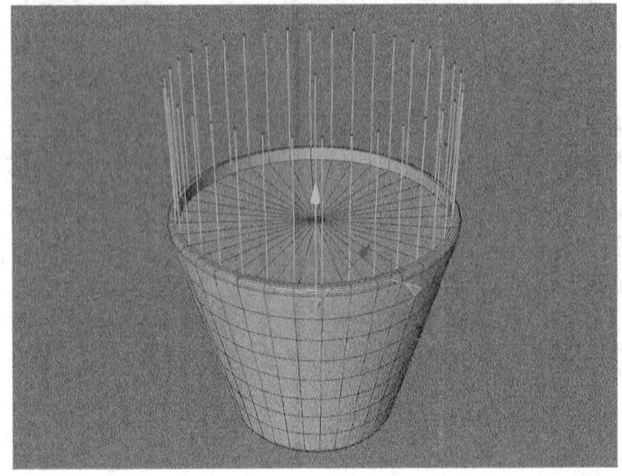

图8-47

07 在“引导线”选项卡中，设置“长度”为80cm，如图8-48所示。

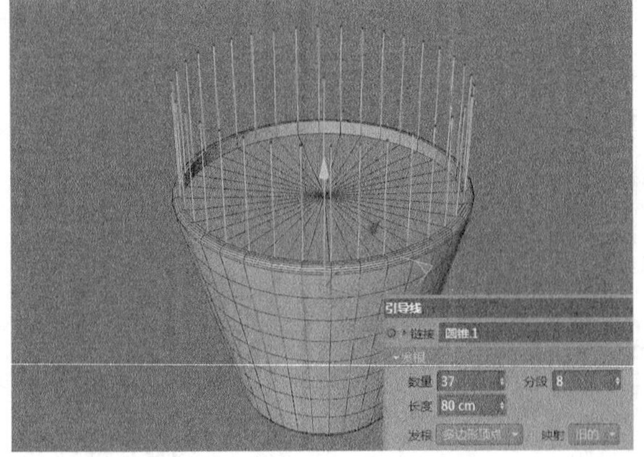

图8-48

08 双击材质面板的“毛发材质”图标，然后打开“材质编辑器”，接着在“颜色”选项组中设置“颜色”的渐变为（R:31，G:51，B:36）和（R:81，G:143，B:79），如图8-49所示。

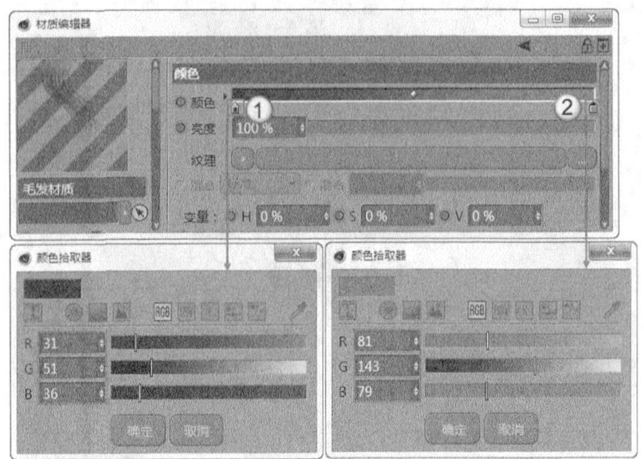

图8-49

09 在“高光”选项组中设置“强度”为26%，如图8-50所示。

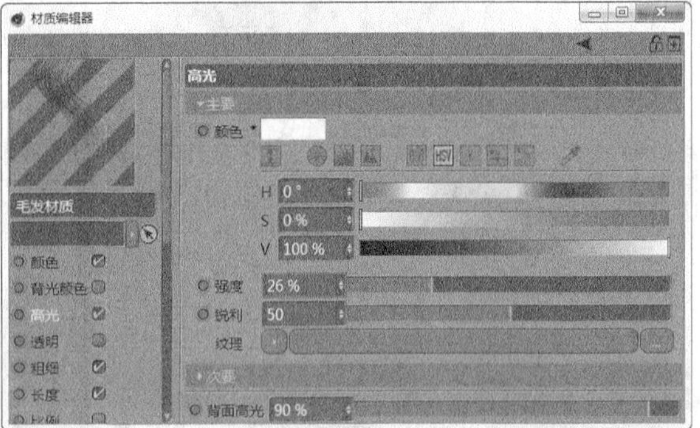

图8-50

10 在“粗细”选项组中设置“发梢”为0.05cm，然后设置“变化”为0.2cm，如图8-51所示。

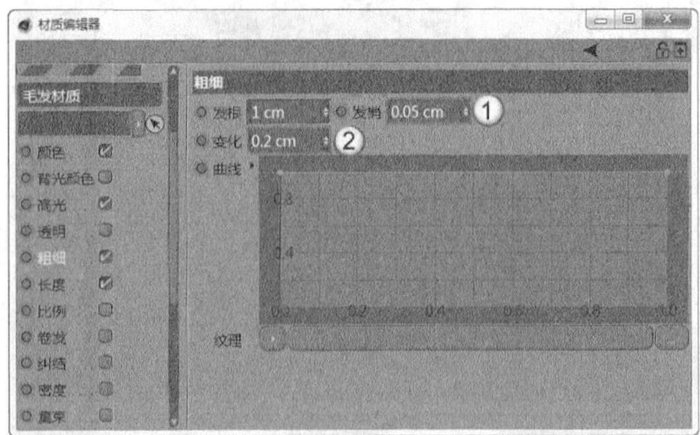

图8-51

11 在“长度”选项组中设置“变化”为40%，如图8-52所示。

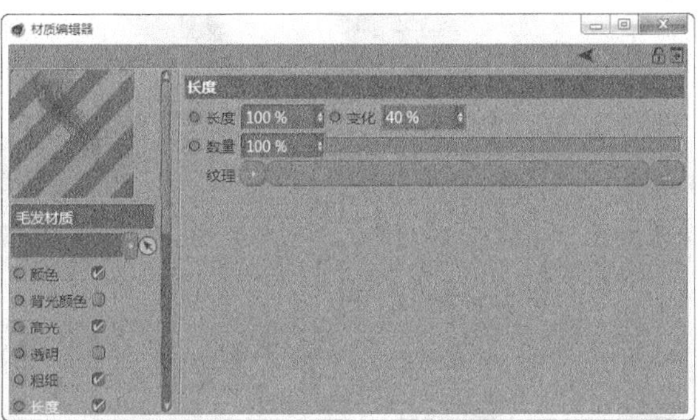

图8-52

12 在“弯曲”选项组中设置“弯曲”为20%，“变化”为10%，然后设置“方向”为“随机”，“变化”为10%，如图8-53所示，材质效果如图8-54所示。

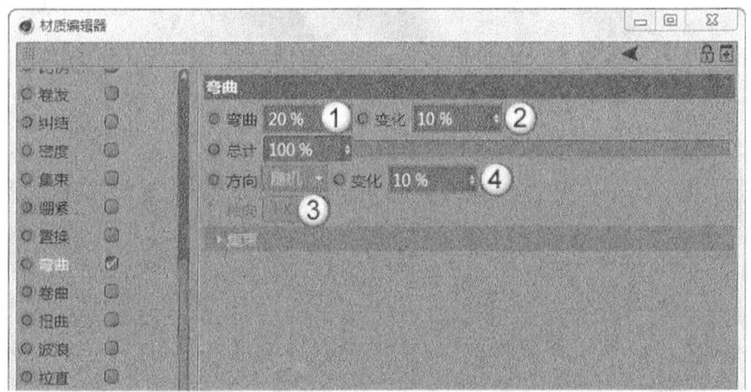

图8-53

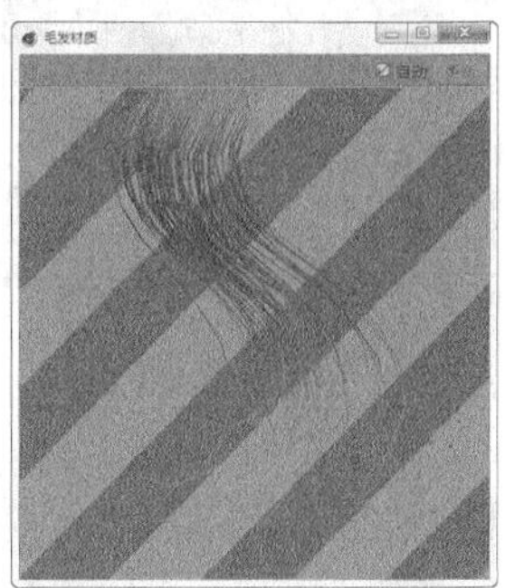

图8-54

13 渲染场景查看毛发效果，如图8-55所示。

图8-55

14 为花盆和土壤模型赋予材质，效果如图8-56所示。

图8-56

技巧与提示

花盆和土壤的材质较为简单，读者可查看实例文件，这里不赘述。

15 为场景建立摄像机和灯光，最终渲染效果如图8-57所示。

图8-57

课堂案例

用毛发制作刷子

场景文件 场景文件>CH08>01.c4d

实例文件 实例文件>CH08>课堂案例：用毛发制作刷子

视频名称 课堂案例：用毛发制作刷子.mp4

学习目标 掌握创建毛发和调整毛发材质的方法

本案例是一组刷子，需要制作刷子的刷毛，效果如图8-58所示。

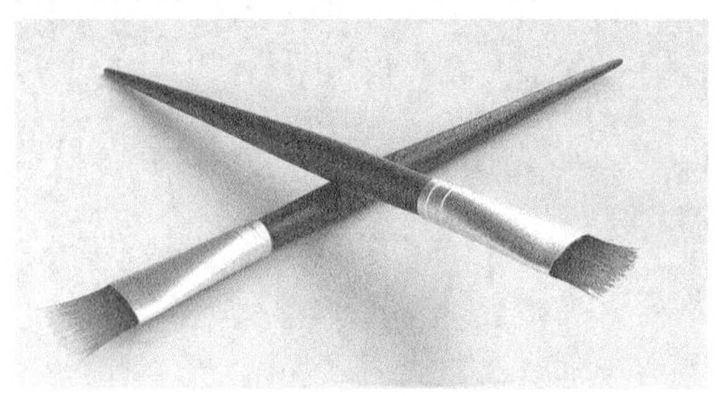

图8-58

01 打开本书学习资源中的“场景文件>CH08>01.c4d”文件，如图8-59所示，这是刷子的刷柄，场景中已经建立好摄像机、灯光和材质。

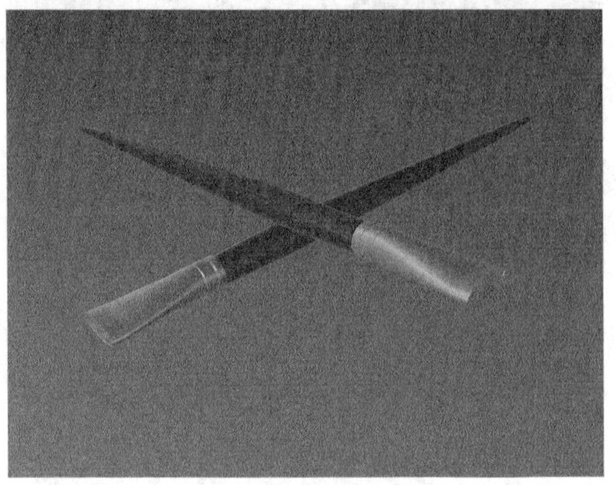

图8-59

02 按快捷键Ctrl + R渲染效果，如图8-60所示。

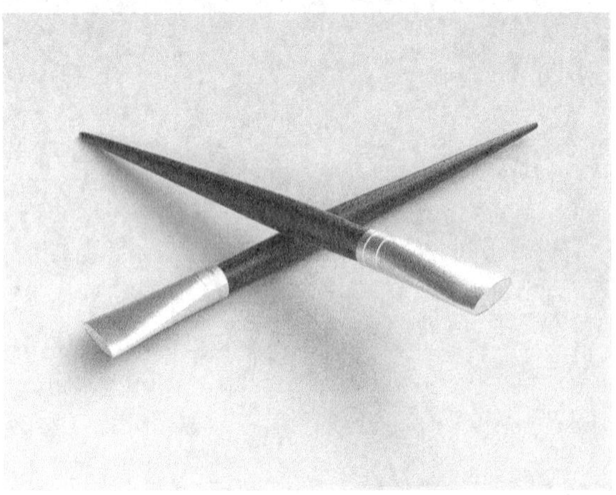

图8-60

03 在“对象”面板中选中“刷子1”的Cylinder005.1选项，如图8-61所示。

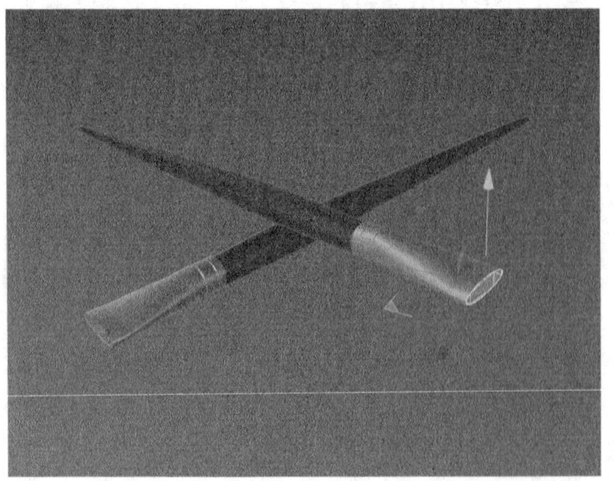

图8-61

04 执行“模拟-毛发对象-添加毛发”菜单命令为其添加毛发模型，如图8-62所示。

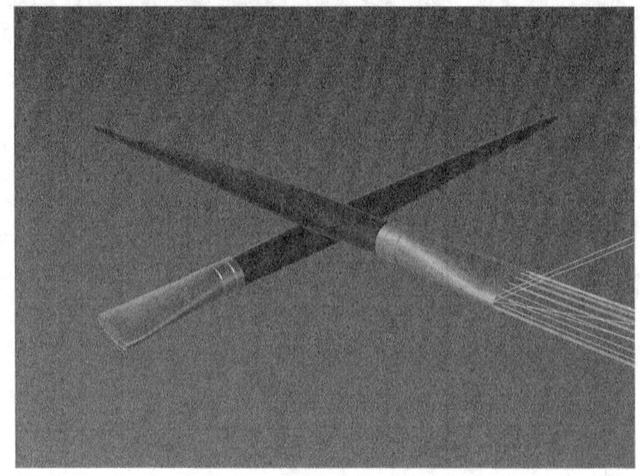

图8-62

05 在“引导线”选项卡中设置“长度”为10cm，如图8-63所示。

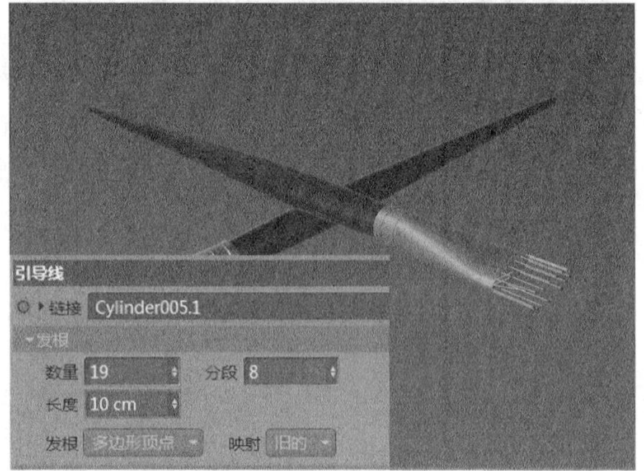

图8-63

06 双击材质面板的“毛发材质”图标，然后打开“材质编辑器”，接着在“颜色”选项组中设置“颜色”的渐变为（R:51，G:51，B:51）和（R:176，G:176，B:176），如图8-64所示。

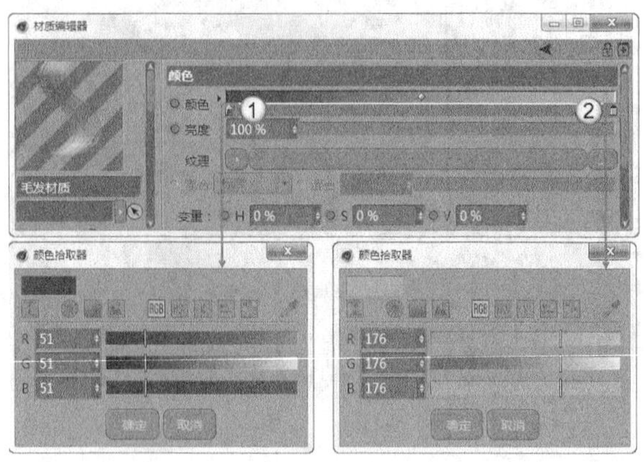

图8-64

07 在“高光”选项组中设置“强度”为10%，如图8-65所示。

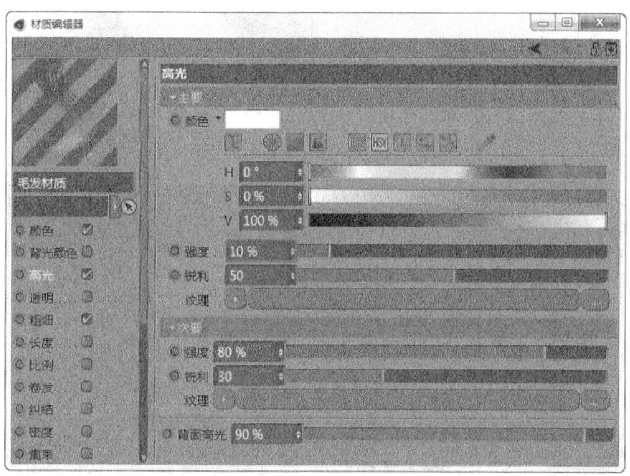

图8-65

08 在“粗细”选项组中设置“发根”为0.5cm、“发梢”为0.2cm，然后设置“变化”为0.02cm，如图8-66所示。

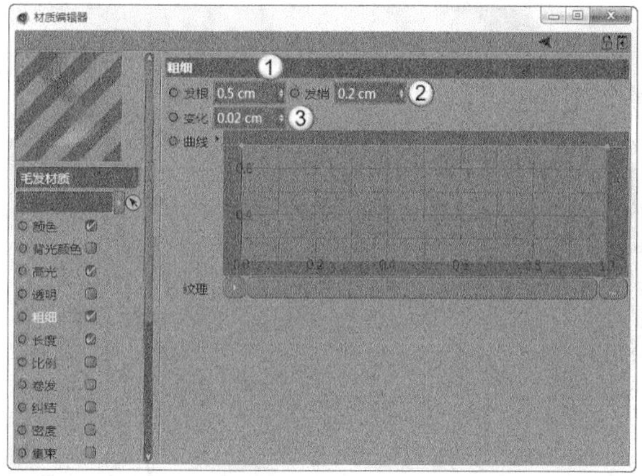

图8-66

09 在“长度”选项组中设置“变化”为20%，如图8-67所示。

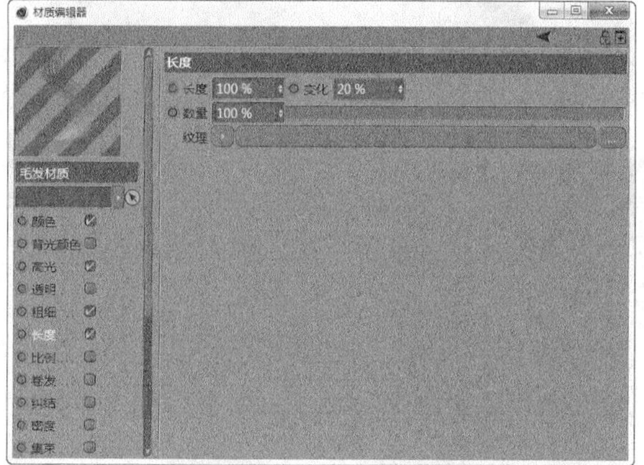

图8-67

10 在“弯曲”选项组中设置“弯曲”为15%，然后设置“变化”为5%，如图8-68所示。材质效果如图8-69所示。

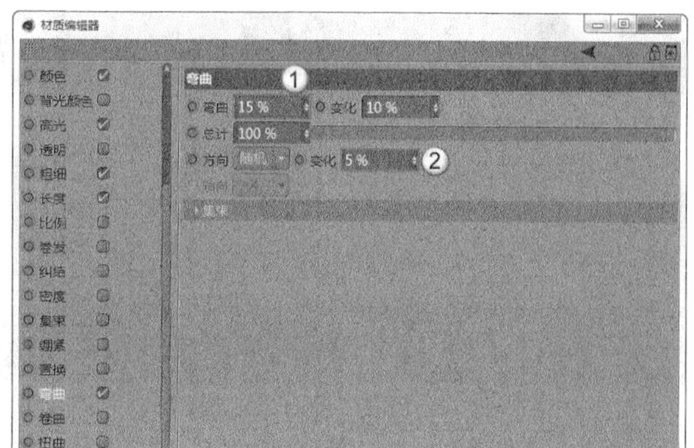

图8-68

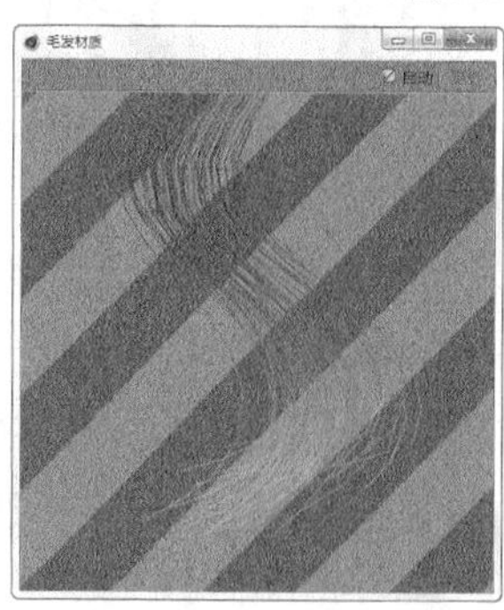

图8-69

11 渲染场景查看毛发效果，如图8-70所示。

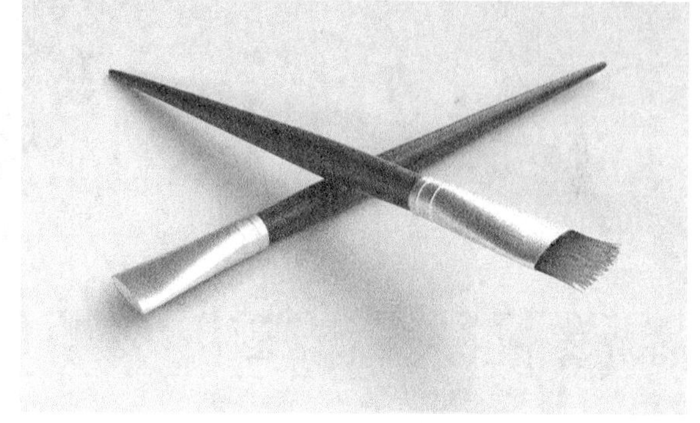

图8-70

12 用同样的方法给另一把刷子制作刷毛，最终效果如图8-71所示。

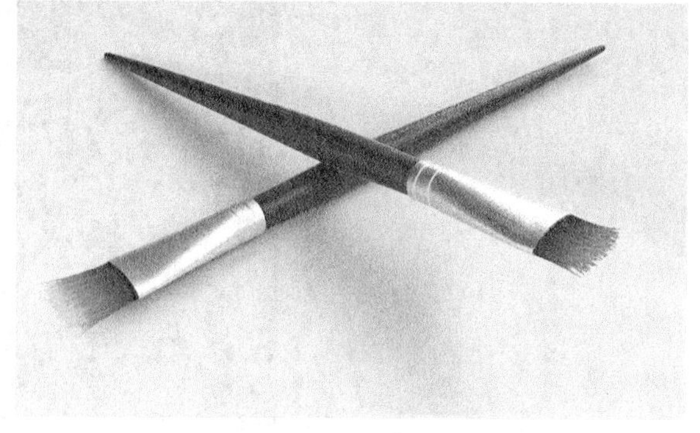

图8-71

8.4 本章小结

本章主要讲解了CINEMA 4D的毛发技术，包括毛发的添加、修改工具的使用方法和材质的设置。本章是一个基础章节，与其他章节的知识具有关联性，希望读者勤加练习。

8.5 课后习题

本节安排了两个课后习题供读者练习。这两个习题综合了本章知识。如果读者在练习时有疑问，可以一边观看教学视频，一边学习毛发技术。

8.5.1 课后习题：毛绒抱枕

场景文件	场景文件>CH08>02.c4d
实例文件	实例文件>CH08>课后习题：毛绒抱枕
视频名称	课后习题：毛绒抱枕.mp4
学习目标	掌握毛发的创建和材质的调整方法

毛绒抱枕效果如图8-72所示。

图8-72

8.5.2 课后习题：地毯

场景文件	场景文件>CH08>03.c4d
实例文件	实例文件>CH08>课后习题：地毯
视频名称	课后习题：地毯.mp4
学习目标	掌握毛发的创建和材质的调整方法

地毯效果如图8-73所示。

图8-73

CINEMA 4D

第 9 章

环境与渲染技术

本章将讲解 CINEMA 4D 的环境技术和渲染技术。通过环境功能可以为场景添加地面、背景和环境光等，通过渲染功能则可以将设置好的场景渲染成效果图。

课堂学习目标

◇ 掌握环境的添加方法

◇ 了解渲染器的类型和工具

◇ 掌握渲染器的使用方法

9.1 环境

长按“工具栏”的“地面”按钮，可以通过弹出的菜单创建场景的环境，如“地面”“背景”和“天空”等，如图9-1所示。

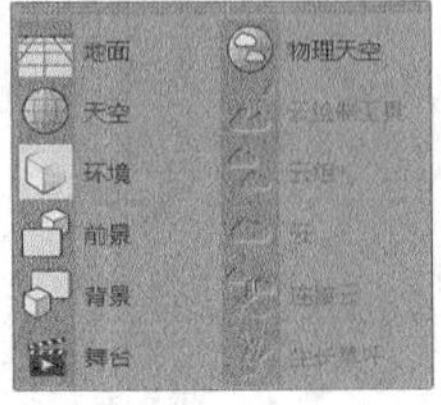

图9-1

本节工具介绍

工具名称	工具作用	重要程度
地面	创建地面模型	高
天空	创建天空模型	高
物理天空	创建可设置参数的天空	中
环境	设置场景整体颜色和雾效果	低
背景	创建背景模型	高
背景图片	添加外部贴图	中

9.1.1 地面

视频云课堂：059 地面

单击“地面”按钮，会在场景中创建一个平面，如图9-2所示。

图9-2

“地面”工具与“平面”工具相似，所创建的都是一个平面，但不同的是，“地面”是无限延伸的、没有边界的平面，如图9-3和图9-4所示。

图9-3

图9-4

技巧与提示

使用“地面”工具时，只需要调节位置，不需要调节大小。

9.1.2 天空

视频云课堂：060 天空

“天空”工具用于在场景中建立一个无限大的球体来包裹场景，类似于现实中的天空，如图9-5所示。图中立方体和平面以外的部分都显示为天空。“天空”常被赋予HDRI贴图，作为场景的环境光和环境反射使用。

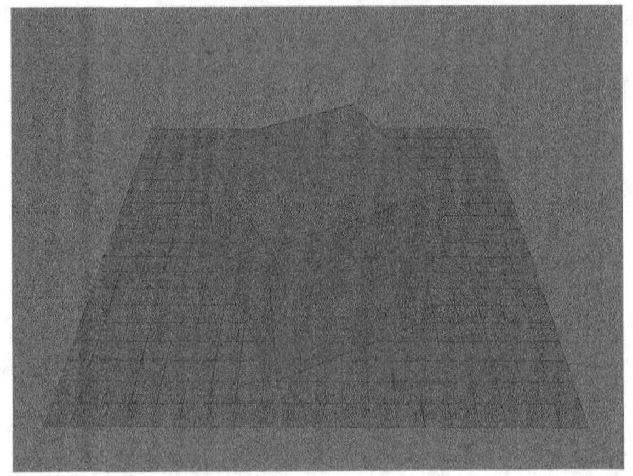
图9-5

知识点：HDRI贴图

HDRI拥有比普通RGB格式图像（仅8bit的亮度范围）更大的亮度范围。标准的RGB图像最大亮度值是255/255/255，如果用这样的图像结合光能传递来照亮一个场景的话，即使最亮的白色也不足以提供足够的照明亮度来模拟真实世界中的情况，渲染结果看上去显得平淡而缺乏对比，原因是这种图像文件将现实中的大范围的照明信息仅用一个8bit的RGB图像描述。但是使用HDRI的话，相当于将太阳光的亮度值（比如6000%）加到光能传递计算以及反射的渲染中，得到的渲染结果是非常真实和漂亮的。

在材质的“发光”选项的“纹理”通道中加载HDRI贴图，然后赋予“天空”，这样天空就能360°照亮整个场景。HDRI贴图上丰富的内容还可以为场景中的高反射物体提供反射内容，增加场景的真实度。

除了可加载外部的HDRI贴图，CINEMA 4D也预置了一些HDRI材质和贴图，方便用户快速调用。

在“内容浏览器”面板（快捷键为Shift+F8）中选择“预置”选项，然后选择“Visualize”选项，接着选择“Presets”选项，再选择“Light Setup”s选项，最后选择“HDRI”选项，里面会出现预置的HDRI材质和贴图，如图9-6所示。直接将材质赋予相应的模型即可，也可以选择tex文件夹中的HDRI贴图加载在对应材质的通道上。

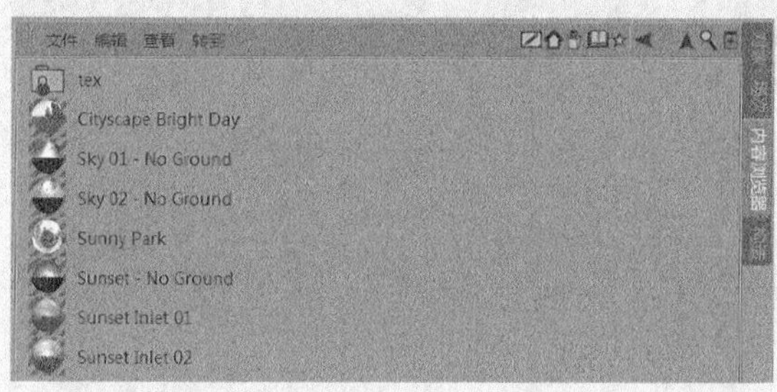

图9-6

课堂案例

为场景添加环境光

场景文件	场景文件>CH09>01.c4d
实例文件	实例文件>CH09>课堂案例：为场景添加环境光
视频名称	课堂案例：为场景添加环境光.mp4
学习目标	掌握地面和天空的添加方法

本案例需要为场景添加地面和天空，并为天空赋予HDRI贴图，案例效果如图9-7所示。

图9-7

01 打开本书学习资源中的“场景文件>CH09>01.c4d”文件，如图9-8所示。场景中已经建立了摄像机、灯光和材质。

图9-8

02 单击“地面”按钮在场景中创建一个地面，如图9-9所示。

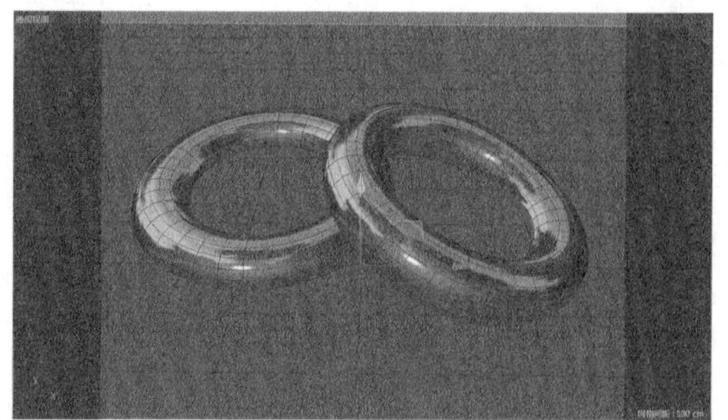

图9-9

03 创建一个白色的默认材质，然后赋予“地面”模型，效果如图9-10所示。

图9-10

04 单击“天空”按钮在场景中创建天空，渲染效果如图9-11所示。不锈钢的圆环反射了“天空”默认的灰蓝色，但还是缺少反射的细节。

图9-11

05 新建一个材质，然后在“发光”选项组的“纹理”通道中加载本书学习资源中的“实例文件>CH09>课堂案例：为场景添加环境光>8.hdr”文件，如图9-12所示。

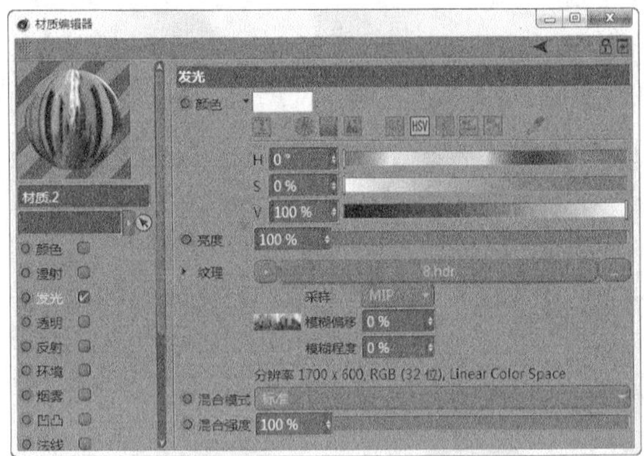

图9-12

技巧与提示

在“发光”选项组加载HDRI贴图时，需要取消勾选“颜色”和“反射”选项。

06 将材质赋予“天空”，然后渲染效果，如图9-13所示。此时不锈钢圆环表面反射了HDRI贴图的纹理，整个场景看起来更加真实。

图9-13

知识点：合成标签

当镜头与地面的夹角变小时，会在镜头中看到添加了HDRI贴图的天空，如图9-14所示，渲染效果如图9-15所示。

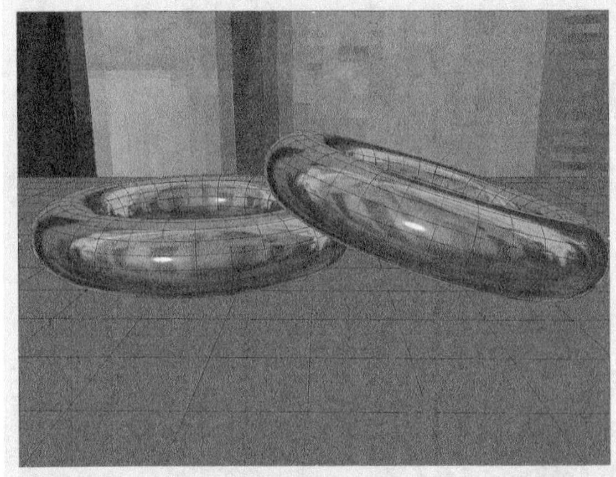

图9-14

图9-15

无论是在场景视口还是在渲染效果中，都可以看到添加了HDRI贴图的天空。如何才能不显示也不渲染出天空？这就需要使用“合成”标签。

在“对象”面板中选中“天空”选项，然后单击鼠标右键，接着在菜单的“CINEMA 4D 标签”中选择“合成”选项，如图9-16所示。此时“天空”选项的后面会出现“合成”图标，如图9-17所示。

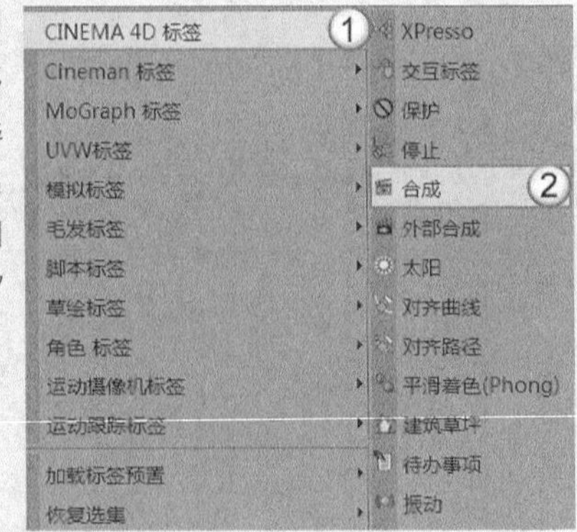

图9-16

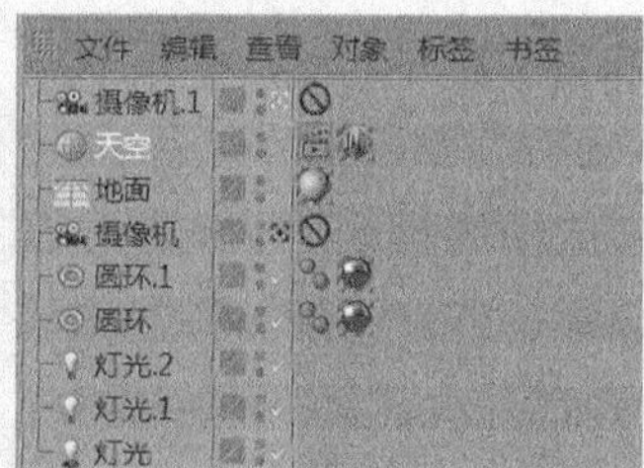

图9-17

选中“合成”标签的按钮，然后在下方的“标签属性”选项卡中取消勾选“摄像机可见”选项，此时视口中天空模型消失，如图9-18所示，渲染场景效果如图9-19所示。取消勾选该选项后，不仅在视口中不会显示天空，在渲染图中也不会显示，但模型上还是保留了反射的细节。

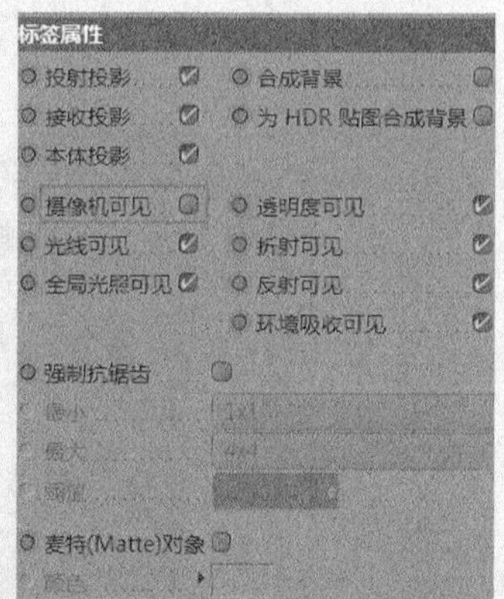

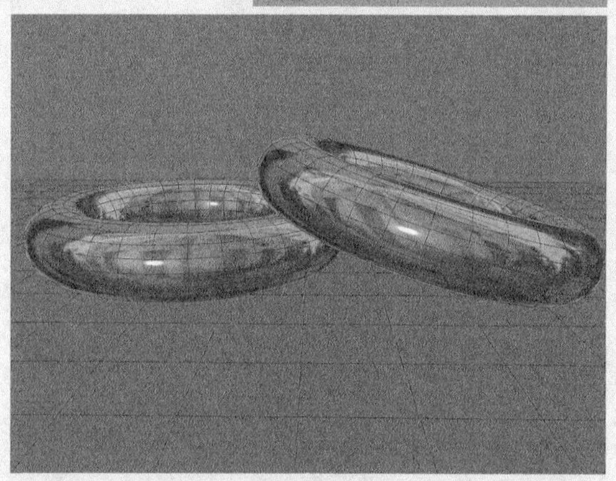

图9-18

图9-19

9.1.3 物理天空

视频云课堂：061 物体天空

“物理天空”工具 与“天空”一样，用于创建一个包裹场景的球体，如图9-20所示。

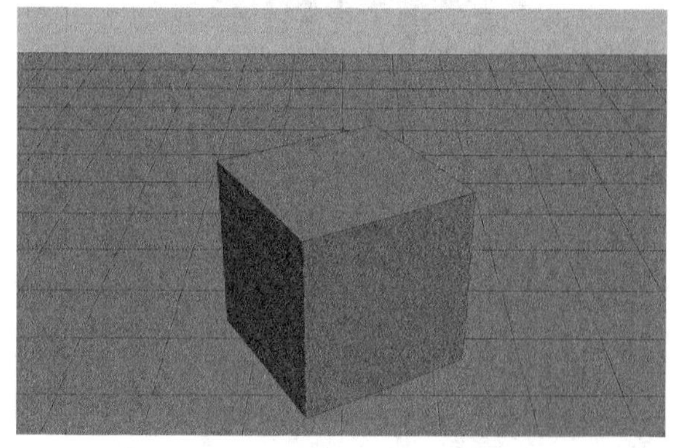

图9-20

通过“属性”面板可以设置天空的光照效果，如图9-21所示。

图9-21

重要参数讲解

◇ **时间**：设置天空在特定时间呈现的颜色、亮度和光影关系，如图9-22和图9-23所示。

图9-22

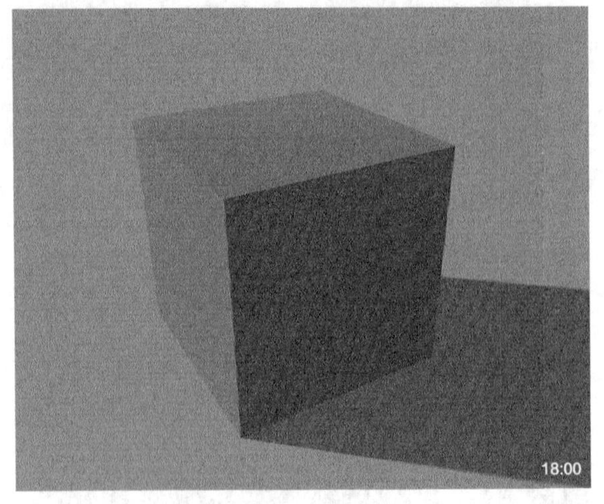

图9-23

◇ **城市**：设置所在城市的天空颜色、亮度和光影关系，如图9-24和图9-25所示。

图9-24

图9-25

◇ **颜色暖度**：设置天空的暖色效果，如图9-26和图9-27所示。

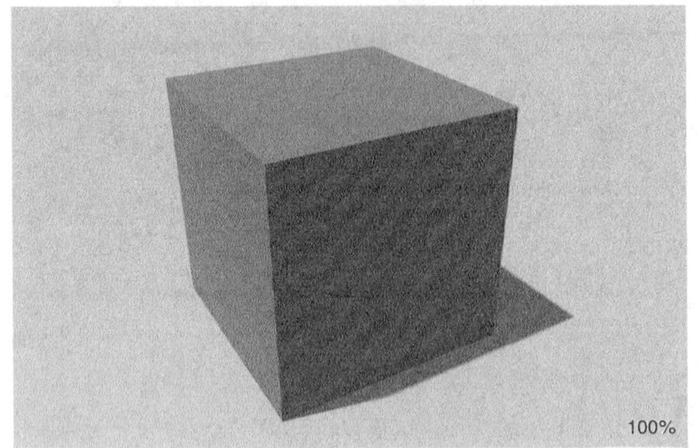

图9-26

图9-27

◇ **强度**：设置天空的亮度，如图9-28和图9-29所示。

图9-28

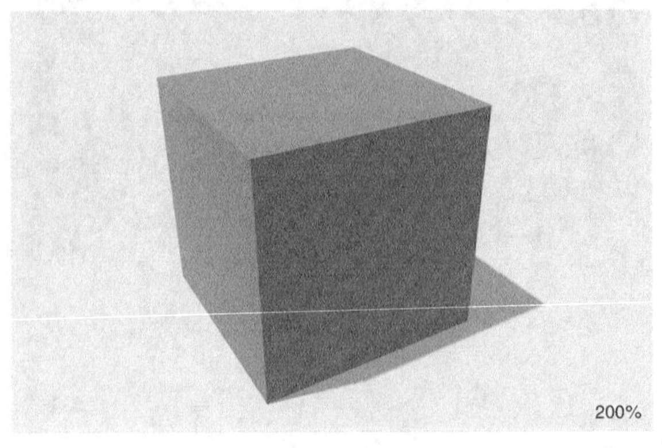

图9-29

◇ **浑浊**：设置天空的浑浊度，数值越大，天空颜色越亮，如图9-30和图9-31所示。

图9-30

图9-31

◇ **预览颜色**：设置太阳的颜色。

◇**强度**：设置太阳光的强度，如图9-32和图9-33所示。

图9-32

图9-33

◇ **自定义太阳对象**：将场景内的其他灯光作为太阳光照亮场景。

9.1.4 环境

视频云课堂：062 环境

"环境"工具用于设置环境颜色和雾效果，如图9-34所示。

图9-34

"环境"工具的"对象属性"选项卡参数很简单，如图9-35所示。

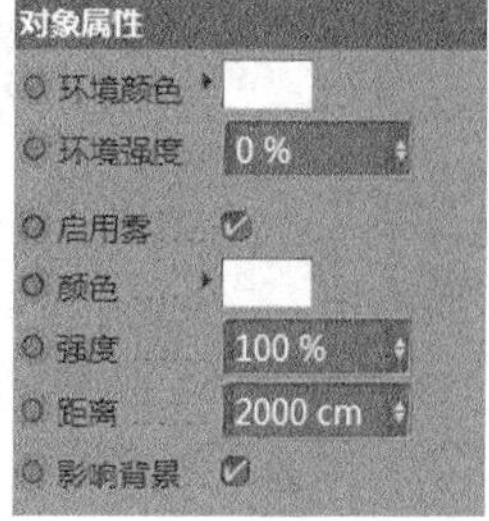

图9-35

重要参数讲解

◇ **环境颜色**：设置环境的颜色，如图9-36和图9-37所示。

图9-36

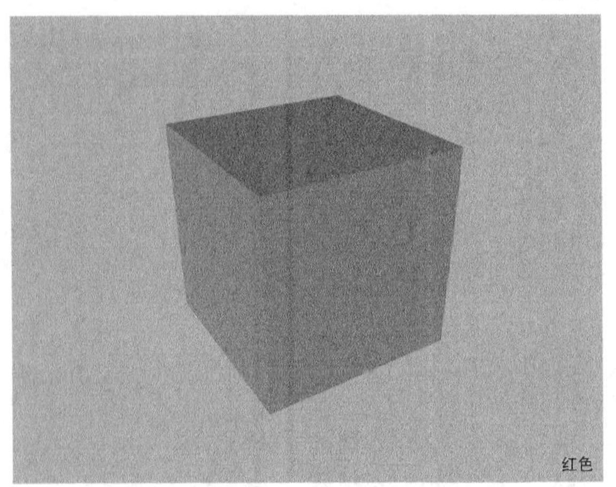

图9-37

◇ **环境强度**：设置环境颜色的显示强度。

◇ **启用雾**：勾选后开启雾效果。

◇ **颜色**：设置雾的颜色，如图9-38和图9-39所示。

图9-38

图9-39

◇ **强度**：设置雾的浓度。

◇ **距离**：设置雾与镜头之间的距离，如图9-40和图9-41所示。

图9-40

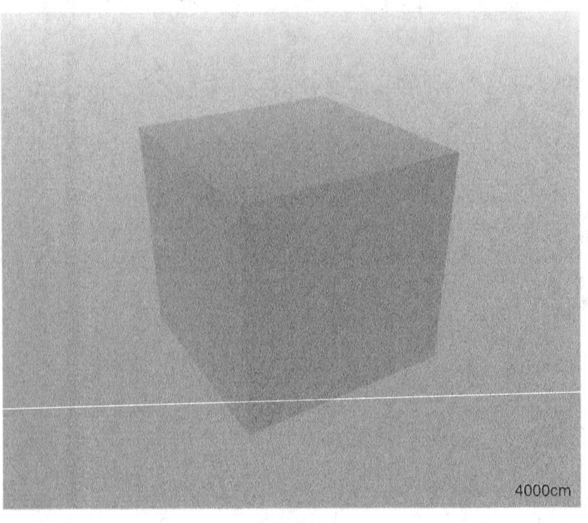

图9-41

9.1.5 背景

视频云课堂：063 背景

“背景”工具用于设置场景的整体背景，它没有实体模型，只能通过材质和贴图进行表现，如图9-42所示。

图9-42

知识点：融合地面与背景

在制作一些场景时，需要将地面部分与背景融为一体，形成无缝效果，使用“背景”工具与“合成”标签即可实现。

为“地面”和“背景”加载同样的贴图，如图9-43所示。

图9-43

由于“地面”贴图的坐标不合适，导致地面和背景贴图对应不上。在“对象”面板中选择“地面”材质，然后在下方的“标签属性”选项卡中设置“投射”为“前沿”，如图9-44所示，视图窗口如图9-45所示。

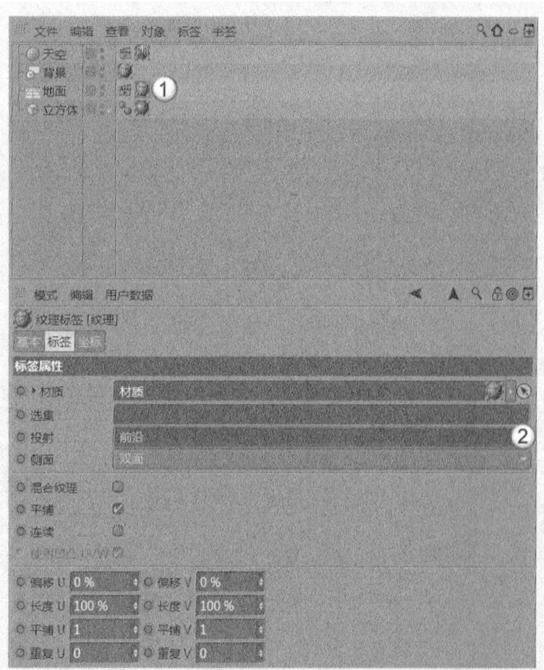

图9-44

图9-45

现在无论怎样移动和旋转视图，地面与背景都呈现无缝效果，如图9-46所示。

图9-46

观察渲染的效果，地面和背景虽然连接上了，但还是有明显的分界。选中“地面”选项，然后添加“合成”标签，接着勾选“合成背景”选项，如图9-47所示，场景效果如图9-48所示。

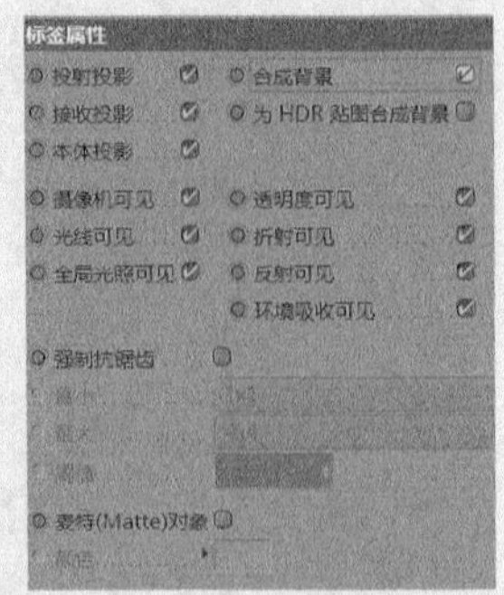

图9-47

图9-48

9.1.6 背景图片

视频云课堂：064 背景图片

在“属性”面板执行“模式-视图设置”菜单命令，然后选择“背景”选项卡，就可以在视图中加载背景图片，如图9-49所示。

图9-49

技巧与提示

“背景”选项卡只有在二维视图中才会被激活，如前视图、顶视图和右视图等。在透视图中，“背景”选项卡处于非激活状态，不能加载背景图片。

重要参数讲解

◇ **图像**：加载背景图片的通道。

◇ **保持比例**：勾选后调整图片会按照原有比例进行放大或缩小。

◇ **水平偏移/垂直偏移**：左右或上下移动图片的位置。

◇ **旋转**：旋转图片的角度。

◇ **透明**：设置背景图片的透明度。在照片建模时，会降低背景图片的透明度以方便用户绘制。

9.2 渲染的基础知识

本节将讲解CINEMA 4D的渲染器类型和渲染工具。

9.2.1 渲染器类型

单击“工具栏”的“编辑渲染设置”按钮（快捷键为Ctrl＋B），打开“渲染设置”面板，在面板的左上角会显示当前使用的渲染器类型，如图9-50所示。

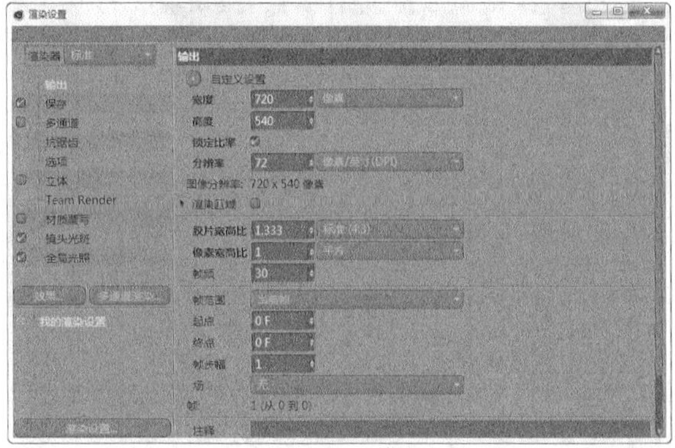

图9-50

单击“渲染器”的下拉菜单，会显示CINEMA 4D内置的渲染器类型，如图9-51所示。

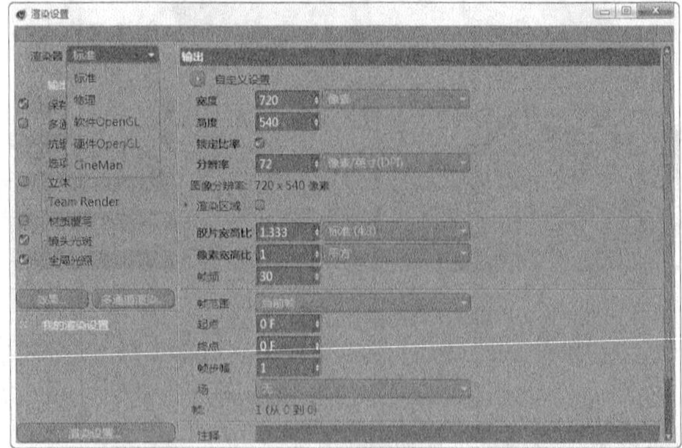

图9-51

重要参数讲解

◇ **标准**：常用的渲染器之一，可以满足大部分场景的渲染。

◇ **物理**：除去“标准”渲染器的功能外，还可以渲染景深和运动模糊效果。

9.2.2 渲染工具

视频云课堂：065 渲染工具

“工具栏”提供了两种渲染工具，一种是“渲染活动视图”工具（快捷键为Ctrl + R），另一种是“渲染到图片查看器”工具（快捷键为Shift + R），如图9-52所示。

图9-52

1.渲染活动视图

单击“渲染活动视图”按钮，会在视口中直接显示渲染效果，如图9-53所示。单击渲染视口，渲染效果随即消失，切换为普通场景的状态。

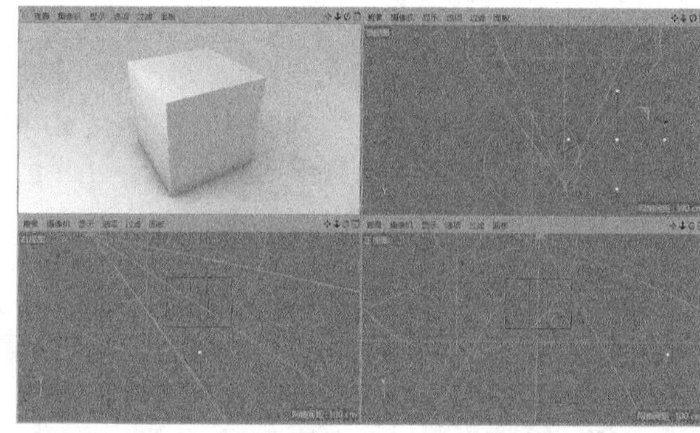

图9-53

2.渲染到图片查看器

单击“渲染到图片查看器”按钮，会弹出“图片查看器”面板，并显示渲染效果，如图9-54所示。

图9-54

重要参数讲解

◇ **打开**：打开现有图片。

◇ **另存为**：保存渲染的图片，单击该按钮后会弹出“保存”对话框，如图9-55所示。

» **类型**：选择保存的类型，有“静帧”和“已选静帧”两个选项。

» **格式**：设置渲染图片保存的格式，如图9-56所示。

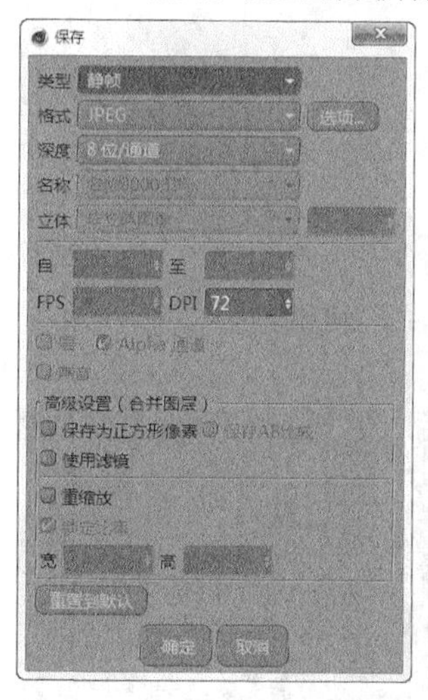

图9-55

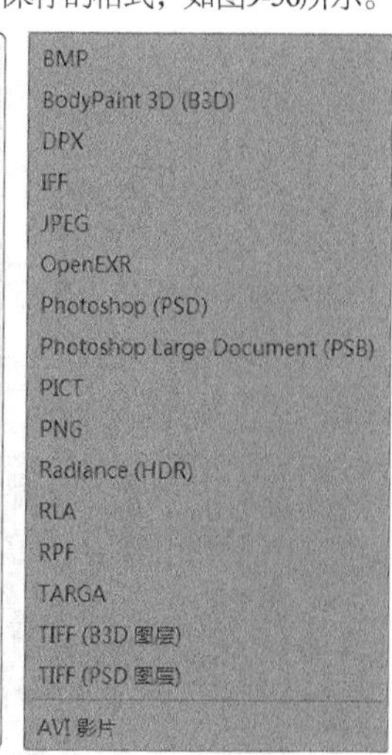

图9-56

» **深度**：设置渲染图片的颜色深度。

» **DPI**：设置图片的DPI值。

» **使用滤镜**：勾选此选项后，在“滤镜”选项卡中设置的效果才会被保存，否则保存的图片只显示渲染效果。

◇ **停止渲染**：停止当前渲染进程，快捷键为Esc键。

◇ **转换十字形HDRI**：将当前渲染图片保存为十字形HDRI图片。

◇ **转换球形HDRI**：将当前渲染图片保存为球形HDRI图片。

◇ **清除缓存**：清除全部缓存图片。

◇ **AB比较**：单击该按钮后，可以对两张渲染图片进行比较。

◇ **导航器**：图片在查看器中的显示比例。

◇ **历史**：显示所有渲染的图片缓存，如图9-57所示。

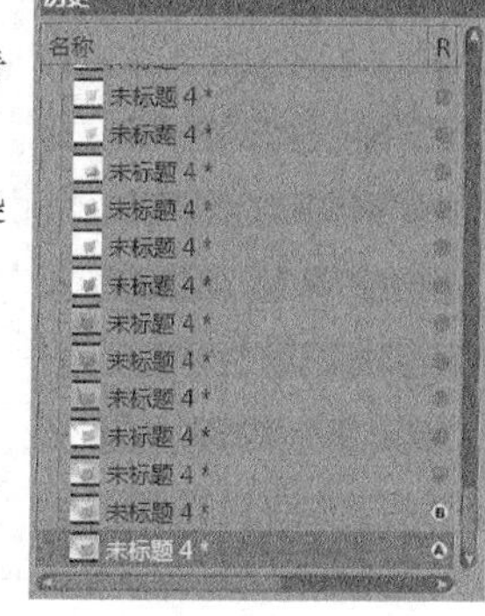

图9-57

◇ **信息**：显示渲染图片的信息，如图9-58所示。

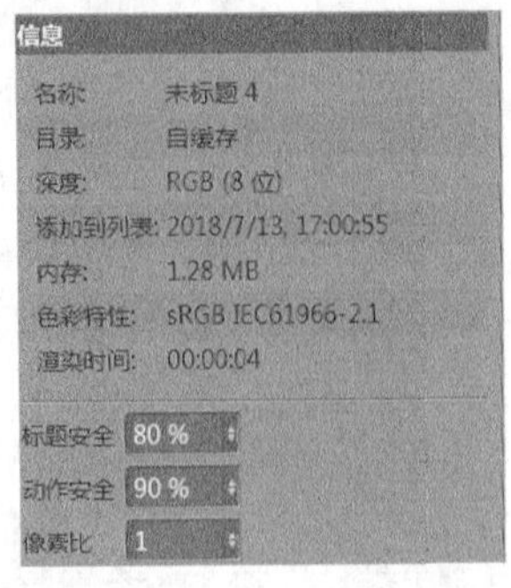

图9-58

◇ **层**：多通道渲染时，会显示每个层级，如图9-59所示。

◇ **滤镜**：单击“激活滤镜”选项后，可以在“图片查看器”中进行后期调色，不用再将其导入Photoshop中单独调整，如图9-60所示。

图9-59

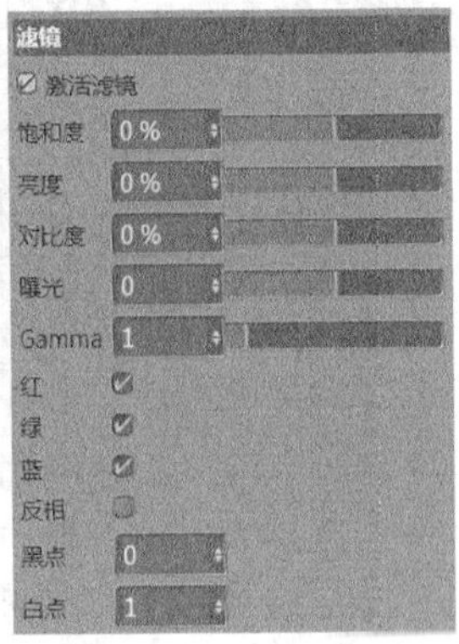

图9-60

9.3 渲染器

CINEMA 4D常用的内置渲染器是“标准”和“物理”，这两个渲染器的选项面板基本相同，如图9-61和图9-62所示。本节将讲解这些选项面板的使用方法。

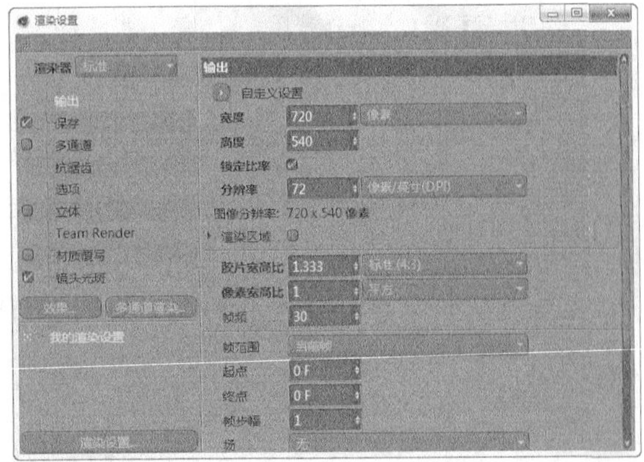

图9-61

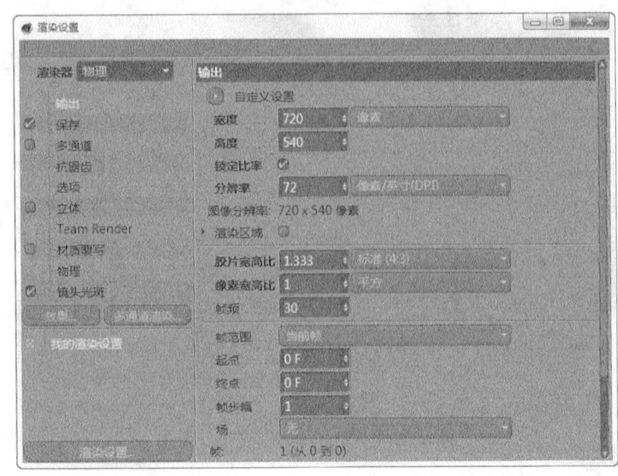

图9-62

本节工具介绍

工具名称	工具作用	重要程度
输出	设置输出文件的格式	高
保存	设置输出文件保存路径	高
多通道	渲染多通道分层	中
抗锯齿	设置模型边缘的锯齿	高
选项	设置渲染效果	中
材质覆写	为场景添加统一材质	中
全局光照	计算场景的全局光照效果	高
物理	渲染景深和运动模糊	高

9.3.1 输出

视频云课堂：066 标准渲染器

“输出”选项组用于设置渲染图片的尺寸、图片比例以及渲染帧范围，如图9-63所示。

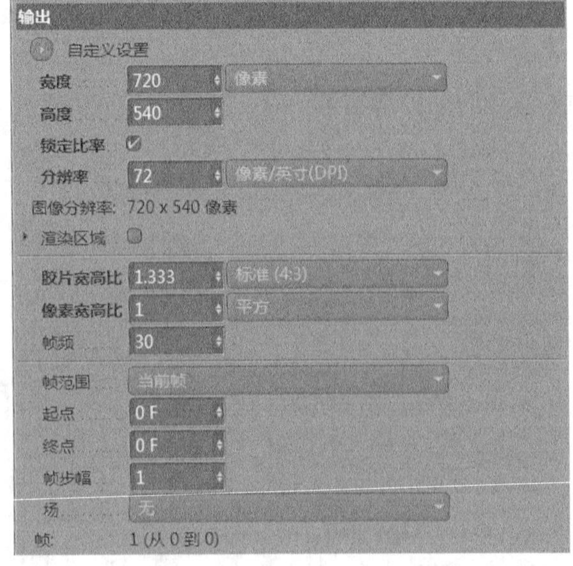

图9-63

重要参数讲解

◇ **宽度/高度**：设置图片的宽度和高度，默认单位为“像素”，也可以使用“厘米”“英寸”和“毫米”等单位。

◇ **锁定比率**：勾选该选项后，无论修改“宽度”还是“高度”的数值，另一个数值都会根据“胶片宽高比”进行更改。

◇ **分辨率**：设置图片的分辨率。

◇ **渲染区域**：勾选该选项后，会在下方设置渲染区域的大小，如图9-64所示。

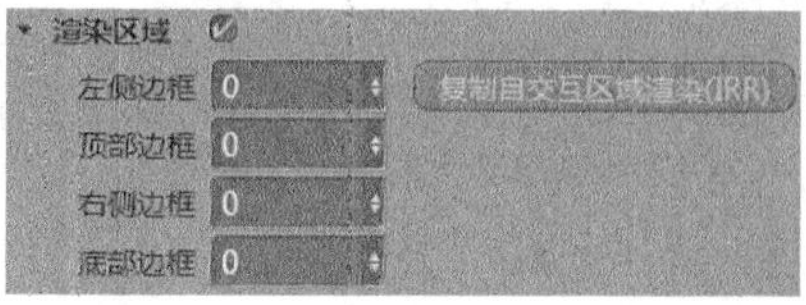

图9-64

◇ **胶片宽高比**：设置画面的宽度与高度的比例。

◇ **帧频**：设置动画播放的帧率。

◇ **帧范围**：设置渲染动画时的帧起始范围。

◇ **帧步幅**：设置渲染动画的帧间隔，默认的1表示逐帧渲染。

9.3.2 保存

“保存”选项用于设置渲染图片的保存路径和格式，如图9-65所示。

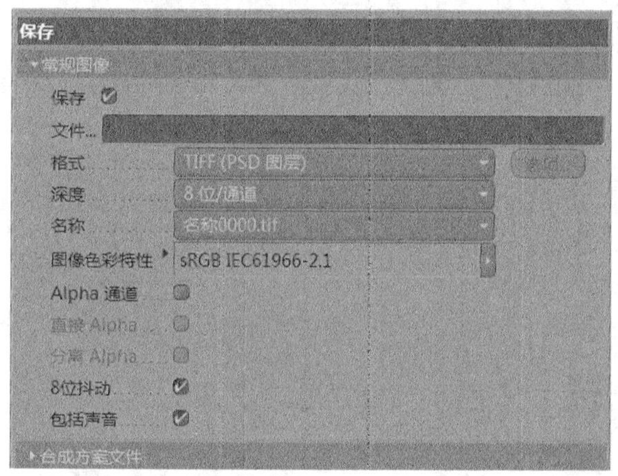

图9-65

重要参数讲解

◇ **文件**：设置图片的保存路径。

◇ **格式**：设置图片的保存格式。

◇ **深度**：设置图片的深度。

◇ **名称**：设置图片的保存名称。

◇ **Alpha通道**：勾选后，图片会保留透明信息。

9.3.3 多通道

“多通道”选项用于将图片渲染为多个图层，方便在后期软件中进行调整，如图9-66所示。

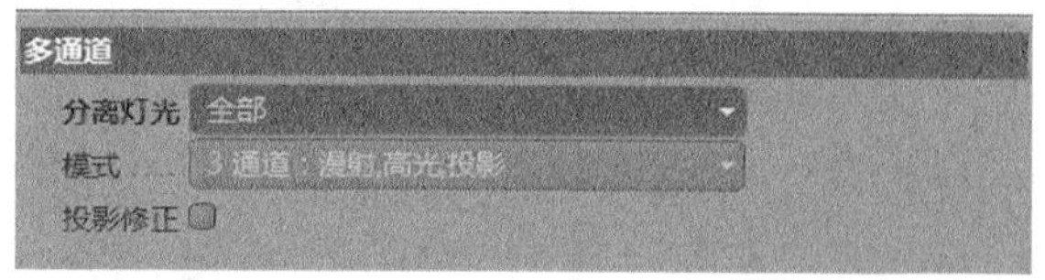

图9-66

重要参数讲解

◇ **分离灯光**：有“无”“全部”和“选取对象”3个选项。

◇ **模式**：设置分离通道的类型，如图9-67所示。

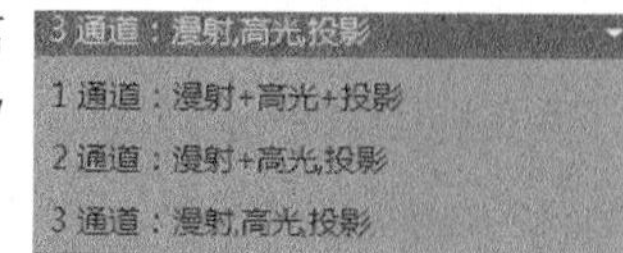

图9-67

◇ **投影修正**：勾选该选项后，通道的投影会得到修正。

9.3.4 抗锯齿

“抗锯齿”选项用于控制模型边缘的锯齿，让模型的边缘更加圆滑细腻，如图9-68所示。需要注意的是，该功能只有在“标准”渲染器中才能完全使用。

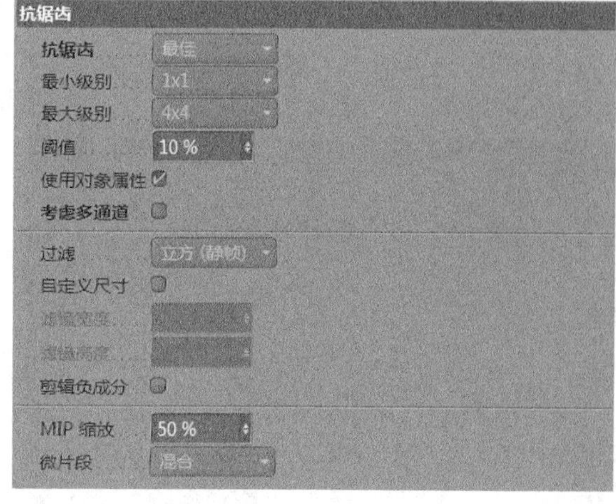

图9-68

重要参数讲解

◇ **抗锯齿**：有“无”“几何体”和“最佳”3种模式，如图9-69所示。

图9-69

» **无**：没有抗锯齿效果。

» **几何体**：渲染速度较快，有一定的抗锯齿效果，可用于测试渲染。

» **最佳**：渲染速度较慢，抗锯齿效果良好，可用于成图渲染。

◇ **最小级别/最大级别**：当“抗锯齿”设置为“最佳”时激活该选项，用于设置抗锯齿的级别，如图9-70所示。所选择的数值越大，效果越好，计算速度也越慢。

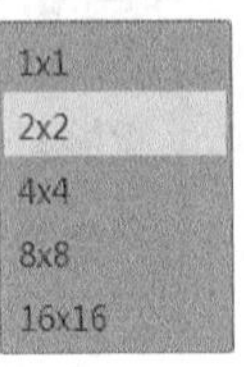

图9-70

◇ **过滤**：设置图像过滤器，在“物理”渲染器中也可以使用，如图9-71所示。

立方（静帧）	方形
高斯（动画）	三角
Mitchell	Catmull
Sinc	PAL/NTSC

图9-71

课堂案例

不同抗锯齿类型的效果

场景文件	场景文件>CH09>02.c4d
实例文件	实例文件>CH09>课堂案例：不同抗锯齿类型的效果
视频名称	课堂案例：不同抗锯齿类型的效果.mp4
学习目标	测试不同抗锯齿类型的渲染效果

本案例将用一个简单的场景，测试不同的抗锯齿类型所产生的渲染效果，如图9-72所示。

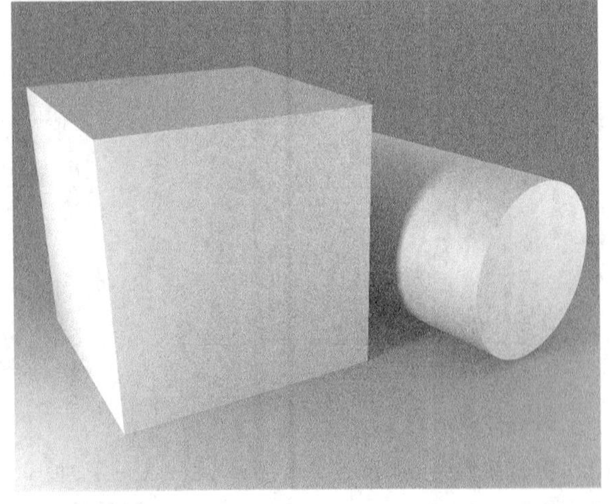

图9-72

01 打开本书学习资源中的“场景文件>CH09>02.c4d”文件，如图9-73所示，这是一组石膏模型。

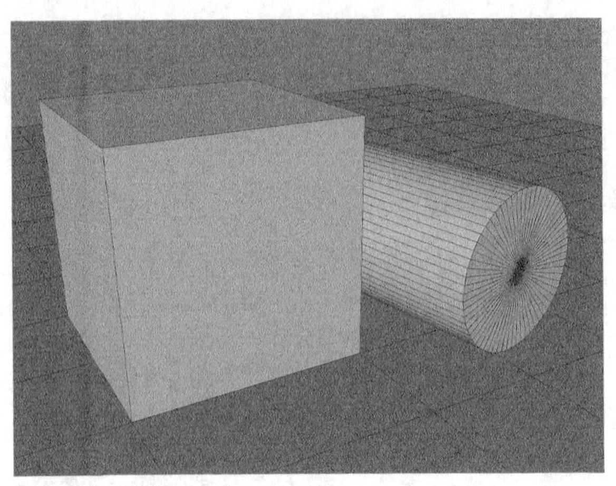

图9-73

02 单击“编辑渲染设置”按钮打开“渲染设置”面板，然后切换到“抗锯齿”选项，接着设置“抗锯齿”的类型为“无”，再按快捷键Shift＋R渲染效果，如图9-74和图9-75所示，立方体的边缘有明显的锯齿形状，渲染时间为18秒。

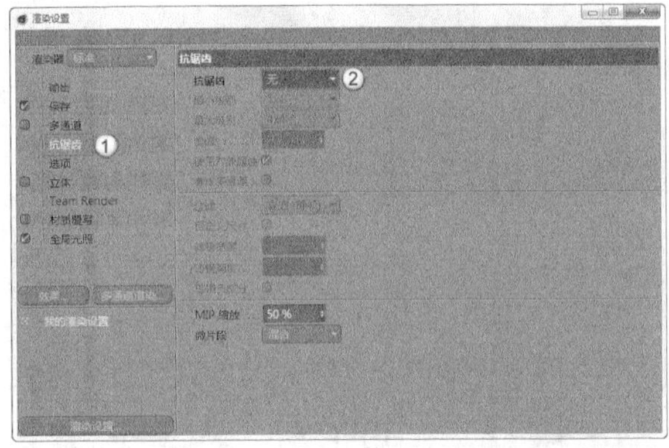

图9-74

图9-75

03 设置“抗锯齿”的类型为“几何体”，然后渲染效果，如图9-76和图9-77所示，立方体边缘的锯齿得到明显的改善，但与地面相接的部分仍有细微锯齿，渲染时间为18秒。

图9-76

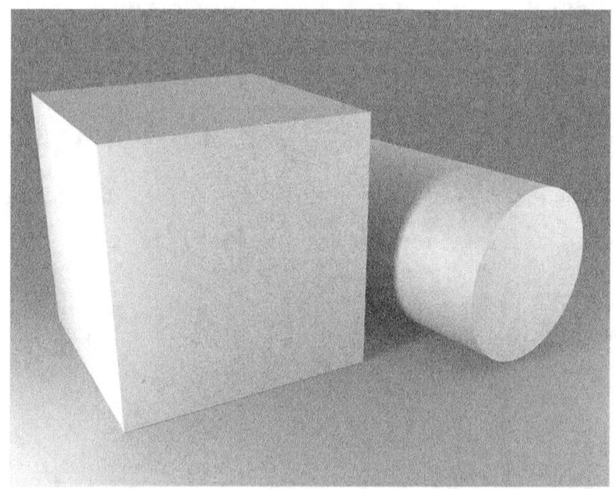

图9-77

04 设置“抗锯齿”类型为“最佳”，然后保持“最小级别”和“最大级别”的数值不变，进行渲染，如图9-78和图9-79所示，立方体与地面相接的部分已基本没有锯齿，渲染时间为20秒。

图9-78

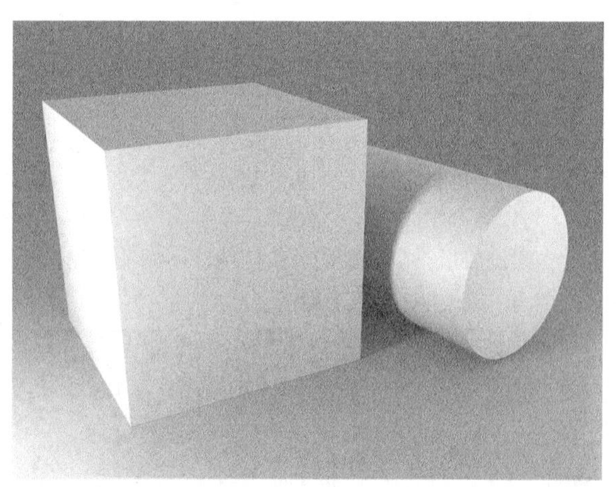

图9-79

05 设置“抗锯齿”类型为“最佳”，然后设置“最小级别”为2×2，接着渲染效果，如图9-80和图9-81所示，立方体的边缘完全没有锯齿，渲染时间1分11秒。

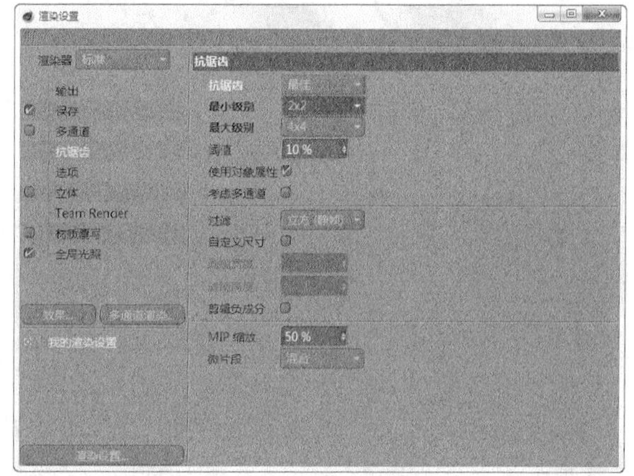

图9-80

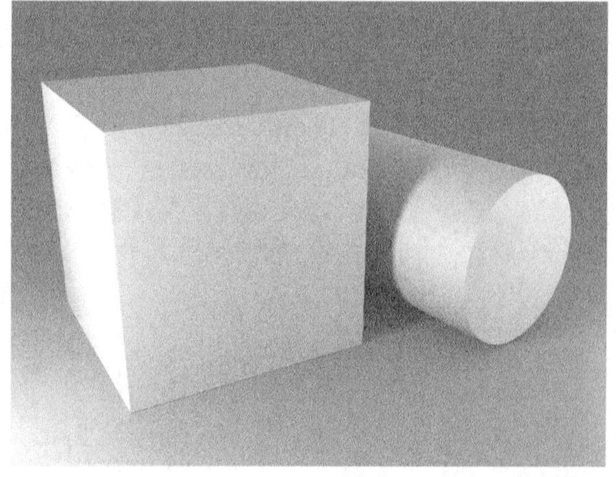

图9-81

通过以上参数的渲染对比，当“抗锯齿”类型为“最佳”，“最小级别”为2×2时，渲染效果的锯齿最少，渲染时间也最慢。

课堂案例

不同过滤类型的效果

场景文件　场景文件>CH09>02.c4d

实例文件　实例文件>CH09>课堂案例：不同过滤类型的效果

视频名称　课堂案例：不同过滤类型的效果.mp4

学习目标　测试不同过滤类型的渲染效果

本案例将用一个简单的场景，测试不同的过滤类型所产生的渲染效果，如图9-82所示。

图9-82

01 打开本书学习资源中的“场景文件>CH09>02.c4d”文件，如图9-83所示，这是一组石膏模型。

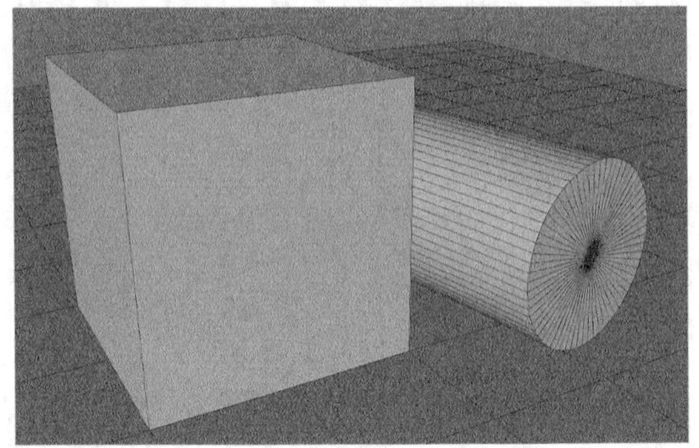

图9-83

02 单击“编辑渲染设置”按钮打开“渲染设置”面板，然后切换到“抗锯齿”选项，设置“抗锯齿”的类型为“几何体”，“过滤”为“立方（静帧）”，最后按快捷键Shift＋R渲染效果，如图9-84和图9-85所示，立方体的边缘有明显的锯齿，渲染时间为18秒。

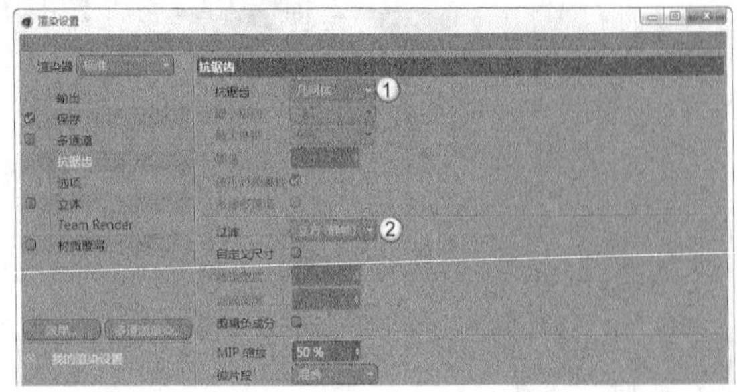

图9-84

图9-85

03 保持“抗锯齿”的类型不变，然后设置“过滤”为“Mitchell”，进行渲染，如图9-86和图9-87所示，立方体边缘的锯齿稍有改善，渲染时间为18秒。

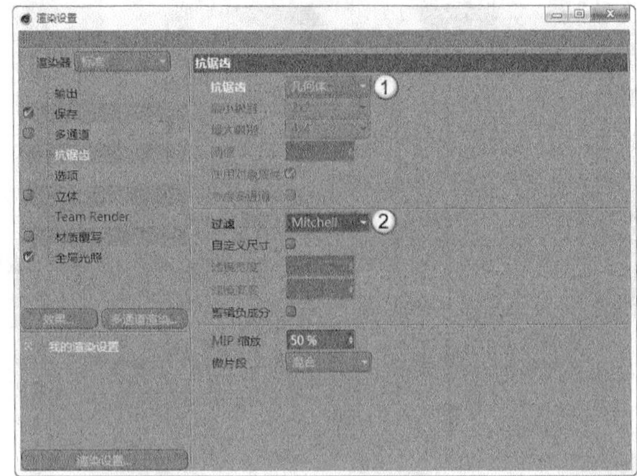

图9-86

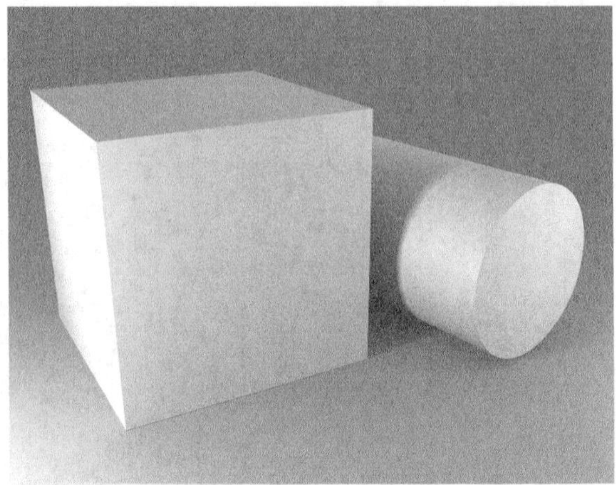

图9-87

04 保持“抗锯齿”的类型不变，然后设置“过滤”为“Sinc”，接着渲染效果，如图9-88和图9-89所示，立方体的边缘更为明显，渲染时间为19秒。

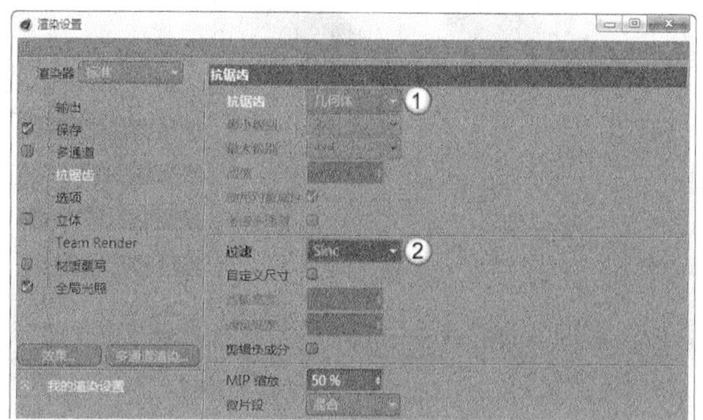

图9-88

图9-89

05 保持“抗锯齿”的类型不变，然后设置“过滤”为“方形”，进行渲染，如图9-90和图9-91所示，整体画面变得轻微模糊，渲染时间为19秒。

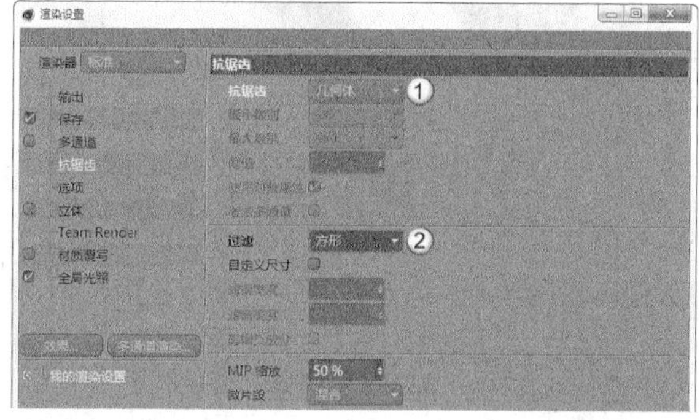

图9-90

图9-91

06 保持“抗锯齿”的类型不变，然后设置“过滤”为“三角”，进行渲染，如图9-92和图9-93所示，相较于Sinc过滤要模糊一些，但保持了模型边缘的轮廓，渲染时间为19秒。

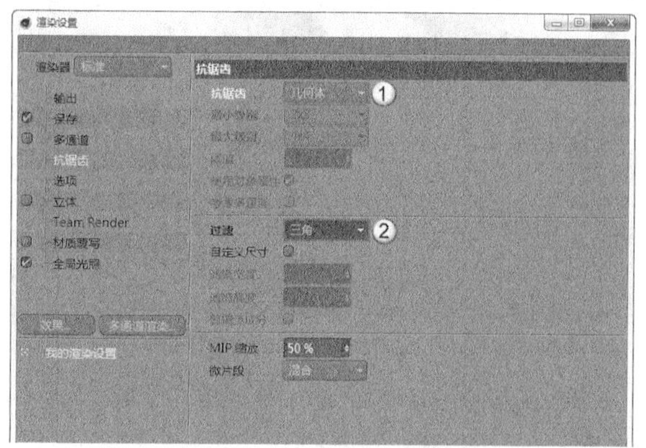

图9-92

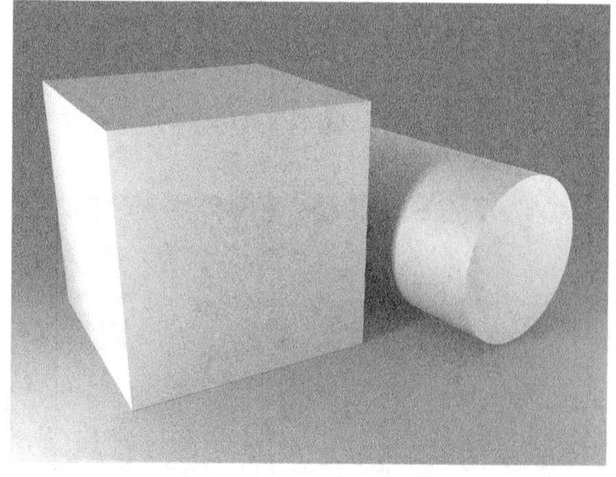

图9-93

07 保持“抗锯齿”的类型不变，然后设置“过滤”为“Catmull”，进行渲染，如图9-94和图9-95所示，相较于Sinc过滤要模糊一些，但保持了模型边缘的轮廓，渲染时间为19秒。

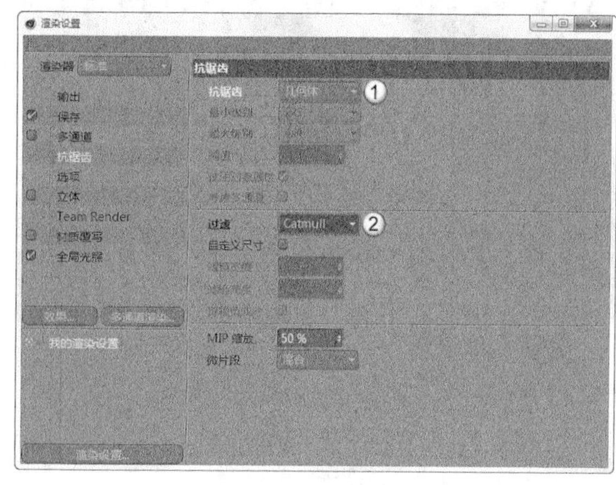

图9-94

图9-95

通过以上参数的渲染对比，不同的“过滤”类型能模糊或锐化渲染效果，渲染时间大致相同。

9.3.5 选项

“选项”选项用于设置渲染的整体效果，如图9-96所示。该面板一般保持默认，不做更改。

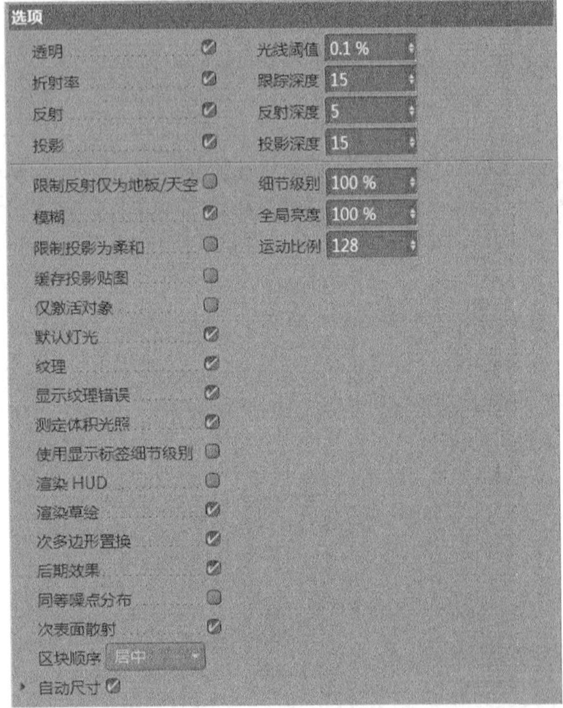

图9-96

重要参数讲解

◇ **透明**：设置是否渲染透明效果。

◇ **折射率**：设置是否使用设定的材质折射率进行渲染。

◇ **反射**：设置是否渲染反射效果。

◇ **投影**：设置是否渲染物体的投影。

◇ **区块顺序**：设置图片渲染的顺序，如图9-97所示。

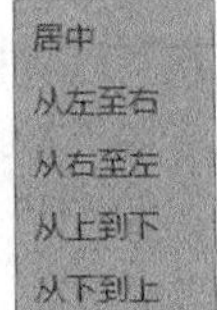

图9-97

9.3.6 材质覆写

“材质覆写”选项用于为场景整体添加一个材质，但不改变场景模型本身的材质，如图9-98所示。

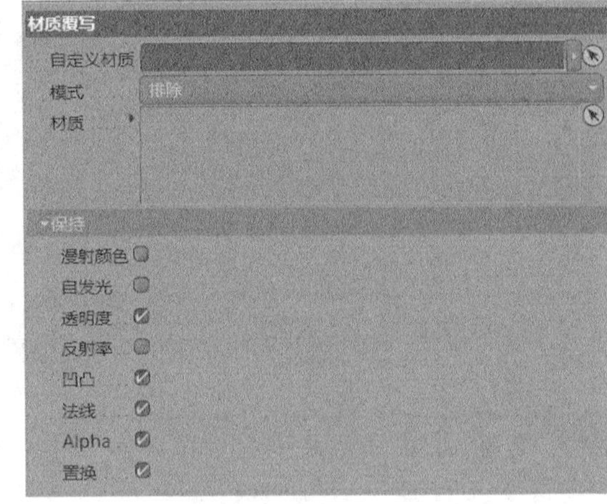

图9-98

重要参数讲解

◇ **自定义材质**：设置场景整体的覆盖材质。

◇ **模式**：设置材质覆写的模式，如图9-99所示。

图9-99

9.3.7 全局光照

“全局光照”选项是非常重要的选项，能计算出场景的全局光照效果，让渲染的图片更接近真实的光影关系，如图9-100所示。

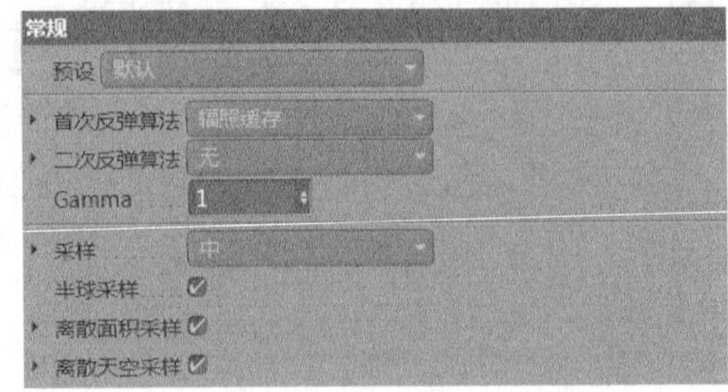

图9-100

图9-100（续）

重要参数讲解

◇ **预设**：设置渲染的经度模式，如图9-101所示。

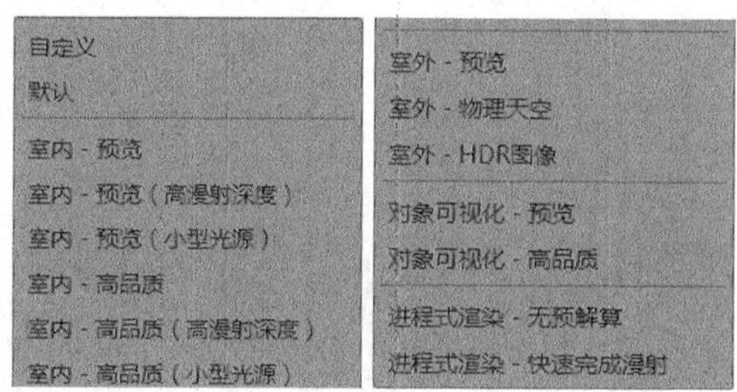

图9-101

◇ **首次反弹算法**：设置光线首次反弹的方式，一般采用“辐照缓存”方式，如图9-102所示。

◇ **二次反弹算法**：设置二次反弹的方式，如图9-103所示。

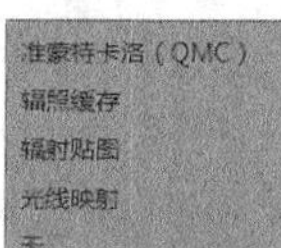

图9-102 图9-103

◇ **Gamma**：设置画面的整体亮度值。

◇ **采样**：设置图片像素的采样精度，如图9-104所示。

◇ **辐照缓存**：设置辐照缓存的精度，如图9-105所示。

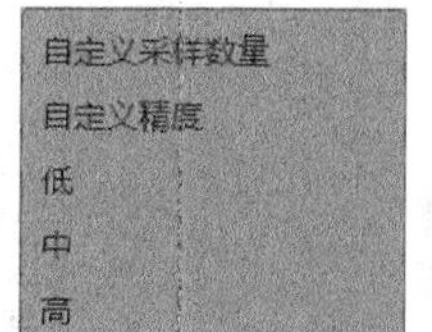

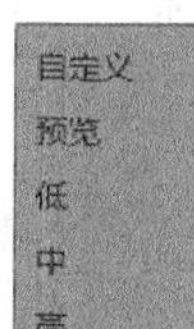

图9-104 图9-105

知识点：全局光照详解

场景中的光源可以分为两大类，一类是直接照明光源，另一类是间接照明光源。直接照明光源是由光源所发出的光线直接照射到物体上所形成的照明效果；间接照明光源是发散的光线由物体表面反弹后照射到其他物体表面所形成的光照效果，如图9-106所示。全局光照是由直接光照和间接光照一起形成的照明效果，更符合现实中的光照。

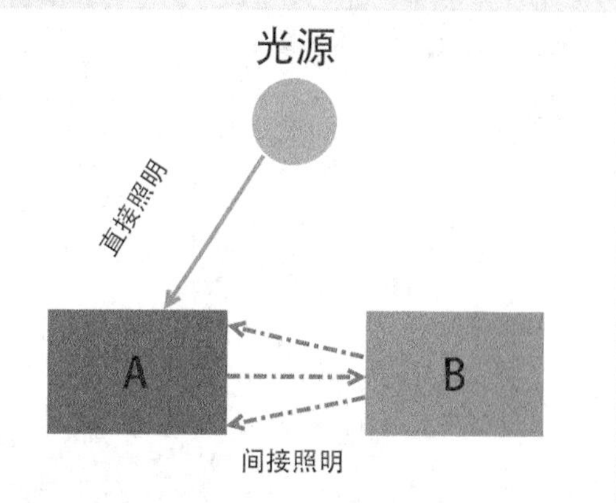

图9-106

在CINEMA 4D的全局光照渲染中，渲染器需要进行灯光的分配计算，分别是“首次反弹算法”和“二次反弹算法”。经过两次计算后，再渲染出图像的反光、高光和阴影等效果。

全局光照的“首次反弹算法”和“二次反弹算法”中有多种计算模式，下面将讲解各种模式的优缺点，方便读者进行选择。

辐照缓存：优点是计算速度较快，加速区域光照产生的直接漫射照明，且能存储并重复使用。缺点是在间接照明时可能会模糊一些细节，尤其是在计算动态模糊时，这种情况更为明显。

准蒙特卡洛（QMC）：优点是保留间接照明里的所有细节，在渲染动画时不会出现闪烁。缺点是计算速度较慢。

光线映射：优点是加快产生场景中的光照，且可以被储存。缺点是不能计算由天光产生的间接照明。

辐照贴图：参数简单，与光线映射类似，计算速度快，且可以计算天光产生的间接光照。缺点是效果较差，不能很好表现凹凸纹理效果。

下面列举一些可以搭配使用的渲染引擎。

第1种：“准蒙特卡洛（QMC）”＋“准蒙特卡洛（QMC）”

第2种：“准蒙特卡洛（QMC）”＋“辐照缓存”

第3种：“辐照缓存”＋“辐照缓存”

第4种：“辐照缓存”＋“辐照贴图”

课堂案例

全局光照渲染引擎搭配效果

场景文件　场景文件>CH09>02.c4d

实例文件　实例文件>CH09>课堂案例：全局光照渲染引擎搭配效果

视频名称　课堂案例：全局光照渲染引擎搭配效果.mp4

学习目标　测试不同渲染引擎的渲染效果

本案例将用一个简单的场景，测试不同的渲染引擎组合所产生的渲染效果，如图9-107所示。

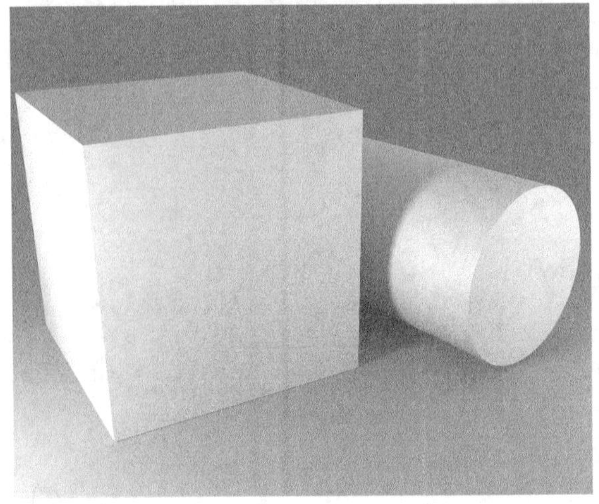

图9-107

01 打开本书学习资源中的“场景文件>CH09>02.c4d”文件，如图9-108所示，这是一组石膏模型。

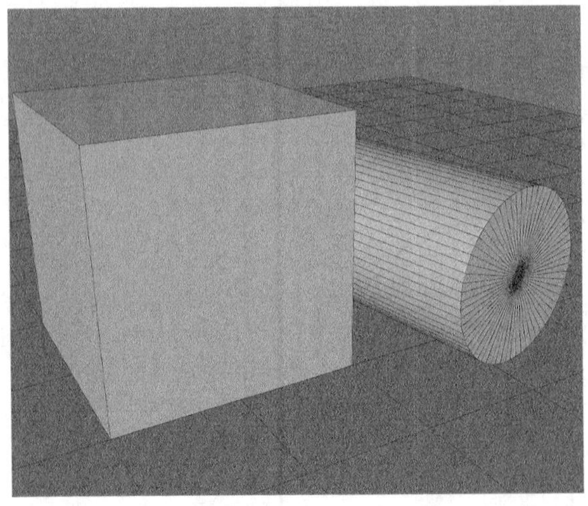

图9-108

02 单击“编辑渲染设置”按钮打开“渲染设置”面板，然后单击“效果”按钮添加“全局光照”选项，接着设置“首次反弹算法”为“辐照缓存”，再设置“二次反弹算法”为“无”，最后按快捷键Shift + R渲染效果，如图9-109和图9-110所示。这组引擎是渲染器默认的组合，画面有白色噪点，渲染时间为18秒。

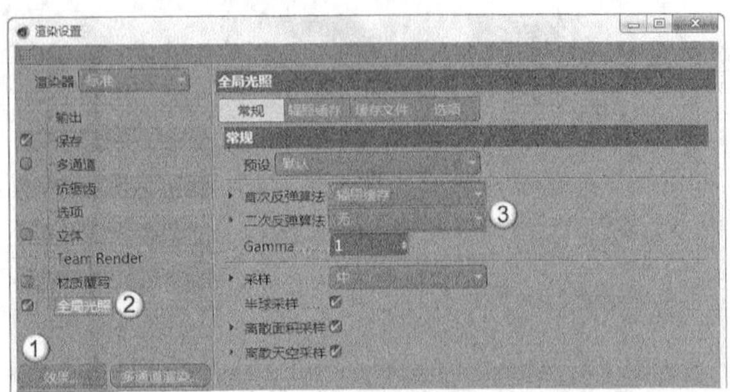

图9-109

图9-110

03 设置“首次反弹算法”和“二次反弹算法”都为“辐照缓存”，然后渲染效果，如图9-111和图9-112所示。这组引擎是日常工作中使用较多的组合，画面中白色的噪点得到很大的改善，画面效果较好，渲染时间为21秒。

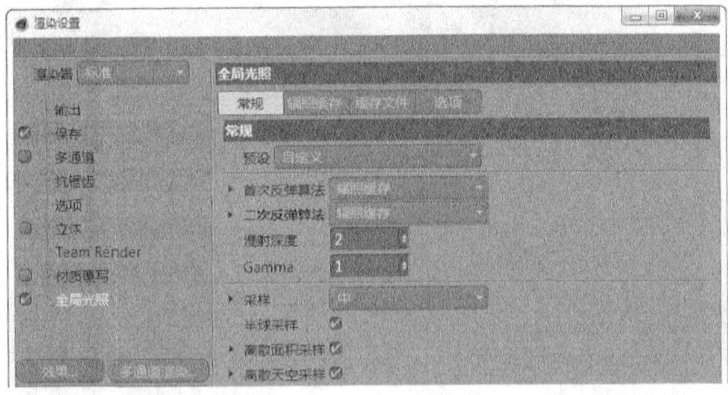

图9-111

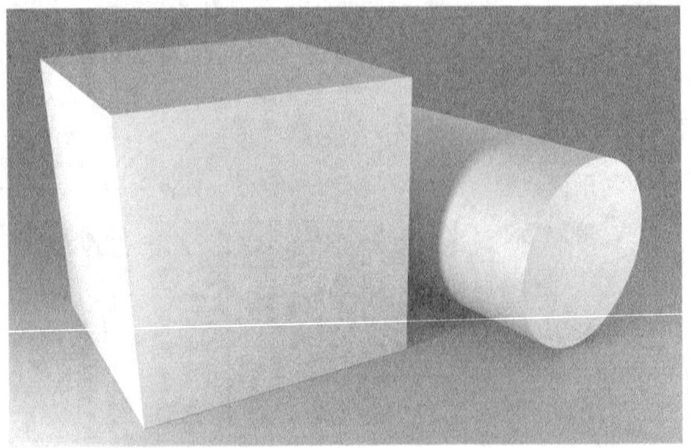

图9-112

04 设置“首次反弹算法”为“辐照缓存”，然后设置“二次反弹算法”为“辐照贴图”，接着渲染效果，如图9-113和图9-114所示。这组引擎渲染质量要好于第一组，差于第二组，但渲染时间与第一组一致。

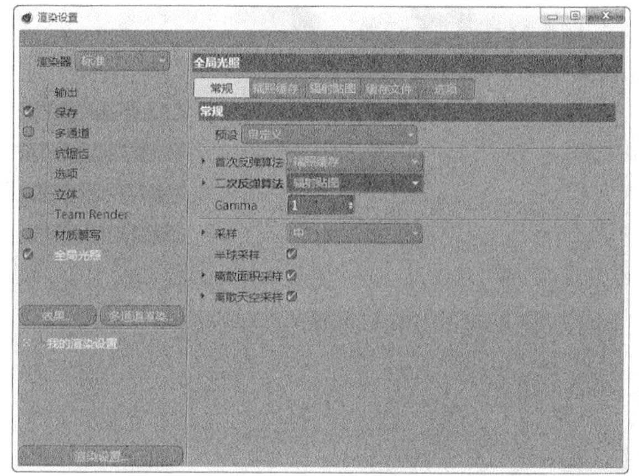

图9-113

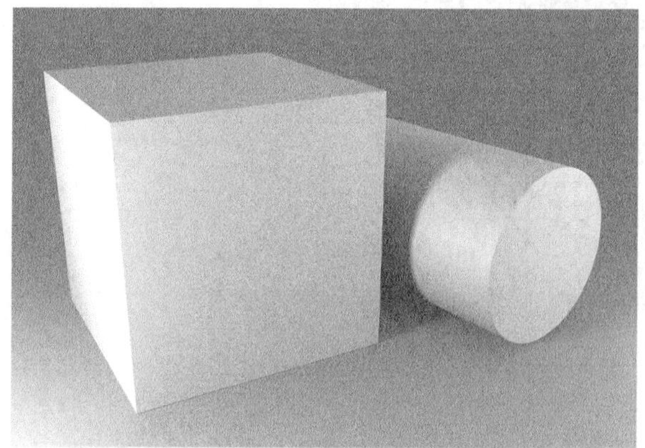

图9-114

05 设置“首次反弹算法”为“准蒙特卡洛（QMC）”，然后设置“二次反弹算法”为“辐照缓存”，接着渲染效果，如图9-115和图9-116所示。这组引擎的渲染效果要好于第二组，但渲染时间较慢，需要1分37秒。

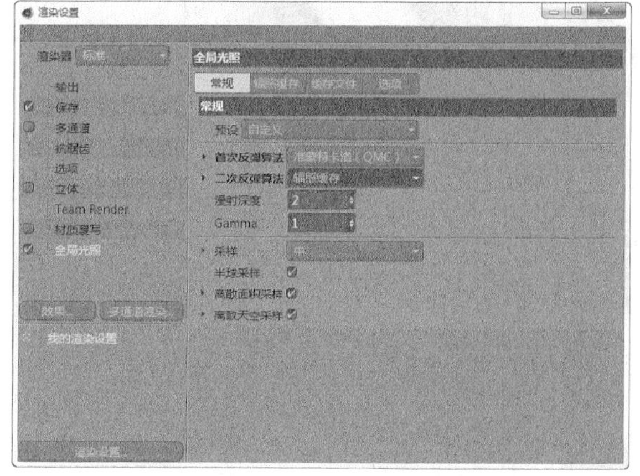

图9-115

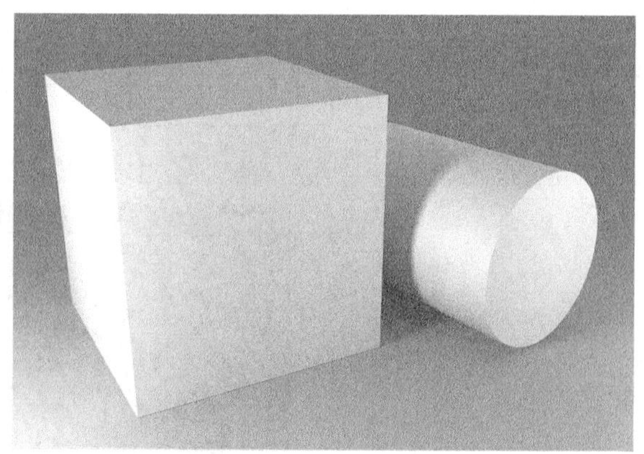

图9-116

06 设置“首次反弹算法”和“二次反弹算法”都为“准蒙特卡洛（QMC）”，然后渲染效果，如图9-117和图9-118所示。这组引擎渲染效果最好，但速度也是最慢的，需要1分42秒。

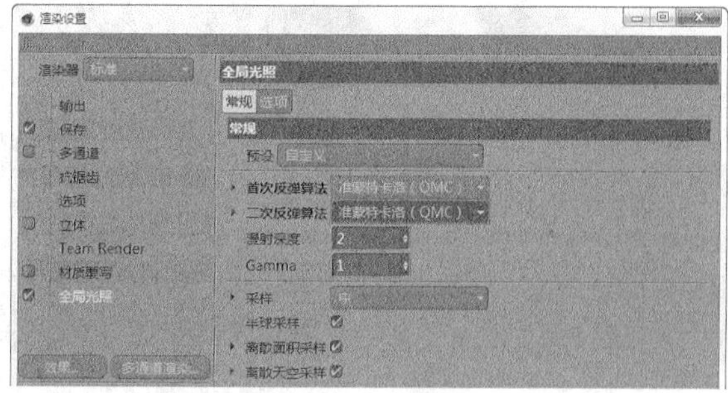

图9-117

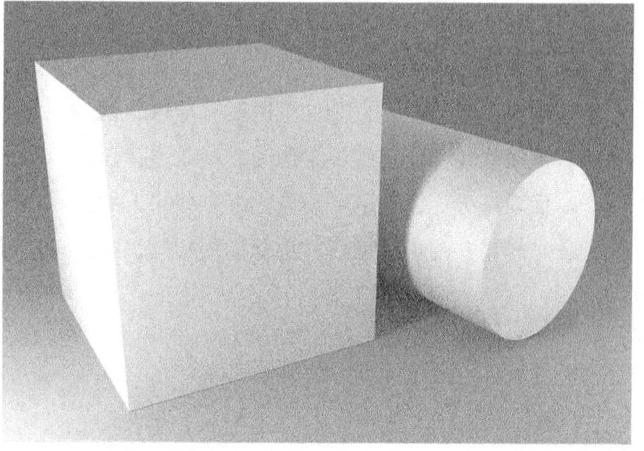

图9-118

通过以上引擎组合的渲染对比，当“首次反弹算法”和“二次反弹算法”都为“准蒙特卡洛（QMC）”时渲染质量最好，但速度也是最慢的，因此在日常工作中不常用；当“首次反弹算法”和“二次反弹算法”都为“辐照缓存”时，渲染质量较好且速度很快，适合日常工作渲染成图时使用；当“首次反弹算法”为“辐照缓存”“二次反弹算法”为“无”时，能渲染出大致光影效果且速度很快，适合测试场景时使用。

9.3.8 物理

视频云课堂：067 物理渲染器

当渲染器类型切换为“物理”时，才会出现该选项，如图9-119所示。

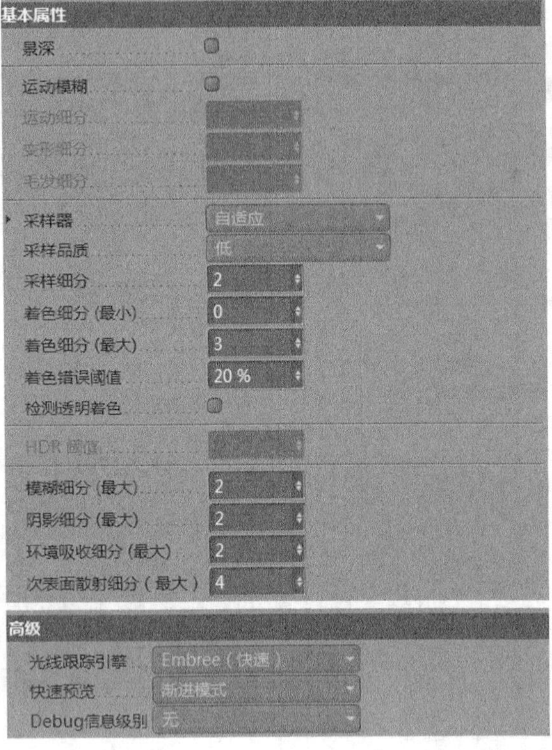

图9-119

重要参数讲解

◇ **景深**：勾选后配合摄像机的设置渲染景深效果。

◇ **运动模糊**：勾选后渲染运动模糊效果。

◇ **运动细分**：设置运动模糊的细分效果，数值越大，画面越细腻。

◇ **采样器**：与“抗锯齿”选项作用相同，如图9-120所示。

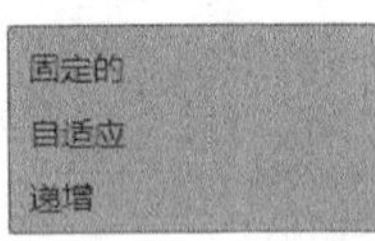

图9-120

◇ **采样品质**：设置抗锯齿的级别。

◇ **采样细分**：设置全局的抗锯齿细分值。

◇ **模糊细分**：设置场景中模糊效果的细分值。

◇ **阴影细分**：设置场景中阴影效果的细分值。

◇ **环境吸收细分**：添加了“环境吸收”后该效果的细分值。

知识点：其他常用的渲染选项

单击“效果”按钮，弹出的菜单显示可以使用的渲染选项，如图9-121所示。除去“全局光照”选项是必须要添加的选项外，还有一些选项也可以根据情况进行添加。

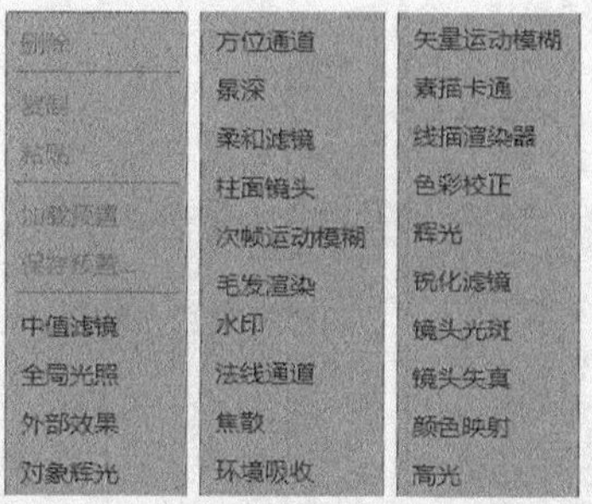

图9-121

“环境吸收”选项可以增加场景模型整体的阴影效果，让场景看起来更加立体，参数面板如图9-122所示。“环境吸收”的参数一般保持默认即可。当场景中有高反射的材质时，如不锈钢、玻璃等，不要使用该选项，容易将其渲染为纯黑色。

“颜色映射”选项是让场景以“指数”的形式进行曝光，从而减少图片曝光的情况，参数面板如图9-123所示。“指数”曝光会让渲染的图片对比度降低，效果发灰，勾选“HSV模式”选项后，能保留原有的颜色，且不容易曝光。

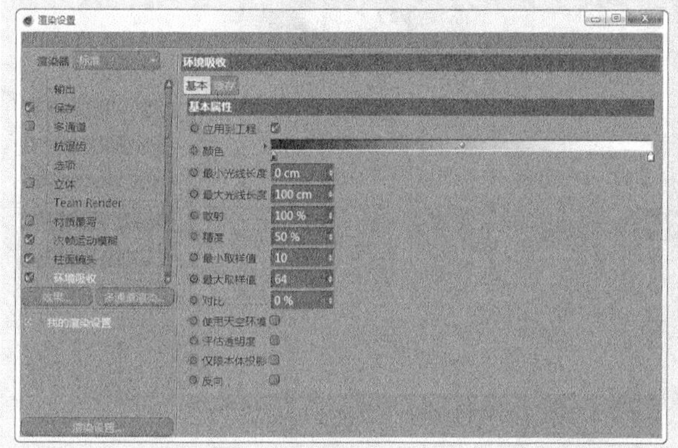

图9-122

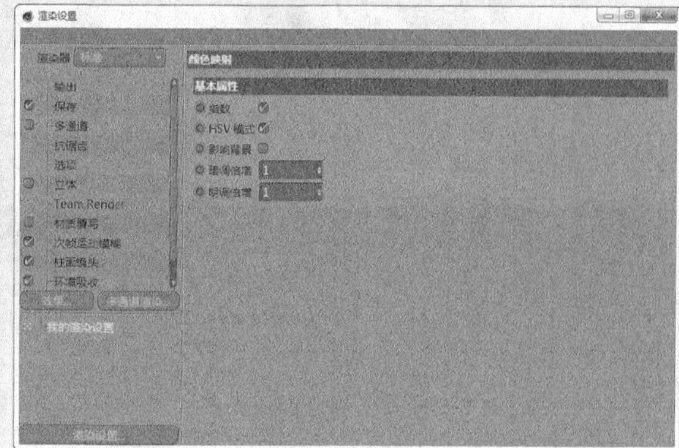

图9-123

9.4 本章小结

本章主要讲解了CINEMA 4D的环境和渲染技术。环境技术方面讲解了地面、背景、天空和加载环境贴图的方法；渲染技术方面讲解了标准渲染器和物理渲染器的使用方法。本章是一个基础章节，需要与其他章节进行关联学习，希望读者勤加练习。

9.5 课后习题

本节安排了两个课后习题供读者练习，这两个习题综合了本章知识。如果读者在练习时有疑问，可以一边观看教学视频，一边学习环境与渲染技术。

9.5.1 课后习题：为场景添加环境背景

场景文件　场景文件>CH09>03.c4d

实例文件　实例文件>CH09>课后习题：为场景添加环境背景

视频名称　课后习题：为场景添加环境背景.mp4

学习目标　掌握HDRI贴图环境添加方法

场景效果如图9-124所示。

图9-124

9.5.2 课后习题：渲染输出场景效果图

场景文件　场景文件>CH09>04.c4d

实例文件　实例文件>CH09>课后习题：渲染输出场景效果图

视频名称　课后习题：渲染输出场景效果图.mp4

学习目标　掌握渲染输出场景效果图的方法

场景效果如图9-125所示。

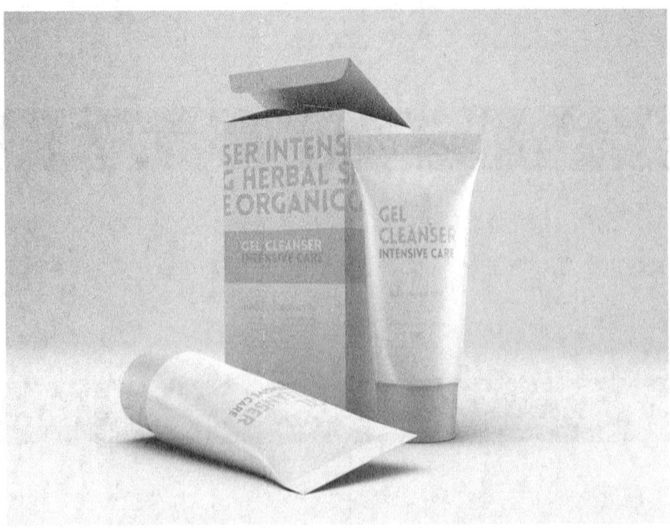

图9-125

第 10 章

动力学技术

本章将讲解 CINEMA 4D 的动力学技术。通过该技术可以快速地制作出物体与物体之间真实的物理作用效果，是制作动画必不可少的一项技术。动力学用于定义物理属性和外力，当对象遵循物理定律相互作用时，可以让场景自动生成最终的动画关键帧。

课堂学习目标

◇ 掌握创建刚体的方法

◇ 掌握创建碰撞体的方法

◇ 了解动力学

10.1 模拟标签

“模拟标签”是赋予物体动力学属性的标签，如图10-1所示。“模拟标签”可以模拟刚体、柔体和布料3种类型的物体的动力学效果。

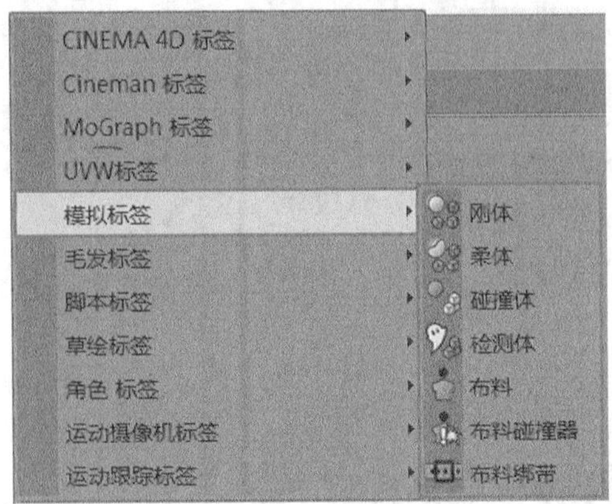

图10-1

本节工具介绍

工具名称	工具作用	重要程度
刚体	模拟表面坚硬的动力学对象	高
柔体	模拟表面柔软的动力学对象	高
碰撞体	模拟与动力学对象碰撞的对象	中
布料	模拟布料对象	高
布料碰撞器	模拟与布料对象碰撞的对象	中

10.1.1 刚体

视频云课堂：068 刚体

赋予了“刚体”标签的对象在模拟动力学动画时，不会因碰撞而产生形变。选中需要成为刚体的对象，然后在“对象”面板上单击鼠标右键，接着在弹出的菜单中选择“模拟标签-刚体”选项，即可为该对象赋予“刚体”标签，如图10-2所示。

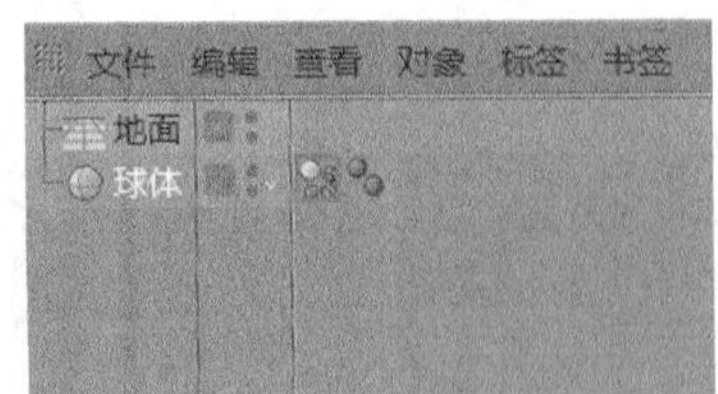

图10-2

选中“刚体”标签的图标，在下方的“属性”面板中可以设置属性，如图10-3所示。

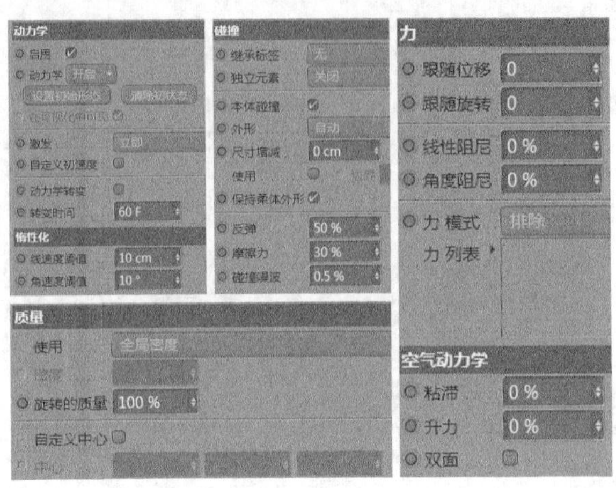

图10-3

重要参数讲解

◇ **动力学：**设置是否开启动力学效果，默认为“开启”选项。

◇ **设置初始形态**设置初始形态：单击该按钮，设置刚体对象的初始形态。

◇ **清除初形态**清除初状态：单击该按钮可以清除设置的初始形态。

◇ **激发：**设置刚体对象的计算方式，有“立即”“在峰速”“开启碰撞”和“由XPresso”4种模式，默认的“立即”选项会无视初速度进行模拟。

◇ **自定义初速度：**勾选该选项后，可以设置刚体对象的“初始线速度”和“初始角速度”，如图10-4所示。

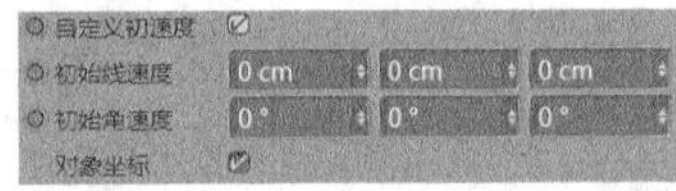

图10-4

◇ **外形：**设置刚体对象模拟的外轮廓，如图10-5所示。

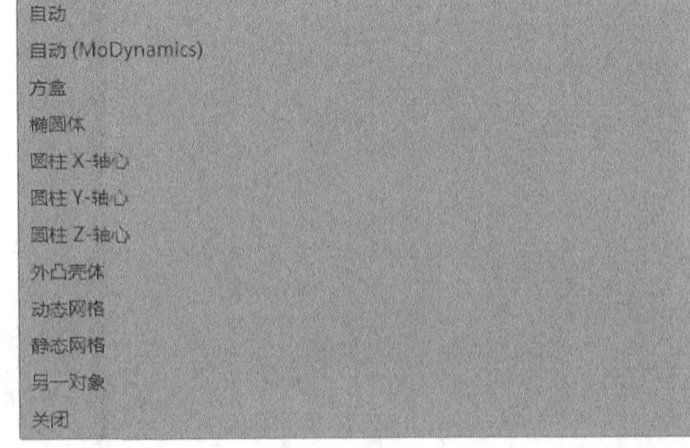

图10-5

◇ **反弹：**设置刚体碰撞的反弹力度，数值越大，反弹越强烈。

◇ **摩擦力：**设置刚体与碰撞对象的摩擦力，数值越大，摩擦力越大。

◇ **质量-使用**：设置刚体对象的质量，从而改变碰撞效果，如图10-6所示。

图10-6

» **全局密度**：根据场景中对象的尺寸设置密度。

» **自定义密度**：设置刚体对象的密度。

» **自定义质量**：设置刚体对象的质量。

◇ **自定义中心**：勾选该选项后，可以在输入框内设置对象的中心位置。

◇ **跟随位移**：添加力后刚体对象跟随力的位移。

10.1.2 柔体

视频云课堂：069 柔体

赋予了“柔体”标签的对象在模拟动力学动画时，会因碰撞而产生形变。选中需要成为柔体的对象，然后在“对象”面板上单击鼠标右键，接着在弹出的菜单中选择“模拟标签-柔体”选项，即可为该对象赋予“柔体”标签，如图10-7所示。

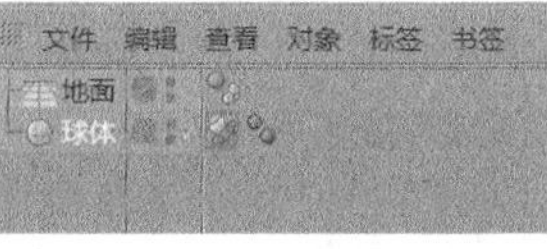

图10-7

选中“柔体”标签的图标，在下方的“属性”面板中可以设置其属性。“柔体”与“刚体”的属性面板基本相同，这里只单独讲解“柔体”选项卡，如图10-8所示。

柔体
柔体 由多边形/线构成
静止形态
质量贴图
使用精确解析器 ✓
弹簧
构造 100 贴图
阻尼 20 % 贴图
弹性极限 1000 % 贴图
斜切 50 贴图
阻尼 20 % 贴图
弯曲 50 贴图
阻尼 20 % 贴图
弹性极限 180 ° 贴图
静止长度 100 % 贴图
保持外形
硬度 0 贴图
体积 100 %
阻尼 20 % 贴图
弹性极限 1000 cm 贴图
压力
压力 0
保持体积 0
阻尼 20 %

图10-8

重要参数讲解

◇ **柔体**：默认为“由多边形/线构成”选项，模拟柔体效果。若选择为“无”选项则为刚体效果。

◇ **构造**：设置柔体对象在碰撞时的形变效果，数值为0时完全形变。

◇ **阻尼**：设置柔体与碰撞体之间摩擦力。

◇ **弹性极限**：设置柔体弹力的极限值。

◇ **自定义初速度**：勾选该选项后，可以设置刚体对象的“初始线速度”和“初始角速度”。

◇ **硬度**：设置柔体外表的硬度，如图10-9和图10-10所示。

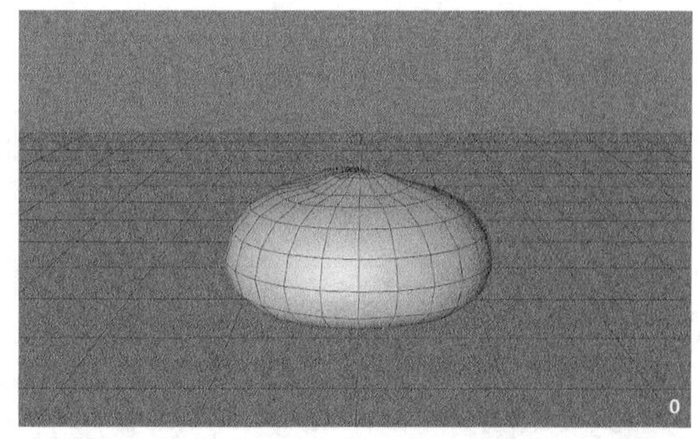

图10-9

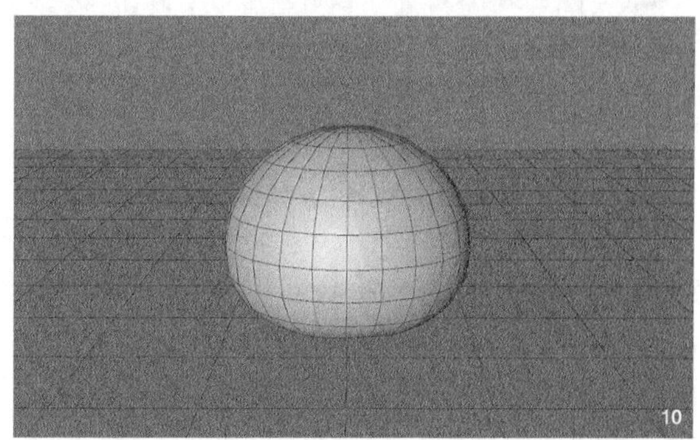

图10-10

◇ **压力**：设置柔体对象内部的强度，如图10-11和图10-12所示。

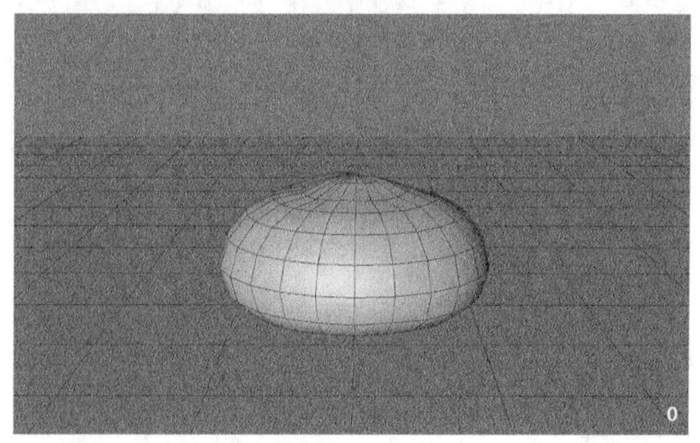

图10-11

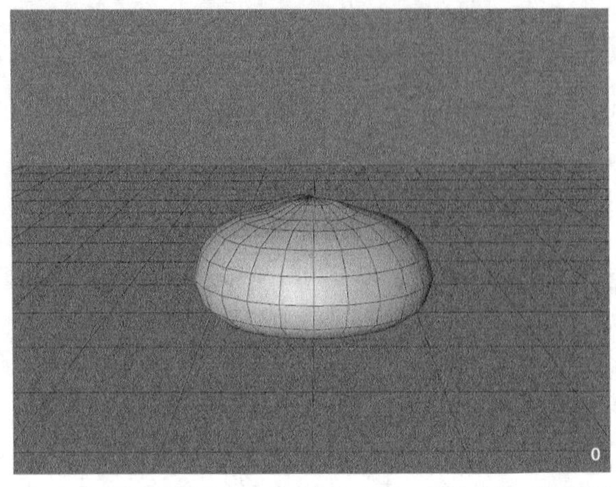

图10-12

10.1.3 碰撞体

视频云课堂：070 碰撞体

赋予了“碰撞体”标签的对象在模拟动力学动画时，作为与刚体对象或柔体对象产生碰撞的对象。选中需要成为碰撞体的对象，然后在“对象”面板上单击鼠标右键，接着在弹出的菜单中选择“模拟标签-碰撞体”选项，即可为该对象赋予“碰撞体”标签，如图10-13所示。

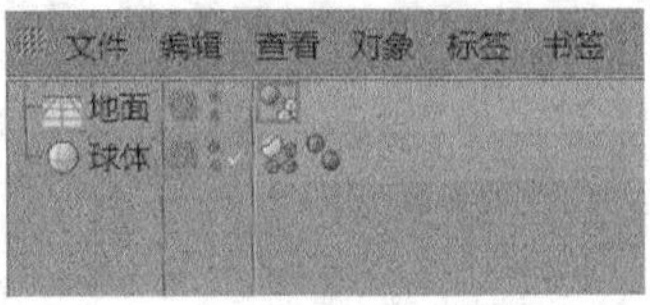

图10-13

选中“碰撞体”标签的图标，在下方的“属性”面板中可以设置其属性，如图10-14所示。

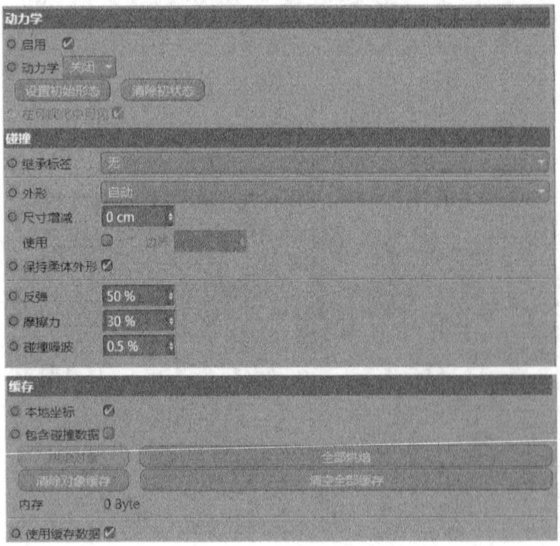

图10-14

重要参数讲解

◇ **反弹**：设置刚体或柔体对象的反弹强度，数值越大，反弹效果越强。

◇ **摩擦力**：设置刚体或柔体对象与碰撞体之间的摩擦力。

◇ **全部烘焙**：将模拟的动力学动画烘焙关键帧后，可进行动画播放。

◇ **清除对象缓存**：将选中对象所烘焙的关键帧删除，以便重新进行模拟。

◇ **清空全部缓存**：将场景中所有对象所烘焙的关键帧全部删除。

技巧与提示

只有将模拟的动力学动画烘焙后才能进行动画播放，否则无法后退观察动画效果。

课堂案例

用动力学制作小球碰撞动画

场景文件	场景文件>CH10>01.c4d
实例文件	实例文件>CH10>课堂案例：用动力学制作小球碰撞动画
视频名称	课堂案例：用动力学制作小球碰撞动画.mp4
学习目标	掌握刚体和柔体标签的使用方法

本案例需要为场景中的两个小球分别添加“刚体”和“柔体”标签，案例效果如图10-15所示。

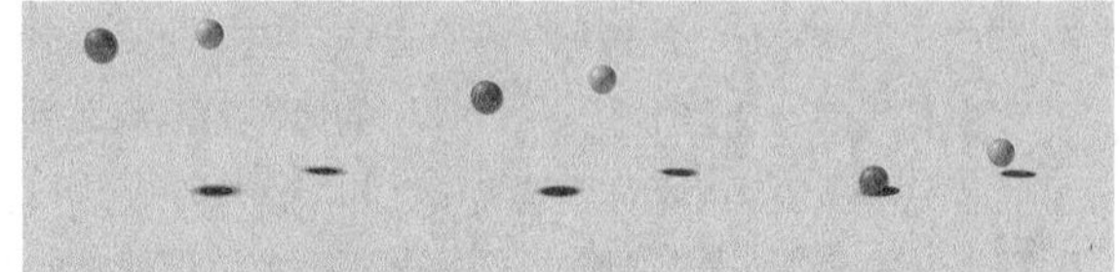

图10-15

01 打开本书学习资源中的“场景文件>CH10>01.c4d”文件，如图10-16所示。场景中已经建立了摄像机、灯光和材质。

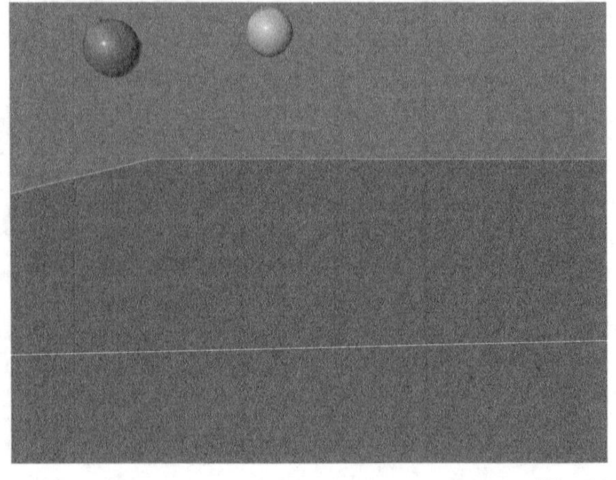

图10-16

02 选中红色小球，然后在“对象”面板中为其赋予“柔体”标签，如图10-17所示。

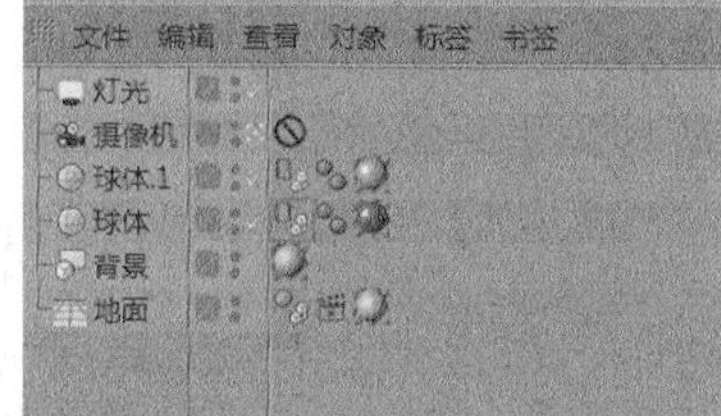

图10-17

03 在“属性”面板的“动力学”选项卡中勾选“自定义初速度”选项，然后设置z轴的“初始线速度”为100cm，如图10-18所示。

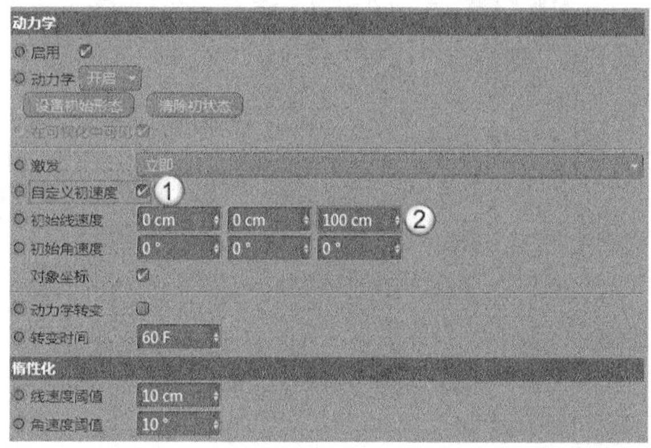

图10-18

04 切换到“柔体”选项卡，然后设置“硬度”为30，“压力”为10，如图10-19所示。

图10-19

05 选中黄色小球，然后在“对象”面板中为其赋予“刚体”标签，如图10-20所示。

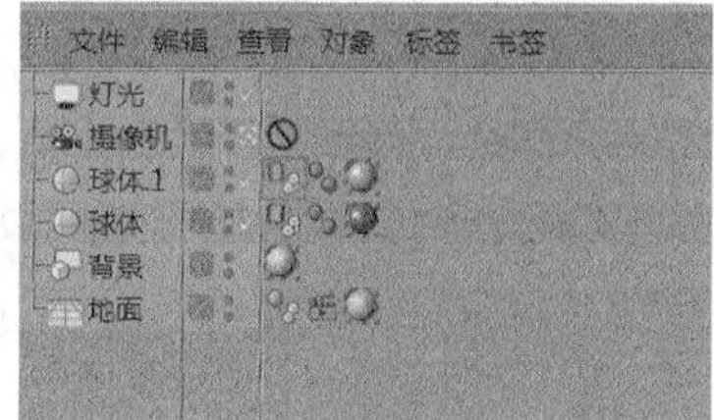

图10-20

06 在“属性”面板的“动力学”选项卡中勾选“自定义初速度”选项，然后设置x轴的“初始线速度”为5cm，接着设置z轴的“初始线速度”为200cm，如图10-21所示。

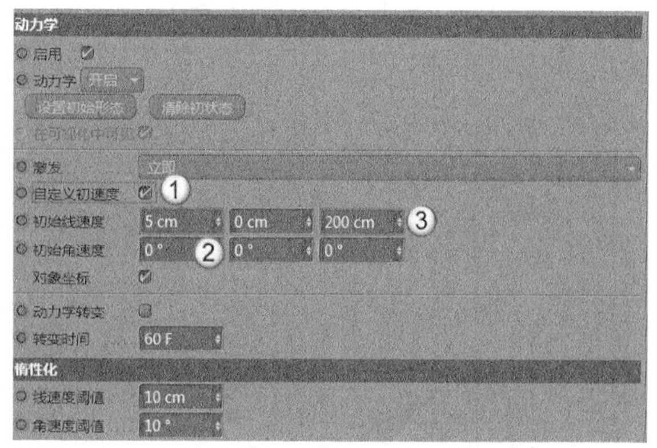

图10-21

07 选中“地面”模型，然后在“对象”面板为其赋予“碰撞体”标签，如图10-22所示。

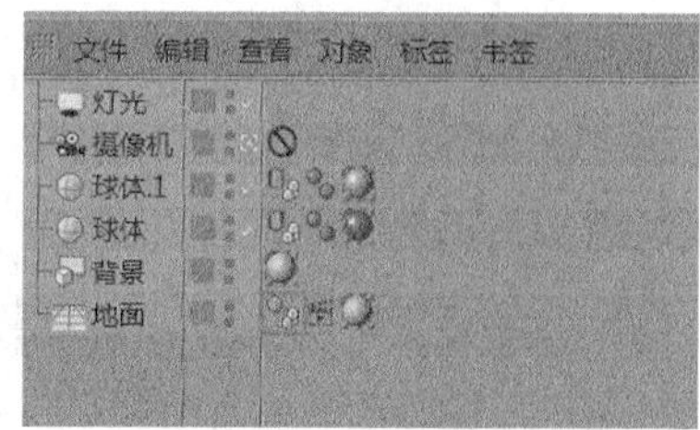

图10-22

08 单击“向前播放”按钮▶（快捷键为F8）模拟动力学动画，如图10-23所示。

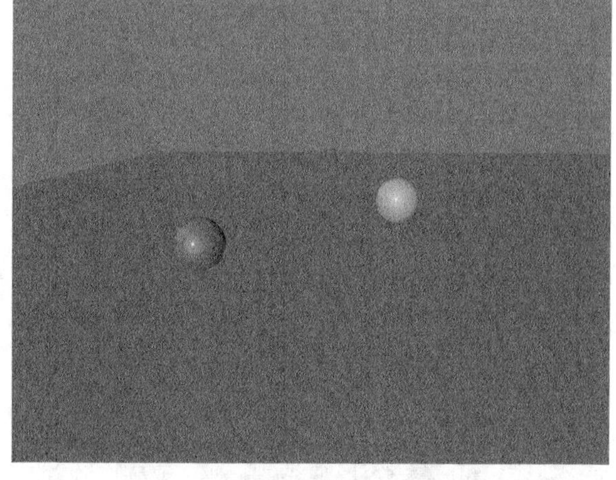

图10-23

09 观察动画效果，满意后，选中“碰撞体”标签的“缓存”选项卡，然后单击“全部烘焙”按钮 全部烘焙 ，烘焙所有对象的动画关键帧，如图10-24所示。

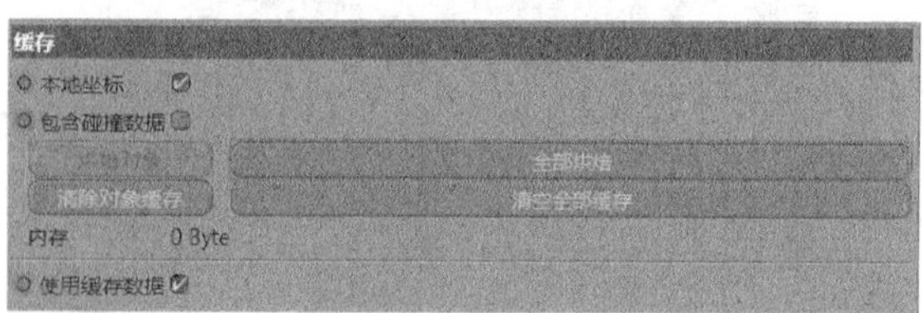

图10-24

10 烘焙完毕后，移动播放滑块选取任意关键帧进行渲染，效果如图10-25所示。

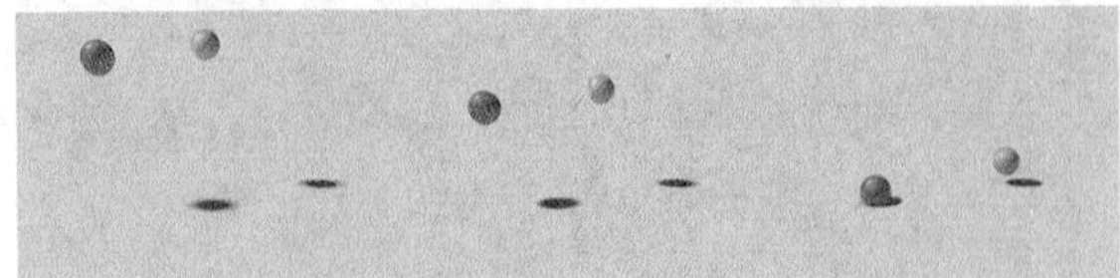

图10-25

10.1.4 布料

视频云课堂：071 布料

赋予了“布料”标签的对象在模拟动力学动画时，会模拟布料碰撞的效果。选中需要成为布料的对象，然后在“对象”面板上单击鼠标右键，接着在弹出的菜单中选择“模拟标签-布料”选项，即可为该对象赋予“布料”标签，如图10-26所示。

图10-26

技巧与提示

需要将模拟布料的对象转换为可编辑对象后才能产生布料模拟效果，普通的参数化几何体无法实现该效果。

“布料”标签的“属性”面板中包含“标签属性”“影响”“修整”“缓存”和“高级”5个选项卡，如图10-27所示。

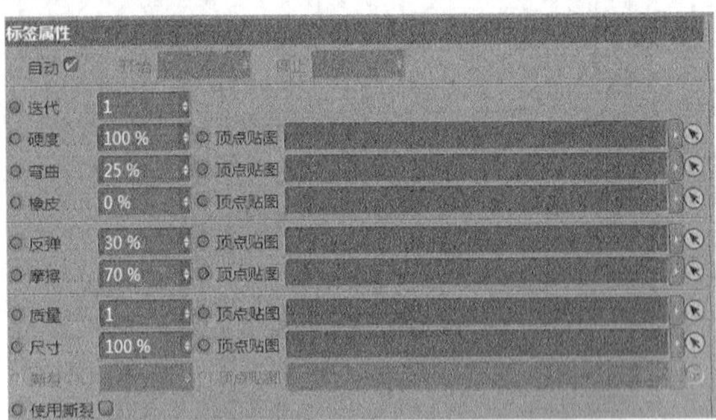

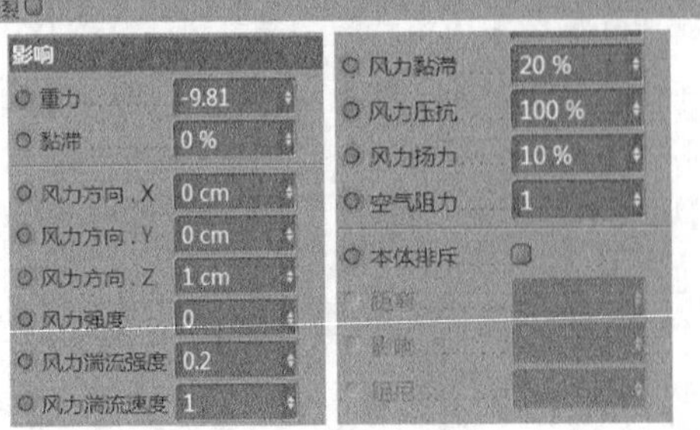

图10-27

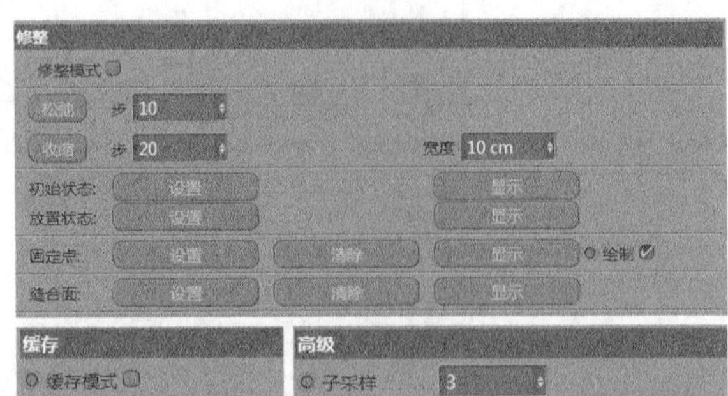

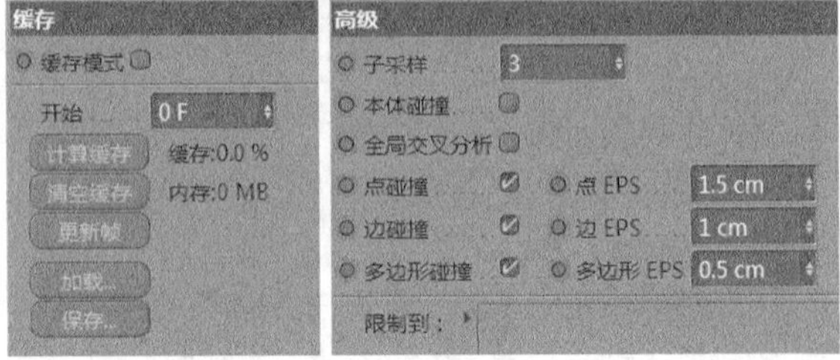

图10-27（续）

重要参数讲解

◇ **自动**：勾选该选项后，从时间线的第1帧开始模拟布料效果。不勾选该选项则可设置布料模拟的帧范围。

◇ **迭代**：设置布料模拟的精确度，数值越高模拟效果越好，速度也越慢。

◇ **硬度**：设置布料模拟时的形变与穿插，如图10-28和图10-29所示。

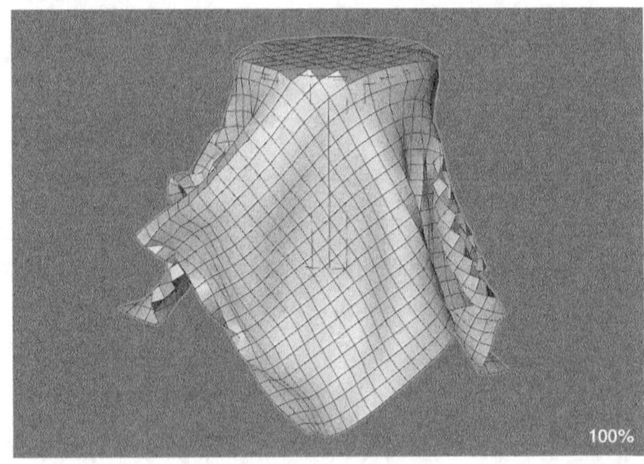

图10-28

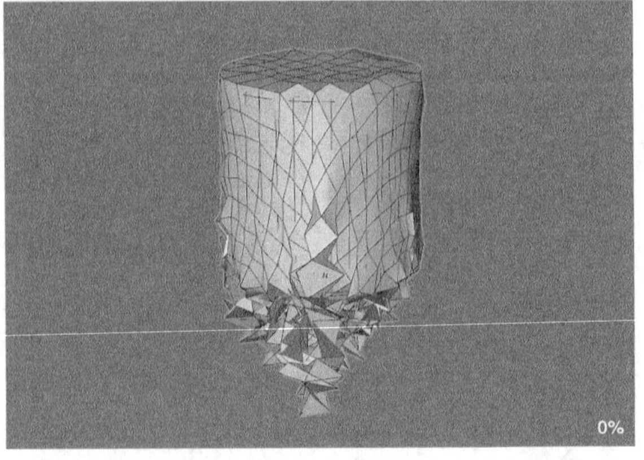

图10-29

◇ **弯曲**：设置布料弯曲的效果，如图10-30和图10-31所示。

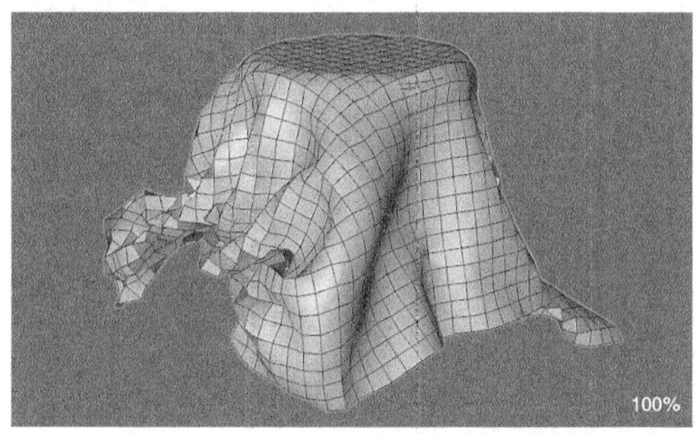

图10-30

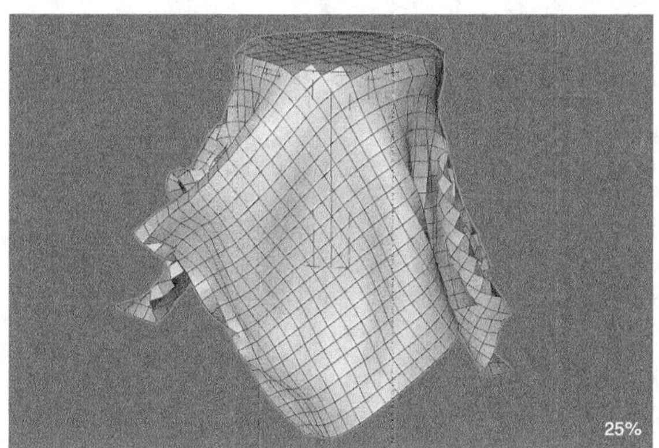

图10-31

◇ **橡皮**：设置布料的拉伸弹力效果，如图10-32所示。

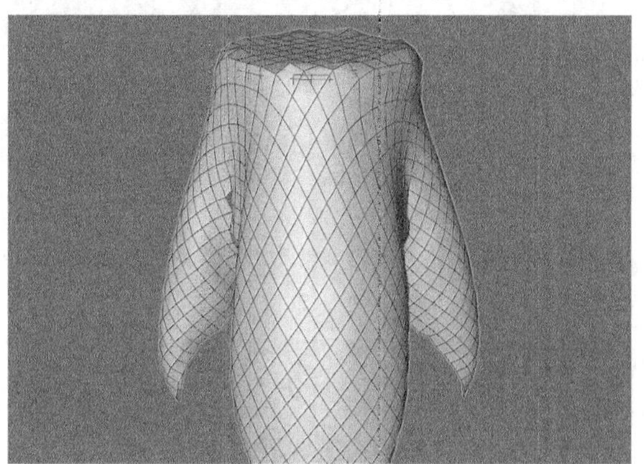

图10-32

◇ **反弹**：设置布料间的碰撞效果。

◇ **摩擦**：设置布料间碰撞的摩擦力。

◇ **质量**：设置布料的质量。

◇ **使用撕裂**：勾选后布料会形成碰撞撕裂效果。

◇ **重力**：设置布料受到的重力强度，默认不更改。

◇ **黏滞**：形成与重力相反的力，减缓布料下坠的速度。

◇ **风力方向.X/风力方向.Y/风力方向.Z**：设置布料初始速度的方向。

◇ **风力强度**：设置风力的强度。

◇ **风力黏滞**：形成与风力方向相反的力，减缓风力的大小。

◇ **本体排斥**：勾选该选项后，会减少布料模型相互穿插的效果，但会增加计算时间。

◇ **松弛**：平缓布料的褶皱。

◇ **计算缓存** 计算缓存 ：烘焙模拟布料所生成的动画关键帧。

10.1.5 布料碰撞器

视频云课堂：072 布料碰撞器

"布料碰撞器"标签与"碰撞体"标签类似，是模拟布料碰撞的对象，其"属性"面板如图10-33所示。

图10-33

重要参数讲解

◇ **使用碰撞**：勾选该选项后，布料与碰撞器产生碰撞效果。

◇ **反弹**：设置布料与碰撞器之间的反弹强度。

◇ **摩擦**：设置布料与碰撞器之间的摩擦力。

课堂案例

用布料制作桌布

场景文件	场景文件>CH10>02.c4d
实例文件	实例文件>CH10>课堂案例：用布料制作桌布
视频名称	课堂案例：用布料制作桌布.mp4
学习目标	掌握布料标签的使用方法

本案例需要对场景中的平面添加"布料"标签，模拟桌布效果，如图10-34所示。

图10-34

01 打开本书学习资源中的“场景文件>CH10>02.c4d”文件，如图10-35所示。

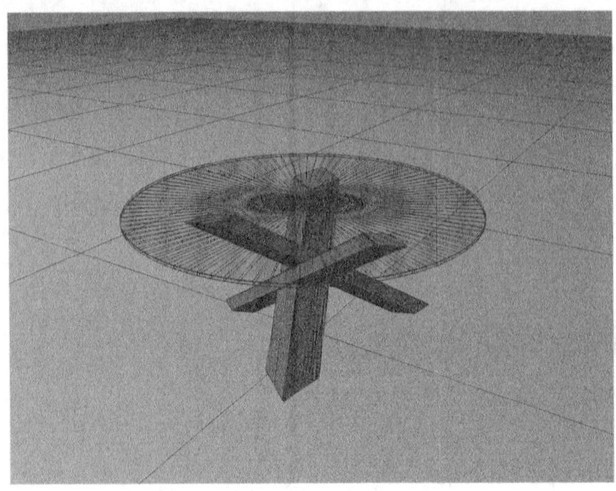

图10-35

02 使用“平面”工具 在场景中创建一个平面，然后设置“宽度”和“高度”都为130cm，接着设置“宽度分段”和“高度分段”都为80，如图10-36所示。

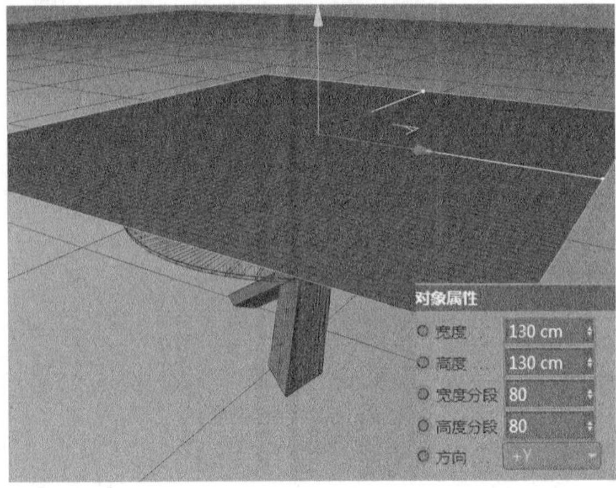

图10-36

技巧与提示

平面的分段越多，模拟的布料效果越好。

03 在“对象”面板选中平面，然后按C键转换为可编辑对象，接着为其赋予“布料”标签，如图10-37所示。

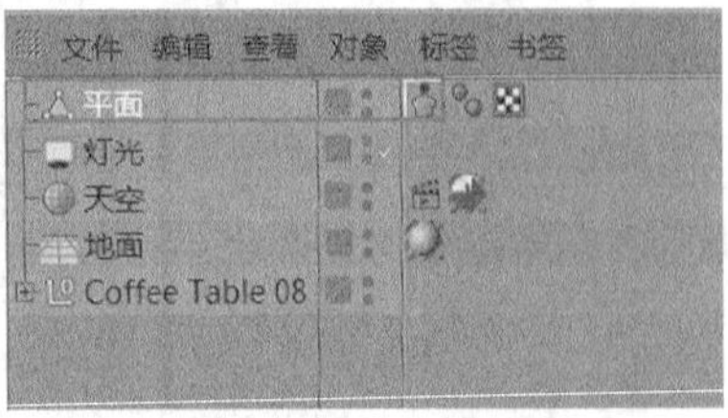

图10-37

04 在“对象”面板选中咖啡桌组中的所有元素，然后为其赋予“布料碰撞器”标签，如图10-38所示。

图10-38

技巧与提示

如果将“布料碰撞器”标签赋予组，则无法实现碰撞效果。

05 在“属性”面板的“标签属性”选项卡中设置“质量”为50，如图10-39所示。

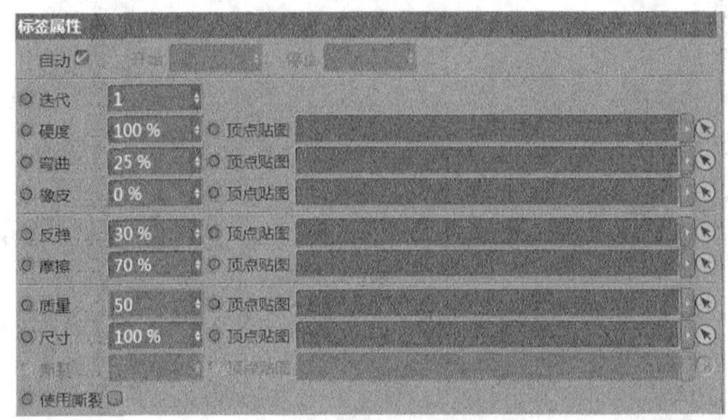

图10-39

06 在“属性”面板的“高级”选项卡中勾选“本体碰撞”选项，如图10-40所示。

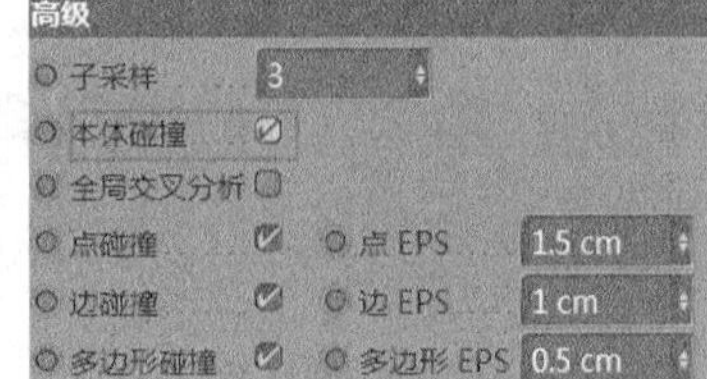

图10-40

07 单击“向前播放”按钮（快捷键为F8）模拟动力学动画，如图10-41所示。

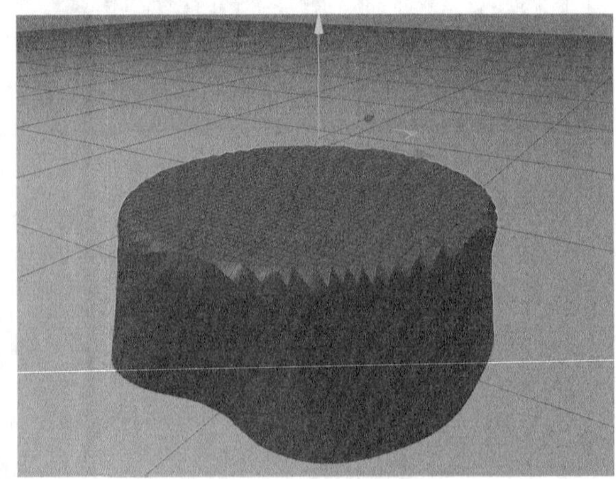

图10-41

08 观察布料模拟效果，若良好则为其赋予布纹材质，如图10-42所示。

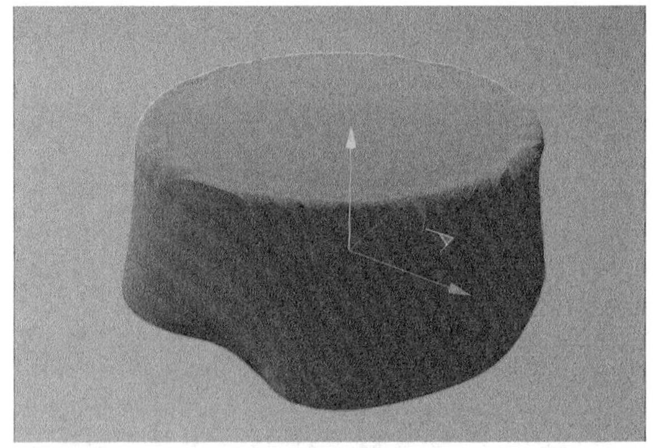

图10-42

09 执行“模拟-布料-布料曲面”菜单命令，然后在“对象”面板中将“平面”选项作为“布料曲面”的子层级，此时平面的细分加大，整个桌布看起来更加自然，如图10-43和图10-44所示。

图10-43

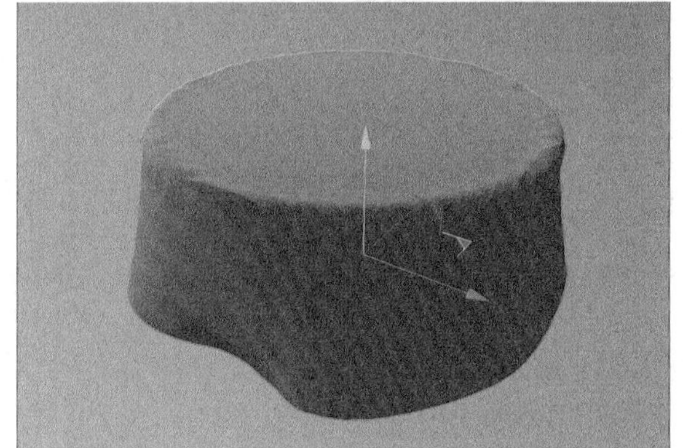

图10-44

知识点：布料曲面

“布料曲面”工具在之前的制作中曾出现过，用来增加模型的厚度。“布料曲面”工具位于“模拟-布料”菜单中，绿色的图标用来作为对象的父层级。

“布料曲面”的参数很简单，如图10-45所示。

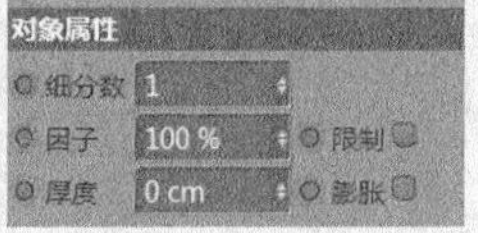

图10-45

细分数：增加模型的细分数。图10-46所示是没有添加“布料曲面”的模型，图10-47所示是添加了“布料曲面”的模型。“细分数”的数值越大，增加的分段线也就越多。

图10-46

图10-47

厚度：设置对象的厚度，如图10-48所示。

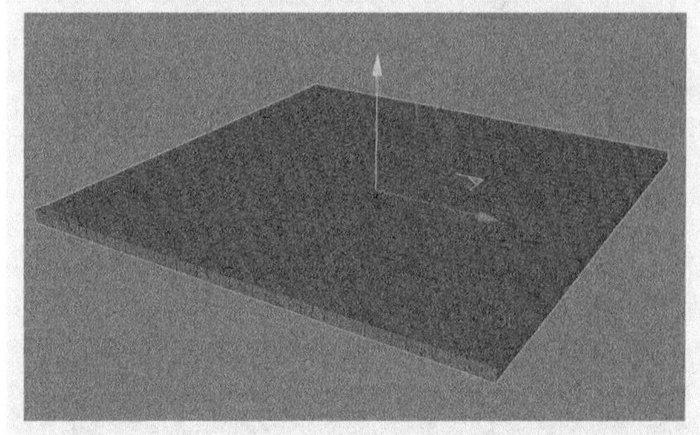

图10-48

10 选中“布料”标签的图标，然后在“缓存”选项卡中单击“计算缓存”按钮 计算缓存 生成动画关键帧，如图10-49所示。

图10-49

⑪ 进入“摄像机”视图，然后选择效果较好的一帧进行渲染，如图10-50所示。

图10-50

10.2 动力学

本节将讲解CINEMA 4D的“连接器”“弹簧”“力”和“驱动器”4种动力学。

本节工具介绍

工具名称	工具作用	重要程度
连接器	控制动力学对象的运动方式和运动距离	中
弹簧	模拟弹簧的动力学效果	中
力	控制全局或是单个对象的动力学力度	中
驱动器	模拟两个动力学对象的连接效果	中

10.2.1 连接器

视频云课堂：073 连接器

“连接器”用于控制动力学对象的运动方式和运动距离，如图10-51所示。

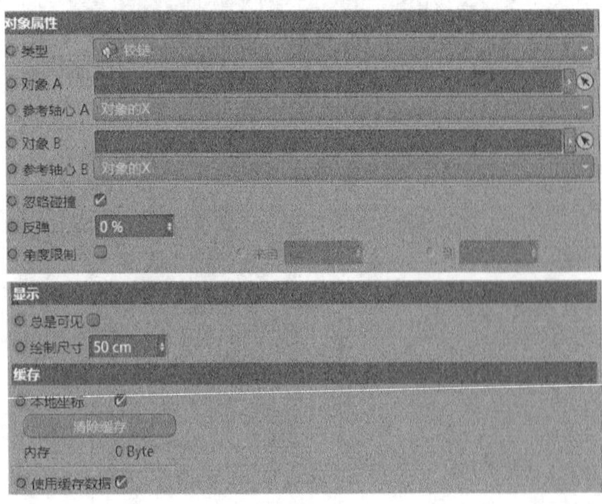

图10-51

重要参数讲解

◇ **类型**：设置两个对象的运动方式，共10种类型。

» **铰链**：两个对象沿着转轴进行动力学旋转，如图10-52所示。

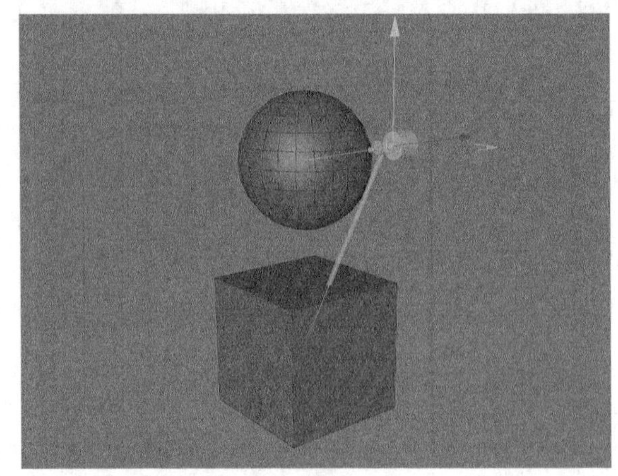

图10-52

» **万向节**：两个对象沿着转轴向任意方向旋转，如图10-53所示。

图10-53

» **球窝关节**：两个对象沿着球窝型转轴进行旋转，如图10-54所示。

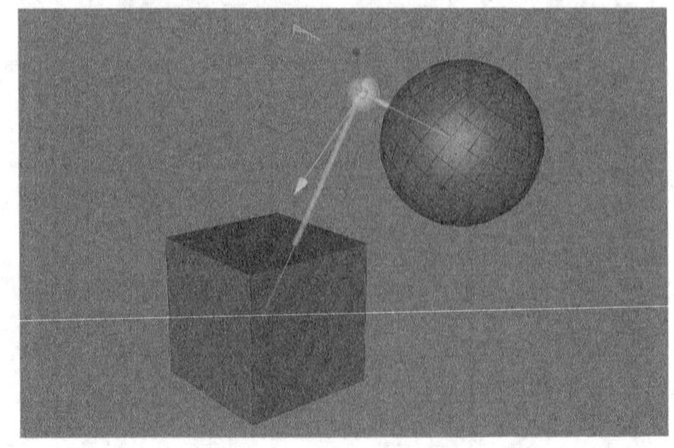

图10-54

» **布娃娃**：两个对象沿着圆锥形转轴向任意方向旋转，如图10-55所示。

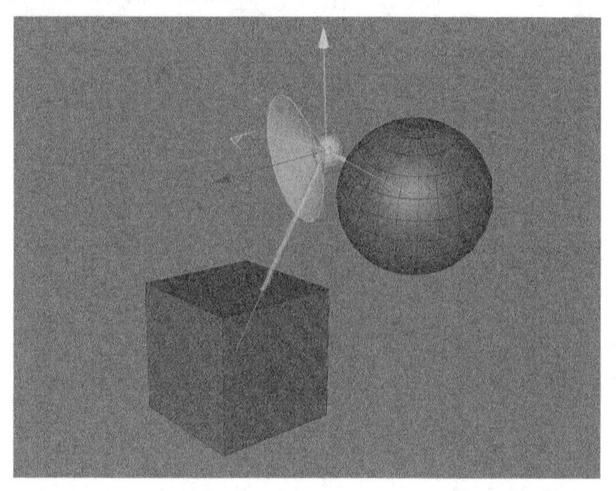

图10-55

» **滑动条**：两个对象沿滑动条的方向进行位移，如图10-56所示。

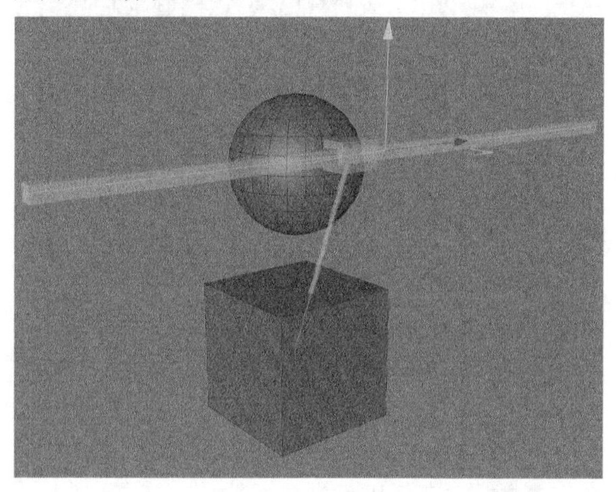

图10-56

» **旋转滑动条**：两个对象绕着滑动条的方向旋转，如图10-57所示。

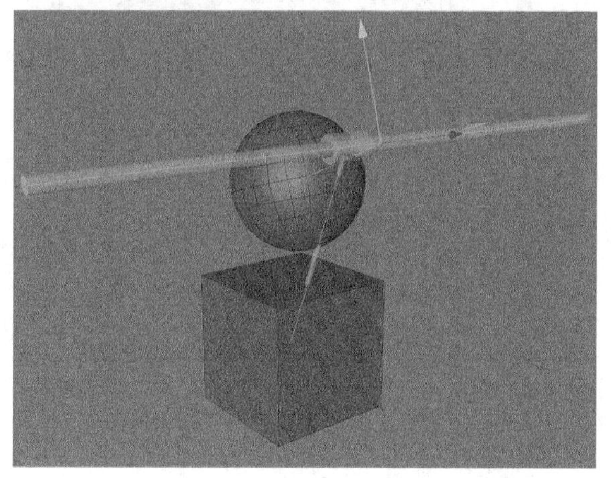

图10-57

» **平面**：两个对象沿平面进行滑动，如图10-58所示。

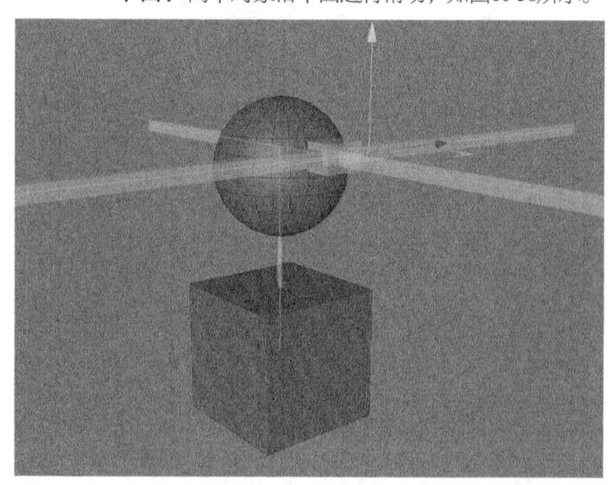

图10-58

» **盒子**：两个对象沿轴向进行滑动，如图10-59所示。

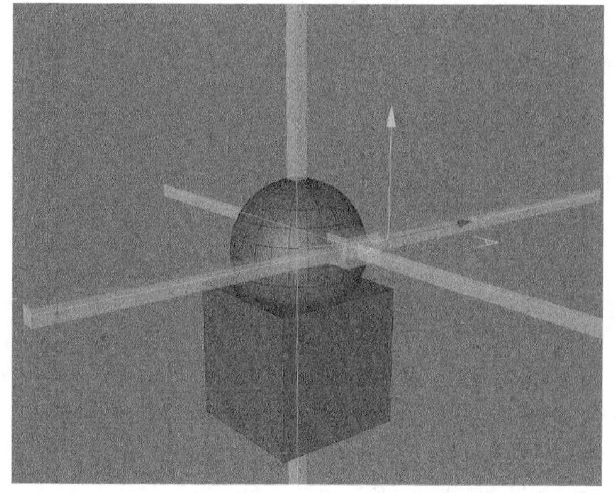

图10-59

» **车轮悬挂**：两个对象沿转轴方向进行旋转，如图10-60所示。

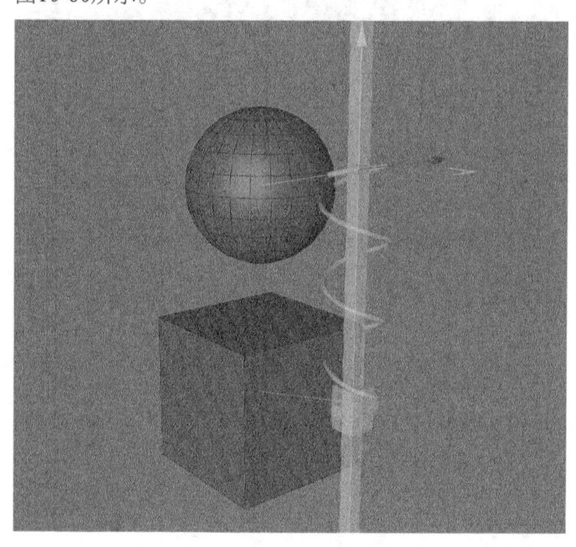

图10-60

» **固定**：固定两个对象的位置，如图10-61所示。

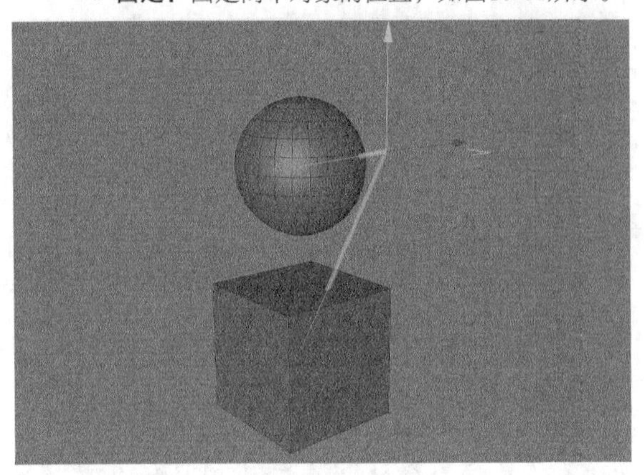

图10-61

◇ **对象A**：加载运动对象。

◇ **参考轴心A**：对象A加载转轴的中心点。

◇ **对象B**：加载运动对象。

◇ **绘制尺寸**：设置转轴的大小。

技巧与提示

“连接器”只需要添加即可，不用作为其他对象的父层级或子层级。

10.2.2 弹簧

视频云课堂：074 弹簧

“弹簧”用于将两个对象进行连接，模拟弹簧的动力学效果，如图10-62所示。

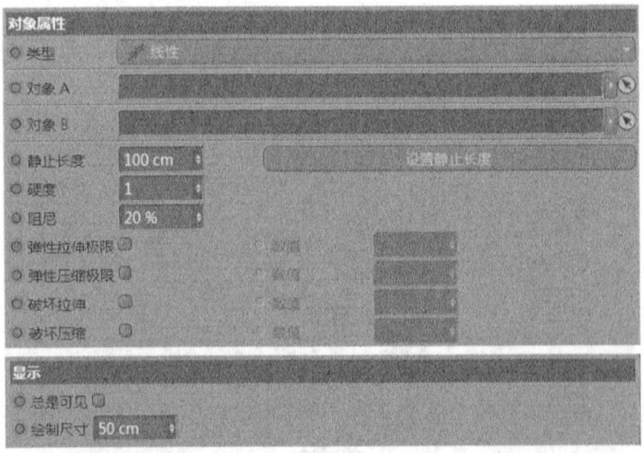

对象属性
类型 线性
对象 A
对象 B
静止长度 100 cm 设置静止长度
硬度 1
阻尼 20 %
弹性拉伸极限 数值
弹性压缩极限 数值
破坏拉伸 数值
破坏压缩 数值
显示
总是可见
绘制尺寸 50 cm

图10-62

重要参数讲解

◇ **类型**：设置弹簧的类型，有“线性”“角度”和“线性和角度”3种模式。

» **线性**：对象A和对象B之间呈线性弹簧连接，如图10-63所示。

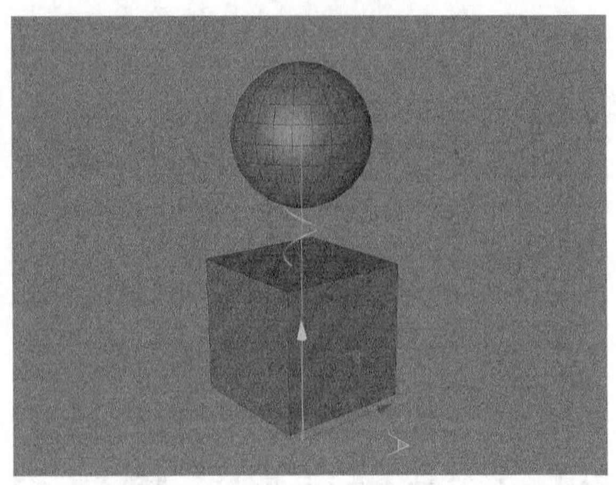

图10-63

» **角度**：对象A和对象B之间呈螺旋形弹簧连接，如图10-64所示。

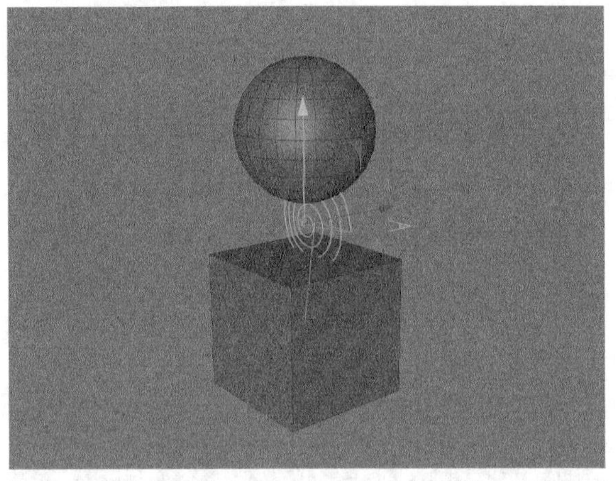

图10-64

» **线性和角度**：对象A和对象B之间既有线性弹簧又有螺旋弹簧，如图10-65所示。

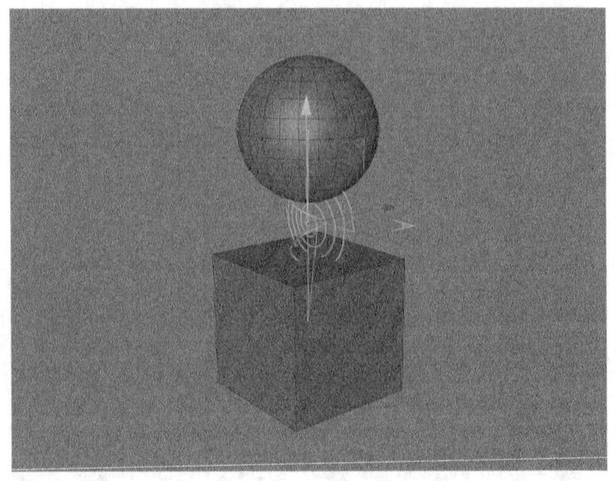

图10-65

◇ **对象A**：加载运动对象。

◇ **对象B**：加载运动对象。

◇ **应用：** 设置弹簧效果控制的对象，如图10-66所示。

图10-66

◇ **硬度：** 设置弹簧的硬度，硬度越大，弹力越弱。

◇ **阻尼：** 设置弹簧的阻力，数值越大，弹力越弱。

技巧与提示

对象A和对象B必须加载模拟标签后才能产生效果。

10.2.3 力

“力”用于控制全局或是单个对象的动力学力度，如图10-67所示。

对象属性
强度 5 cm
阻尼 0.1
考虑质量
衰减 平方倒数
内部距离 50 cm
外部距离 500 cm

图10-67

重要参数讲解

◇ **强度：** 设置力的强度。

◇ **阻尼：** 设置阻力的强度。

◇ **考虑质量：** 勾选后会根据对象的质量进行计算，默认勾选。

◇ **衰减：** 设置力的衰减模式，如图10-68所示。

图10-68

技巧与提示

“力”也可以加载在单个动力学对象的“力”选项卡中，如图10-69所示。

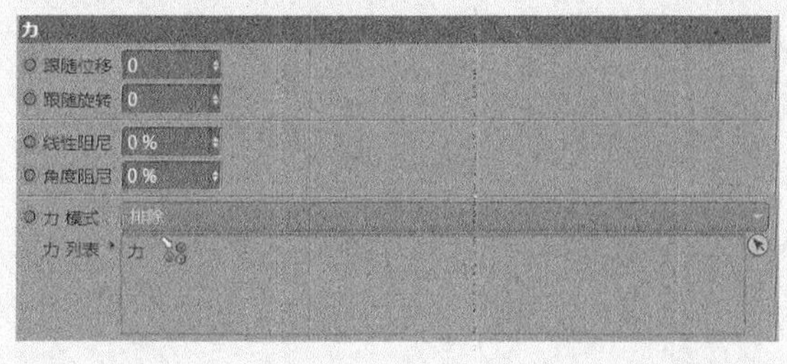

图10-69

10.2.4 驱动器

视频云课堂：075 驱动器

“驱动器”用于将两个对象进行连接，模拟移动和旋转的效果，如图10-70所示。

图10-70

重要参数讲解

◇ **类型：** 设置驱动器的模拟方式。

» **线性：** 两个对象呈线性移动，如图10-71所示。

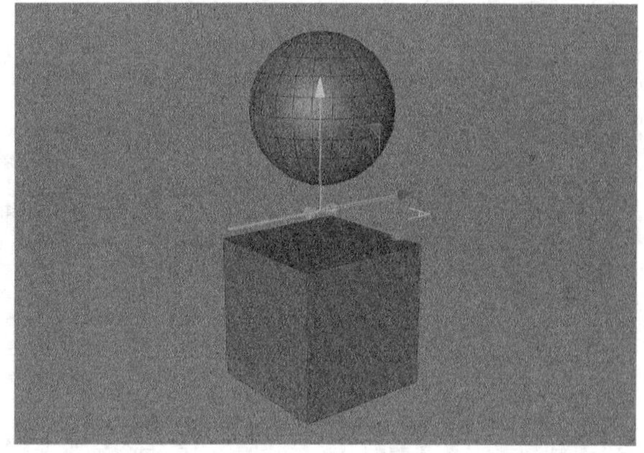

图10-71

» **角度：** 两个对象进行旋转，如图10-72所示。

» **线性和角度：** 将以上两种模式进行融合，如图10-73所示。

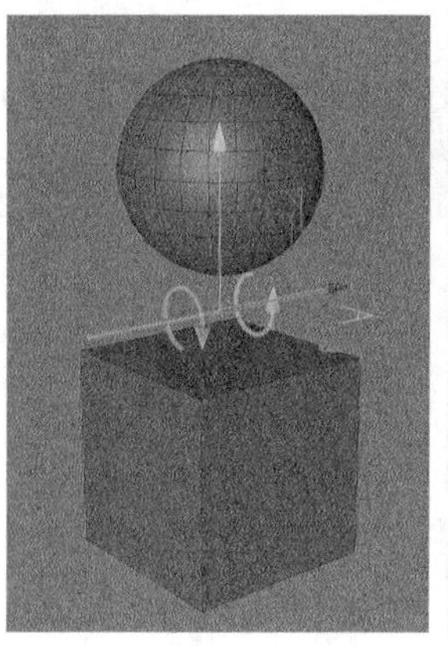

图10-72

图10-73

◇ **模式：** 设置驱动器的作用，有“调节速度”和“应用力”两种模式。

10.3 本章小结

本章讲解了CINEMA 4D的动力学技术，模拟标签是本章的重点，需要读者着重掌握“刚体”“柔体”和“布料”标签的使用方法。本章内容较难，希望读者勤加练习。

10.4 课后习题

本节安排了两个课后习题供读者练习，这两个习题综合了本章知识。如果读者在练习时有疑问，可以一边观看教学视频，一边学习动力学技术。

10.4.1 课后习题：用动力学制作碰撞动画

场景文件　场景文件>CH10>03.c4d

实例文件　实例文件>CH10>课后习题：用动力学制作碰撞动画

视频名称　课后习题：用动力学制作碰撞动画.mp4

学习目标　掌握制作动力学动画的方法

碰撞动画效果如图10-74所示。

图10-74

10.4.2 课后习题：用动力学制作多米诺骨牌

场景文件　场景文件>CH10>04.c4d

实例文件　实例文件>CH10>课后习题：用动力学制作多米诺骨牌

视频名称　课后习题：用动力学制作多米诺骨牌.mp4

学习目标　掌握制作动力学动画的方法

多米诺骨牌效果如图10-75所示。

图10-75

CINEMA 4D

第11章

粒子技术

本章将讲解 CINEMA 4D 的粒子技术。粒子技术是通过设置粒子的相关参数，模拟密集对象群的运动，从而形成复杂的动画效果。

课堂学习目标

◇ 掌握粒子发射器的属性

◇ 了解力场的应用

11.1 粒子发射器

粒子是通过“发射器”生成的，通过属性设置可以模拟粒子的生成状态。

本节工具介绍

工具名称	工具作用	重要程度
粒子发射器	模拟粒子的生成和效果	高

11.1.1 粒子发射器的建立

视频云课堂：076 粒子发射器

执行“模拟-粒子-发射器”菜单命令，会在场景中创建一个发射器，如图11-1和图11-2所示。

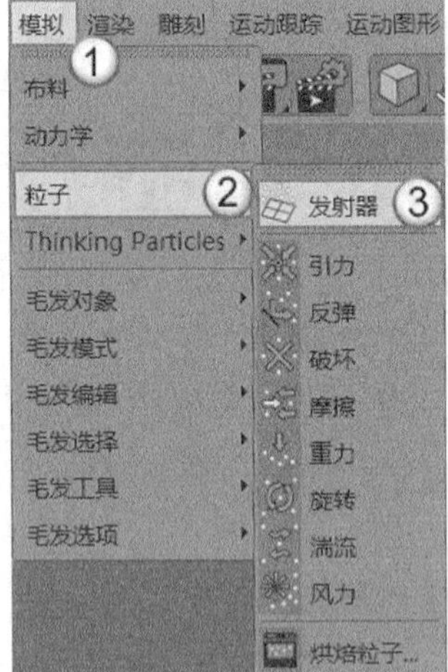

图11-1

图11-2

技巧与提示

拖曳“时间线”的滑块可以预览粒子的效果。

11.1.2 粒子的属性

“发射器”的“属性”面板如图11-3所示。

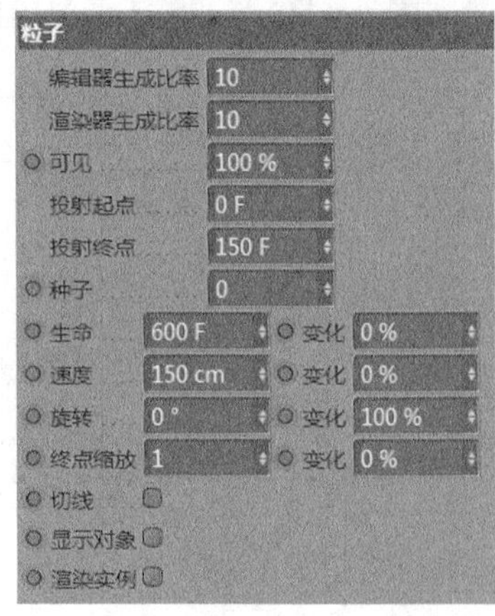

图11-3

重要参数讲解

◇ **编辑器生成比率**：设置发射器发射粒子的数量。

◇ **渲染器生成比率**：在渲染过程中实际生成粒子的数量，一般情况下渲染器生成比率和编辑器生成比率的数量是一样的。

◇ **可见**：设置粒子在视图中的可视化的百分比数量。

◇ **投射起点**：设置粒子发射的起始帧数。

◇ **投射终点**：设置粒子发射的末尾帧数。

◇ **生命**：设置粒子寿命，并对粒子寿命进行随机变化。

◇ **速度**：设置粒子的运动速度，并对粒子速度进行随机变化。

◇ **旋转**：设置粒子的旋转方向，并对粒子的旋转进行随机变化，如图11-4所示。

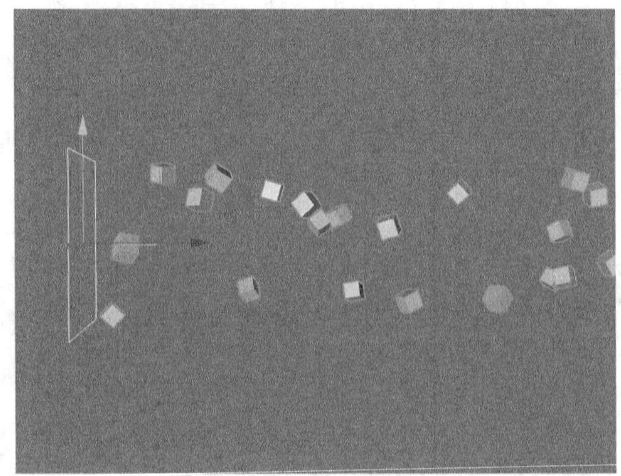

图11-4

◇ **终点缩放**：设置粒子在运动结束前的缩放比例，并对粒子的缩放比例进行随机变化，如图11-5所示。

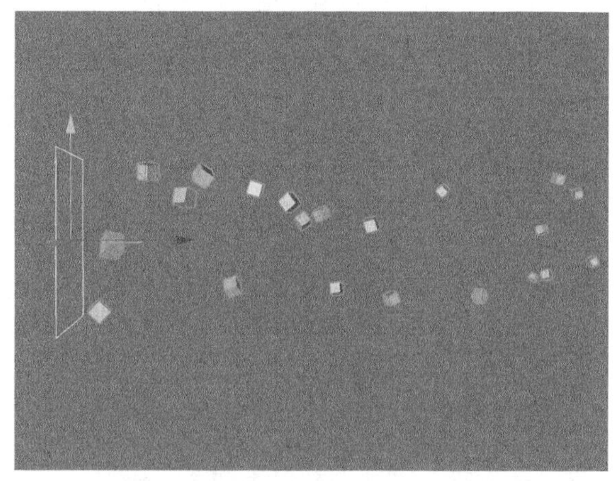

图11-5

◇ **切线：** 勾选“切线”选项则发出的粒子方向将与z轴水平对齐，如图11-6所示。

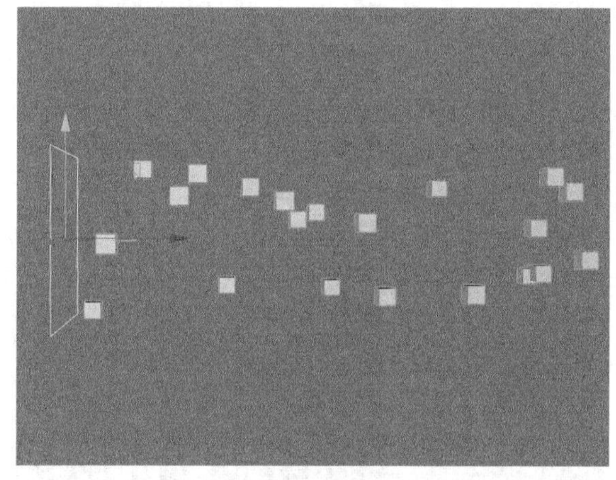

图11-6

◇ **显示对象：** 显示场景中替换粒子的对象。

◇ **渲染实例：** 勾选后，把发射器变成可以编辑的对象或者直接选中发射器按C键，发射的粒子都会变成渲染实例对象。

◇ **发射器类型：** 设置“圆锥”和“角锥”两种发射器类型。

◇ **水平尺寸/垂直尺寸：** 设置发射器的大小。

◇ **水平角度/垂直角度：** 设置发射器的角度。

11.2 力场

“模拟-粒子-发射器”菜单下面的选项均与力场相关，如图11-7所示。

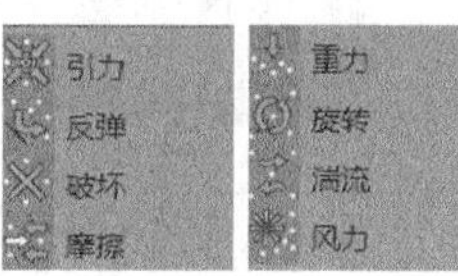

图11-7

本节工具介绍

工具名称	工具作用	重要程度
引力	模拟粒子间的吸引与排斥	中
反弹	模拟粒子间的反弹	低
破坏	模拟粒子消失	低
摩擦	模拟粒子间的摩擦	低
重力	为粒子添加重力	中
旋转	模拟粒子旋转	中
湍流	模拟粒子的随机抖动	中
风力	为粒子添加风力	低
烘焙粒子	烘焙粒子的关键帧	高

11.2.1 引力

视频云课堂：077 引力

“引力”用于对粒子形成吸引和排斥的效果，如图11-8所示。

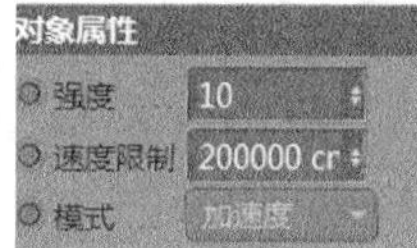

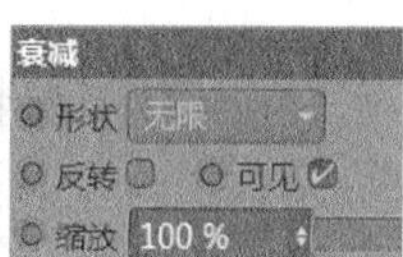

图11-8

重要参数讲解

◇ **强度：** 设置粒子吸引和排斥的效果。当数值为正值时为吸引效果，当数值为负值时为排斥效果。

◇ **速度限制：** 限制粒子引力之间的距离。数值越小，粒子与引力产生的距离效果越小；数值越大，粒子与引力产生的距离效果越大。

◇ **模式：** 通过引力的“加速度”和“力”两种模式去影响粒子的运动效果，一般默认为“加速度”。

◇ **形状：** 设置不同的形状，使引力对粒子产生不同范围和程度的影响。黄色线框区域以内是引力衰减作用范围，红色和黄色线框之间则为引力衰减区域，红色线框区域则为无衰减引力区域，如图11-9所示。

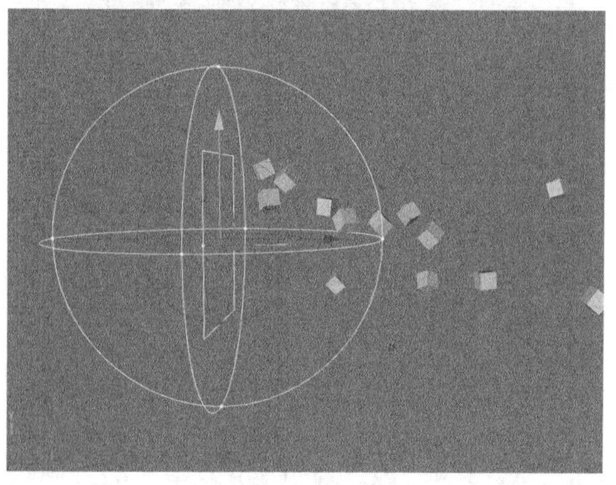

图11-9

11.2.2 反弹

视频云课堂：078 反弹

“反弹”用于对粒子产生反弹的效果，如图11-10所示。

图11-10

重要参数讲解

◇ **弹性：**设置弹力，数值越大弹力效果越好。

◇ **分裂波束：**勾选此选项后，可反弹部分粒子。

◇ **水平尺寸/垂直尺寸：**设置弹力形状的尺寸。

11.2.3 破坏

视频云课堂：079 破坏

“破坏”用于当粒子在接触破坏力场时产生消失的效果，如图11-11所示。

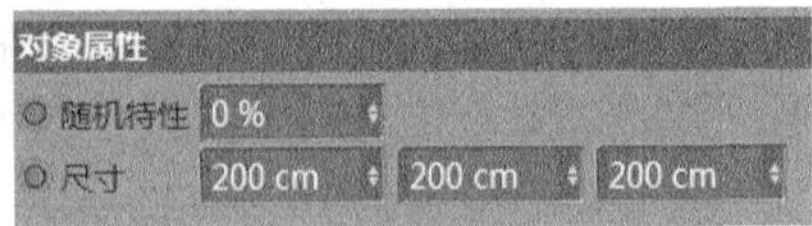

图11-11

重要参数讲解

◇ **随机特性：**设置粒子在接触破坏力场时消失的数量。数值越小，粒子消失的数量越多；数值越大，粒子消失的数量越少。

◇ **尺寸：**设置破坏力场的尺寸大小，如图11-12所示。

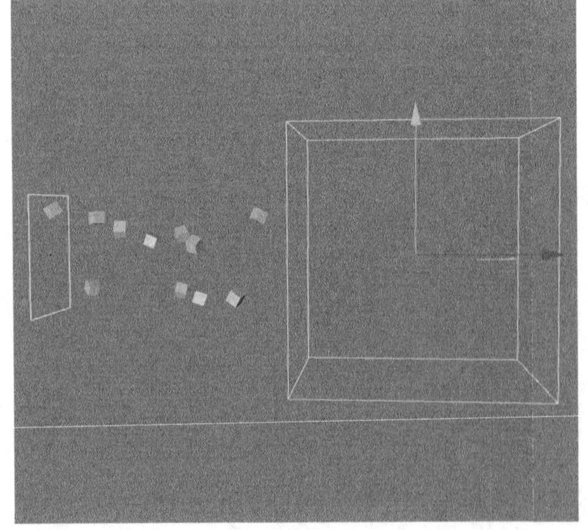

图11-12

11.2.4 摩擦

视频云课堂：080 摩擦

“摩擦”用于对粒子在运动过程中产生阻力效果，如图11-13所示。

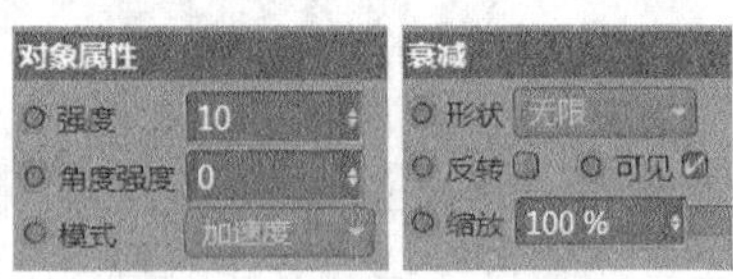

图11-13

重要参数讲解

◇ **强度：**设置粒子在运动中的阻力效果，数值越大阻力效果越强。

◇ **角度强度：**设置粒子在运动中角度变化效果，数值越大角度变化越小。

◇ **模式：**通过“加速度”和“力”两种模式去影响粒子的阻力效果，一般默认为“加速度”。

◇ **形状：**设置不同的形状使摩擦对粒子产生不同范围和程度的影响。黄色线框区域以内是摩擦衰减作用范围，红色和黄色线框之间则为摩擦衰减区域，红色线框区域则为无衰减摩擦区域。可以通过尺寸、缩放、偏移及切片等参数去设置衰减的大小以及方向，如图11-14所示。

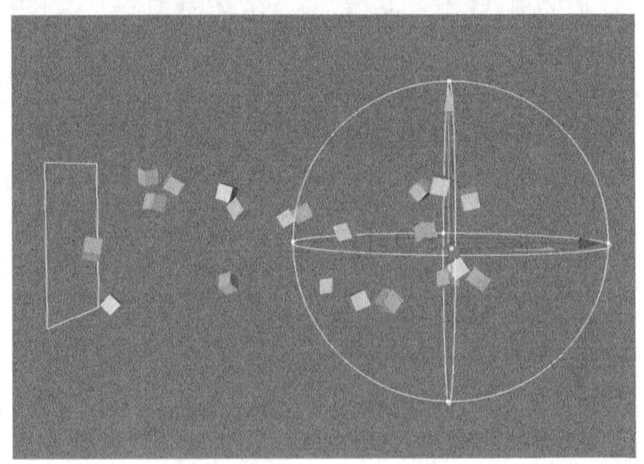

图11-14

11.2.5 重力

视频云课堂：081 重力

“重力”用于使粒子在运动过程中产生下落的效果，如图11-15所示。

图11-15

重要参数讲解

◇ **加速度**：设置粒子在重力作用下的运动速度。加速度数值越大，粒子的重力速度与效果越明显；加速度数值越小，粒子的重力速度与效果越不明显。

◇ **模式**：系统提供“加速度”“力”和“空气动力学风”3种模式影响粒子的重力效果，一般默认为“加速度”。

◇ **形状**：设置不同的形状，使重力对粒子产生不同范围和程度的影响。黄色线框区域以内是重力衰减作用范围，红色和黄色线框之间则为重力衰减区域，红色线框区域则为无衰减重力区域。可以通过尺寸、缩放、偏移及切片等参数去设置衰减的大小及方向，如图11-16所示。

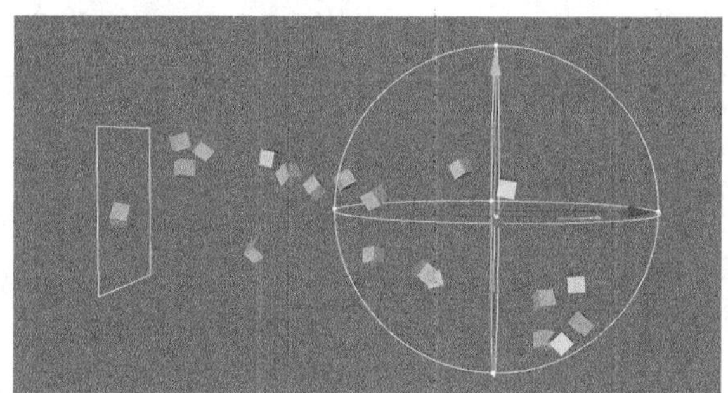

图11-16

11.2.6 旋转

视频云课堂：082 旋转

“旋转”用于使粒子在运动过程中产生旋转的力场，如图11-17所示。

图11-17

重要参数讲解

◇ **角速度**：设置粒子在运动中的旋转速度，数值越大粒子在运动中旋转的速度越快。

◇ **模式**：系统提供“加速度”“力”和“空气动力学风”3种模式影响粒子的旋转效果，一般默认为“加速度”。

◇ **形状**：设置不同的形状，使旋转对粒子产生不同范围和程度的影响。黄色线框区域以内是旋转衰减作用范围，红色和黄色线框之间则为旋转衰减区域，红色线框区域则为无衰减旋转区域。可以通过尺寸、缩放、偏移及切片等参数去设置衰减的大小及方向，如图11-18所示。

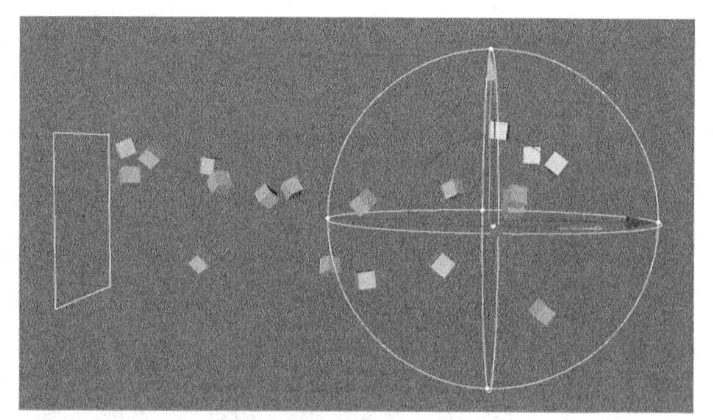

图11-18

11.2.7 湍流

视频云课堂：083 湍流

“湍流”用于使粒子在运动过程中产生随机的抖动效果，如图11-19所示。

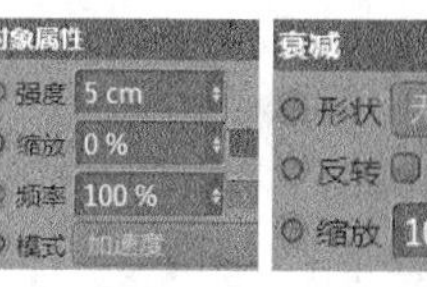

图11-19

重要参数讲解

◇ **强度**：设置湍流对粒子的强度。数值越大湍流对粒子产生的效果越明显。

◇ **缩放**：设置粒子在湍流缩放下产生的聚集和散开的效果。数值越大，聚集和散开效果越明显。

◇ **频率**：设置粒子的抖动幅度和次数。频率越高，粒子抖动幅度和效果越明显。

◇ **模式**：系统提供“加速度”“力”和“空气动力学风”3种模式影响粒子的抖动效果，一般默认为“加速度”。

◇ **形状**：设置不同的形状，使湍流对粒子产生不同范围和程度的影响。黄色线框区域以内是湍流衰减作用范围，红色和黄色线框之间则为湍流衰减区域，红色线框区域则为无衰减湍流区域。可以通过尺寸、缩放、偏移及切片等参数去设置衰减的大小及方向，如图11-20所示。

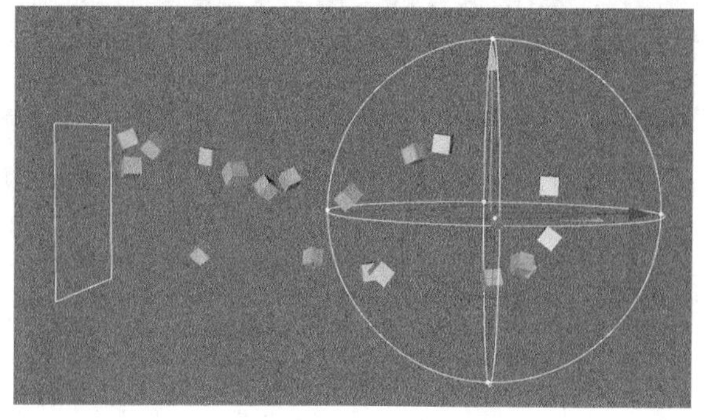

图11-20

11.2.8 风力

视频云课堂：084 风力

“风力”用于设置粒子在风力作用下的运动效果，如图11-21所示。

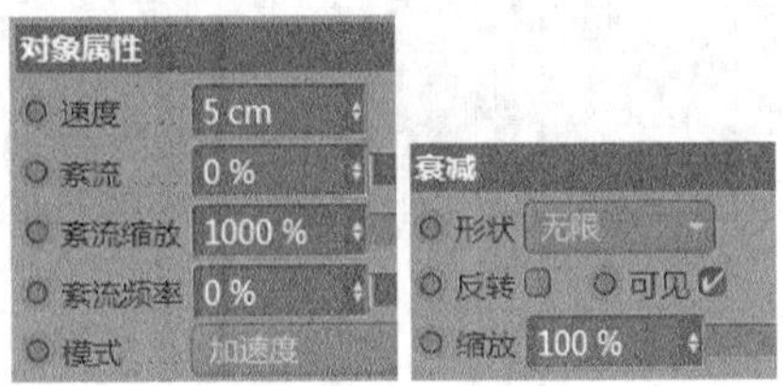

图11-21

重要参数讲解

◇ **速度**：设置风力的速度。速度数值越大对粒子运动的效果越强烈。

◇ **紊流**：设置粒子在风力运动下的抖动效果，数值越大，粒子抖动效果越强烈。

◇ **紊流缩放**：设置粒子在风力运动下抖动时聚集和散开的效果。

◇ **紊流频率**：设置粒子的抖动幅度和次数。频率越高，粒子抖动幅度和效果越明显。

◇ **模式**：系统提供“加速度”“力”和“空气动力学风”3种模式影响粒子的旋转效果，一般默认为“加速度”。

◇ **形状**：设置不同的形状，使风力对粒子产生不同范围和程度的影响。黄色线框区域以内是风力衰减作用范围，红色和黄色线框之间则为风力衰减区域，红色线框区域则为无衰减风力区域。可以通过尺寸、缩放、偏移及切片等参数去设置衰减的大小及方向，如图11-22所示。

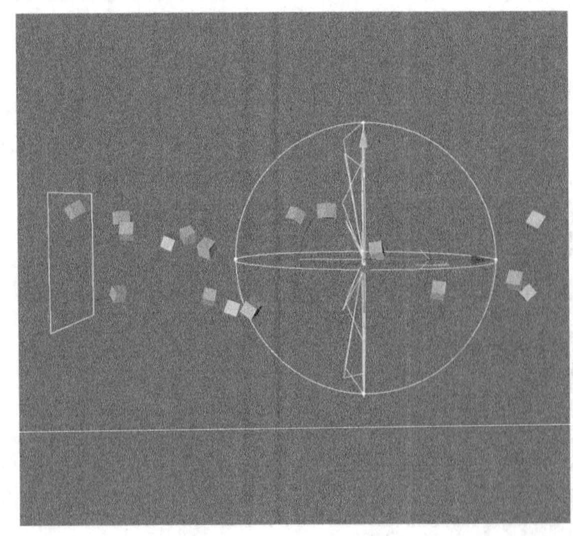

图11-22

11.2.9 烘焙粒子

“烘焙粒子”用于将粒子发射之后的运动轨迹进行记录。记录完成之后可以通过拖曳“时间线”的滑块来顺逆播放粒子的运动轨迹，如图11-23所示。

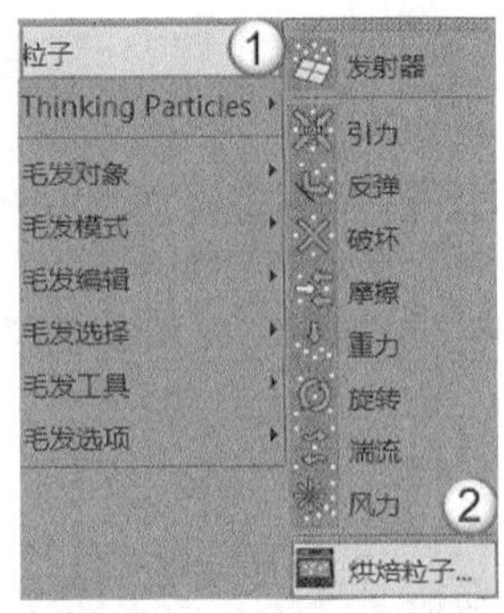

图11-23

技巧与提示

只有选中“发射器”时，“烘焙粒子”选项才可以使用。

“烘焙粒子”的面板如图11-24所示。

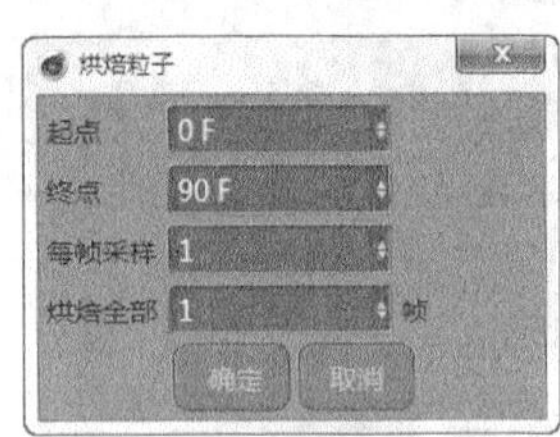

图11-24

重要参数讲解

◇ **起点/终点**：设置烘焙粒子的时间范围。

◇ **每帧采样**：设置烘焙的精度，帧采样的数值越大采样的精度越精细。

◇ **烘焙全部**：设置每次烘焙的帧数。

课堂案例

用粒子制作下雨动画

场景文件　场景文件>CH11>01.c4d

实例文件　实例文件>CH11>课堂案例：用粒子制作下雨动画

视频名称　课堂案例：用粒子制作下雨动画.mp4

学习目标　掌握使用粒子发射器的方法

本案例的下雨动画是用粒子进行模拟的，如图11-25所示。

图11-25

01 打开本书学习资源中的“场景文件>CH11>01.c4d”文件，如图11-26所示。

图11-26

02 执行“模拟-粒子-发射器”菜单命令在场景中创建一个发射器，然后放在场景的顶部，如图11-27所示。

图11-27

03 选中“发射器”选项，然后在“粒子”选项卡中设置“编辑器生成比率”和“渲染器生成比率”都为50，“投射起点”为－60F，再设置“速度”的“变化”为20%，最后勾选“显示对象”和“渲染实例”选项，如图11-28所示。

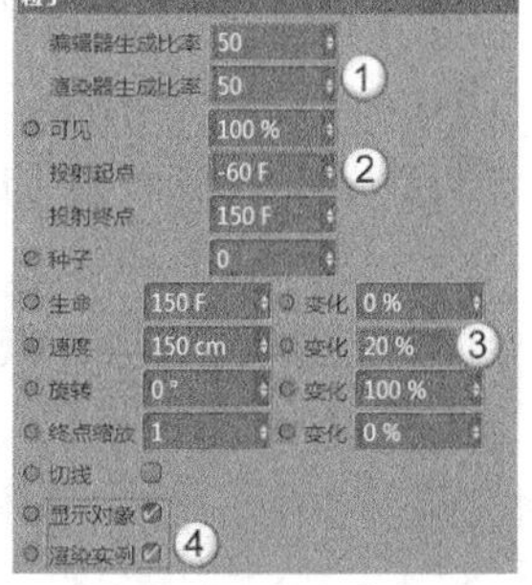

图11-28

04 使用“球体”工具 在场景中新建一个球体模型，然后设置“半径”为2cm，如图11-29所示。

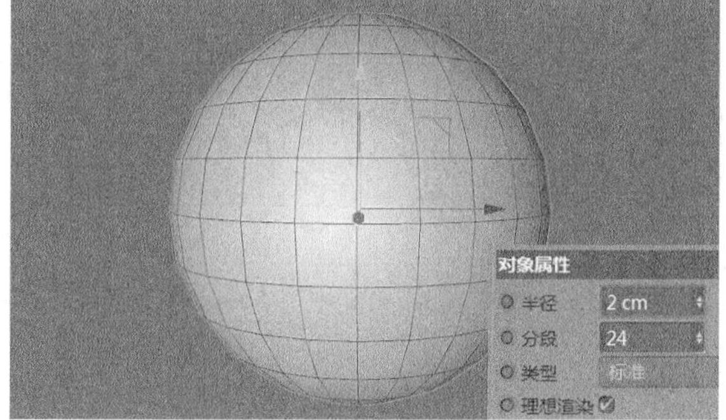

图11-29

05 按C键将步骤04创建的球体转换为可编辑对象，然后调整球体的形状呈水滴状，如图11-30所示。

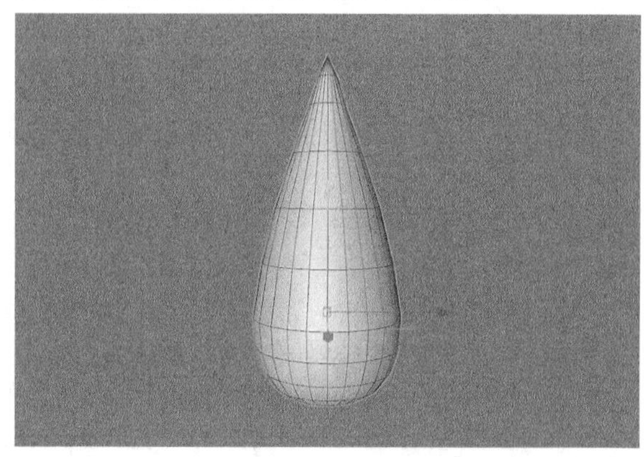

图11-30

06 将修改好的“球体”选项放置在“发射器”层级下方，如图11-31所示。

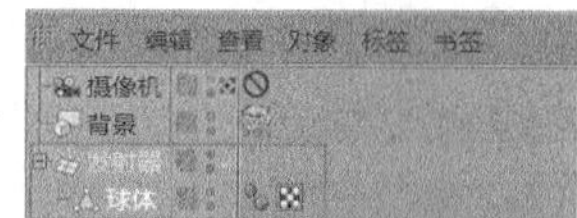

图11-31

07 移动“时间线”的滑块，此时粒子便替换为水滴模型，如图11-32所示。

图11-32

08 将“材质”面板中的“水滴”材质赋予“发射器”选项，然后按快捷键Shift＋R预览效果，如图11-33所示。

图11-33

09 此时水滴模型比较小，不容易观察出下雨效果。选中球体模型，然后将其放大，接着再次预览效果，如图11-34所示。

图11-34

10 使用“烘焙粒子”工具烘焙粒子，然后选择几帧进行渲染，效果如图11-35所示。

图11-35

课堂案例

用粒子制作光线

场景文件 无

实例文件 实例文件>CH11>课堂案例：用粒子制作光线

视频名称 课堂案例：用粒子制作光线.mp4

学习目标 掌握使用粒子发射器的方法

本案例的光线是用粒子配合力场进行模拟的，如图11-36所示。

图11-36

01 执行“模拟-粒子-发射器”菜单命令在场景中创建一个发射器，如图11-37所示。

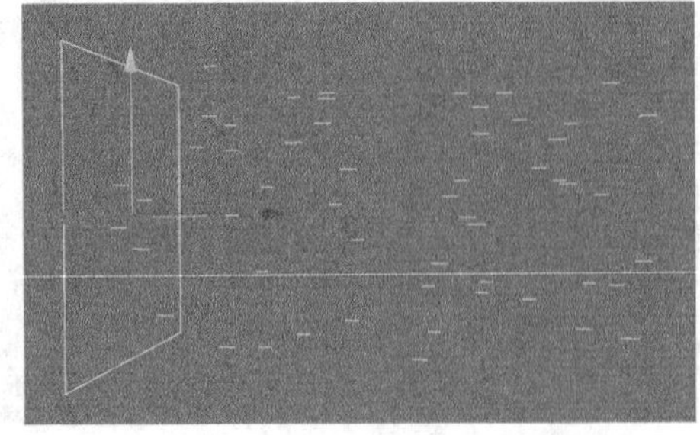

图11-37

02 使用“球体”工具在场景中创建一个球体，然后设置“半径”为0.2cm，如图11-38所示。

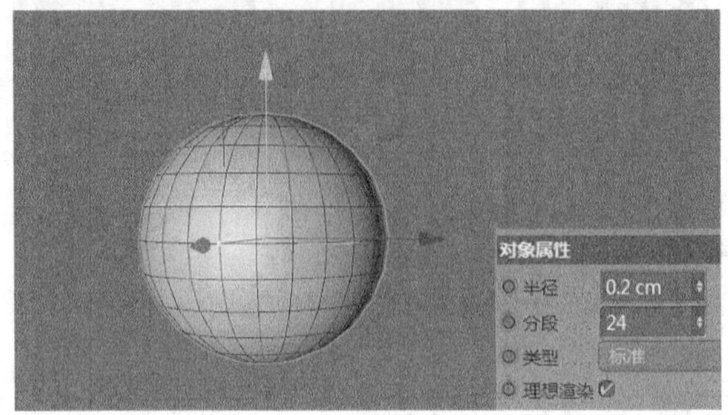

图11-38

03 将“球体”放在“发射器”的子层级，然后选中“发射器”，接着在“粒子”选项卡中设置“编辑器生成比率”和“渲染器生成比率”都为50，“旋转”的“变化”为100%，再勾选“显示对象”选项，如图11-39和图11-40所示。

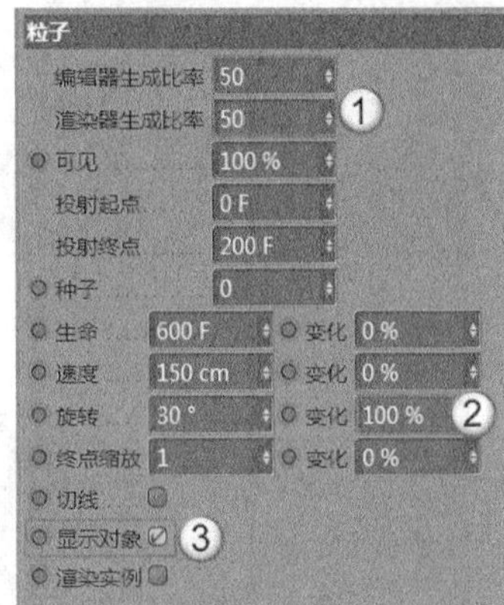

图11-39

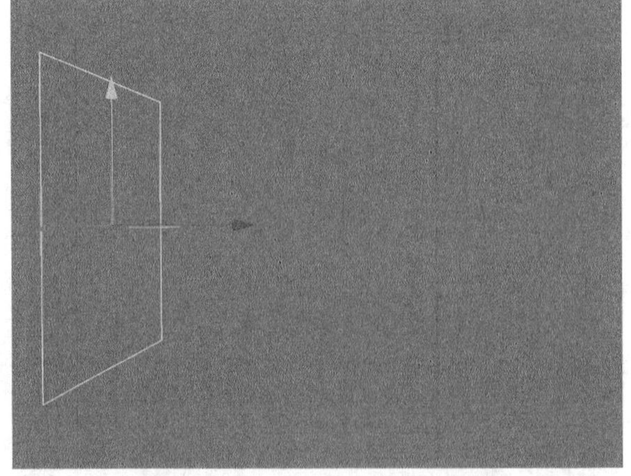

图11-40

04 从图11-40可以发现，小球半径太小，不好观察其轨迹，所以需要为其添加“追踪对象”工具显示其运动轨迹。执行“运动图形-追踪对象”菜单命令，然后移动“时间线”的滑块，如图11-41所示。

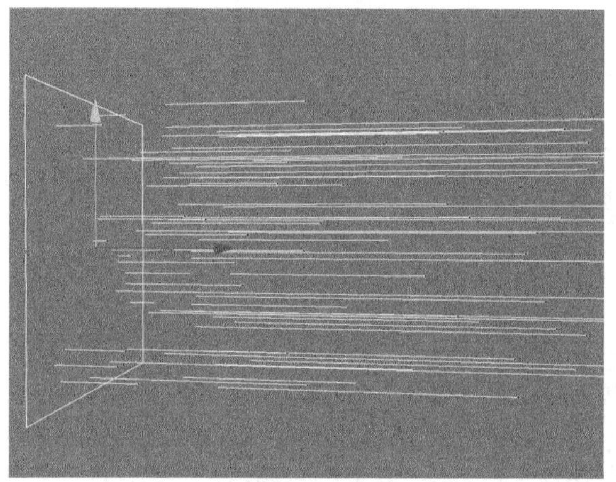

图11-41

05 此时粒子小球的轨迹很规律，需要为其添加力场丰富轨迹变化。执行“模拟-粒子-引力”菜单命令为其添加“引力”力场，然后设置“强度”为-20，如图11-42所示。

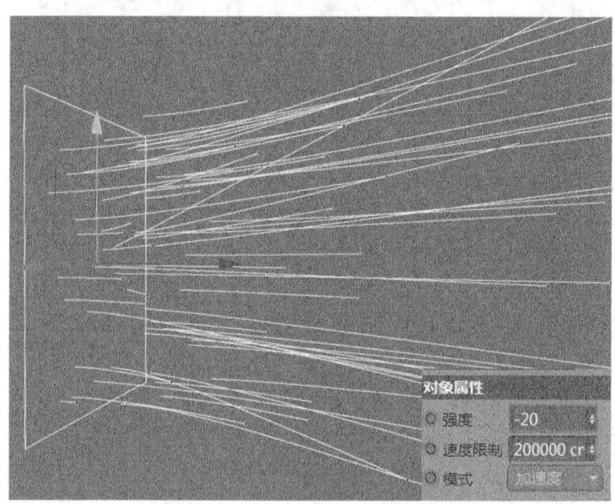

图11-42

06 执行“模拟-粒子-湍流”菜单命令为其添加“湍流”力场，然后设置“强度”为30cm，如图11-43所示。

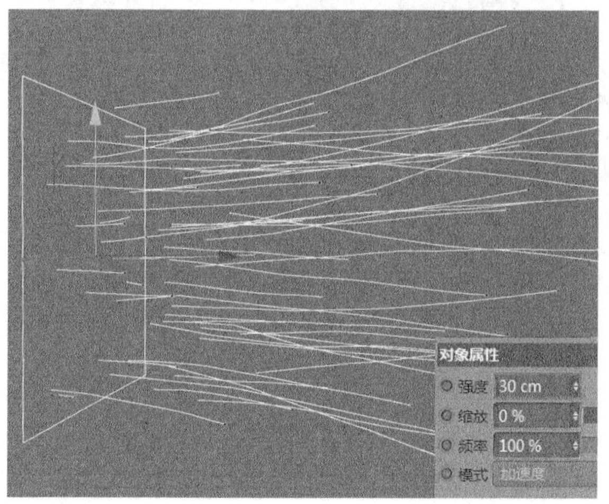

图11-43

07 执行“模拟-粒子-旋转”菜单命令为其添加“旋转”力场，然后设置“角速度”为40，如图11-44所示。

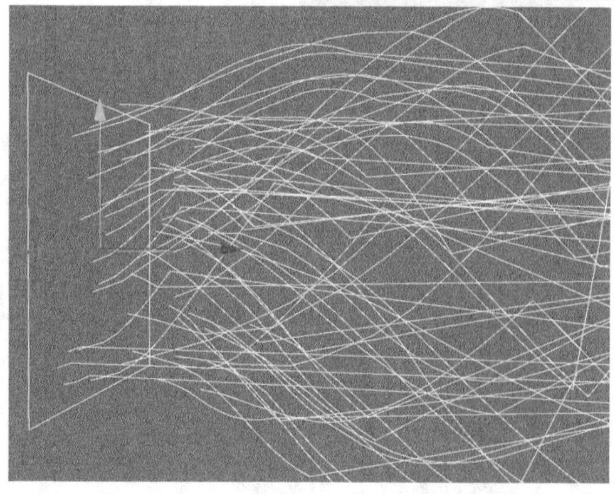

图11-44

08 移动发射器的位置，让其刚好在“渲染安全框”的外侧，接着找到合适的视角使用“摄像机”工具建立摄像机，如图11-45所示。

图11-45

09 移动“时间线”的滑块，确认粒子动画效果无误后，使用“烘焙粒子”工具烘焙关键帧，如图11-46所示。

图11-46

10 创建场景的材质。首先制作轨迹线的材质。在“材质”面板执行“创建-着色器-毛发材质”菜单命令创建一个毛发材质，并重命名为“光线”，然后双击材质打开“材质编辑器”，在“颜色”选项的“纹理”通道中加载“渐变”贴图，设置“渐变”颜色，再设置“类型”为“二维-V”，如图11-47和图11-48所示。

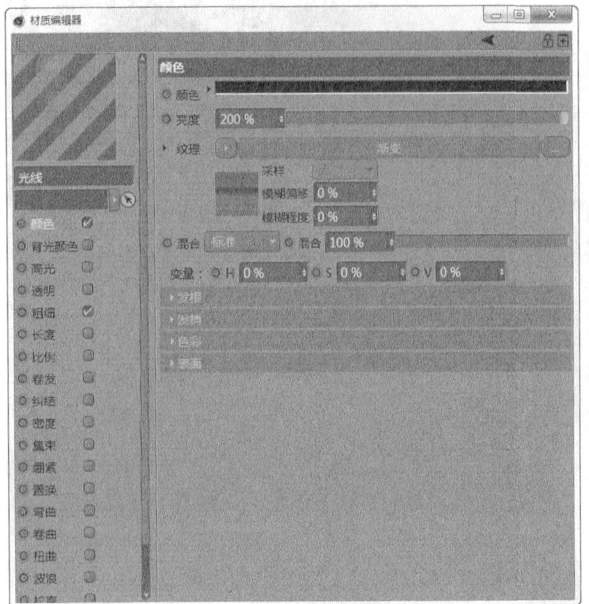

图11-47

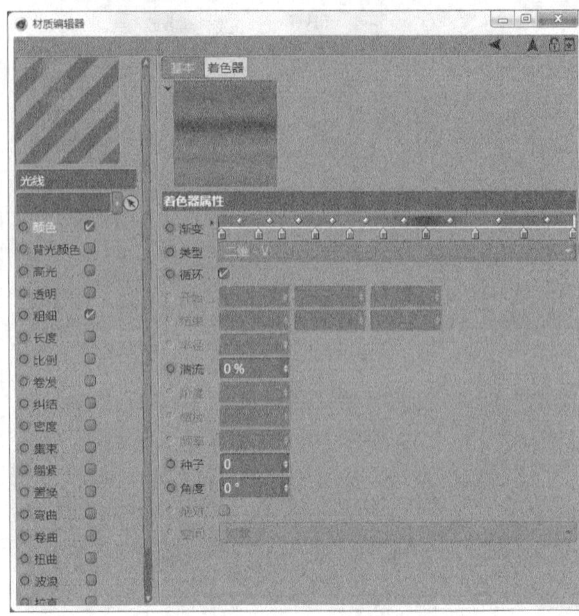

图11-48

技巧与提示

“渐变”的颜色可随意设置，不做强制要求，本案例的颜色仅供参考。

11 勾选“粗细”选项，然后设置“发根”为0.5cm，“发梢”为0.2cm，“曲线”的形状，如图11-49所示，材质效果如图11-50所示。

12 将材质赋予“追踪对象”选项，如图11-51所示。

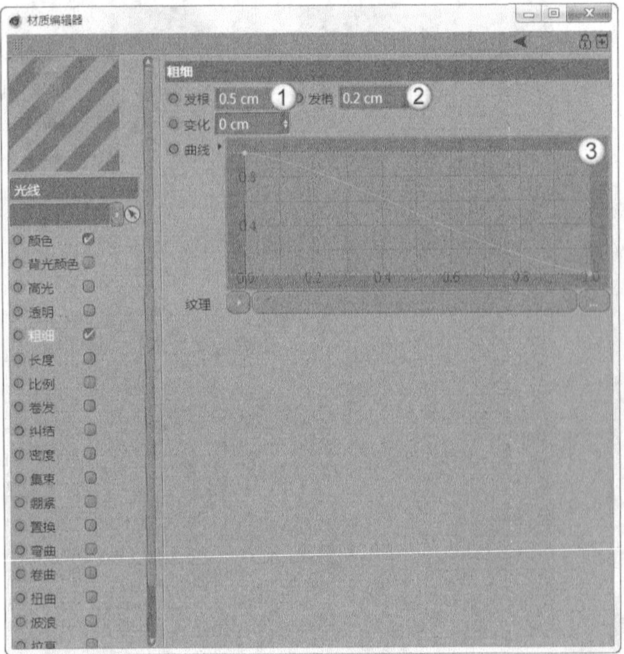

图11-49

图11-50

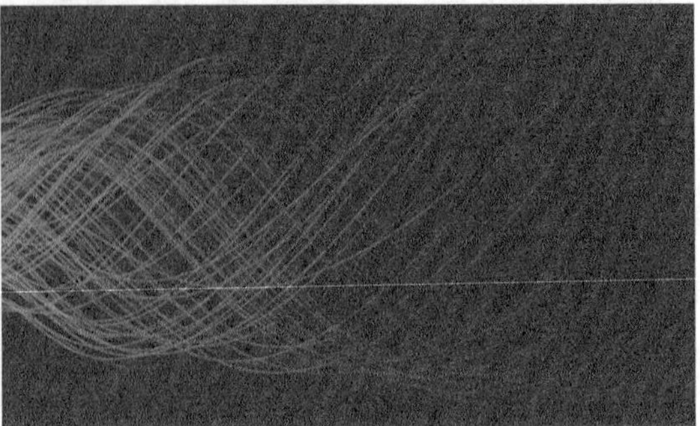

图11-51

13 新建一个材质，然后双击进入“材质编辑器”，接着在“颜色”和“发光”选项组都设置“颜色”为（R:156，G:12，B:204），如图11-52和图11-53所示，材质效果如图11-54所示。

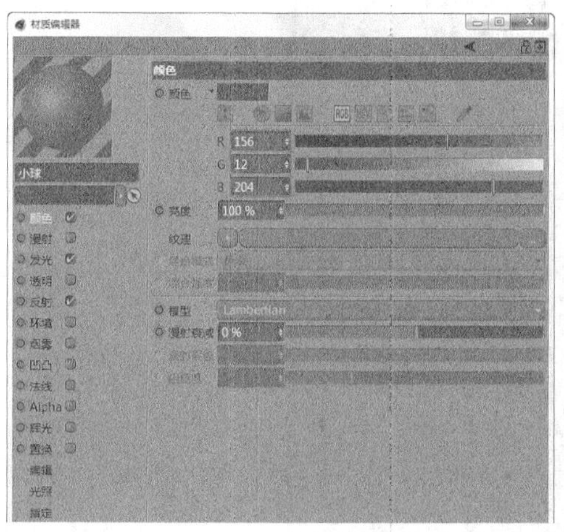

图11-52

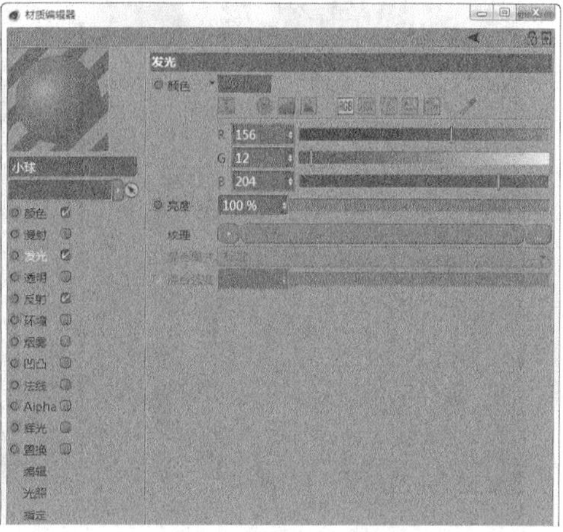

图11-53

图11-54

14 将材质赋予球体，效果如图11-55所示。

15 在场景中建立“背景”，然后新建一个材质，接着在“材质编辑器”中选择“颜色”选项，再在“纹理”通道中加载“渐变”贴图，如图11-56所示。

图11-55

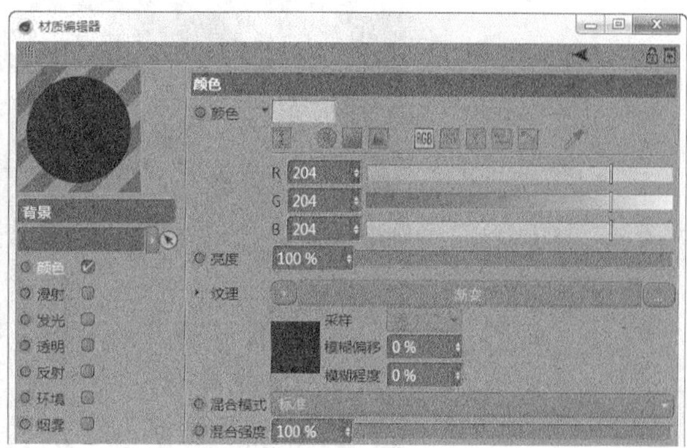

图11-56

16 进入“渐变”贴图，然后设置“渐变”的两个节点颜色分别为（R:0，G:0，B:0）和（R:41，G:0，B:40），接着设置“类型”为“二维-U”，再设置“角度”为180°，如图11-57所示，材质效果如图11-58所示。

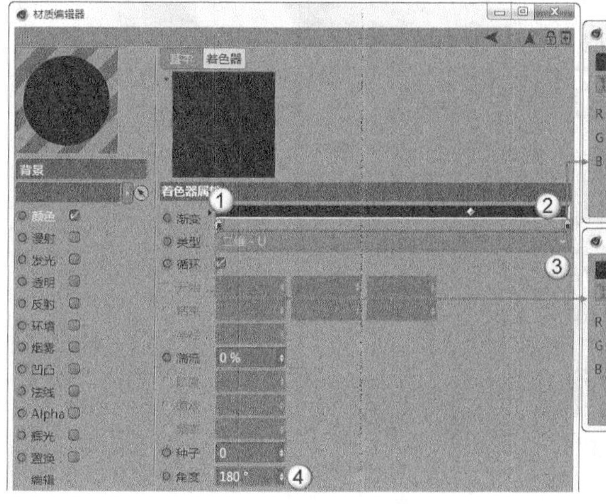

图11-57

图11-58

17 将材质赋予“背景”选项，效果如图11-59所示。

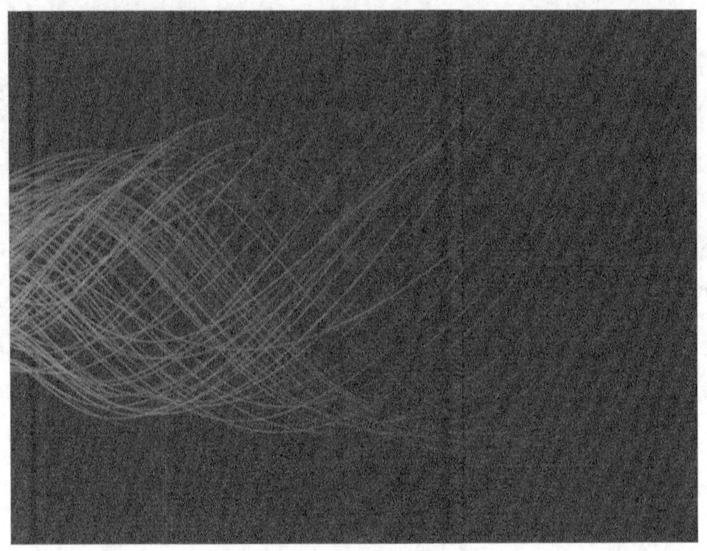

图11-59

18 使用“区域光”工具 区域光 在场景中创建一盏光源，位置如图11-60所示。

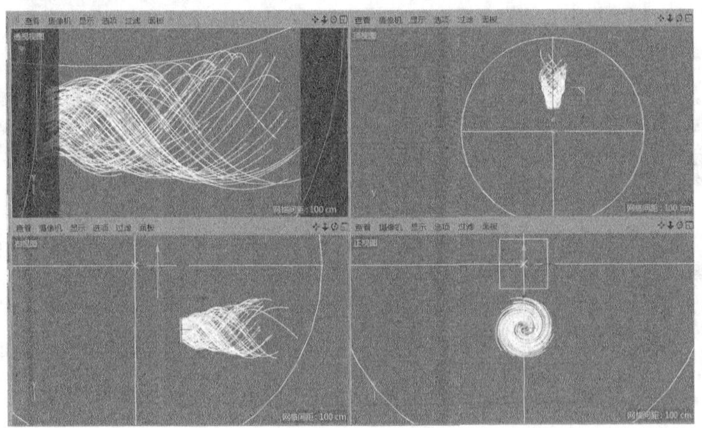

图11-60

19 选中灯光，然后在“常规”选项卡中设置“投影”为“区域”，在“细节”选项卡中设置“衰减”为“平方倒数（物理精度）”，再设置“半径衰减”为800cm，如图11-61所示。

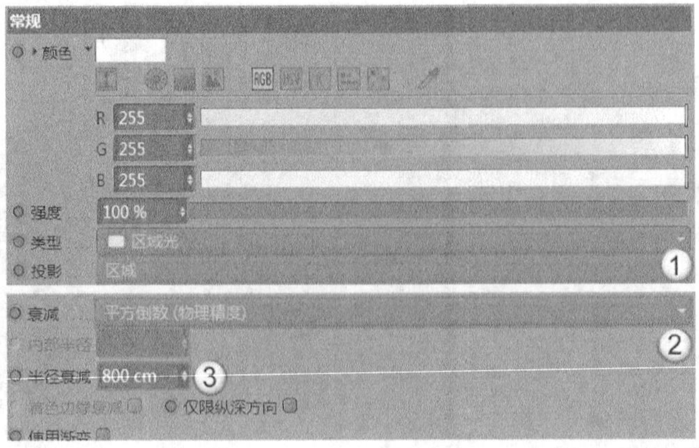

图11-61

20 渲染场景效果，如图11-62所示。

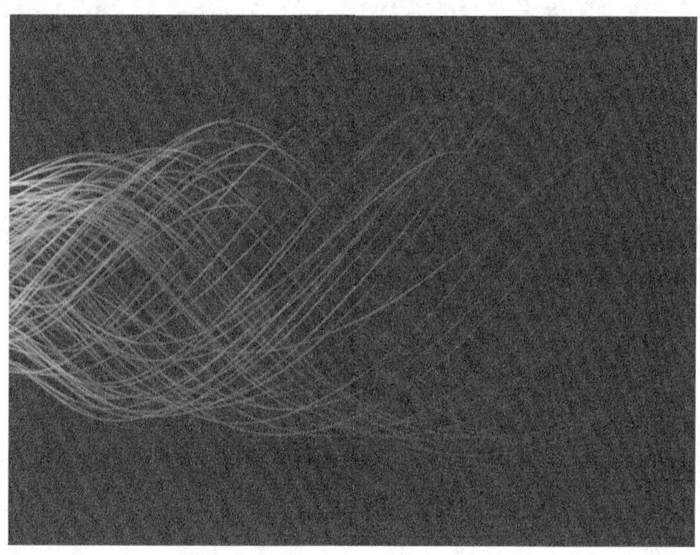

图11-62

21 按快捷键Ctrl + B打开“渲染设置”面板，然后单击“效果”按钮 效果... 添加“全局光照”选项，接着设置“首次反弹算法”和“二次反弹算法”都为“辐照缓存”，如图11-63所示。

22 在“抗锯齿”选项组中设置“抗锯齿”为“最佳”，“最小级别”为8 × 8，“最大级别”为16 × 16，“过滤”为Catmull，如图11-64所示。

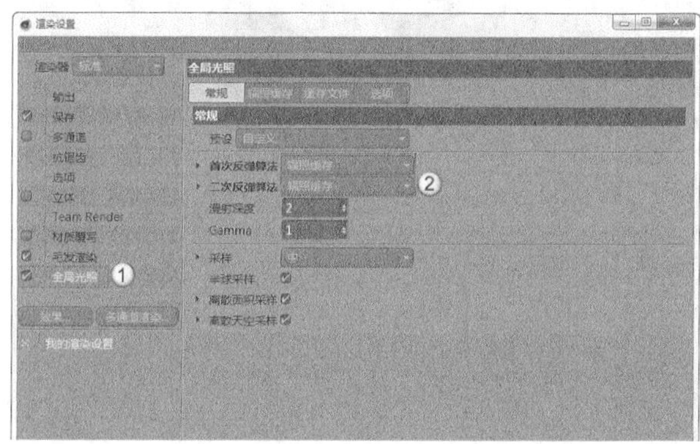

图11-63

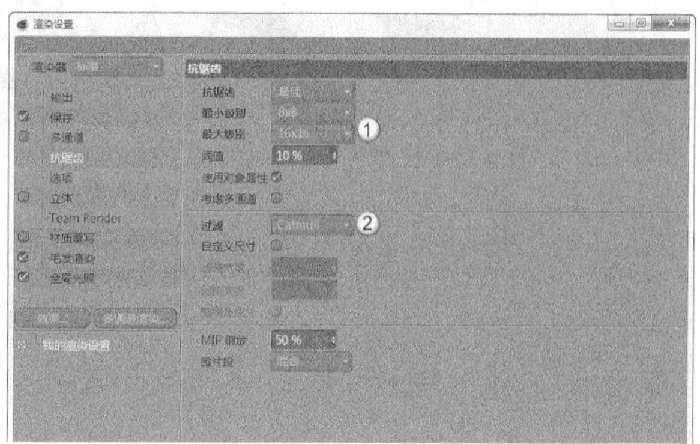

图11-64

技巧与提示

如果计算机渲染速度特别慢，可以适当减小“最小级别”和“最大级别”的数值。

23 选取效果较好的几帧进行渲染，如图11-65所示。

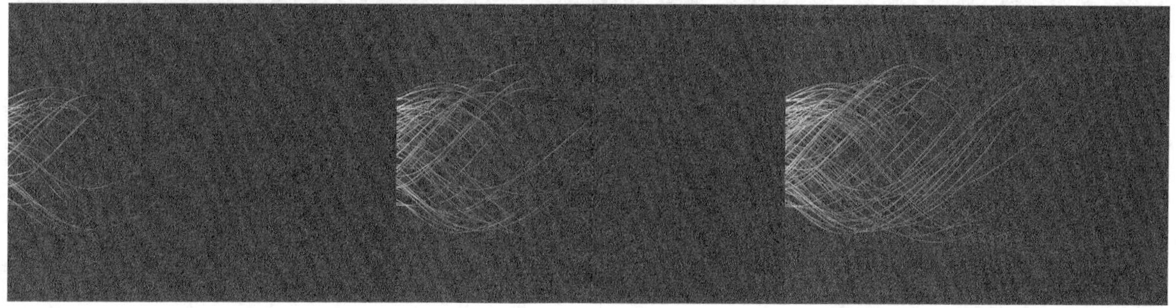

图11-65

11.3 本章小结

本章主要讲解了CINEMA 4D的粒子技术。粒子发射器是学习的重点，另外，了解一些常用的力场，可以丰富粒子的效果。本章内容较难，希望读者勤加练习。

11.4 课后习题

本节安排了两个课后习题供读者练习，这两个习题综合了本章知识。如果读者在练习时有疑问，可以一边观看教学视频，一边学习粒子技术。

11.4.1 课后习题：用粒子制作下雪动画

场景文件　场景文件>CH11>02.c4d
实例文件　实例文件>CH11>课后习题：用粒子制作下雪动画
视频名称　课后习题：用粒子制作下雪动画.mp4
学习目标　掌握制作粒子动画的方法

下雪动画的效果如图11-66所示。

图11-66

11.4.2 课后习题：用粒子制作运动光线

场景文件　无
实例文件　实例文件>CH11>课后习题：用粒子制作运动光线
视频名称　课后习题：用粒子制作运动光线.mp4
学习目标　掌握制作粒子动画的方法

运动光线的效果如图11-67所示。

图11-67

CINEMA 4D

第 12 章

动画技术

本章将讲解 CINEMA 4D 的动画技术。动画技术分为两部分，一部分是基础动画，另一部分是高级动画。

课堂学习目标

◇ 掌握关键帧动画
◇ 掌握变形动画
◇ 了解高级动画

12.1 基础动画

本节将讲解CINEMA 4D的基础动画技术。通过关键帧和时间线窗口，可以制作出一些基础的动画效果。

本节工具介绍

工具名称	工具作用	重要程度
动画制作工具	建立和播放动画	高
时间线窗口	调整动画关键帧	高
点级别动画	制作变形动画	高

12.1.1 动画制作工具

CINEMA 4D的动画制作工具基本位于“时间线”面板，如图12-1所示。

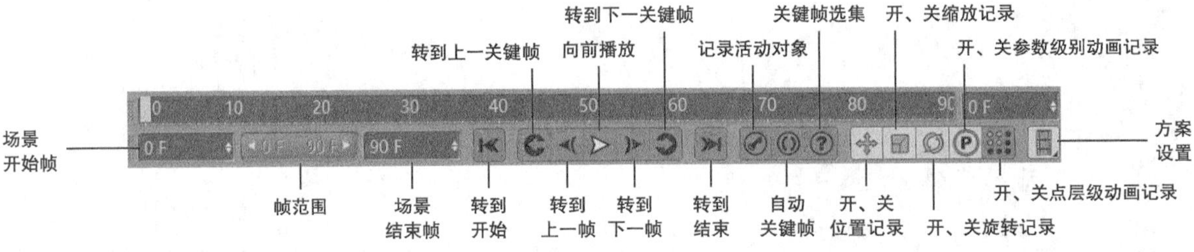

图12-1

重要参数讲解

◇ **场景开始帧**：通常为0。

◇ **帧范围**：显示窗口帧的范围，当前为0~90帧的范围。

◇ **场景结束帧**：场景最后帧。

◇ **转到开始**：跳转到开始帧的位置。

◇ **转到上一关键帧**：跳转到上一个关键帧位置。

◇ **转到上一帧**：跳转到上一帧。

◇ **向前播放**：正向播放动画。

◇ **转到下一帧**：跳转到下一帧。

◇ **转到下一关键帧**：跳转到下一个关键帧位置。

◇ **转到结束**：跳转到最后一帧的位置。

◇ **记录活动对象**：单击按钮后，记录选择对象的关键帧。

◇ **自动关键帧**：单击按钮后，自动记录选择对象的关键帧。此时视口的边缘会出现红色的框，表示正在记录关键帧，如图12-2所示。

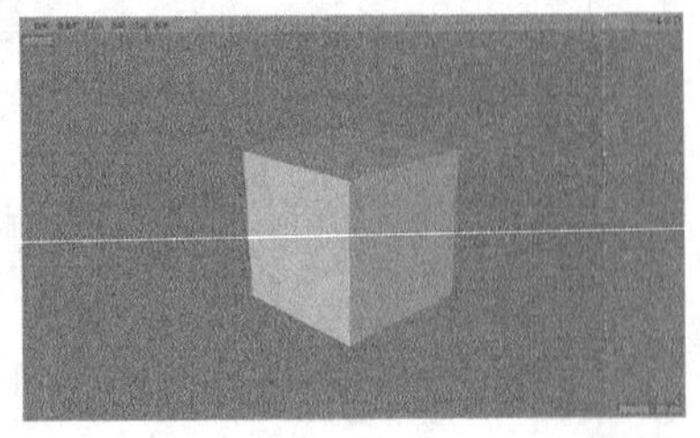

图12-2

◇ **关键帧选集**：设置关键帧选集对象。

◇ **开、关位置记录**：控制是否记录对象的位置信息（默认开启）。

◇ **开、关缩放记录**：控制是否记录对象的缩放信息（默认开启）。

◇ **开、关旋转记录**：控制是否记录对象的旋转信息（默认开启）。

◇ **开、关参数级别动画记录**：控制是否记录对象的参数层级动画。

◇ **开、关点层级动画记录**：控制是否记录对象的点层级动画。

◇ **方案设置**：设置回放比率，如图12-3所示。

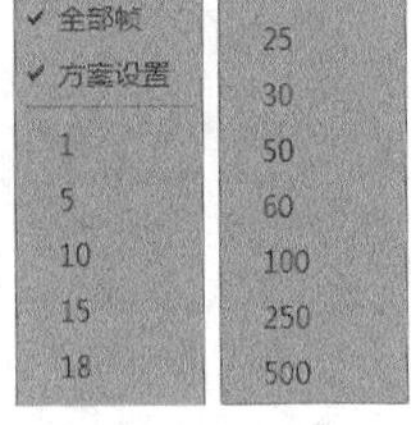

图12-3

12.1.2 时间线窗口

视频云课堂：085 时间线窗口

“时间线窗口”是制作动画时经常使用的一个编辑器。使用“时间线窗口”可以通过快速地调节曲线来控制物体的运动状态。执行“窗口-时间线（函数曲线）”菜单命令，可以打开图12-4所示的面板。

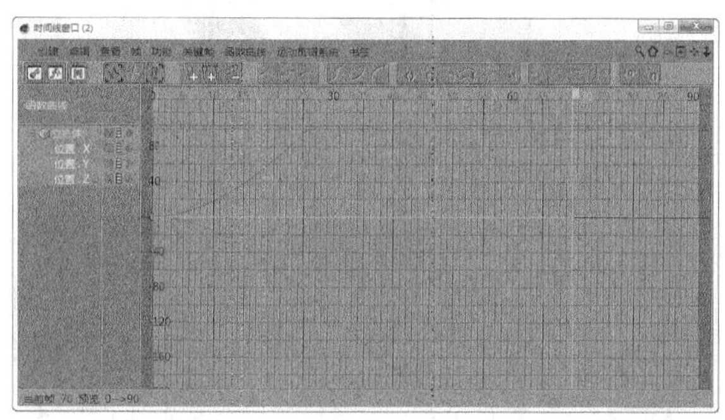

图12-4

CINEMA 4D还提供了“时间线（摄影表）”面板，如图12-5所示。

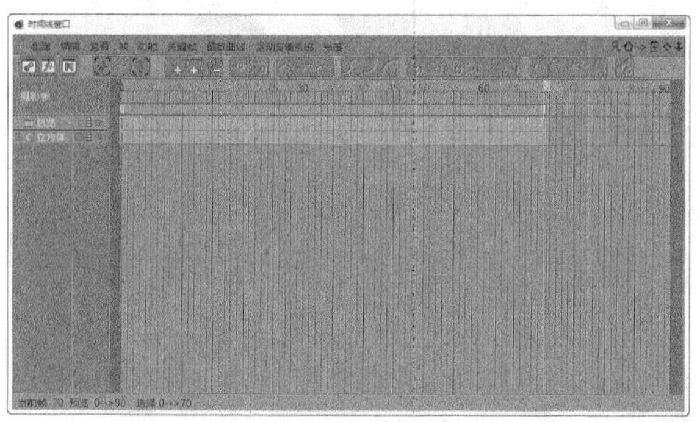

图12-5

重要参数讲解

◇ **摄影表**：单击该按钮，会将函数曲线面板切换到摄影表面板。

◇ **函数曲线模式**：单击该按钮，会将摄影表面板切换到函数曲线面板。

◇ **运动剪辑**：单击该按钮，会切换到运动剪辑面板。

◇ **框显所有**：单击该按钮，会显示所有对象的信息。

◇ **转到当前帧**：单击该按钮，会跳转到时间滑块所在帧的位置。

◇ **创建标记在当前帧**：在当前时间添加标记。

◇ **创建标记在视图边界**：在可视范围的起点和终点添加标记。

◇ **删除全部标记**：删除所有的标记。

◇ **线性**：将所选关键帧设置为尖锐的角点。

◇ **步幅**：将所选关键帧设置为步幅插值。

◇ **样条**：将所选关键帧设置为圆滑的样条。

知识点：函数曲线与动画的关系

在同样的关键帧之间，曲线的不同形式会呈现不同的动画效果。下面讲解它们之间的关系。

图12-6所示为位于x轴的位移动画曲线，两个关键帧之间呈一条直线，这种曲线就表示对象沿着x轴匀速运动。

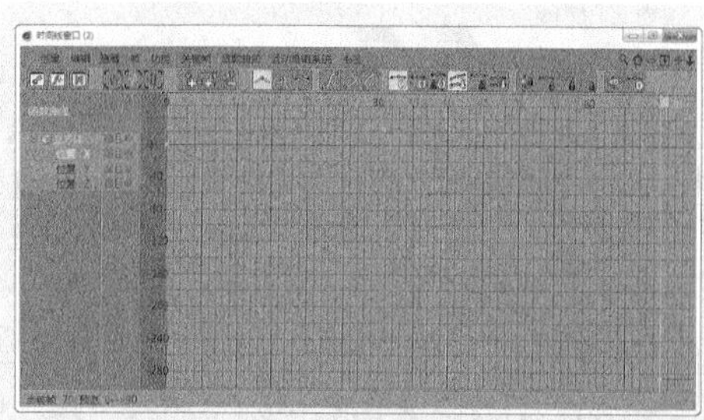

图12-6

图12-7所示为位于x轴的位移动画曲线，两个关键帧之间呈向下的抛物线，这种曲线就表示对象沿着x轴加速运动。

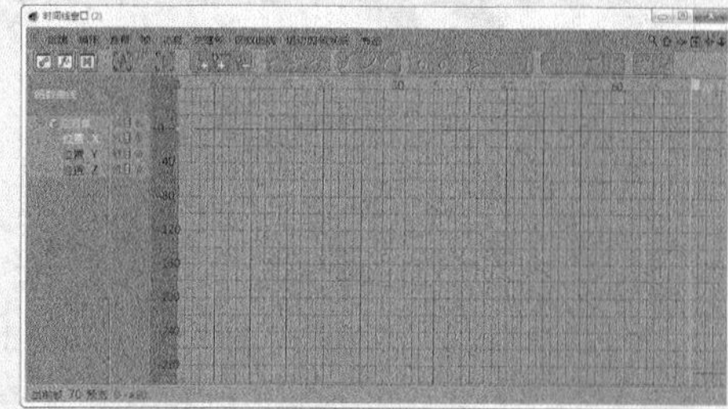

图12-7

图12-8所示为位于z轴的位移动画曲线，两个关键帧之间呈向上的抛物线，这种曲线就表示对象沿着z轴减速运动。

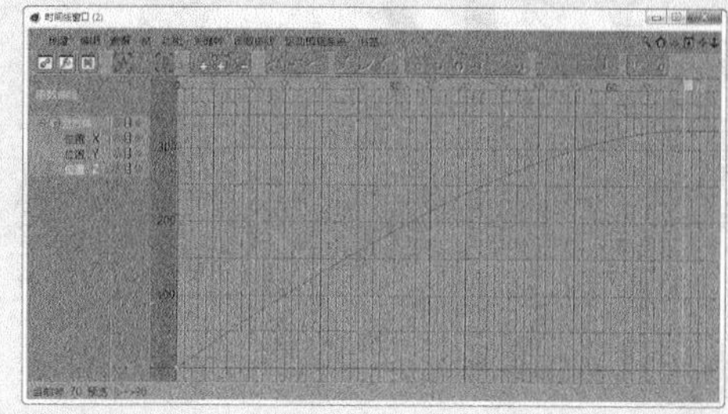

图12-8

图12-9所示为位于z轴的位移动画曲线，两个关键帧之间呈S形曲线，这种曲线就表示对象沿着z轴先加速然后匀速最后减速的运动。

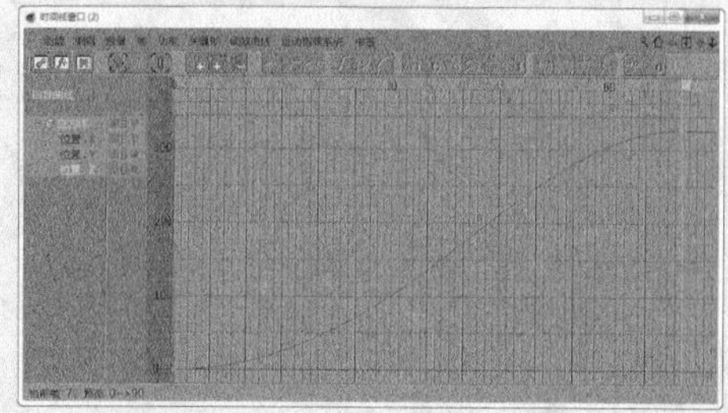

图12-9

通过以上4幅图，可以总结出对象的运动速度是与曲线的斜率相关。当曲线的斜率一致时，呈直线效果，即匀速运动；当曲线斜率逐渐增加时，呈抛物线效果，即加速运动；当曲线斜率逐渐减少时，呈抛物线效果，即减速运动。

课堂案例

制作时钟动画

场景文件　场景文件>CH12>01.c4d

实例文件　实例文件>CH12>课堂案例：制作时钟动画

视频名称　课堂案例：制作时钟动画.mp4

学习目标　掌握制作旋转关键帧动画的方法

本案例的时钟动画是为时钟的秒针、分针和时针分别制作旋转关键帧，如图12-10所示。

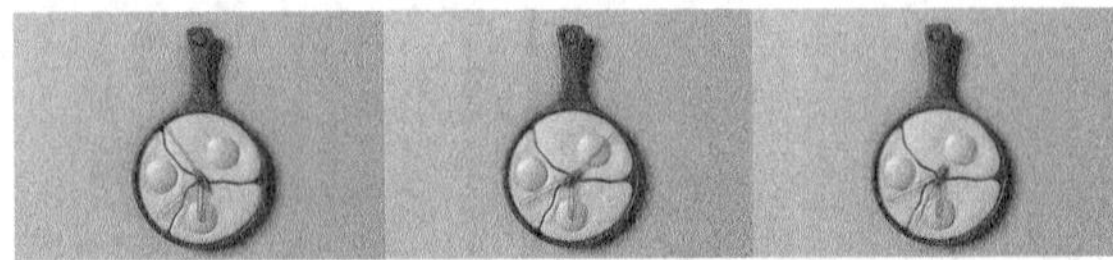

图12-10

01 打开本书学习资源中的“场景文件>CH12>01.c4d”文件，如图12-11所示，这是一个创意时钟模型。

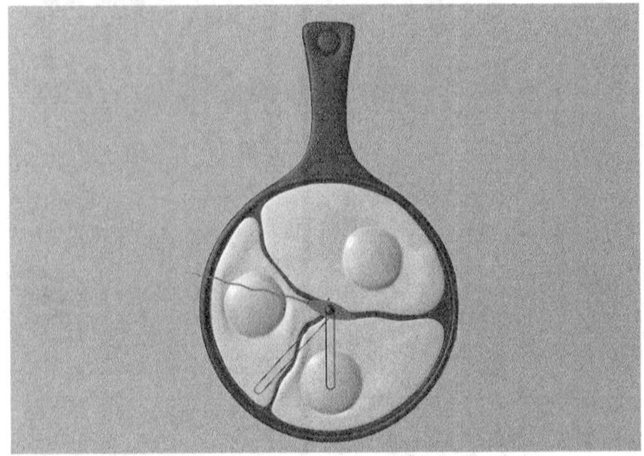

图12-11

02 制作秒针动画。在“对象”面板选中“秒针”选项，然后单击“自动关键帧”按钮记录动画，接着将时间滑块移动到90帧的位置，再沿x轴旋转－3600°，如图12-12所示。

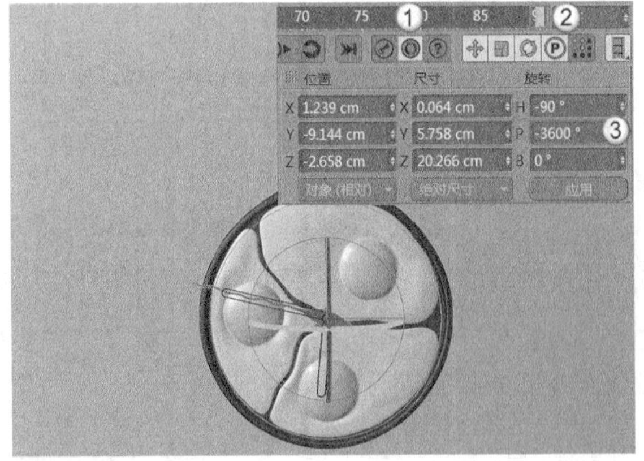

图12-12

> **技巧与提示**
>
> 旋转秒针时需要注意旋转方向为顺时针。

03 制作分针动画。在“对象”面板选中“分针”选项，然后单击“自动关键帧”按钮记录动画，接着将时间滑块移动到90帧的位置，再沿z轴旋转60°，如图12-13所示。

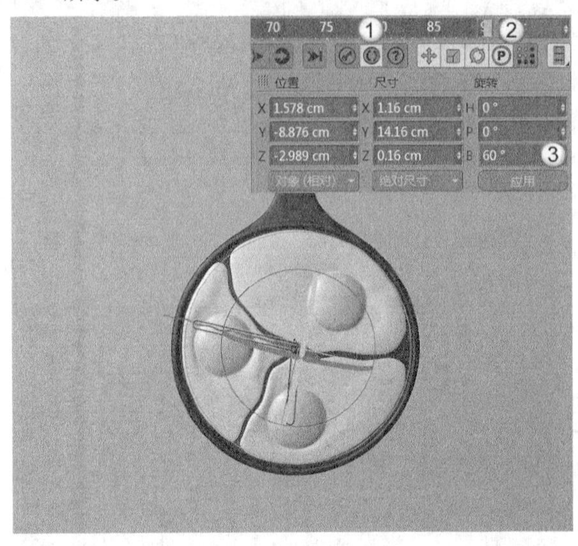

图12-13

04 制作时针动画。与分针动画的制作方法相同，在90帧时旋转5°，如图12-14所示。

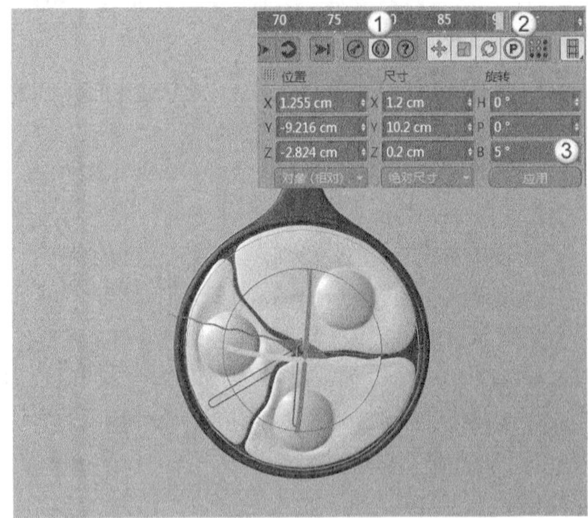

图12-14

> **技巧与提示**
>
> 在旋转时针和分针的角度时，一定要注意彼此的对应关系。

05 单击“向前播放”按钮观察动画效果，发现秒针、分针和时针在运动时有缓起缓停的效果，这不符合现实钟表的运动规律。打开“时间线窗口”，然后选中“秒针”选项，接着将曲线变成一条直线，如图12-15和图12-16所示。

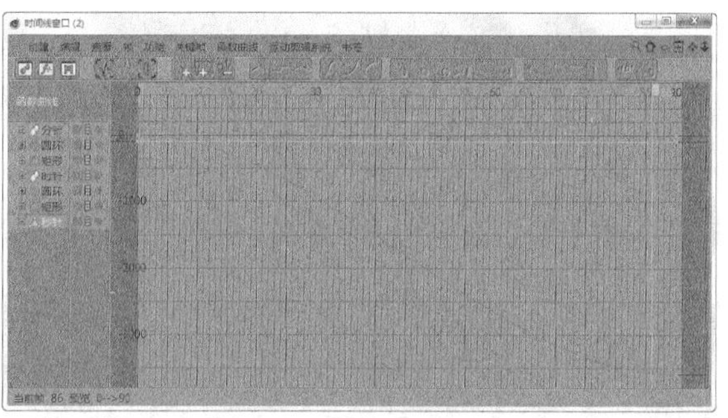

图12-15

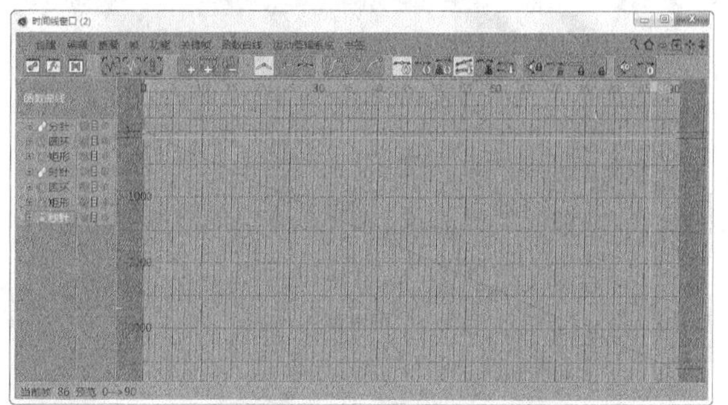

图12-16

06 依照秒针的处理方法，将时针和分针的曲线也变成直线。随意选取其中几帧进行渲染，效果如图12-17所示。

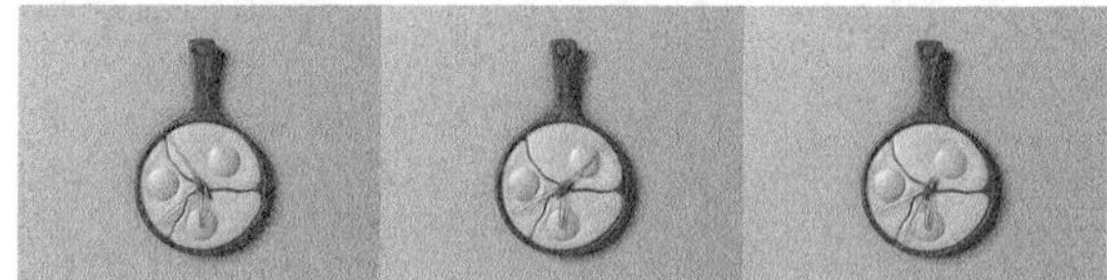

图12-17

12.1.3 点级别动画

单击“开、关点层级动画记录”按钮，可以在可编辑多边形对象的“点”“边”和“多边形”模式下制作关键帧动画。点级别动画常用于制作对象的变形效果。

课堂案例

制作小球变形动画

场景文件	场景文件>CH12>02.c4d
实例文件	实例文件>CH12>课堂案例：制作小球变形动画
视频名称	课堂案例：制作小球变形动画.mp4
学习目标	掌握制作点级别动画的方法

本案例的变形小球动画是用点级别动画进行制作的，如图12-18所示。

图12-18

01 打开本书学习资源中的“场景文件>CH12>02.c4d”文件，如图12-19所示。

图12-19

02 将场景中的小球转换为可编辑对象，然后进入“点”模式，接着单击“启用轴心”按钮，将小球的轴心移动到底部，如图12-20所示。

图12-20

技巧与提示

移动完轴心的位置后，及时将“启用轴心”按钮关闭，以免影响对小球的操作。

03 单击“自动关键帧”按钮，然后将时间滑块移动到第10帧，接着全选小球的点，再用“缩放”工具压缩，如图12-21所示。

图12-21

04 保持选中的点不变，然后将时间滑块移动到第15帧，接着用“缩放”工具拉伸小球到最大位置，如图12-22所示。

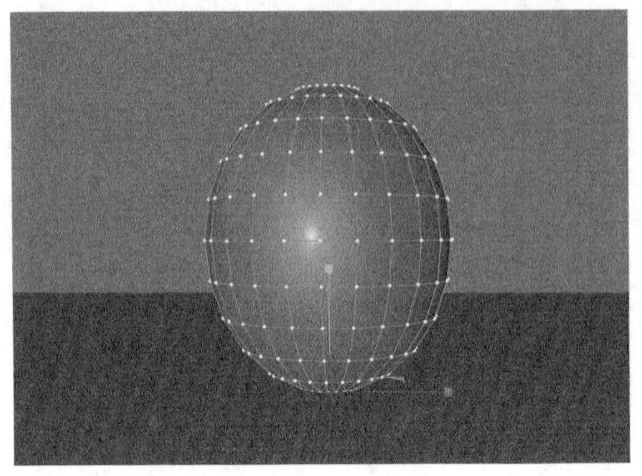
图12-22

05 将时间滑块移动到第20帧，然后用“缩放”工具压缩小球，压缩的量要比第1次少，如图12-23所示。

图12-23

06 将时间滑块移动到第25帧，然后用“缩放”工具拉伸小球，如图12-24所示。

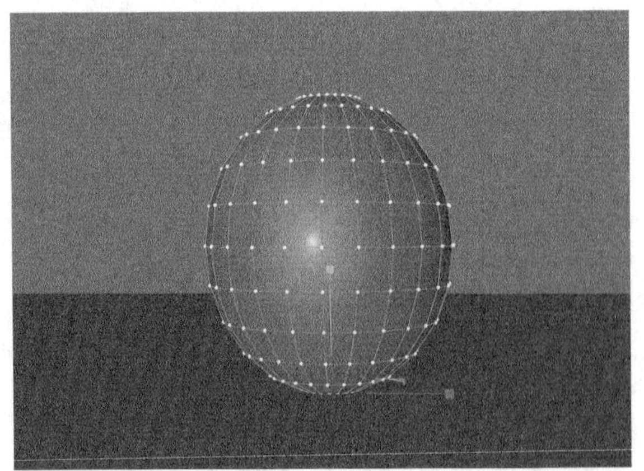
图12-24

07 将时间滑块移动到第27帧，然后用“缩放”工具压缩小球，如图12-25所示。

图12-25

技巧与提示

小球压缩和拉伸的幅度逐次递减，间隔时间也逐次缩短，直到恢复初始状态。

08 将时间滑块移动到第28帧，然后用“缩放”工具拉伸小球到初始效果，如图12-26所示。

图12-26

技巧与提示

在“坐标”面板中设置“尺寸”Y的数值与X、Z相同，小球会恢复初始状态，如图12-27所示。

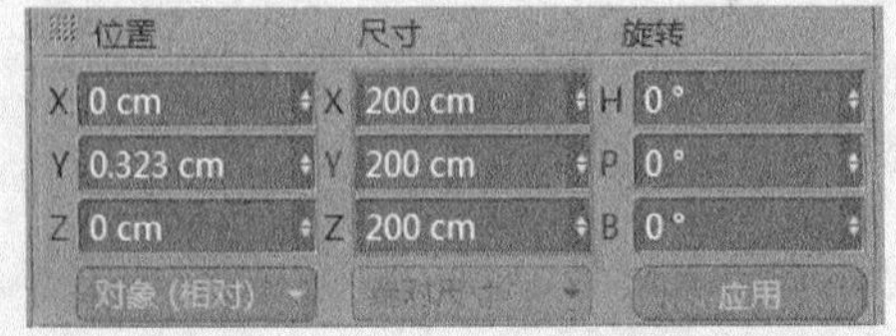

图12-27

09 选择关键帧进行渲染，效果如图12-28所示。

图12-28

12.2 高级动画

CINEMA 4D的高级动画是指角色动画。“角色”菜单中罗列了制作角色动画的工具，如图12-29所示。通过角色动画工具可以为角色模型创建骨骼、蒙皮和肌肉，还可以控制权重和添加约束命令。

图12-29

本节工具介绍

工具名称	工具作用	重要程度
约束	限制对象间的约束关系	中
关节	建立角色骨骼	中
角色	建立预置角色骨骼	低

12.2.1 约束

视频云课堂：086 约束

“约束”用于将两个及以上的对象的变化限制在一个特定的范围内，如图12-30所示。

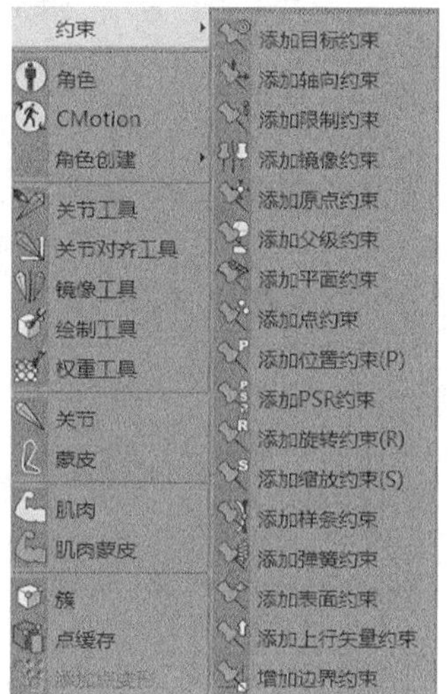

图12-30

重要参数讲解

◇ **添加目标约束：** 将目标对象与被约束对象进行目标约束。当目标移动位置时，被约束的对象也会随之移动，如图12-31所示。添加了约束的小球会追随目标对象立方体进行旋转。

图12-31

◇ **添加轴向约束：** 将目标对象与被约束对象的轴向进行约束。当目标移动位置时，被约束对象会沿着约束的轴向一起移动。

◇ **添加限制约束：** 使目标对象与被约束对象形成距离上的连接，如图12-32所示。当目标移动的距离超过连接的距离的，被约束对象会随之移动；当目标移动的距离小于连接距离的，被约束对象不移动。

图12-32

◇ **添加镜像约束：** 将目标对象与被约束对象形成镜像关系。当目标对象移动时，被约束对象会按照镜像的原理移动，无法单独移动被约束对象。

◇ **添加原点约束：** 与“添加限制约束”相似，也是在两个对相间形成距离上的连接。

◇ **添加父级约束：** 将目标对象作为被约束对象的父层级。当目标对象移动时，被约束对象也随之移动。

◇ **添加平面约束：** 将目标对象与被约束对象在一个平面进行约束。在约束平面内，被约束对象会随着目标对象进行移动，在其他方向则不受约束自由移动。

◇ **添加点约束：** 与“添加限制约束”类似。

◇ **添加位置约束**：使目标对象与被约束对象在位置上重叠，如图12-33所示。不能单独移动被约束对象的位置，移动目标对象时，被约束对象会随之移动。

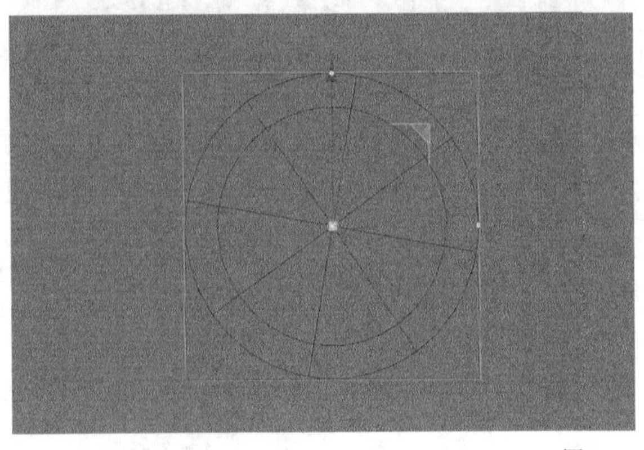

图12-33

◇ **添加PSR约束**：除了有“添加位置约束”的功能，还可以约束旋转和缩放。

◇ **添加样条约束**：与“添加限制约束”类似。

◇ **添加弹簧约束**：使目标对象与被约束对象形成弹簧效果。当移动目标对象时，被约束对象会呈弹簧状移动。

◇ **添加表面约束**：与“添加限制约束”类似。

◇ **添加边界约束**：与“添加限制约束”类似，被约束的对象不能超过与目标对象之间的连接距离。

12.2.2 关节

视频云课堂：087 关节

“关节”用于创建角色模型的关节和骨骼。“关节”模型是由“黄色的关节”和“蓝色的骨骼”两部分组成的，如图12-34所示。单击“关节”按钮后，在场景中只出现黄色的关节模型。

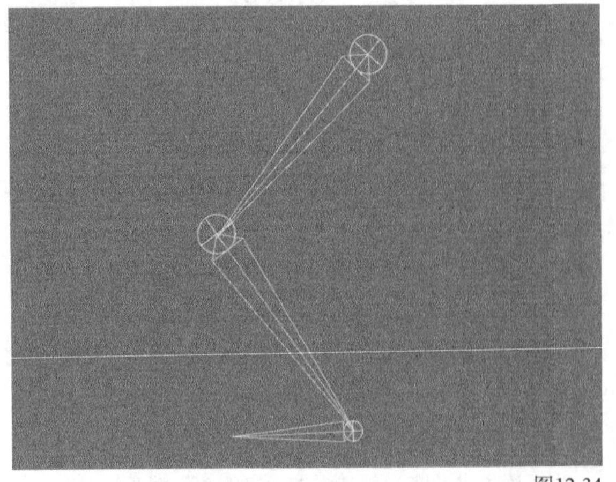

图12-34

在“属性”面板的“对象属性”选项卡中，可以设置关节和骨骼的参数，如图12-35所示。

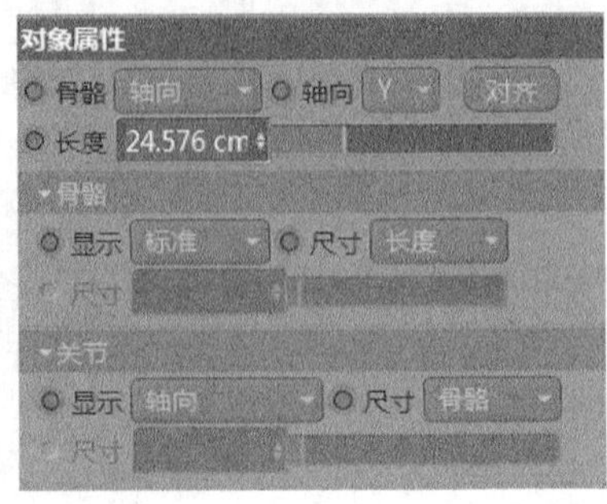

图12-35

重要参数讲解

◇ **骨骼**：设置骨骼生长的方式，如图12-36所示。

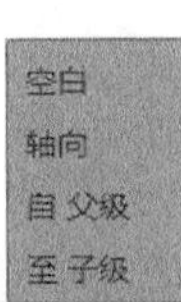

图12-36

◇ **轴向**：设置骨骼生长的方向。

◇ **长度**：设置骨骼的长度。

◇ **显示**：设置骨骼的显示方式，默认为“标准”，其他方式如图12-37所示。

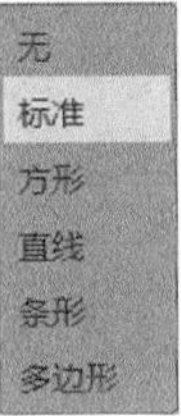

图12-37

◇ **尺寸**：设置骨骼粗细的方式，如图12-38所示。

图12-38

» **自定义**：在“尺寸”中设置任意数值为骨骼的粗细。

» **长度**：根据骨骼长度自动设置骨骼粗细。

◇ **显示**：设置关节的显示方式，默认为“轴向”，如图12-39所示。

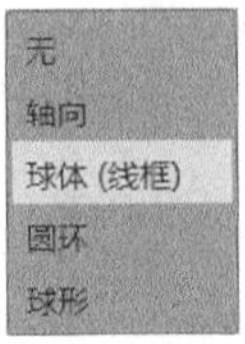

无
轴向
球体 (线框)
圆环
球形

图12-39

知识点：关节的父子层级

当场景中存在多个关节时，需要设置骨骼彼此间的父子层级，从而控制这些关节。

图12-40所示的3个关节中，最上方的“关节.1”是另外两个关节的父层级，中间的“关节.2”是最下面“关节.3”的父层级，如图12-41所示。

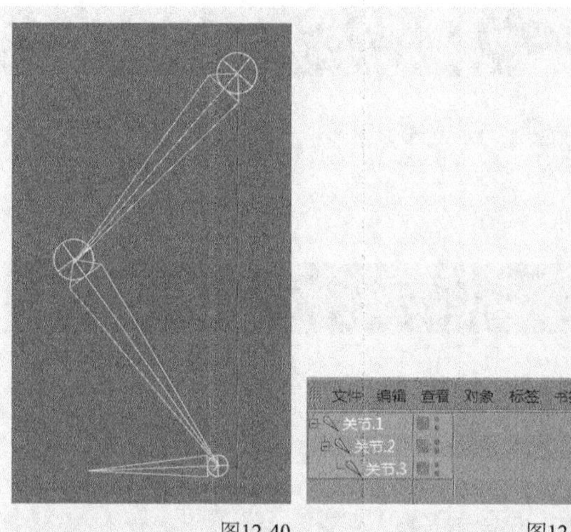

图12-40　　图12-41

当选择“关节.1”并旋转时，会观察到“关节.2”和“关节.3”也随之进行旋转，如图12-42所示。

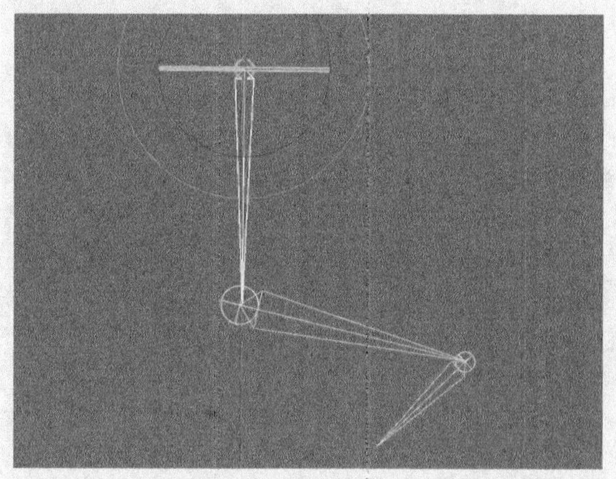

图12-42

当选择“关节.2”并旋转时，会观察到“关节.3”会随着“关节.2”进行旋转，但“关节.1”没有发生改变，如图12-43所示。

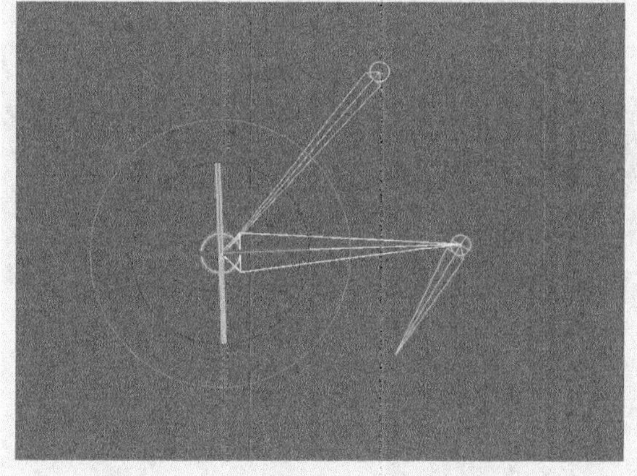

图12-43

当选择“关节.3”并旋转时，会观察到“关节.1”和“关节.2”都没有发生改变，如图12-44所示。

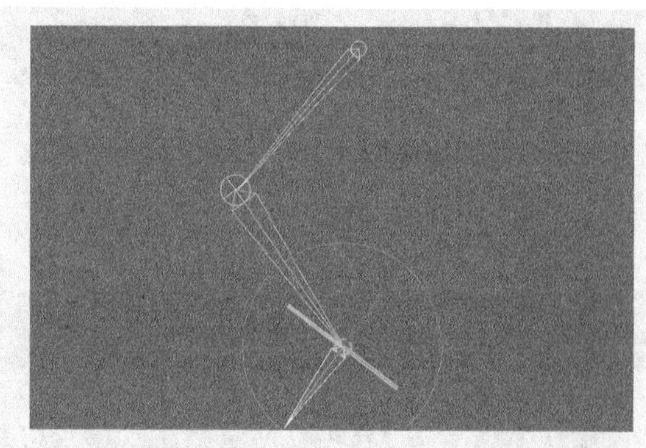

图12-44

通过上面3个案例演示，可以总结出父层级的关节会影响子层级关节的位置，但子层级的关节不会影响父层级的位置。掌握了这个规律后，在制作模型的关节时，就能更好地划分出关节的层级关系。

12.2.3 角色

视频云课堂：088 角色

除了可自行创建关节和骨骼外，CINEMA 4D还提供了预置的骨骼系统。单击“角色”按钮，可以选择不同类型的骨骼，如图12-45所示。

图12-45

重要参数讲解

◇ Advanced Biped（**高级骨骼**）：创建有IK或FK的人体骨骼系统。

◇ Advanced Quadruped（**高级四足动物**）：创建完整的四足动物骨骼，如猫、狗等。

◇ Biped（**骨骼**）：创建FK的人体骨骼系统。

◇ Bird（**鸟**）：创建鸟类骨骼。

◇ Fish（**鱼**）：创建鱼类骨骼。

◇ Insect（**昆虫**）：创建昆虫类骨骼。

◇ Mocap（**动作捕捉**）：创建Daz人体骨骼系统。

◇ Quadruped（**四足动物**）：创建四足动物的骨骼。

◇ Reptile（**爬行动物**）：创建爬行动物的骨骼。

◇ Wings（**翅膀**）：创建带翅膀类动物的骨骼。

12.3 本章小结

本章讲解了CINEMA 4D的动画技术，需要读者着重掌握关键帧动画和时间线窗口的相关知识。本章内容较难，希望读者勤加练习。

12.4 课后习题

本节安排了两个课后习题供读者练习，这两个习题综合了本章知识。如果读者在练习时有疑问，可以一边观看教学视频，一边学习动画技术。

12.4.1 课后习题：制作风车动画

场景文件	场景文件>CH12>03.c4d
实例文件	实例文件>CH12>课后习题：制作风车动画
视频名称	课后习题：制作风车动画.mp4
学习目标	掌握制作旋转关键帧动画的方法

风车动画的效果如图12-46所示。

图12-46

12.4.2 课后习题：制作蝴蝶飞舞动画

场景文件	无
实例文件	实例文件>CH12>课后习题：制作蝴蝶飞舞动画
视频名称	课后习题：制作蝴蝶飞舞动画.mp4
学习目标	掌握制作移动和旋转关键帧动画的方法

蝴蝶飞舞动画的效果如图12-47所示。

图12-47

第 13 章

综合实例

本章将通过 4 个综合实例，全面梳理通过 CINEMA 4D 制作效果图的流程。本章是一个综合性章节，需要读者将之前学习的知识穿插运用。

课堂学习目标

◇ 掌握科幻类海报的制作方法

◇ 掌握创意视觉类效果图的制作方法

◇ 掌握机械类视觉效果图的制作方法

◇ 掌握室内效果图的制作方法

CINEMA 4D

13.1 综合实例：科幻海报

场景文件 无
实例文件 实例文件>CH13>综合实例：科幻海报
视频名称 综合实例：科幻海报.mp4
学习目标 掌握制作科幻类海报的方法

本案例是通过建模和背景图片相结合的方法制作完成的，如图13-1所示。

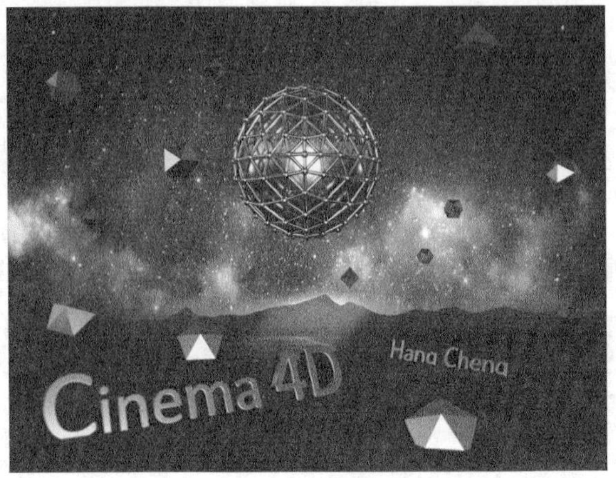

图13-1

13.1.1 模型制作

本案例的模型部分由球体、文本和配饰3部分组成，下面将逐一进行讲解。

1.球体

01 使用“球体”工具在场景中创建一个球体，然后设置“半径”为180cm，“类型”为“八面体”，如图13-2所示。

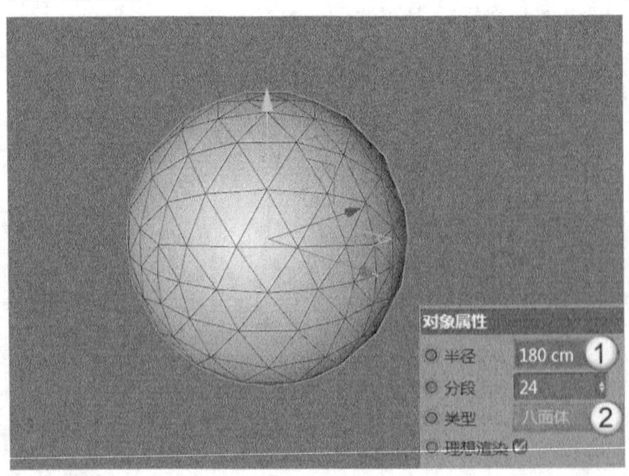

图13-2

02 按快捷键Ctrl + C和Ctrl + V原位复制一个球体，然后设置“半径”为200cm，如图13-3所示。

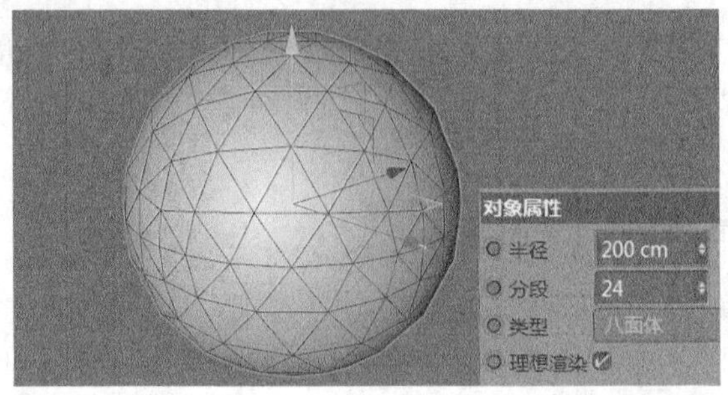

图13-3

03 为复制出的球体加载“晶格”生成器，然后设置“圆柱半径”为4cm，“球体半径”为10cm，如图13-4所示。

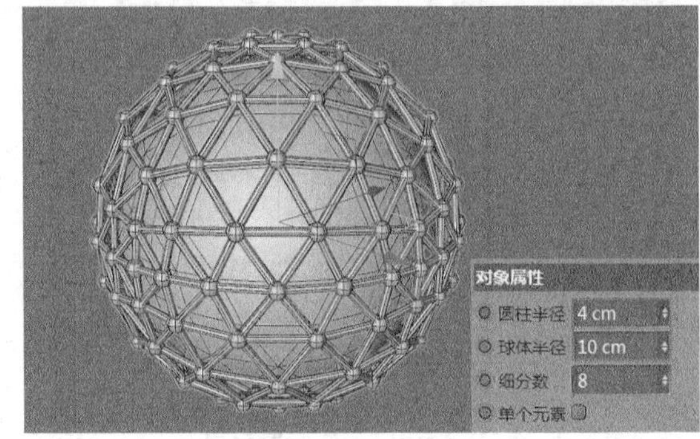

图13-4

2.文本

01 使用“文本”工具在场景中创建一个文本样条，然后在“文本”中输入Cinema 4D，接着设置“字体”为Calibri，再勾选“显示3D界面”选项调整文本的造型，如图13-5所示。

图13-5

技巧与提示

在制作文本部分时，可以将其单独显示，这样利于观察模型。

02 为步骤01创建的文本添加“挤压”生成器，然后设置“移动”为50cm，如图13-6所示。

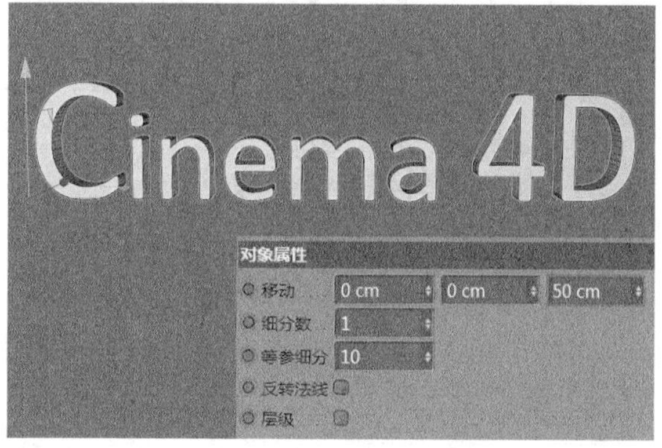

图13-6

03 此时的字体模型很单调，在“挤压”的“封顶圆角”选项卡中设置“顶端”为“圆角封顶”，“步幅”为3，“半径”为4cm，如图13-7所示。

图13-7

04 使用“文本”工具在场景中输入Hang Cheng，然后设置“字体”为“微软雅黑”，接着勾选“显示3D界面”选项调整文本的造型，如图13-8所示。

图13-8

05 为步骤04创建的文本添加“挤压”生成器，然后设置“移动”为50cm，如图13-9所示。

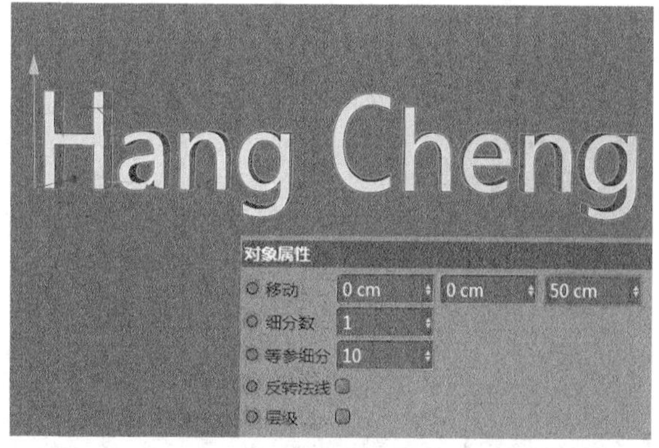

图13-9

06 在“封顶圆角”选项卡中设置“顶端”为“圆角封顶”，然后设置“步幅”为3，“半径”为4cm，如图13-10所示。

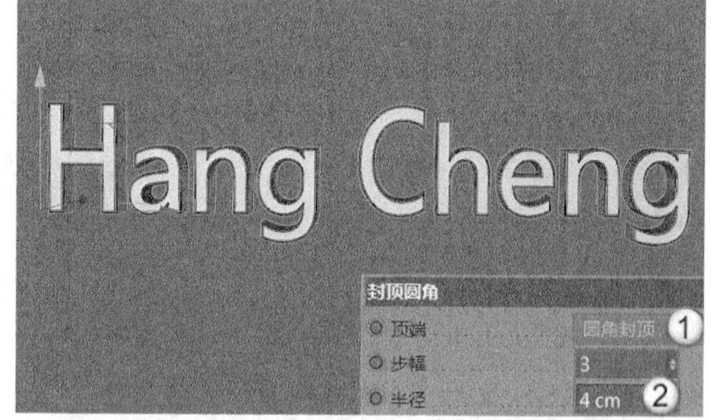

图13-10

3.配饰

01 使用“宝石”工具在场景内创建一个宝石模型，然后设置“半径”为100cm，“类型”为“二十面”，如图13-11所示。

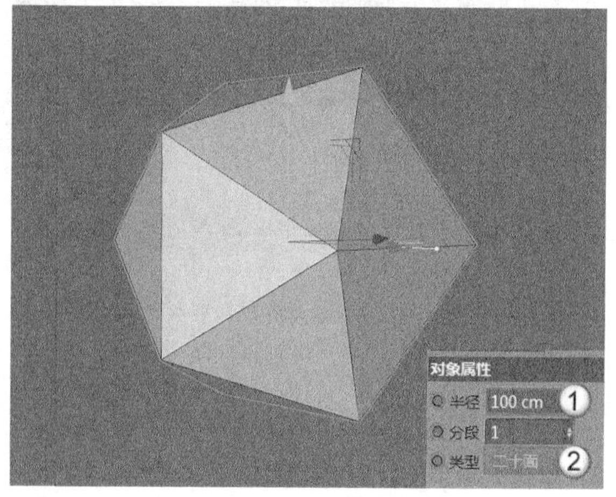

图13-11

02 使用“宝石”工具在场景内创建宝石模型，然后设置“半径”为100cm，“类型”为“八面”，如图13-12所示。

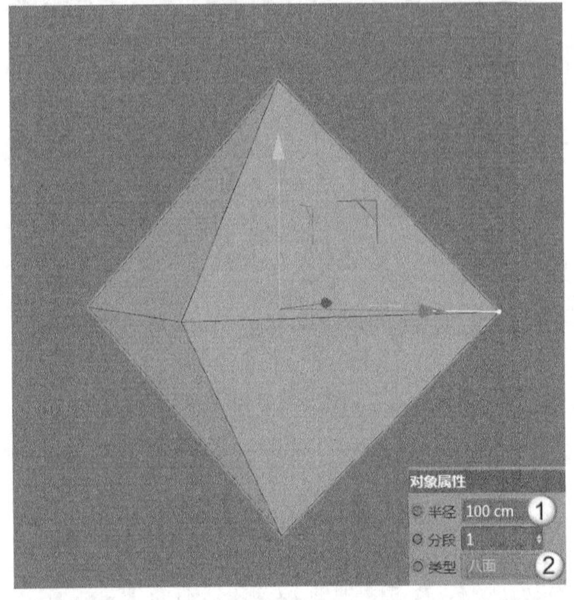

图13-12

03 使用“地面”工具和“背景”工具在场景中创建地面与背景，然后将以上创建的模型元素进行摆放组合，如图13-13所示。

图13-13

13.1.2 灯光创建

模型制作完成之后需要为场景创建灯光，本案例的灯光由主光源和辅助光源两部分组成。

1.主光源

01 使用“区域光”工具在场景正前方设置一盏灯光，位置如图13-14所示。

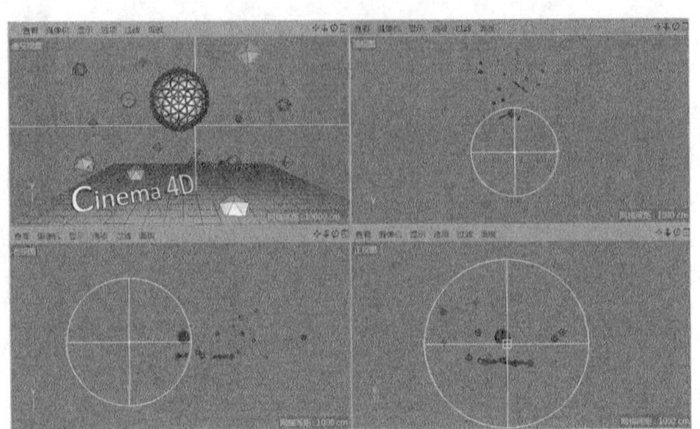

图13-14

02 选中创建的灯光，然后在“常规”选项卡中设置“颜色”为白色，“投影”为“区域”，如图13-15所示。

图13-15

03 切换到“细节”选项卡，然后设置“衰减”为“平方倒数（物理精度）”，“半径衰减”为2100cm，如图13-16所示。

图13-16

04 测试灯光效果，如图13-17所示。

图13-17

2.辅助光源

01 将主光源复制两盏，然后分别放置在场景的两侧，如图13-18所示。

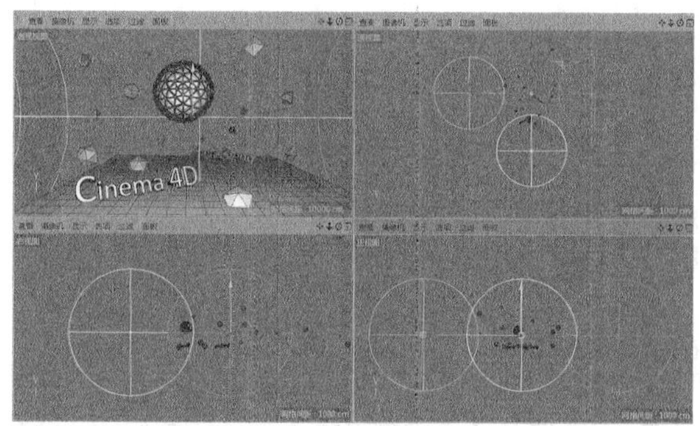

图13-18

02 选中复制的灯光，然后在“常规”选项卡中设置“颜色”为白色，“强度”为60%，再设置“投影”为“无”，如图13-19所示。

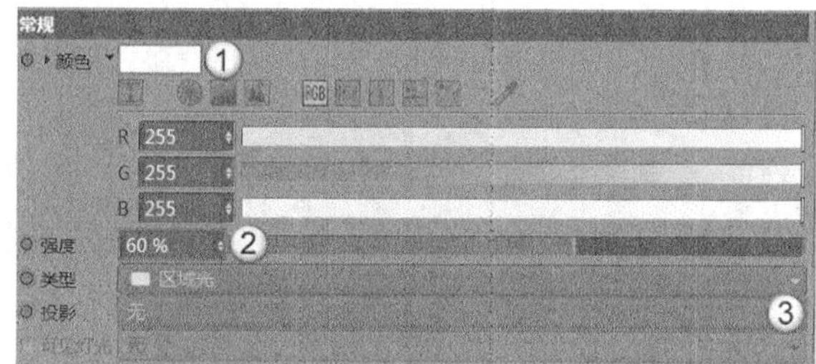

图13-19

技巧与提示

同时选中两个辅助光源，然后在“属性”面板中统一修改参数。

03 测试灯光效果，如图13-20所示。

图13-20

13.1.3 材质创建

灯光创建完成后，需要为模型创建材质。本案例的材质由金属材质和背景材质两部分组成。

1.金属材质

01 在材质面板新建一个材质，然后打开“材质编辑器”，接着在“颜色”选项组中设置“颜色”为黑色，如图13-21所示。

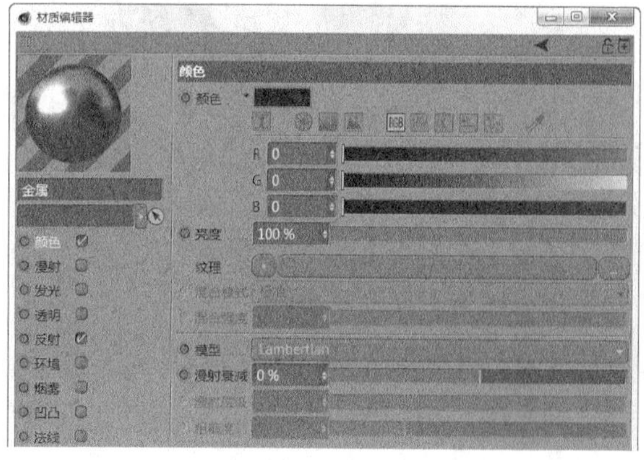

图13-21

02 在“反射”选项组中添加GGX，然后设置“粗糙度”为20%，“高光强度”为50%，“菲涅耳”为“导体”，“预置”为“钢”，如图13-22所示。材质效果如图13-23所示。

图13-22

图13-23

03 将“金属”材质赋予场景中的球体、文本和配饰模型，如图13-24所示。

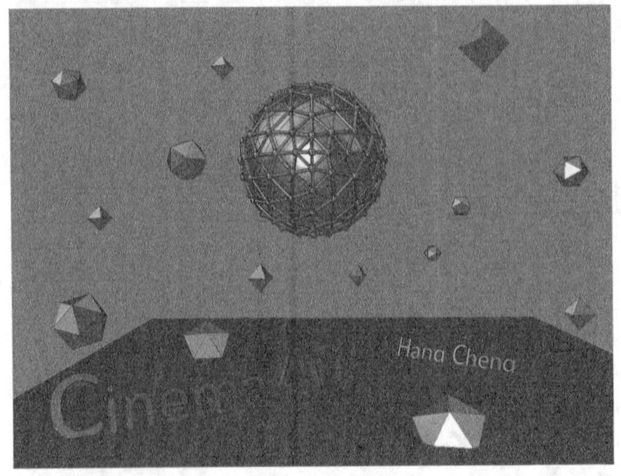

图13-24

2.背景材质

01 在材质面板新建一个材质，然后打开“材质编辑器”，接着在“颜色”选项组的“纹理”通道中加载学习资源中的“实例文件>CH13>综合实例：科幻海报>背景.jpg”文件，如图13-25所示。材质效果如图13-26所示。

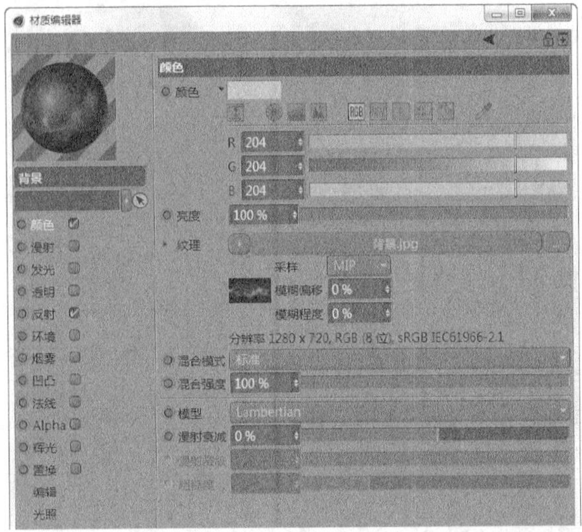

图13-25

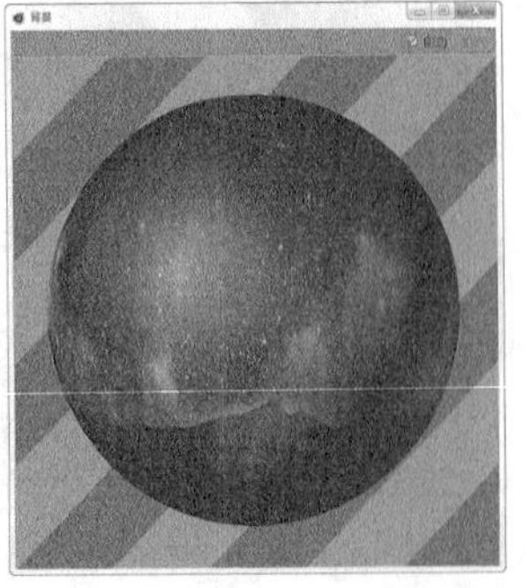

图13-26

02 将“背景”材质赋予地面和背景模型，如图13-27所示。

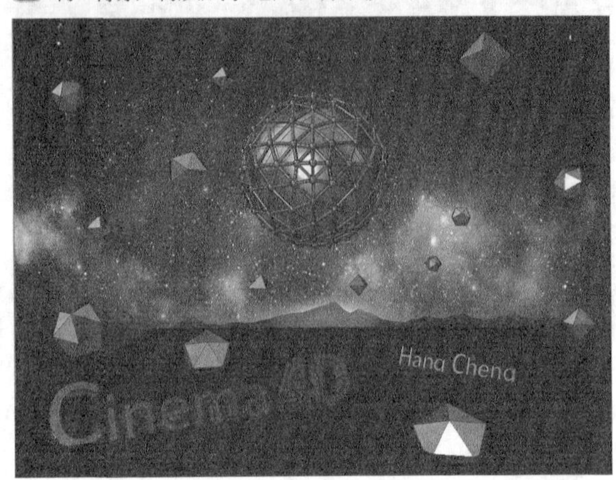

图13-27

03 此时地面贴图的坐标位置不对，不能与背景很好地拼合。选中“地面”选项后的材质图标，如图13-28所示，然后在下方的“标签属性”选项卡中设置“投射”为“前沿”，如图13-29所示。

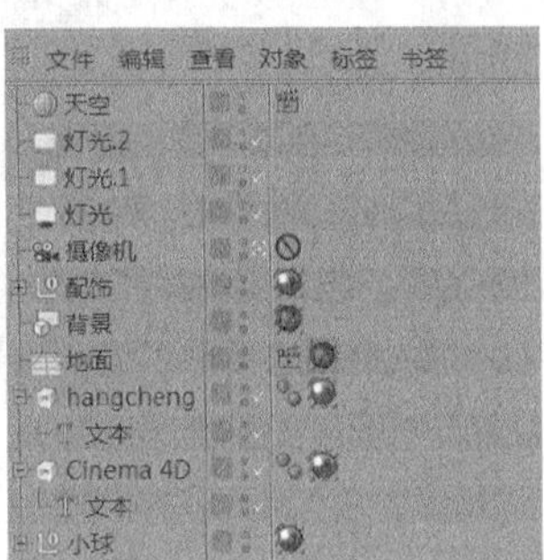

图13-28

图13-29

04 渲染场景并观察材质效果，如图13-30所示。从渲染效果可以发现，地面和背景之间有明显的分界线。

图13-30

05 在“对象”面板选中“地面”选项，然后单击鼠标右键添加“合成”标签，接着勾选“合成背景”选项，如图13-31所示，再渲染效果，如图13-32所示。

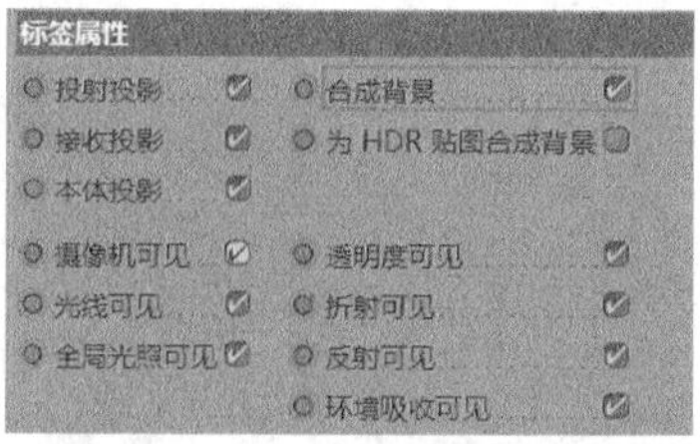

图13-31

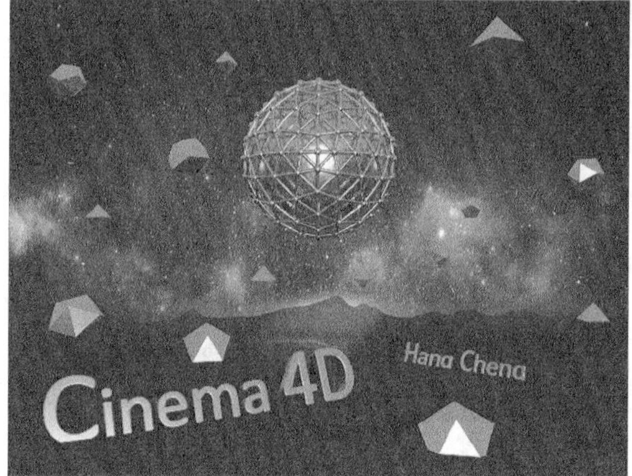

图13-32

13.1.4 环境添加

01 使用“天空”工具在场景中创建一个天空，然后按快捷键Shift + F8打开“内容浏览器”，接着将“预置\Visualize\Presets\Light Setups\HDRI\Sunset \No Ground.hdr”材质赋予天空，再给天空添加“合成”标签，并取消勾选“摄像机可见”选项，如图13-33和图13-34所示。

图13-33

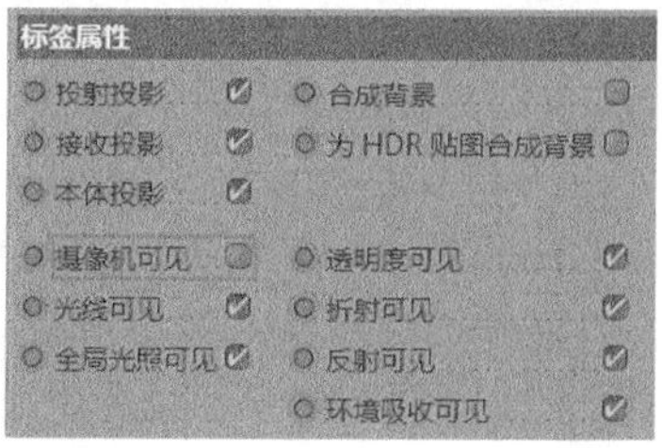

图13-34

02 渲染场景效果，如图13-35所示。

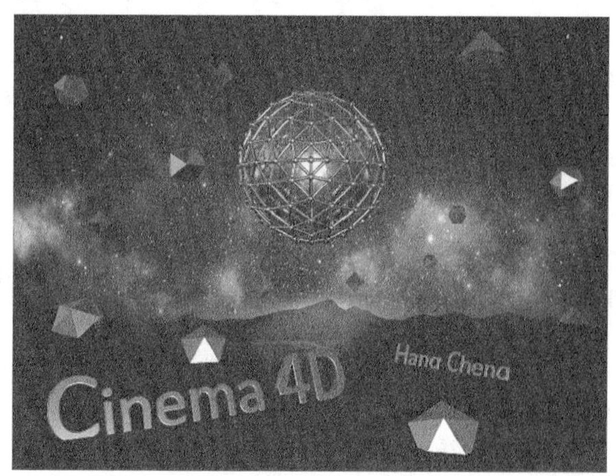

图13-35

13.1.5 渲染输出

场景调整完毕后需要为场景添加摄像机，然后渲染输出。

01 在透视图找到合适的角度，然后使用“摄像机”工具在场景中创建一台摄像机，接着加载“保护”标签防止移动，如图13-36所示。

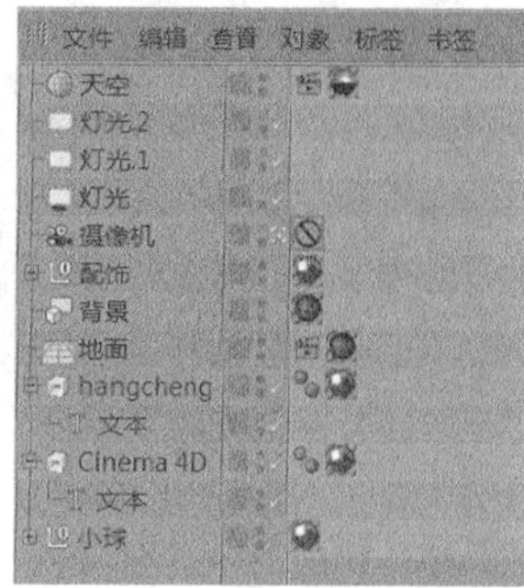

图13-36

02 按快捷键Ctrl + B打开“渲染设置”面板，然后在“输出”选项组中设置“宽度”为1280像素，“高度”为960像素，如图13-37所示。

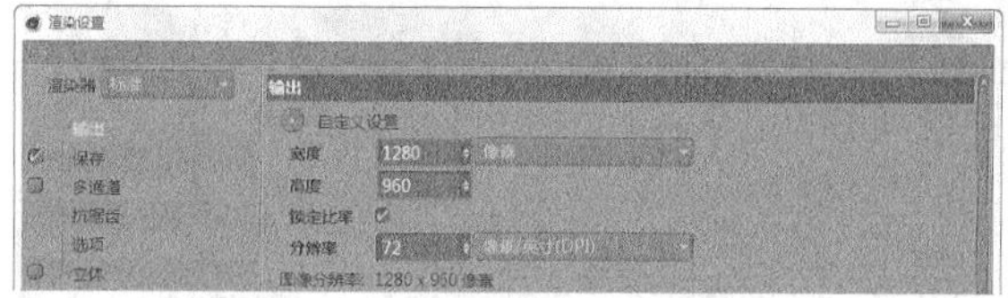

图13-37

03 在“抗锯齿”选项组中设置“抗锯齿”为“最佳”，然后设置“最小级别”为2 × 2，“最大级别”为4 × 4，接着设置“过滤”为“Mitchell”，如图13-38所示。

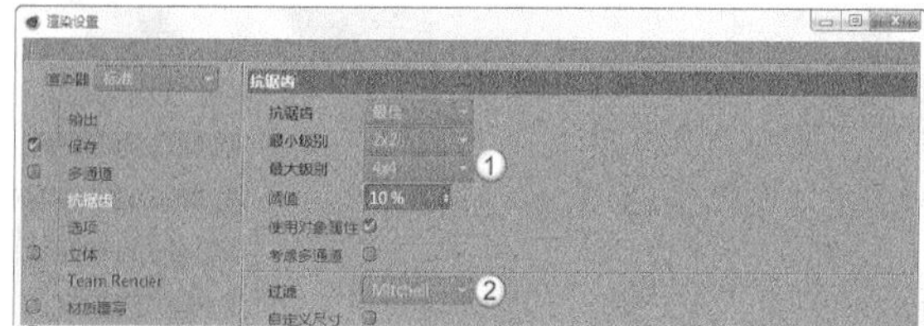

图13-38

04 在“全局光照”选项组中设置“首次反弹算法”和“二次反弹算法”都为“辐照缓存”，如图13-39所示。

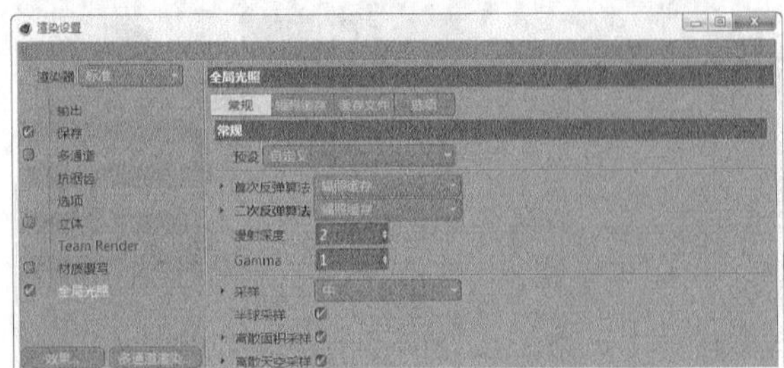

图13-39

05 为了方便在Photoshop中调整画面色彩，需要将背景和模型分别进行渲染。为“背景”选项添加“合成”标签，然后取消勾选“摄像机可见”选项，如图13-40和图13-41所示。接着在“地面”选项的“合成”标签内取消勾选“摄像机可见”选项。

图13-40

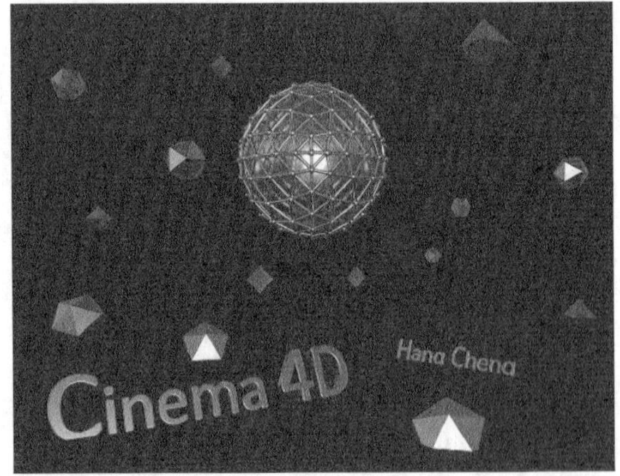

图13-41

06 按快捷键Shift + R渲染场景，效果如图13-42所示，然后将渲染的图片进行保存。

图13-42

技巧与提示

虽然没有渲染“地面”和“背景”，但这两部分在金属上的反射和遮挡关系仍能被渲染出来。

07 按照上面的方法再单独渲染出“地面”和“背景”部分，如图13-43所示。

图13-43

13.1.6 后期调整

01 打开Photoshop软件，然后将渲染好的两张图按照顺序进行拼合，如图13-44所示。

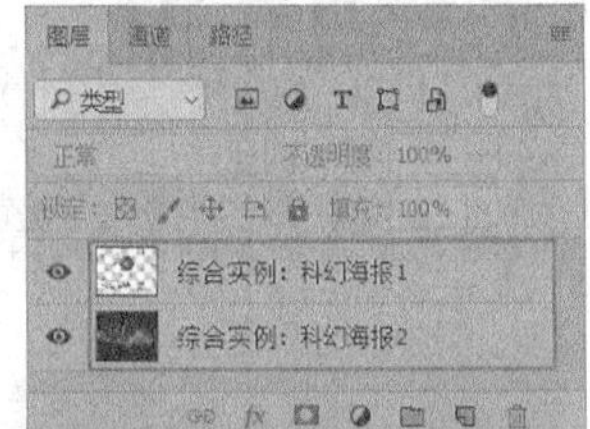

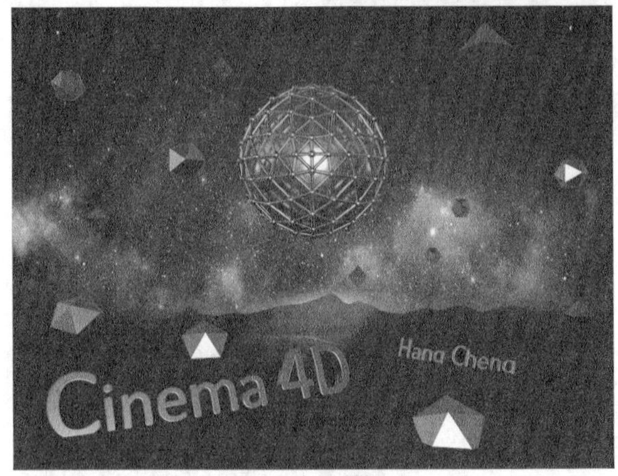

图13-44

02 选中“综合实例：科幻海报1”图层，然后为其添加“曲线”调整图层，参数及效果如图13-45和图13-46所示。

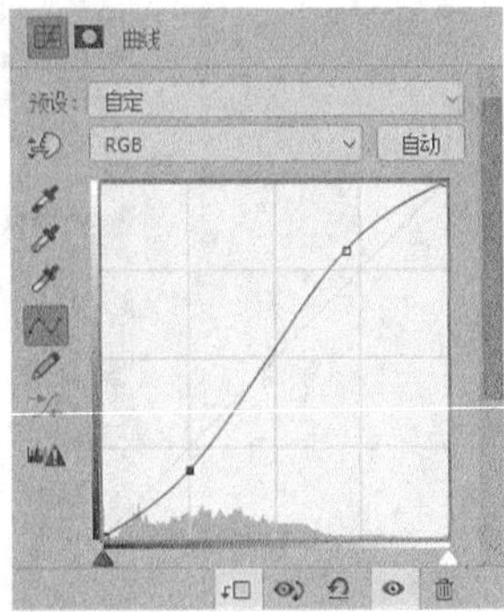

图13-45

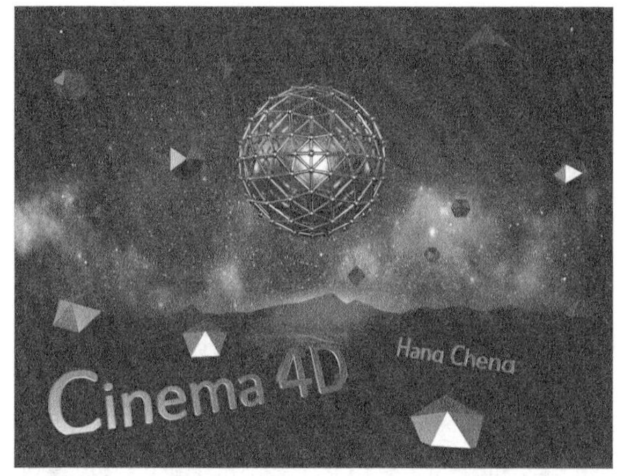

图13-46

03 保持选中的图层不变，然后为其添加“色彩平衡”调整图层，参数及效果如图13-47和图13-48所示。

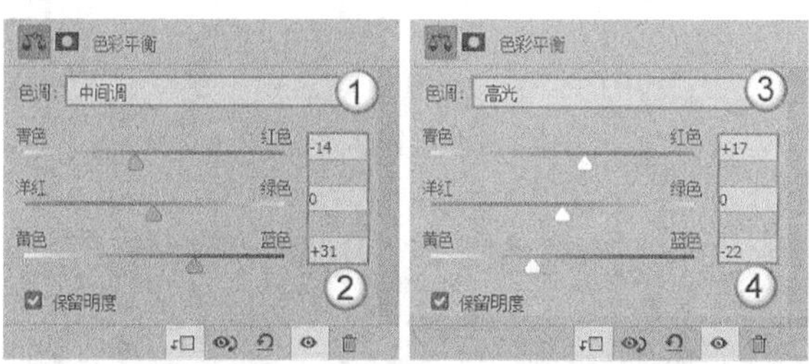

图13-47

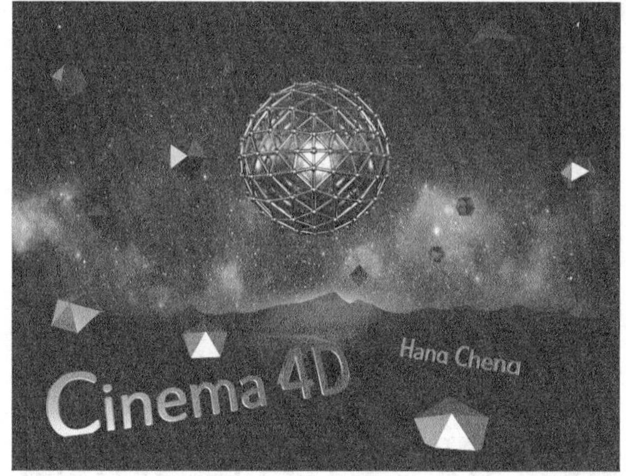

图13-48

04 选中“综合实例：科幻海报2”图层，然后为其添加“色阶”调整图层，参数及效果如图13-49和图13-50所示。

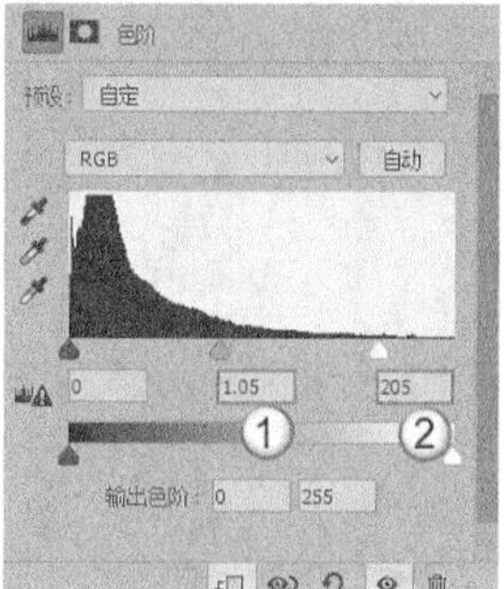

图13-49

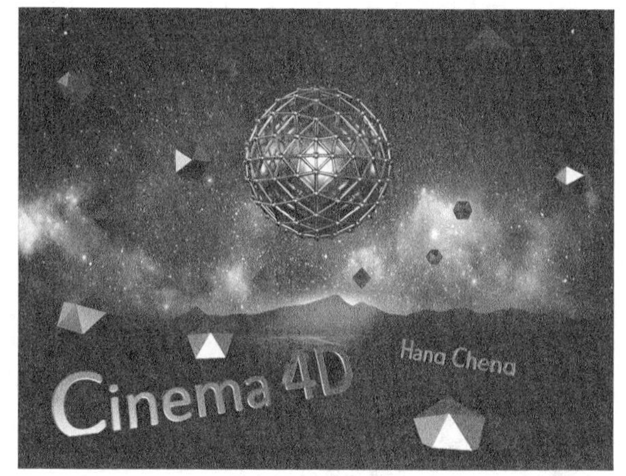

图13-50

05 按快捷键Ctrl + Alt + Shift + E盖印出“图层1”，然后为其添加“矢量蒙版”，接着使用“渐变”工具绘制出黑白遮罩，如图13-51所示。

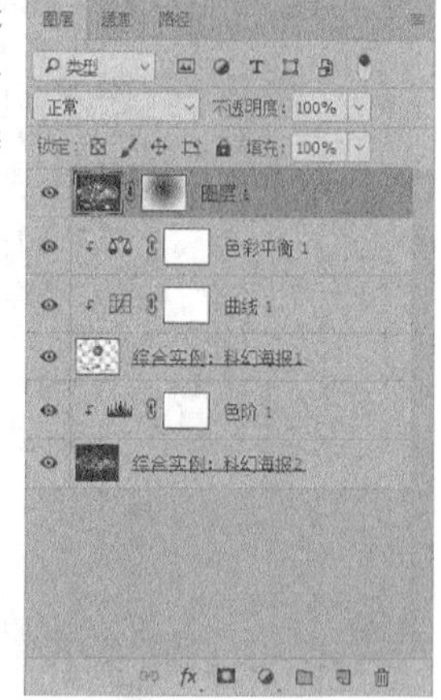

图13-51

06 执行“滤镜-模糊-镜头模糊”菜单命令，然后在弹出的“镜头模糊”窗口中设置“半径”为6，如图13-52所示，科幻海报最终效果如图13-53所示。

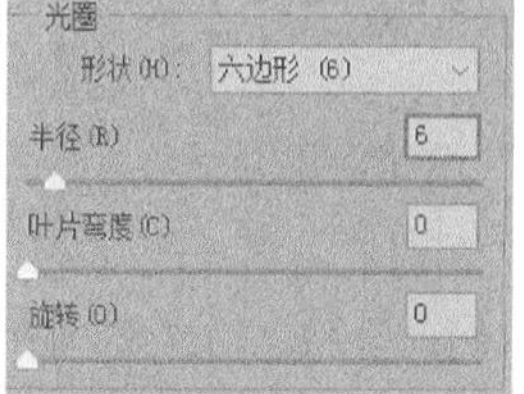

图13-52

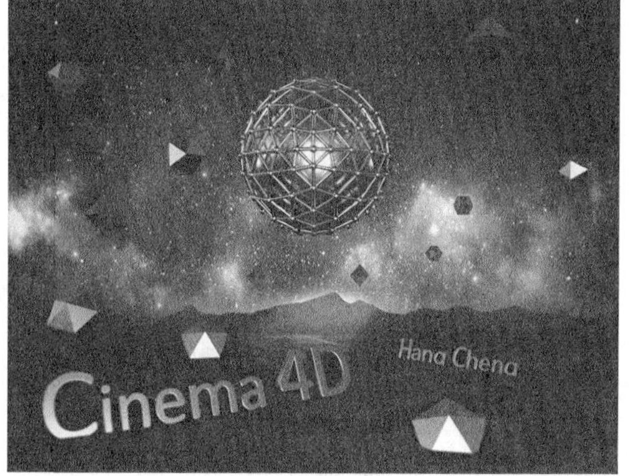

图13-53

13.2 综合实例：创意视觉效果图

场景文件 无
实例文件 实例文件>CH13>综合实例：创意视觉效果图
视频名称 综合实例：创意视觉效果图.mp4
学习目标 掌握制作视觉效果图的方法

本案例通过将一些琐碎的模型进行拼合，进而制作出创意视觉效果图，如图13-54所示。

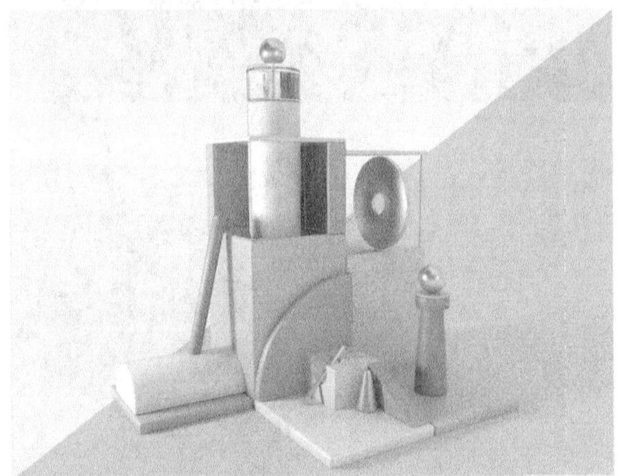

图13-54

13.2.1 模型制作

本案例的模型较多，大致可以分为主体模型和配景模型两部分，下面将逐一进行讲解。

1.主体模型

01 使用“立方体”工具创建一个立方体，然后设置“尺寸.X”为200cm，“尺寸.Y”为400cm，“尺寸.Z”为200cm，接着勾选“圆角”选项，并设置“圆角半径”为5cm，“圆角细分”为3，如图13-55所示。

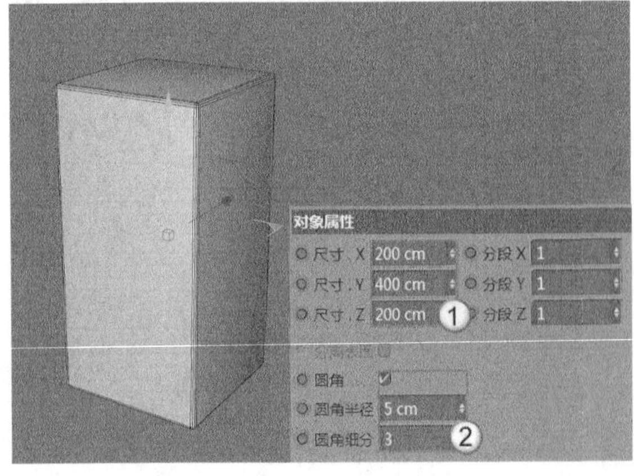

图13-55

02 将步骤01创建的立方体按C键转换为可编辑对象，然后进入“多边形”模式，接着选中图13-56所示的多边形。

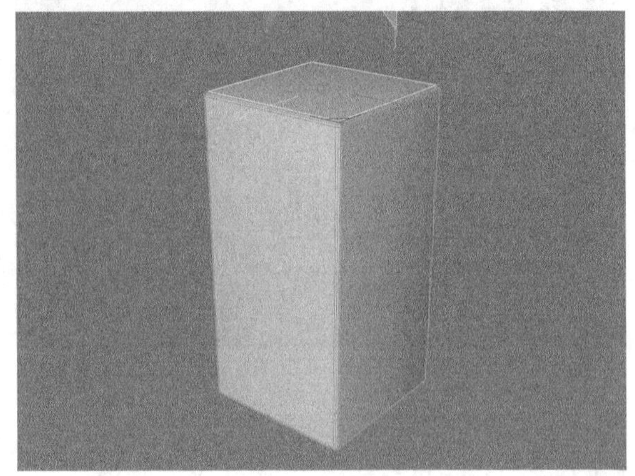

图13-56

03 保持选中的多边形不变，然后单击鼠标右键选择“内部挤压”选项，接着设置“偏移”为3cm，如图13-57所示。

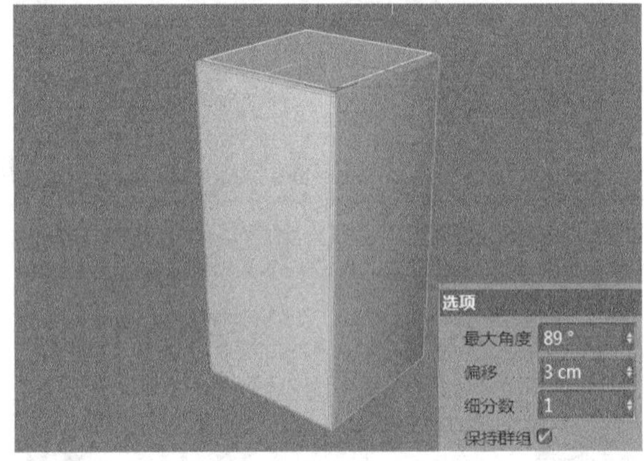

图13-57

04 使用“挤压”工具向下挤压－380cm，如图13-58所示。

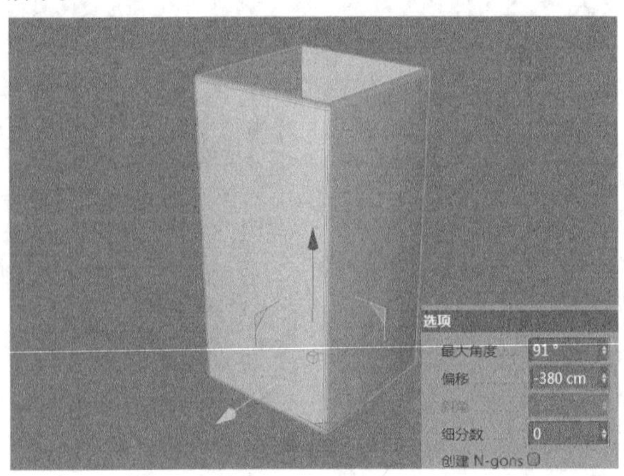

图13-58

05 使用"矩形"工具 绘制一个矩形，然后设置"宽度"和"高度"都为200cm，接着勾选"圆角"选项，并设置"半径"为5cm，如图13-59所示。

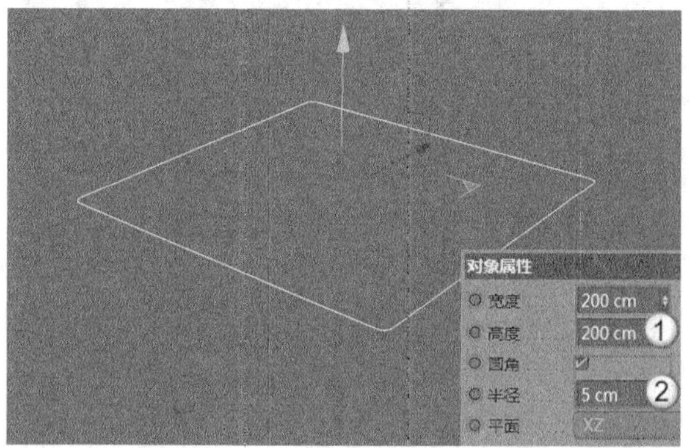

图13-59

06 将步骤05创建的矩形转换为可编辑对象，然后选中图13-60所示的两个点，接着单击鼠标右键，在菜单中选择"断开连接"选项，如图13-61所示。

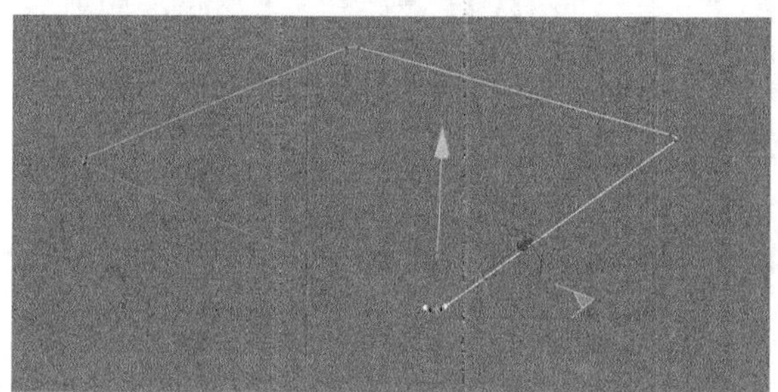

图13-60

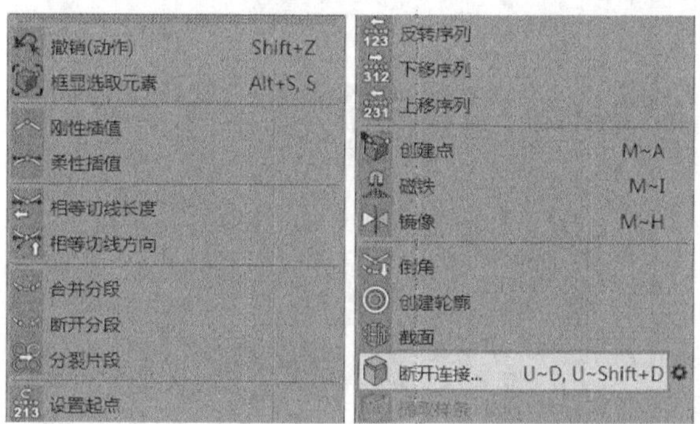

图13-61

07 将选中的两个点删除，然后调整样条的造型，如图13-62所示。

图13-62

08 按快捷键Ctrl＋A全选所有的点，然后单击鼠标右键选择"创建轮廓"选项，接着设置"距离"为5cm，如图13-63所示。

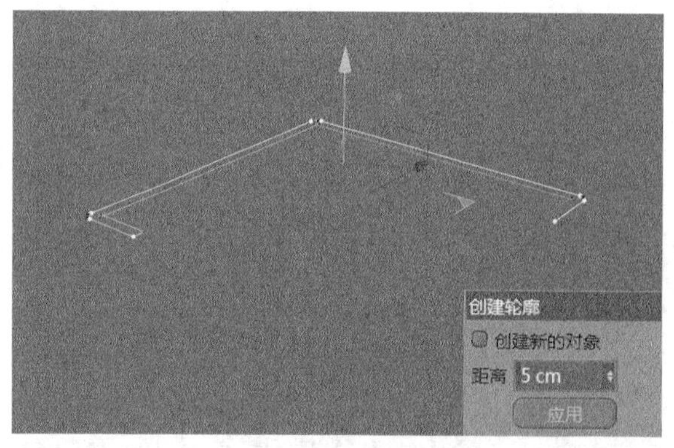

图13-63

09 为调整后的矩形添加"挤压"生成器 ，然后设置"移动"为160cm，如图13-64所示。

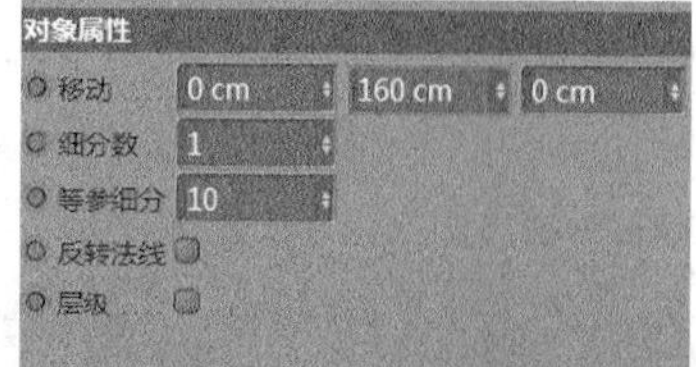

图13-64

10 使用"圆柱"工具 创建一个圆柱模型，然后设置"半径"为50cm，"高度"为650cm，接着勾选"圆角"选项，并设置"分段"为3，"半径"为5cm，如图13-65所示。

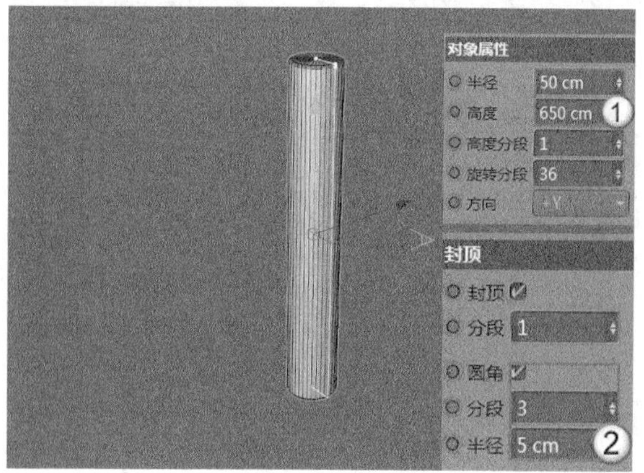

图13-65

11 使用“圆柱”工具 创建一个圆柱模型，然后设置“半径”为50cm，“高度”为3cm，接着勾选“圆角”选项，并设置“分段”为3，“半径”为1.5cm，如图13-66所示。

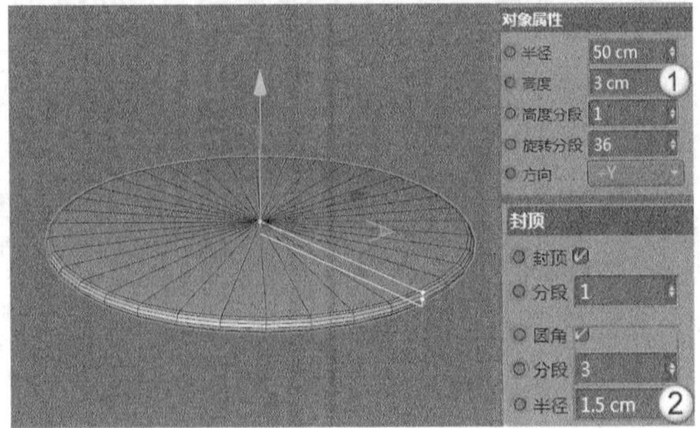

图13-66

12 将步骤11创建的圆柱按C键转换为可编辑对象，然后进入“边”模式，并使用“循环/路径切割”工具 添加一条分段线，如图13-67所示。

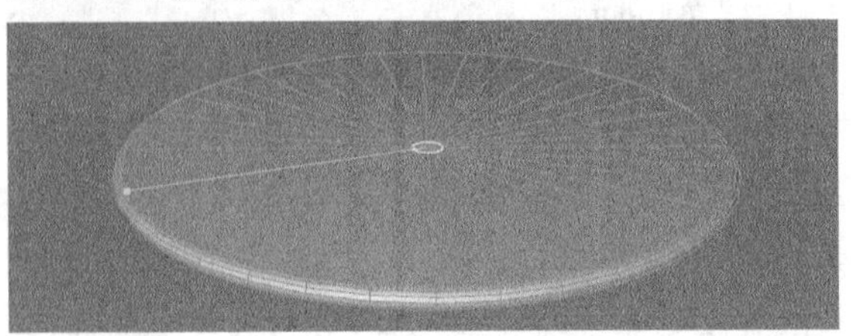

图13-67

13 进入“多边形”模式，然后选中图13-68所示的多边形，接着使用“挤压”工具 向外挤出60cm，如图13-69所示。

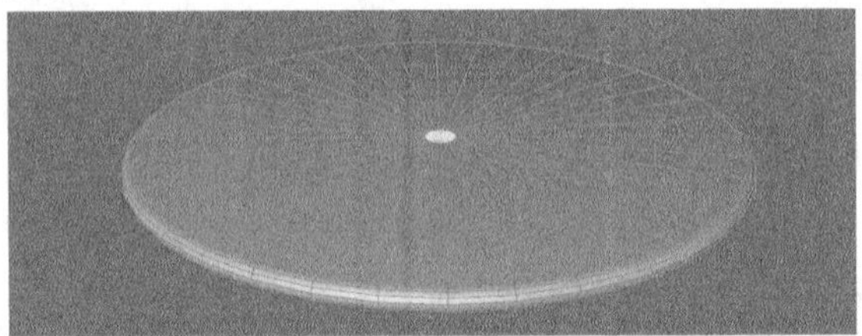

图13-68

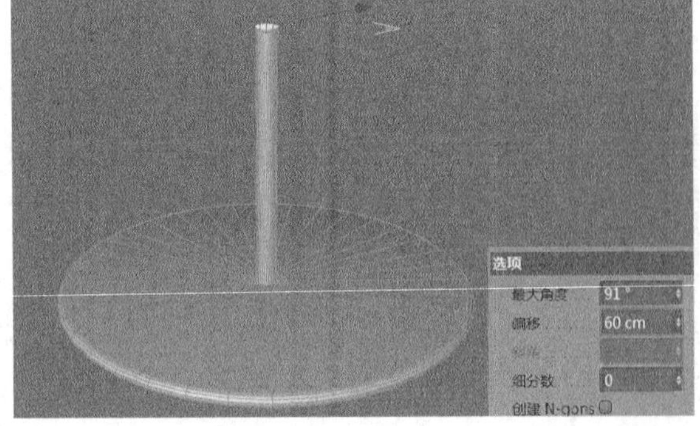

图13-69

14 将步骤13修改好的模型复制一份并缩小，调整高度后放置于图13-70所示的位置。

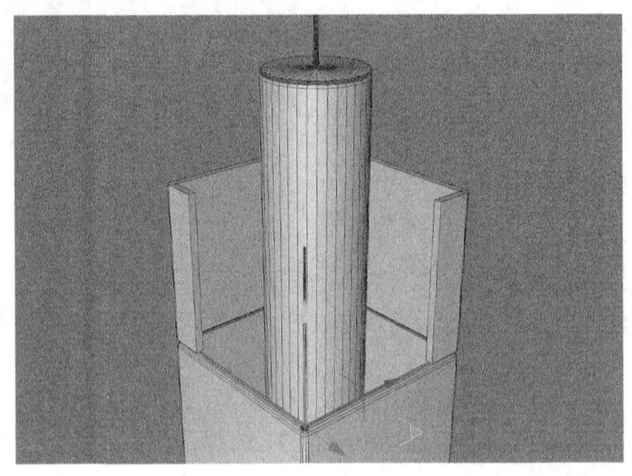

图13-70

15 使用“矩形”工具 创建一个矩形，然后使用“圆环”工具 创建一个圆环，如图13-71和图13-72所示。

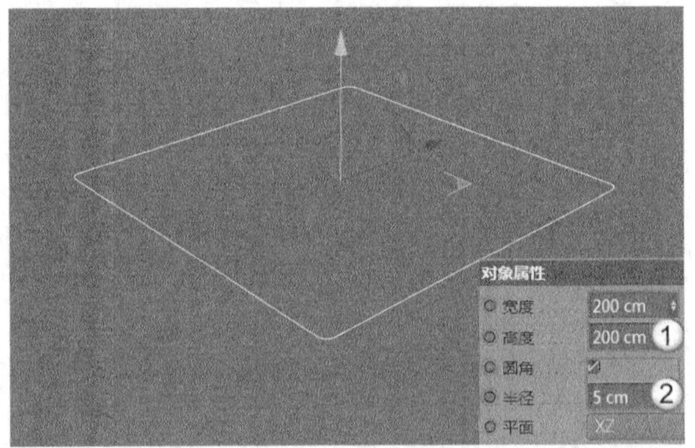

图13-71

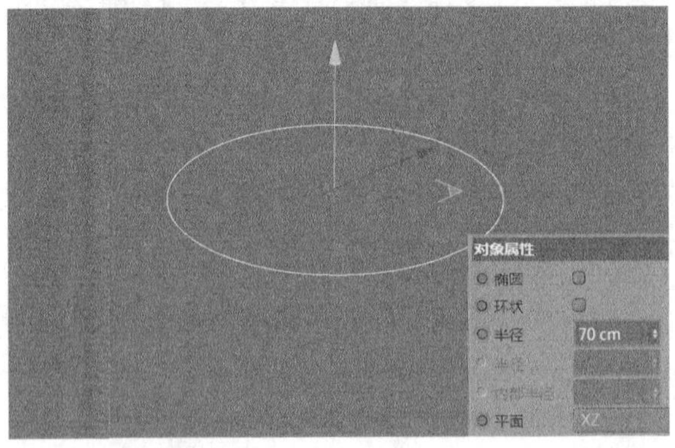

图13-72

16 选中“矩形”和“圆环”选项，然后使用“样条布尔”生成器 进行合并，如图13-73所示。

图13-73

17 为"样条布尔"生成器添加"挤压"生成器，然后设置"移动"为5cm，"顶端"和"末端"都为"圆角封顶"，"步幅"都为1，"半径"都为1cm，参数和效果如图13-74和图13-75所示。

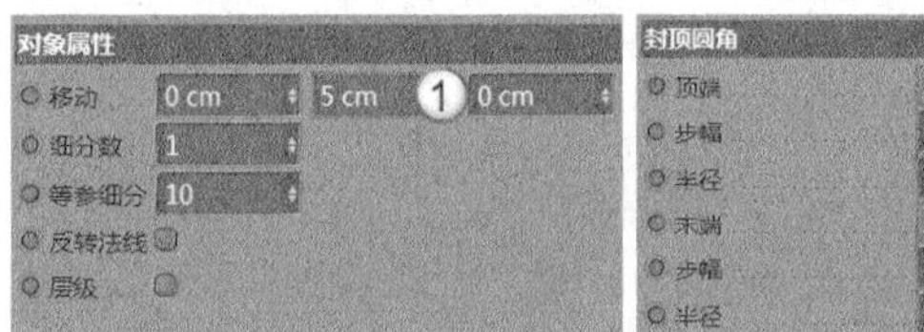

图13-74

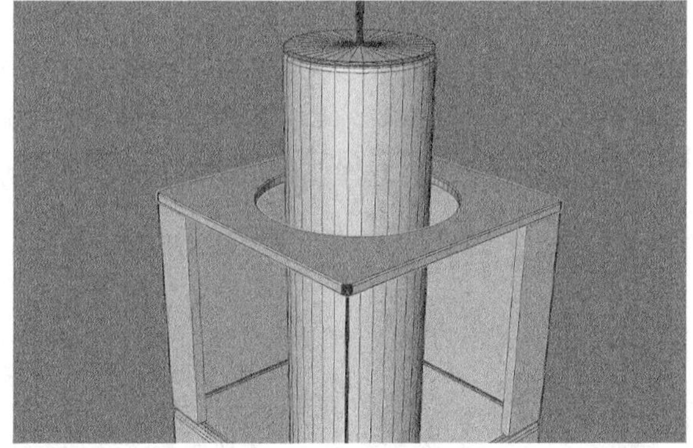

图13-75

18 使用"圆柱"工具创建一个圆柱，然后设置"半径"为50cm，"高度"为60cm，如图13-76所示。

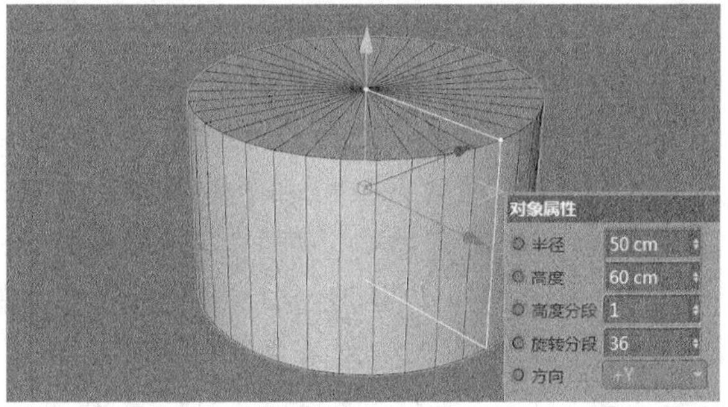

图13-76

19 将步骤18创建的圆柱按C键转换为可编辑对象，然后删除下方的面，如图13-77所示。

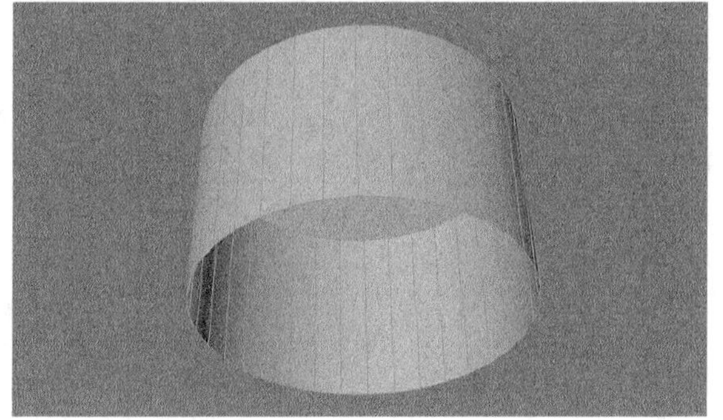

图13-77

20 进入"点"模式，然后全选所有的点，接着单击鼠标右键在菜单中选择"优化"选项优化所有的点，如图13-78所示。

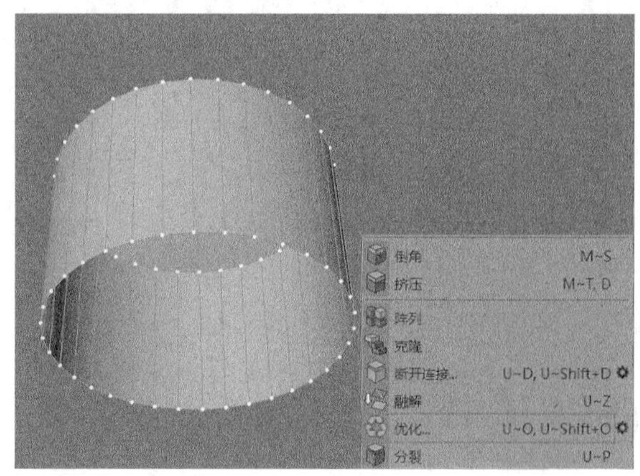

图13-78

技巧与提示

这里进行优化，是为了后面倒角时有正确的结果。

21 进入"边"模式，然后选中图13-79所示的边，接着使用"倒角"工具进行倒角，如图13-80所示。

图13-79

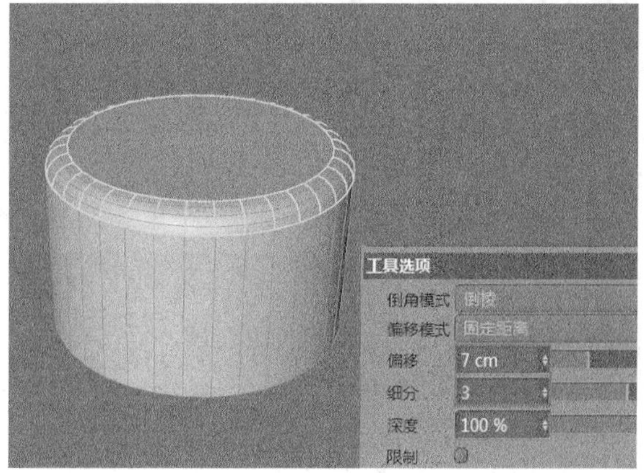

图13-80

22 将以上创建的模型进行组合，主体模型效果如图13-81所示。

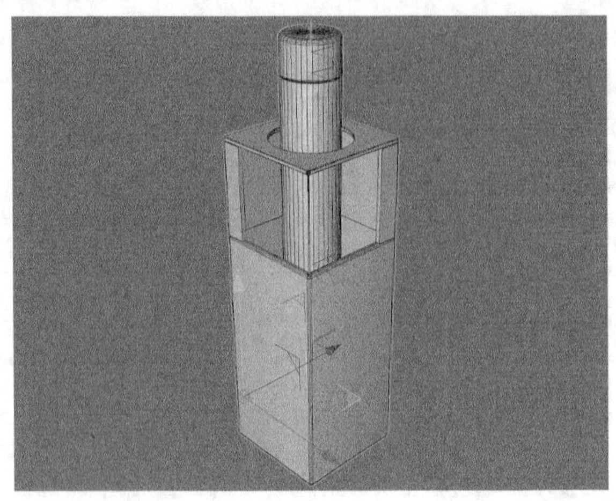

图13-81

2.配景模型

01 使用“立方体”工具 在场景中创建一个立方体，然后设置“尺寸.X”为200cm，“尺寸.Y”为20cm，“尺寸.Z”为200cm，接着勾选“圆角”选项，并设置“圆角半径”为5cm，“圆角细分”为3，如图13-82所示。

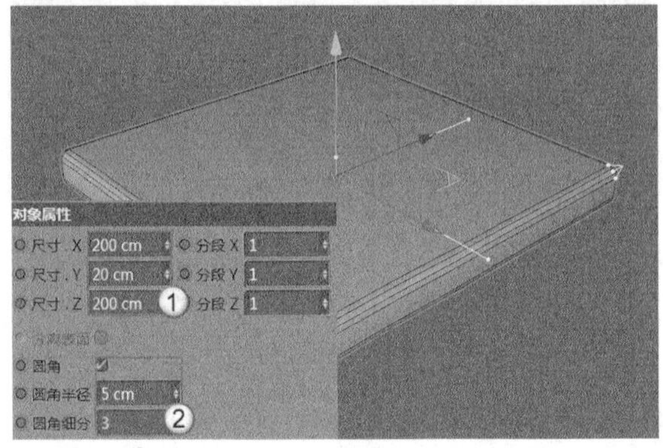

图13-82

02 使用“圆柱”工具 创建一个圆柱，然后设置“半径”为65cm，“高度”为200cm，接着勾选“圆角”选项，并设置“分段”为3，“半径”为5cm，再勾选“切片”选项，并设置“终点”为180°，如图13-83所示，模型拼合效果如图13-84所示。

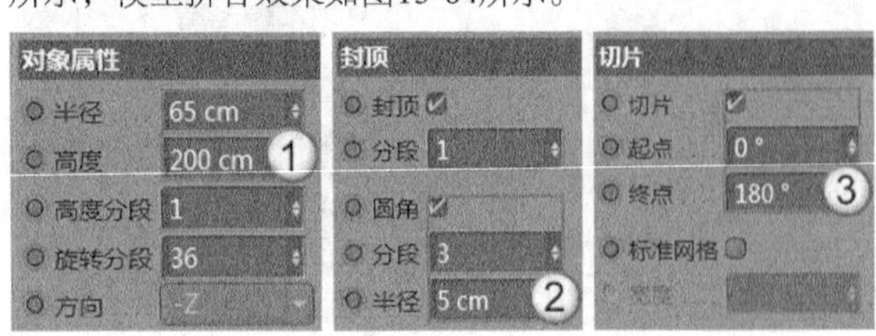

图13-83

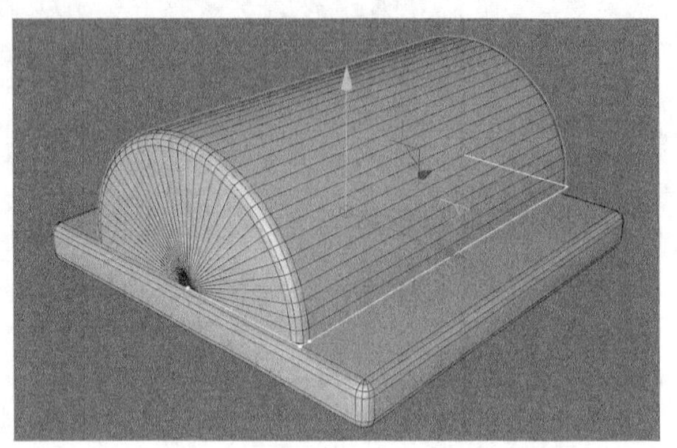

图13-84

03 将步骤01中创建的立方体复制一份，然后设置“尺寸.X”为250cm，其余参数不变，如图13-85所示。

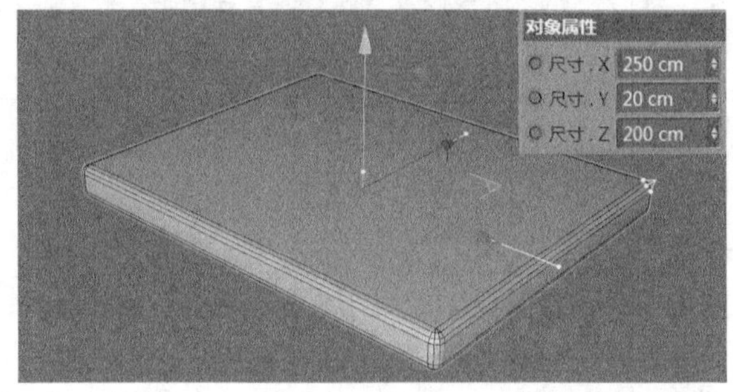

图13-85

04 使用“圆柱”工具 创建一个圆柱模型，然后设置“半径”为200cm，“高度”为20cm，接着勾选“圆角”选项，并设置“分段”为3，“半径”为5cm，再勾选“切片”选项，并设置“起点”为180°，“终点”为270°，如图13-86所示，模型拼合效果如图13-87所示。

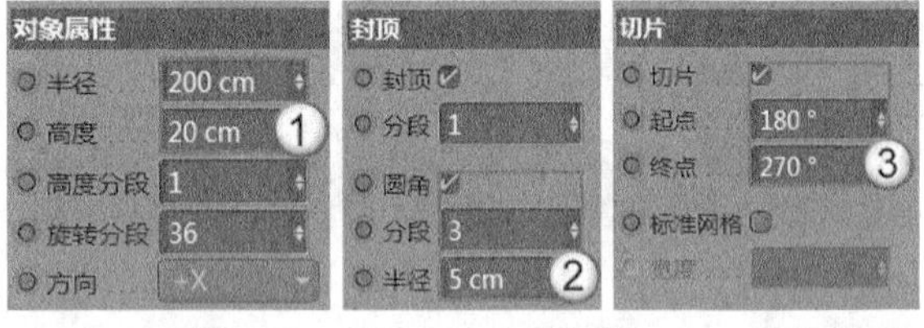

图13-86

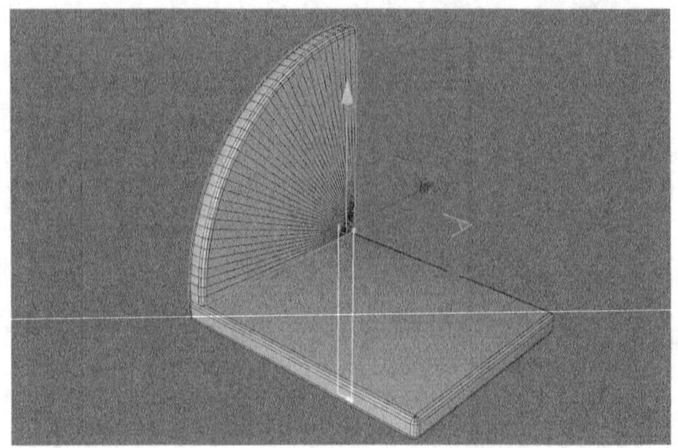

图13-87

05 使用“立方体”工具 立方体 创建一个立方体，参数及效果如图13-88所示。

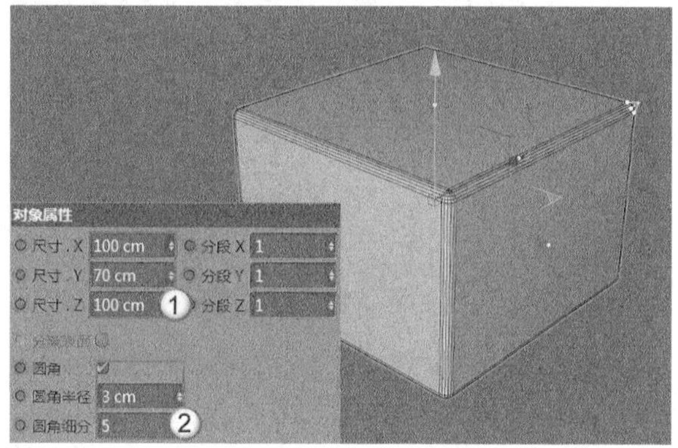

图13-88

06 使用“圆柱”工具 圆柱 创建一个圆柱模型，然后放置于立方体上方，如图13-89所示。

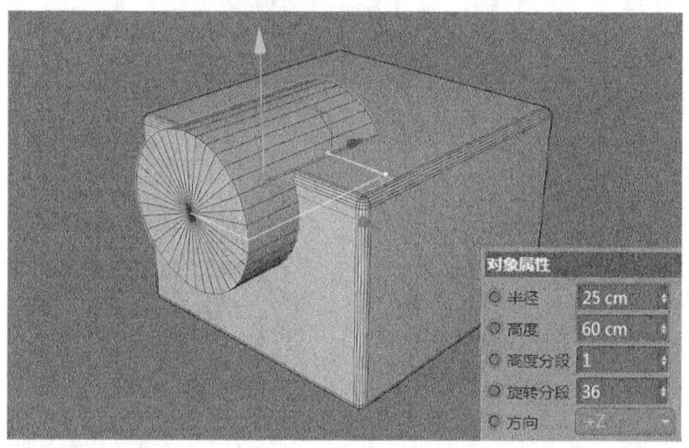

图13-89

07 为上面创建的“立方体”和“圆柱”添加“布尔”生成器 布尔 ，如图13-90所示。

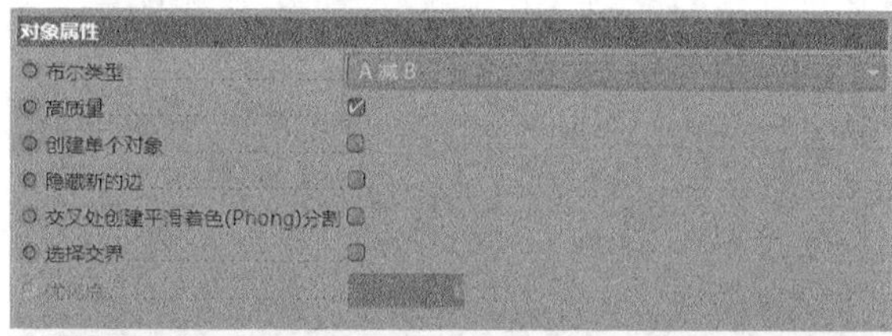

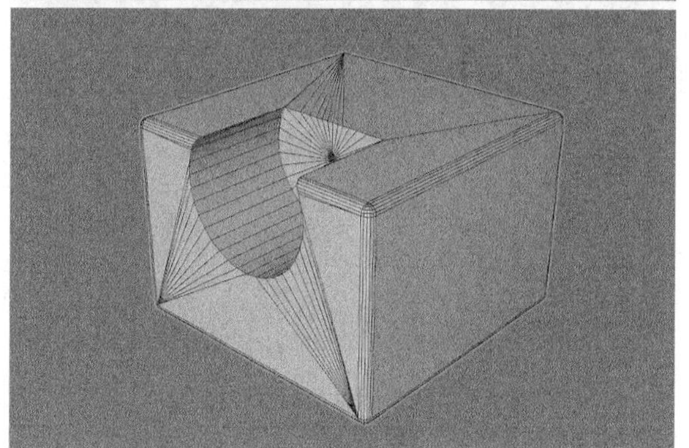

图13-90

08 使用“多边形”工具 多边形 创建一个三角形，参数及效果如图13-91所示。

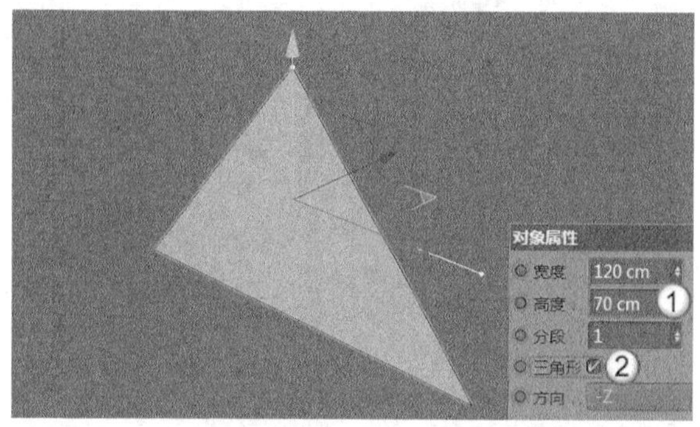

图13-91

09 将步骤08创建的多边形转换为可编辑对象，然后进入“点”模式 将三角形调整为直角三角形，接着在“多边形”模式 中使用“挤压”工具 挤压 挤出30cm，如图13-92所示。

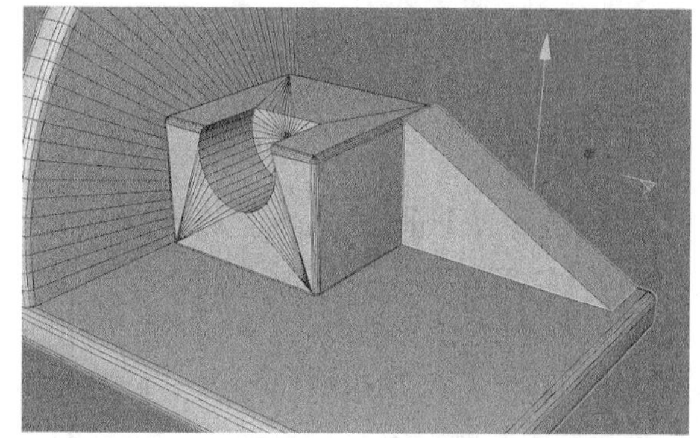

图13-92

10 使用“圆锥”工具 圆锥 创建一个圆锥，参数及效果如图13-93和图13-94所示。

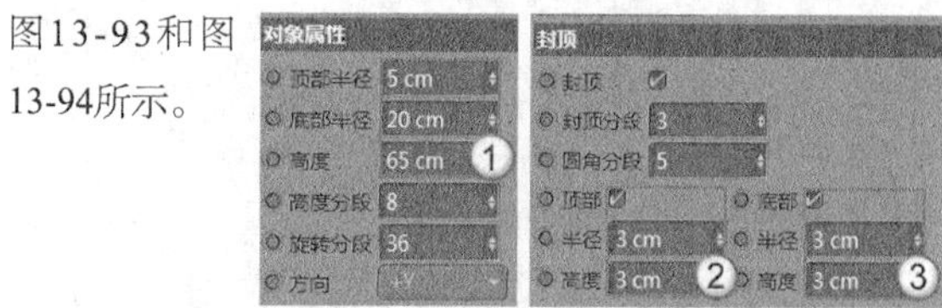

图13-93

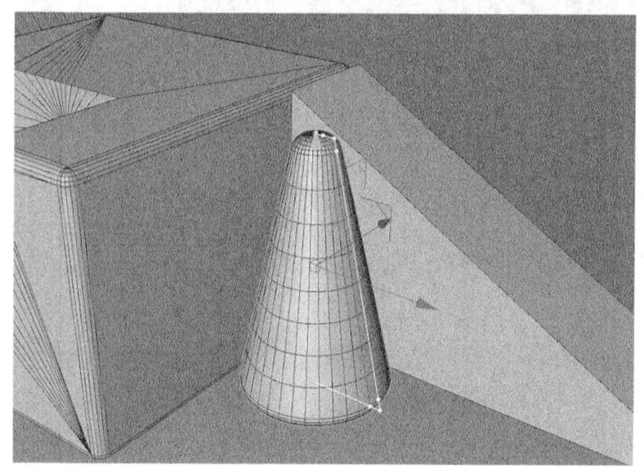

图13-94

11 将步骤03中的立方体复制一份，如图13-95所示。

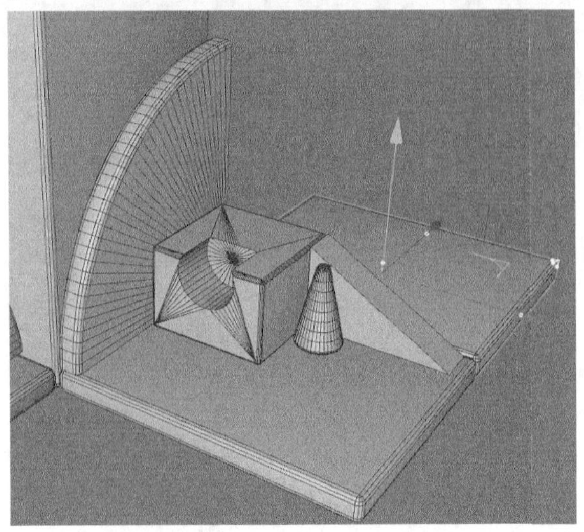

图13-95

12 使用“圆锥”工具 创建一个圆锥模型，参数及效果如图13-96和图13-97所示。

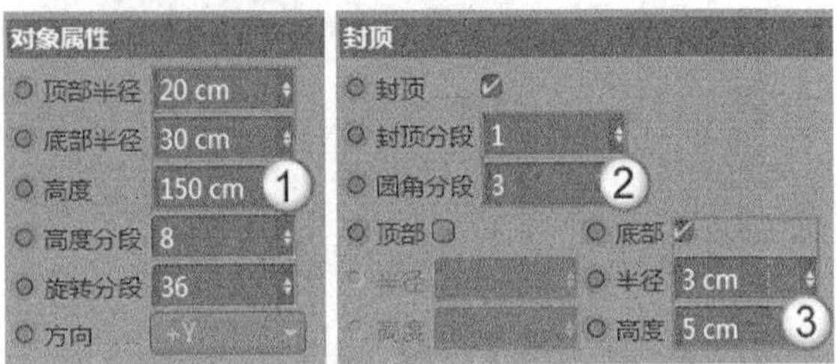

图13-96

图13-97

13 使用“圆柱”工具 创建一个圆柱模型，然后设置“半径”为30cm，“高度”为20cm，接着勾选“圆角”选项，并设置“分段”为2，“半径”为1cm，如图13-98所示。

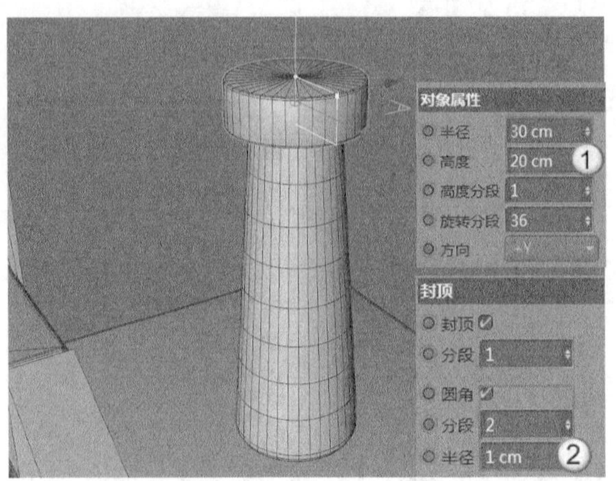

图13-98

14 将步骤13创建的圆柱模型向上复制一份，然后设置“高度”为5cm，如图13-99所示。

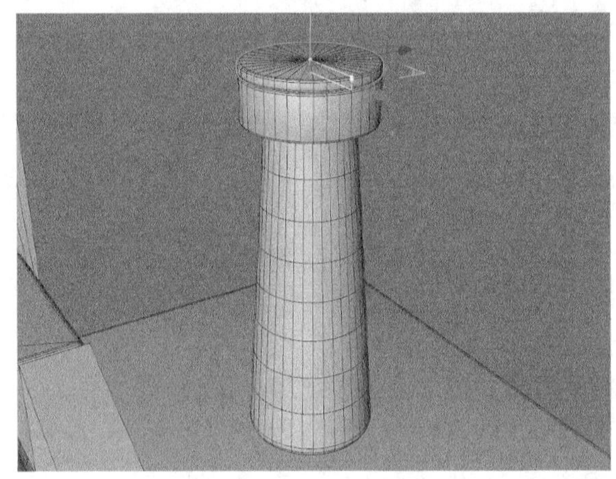

图13-99

15 将步骤01中的立方体复制一份，然后设置“尺寸.Y”为250cm，如图13-100所示。

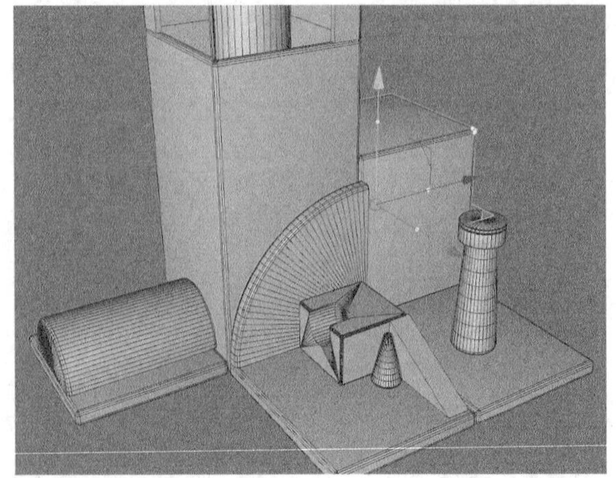

图13-100

16 使用“圆柱”工具 创建一个圆柱模型，然后设置“半径”为3cm，“高度”为180cm，如图13-101所示。

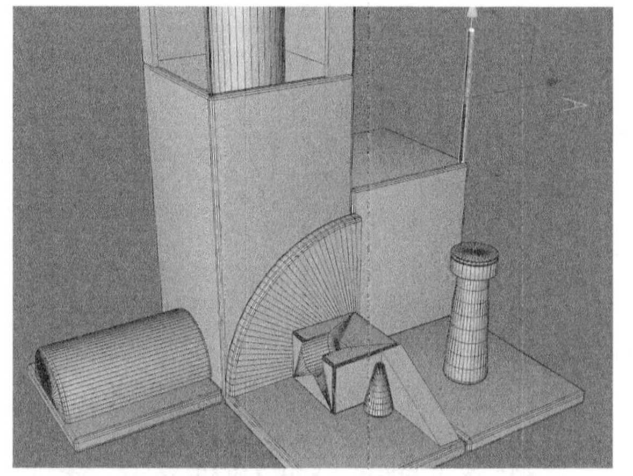

图13-101

17 将步骤01中的立方体向上复制一份，然后设置“尺寸.Y”为8cm，如图13-102所示。

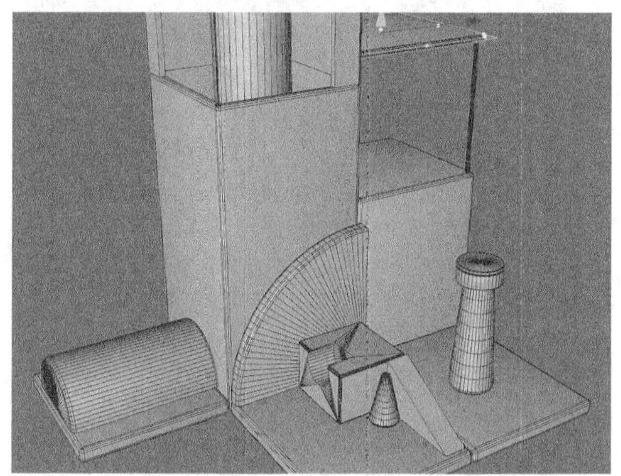

图13-102

18 使用“管道”工具创建管道模型，具体参数及效果如图13-103和图13-104所示。

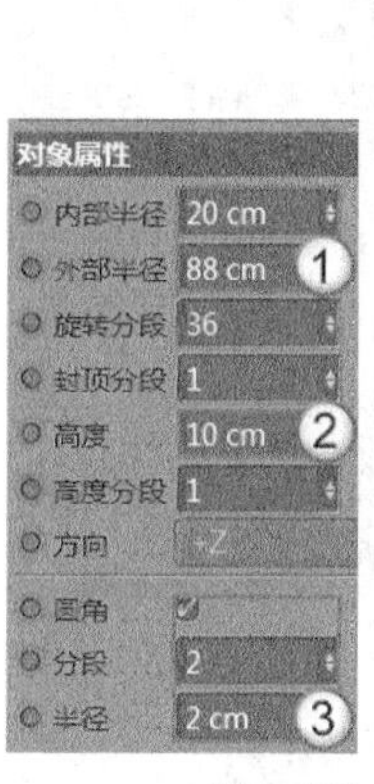

图13-103

图13-104

19 使用“管道”工具创建一个管道模型，其参数与位置如图13-105和图13-106所示。

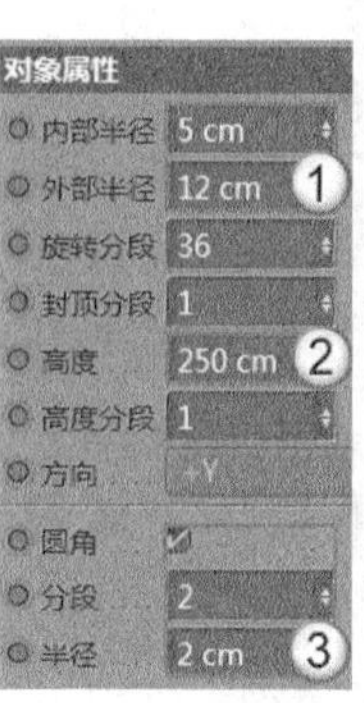

图13-105

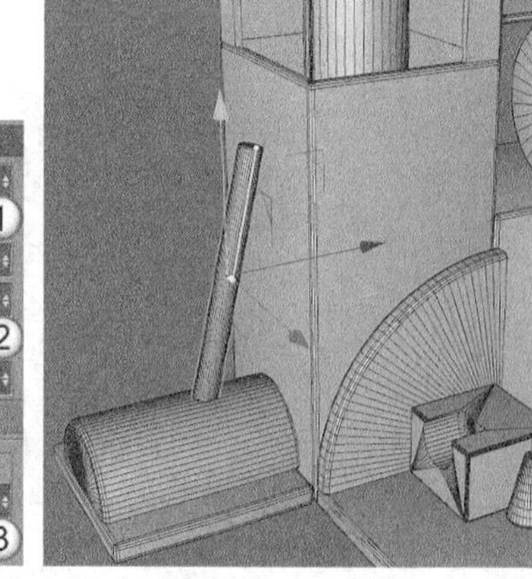

图13-106

20 使用“圆柱”工具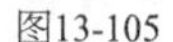创建一个圆柱模型，其参数与位置如图13-107和图13-108所示。

图13-107

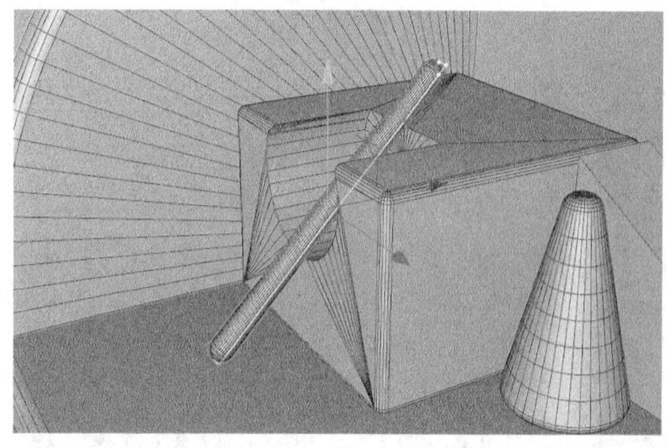

图13-108

21 使用“球体”工具创建两个球体，然后设置“半径”为25cm，其位置如图13-109所示。

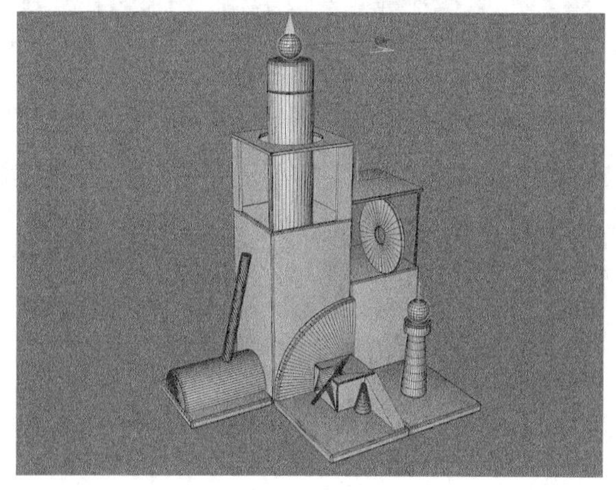

图13-109

22 观察整体模型组合，发现主体模型部分太高，适当降低一些主体模型的高度，模型最终效果如图13-110所示。

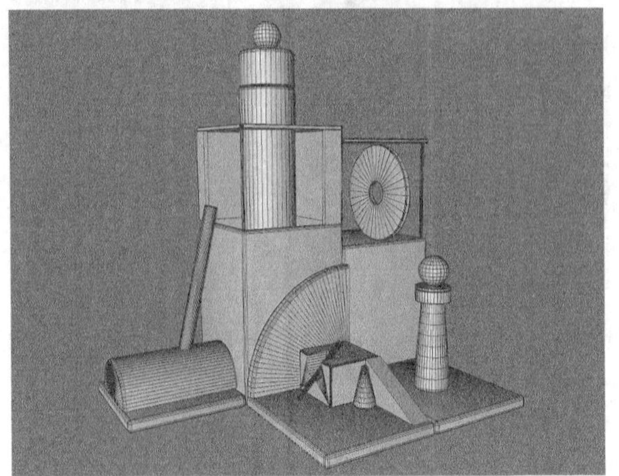

图13-110

13.2.2 灯光创建

模型制作完成之后需要为场景创建灯光，本案例的灯光由主光源和辅助光源两部分组成。

1.主光源

01 使用“区域光”工具 在场景左侧设置一盏灯光，位置如图13-111所示。

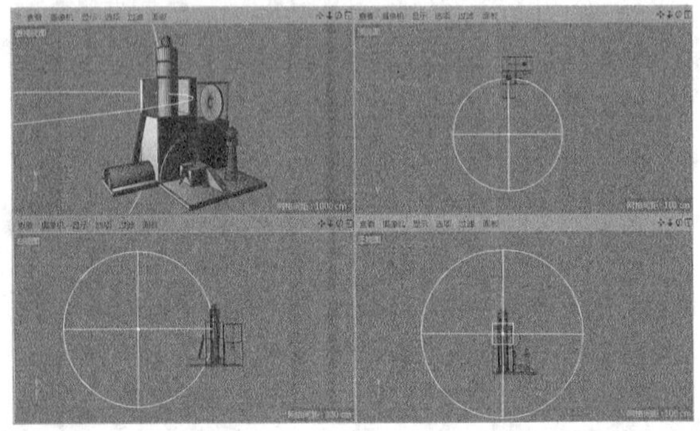

图13-111

02 选中创建的灯光，然后在“常规”选项卡中设置“颜色”为白色，“投影”为“区域”，如图13-112所示。

图13-112

03 切换到“细节”选项卡，然后设置“衰减”为“平方倒数（物理精度）”，“半径衰减”为1000cm，如图13-113所示。

图13-113

04 测试灯光效果，如图13-114所示。模型的右侧发黑，需要添加辅助光源照亮模型。

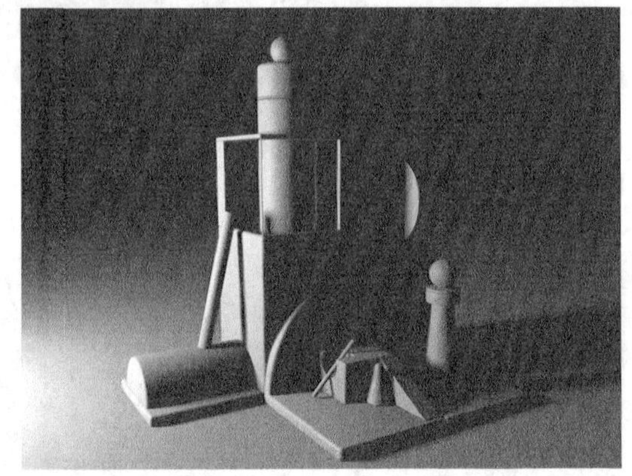

图13-114

2.辅助光源

01 将主光源复制一盏，然后放置在场景的前方，如图13-115所示。

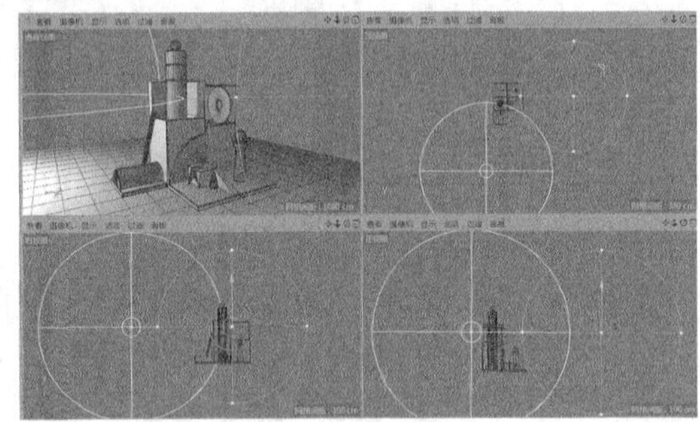

图13-115

02 选中复制的灯光，然后在“常规”选项卡中设置“颜色”为白色，“强度”为60%，“投影”为“无”，如图13-116所示。

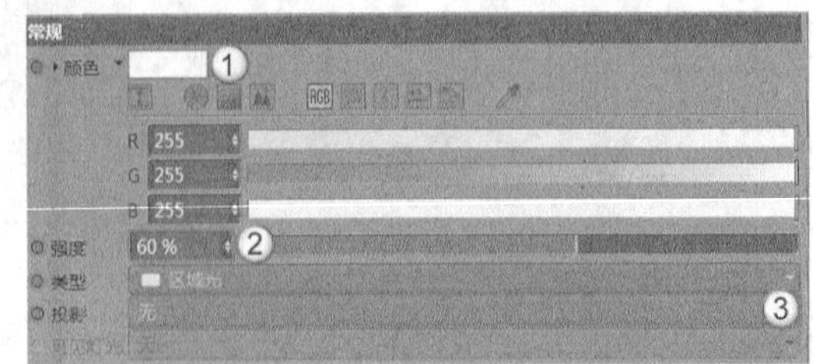

图13-116

03 切换到“细节”选项卡，然后设置“衰减”为“平方倒数（物理精度）”，“半径衰减”为805cm，如图13-117所示。

图13-117

04 测试灯光效果，如图13-118所示。

图13-118

技巧与提示

用白模测试灯光，可以更好地观察灯光的强度、阴影的方向和软硬。

13.2.3 材质创建

灯光创建完成后，需要为模型创建材质，本案例的材质由金属材质、玻璃材质和多种有色塑料材质组成。

1.金属材质

01 在材质面板新建一个材质，然后打开“材质编辑器”，接着在“颜色”选项组中设置“颜色”为（R:184，G:94，B:35），如图13-119所示。

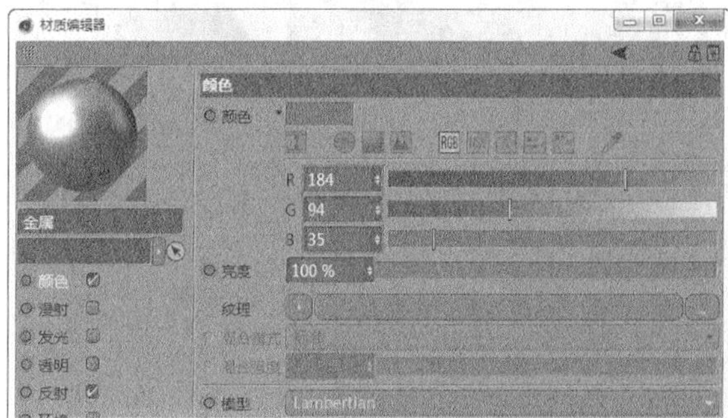

图13-119

02 在“反射”选项组中添加GGX，然后设置“粗糙度”为30%，“菲涅耳”为“导体”，“预置”为“铜”，如图13-120所示。材质效果如图13-121所示。

图13-120

图13-121

2.玻璃材质

01 在材质面板新建一个材质，然后打开“材质编辑器”，接着在“透明”选项组中设置“折射率预设”为“玻璃”，如图13-122所示。

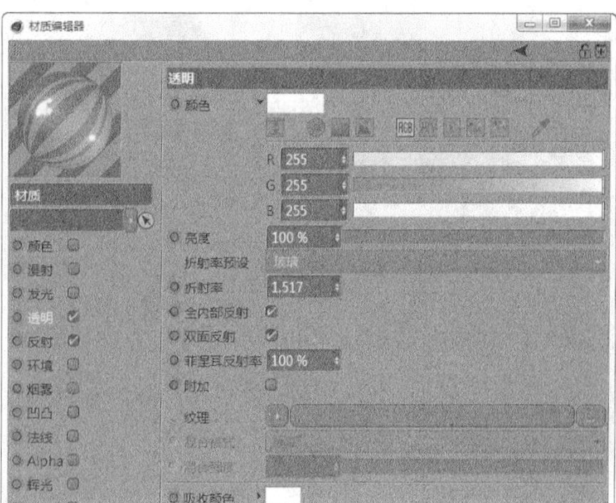

图13-122

02 在“反射”选项组中添加GGX，然后设置“粗糙度”为5%，“菲涅耳”为“绝缘体”，“预置”为“玻璃”，如图13-123所示。材质效果如图13-124所示。

图13-123

图13-124

3.粉色塑料

01 在材质面板新建一个材质，然后打开“材质编辑器”，接着在“颜色”选项组中设置“颜色”为（R:252，G:157，B:154），如图13-125所示。

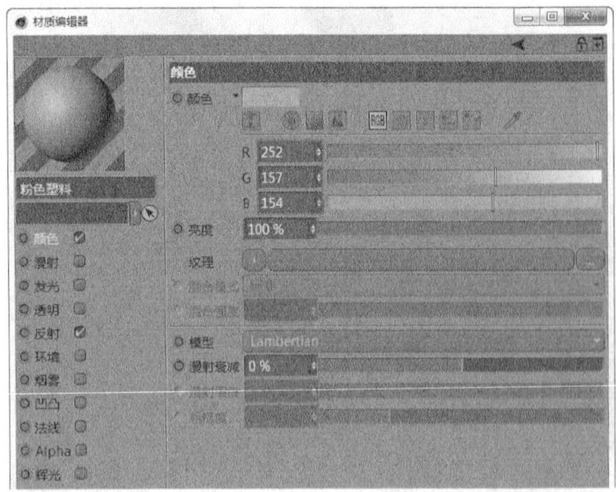

图13-125

02 在“反射”选项组中添加GGX，然后设置“粗糙度”为30%，“菲涅耳”为“绝缘体”，“预置”为“聚酯”，如图13-126所示。材质效果如图13-127所示。

图13-126

图13-127

4.绿色塑料

01 在材质面板新建一个材质，然后打开“材质编辑器”，接着在“颜色”选项组中设置“颜色”为（R:131，G:175，B:155），如图13-128所示。

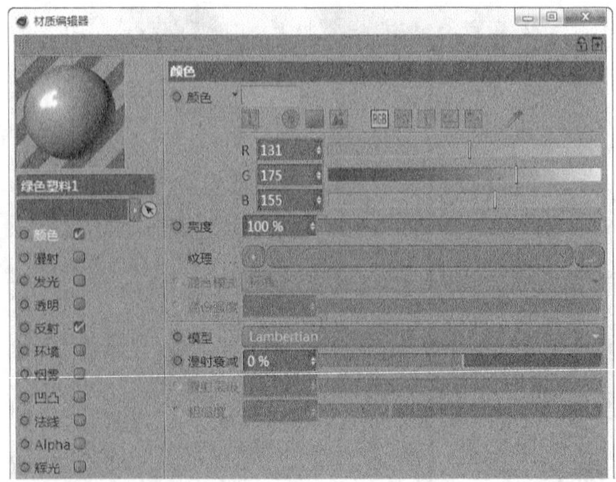

图13-128

02 在“反射”选项组中添加GGX，然后设置“粗糙度”为30%，“菲涅耳”为“绝缘体”，“预置”为“聚酯”，如图13-129所示。材质效果如图13-130所示。

图13-129

图13-130

5.黄色塑料

01 在材质面板新建一个材质，然后打开“材质编辑器”，接着在“颜色”选项组中设置“颜色”为（R:249，G:205，B:173），如图13-131所示。

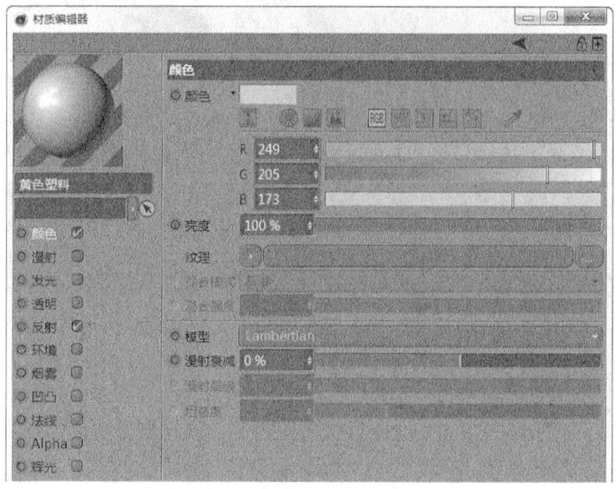

图13-131

02 在“反射”选项组中添加GGX，然后设置“粗糙度”为30%，“菲涅耳”为“绝缘体”，“预置”为“聚酯”，如图13-132所示。材质效果如图13-133所示。

图13-132

图13-133

6.蓝色塑料

01 在材质面板新建一个材质，然后打开“材质编辑器”，接着在“颜色”选项组中设置“颜色”为（R:119，G:131，B:212），如图13-134所示。

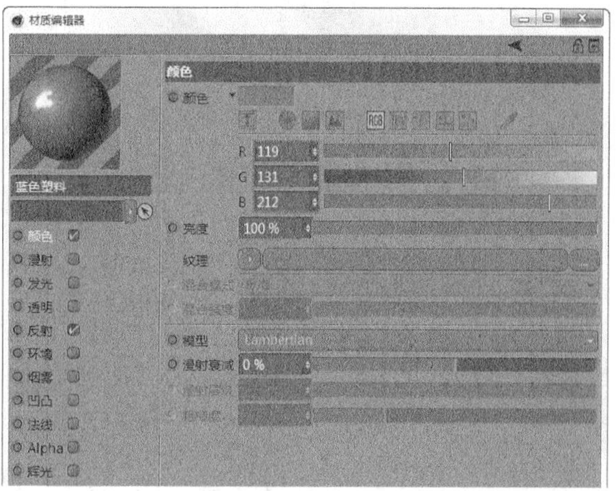

图13-134

02 在“反射”选项组中添加GGX，然后设置“粗糙度”为30%，“菲涅耳”为“绝缘体”，“预置”为“聚酯”，如图13-135所示。材质效果如图13-136所示。

图13-135

图13-136

7.白色塑料

01 在材质面板新建一个材质，然后打开“材质编辑器”，接着在“颜色”选项组中设置“颜色”为（R:212，G:212，B:212），如图13-137所示。

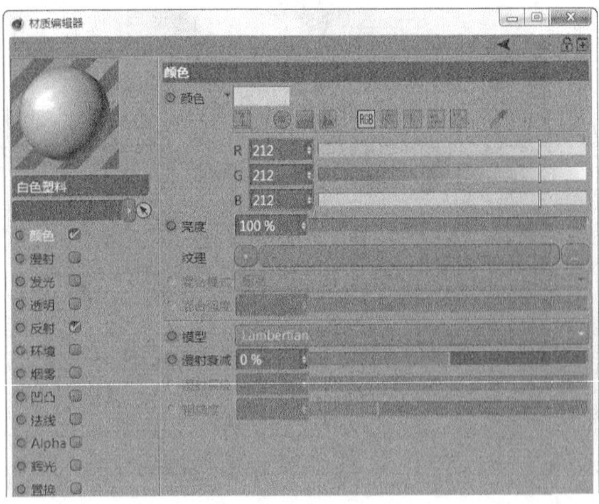
图13-137

02 在“反射”选项组中添加GGX，然后设置“粗糙度”为30%，“菲涅耳”为“绝缘体”，“预置”为“聚酯”，如图13-138所示。材质效果如图13-139所示。

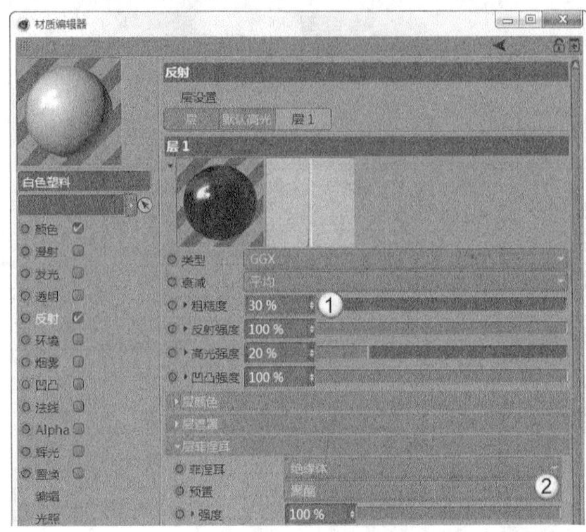
图13-138

图13-139

03 将材质赋予相应的模型对象，效果如图13-140所示。

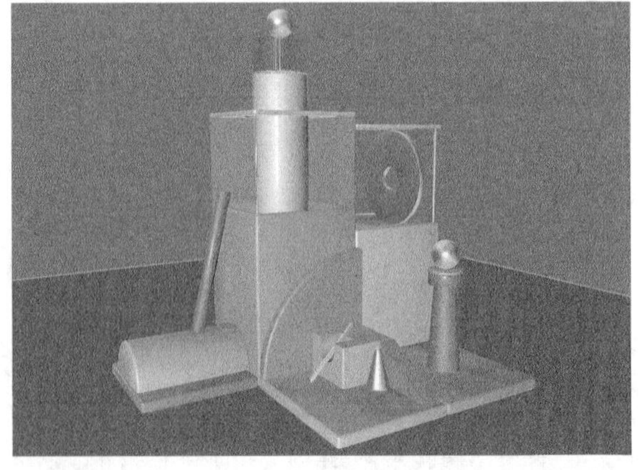
图13-140

技巧与提示

彩色塑料的“反射”选项组的参数完全相同，因此可以调整一个材质参数后，复制出多个调整好的材质，只修改“颜色”选项组的参数即可。

13.2.4 环境添加

创建完灯光和材质后，需要为场景添加环境，本案例的环境由天空HDRI贴图和背景两部分组成。

1.天空HDRI贴图

01 使用“天空”工具 天空 在场景中创建一个天空，然后按快捷键Shift + F8打开“内容浏览器”，接着将“预置\Visualize\Presets\Light Setups\HDRI\Cityscape Bright Day.hdr”材质赋予天空，再给天空添加“合成”标签，并取消勾选“摄像机可见”选项，如图13-141和图13-142所示。

标签属性
投射投影 合成背景
接收投影 为 HDR 贴图合成背景
本体投影
摄像机可见 透明度可见
光线可见 折射可见
全局光照可见 反射可见
环境吸收可见

图13-141 图13-142

02 渲染场景效果，如图13-143所示。

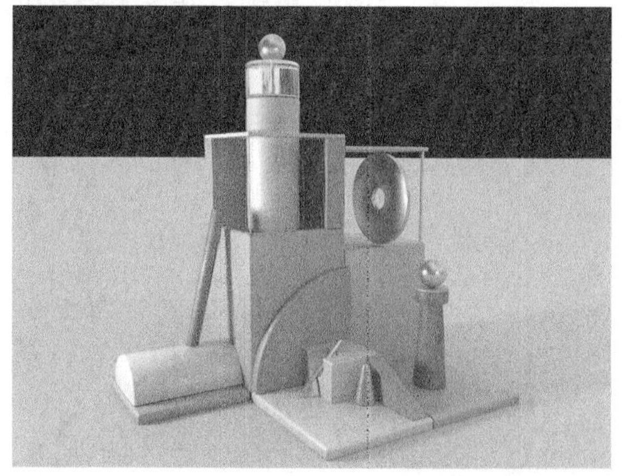

图13-143

2.背景

01 使用“背景”工具 背景 在场景中创建一个背景模型，然后新建一个材质，接着打开“材质编辑器”，再在“颜色”选项组的“纹理”通道中加载一张学习资源中的“实例文件>CH13>综合实例：创意视觉效果图>背景_1.jpg”文件，如图13-144所示。

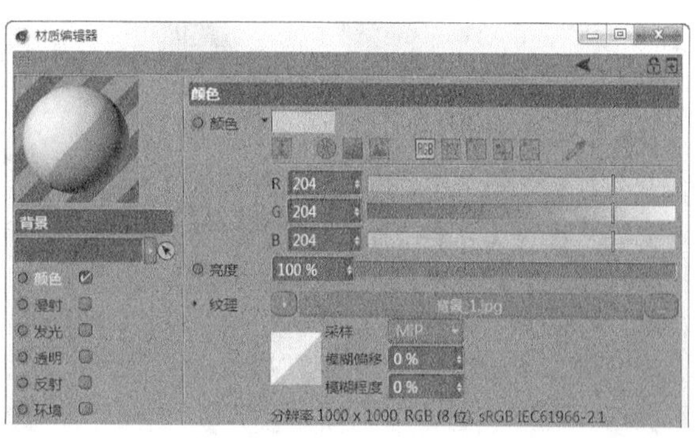

图13-144

02 将“背景”材质赋予“背景”模型和“地面”模型，然后修改材质的“投射”为“前沿”，如图13-145所示。

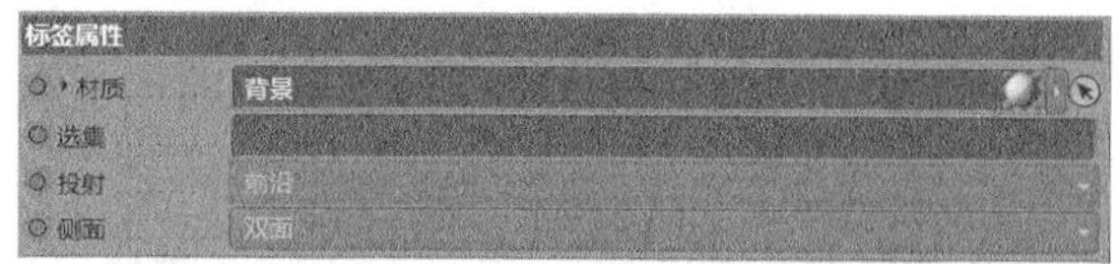

图13-145

03 渲染场景效果，如图13-146所示。

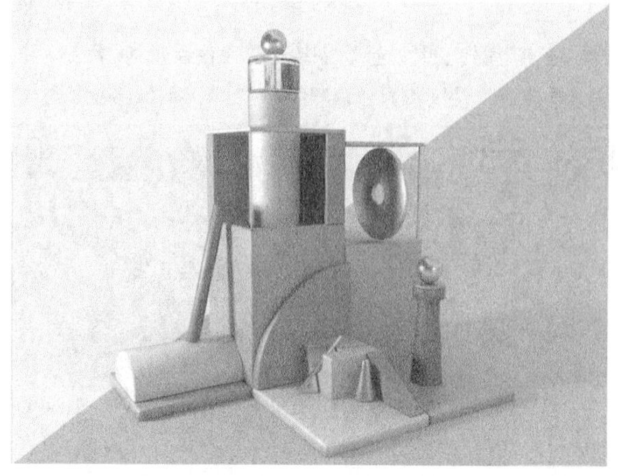

图13-146

13.2.5 渲染输出

场景调整完毕后需要为场景添加摄像机，然后渲染输出。

01 在透视图中找到合适的角度，然后使用“摄像机”工具 摄像机 在场景中创建一台摄像机，接着加载“保护”标签防止移动摄像机，如图13-147所示。

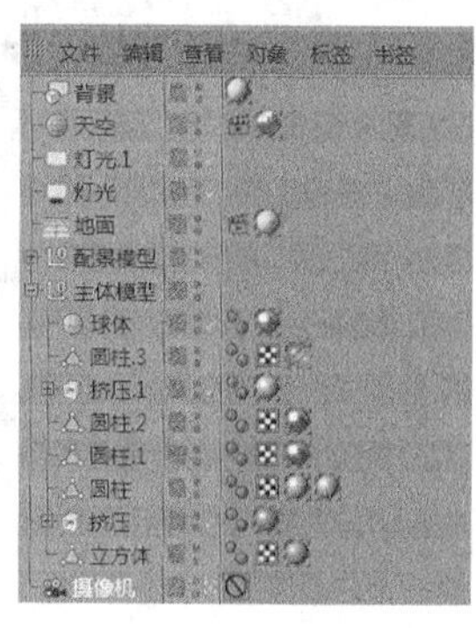

图13-147

02 按快捷键Ctrl + B打开“渲染设置”面板，然后在“输出”选项组中设置“宽度”为1280像素，“高度”为960像素，如图13-148所示。

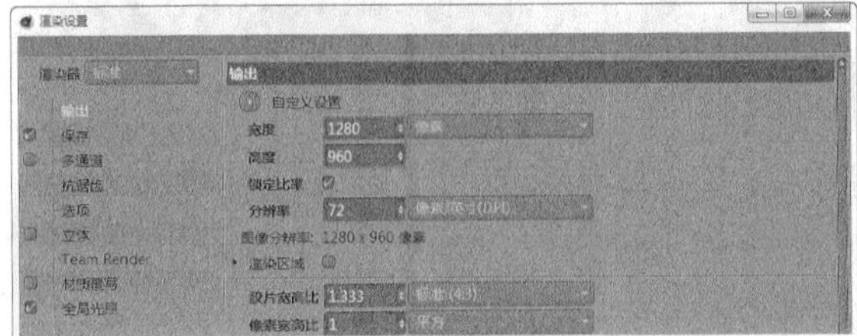

图13-148

03 在“抗锯齿”选项组中设置“抗锯齿”为“最佳”，然后设置“最小级别”为2 × 2，“最大级别”为4 × 4，“过滤”为“Mitchell”，如图13-149所示。

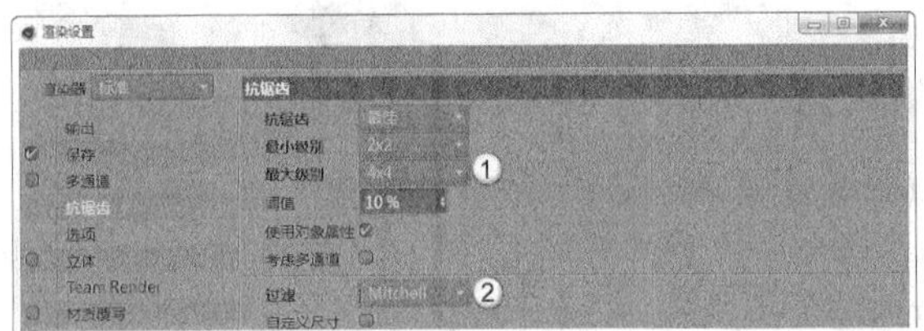

图13-149

04 在“全局光照”选项组中设置“首次反弹算法”和“二次反弹算法”都为“辐照缓存”，如图13-150所示。

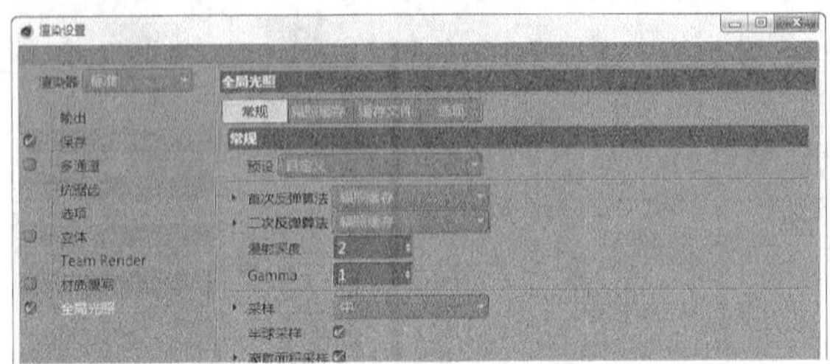

图13-150

05 按快捷键Shift + R渲染场景，效果如图13-151所示，然后将渲染的图片进行保存。

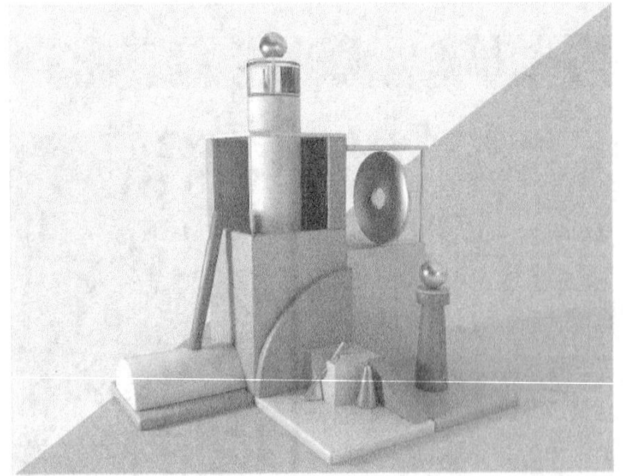

图13-151

13.2.6 后期调整

01 打开Photoshop软件，然后打开渲染好的图片，如图13-152所示。

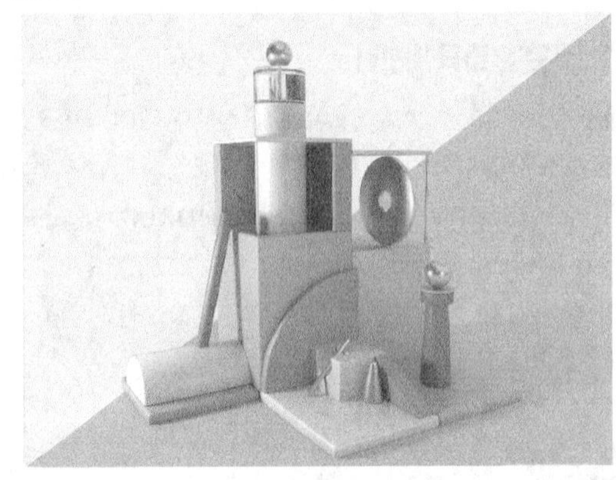

图13-152

02 选中“背景”图层，然后为其添加“色阶”调整图层，参数及效果如图13-153和图13-154所示。

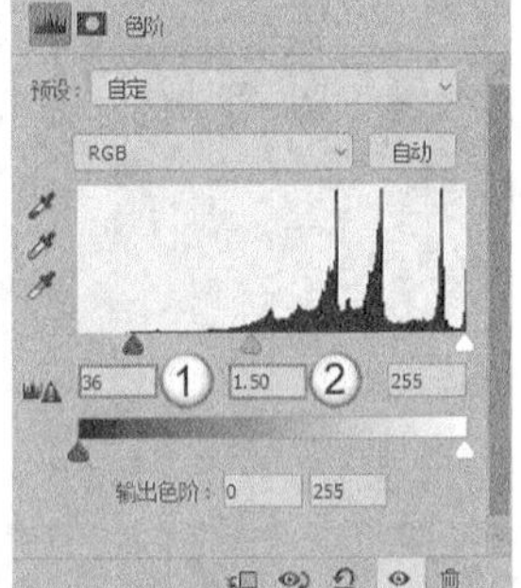

图13-153

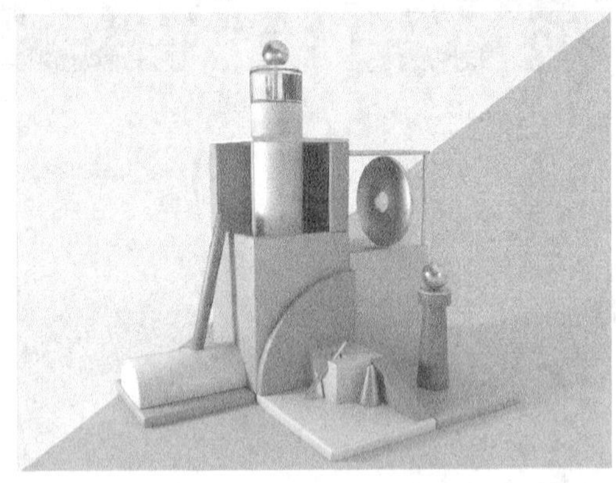

图13-154

03 保持选中的图层不变，然后为其添加“色彩平衡”调整图层，参数及效果如图13-155和图13-156所示。

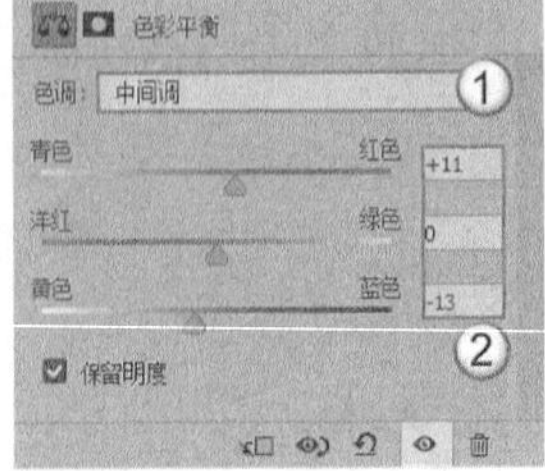

图13-155

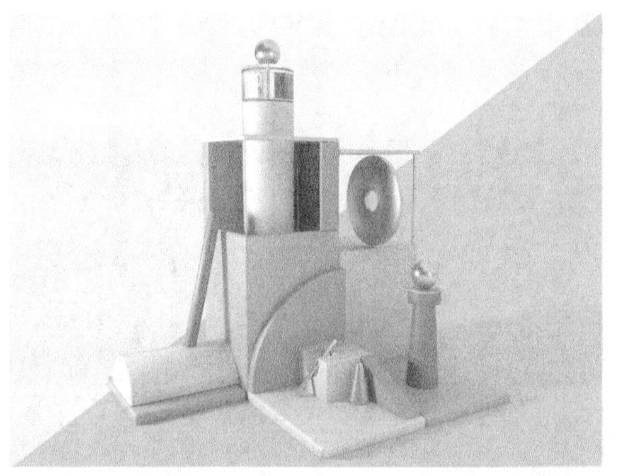

图13-156

04 保持选中图层不变，然后为其添加“自然饱和度”调整图层，参数及效果如图13-157所示。视觉创意效果图最终效果如图13-158所示。

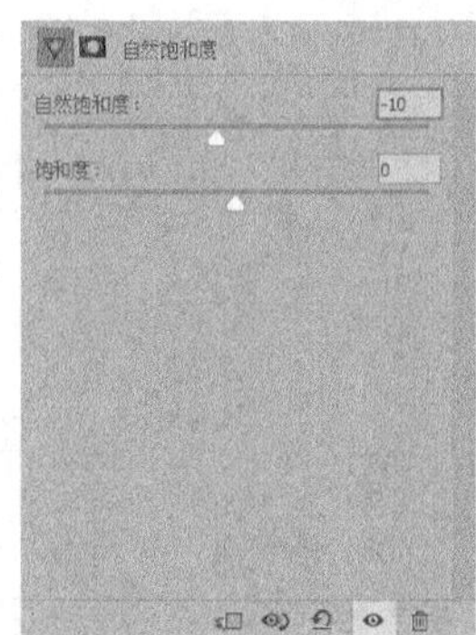

图13-157

图13-158

13.3 综合实例：机械霓虹灯

场景文件 无

实例文件 实例文件>CH13>综合实例：机械霓虹灯

视频名称 综合实例：机械霓虹灯.mp4

学习目标 掌握制作机械类效果图的方法

本案例通过将霓虹灯模型和机械齿轮模型进行拼合，进而制作出机械霓虹灯效果图，如图13-159所示。

图13-159

13.3.1 模型制作

本案例的模型分为霓虹灯模型和齿轮模型两部分，下面将逐一进行讲解。

1.霓虹灯模型

01 使用“文本”工具 在正视图创建一个文本样条，然后在“文本”中输入大写字母Z，“字体”为“黑体”，如图13-160所示。

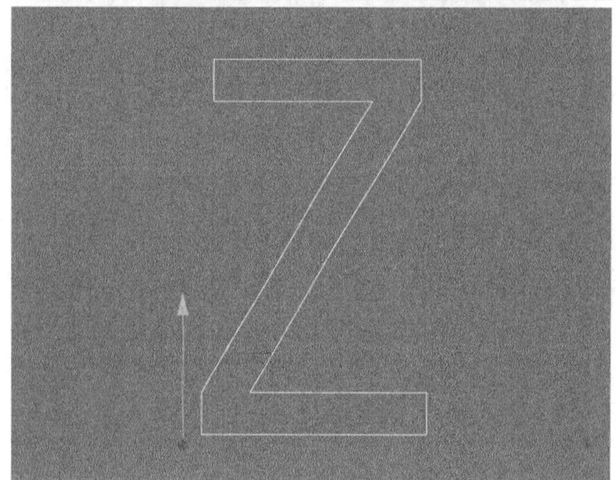

图13-160

技巧与提示

字体也可以选择其他粗体字，方便后续制作即可。

02 选中样条并按C键转换为可编辑对象，然后进入“点”模式使用“创建轮廓”工具为样条创建5cm的轮廓，如图13-161所示。

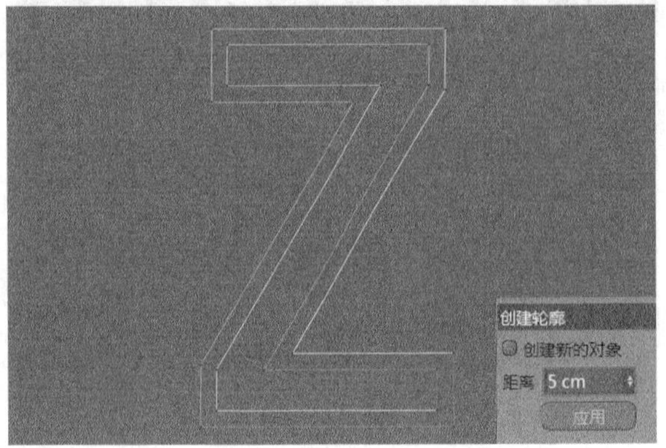

图13-161

03 选中图13-162所示的点，然后用“倒角”工具进行倒角，如图13-163所示。

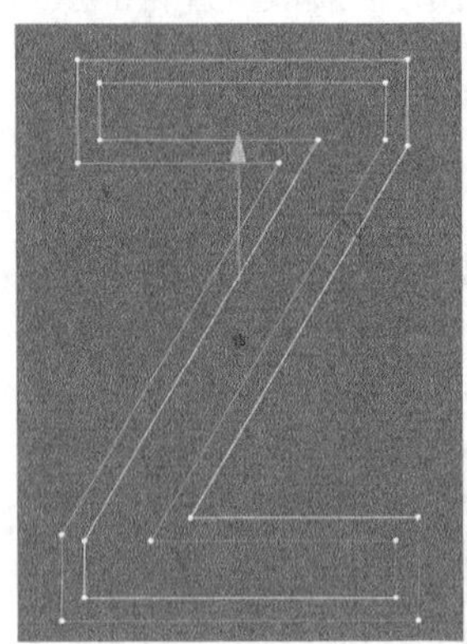

图13-162

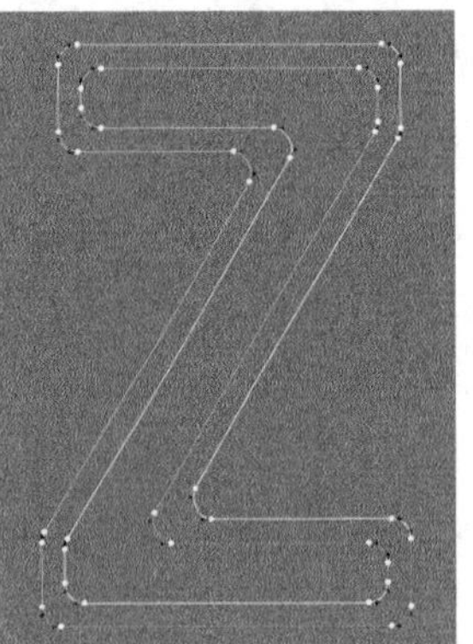

图13-163

技巧与提示

这里倒角的半径自定，不做强制要求。

04 为修改好的样条添加“挤压”生成器，然后设置“移动”为20cm，如图13-164所示。

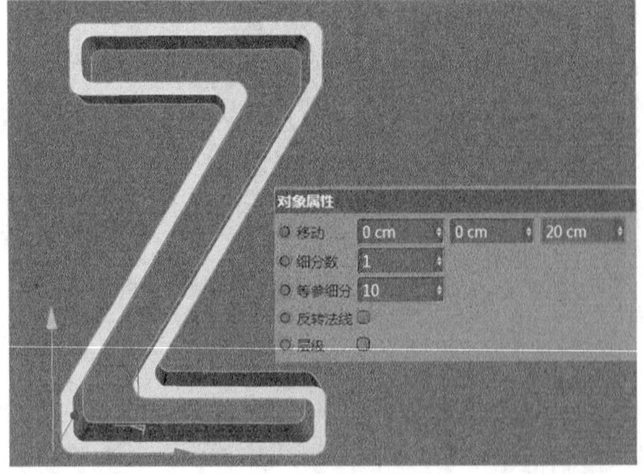

图13-164

05 切换到“封顶圆角”选项卡，然后设置“顶端”为“圆角封顶”，“半径”为1.2cm，“圆角类型”为“1步幅”，如图13-165所示。

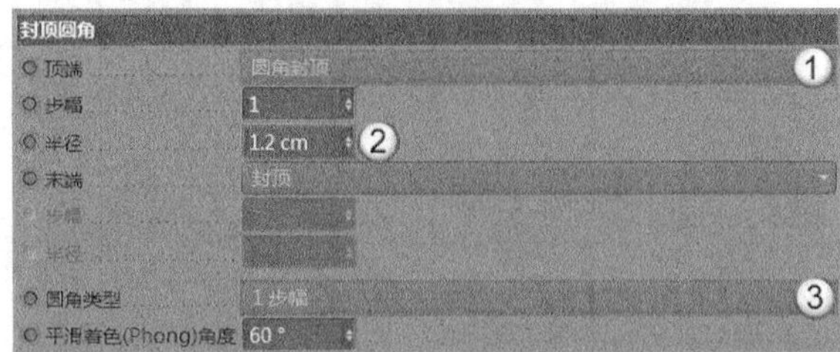

图13-165

06 将挤压后的样条复制一份，然后删除外圈的样条，设置挤出的距离为2cm，如图13-166所示。将挤出的平面与步骤05的模型拼合，效果如图13-167所示。

图13-166

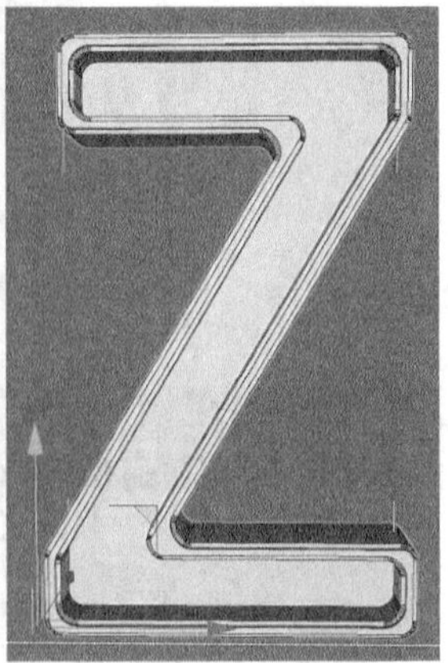

图13-167

07 使用“画笔”工具沿着模型凹槽绘制Z字样条，如图13-168所示。

图13-168

08 使用“圆环”工具绘制一个“半径”为3cm的圆环，然后使用“扫描”生成器对圆环和样条进行扫描，如图13-169所示。

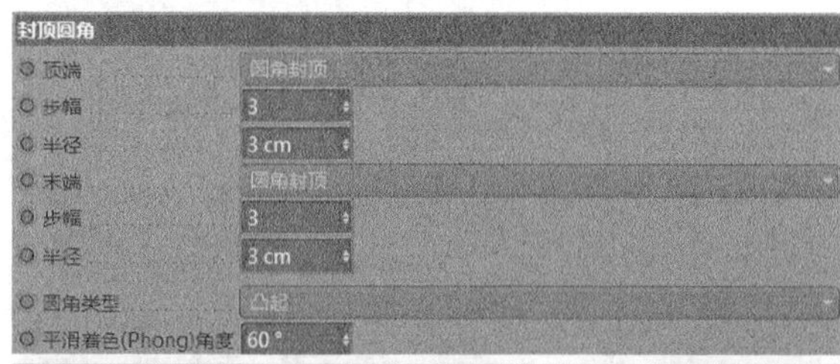

图13-169

09 将扫描的样条复制一份，然后修改“圆环”的“半径”为1.5cm，接着修改“封顶圆角”的“半径”为1cm，如图13-170所示。

图13-170

10 使用“圆环”工具分别绘制“半径”为6cm和0.8cm的圆环，然后添加“扫描”生成器形成圆环模型，接着进行复制组合，如图13-171所示。

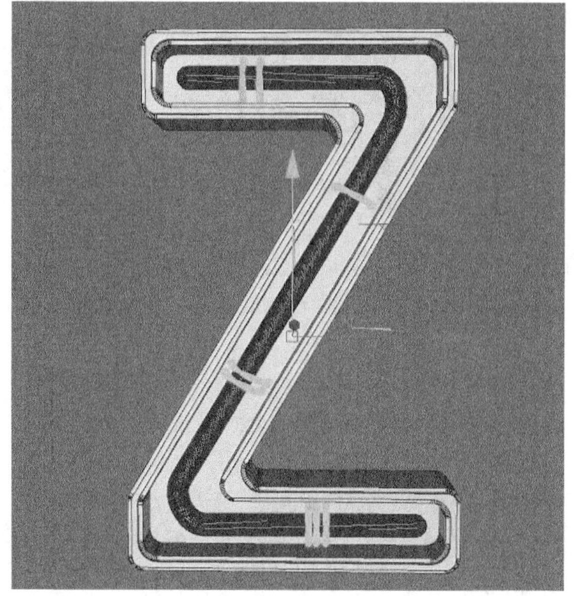

图13-171

技巧与提示

圆环可随意进行组合摆放，不做强制要求。

2.齿轮模型

01 使用“圆环”工具绘制“内部半径”为60cm，“半径”为100cm的圆环样条，然后添加“挤压”生成器，设置“移动”为5cm，如图13-172所示。

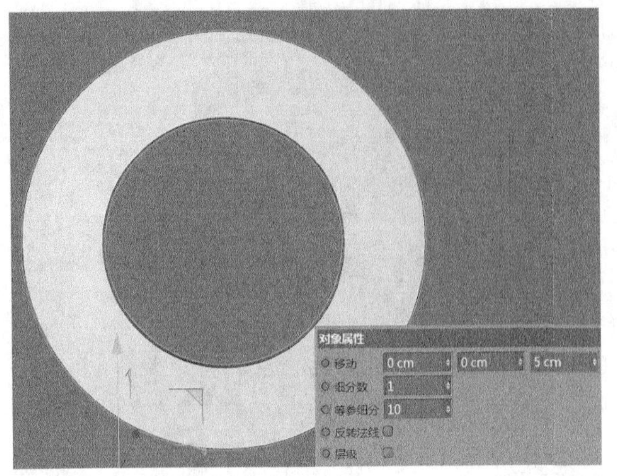

图13-172

02 将步骤01绘制的圆环样条复制一份，然后修改“半径”为90cm，“内部半径”为55cm，接着使用“矩形”工具绘制“宽度”和“高度”均为10cm，“半径”为2cm的矩形，再添加“扫描”生成器，如图13-173所示。

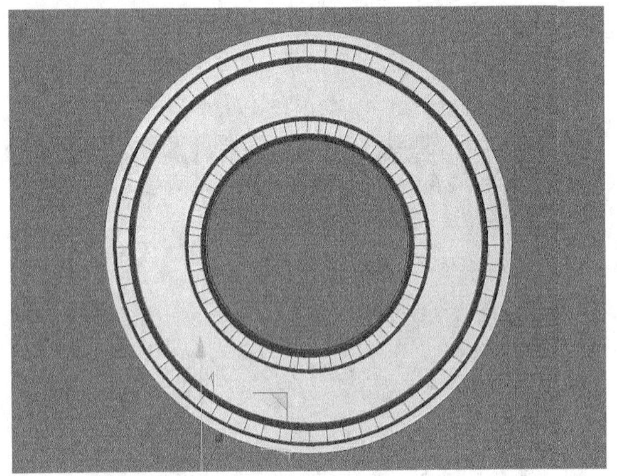

图13-173

03 使用“齿轮”工具绘制一个齿轮样条，然后设置“齿”为10，“根半径”为37.5cm，“附加半径”为45cm，“间距半径”为37.5cm，“组件”为7.5cm，“径节”为0.133，“压力角度”为17°，“半径”为20cm，再添加“挤压”生成器，并设置“偏移”为10cm，如图13-174和图13-175所示。

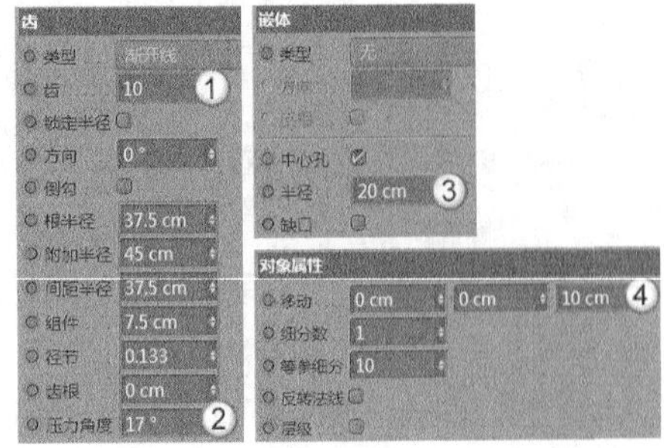

图13-174

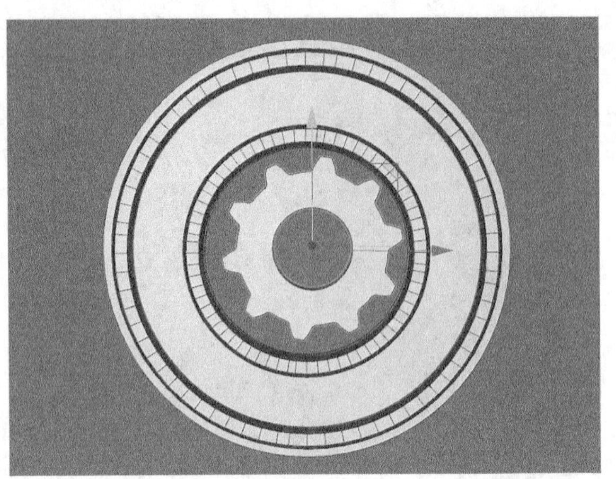

图13-175

04 将步骤03绘制的齿轮复制一份，具体参数及位置如图13-176和图13-177所示。

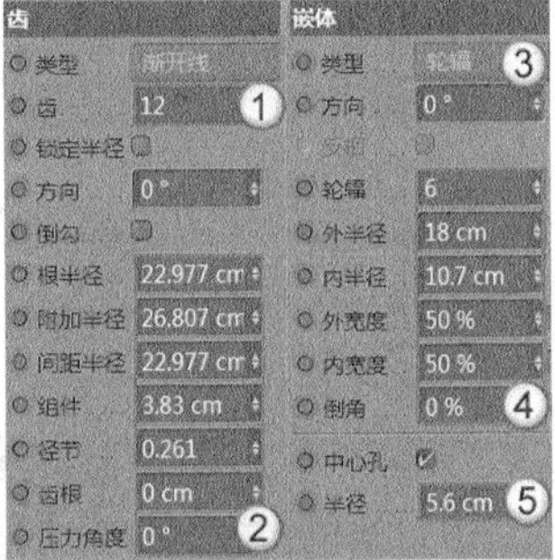

图13-176

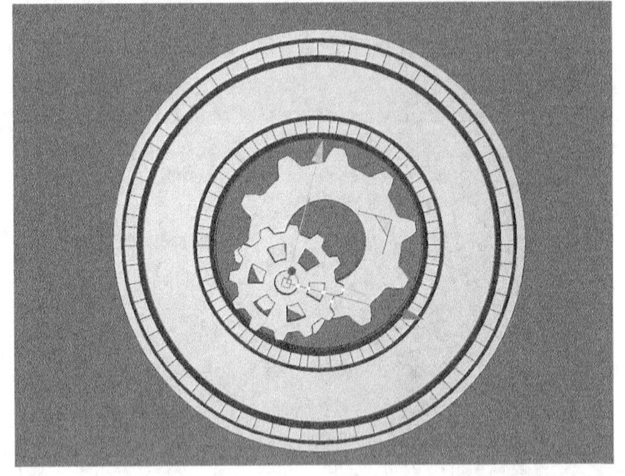

图13-177

05 将步骤04创建的齿轮复制一个，然后修改参数如图13-178所示，位置如图13-179所示。

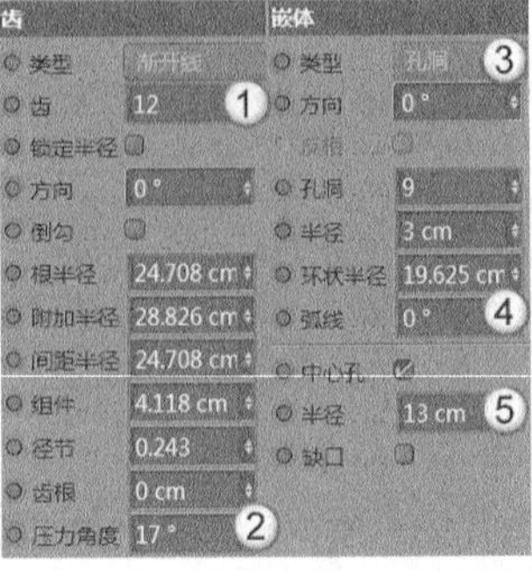

图13-178

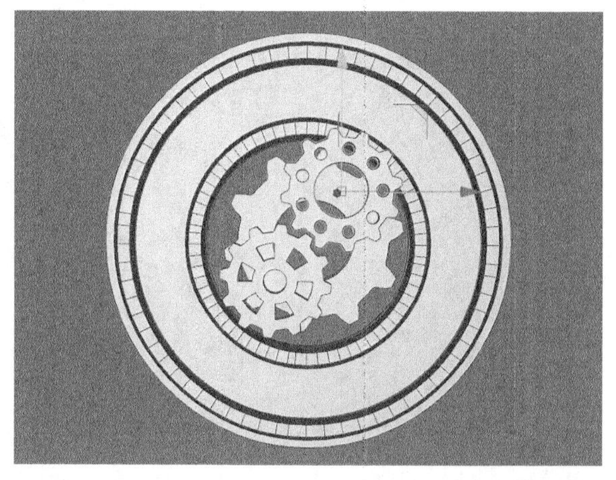

图13-179

06 将齿轮模型复制一份，然后修改参数如图13-180所示，位置如图13-181所示。

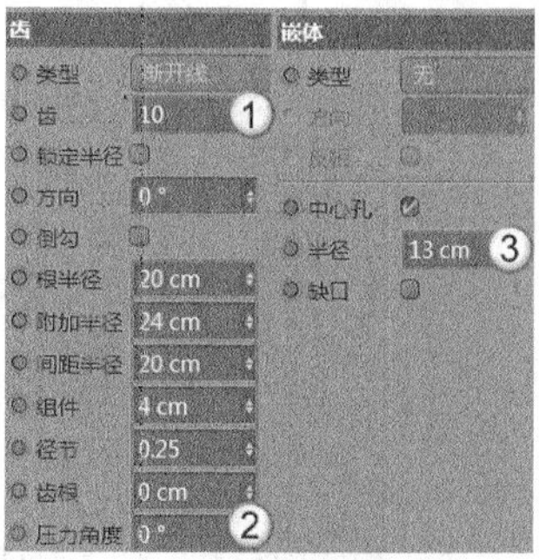

齿
类型 渐开线
齿 10 ①
锁定半径
方向 0°
倒勾
根半径 20 cm
附加半径 24 cm
间距半径 20 cm
组件 4 cm
径节 0.25
齿根 0 cm
压力角度 0° ②

嵌体
类型 无
方向
反相
中心孔
半径 13 cm ③
缺口

图13-180

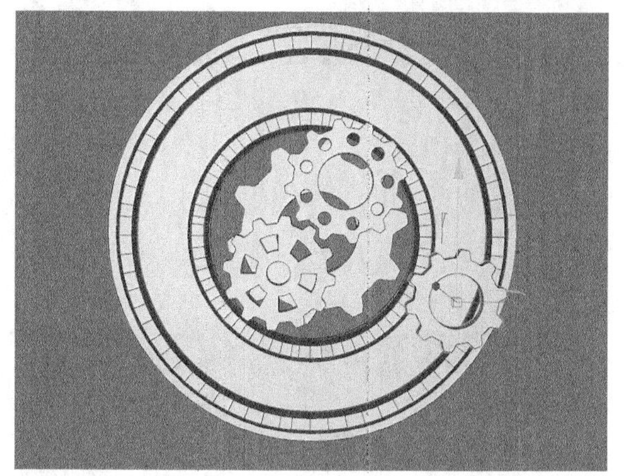

图13-181

07 选择“挤压”生成器 中的“封顶圆角”选项卡，然后设置“顶端”和“末端”都为“圆角封顶”，“步幅”为2，“半径”为1cm，再勾选“约束”选项，如图13-182所示，修改后的齿轮效果如图13-183所示。

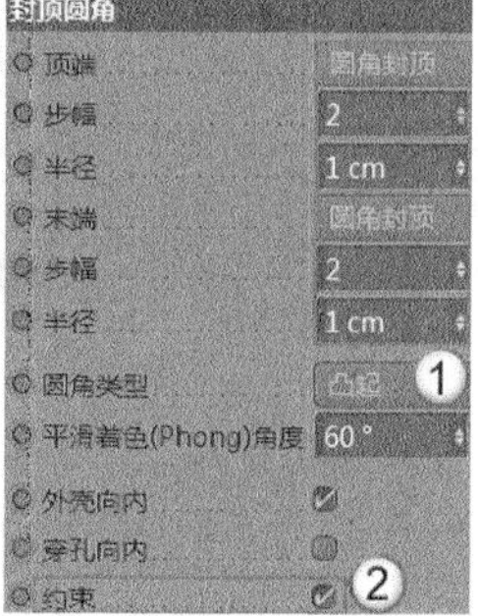

图13-182

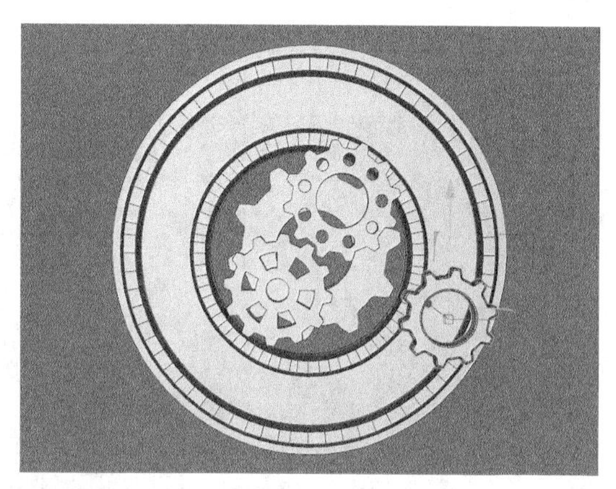

图13-183

技巧与提示

之前创建的齿轮模型基本被主体模型遮挡，为了减少场景的面数，因而没有设置圆角封顶。

08 使用“圆柱”工具 创建一个圆柱模型，然后转换为可编辑对象，接着进行编辑和缩放，如图13-184所示。

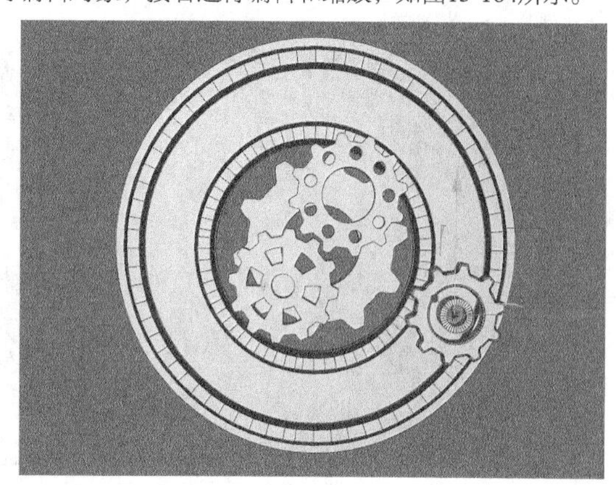

图13-184

09 选中步骤08创建的圆柱模型，然后进入“点”模式 并使用“优化”工具 优化所有的点，接着进入“边”模式 使用“倒角”工具 圆滑圆柱的边角，参数不做强制要求，效果如图13-185所示。

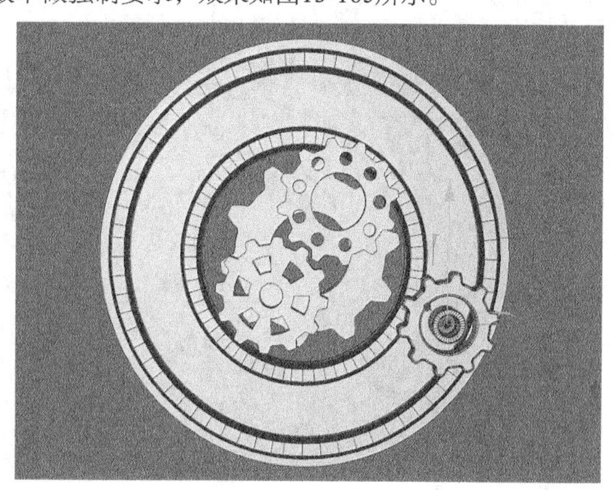

图13-185

10 将圆柱模型和齿轮模型成组进行复制，并缩放至合适大小，如图13-186所示。

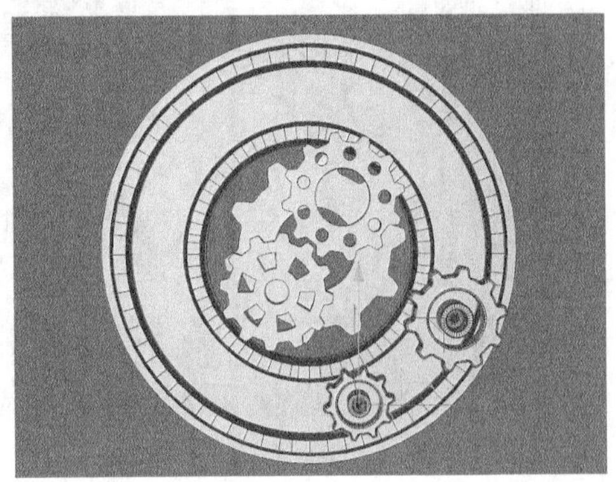

图13-186

技巧与提示

齿轮组合的大小不做规定。

11 复制一组圆柱和齿轮模型，然后略微调整齿轮的参数，如图13-187所示。

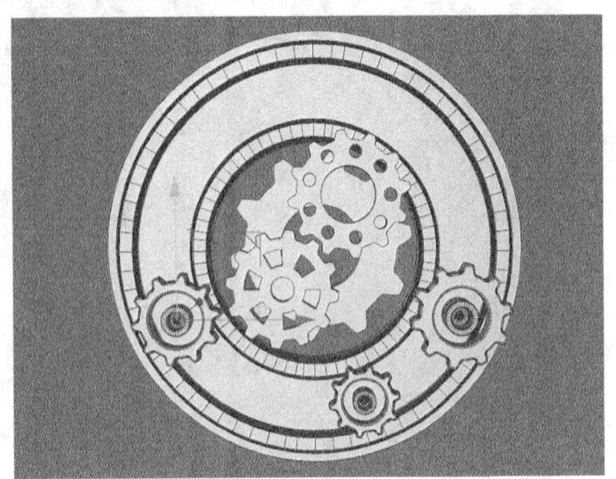

图13-187

技巧与提示

略微调整齿轮的参数，可以让画面看起来更加丰富。

12 使用“球体”工具 在场景中创建一个半球模型，然后缩放至合适大小，如图13-188所示。

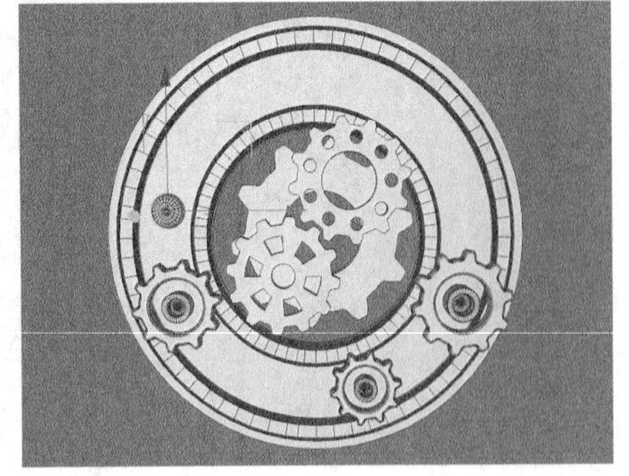

图13-188

13 将半球模型进行复制并摆放至合适位置，如图13-189所示。

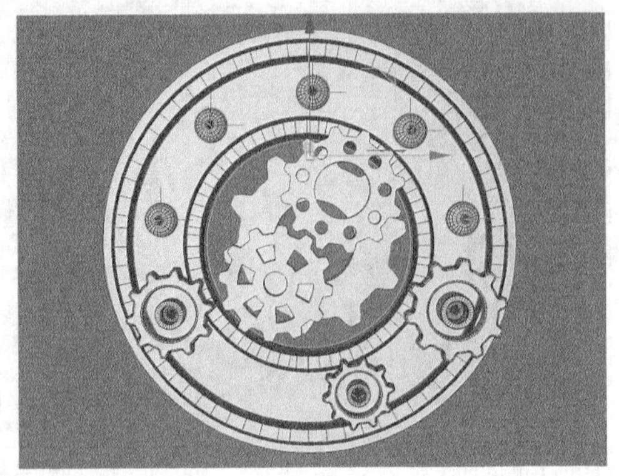

图13-189

14 将齿轮模型进行复制并缩放至合适大小，然后进行组合，效果如图13-190所示。

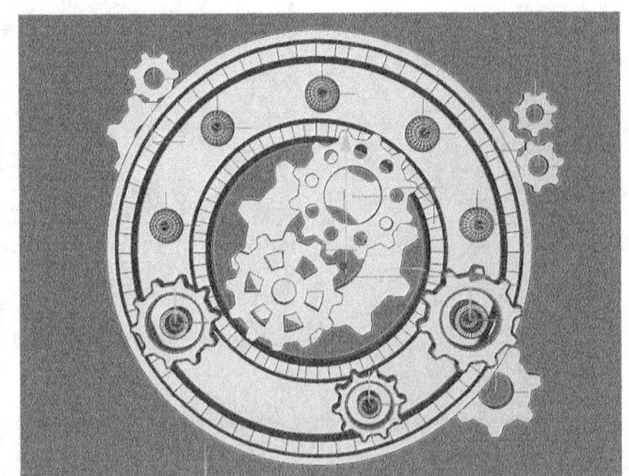

图13-190

技巧与提示

齿轮的大小和摆放位置可随意。

15 使用“球体”工具 在场景中创建大小不等的球体模型，然后随意摆放在场景中，如图13-191所示。

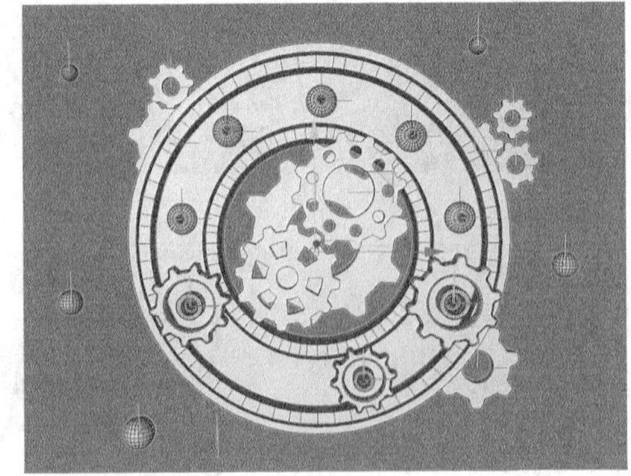

图13-191

技巧与提示

创建球体模型是为了让场景四周看起来不会很空，起到装饰点缀的作用。

16 使用“平面”工具和“地面”工具创建出场景地面和背景，如图13-192所示。

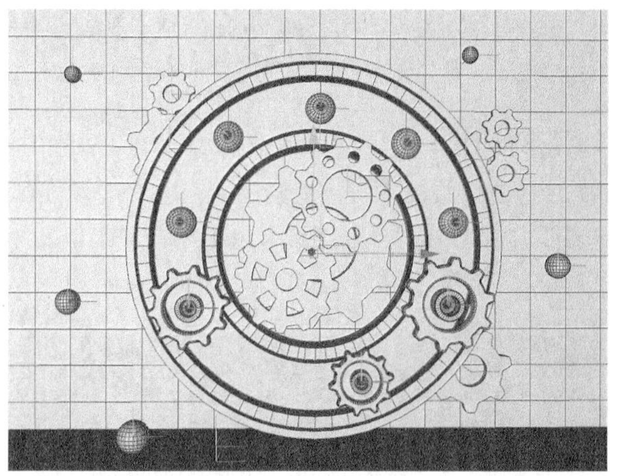

图13-192

17 使用“圆柱”工具在场景中创建一个圆柱模型，然后设置“半径”为3cm，接着摆放在地面与背景板的接缝处，如图13-193所示。这样接缝处就不会暴露出来，场景看起来更好看。

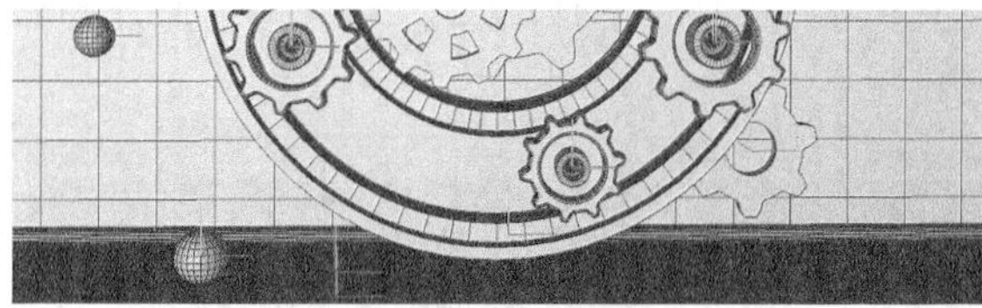

图13-193

18 将主体模型与齿轮模型进行组合，场景模型效果如图13-194所示。

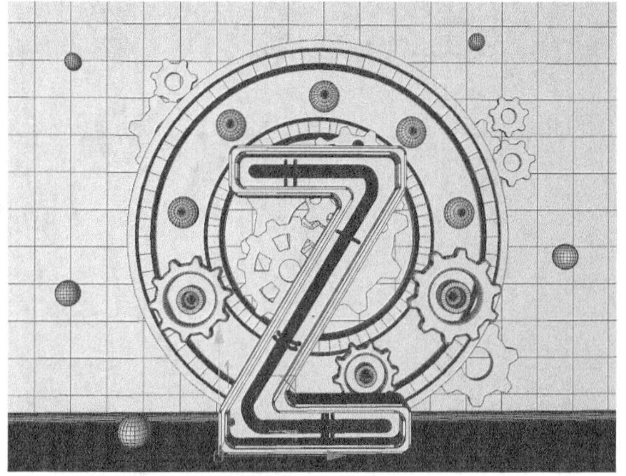

图13-194

13.3.2 灯光创建

模型制作完成之后需要为场景创建灯光，本案例的灯光由主光源和辅助光源两部分组成。

1.主光源

01 使用“区域光”工具在模型右侧设置一盏灯光，位置如图13-195所示。

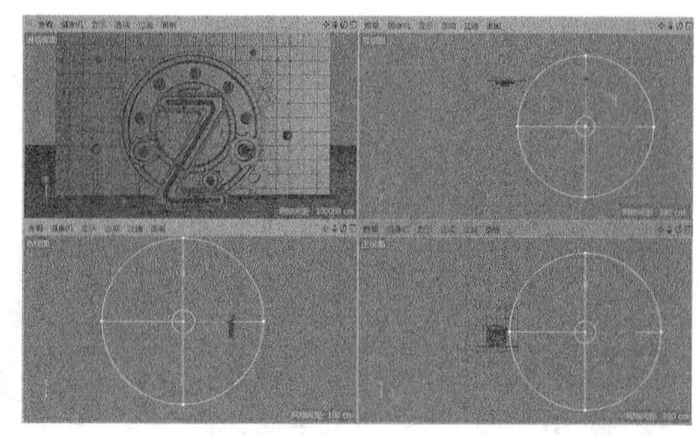

图13-195

02 选中创建的灯光，然后在“常规”选项卡中设置“颜色”为（R:255，G:193，B:128），“投影”为“区域”，如图13-196所示。

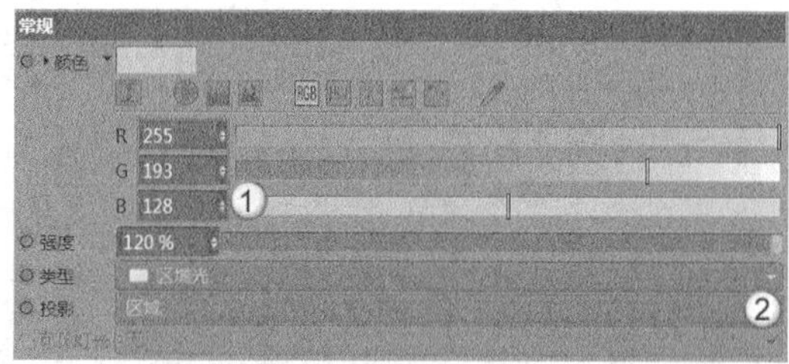

图13-196

03 切换到“细节”选项卡，然后设置“衰减”为“平方倒数（物理精度）”，“半径衰减”为700cm，如图13-197所示。

图13-197

04 测试灯光效果，如图13-198所示。模型的左侧颜色较暗，需要添加辅助光源照亮模型。

图13-198

2.辅助光源

01 将主光源复制一盏，然后放置在模型的左侧，如图13-199所示。

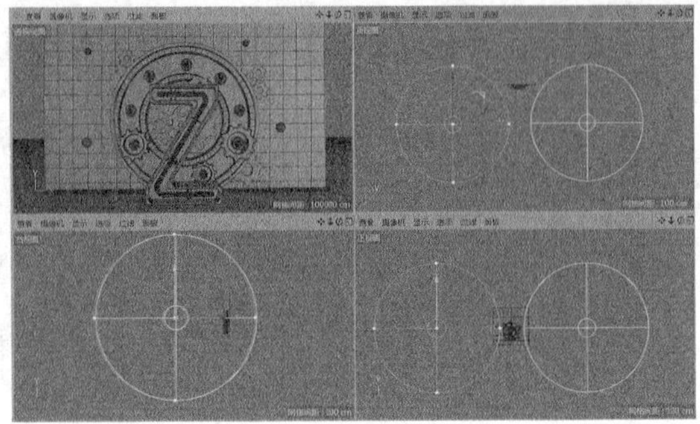

图13-199

02 选中复制的灯光，然后在“常规”选项卡中设置“颜色”为（R:74，G:89，B:255），“投影”为“区域”，如图13-200所示。

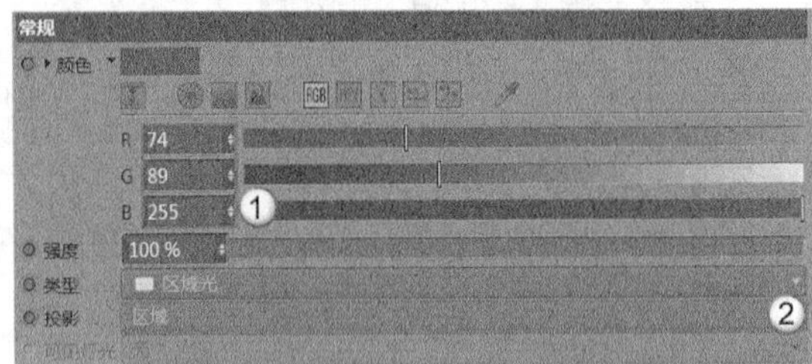

图13-200

03 切换到“细节”选项卡，然后设置“衰减”为“平方倒数（物理精度）”，“半径衰减”为700cm，如图13-201所示。

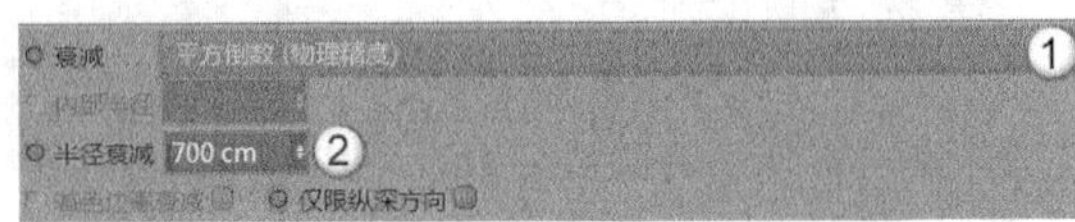

图13-201

04 测试灯光效果，如图13-202所示。

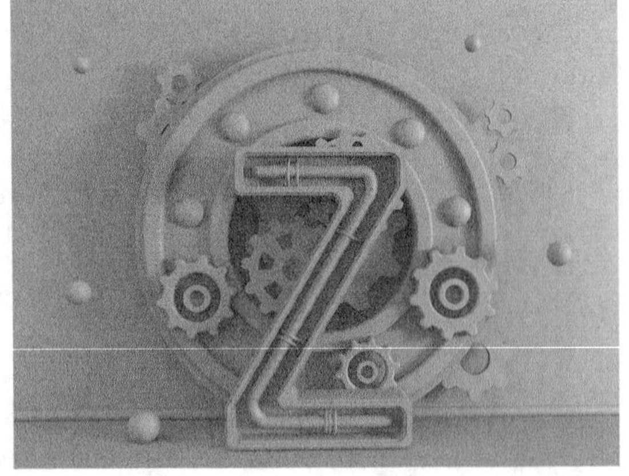

图13-202

13.3.3 材质创建

灯光创建完成后，需要为模型创建材质，本案例的材质由自发光材质、玻璃材质、模型金属和金属材质组成。

1.自发光材质

01 在材质面板新建一个材质，然后打开“材质编辑器”，接着在“颜色”选项组中设置“颜色”为（R:107，G:181，B:255），如图13-203所示。

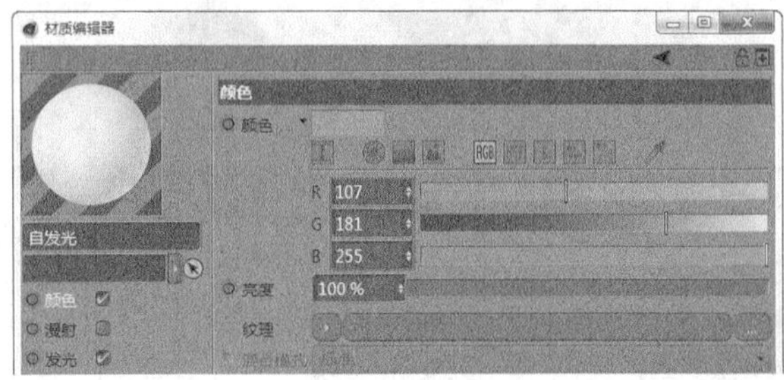

图13-203

02 在“发光”选项组中设置“颜色”为（R:135，G:213，B:255），如图13-204所示。材质效果如图13-205所示。

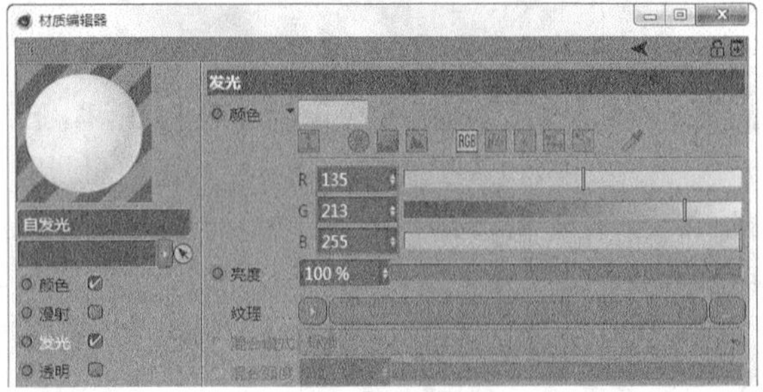

图13-204

图13-205

2.玻璃材质

01 在材质面板新建一个材质，然后打开“材质编辑器”，接着在“透明”选项组中设置“折射率预设”为“玻璃”，如图13-206所示。

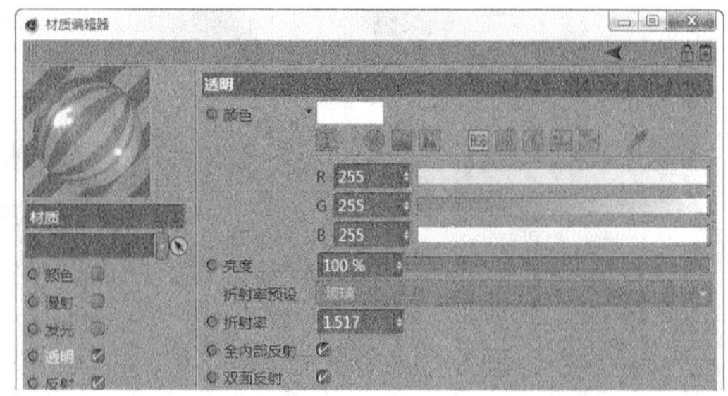

图13-206

02 在“反射”选项组中添加GGX，然后设置“粗糙度”为5%，“菲涅耳”为“绝缘体”，“预置”为“玻璃”，如图13-207所示。材质效果如图13-208所示。

图13-207

图13-208

3.模型金属

01 在材质面板新建一个材质，然后打开“材质编辑器”，接着在“颜色”选项组中设置“颜色”为（R:59，G:59，B:59），如图13-209所示。

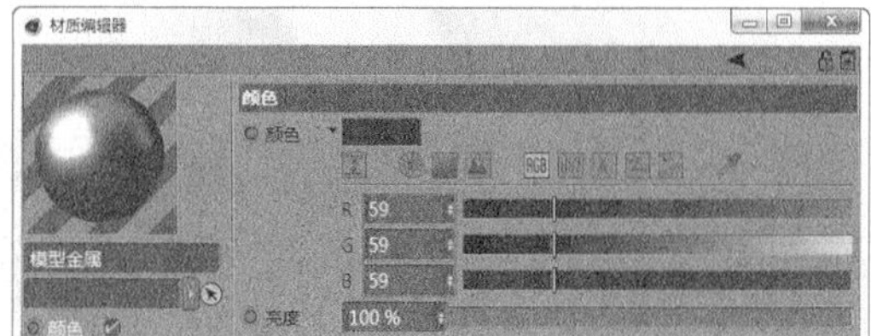

图13-209

02 在“反射”选项组中添加GGX，然后设置“粗糙度”为30%，“菲涅耳”为“导体”，“预置”为“钢”，如图13-210所示。材质效果如图13-211所示。

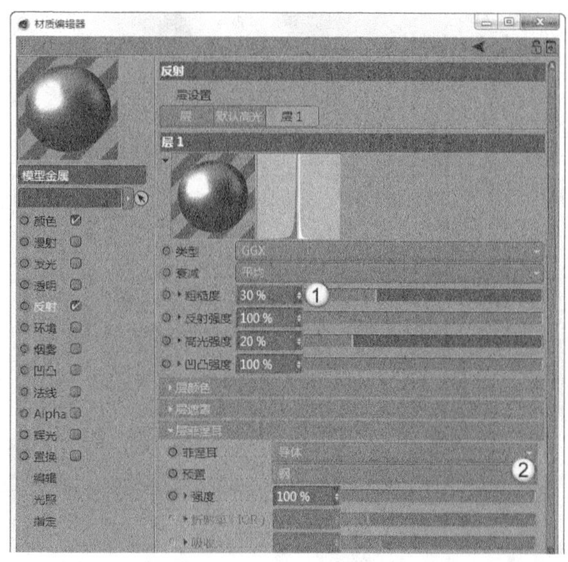

图13-210

图13-211

4.金属材质

01 在材质面板新建一个材质，然后打开“材质编辑器”，接着在“颜色”选项组中设置“颜色”为（R:59，G:59，B:59），如图13-212所示。

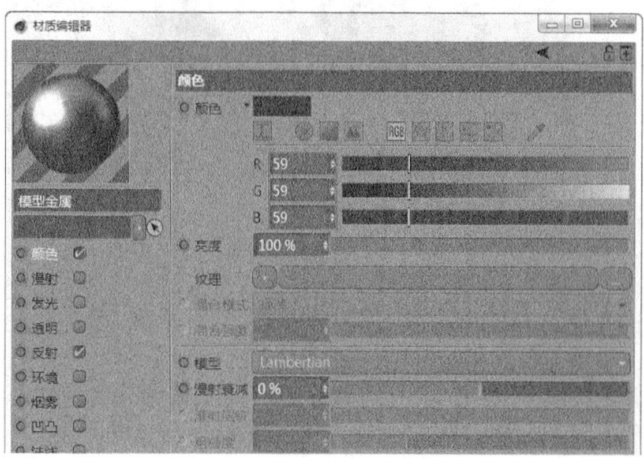

图13-212

02 在“反射”选项组中添加GGX，然后设置“粗糙度”为20%，“反射强度”为60%，“菲涅耳”为“导体”，“预置”为“钢”，如图13-213所示。材质效果如图13-214所示。

图13-213

图13-214

03 将材质赋予相应的模型，效果如图13-215所示。

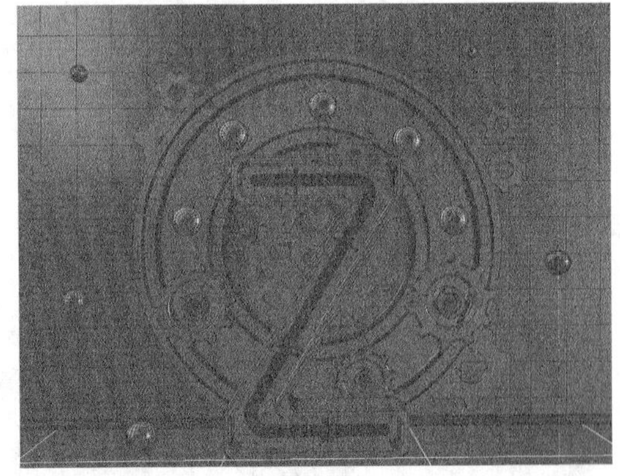

图13-215

13.3.4 环境添加

01 使用“天空”工具在场景中创建一个天空，然后按快捷键Shift + F8打开“内容浏览器”，接着将“预置\Visualize\Presets\Light Setups\HDRI\Cityscape Bright Day.hdr”材质赋予天空，再给天空添加“合成”标签，并取消勾选“摄像机可见”选项，如图13-216和图13-217所示。

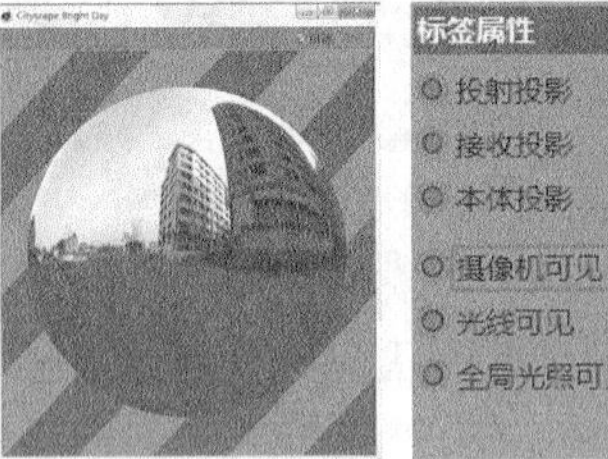

图13-216

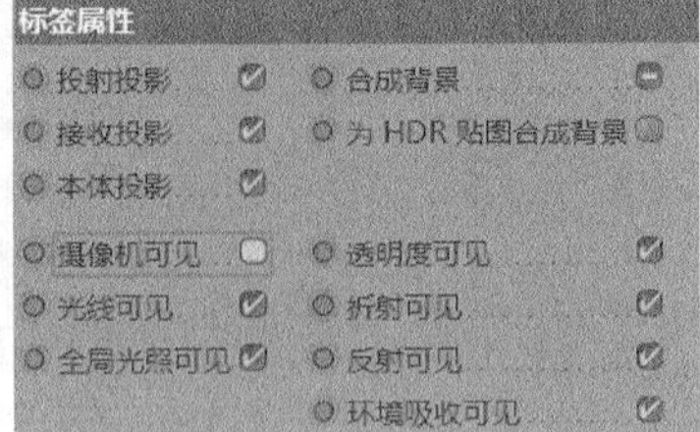

图13-217

02 渲染场景效果，如图13-218所示。

图13-218

13.3.5 渲染输出

场景调整完毕后需要为场景添加摄像机，然后渲染输出。

01 在透视图找到合适的角度，然后使用“摄像机”工具在场景中创建一台摄像机，接着加载“保护”标签防止移动摄像机，如图13-219所示。

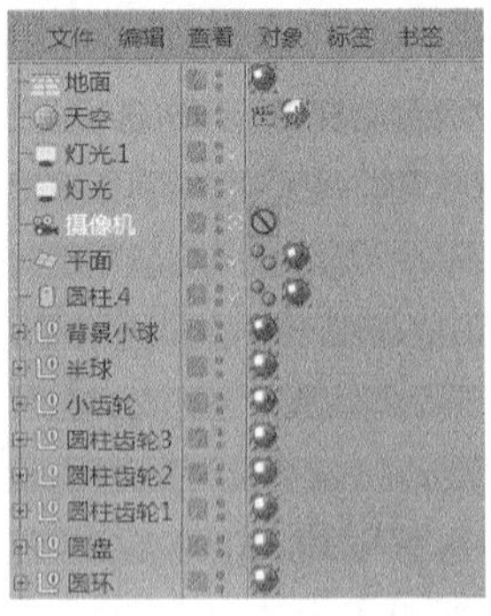

图13-219

02 按快捷键Ctrl + B打开“渲染设置”面板，然后在“输出”选项组中设置“宽度”为1280像素，“高度”为960像素，如图13-220所示。

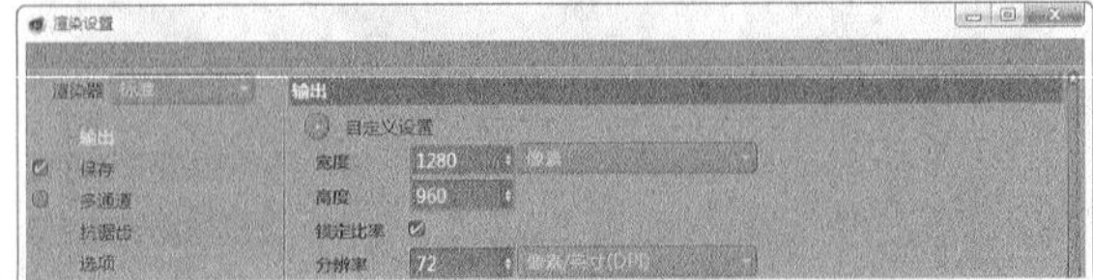

图13-220

03 在“抗锯齿”选项中设置“抗锯齿”为“最佳”，然后设置“最小级别”为2×2，“最大级别”为4×4，“过滤”为“Mitchell”，如图13-221所示。

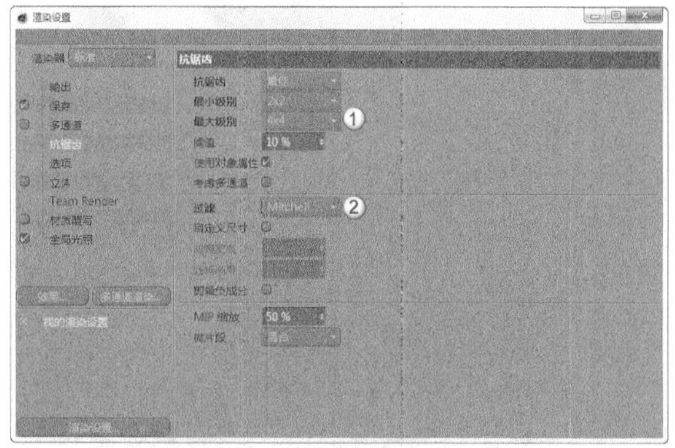

图13-221

04 在“全局光照”选项组中设置“首次反弹算法”和“二次反弹算法”都为“辐照缓存”，如图13-222所示。

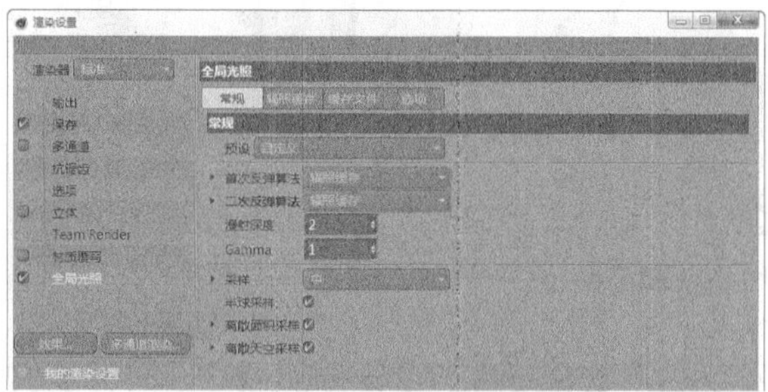

图13-222

05 按快捷键Shift＋R渲染场景，效果如图13-223所示，然后将渲染的图片进行保存。

图13-223

13.3.6 后期调整

01 打开Photoshop软件，然后打开渲染好的图片，如图13-224所示。

图13-224

02 选中“背景”图层，然后为其添加“色阶”调整图层，参数及效果如图13-225和图13-226所示。

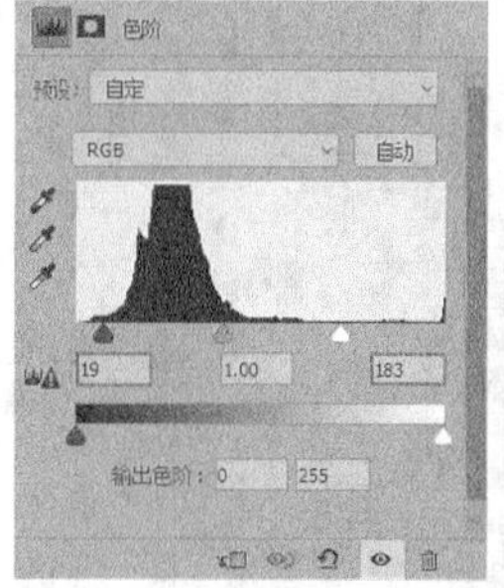

图13-225 图13-226

03 保持选中的图层不变，然后为其添加“色彩平衡”调整图层，参数及效果如图13-227和图13-228所示。

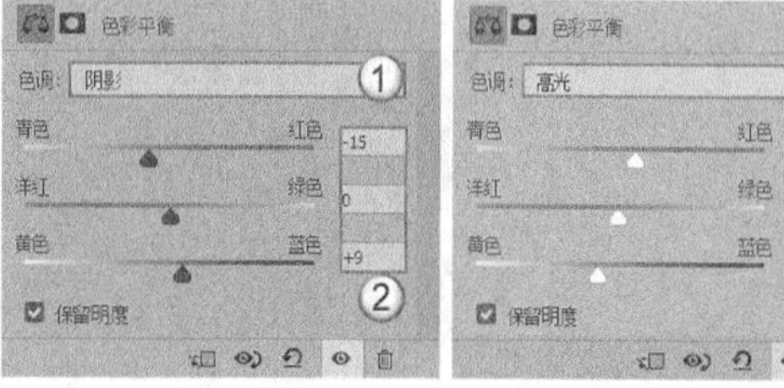

图13-227

图13-228

04 保持选中图层不变，然后为其添加“色相/饱和度”调整图层，参数及效果如图13-229和图13-230所示。

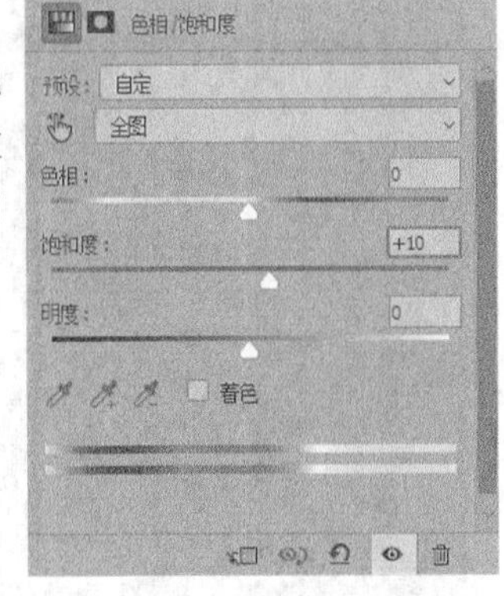

图13-229

图13-230

05 保持选中图层不变，然后为其添加“亮度/对比度”调整图层，参数及最终效果如图13-231和图13-232所示。

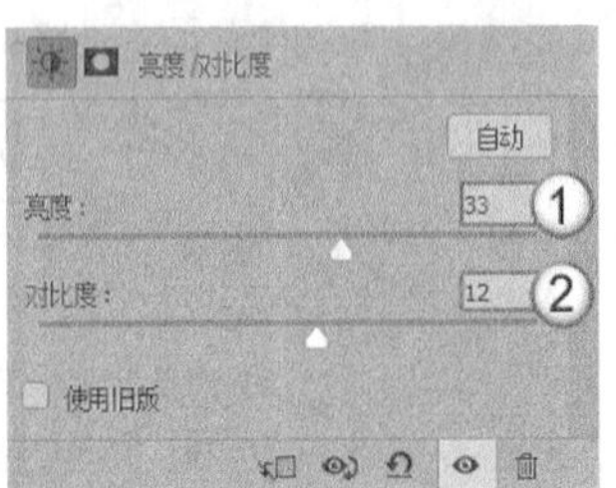

图13-231

图13-232

13.4 综合实例：阳光阁楼

场景文件	场景文件>CH13>01.c4d
实例文件	实例文件>CH13>综合实例：阳光阁楼
视频名称	综合实例：阳光阁楼.mp4
学习目标	掌握制作室内效果图的方法

本案例是为阁楼模型添加材质、灯光和摄像机并进行渲染，效果如图13-233所示。

图13-233

13.4.1 灯光创建

01 打开本书学习资源“场景文件>CH13>01.c4d”文件，这是制作好的阁楼场景，如图13-234所示。

图13-234

02 使用“远光灯”工具在窗外创建一盏灯光作为阳光，如图13-235所示。

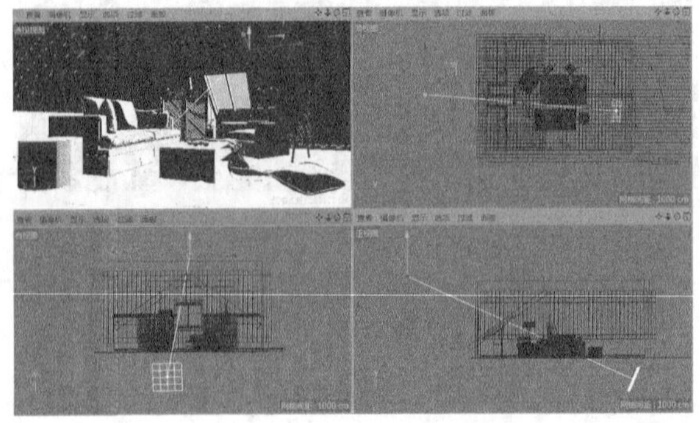

图13-235

03 选中创建的灯光，然后在“常规”选项卡中设置“颜色”为（R:255，G:247，B:214），接着设置“强度”为120%，“投影”为“区域”，如图13-236所示。

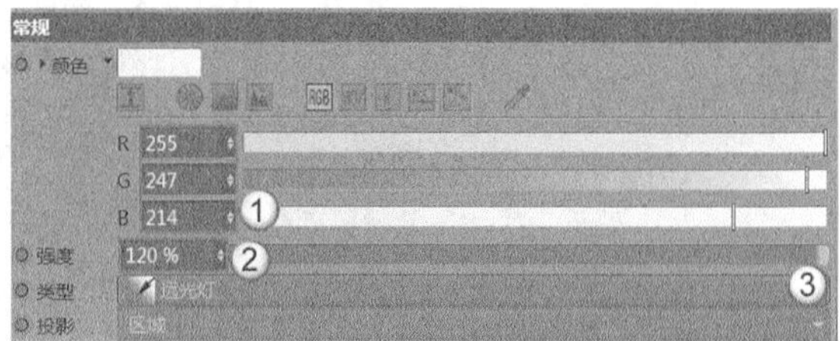

图13-236

04 切换到“细节”选项卡，然后设置“衰减”为“平方倒数（物理精度）”，“半径衰减”为10000cm，如图13-237所示。

图13-237

05 按快捷键Shift + R渲染效果，如图13-238所示。

图13-238

06 观察渲染效果，图片右下角部分漆黑一片，需要添加环境光。使用“天空”工具创建一个天空模型，然后新建一个材质，接着在“发光”选项组的“纹理”通道中加载“预置\Visualize\Presets\Light Setups\HDRI\tex\Cloudy-VHDRI.hdr”贴图，如图13-239所示。

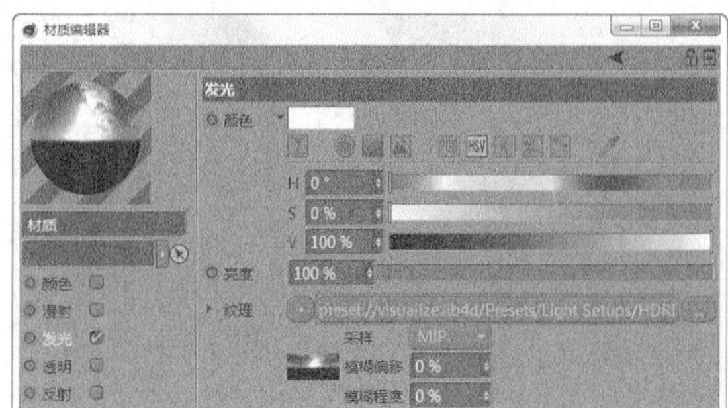

图13-239

07 将材质赋予“天空”选项，然后渲染效果，如图13-240所示。

图13-240

08 使用“区域光”工具在窗外创建一盏灯光，如图13-241所示。

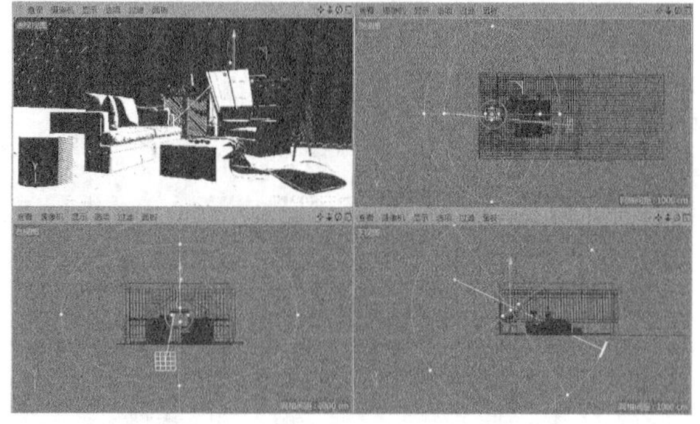

图13-241

09 选中创建的灯光，然后在“常规”选项卡中设置“颜色”为（R:255，G:255，B:255），“强度”为60%，“投影”为“区域”，如图13-242所示。

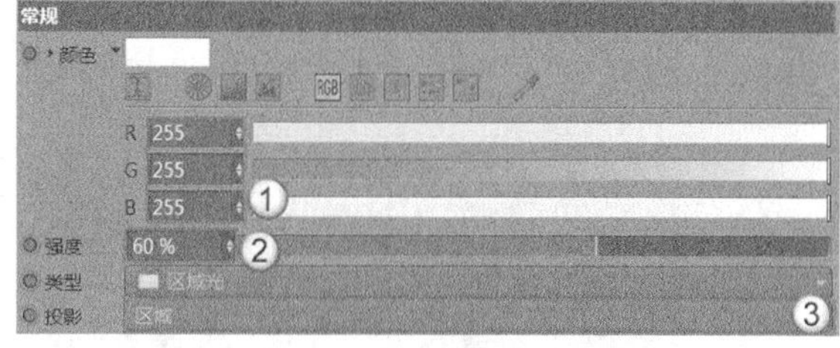

图13-242

10 切换到“细节”选项卡，然后设置“衰减”为“平方倒数（物理精度）”，“半径衰减”为6057.066cm，如图13-243所示。

图13-243

11 渲染灯光效果，如图13-244所示。

图13-244

13.4.2 材质创建

灯光创建完成后，需要为模型创建材质。本案例的材质较多，有白漆材质、木地板材质、布纹材质和木纹材质等。

1.白漆材质

01 在材质面板新建一个材质，然后打开“材质编辑器”，接着在“颜色”选项组中设置“颜色”为（R:235，G:235，B:235），如图13-245所示。

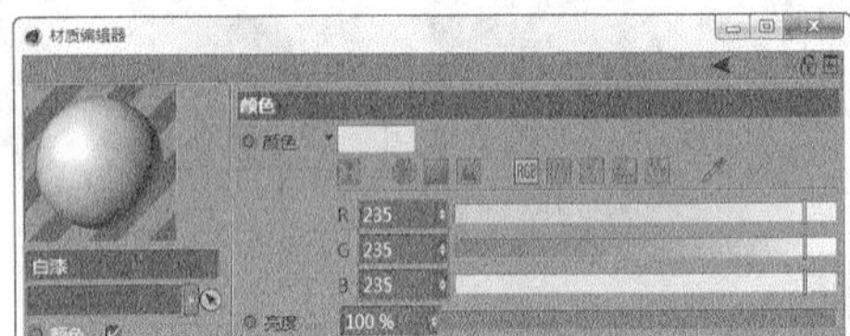

图13-245

02 在“反射”选项组中添加GGX，然后设置“粗糙度”为20%，“反射强度”为60%，“菲涅耳”为“绝缘体”，“预置”为“沥青”，如图13-246所示。材质效果如图13-247所示。

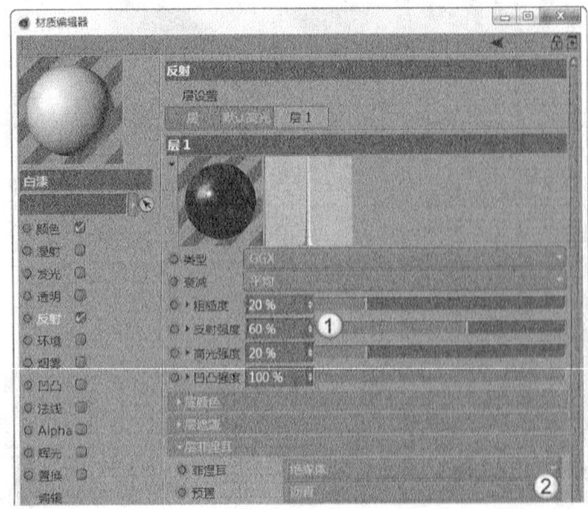

图13-246

图13-247

2.木地板材质

01 在材质面板新建一个材质，然后打开“材质编辑器”，接着在“颜色”选项组的“纹理”通道中加载学习资源中的“实例文件>CH13>综合实例：阳光阁楼>AI21_01_WoodFineb.jpg”文件，如图13-248所示。

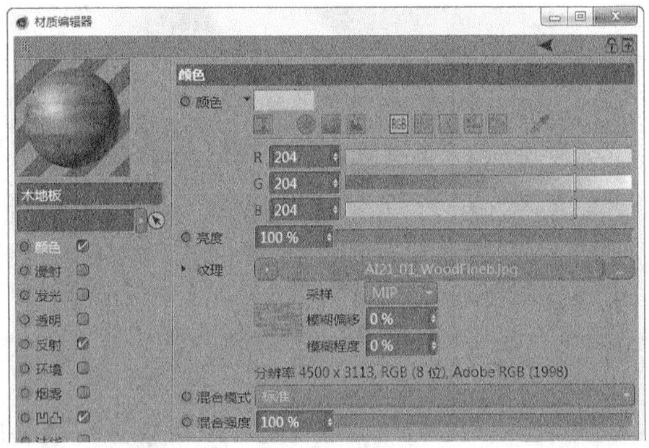

图13-248

02 在“反射”选项组中添加GGX，然后设置“粗糙度”为45%，“反射强度”为60%，“菲涅耳”为“绝缘体”，“预置”为“沥青”，如图13-249所示。

图13-249

03 在“凹凸”选项组的“纹理”通道中加载学习资源中的“实例文件>CH13>综合实例：阳光阁楼> AI21_01_WoodFine_Bump.jpg”文件，然后设置“强度”为30%，如图13-250所示。材质效果如图13-251所示。

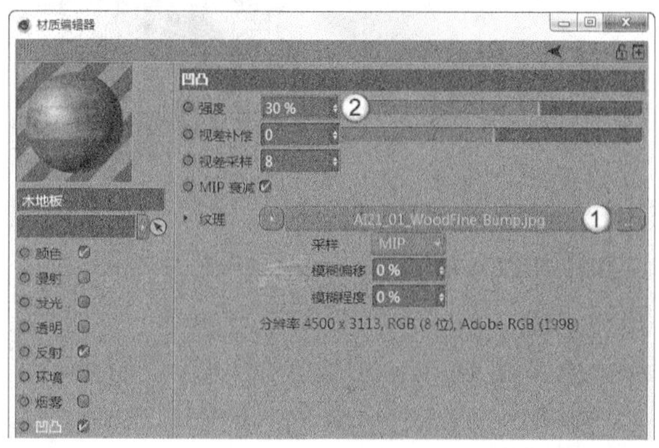

图13-250

图13-251

3.木纹材质

01 在材质面板新建一个材质，然后打开“材质编辑器”，接着在“颜色”选项组的“纹理”通道中加载学习资源中的“实例文件>CH13>综合实例：阳光阁楼> AI21_09_WoodStand.jpg”文件，如图13-252所示。

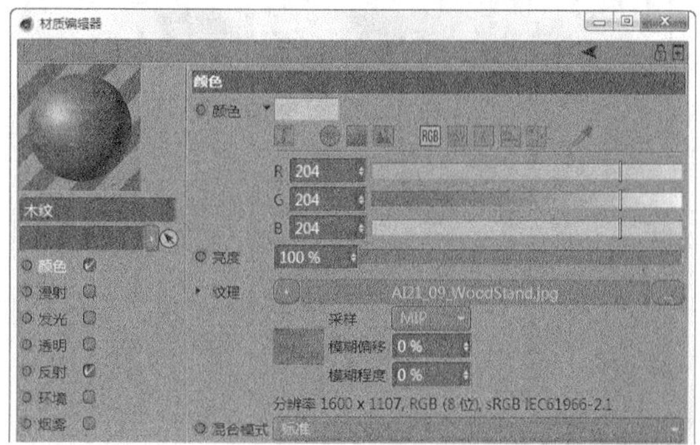

图13-252

02 在“反射”选项组中添加GGX，然后设置“粗糙度”为40%，“反射强度”为60%，“菲涅耳”为“绝缘体”，“预置”为“沥青”，如图13-253所示。

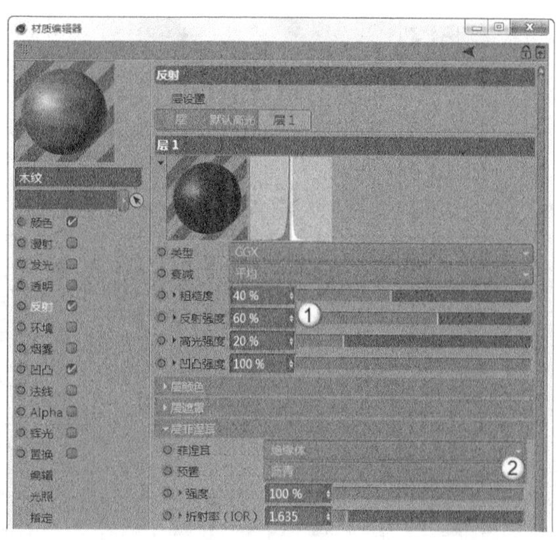

图13-253

03 在“凹凸”选项组的“纹理”通道中加载学习资源中的“实例文件>CH13>综合实例：阳光阁楼> AI21_09_WoodStand.jpg”文件，然后设置“强度”为20%，如图13-254所示。材质效果如图13-255所示。

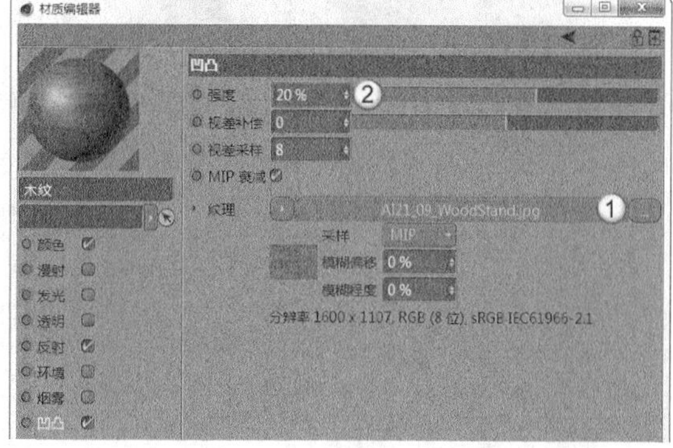

图13-254

图13-255

技巧与提示

单击“颜色”选项组的“纹理”后的三角按钮，然后在弹出的菜单中选择“复制着色器”选项，接着单击“凹凸”选项组的“纹理”后的三角按钮，再在弹出的菜单中选择“粘贴着色器”选项，可以快速复制同一张贴图文件。

4.沙发布纹

01 在材质面板新建一个材质，然后打开“材质编辑器”，接着在“颜色”选项组的“纹理”通道中加载学习资源中的“实例文件>CH13>综合实例：阳光阁楼>bvsdba12a.jpg”文件，如图13-256所示。

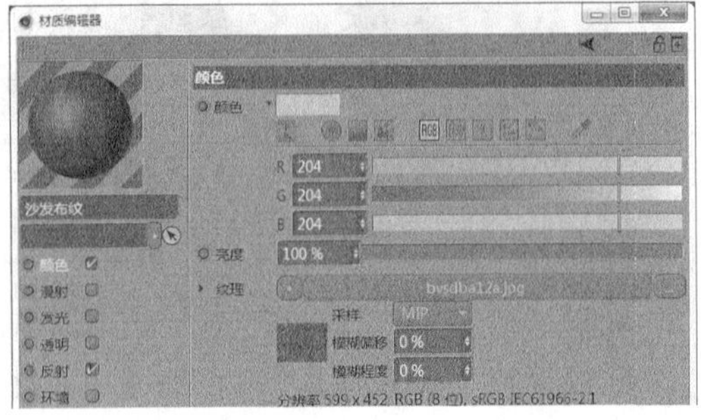

图13-256

02 在“反射”选项组中添加GGX，然后设置“粗糙度”为40%，“反射强度”为60%，“菲涅耳”为“绝缘体”，“预置”为“自定义”，如图13-257所示。

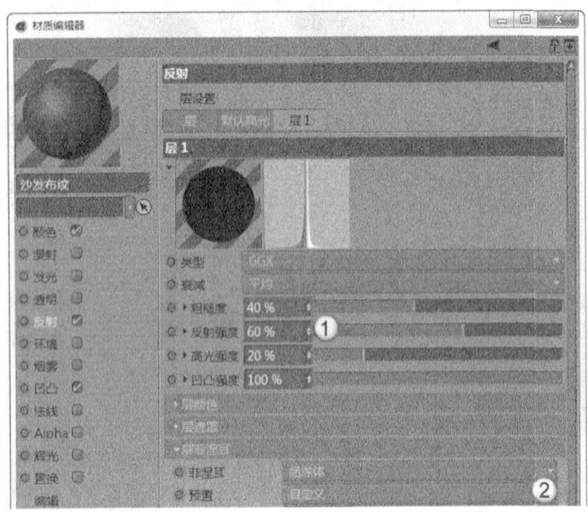

图13-257

03 在“凹凸”选项组的“纹理”通道中加载学习资源中的“实例文件>CH13>综合实例：阳光阁楼> bvsdb1.jpg”文件，然后设置“强度”为40%，如图13-258所示。材质效果如图13-259所示。

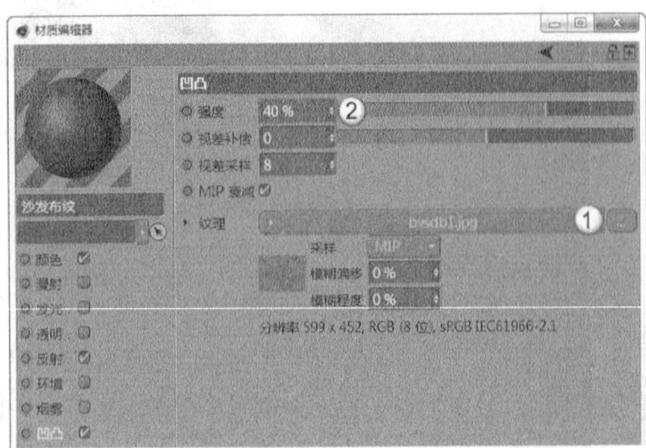

图13-258

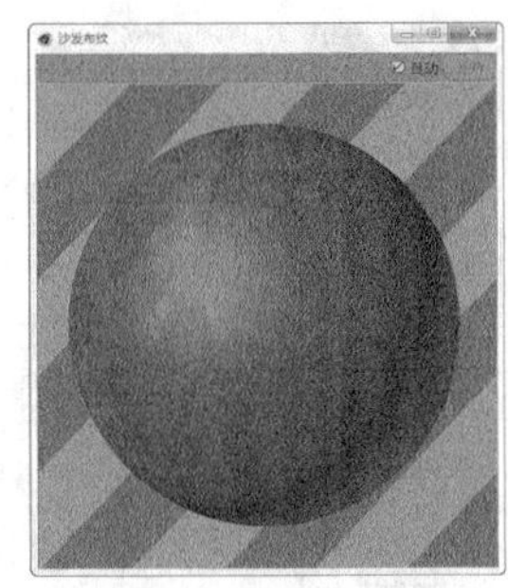

图13-259

5.丝绸布纹

01 在材质面板新建一个材质，然后打开“材质编辑器”，接着在“颜色”选项组的“纹理”通道中加载学习资源中的“实例文件>CH13>综合实例：阳光阁楼>沙发丝绸.jpg”文件，如图13-260所示。

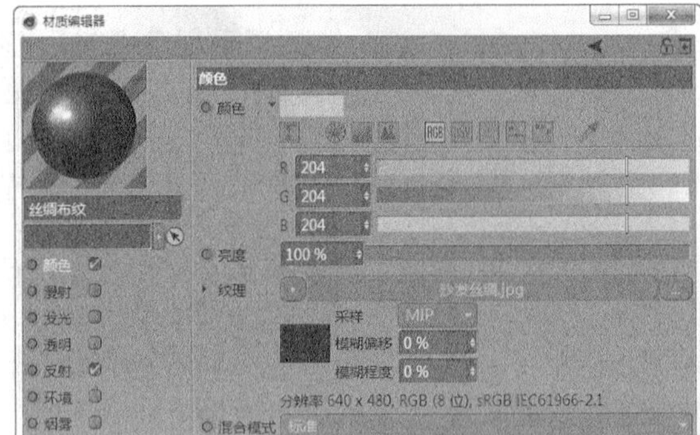

图13-260

02 在“反射”选项组中添加GGX，然后设置“粗糙度”为25%，“反射强度”为70%，“高光强度”为30%，“菲涅耳”为“绝缘体”，“预置”为“珍珠”，如图13-261所示。材质效果如图13-262所示。

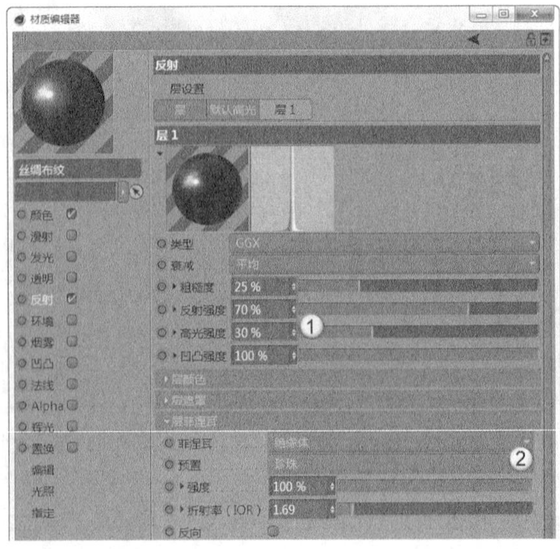

图13-261

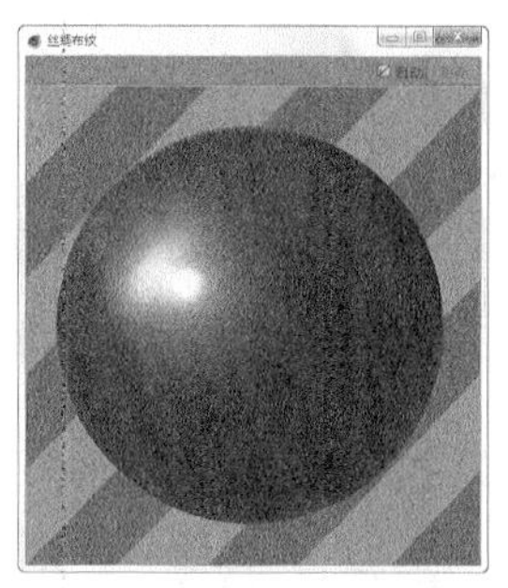

图13-262

图13-265

6.抱枕布纹

01 在材质面板新建一个材质，然后打开“材质编辑器”，接着在“颜色”选项组的“纹理”通道中加载学习资源中的“实例文件>CH13>综合实例：阳光阁楼>布艺-墙纸-276.jpg”文件，如图13-263所示。

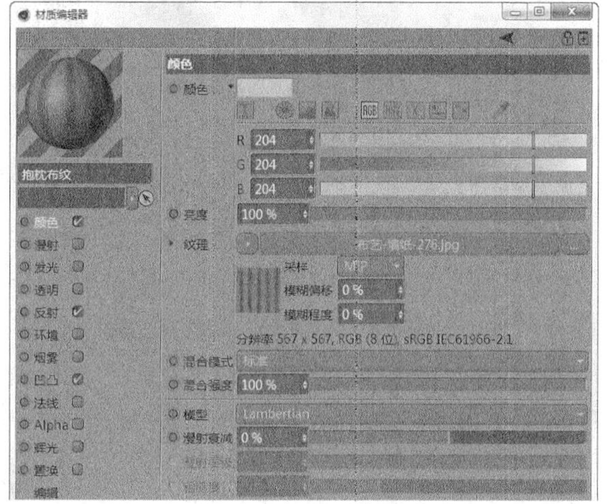

图13-263

02 在“凹凸”选项组的“纹理”通道中加载学习资源中的“实例文件>CH13>综合实例：阳光阁楼>副本金箔00.jpg”文件，然后设置“强度”为60%，如图13-264所示。材质效果如图13-265所示。

图13-264

7.金属材质

01 在材质面板新建一个材质，然后打开“材质编辑器”，接着在“颜色”选项组中设置“颜色”为（R:107，G:107，B:107），如图13-266所示。

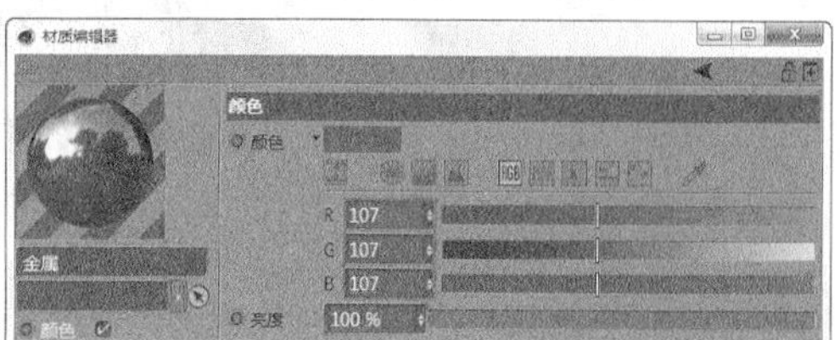

图13-266

02 在“反射”选项组中添加GGX，然后设置“粗糙度”为5%，“菲涅耳”为“导体”，“预置”为“钢”，如图13-267所示。材质效果如图13-268所示。

图13-267

图13-268

8.灯罩材质

在材质面板新建一个材质，然后打开“材质编辑器”，接着在“颜色”选项组中设置“颜色”为（R:20，G:20，B:20），如图13-269所示。材质效果如图13-270所示。

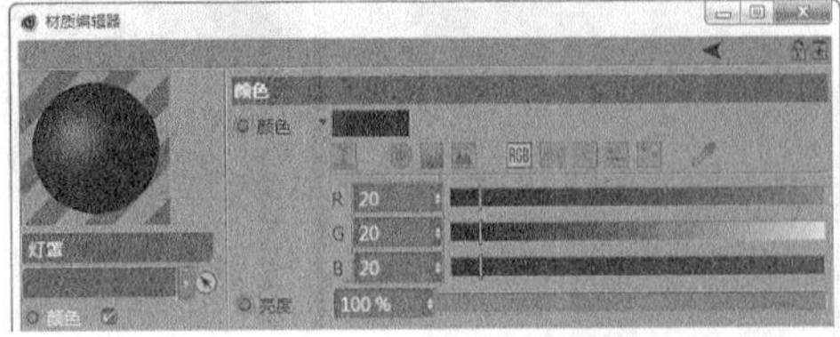

图13-269

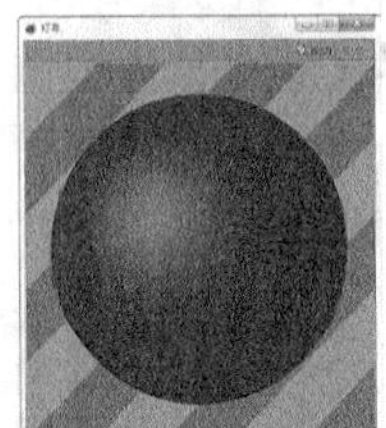

图13-270

9.陶瓷材质

01 在材质面板新建一个材质，然后打开“材质编辑器”，接着在“颜色”选项组中设置“颜色”为（R:249，G:205，B:173），如图13-271所示。

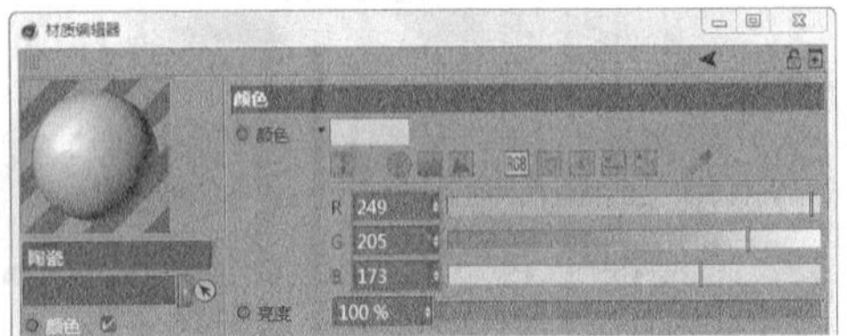

图13-271

02 在“反射”选项组中添加GGX，然后设置“粗糙度”为10%，“反射强度”为90%，“高光强度”为15%，“菲涅耳”为“绝缘体”，“预置”为“聚酯”，如图13-272所示。材质效果如图13-273所示。

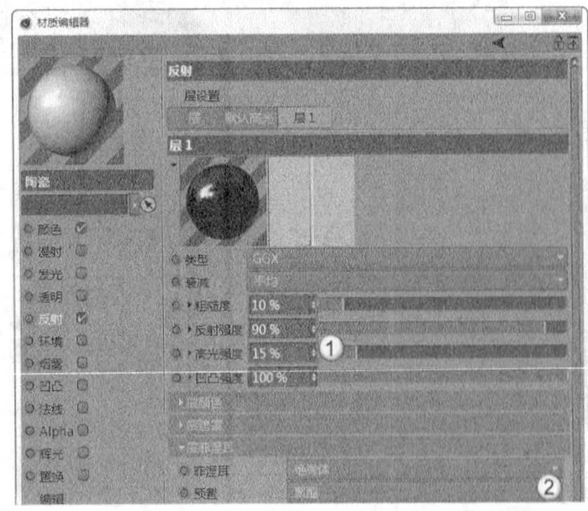

图13-272

图13-273

10.叶子材质

01 在材质面板新建一个材质，然后打开“材质编辑器”，接着在“颜色”选项组的“纹理”通道中加载学习资源中的“实例文件>CH13>综合实例：阳光阁楼>cgaxis_plants_15_01.jpg”文件，如图13-274所示。

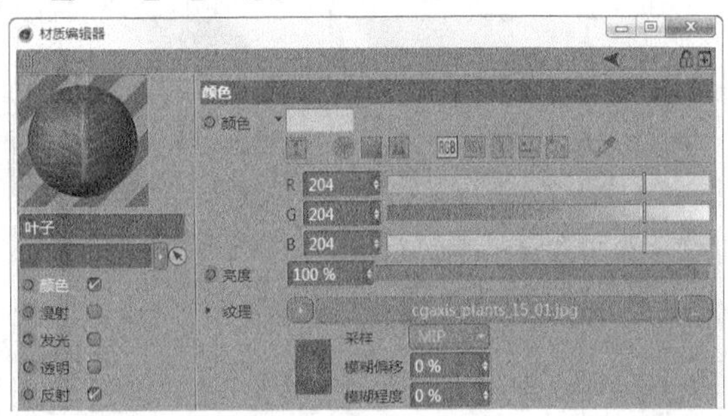

图13-274

02 在“凹凸”选项组的“纹理”通道中加载学习资源中的“实例文件>CH13>综合实例：阳光阁楼> cgaxis_plants_15_01_bump.jpg”文件，然后设置“强度”为20%，如图13-275所示。材质效果如图13-276所示。

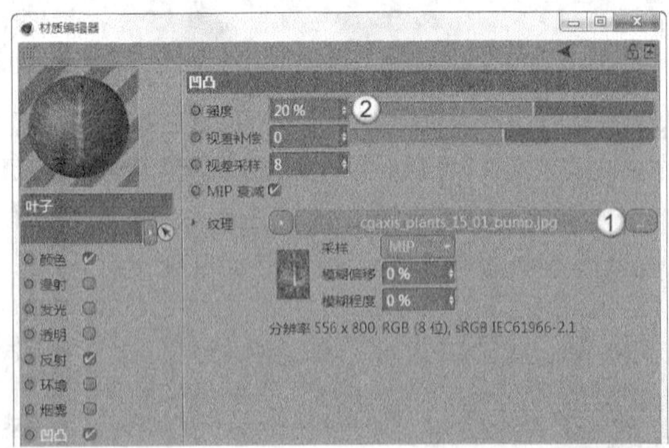

图13-275

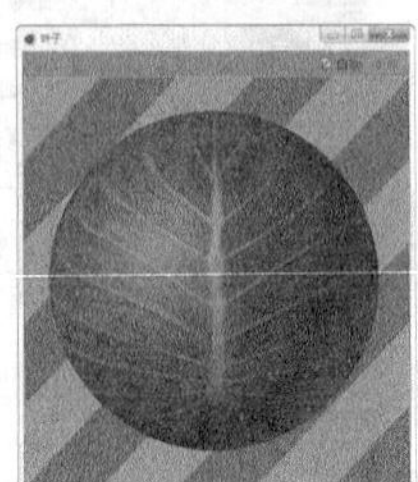

图13-276

11.树枝材质

01 在材质面板新建一个材质，然后打开“材质编辑器”，接着在“颜色”选项组的“纹理”通道中加载学习资源中的“实例文件>CH13>综合实例：阳光阁楼>cgaxis_plants_15_02.jpg”文件，如图13-277所示。

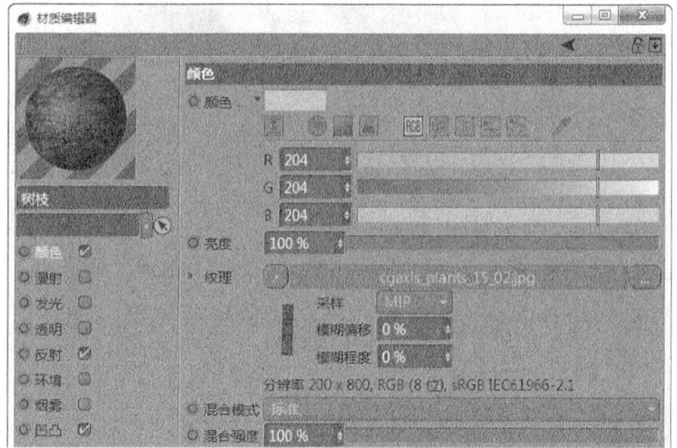

图13-277

02 在“凹凸”选项组的“纹理”通道中加载学习资源中的“实例文件>CH13>综合实例：阳光阁楼> cgaxis_plants_15_02_bump.jpg”文件，然后设置“强度”为20%，如图13-278所示。材质效果如图13-279所示。

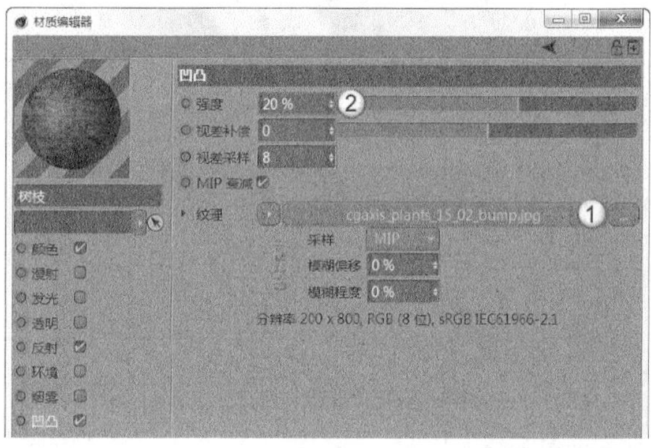

图13-278

图13-279

12.花朵材质

01 在材质面板新建一个材质，然后打开“材质编辑器”，接着在“颜色”选项组的“纹理”通道中加载“渐变”贴图，如图13-280所示。

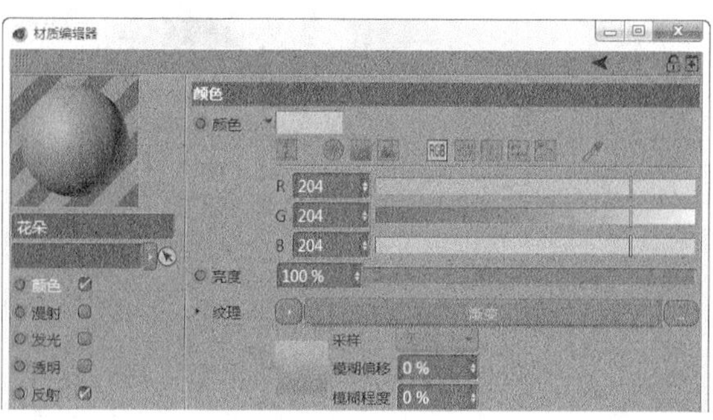

图13-280

02 进入“渐变”贴图通道，然后设置两个节点的颜色分别为（R:254，G:67，B:101）和（R:252，G:157，B:154），接着设置“类型”为“二维-V”，如图13-281所示。材质效果如图13-282所示。

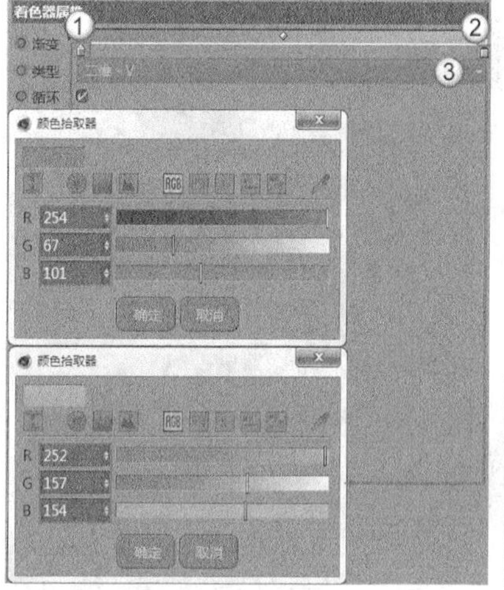

图13-281

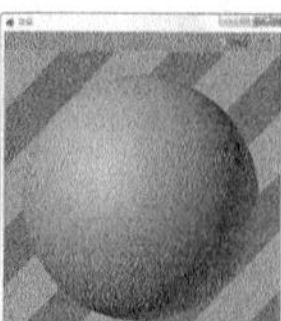

图13-282

13.画材质

在材质面板新建一个材质，然后打开“材质编辑器”，接着在“颜色”选项组的“纹理”通道中加载学习资源中的“实例文件>CH13>综合实例：阳光阁楼> AI21_09_Tree.jpg”文件，如图13-283所示。材质效果如图13-284所示。

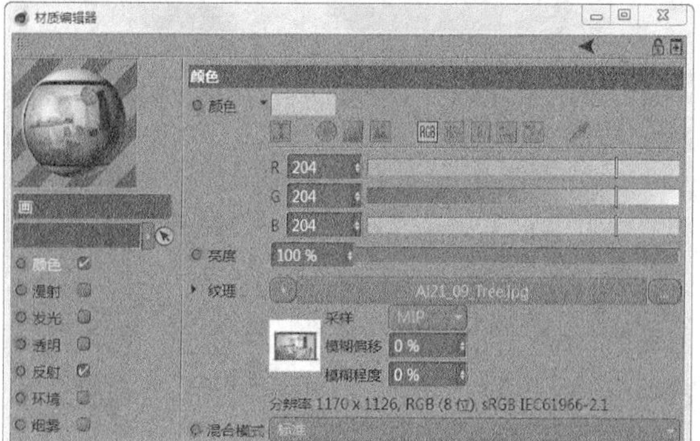

图13-283

图13-284

14.白乳胶材质

01 在材质面板新建一个材质，然后打开“材质编辑器”，接着在“颜色”选项组中设置“颜色”为（R:235，G:235，B:235），如图13-285所示。材质效果如图13-286所示。

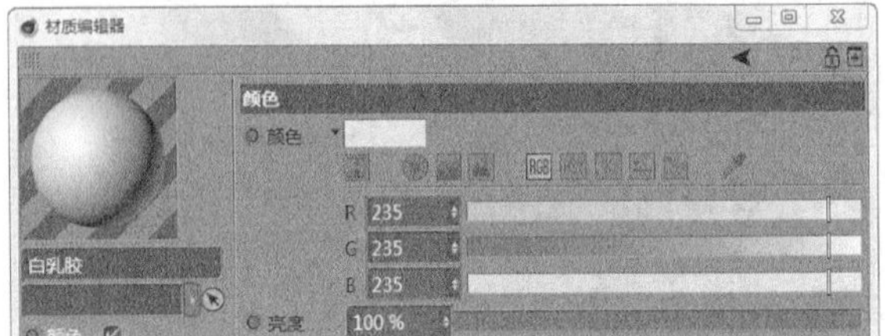

图13-285

图13-286

02 将材质依次赋予相应的模型，效果如图13-287所示。

图13-287

13.4.3 渲染输出

场景调整完毕后需要为场景添加摄像机，然后渲染输出。

01 在透视图找到合适的角度，然后使用“摄像机”工具在场景中创建一台摄像机，接着加载“保护”标签防止移动摄像机，如图13-288所示。

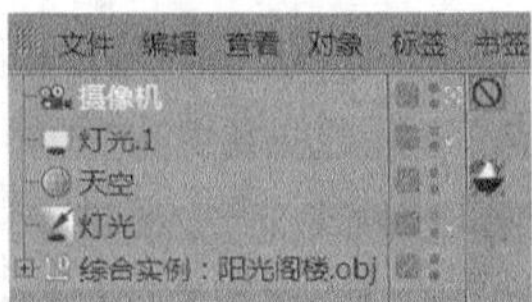

图13-288

02 按快捷键Ctrl＋B打开“渲染设置”面板，然后在“输出”选项组中设置“宽度”为1280像素，“高度”为960像素，如图13-289所示。

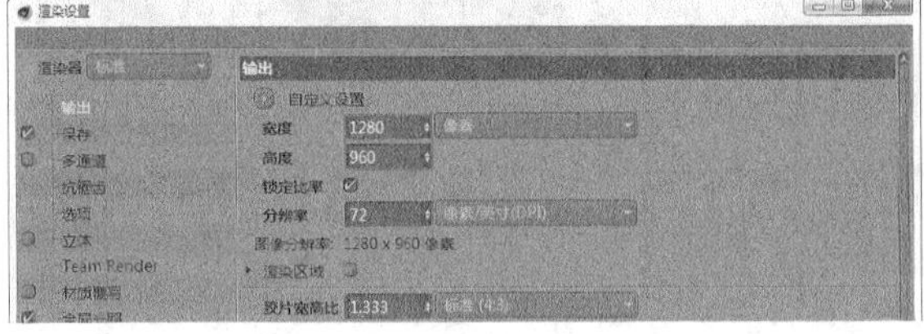

图13-289

03 在“抗锯齿”选项组中设置“抗锯齿”为“最佳”，然后设置“最小级别”为2×2，“最大级别”为4×4，“过滤”为“Mitchell”，如图13-290所示。

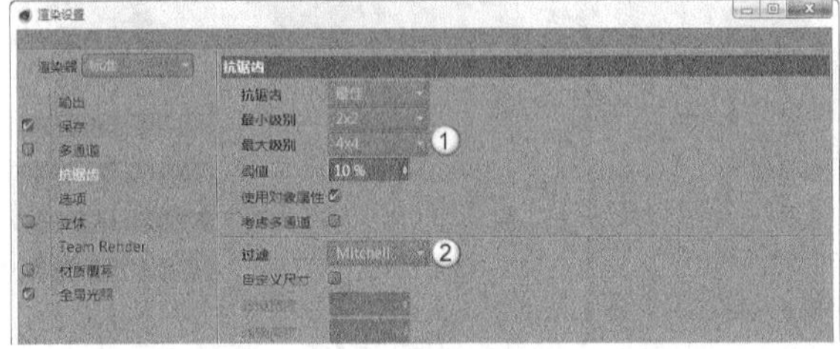

图13-290

04 在“全局光照”选项组中设置“首次反弹算法”为“准蒙特卡洛（QMC）”，“二次反弹算法”为“辐照缓存”，如图13-291所示。

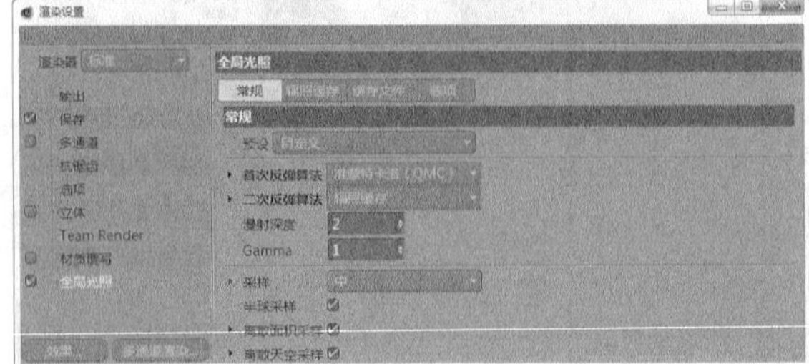

图13-291

05 按快捷键Shift＋R渲染场景，效果如图13-292所示，然后将渲染的图片进行保存。

图13-292

13.4.4 后期调整

01 打开Photoshop软件，然后打开渲染好的图片，如图13-293所示。

图13-293

02 选中“背景”图层，然后为其添加“曝光度”调整图层，参数及效果如图13-294和图13-295所示。

图13-294

图13-295

03 保持选中的图层不变，然后为其添加“色彩平衡”调整图层，参数及效果如图13-296和图13-297所示。

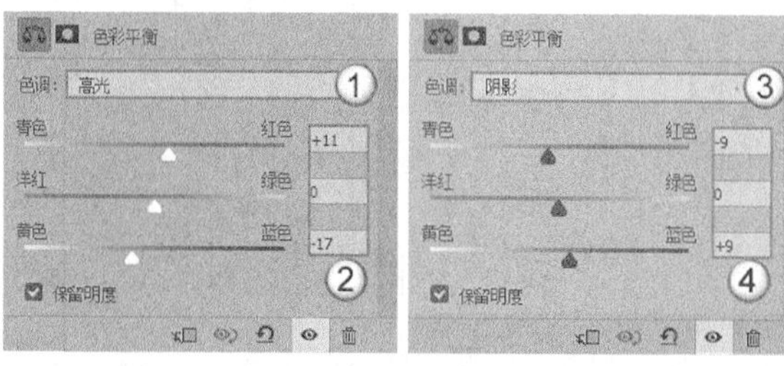

图13-296

图13-297

04 保持选中图层不变，然后为其添加“色阶”调整图层，参数及效果如图13-298和图13-299所示。

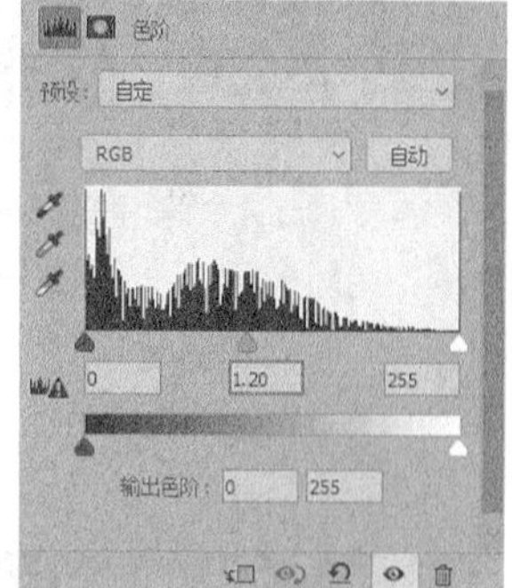

图13-298

图13-299

05 保持选中图层不变，然后为其添加“自然饱和度”调整图层，参数及最终效果如图13-300和图13-301所示。

图13-300

图13-301

13.5 本章小结

本章通过4个综合实例的制作过程，回顾了之前章节学习的重要知识点，同时也理清了完整实例的制作步骤。希望读者能通过这4个综合实例掌握使用CINEMA 4D制作作品的思路和方法。

13.6 课后习题

本节安排了两个课后习题供读者练习，这两个习题综合了本章知识。如果读者在练习时有疑问，可以一边观看教学视频，一边进行练习。

13.6.1 课后习题：奇幻森林

场景文件	无
实例文件	实例文件>CH13>课后习题：奇幻森林
视频名称	课后习题：奇幻森林.mp4
学习目标	掌握制作视觉效果图的方法

奇幻森林的效果如图13-302所示。

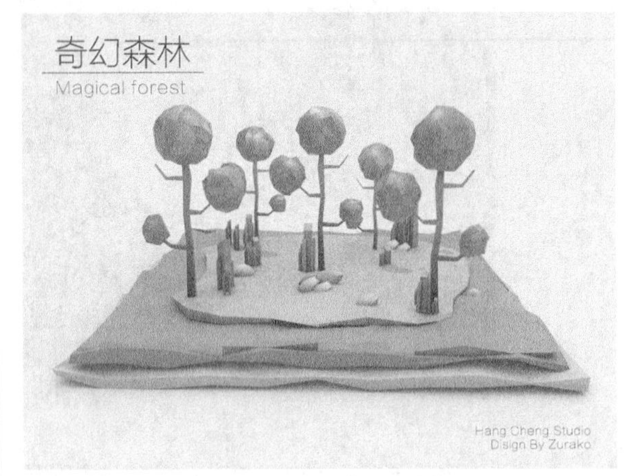

图13-302

13.6.2 课后习题：金属霓虹灯

场景文件	无
实例文件	实例文件>CH13>课后习题：金属霓虹灯
视频名称	课后习题：金属霓虹灯.mp4
学习目标	掌握制作霓虹灯类效果图的方法

金属霓虹灯的效果如图13-303所示。

图13-303

附录1 快捷键索引

No.1 文件

操作	快捷键
新建	Ctrl + N
合并	Shift+Ctrl+O
打开	Ctrl + O
关闭全部	Shift + Ctrl + F4
另存为	Shift + Ctrl + S
保存	Ctrl + S
退出	Alt+F4

No.2 时间线

操作	快捷键
转到开始	Shift + F
转到上一关键帧	Ctrl + F
转到上一帧	F
向前播放	F8
转到下一帧	G
转到下一关键帧	Ctrl + G
转到结束	Shift + G
记录活动对象	F9
自动关键帧	Ctrl + F9
向后播放	F6
停止	F7

No.3 编辑

操作	快捷键
撤销	Ctrl + Z
重做	Ctrl + Y
剪切	Ctrl + X
复制	Ctrl + C
粘贴	Ctrl + V
删除	Delete
全部选择	Ctrl + A
取消选择	Ctrl + Shift + A
工程设置	Ctrl + D
设置	Ctrl + E

No.4 选择

操作	快捷键
框选	0
套索选择	8
循环选择	UL
环状选择	UB
轮廓选择	UQ
填充选择	UF
路径选择	UM
反选	UI
扩展选择	UY
收缩选择	UK

No.5 工具

操作	快捷键
转为可编辑对象	C
启用轴心	L
启用捕捉	Shift + S
x轴	X
y轴	Y
z轴	Z
坐标系统	W
锁定工作平面	Shift + X
移动	E
缩放	T
旋转	R
启用量化	Shift + Q
渲染活动视图	Ctrl + R
渲染到图片查看器	Shift + R
编辑渲染设置	Ctrl + B

No.6 窗口

操作	快捷键
控制台	Shift + F10
脚本管理器	Shift + F11
自定义命令	Shift + F12
全屏显示模式	Ctrl+Tab
全屏（组）模式	Shift + Ctrl+Tab
内容浏览器	Shift + F8
对象管理器	Shift + F1
材质管理器	Shift + F2
时间线（摄影表）	Shift + F3
时间线（函数曲线）	Shift + Alt + F3
属性管理器	Shift + F5
坐标管理器	Shift + F7
层管理器	Shift + F4
构造管理器	Shift + F9
图片查看器	Shift + F6

No.7 材质

操作	快捷键
新材质	Ctrl + N
加载材质	Ctrl + Shift + O

No.8 建模

操作	快捷键	操作	快捷键
建模设置	Shift+M	线性切割	MK
断开连接	UD	平面切割	MJ
分裂	UP	循环/路径切割	ML
坍塌	UC	倒角	MS
连接点/边	MM	桥接	MB
融解	UZ	焊接	MQ
消除	MN	缝合	MP
细分	US	封闭多边形孔洞	MD
优化	UO	挤压	D
创建点	MA	内部挤压	I
多边形画笔	ME	矩阵挤压	MX
切割边	MF	偏移	MY

附录2　常用物体折射率

材质折射率

物体	折射率	物体	折射率
空气	1.0003	液体二氧化碳	1.200
水（20℃）	1.333	丙酮	1.360
普通酒精	1.360	酒精	1.329
熔化的石英	1.460	Calspar2	1.486
玻璃	1.500	氯化钠	1.530
翡翠	1.570	天青石	1.610
二硫化碳	1.630	石英	1.540
红宝石	1.770	蓝宝石	1.770
钻石	2.417	氧化铬	2.705
非晶硒	2.920	碘晶体	3.340
冰	1.309	30% 的糖溶液	1.380
面粉	1.434	80% 的糖溶液	1.490
聚苯乙烯	1.550	黄晶	1.610
二碘甲烷	1.740	水晶	2.000

晶体折射率

物体	分子式	最小折射率	最大折射率
冰	H_2O	1.313	1.309
氟化镁	MgF_2	1.378	1.390
石英	SiO_2	1.544	1.553
氯化镁	$MgCl_2$	1.559	1.580
锆石	$ZrO_2 \cdot SiO_2$	1.923	1.968
硫化锌	ZnS	2.356	2.378
方解石	$CaCO_3$	1.658	1.486
钙黄长石	$2CaO \cdot Al_2O_3 \cdot SiO_2$	1.669	1.658
菱镁矿	$MgCO_3$	1.700	1.509
刚石	Al_2O_3	1.768	1.760
淡红银矿	$3Ag_2S \cdot As_2S_3$	2.979	2.711

液体折射率

物体	分子式	密度（g/ml）	温度（℃）	折射率
甲醇	CH_3OH	0.794	20	1.3290
乙醇	C_2H_5OH	0.800	20	1.3618
丙醇	C_3H_8O	0.791	20	1.3593
苯	C_6H_6	1.880	20	1.5012
二硫化碳	CS_2	1.263	20	1.6276
四氯化碳	CCl_4	1.591	20	1.4607
三氯甲烷	$CHCl_3$	1.489	20	1.4467
乙醚	$C_2H_5O \cdot C_2H_5$	0.715	20	1.3538
甘油	$C_3H_8O_3$	1.260	20	1.4730
松节油		0.87	20.7	1.4721
橄榄油		0.92	0	1.4763
水	H_2O	1.00	20	1.3330

附录3 CINEMA 4D使用技巧

CINEMA 4D不能选择物体或移动工具失灵

此种情况是CINEMA 4D与QQ冲突造成的，需要将CINEMA 4D最小化后按小键盘的0~9键，然后最大化CINEMA 4D界面即可恢复。若还是有问题，可重启软件或重启电脑。

复位默认参数

当参数被调整得很乱，需要复位到默认参数时，只需要用鼠标右键单击需要复位的参数的属性框即可。如果需要同步多个参数，只需要选中多个参数后，在其中一个的参数输入框中输入一个参数，然后按快捷键Ctrl + Enter即可。

快速对齐物体中心

在日常制作时，经常需要将一个物体移动到另一个物体上，如果调整坐标轴会非常麻烦，使用父子层级关系便可以快速实现。将物体*A*作为物体*B*的子集，然后将物体*A*的坐标归零即可。

挤压倒角选集

给挤压模型的材质选集中输入C1是给顶端封顶上色，输入R1是给顶端倒角上色。同理，输入C2和R2是给末端封顶上色和倒角上色。